江苏省重要矿产资源潜力评价成果系列丛书

是集体劳动的成果！

江苏省重要矿产资源潜力评价成果系列丛书

是集体智慧的结晶！

谨以此书献给

长期耕耘在江苏地质勘查、科学研究及

教育岗位上的广大地质工作者！

中国地质调查成果CGS2017-021
江苏省重要矿产资源潜力评价成果系列丛书
江苏省地质调查研究院

江苏省成矿地质背景研究

JIANGSUSHENG CHENGKUANG DIZHI BEIJING YANJIU

贾根 郭刚 等著

中国地质大学出版社
ZHONGGUO DIZHI DAXUE CHUBANSHE

图书在版编目(CIP)数据

江苏省成矿地质背景研究/贾根，郭刚等著．—武汉：中国地质大学出版社，2017.6
(江苏省重要矿产资源潜力评价成果系列丛书)
ISBN 978-7-5625-3992-6

Ⅰ．①江…
Ⅱ．①贾…②郭…
Ⅲ．①成矿带-成矿地质-研究-江苏
Ⅳ．①P617.253

中国版本图书馆 CIP 数据核字(2017)第 119202 号

江苏省成矿地质背景研究 贾 根 郭 刚 **等著**

责任编辑：胡珞兰 选题策划：毕克成 刘桂涛 赵颖弘 责任校对：张咏梅

出版发行：中国地质大学出版社(武汉市洪山区鲁磨路 388 号) 邮编：430074
电 话：(027)67883511 传 真：(027)67883580 E-mail：cbb @ cug.edu.cn
经 销：全国新华书店 Http://www.cugp.cug.edu.cn

开本：880 毫米×1230 毫米 1/16 字数：420 千字 印张：13.125
版次：2017 年 6 月第 1 版 印次：2017 年 6 月第 1 次印刷
印刷：武汉中远印务有限公司 印数：1—1500 册

ISBN 978-7-5625-3992-6 定价：280.00 元

江苏省重要矿产资源潜力评价领导小组
（第一阶段：2006—2010年）

组　　长：陶培荣　江苏省国土资源厅党组书记　厅长
副 组 长：刘　聪　江苏省国土资源厅副厅长
　　　　　孙大亮　江苏省地质矿产勘查局副局长
　　　　　潘树仁　江苏煤炭地质局副局长
　　　　　许建荣　江苏省有色金属华东地质勘查局副局长
　　　　　毛凤鸣　中石化江苏石油勘探局副总经理
成　　员：郑锡泉　江苏省国土资源厅勘查处处长
　　　　　向绍荷　江苏省国土资源厅财务处处长
　　　　　崔德庚　江苏省国土资源厅储量处处长
　　　　　钱智敏　江苏省国土资源厅科技处处长
　　　　　李如海　江苏省国土资源厅规划处处长
　　　　　袁晓军　江苏省地质调查研究院院长

项目办公室成员

主　　任：刘　聪
成　　员：郑锡泉　陈火根　刘　勇　刘沈衡　张新华　王传礼　夏　延　陈汉永

江苏省重要矿产资源潜力评价领导小组
（第二阶段：2010—2013年）

组　　长：夏　鸣　江苏省国土资源厅党组书记　厅长
副 组 长：祖耀升　江苏省国土资源厅副厅长
　　　　　孙大亮　江苏省地质矿产勘查局巡视员
　　　　　潘树仁　江苏煤炭地质局副局长
　　　　　许建荣　江苏省有色金属华东地质勘查局副局长
　　　　　毛凤鸣　中石化江苏石油勘探局副总经理
成　　员：顾迅建　江苏省国土资源厅规划处处长
　　　　　黄克蓉　江苏省国土资源厅勘查处处长
　　　　　王黎明　江苏省国土资源厅资源处处长
　　　　　崔　娟　江苏省国土资源厅科技处处长
　　　　　孙卫东　江苏省国土资源厅财务处处长
　　　　　朱锦旗　江苏省地质调查研究院院长

项目办公室成员

主　　任：祖耀升
成　　员：黄克蓉　陈火根　吴加和　刘沈衡　张新华　夏　延　邱祖林　郑锡泉

《江苏省成矿地质背景研究》

著　者:贾　根　郭　刚　徐士银　黄　震　黄建平　金永念

魏邦顺　苏一鸣

序

江苏省位于中国东部沿海，长江、淮河下游，是我国重要的金融、航运、贸易、经济、文化、教育中心，在我国的国民经济建设中占有举足轻重的地位。

江苏省被称为“中国地质工作的摇篮”，地质矿产调查工作开展得较早，早在1924年刘季辰、赵汝钧等就对江苏全境进行了区域调查，著有《江苏地质志》。尔后，李毓尧、朱森、李捷、李四光、谢家荣、程裕淇、孙健初、陈恺等老一辈地质学家先后在本区地质矿产各个领域开展了调查，积累了大量资料。新中国成立后为了社会经济建设发展的需要，本区地质工作也迅速开展，地质、冶金、石油、煤炭、建材等系统在本区开展了大量地质普查找矿和勘探工作，先后发现了一批具工业价值的矿产，为本区工业发展提供了矿产资源和能源保障。

随着地方经济建设的高速发展，对矿物原料的需求逐年上升，人均资源占有量严重不足，供需矛盾十分突出。为贯彻落实《国务院关于加强地质工作的决定》中提出的“积极开展矿产远景调查和综合研究，科学评估区域矿产资源潜力，为科学部署矿产资源勘查提供依据”的要求和精神，国土资源部部署了全国矿产资源潜力评价工作，并将该项工作纳入国土资源大调查。

江苏省矿产资源潜力评价由江苏省地质调查研究院组织实施，江苏长江地质勘查院、华东有色地质矿产勘查开发院、江苏省地质矿产调查研究所、江苏省地质资料馆等单位协作。项目总体目标任务是全面开展江苏省矿产资源潜力预测评价，在现有工作程度的基础上基本摸清江苏省矿产资源的“家底”，为矿产资源保障能力和勘查部署决策提供依据。

自2007年6月正式启动以来，项目的各项工作严格按国土资源部、中国地质调查局的技术要求和统一部署进行。根据本区已有地质工作程度、成矿地质背景条件、矿产分布特征，选择煤炭、铁、铜、铅、锌、金、磷、钼、银、硫铁矿、萤石11个矿种开展资源潜力评价工作，累计完成各类图件编制2007张、图件数据库建设1623个，编写图件说明书1623份，编制各类成果报告49份，全面完成了预期的目标任务，取得了丰硕成果。

(1)首次以板块构造理论为基础，编制了江苏省大地构造图，为区域成矿地质作用研究和矿产预测奠定了坚实的地质基础和依据，进一步提高了江苏省区域地质研究程度。

(2)首次系统地利用地质、矿产、物探、化探、遥感、自然重砂等多学科资料，针对铁、铜、金等10个矿种及不同矿床类型，系统地建立了全省35个典型矿床的成矿模式、综合找矿模型和41个预测工作区区域成矿模式及区域找矿模型，丰富和发展了省内区域成矿理论，提升了综合信息矿产预测技术水平。

(3)系统总结了利用重磁组合异常直接判别铁矿异常、金铜多金属矿的控矿要素评价解释方法；利用磁法、化探资料开展了全省铁矿、铜矿的定量预测与研究；利用典型岩石剖面测量成果，采用面积、厚度加权方法获得了全省及三大地质构造单元元素丰度值；采用地质衬值法，编制了全省39个元素地球化学衬值异常图，极大地丰富了金、铜、铅锌、钼等多金属矿找矿信息。

(4)系统地利用地质、物探、化探、遥感、自然重砂等综合信息，全程应用GIS技术进行了全省重要矿产资源潜力评价与预测研究，估算了资源量，圈定了一批重要找矿预测区。

(5)系统对江苏省聚煤规律进行了科学总结，以煤田地质理论为指导，深入开展了全省煤炭资源禀赋规律研究，建立了典型煤田成煤模式；以构造控煤作用研究为核心，揭示不同构造背景煤炭资源的聚集和赋存规律，对指导深部找矿发挥了重要作用。

(6)首次系统建立了江苏省完整的地学数据库，实现了矿产资源潜力预测研究全程信息化、工作手段计算机化，为江苏省矿产资源总体规划和专项规划、找矿突破战略行动以及国土资源"一张图"工程打下了坚实的基础。

江苏省矿产资源潜力评价在基础地质、典型矿床与成矿规律研究、预测方法、数据库建设中取得了一系列创新性成果，总体达到国际先进水平。项目成果是制订江苏省国民经济中长期发展规划，研究制定矿产资源战略，加强宏观调控的重要依据；是科学规划合理部署、努力实现找矿重大新突破、缓解资源瓶颈的基础工作；是发展和推广利用成矿新理论、勘查新技术新方法，促进科研与调查密切结合的重要举措。该项成果的及时转化应用，必将为江苏省社会经济发展、地学研究和地质找矿实现新突破发挥重要作用。

中国工程院院士 [signature]

2017 年 2 月 20 日

前　言

“江苏省成矿地质背景研究”是“江苏省及上海市矿产资源潜力预测评价”项目的子课题之一“江苏省及上海市成矿地质背景研究”专题的成果集成，主要目的是研究成矿作用和地质作用的关系，分析矿产形成的成矿地质环境，运用新的理论和技术方法，深入分析和提取成矿地质建造信息（成矿地质构造预测要素），编制专题图件，研究和总结成矿地质建造形成演化规律，为成矿规律研究和矿产预测提供成矿地质背景资料。

成矿地质背景专题研究与编图工作是在板块构造理论的指导下，按照《成矿地质背景研究工作技术要求》及其他有关规范、指南，运用将今论古的比较构造地质方法论和大地构造相时空结构分析方法，充分开发应用已有的地质调查、矿产勘查等多元资料与科研成果，依据 1∶25 万建造构造图所表现的各种地质构造建造实际，深入分析控制区域成矿的地质建造和构造要素（地质构造预测要素），对地层、侵入岩、火山岩、变质岩和大型变形构造等进行不同比例尺的编图与研究，精细划分特定构造阶段和大地构造环境中形成的各个不同尺度、不同构造岩石组合的构造单元，揭示在空间上形成于不同部位和不同深度的构造单元彼此间的相互关系及其演化过程，以服务于成矿地质条件分析和资源预测勘查评价的需求。通过编制专题图件，对矿床类型模型区与预测区进行成矿地质背景的区域关联，为建立区域成矿预测模型、实施矿产预测提供基础地质资料依据和工作底图。

成矿地质背景研究与编图是一项基础地质综合研究工作，是建立在实际材料和综合分析研究的基础上开展的，通过编制 1∶25 万分图幅实际材料图、1∶25 万建造构造图、1∶50 万建造构造图、1∶50万大地构造相专题工作底图（沉积岩、火山岩、侵入岩、变质岩、大型变形构造），经进一步综合与升华编制 1∶50 万江苏省（及上海市）大地构造相图。其核心是成矿地质背景的综合研究与大地构造相图的编制，强调 1∶25 万建造构造图是 1∶50 万大地构造相图的实际材料，工作过程中主要以大地构造相分析为主线，分别开展沉积作用、岩浆作用（火山、侵入）、变质作用和构造作用（包括大型变形构造）等专题研究工作。

通过江苏省及上海市成矿地质背景研究与编图工作取得的主要认识有以下几方面：

(1)以 1∶25 万建造构造图和实际材料图为基础，并查阅和参考图区及邻区与之有关的区调科研成果资料，对各类建造构造环境、构造古地理单元、大型变形构造特征等进行了详细的分析和研究，判别了各构造分区的特征、发育阶段及其演化过程，建立起构造演化序列，从而在《成矿地质背景研究工作技术要求》大地构造相划分方案总体框架下，划分出结合带大相、陆块区大相和叠加造山-裂谷大相，根据大相的变异进一步划分出相和亚相单元，基本合理地建立了省域内大地构造相系统。

(2)以岩石地层、构造地层单位为基础（第四纪松散堆积物除外），比较合理地建立了构造地层（构造相＋时代）系统，划分和表达了各构造地层单位的建造组合类型，从而在大地构造分区和构造演化阶段的框架下，逐一划分了大相、相和亚相。

(3)对区内侵入岩的特征进行了详细研究，通过区域对比，研究了其时空分布规律，归纳了构造岩石组合类型及其所属大地构造属性，进而划分了侵入岩的大地构造相系统。

(4)对区内火山岩进行了详细研究，较全面系统地收集了岩石组合、火山岩相、火山作用模式、火山喷发类型、火山岩系列、成因类型、大地构造属性等资料，归纳了火山岩构造岩石组合类型及其所属大地构造属性，进而划分了火山岩的大地构造相类型。

(5)对区内变质岩进行了详细研究，较全面系统地收集了变质岩石类型、变质建造、原岩类型、变质作用、变质岩的温压条件与变质相(带)等资料，归纳了变质岩构造岩石组合类型及其所属大地构造属性，进而划分了变质岩石的大地构造相类型。

(6)对区内大型变形构造进行了详细研究，较全面系统地收集和研究了区内大型变形构造的类型、规模、产状、组合形式、物质组成、构造层次、运动方式、力学性质、形成时代、变形期次、大地构造环境和含矿性等特征，总结和建立了区内大型变形构造系统。

(7)对区内各构造岩石组合、大型变形构造与区域成矿作用的关系进行了分析与总结，归纳了区域内主要含矿的构造岩石组合类型和大地构造相，明确了大型变形构造对区域成矿的控制作用。

江苏省成矿地质背景研究暨大地构造相编图工作是项目全体参与人员的集体智慧结晶，自始至终得到了矿产资源潜力评价全国项目办肖庆辉教授、陆松年教授、邓晋福教授、潘桂棠教授、张克信教授、张智勇教授、李锦轶教授、冯益民教授、冯艳芳教授等专家的技术指导与支持，得到了南京地质矿产研究所高天山研究员的指导和帮助，为顺利完成编图示范工作起到了保障作用。项目工作中还得到了江苏省地质调查研究院和省国土资源厅有关领导的大力支持，保证了人员和工作进度，在此一并致谢。

著　者

2016 年 12 月

目　　录

第一章　绪　言

“江苏省及上海市矿产资源潜力评价”项目是在《国务院关于加强地质工作的决定》的大背景下，由国土资源部在矿产资源领域部署的重要国情国力调查根本任务，是加强矿产资源规划、管理和合理利用的一项重要工作。其目的是通过系统总结地质调查和矿产勘查工作成果，全面掌握矿产资源现状，科学评价未查明矿产资源潜力，建立真实准确的矿产资源数据库，满足矿产资源规划、管理、保护和合理利用的需要。搞好全省矿产资源潜力评价，是制定江苏省国民经济中长期发展规划、研究制定矿产资源战略、加强宏观调控的重要依据；是科学规划合理部署、努力实现找矿重大新突破、缓解资源瓶颈的基础工作；是发展和推广利用成矿新理论、矿产勘查新技术新方法，促进科研与调查密切结合的重要举措。

成矿地质背景研究工作的总体任务是按照矿床模型综合地质信息预测总体思路，全面收集整理区域地质调查与研究资料，深入分析控制区域成矿的地质建造要素（地质建造预测要素）和构造要素（地质构造预测要素），系统解析和精细研究沉积岩区、火山岩区、侵入岩区、变质岩区地质构造特征以及大型变形构造/区域断裂带的综合地质构造特征。通过编制专题图件，对矿床类型模型区与预测区进行成矿地质背景的区域关联，为建立区域成矿预测模型、实施矿产预测提供基础地质资料依据和工作底图。

第一节　自然地理概况

江苏省及上海市位于中国东部沿海，长江、淮河下游，地理坐标：东经 116°22′—121°55′，北纬 30°46′—35°07′，面积 $10.894\times10^4 km^2$。地势平坦，海拔高度低，地貌上属于平原和低山丘陵区。平原区由长江三角洲平原、太湖冲湖积平原和黄淮冲湖积平原组成，地面高程西北高、东南低，西北部的丰县最高可达 45m，其他地区一般 2～10m，绝大多数小于 5m，地形坡降平缓；低山丘陵区分布在北、西、南三面，海拔高程多在 300m 以下，北部徐州—连云港一带是鲁西南低山丘陵向南延续的侵蚀残丘，唯云台山耸立于黄海之滨，孤峰突起，海拔 625m，是本区第一高峰；西南部的宁镇山脉、茅山山脉、宜溧山地海拔标高 200～500m，个别山峰超过 500m，由北向南呈弧形展布，环抱平原。

江苏省及上海市处于亚热带向暖温带过渡性气候区。淮河、苏北灌溉总渠以南属湿润的亚热带气候，以北属半湿润的暖温带气候，东南风盛行。省域内年平均降水量 800～1100mm，由北向南递增，降水量年内分配不均匀，全年降雨量的 60%～80%集中在汛期 6—9 月份。全省自然水体的年蒸发量 950～1100mm，陆面蒸发量为 600～800mm。气温受纬度影响南北差异较明显，各地平均气温 13～16℃，苏南在 15℃以上，江淮地区 14～15℃，徐淮地区 13～14℃。

江苏省及上海市东临黄海、东海，南临杭州湾与浙江省，西邻安徽省，北接山东省，自然地理条件优越。京沪铁路贯穿南北，陇海铁路横贯东西，高等级公路四通八达，长江水系和京杭大运河构成主要的内河航运通道。上海市正处于我国南北弧形海岸线中部，是一个良好的江海港口，与南通、连云港等海港共同构成本区的海路运输体系。各省辖市均有航空港，水陆空交通极为便利。

江苏省和上海市位处长江三角洲经济发达地区，是我国重要的金融、航运、贸易、经济中心，在我国的国民经济建设中具有举足轻重的地位。截至 2009 年末，江苏省、上海市总人口分别为 7381 万人、1625 万人，排全国的第 5 位、第 25 位；国民生产总值 24 738 亿元、11 658 亿元，排全国的第 3 位、第 7

位;人均国民生产总值是 32 985 元、65 473 元,排全国的第 5 位、第 1 位。全区人口压力较大,平均人口密度 700 余人/km^2,但目前经济发达、基础雄厚,以县为单位全面实现了小康,城市现代化、农村城镇化步伐加快,全区城市化率近 50%,苏南及沿江部分地区提前向第三步战略目标迈进。本区会展、旅游、科技教育发达,人文渊薮,人才总量超过 445 万人,享受政府特殊津贴的专家近 4 万人,位居全国前列。截至 2008 年末,江苏籍、上海籍两院院士分别为 315 人、229 人,占全国总数的 17.38%、12.64%,位居全国第 1 位、第 2 位,堪称"中国院士的摇篮"。在江苏省、上海市工作的两院院士分别为 125 人、196 人,占全国总数的 6.83%、10.71%,位居全国第 3 位、第 2 位。

第二节　以往研究工作程度

一、区域地质调查工作

(一)1∶25 万区域地质调查

自 1998 年大调查以来,本区 1∶25 万区域地质调查工作始于苏南地区,至 2007 年,全省共部署大调查项目 6 个,已完成 8 个图幅的填图工作,完成填图总面积 124 000km^2。其中上海市地质调查院和中国地质科学院各完成 1 个图幅的填图工作,其他均为江苏省地质调查研究院完成(表 1-1,图 1-1)。

表 1-1　江苏省及上海市 1∶25 万、1∶20 万区域地质调查完成情况一览表

<table>
<tr><th>类型</th><th>序号</th><th>图幅名称</th><th>面积(km^2)</th><th>工作时间</th><th>完成单位</th></tr>
<tr><td rowspan="8">1∶25 万区域地质调查</td><td>1</td><td>1∶25 万常州市幅</td><td>15 800</td><td>2000.1—2001.12</td><td rowspan="3">江苏省地质调查研究院</td></tr>
<tr><td>2</td><td>1∶25 万南京市幅</td><td>15 600</td><td>2001.1—2003.12</td></tr>
<tr><td>3</td><td>1∶25 万南通市幅</td><td>15 600</td><td>2001.1—2003.12</td></tr>
<tr><td>4</td><td>1∶25 万连云港市幅</td><td>15 200</td><td>1999.1—2002.12</td><td>中国地质科学院</td></tr>
<tr><td>5</td><td>1∶25 万上海市幅</td><td>15 800</td><td>2001.1—2003.12</td><td>上海市地质调查院</td></tr>
<tr><td>6</td><td>1∶25 万淮安市幅</td><td>15 400</td><td>2006.1—2008</td><td rowspan="3">江苏省地质调查研究院</td></tr>
<tr><td>7</td><td>1∶25 万盐城市幅</td><td>15 400</td><td>2006.1—2008</td></tr>
<tr><td>8</td><td>1∶25 万滨淮农场幅</td><td>15 200</td><td>2006.1—2008</td></tr>
<tr><td rowspan="10">1∶20 万区域地质调查</td><td>1</td><td>1∶20 万常州市幅</td><td>7010</td><td>1959.1—1964.12</td><td rowspan="8">江苏省地质局区域地质调查大队(简称江苏省区调队)</td></tr>
<tr><td>2</td><td>1∶20 万连云港市幅</td><td>6805</td><td>1961.5—1965.12</td></tr>
<tr><td>3</td><td>1∶20 万新沂市幅</td><td>6805</td><td>1960.5—1969.10</td></tr>
<tr><td>4</td><td>1∶20 万扬州市幅</td><td>6961</td><td>1965.10—1970.2</td></tr>
<tr><td>5</td><td>1∶20 万马鞍山市幅</td><td>7010</td><td>1964.3—1974.11</td></tr>
<tr><td>6</td><td>1∶20 万苏州市、无锡市幅</td><td>14 070</td><td>1973.4—1976.6</td></tr>
<tr><td>7</td><td>1∶20 万徐州市幅</td><td>6805</td><td>1973.8—1977.1</td></tr>
<tr><td>8</td><td>1∶20 万盱眙县幅</td><td>6910</td><td>1975.6—1977.11</td></tr>
<tr><td>9</td><td>1∶20 万南京市幅</td><td>6960</td><td>1973.4—1976.10</td><td>安徽省区测队</td></tr>
<tr><td>10</td><td>1∶20 万赣榆县幅</td><td>6805</td><td>1979.4—1982.10</td><td>山东省区测队</td></tr>
</table>

图 1-1　江苏省及上海市 1∶25 万区域地质调查工作程度图

(二)1∶20 万区域地质调查

20 世纪 50 年代后期,江苏省地质局开始系统地按国际分幅和统一要求,开展全省 1∶20 万区域地质调查,按纬差 40′,经差 1°分幅,江苏地域共跨 29 幅,有 10 个图幅因第四系覆盖厚度较大而未开展,到 1978 年江苏省已完成 19 个应测图幅中的 11 个图幅的 1∶20 万区域地质调查任务(其中江苏省区调队承测徐州市幅、新沂市幅、连云港市幅、盱眙县幅、扬州市幅、马鞍山市幅、常州市幅、苏州市幅、无锡市幅,共 9 个图幅;安徽省区调队承测南京市幅;山东省区调队承测枣庄幅、临沂幅、赣榆县幅,完成填图总面积 57 415.15km^2,完成图幅比例 55.17%,完成面积比例 55.96%,省内重要成矿区带均已覆盖,至 1980 年各图幅报告和图件均已出版(表 1-1,图 1-2)。

图 1-2　江苏省及上海市 1∶20 万区域地质调查工作程度图

(三)1∶5 万区域地质调查

江苏省 1∶5 万区域地质调查始于 20 世纪 50 年代末期。1959 年南京大学地质系在宁镇地区开展过南京市幅、汤山镇幅、上党镇幅 3 个图幅的 1∶5 万地质调查;北京矿业学院煤田地质系在太湖西岸等地按国际分幅进行 1∶5 万地质测量,但此两份调查成果均未正式验收和出版。1965—1973 年江苏省区调队在一些成矿有利地段开展了 1∶5 万区域地质调查,编制了区调报告或中间报告和相应的图件,但均未单独出版。

1977 年底,为配合国内急缺矿种的普查,加速地质找矿产业的发展,在基本完成全省 1∶20 万区域地质调查工作的基础上,江苏省先后在宁镇、宁芜、溧水、宜溧、苏州西部及徐州等基岩出露区开展了 1∶5万区域地质调查;“八五”以来,为加速国内市场经济的发展、国土资源规划、环境保护与治理及进一步找矿勘查工作的需求,江苏省又先后在苏南、苏中等大片浅覆盖区及苏北变质岩地区开展了 1∶5 万区域地质调查。到目前为止，江苏省重要成矿区(带)、重要经济发展地带及浅覆盖区的1∶5万区域地质调查工作已基本覆盖。据统计，全省共完成127个图幅的1∶5万区域地质调查工作，共完成填图总面积42 056.41km²，完成图幅比例41.37%，完成面积比例40.99%。此外，目前尚有4个图幅的填图工作正在进行中，有5个图幅已完成立项审批，正准备开展填图工作(图1-3，表1-2)。

图1-3　江苏省及上海市1∶5万区域地质调查工作程度图

(四)1∶5万区域地质调查片区总结

江苏省于20世纪90年代末开展苏南、苏北两个片区1∶5万区域地质调查工作总结。

1996—1998年12月江苏省地质调查研究院承担完成了“苏南及沿江地区1∶5万区调片区总结”项目。工作区包括长江以南的江苏省域及苏北江浦、六合、仪征、扬州等县市，地理坐标：东经118°20′—121°21′，北纬30°50′—32°32′，共涉及1∶5万图幅82幅，其中完整图幅60幅。

表 1-2　江苏省及上海市 1∶5 万区域地质调查完成情况一览表

图幅名称	完成年份	完成单位	备　注
前五段(1/2)幅、韩庄(1/2)幅、郑集(1/2)幅、贾旺幅、古邳镇幅	1978	江苏省地质局第五地质大队	含矿产地质调查
南京市幅、汤山镇幅、上党镇幅、埤城镇幅、孟河镇幅、大港镇幅、扬中县幅	1984	江苏省地质局区域地质调查大队	
徐州市幅、大庙幅、桃山集幅	1984	江苏省地质矿产局第五地质大队、区域地质调查大队	
陈家巡会幅、新沂市幅、郯城县幅、大埠幅	1986	江苏省地质矿产局第六地质大队	
涧溪幅、旧铺幅、竹镇幅、马集幅、仁和幅、六合县幅、陈集幅、瓜埠镇幅、仪征县幅	1986	江苏省地质矿产局第一地质大队	
江宁县幅、慈湖幅、柘塘镇幅、天王寺幅、小丹阳幅、博望镇幅、溧水县幅	1986	江苏省地质矿产局第一、第二地质大队	
长乐幅、上沛埠幅、高淳县幅、东坝幅	1986	江苏省地质矿产局第二地质大队	
社渚幅、张渚镇幅、鼎蜀镇幅、溧阳县幅、徐舍镇幅、宜兴县幅	1988	江苏省地质矿产局区调地质大队	
马山幅、望亭幅、石塘湾幅、支塘镇幅、无锡市幅、常熟县幅	1989	江苏省地质矿产局第四地质大队	
八义集幅、台儿庄(1/2)幅、岔河幅、汴塘集幅、邳城幅	1990	江苏省地质矿产局第五地质大队	基本不含矿产地质调查
薛埠镇幅、竹箦桥幅	1991	江苏省地质矿产局区域地质调查大队	
宝埝镇幅	1991	南京地质学校区调分队	
申港镇幅、江阴县幅	1993	江苏省地质矿产局第四地质大队	
连云港市幅、东辛农场幅、墩尚幅、连云港镇幅	1994	江苏省地质矿产调查研究所	
堂里(1/3)幅、洞庭公社幅、吴江县幅	1994	江苏省地质矿产调查研究所	
老子山幅、盱眙县幅、蒋坝幅、河桥幅、穆店幅	1994	南京地质学校	
乌江幅、江宁镇幅、全椒县幅、江浦县幅、新集幅	1994	江苏省地质矿产调查研究所	
戚墅堰幅、祝塘镇幅	1994	江苏省地质矿产调查研究所	
扬州市幅、镇江市幅	1995	江苏省地质矿产局第三地质大队	
丹阳县幅、奔牛镇幅	1995	江苏省地质矿产局第二地质大队	
苏州市幅、角直镇幅、光福镇幅、陆墓镇幅、昆山县幅	1995	江苏省地质矿产调查研究所	
张家港市幅、顾山镇幅	1995	江苏省地质矿产技术经济信息所	
崇明县幅、沙溪镇幅、鹿河镇幅、梅李镇幅	1995	江苏省地质矿产局第四地质大队	
常州市幅、漕桥镇幅	1998	江苏省地质调查研究院	不含矿产地质调查
城头幅、赣榆县幅	1999	江苏省地质调查研究院	
房村幅、双沟镇幅	2000	南京大学地球科学系	
白塔埠幅、沙河镇幅、房山镇幅	2000	江苏省地质调查研究院	
湟里镇幅、金坛县幅	2002	江苏省地质调查研究院	
双店幅、阿湖镇幅、阴平幅、华冲幅	2002	江苏省地质调查研究院	
南通市幅、南通县幅、小海镇幅、海门市幅	2009	江苏省地质调查研究院	区域地质与环境调查
昆山市幅、太仓市幅、安亭镇幅、吴江市幅、芦墟镇幅	2010	江苏省地质调查研究院	

1997—2003 年 10 月江苏省地质调查研究院承担完成了“江苏省东北部地区 1∶5 万区调片区总结”项目，总结区域范围为东经 118°15′—120°00′，北纬 33°50′—35°10′，总面积(陆地)约 12 000km^2，涉及 1∶5 万图幅 49 个。

(五)上海市地质工作

上海市地质调查研究工作始于20世纪30年代，主要为专题研究。新中国成立之后，与国民经济建设息息相关的矿产普查、勘查工作系统展开，先后由地质、冶金、煤炭、石油、水利等部门在区内进行了物探、矿产地质、水文地质、工程地质等方面的调查研究。

1973年始开展了1∶20万区域地质调查、水文地质调查工作，并分别编写出版了《江苏省及上海市区域地质志》《上海市区域地质志》；20世纪80年代末至1996年，上海市境内，完成了以遥感技术为主进行的地质地貌、第四纪地质等区域地质工作。1993年江苏省和浙江省地质部门对区内地层进行了系统的清理工作。2002年开展了1∶25万上海市幅区域地质调查工作。

20世纪80年代末，江苏、上海、浙江地质部门及上海市海洋地质调查局开展了1∶20万～1∶50万长江三角洲水文地质、工程地质和环境地质研究。结合地面沉降防治与城市建设、浦东新区开发，上海地区开始了“上海市1∶10万工程地质普查”“市区及浦东新区1∶2万工程地质详查”等工作。

与矿产普查、区域地质调查相配合，进行了1∶20万～1∶5万航磁、重力测量；1984年先后进行了HQ－13线及常熟-金山卫地壳大断面测量，对区域壳幔结构提供了解释资料。20世纪80年代先后利用美国LANDSAT卫星图像、TM图像及1∶2万彩色红外摄影图像对长江河道演变、太湖湖围及区域构造、地貌第四纪地层等均做了较系统的解释工作。1995年提交了上海市金山县张堰铜矿床百家村矿段地质详查报告。

二、区域地质研究工作

(一)1∶25万区域地质调查研究

江苏省1∶25万区域地质调查工作始于1998年，主要以板块构造理论体系和现代地质理论为指导，根据新的形势和市场需求，按照最新的《1∶25万区域地质测量规范(修正草案)》的要求，从工作区地质矿产实际情况，应用最新科研成果，在对以往不同阶段、不同单位、不同认识尺度上填制的地质图件及成果进行系统全面总结的基础上，通过补充或全面的野外调查，系统地阐述了地层、岩石、构造、深部构造、矿产，以及第四纪地质、水工环地质，重新编绘了新一代的1∶25万地质图、基岩地质图。

其中苏北地区1∶25万连云港市幅区调是为配合超深钻的选址工作统一部署的，以变质岩石、变质构造为主要调查内容，全面总结了苏北榴辉岩的成因特征，重点研究了苏北超高压、高压变质作用与苏鲁造山带的形成演化过程，提出苏鲁造山带的形成与抬升是多期次碰撞造山作用的结果。而苏南地区则更多地强调了地质矿产、环境保护、地灾防治的需求，侧重于岩石地层系统的清理，建立了第四纪地层层序，对第四纪沉积环境和新构造运动进行了较详细的研究；对花岗岩类进行谱系划分，建立了超单元系统，论述了岩浆岩的演化体系；应用垂向物性层资料确定了区域上地壳构造界面特征，进一步运用地体理论确立了区域地质构造框架，划分了地体构造单元，并对构造旋回及演化作了简要的论述。

(二)1∶20万区域地质调查研究

江苏省1∶20万区域地质调查系根据1961年编制的《1∶20万及1∶10万区域地质测量规范(修正草案)》和1974年颁发的《1∶20万区域地质调查工作暂行规范》的要求进行的。各图幅均系统地测制了地层剖面，进行岩石地层、生物地层研究，建立地层层序，进行区域性地层对比；对岩浆岩进行岩石学和岩石化学研究，划分了岩石类型、岩浆活动期次及火山喷发旋回，并探讨岩浆活动与内生矿产成矿关系；初步查明了调查区内的地质构造特征、构造运动表现形式，对控岩控矿构造作了研究和探讨；较系统地进行重砂测量、土壤地球化学测量及部分水化学测量，圈定重砂和化探异常；对调查区内重要矿产、调查中所发现的主要异常进行实地检查、验证，总结了区域成矿规律，并进行成矿预测。这种区域性、系统全面的地质调查成果，为普查找矿、工程施工、地质科学研究等提供了基础地质资料，为江苏省的经济建设有关领域制订各种规划提供了地质依据。

(三)1∶5 万区域地质调查研究

在 1∶5 万区域地质调查过程中，通过全面、有重点的调查研究工作，获得了大量野外实际资料，对江苏省地层、岩石、构造、矿产作了系统的阐述，建立了地层层序，划分了岩浆岩侵入期次及火山喷发旋回，阐明了地质构造特征及矿产时空分布规律，并进一步总结了成矿地质条件，开展了找矿预测，为今后矿产普查奠定了很好的工作基础；在苏南、苏中等大片浅覆盖区的区调工作中较详细地研究了区内第四纪地层，地下水分布及水文、工程等地质环境，为城市规划建设、环境保护及治理、地质灾害防治、矿产资源和地质旅游业的合理开发利用提供了基础性地质资料。

在以上工作的基础上，江苏省于 20 世纪 90 年代末完成了苏南、苏北两个区域 1∶5 万区域地质调查片区总结工作。该项工作以现代地质理论为指导，应用最新科研成果，结合该区地质矿产实际情况，对以往不同阶段、不同单位、不同认识尺度上填制的地质图件及成果进行了较全面的总结，系统地阐述了工作区中地层、岩石、构造、矿产，以及第四纪地质、水工环地质工作。该项工作成果代表了江苏省区域地质调查工作的最新研究成果，为本次矿产资源潜力评价之成矿地质背景研究打下了良好的基础。

(四)综合地质调查研究

为了充分利用 1∶20 万区调成果资料在地质找矿、科研和经济建设各个领域的作用，江苏省区调队按照江苏省地质局所下达的任务，于 1977 年开始主持了全省区域地质调查工作总结，于 1980 年提交《江苏地质通论》一书，全面论述了全省地层系统，建立了地层层序，创建了徐淮地区新元古界“淮河群”；统一了岩石分类命名，划分了与地层区相对应的 3 个岩区，划分了岩浆侵入期次，较详细地研究了中新生代火山岩的喷发旋回和火山机构；对苏北地区变质岩的岩石特征、变质作用、变质相带等进行了研究；根据江苏地区构造特征，划分出若干构造体系，探讨了各体系生成和发展过程，编制了江苏省第一幅构造体系图和基岩地质图，并总结了构造体系与内生矿产形成、地震活动间的关系；系统整理了江苏省的矿产资料，总结了各类矿产的成矿规律，圈定了成矿远景和预测区。

1981 年地质部对《江苏地质通论》进行评审，提出应在该书基础上，编著江苏省地质志。江苏省区调队从 1981 年 7 月至 1982 年 6 月，完成了编纂任务，于 1984 年公开出版了《江苏省及上海市区域地质志》，并附有 1∶50 万江苏省及上海市地质图、基岩地质图和构造体系图。这是新中国成立后出版的全国第一部区域地质志，是一本综合性基础地质科学著作。

江苏省区调队于 1983—1985 年依据《江苏地质通论》中的矿产部分，编著了《江苏省区域矿产总结》，并附有 1∶50 万金属矿产图和非金属矿产图，作为内部资料出版。这是江苏省第一份全面系统的矿产总结，对研究制订地质工作规划、开展矿产普查等具有重要的参考价值。

另外，江苏省“七五”与“八五”的两轮国家科技攻关项目——成矿远景区划、苏南铜多金属矿勘查研究等工作，全面、系统地总结了区内数十年区域地质、矿产勘查、物化探、遥感、科研等多学科的工作成果，以先进的成矿地质理论为指导，在综合研究分析的基础上，系统地分析了区域成矿地质条件、成矿规律，建立成矿模式，合理标定成矿区带，准确圈定成矿远景区，对于提高区域成矿研究水平具有重要作用；此外，我国一些著名的矿床学家都在省内不同地区做过深入的科学研究工作，在与成矿带有关的基础地质、矿床地质、成矿规律等方面的研究取得了许多理论成果，如李文达、陈毓川等编著的《宁芜玢岩铁矿》(1978)，常印佛、刘湘培、吴言昌主编的《长江中下游铜铁成矿带》(1991)，翟裕生、姚书振等主编的《长江中下游地区铁铜金成矿规律》(1992)和《长江中下游铜金矿床矿田构造》(1999)，胡文宣、徐克勤、胡受奚、任启江编著的《宁芜和庐枞地区陆相火山喷气-沉积热液叠加改造型铁硫矿床》，这些工作不仅为在该地区开展进一步的矿产研究工作奠定了理论基础，指明了勘查方向，在这些工作过程中也对区内相应的区域成矿地质背景进行了多方位的深入研究，提出了各自见解，大大促进了区内成矿地质背景研究水平的提高。

第三节　工作过程

一、成矿地质背景研究与编图工作的指导思想

成矿作用是地质作用的组成部分，各种矿产是产于一定地质背景的特殊地质体，受地质构造环境制约和各种地质作用与地质因素的控制。按照全国矿产资源潜力评价总体技术路线，成矿地质背景研究就是要分析控制矿产形成与分布的地质构造环境，研究控矿地质因素及成矿的岩石建造与构造的形成和分布特征，实施地质类比预测。

成矿地质背景研究与编图工作的指导思想是以板块构造理论和大陆动力学思维为主要指导，以多岛弧盆系观点为切入点，运用大地构造相分析方法，研究中国大陆形成演化过程中地壳块体离散、汇聚、碰撞、造山等过程的大地构造环境及其与成矿的时空关系，从洋陆转换过程中的大地构造环境变迁理解中国大地构造形成演化的基本特征，为成矿地质背景、成矿地质条件、成矿规律与矿产预测和资源预测勘查评价提供成矿大地构造环境与构造演化阶段的宏观背景。

现今中国大陆为一个主要由华北、塔里木、扬子三大陆块和多个地块、造山系镶嵌组成的复式大陆。自太古宙以来，中国大陆经历了多次洋陆转换、增生、碰撞聚集后，才形成稳定陆块区的复杂演化历程，形成了以华北、塔里木、扬子为核心的陆块区，在全球构造中独具特色，其大地构造演化既与全球构造演化密切相关，也有其独特的地质构造演化特征。中国大陆演化历史中，在华北、扬子、塔里木三大陆块区的大陆边缘经历了古亚洲、特提斯和滨太平洋大洋岩石圈多岛弧盆系构造向大陆岩石圈构造转换形成造山系的演化历程。因此，确认反映大洋岩石圈构造体制向大陆岩石圈构造体制转换演化过程中的板块构造环境便构成划分大地构造单元演化的主要依据。

江苏省及上海市区域上涵盖了华北与扬子两大陆块区内及其间由一系列不同时期的多岛弧盆系转化形成的苏鲁造山带等构造单元，这是本次编图过程中对江苏大陆构造形成演化过程中发生的板块构造环境变化和地质演化的基本思维。

这种从大地构造环境对大陆构造形成演化的基本特征，较圆满地解释了大陆构造形成演化过程中发生的板块构造环境变化和地质演化历程。这也是编图工作中进行大地构造相研究的基本依据和思路。

二、成矿地质背景研究与编图工作的基本原则

以编制各种专题图件为主要表达形式，是此次工作的技术要求。工作内容包括两个方面：一是开展区域成矿地质构造研究，编制建造构造图及大地构造相图等，藉以分析与区域成矿相关联的大地构造环境与演化过程，为成矿规律与矿产预测确定的具体矿产预测类型提供成矿地质构造格架、环境与构造演化阶段等背景资料，提供某类矿产预测类型的宏观前提。二是开展预测工作区成矿地质作用研究，编制矿产预测地质构造专题底图。在成矿地质作用范围内，分析具体矿产预测类型的成矿地质条件和控矿地质构造因素（即地质构造预测要素），研究地质作用与成矿关系，为矿产预测提供地质构造专题工作底图。

根据《成矿地质背景研究工作技术要求》，大地构造相图是在大地构造相研究的基础上，通过编制大地构造相图及其相关的综合图件，直观和系统地表现不同级别的大地构造相空间分布、相互关系及其演

化历史的成果图件，同时也要满足矿产资源潜力预测评价工作的需求。大地构造相研究是现阶段认识理解成矿地质背景的切入点，是探索理解大陆地质演化规律及打开大陆动力学之门的一把钥匙。在建造构造图的基础上编制的大地构造相图，是反映大地构造环境及其演化的综合性图件。因此编制大地构造相图时，应遵循以下基本原则：

(1)以新的视角坚持自主创新，既符合全国矿产资源潜力评价的总体思路和我国现阶段的工作实际，又要考虑进行国际对比和交流的原则。在对大地构造相定义时既要有传承性，又要有新的创意性。

(2)坚持全国统一思想、统一方法和统一标准的原则，图面各类地质要素的标示均按有关技术要求进行，对某些重要的特殊地质体，可采用夸大的方法表示。

(3)大地构造相图的编制应以沉积岩、火山岩、侵入岩、变质变形及其物化遥(物探、化探、遥感)的研究为基础。以各专业(沉积岩、火山岩、侵入岩、变质岩、大型变形构造等)的大地构造专题工作底图为大地构造相图的实际材料图。

(4)大地构造相单元的划分，应充分利用已有的基础地质调查和科研成果，任何一个相单元的划分及其边界的圈定都要有相应的判定依据。

(5)大地构造相综合演化过程和阶段划分时，在时间尺度表述上要尽可能具体，在前人习惯的基础上，最好用相应的地质时代或同位素年代表示其演化过程及其演化阶段。

(6)每个大地构造单元都要进行纵、横向结构特征的综合研究，加上时间尺度上的演化进程的研究，构成一个完整的四维空间整体。

(7)充分利用基础地质及其物化遥解译等方面的成果资料，为矿产资源预测提供更加丰富的综合地质信息。

(8)力求主图、辅图、图例及相应文字说明结构合理，配置得当，整洁美观。

(9)图件在突出专业内容的基础上，应充分考虑到社会服务功能。

(10)计算机编图过程中应严格遵照中国地质调查局制定的《地质图空间数据库建库工作指南》有关要求执行。

大地构造相图与建造构造图的图形基本上是一致的，最主要的不同点是编图比例尺不同，存在一个缩编的过程；除四大岩类的构造岩石组合内容外，需将不同类型构造岩石组合进行分析，归并出不同级别的大地构造相单元；通过相单位的分析要总结出构造分区。因此，大地构造相图是地质构造综合研究成果的一个集成表达，是本次工作的纲。

三、成矿地质背景研究与编图工作的基本流程

成矿地质背景研究总体技术路线是以板块构造理论为指导，以研究大陆块体离散、汇聚、碰撞、造山的大陆动力学过程为主线，以大地构造相分析为基本方法，以成矿地质构造要素为核心内容，以编制专题图件为主要途径。其中成矿地质背景研究的编图工作主要为两个方面：一是编制 1∶25 万建造构造图和省级大地构造相图，为省级地质背景研究服务；二是编制 1∶5 万或 1∶25 万专题预测底图，为矿产潜力预测提供底图。编图工作的理论基础是以大地构造相分析为基本方法，突出地球动力学研究主线，将大地构造相分析贯穿地质构造研究工作，从地质建造与构造实体出发，剖析地质作用的时间、空间、物质组成及其动力学环境，研究它与成矿的关系；研究内容以成矿地质构造预测要素为核心内容，根据矿产预测需要提出的成矿地质构造预测要素综合分类方案，划分为沉积建造/沉积作用、岩相古地理/构造古地理/建造古构造、第四纪沉积类型与地貌、火山建造/火山作用、火山岩相构造/火山构造、岩浆建造/岩浆作用、侵入岩浆构造、变质建造/变质作用、变质变形构造、大型变形构造、大地构造位置、大地构造演化阶段 12 个Ⅰ级预测要素和若干个Ⅱ级预测要素，构成了成矿地质背景研究以成矿地质构造预测要素为核心的研究内容，具体操作方法是以编制专题图件为主要的技术途径。

(1)开展区域成矿地质构造研究，编制建造构造图及大地构造相图等。分析成矿的区域大地构造环

境与演化过程，为成矿规律与矿产预测确定的具体矿产预测类型提供成矿地质构造格架、环境与构造演化阶段等背景资料，提供某类矿产预测类型的宏观前提。

(2)开展预测工作区成矿地质作用研究，编制矿产预测地质构造专题底图。在成矿地质作用范围内，分析具体矿产预测类型的成矿地质条件和控矿地质构造因素(即地质构造预测要素)，研究地质作用与成矿关系，为矿产预测提供地质构造专题工作底图。

根据《地质构造研究工作技术要求》，成矿地质背景研究工作流程总体上包括以下各类具体工作过程(图1-4)：

(1)资料收集整理。

(2)设计编制工作。

(3)初步划分大地构造分区和地层分区。

(4)对1∶5万、1∶20万、1∶50万等不同比例尺的地质图数据库和工作程度数据库(区调)进行维护。

(5)分幅编制1∶25万地质构造研究工作实际材料图并建立数据库。

(6)研究成矿地质背景，分幅编制1∶25万大地构造相图并建立数据库。

(7)在1∶25万分幅大地构造相图的基础上，编制1∶50万沉积岩、火山岩、侵入岩、变质岩和大型变形构造专题底图和全省大地构造相图并建立数据库。

(8)按照矿床预测类型和矿产预测方法类型编制不同预测区不同类型矿产的预测底图，并建立数据库(要求比例尺大于1∶25万)。

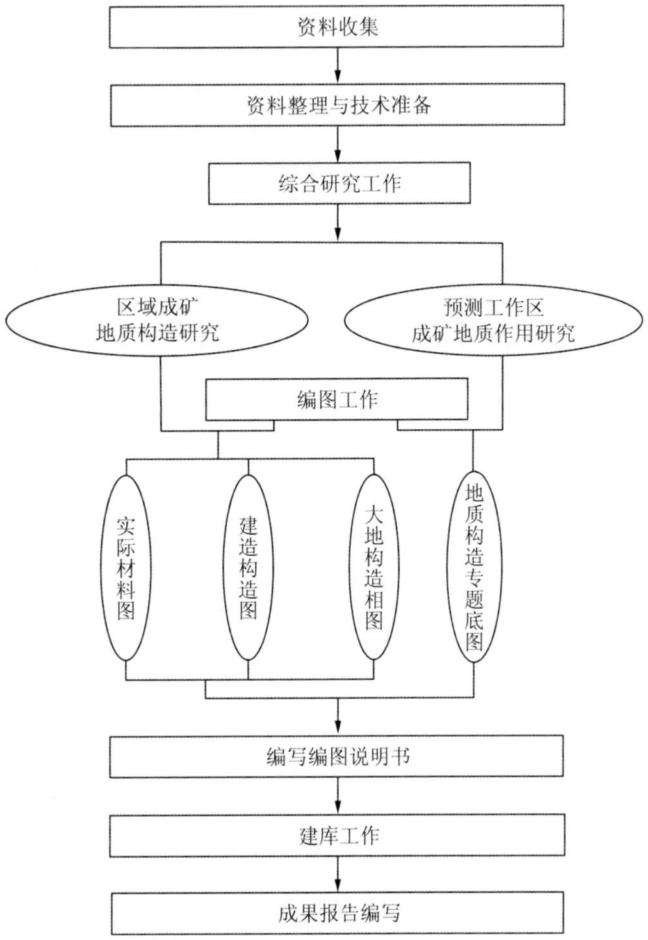

图1-4　成矿地质背景研究工作流程

(9)总结全省矿产成矿地质背景研究工作并编写成果报告。

其中大地构造相图是反映大地构造环境及其演化的综合性图件，其编图基础是 1∶50 万建造构造图，首先据建造构造图编制大地构造相沉积、火山、侵入、变质、大型变形构造五要素图和构造岩石组合图，在上述专题图件的基础上根据大地构造相的综合研究与分析对比，编制大地构造相图。1∶50 万省级大地构造相图编图工作流程如下(图 1-5)：

(1)省级 1∶25 万实际材料图、1∶25 万建造构造图、1∶50 万建造构造图和构造岩石组合图是 1∶50万大地构造图的“实际材料图”。

(2)以省级 1∶50 万建造构造图和构造岩石组合图为基础进行缩编，形成大地构造相图的编图底图。

(3)开展五要素专题研究和综合地质构造研究，确定不同级别的大地构造相单元。

(4)分析大地构造演化阶段，编制不同阶段构造演化示意图。

(5)开展大地构造相分析，编制大地构造相时空结构图与大地构造相图。

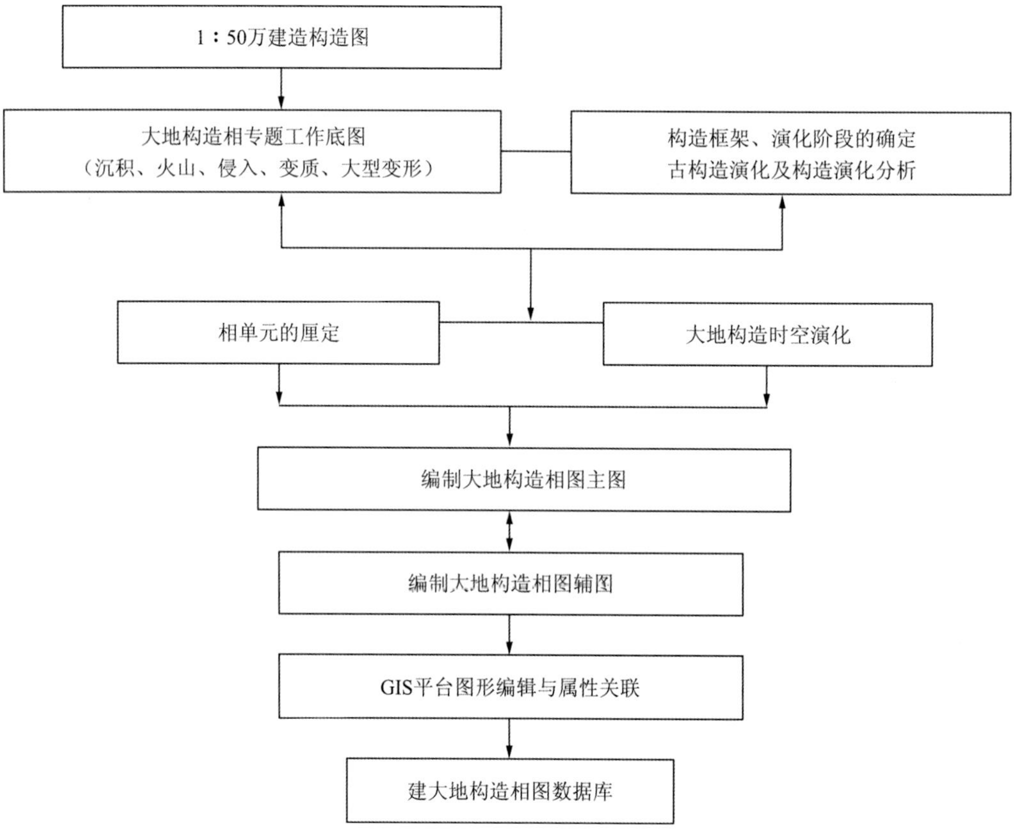

图 1-5　大地构造相图编图流程

第二章　沉积岩建造组合与构造古地理

江苏省及上海市地跨华北陆块区、苏鲁造山带（秦岭造山带东段）、扬子陆块区三大地质构造单元，地质背景复杂，地质内容丰富。各单元的地质构造发展历史、岩浆活动和矿产的形成存在明显的差异：郯庐断裂带以西为华北陆块区南缘，以新太古代泰山岩群为基底，沉积地层、岩浆岩、构造和矿产属华北型；郯庐断裂带和响淮断裂带之间为苏鲁造山变质带南缘，分布着东海岩群、锦屏岩群、张八岭岩群、云台岩群等变质岩石，其变质地层、变质作用和矿产特征等可与大别-秦-祁-昆造山带相对比；响淮断裂南东为扬子陆块区，区内属下扬子陆块东端，其基底组成、盖层沉积、岩浆活动、构造形式、矿产分布都有别于上述两地区，以扬子型为特征。

一、华北陆块区

江苏省西北部以郯庐断裂带为界，属华北地层大区，区内地层发育较完整，出露较齐全，新太古代泰山岩群组成基底，缺失古—中元古代地层，新元古代至古生代地层（缺上奥陶统至下石炭统）组成盖层沉积，与基底不整合接触，中生代与古近纪地层主要为断陷盆地沉积，各时代地层间呈整合或假整合关系，在徐州—铜山—邳县—睢宁一带构成低山丘陵。

二、苏鲁造山带

苏鲁造山带位于郯庐断裂带与响淮断裂之间，区内地层发育具一老一新的特点，主要由新太古代—元古宙变质地层和中新生代沉积地层组成。变质地层主要由新太古代—古元古代东海岩群，中元古代锦屏岩群、张八岭岩群，古—中元古代云台岩群、新元古代石桥岩组组成，共同组成区内变质基底；区内缺失古生代至侏罗纪地层，局部断陷盆地中自白垩纪开始沉积有中新生代地层。

三、扬子陆块区

扬子陆块区以江南断裂为界，分为下扬子地层分区和江南地层分区，其中以下扬子地层分区地层发育较齐全，保存较好。区内最老地层为中元古代埤城岩群（年龄约 14Ga），为一套以变中基性火山岩系为主的地层，上溪岩群（年龄 14～10Ga）主要为一套千枚状泥砂质浅变质岩系，金山岩群（年龄为 11.23Ga）为一套绿片岩-大理岩夹斜长角闪岩变质建造，它们共同组成了扬子板块的浅变质基底；震旦纪至早三叠世地层以浅海相碎屑岩与碳酸盐岩相间为主，组成沉积盖层，厚度万米以上；中三叠世至中侏罗世在陆相湖盆中沉积了碎屑岩夹含煤层；早侏罗世至白垩纪主要以山间断陷型盆地发育为特征，沉积了杂色碎屑岩-火山岩-红色碎屑岩；古近纪到新近纪主要于断拗盆地内沉积了大量的红色碎屑岩夹火山岩。

第一节　构造-地层分区和岩石地层格架

一、构造-地层分区

江苏省岩石地层的南北差异，早为老一辈地质学家所揭示，最早以宁镇地区地层系统为南方地层的代表，以连云港、徐州地区地层系统为北方地层的代表，将江苏岩石地层二分，其分区界线早期为响淮断裂，后改为海泗断裂。

1989 年孙竟雄等在开展江苏省大地构造及其演化的综合研究时，提出了秦岭褶皱系大别-苏胶褶皱带在江苏省大地构造演化中的重要地位，首次将江苏大地构造单元分为中朝准地台、大别-苏胶褶皱带和扬子准地台三部分，相应的岩石地层区划也初步进行了三分。

孙竟雄关于江苏省大地构造分区方案已在实践中为大家广为接受，逐渐成为江苏省大地构造分区研究的主流方案，但对应的岩石地层区划方案仍存在较大的争议。本次工作强调各陆块的大地构造属性和基底构造对沉积盖层的控制，孙竟雄的研究将岩石地层区划方案与大地构造分区方案统一，更能反映江苏省的大地构造和岩石地层的内在联系，故工作中确定的构造-地层分区拟以孙竟雄的分区方案为基础，结合《江苏省岩石地层》中的分区方案进行修订，主要是以郯庐断裂、响淮断裂为界将省内岩石地层分为华北地层大区、苏鲁地层大区、华南地层大区三部分（图 2-1），并对分区划分进行了相应的调整。各区发育地层如表 2-1 所示。

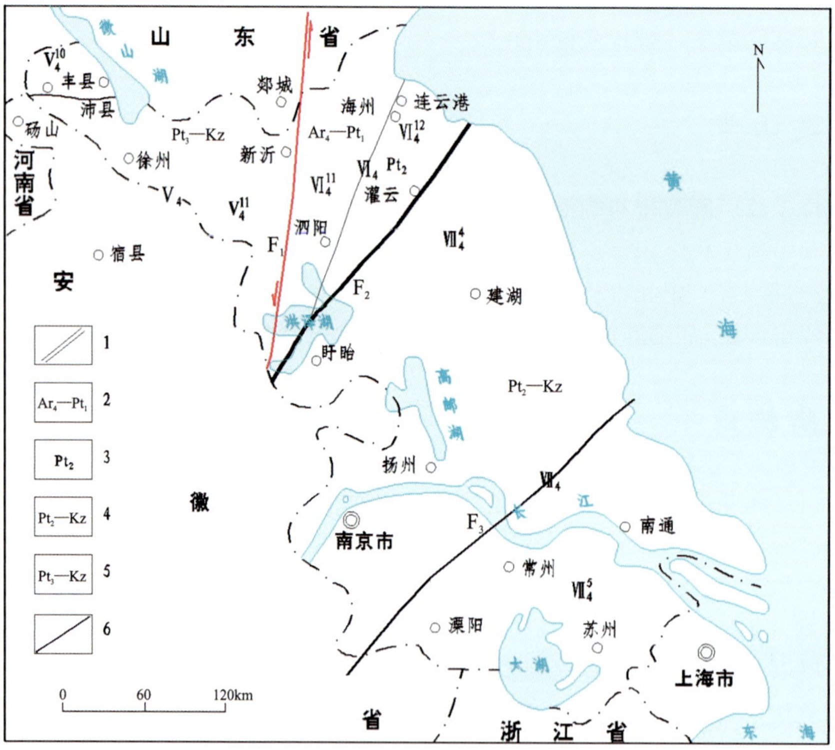

图 2-1　江苏省及上海市地层分区图（根据《江苏省岩石地层》修改，1997）

1. 地层大区界线；2. 新太古界—古元古界；3. 中元古界；4. 中元古界—新生界；5. 新元古界—新生界；6. 地层区界线。华北地层大区（Ⅴ）晋冀鲁豫地层区（$Ⅴ_4$）；鲁西地层分区（$Ⅴ_4^{10}$）；徐淮地层分区（$Ⅴ_4^{11}$）；苏鲁地层大区（Ⅵ）苏鲁地层区（$Ⅵ_4$）；东海地层分区（$Ⅵ_4^{12}$）；连云港地层分区（$Ⅵ_4^{13}$）。F_1. 郯庐断裂；F_2. 响淮断裂；F_3. 江南断裂

表 2－1　江苏省及上海市岩石地层划分对比表

地质时代			年代地层			岩石地层					
						华北地层大区		苏鲁地层大区		华南地层大区	
						晋冀鲁豫地层区		苏鲁地层区		下扬子地层区	
代	纪	世	界	系	统	鲁西地层分区	徐淮地层分区	东海地层分区	连云港地层分区	苏皖地层分区	江南地层分区
新生代	第四纪	全新世	新生界	第四系	全新统	Qh	Qh	Qh	Qh	Qh	Qh
		更新世			更新统	Qp	Qp	Qp	Qp	Qp	Qp
	新近纪	上新世		新近系	上新统	宿迁组 N_2s	宿迁组 N_2s	盐城组 $N_{1-2}y$		方山组 N_2f	盐城组 $N_{1-2}y$
		中新世			中新统	下草湾组 N_1x	下草湾组 N_1x			雨花台组 $N_{1-2}y$	
										洞玄观组 N_1d	
	古近纪	渐新世		古近系	渐新统	官庄群 $E_{2-3}G$	官庄群 $E_{2-3}G$	三垛组 $E_{2-3}s$		三垛组 $E_{2-3}s$	三垛组 $E_{2-3}s$
		始新世			始新统			戴南组 E_2d		戴南组 E_2d	戴南组 E_2d
		古新世			古新统			阜宁组 E_1f		阜宁组 E_1f	阜宁组 E_1f
								泰州组 E_1t		泰州组 E_1t	泰州组 E_1t
中生代	白垩纪	晚白垩世	中生界	白垩系	上白垩统	王氏群 K_2W	王氏群 K_2W	王氏群 K_2W		赤山组 K_2c	赤山组 K_2c
										浦口组 K_2p	浦口组 K_2p
		早白垩世			下白垩统	青山群 K_1Q	青山群 K_1Q			甲山火山岩锥 jvb 娘娘山火山岩锥 nvb 上党火山岩带 svb 姑山火山岩锥 gvb 葛村组 K_1g	寿昌组 J_3K_1s
						莱阳群 K_1L	莱阳群 K_1L				
	侏罗纪	晚侏罗世		侏罗系	上侏罗统	三台组 J_3s	三台组 J_3s			大王山组 J_3d	
										龙王山组 J_3lw	黄尖组 J_3h
										西横山组 J_3x	劳村组 J_3l
		早中侏罗世			下中侏罗统					象山群 $J_{1-2}Xn$	

续表 2-1

地质时代			年代地层			岩石地层					
						华北地层大区		苏鲁地层大区		华南地层大区	
						晋冀鲁豫地层区		苏鲁地层区		下扬子地层区	
代	纪	世	界	系	统	鲁西地层分区	徐淮地层分区	东海地层分区	连云港地层分区	苏皖地层分区	江南地层分区
中生代	三叠纪	晚三叠世	中生界	三叠系	上三叠统					范家塘组 T_3f	
		中三叠世			中三叠统					黄马青组 T_2h	
										周冲村组 T_2z	
		早三叠世			下三叠统					青龙组 T_1q	
古生代	二叠纪	晚二叠世	古生界	二叠系	上二叠统	石千峰组 P_3sh	石千峰组 P_3sh			大隆组 P_3d	长兴组 P_3c
		中二叠世			中二叠统	石盒子组 P_2s	石盒子组 P_2s			龙潭组 P_2l	
		早二叠世			下二叠统	山西组 P_1s	山西组 P_1s			孤峰组 P_1g	
										栖霞组 P_1q	
	石炭纪	晚石炭世		石炭系	上石炭统	太原组 C_2t	太原组 C_2t			船山组 C_2c	
						本溪组 C_2b	本溪组 C_2b			黄龙组 C_2h	
		早石炭世			下石炭统					老虎洞组 $C_{1-2}l$	
										和州组 C_1h	
										高骊山组 C_1g	
										金陵组 C_1j	
	泥盆纪	晚泥盆世		泥盆系	上泥盆统					五通组 D_3w	
		中泥盆世			中泥盆统						
		早泥盆世			下泥盆统						
	志留纪	晚志留世		志留系	上志留统						
		中志留世			中志留统					茅山组 S_2m	唐家坞组 S_2t
		早志留世			下志留统					坟头组 S_1f	康山组 $S_{1-2}k$
										高家边组 O_3S_1g	

续表 2－1

地质时代			年代地层			岩石地层					
						华北地层大区		苏鲁地层大区		华南地层大区	
						晋冀鲁豫地层区		苏鲁地层区		下扬子地层区	
代	纪	世	界	系	统	鲁西地层分区	徐淮地层分区	东海地层分区	连云港地层分区	苏皖地层分区	江南地层分区
古生代	奥陶纪	晚奥陶世	古生界	奥陶系	上奥陶统					高家边组 O_3S_1g	长坞组 O_3c
										汤头组 $O_{2-3}t$	黄泥岗组 O_3h
		中奥陶世			中奥陶统	马家沟组 $O_{1-2}m$	马家沟组 $O_{1-2}m$			汤山组 O_2t	砚瓦山组 O_2yw
		早奥陶世			下奥陶统					牯牛潭组 $O_{1-2}g$	牯牛潭组 $O_{1-2}g$
										大湾组 O_1d	大湾组 O_1d
						贾汪组 O_1j	贾汪组 O_1j			红花园组 O_1h	红花园组 O_1h
						三山子组 O_1s	三山子组 O_1s			仑山组 O_1l	仑山组 O_1l
	寒武纪	晚寒武世		寒武系	上寒武统	炒米店组 $\in_3c$	炒米店组 $\in_3c$			观音台组 $\in_3O_1g$	超峰组 $\in_3cf$
		中寒武世			中寒武统	张夏组 $\in_2z$	张夏组 $\in_2z$			炮台山组 $\in_2p$	杨柳岗组 $\in_2y$
						馒头组 $\in_{1-2}m$	馒头组 $\in_{1-2}m$				
		早寒武世			下寒武统		昌平组 $\in_1c$			幕府山组 $\in_1m$	大陈岭组 $\in_1d$
							猴家山组 $\in_1h$			荷塘组 $\in_1ht$	超山组 $\in_1c$
新元古代	震旦纪	晚震旦世	新元古界	震旦系	上震旦统		金山寨组 Z_2j			灯影组 Z_2d	灯影组 Z_2d
		早震旦世			下震旦统			石桥岩组 Z_1s		黄墟组 Z_1h	蓝田组 Z_1l
	南华纪	晚南华世		南华系	上南华统					苏家湾组 Nh_2s	南沱组 Nh_2n
		早南华世			下南华统					周岗组 Nh_1z	休宁组 Nh_1x

续表 2-1

<table>
<tr><th colspan="3">地质时代</th><th colspan="3">年代地层</th><th colspan="7">岩石地层</th></tr>
<tr><th rowspan="3">代</th><th rowspan="3">纪</th><th rowspan="3">世</th><th rowspan="3">界</th><th rowspan="3">系</th><th rowspan="3">统</th><th colspan="3">华北地层大区</th><th colspan="2">苏鲁地层大区</th><th colspan="2">华南地层大区</th></tr>
<tr><th colspan="3">晋冀鲁豫地层区</th><th colspan="2">苏鲁地层区</th><th colspan="2">下扬子地层区</th></tr>
<tr><th>鲁西地层分区</th><th colspan="2">徐淮地层分区</th><th>东海地层分区</th><th>连云港地层分区</th><th>苏皖地层分区</th><th>江南地层分区</th></tr>
<tr><td rowspan="11">新元古代</td><td rowspan="11">青白口纪</td><td rowspan="11">晚青白口世</td><td rowspan="11">新元古界</td><td rowspan="11">青白口系</td><td rowspan="11">上青白口统</td><td rowspan="13"></td><td rowspan="11">淮河群</td><td>望山组 Pt_3ws</td><td rowspan="15"></td><td rowspan="9"></td><td rowspan="14"></td><td rowspan="13"></td></tr>
<tr><td>史家组 Pt_3s</td></tr>
<tr><td>魏集组 Pt_3w</td></tr>
<tr><td>张渠组 Pt_3zh</td></tr>
<tr><td>九顶山组 Pt_3jd</td></tr>
<tr><td>倪园组 Pt_3n</td></tr>
<tr><td>赵圩组 Pt_3z</td></tr>
<tr><td>贾园组 Pt_3jy</td></tr>
<tr><td>城山组 Pt_3c</td></tr>
<tr><td>新兴组 Pt_3x</td><td rowspan="4">云台岩群 $Pt_{2-3}Y$</td></tr>
<tr><td>兰陵组 Pt_3l</td></tr>
<tr><td rowspan="4">中元古代</td><td rowspan="2">蓟县纪</td><td>晚蓟县世</td><td rowspan="4">中元古界</td><td rowspan="2">蓟县系</td><td>上蓟县统</td><td colspan="2" rowspan="6"></td></tr>
<tr><td>早蓟县世</td><td>下蓟县统</td></tr>
<tr><td rowspan="2">长城纪</td><td>晚长城世</td><td rowspan="2">长城系</td><td>上长城统</td><td rowspan="4"></td><td rowspan="2">张八岭岩群 Pt_2Z
锦屏岩群 Pt_2J</td><td>金山岩群 Pt_2Js</td></tr>
<tr><td>早长城世</td><td>下长城统</td><td>埤城岩群 Pt_2P</td><td>上溪岩群 Pt_2S</td></tr>
<tr><td rowspan="2">古元古代</td><td>滹沱纪</td><td></td><td rowspan="2">古元古界</td><td>滹沱系</td><td></td><td rowspan="3">东海岩群 Ar_4Pt_1D</td><td rowspan="4">?</td><td rowspan="4">?</td><td rowspan="4">?</td></tr>
<tr><td></td><td></td><td></td><td></td></tr>
<tr><td>新太古代</td><td></td><td></td><td>新太古界</td><td></td><td></td><td rowspan="2">泰山岩群 $Ar_{3-4}T$</td><td colspan="2" rowspan="2">泰山岩群 $Ar_{3-4}T$</td></tr>
<tr><td>中太古代</td><td></td><td></td><td>中太古界</td><td></td><td></td><td>?</td></tr>
</table>

二、岩石地层格架

岩石地层格架是指岩石地层在空间中的展布形式，是地质体结构和空间排列特征、几何形态等的描述性格架。下面分别就3个构造单元对江苏省岩石地层格架进行论述。

（一）晋冀鲁豫地层区

以郯庐断裂带为界，江苏省北部属华北地层大区晋冀鲁豫地层区。区内最老的地层为新太古代泰山岩群，仅见于丰沛近东西向断隆带的钻孔中，为一套中深程度区域变质杂岩，岩性以斜长角闪岩、黑云变粒岩类为主，夹角闪变粒岩、透闪阳起片岩、变质砾岩和石榴石英岩等变质表壳岩类，以遭受低角闪岩相为主的区域变质为特征。

新元古代青白口纪淮河群仅分布于郯庐断裂带以西的徐淮地区邳县、睢宁一带，为一套独特的未变质浅海相碎屑岩和碳酸盐岩，区域上不整合于泰山岩群变质岩之上，沉积建造自下而上为碎屑岩-碳酸盐岩-碎屑岩，岩性主要有石英砂岩、页岩、砂质泥灰岩、灰岩、白云岩等，属一套陆表海（或浅海陆架）沉积环境下的沉积产物，总厚度达5000余米。

寒武纪—中奥陶世地层主要为碳酸盐岩夹碎屑岩，发育较齐全，主要分布于徐州复式背向斜的核部或翼部，构成徐州地区的主要山体。寒武纪地层自下而上由紫红色页岩与泥灰岩、砂岩、灰岩相互交替到以碳酸盐岩为主，属海陆交互相沉积，发育地层有猴家山组、昌平组、馒头组、张夏组、炒米店组；早中奥陶世地层主要为碳酸盐岩，属陆表海-浅海台地相沉积，总厚度达1500m左右，发育地层有三山子组、贾汪组、马家沟组等。

区域上缺失晚奥陶世—志留纪—泥盆纪—早石炭世地层。

区内晚石炭世—二叠纪沉积了海陆交互相含煤岩系及陆相红色碎屑岩地层，主要分布于徐州地区，地表仅见零星露头，自下而上沉积建造为海陆交互相-陆相-河湖相，区域残留厚度800～1600m，是徐州地区主要含煤岩系，发育地层有本溪组、太原组、山西组、石盒子组、石千峰组等，其中石炭纪太原组和二叠纪山西组是区内主要含煤层位。

中生代晚侏罗世—白垩纪地层主要分布于丰沛东西向断隆带的两侧、铜邳睢地区北东向断陷盆地以及新沂-宿迁郯庐断裂带内部，主要由陆相碎屑岩及中酸性火山岩组成，属山间断陷盆地沉积，沉积建造由早期红色类磨拉石建造、陆源碎屑岩及火山岩建造到晚期红色磨拉石建造，总厚度大约3900m。其中，晚侏罗世地层仅发育有三台组，岩性以紫红色砂岩、粉砂岩、砾岩为主；白垩纪莱阳群为一套河湖相沉积，岩性以薄层状粗砂岩、砂岩、页岩为主；青山群为一套火山岩系，以中基性与酸性火山岩相间为特征，间夹正常沉积岩层；王氏群为一套红色粗碎屑沉积，岩性以红色砂砾岩为主夹白色含砾砂岩、灰绿色泥岩、泥质粉砂岩。

省域内古近纪、新近纪地层出露零星，钻孔揭露较为齐全，以陆相碎屑岩为主，夹少量基性火山岩，属断陷盆地型沉积。古近纪地层分布范围局限于丰县欢口与黄口拗陷以及四户拗陷内，属一套内陆河湖相为主沉积建造，沉积厚度变化较大，最大可达800余米，苏北地区的石膏、石盐矿均位于这套地层内。新近纪地层仅分布于丰沛、睢宁、新沂、宿迁、泗洪等地断陷槽地内，沿马陵山—重岗山可见零星出露，属一套河湖相黏土岩-粗碎屑岩沉积建造，各地厚度变化较大，一般50～120m，最大可达250余米。

本区第四系较发育，低山丘陵区外围主要分布中上更新统棕红色、褐黄色黏土，厚度一般几米至10余米。平原区主要分布全新统灰黄色亚砂土、黏土及亚黏土和粉砂，深部有更新统堆积。

（二）苏鲁地层区

苏鲁地层区（苏鲁造山带）位于郯庐断裂带与响淮断裂之间，主要由新太古代—元古宙变质地层和中新生代沉积地层组成，区内缺失古生代至侏罗纪地层，局部断陷盆地中自白垩纪开始沉积有中新生代沉积地层。

新太古代—古元古代地层主要为东海岩群变质表壳岩系，出露于东海、赣榆一带，岩性主要有石英岩类、大理岩类、片岩类、变粒岩和浅粒岩类等，含大山沟组、摩天岭组、演马场组和武强山组等岩组。该岩群由于变质变形强烈，原岩面貌大多已被改造，难以辨别，呈孤岛状、透镜体状、瘤状、似层状漂浮于变质深成侵入岩中，层序不清，发育厚度不明，与变质暗色岩类、变质深成侵入岩一起构成强烈变质变形构造混杂岩——东海杂岩。东海杂岩以普遍经历了榴辉岩相-低角闪岩相变质作用改造和强烈变形为特征。

中元古代锦屏岩群地表主要见于连云港锦屏山、云台山一带，在大浦、滥洪、洋河等地钻孔中也有分布，主要为一套经历高绿片岩相变质作用的以绿色片岩系、变粒岩类为主，夹大理岩-磷灰石岩的沉积变质组合，是海州式磷矿的赋矿层位。岩性主要由白云钠长变粒岩、含磷大理岩、大理岩、磷灰岩、绿泥云母片岩，夹石英岩、石英片岩等组成，底部以含砾白云石英片岩与东海杂岩中的朐山花岗片麻岩呈构造不整合接触。

中元古代张八岭岩群主要分布于泗阳—盱眙一线，多被覆盖，出露较少，为一套浅变质岩系，其下以千枚岩、大理岩为主，其上以各种类型片岩为主，夹少量变粒岩，总厚大于 2475m。原岩为一套细碧-石英角斑岩，属海底火山喷发-沉积岩系，经低压绿片岩相区域变质作用改造。

中新元古代云台岩群分布于连云港市云台山区及南部淮阴至灌云一带，岩石组合以变粒岩和浅粒岩为主，夹有白云石英片岩、蓝晶石石英片岩及薄层石英岩，为一套中酸性—酸性火山-碎屑沉积的变质产物，已有资料表明其叠置厚度大于 3400m。云台岩群以低绿片岩相变质为特征，与下伏锦屏岩群为受后期韧性剪切带改造的平行不整合接触。

新元古代石桥岩组仅分布于赣榆石桥一带，为一套浅变质地层，岩性上部以变质白云长石砂岩为主，中部以变质二云长石砂岩及石英岩状砂岩为主，下部则以变质含砾长石砂岩和变质长石砂岩、二云千枚岩为主，厚度大于 365m。该岩组呈透镜状、似层状漂浮于变质深成侵入岩中，以变质浅为特征，与区内中新元古代其他层位关系不明。

白垩纪前苏鲁造山带长期隆起剥蚀，缺失沉积，白垩纪始于断陷盆地之中，沉积有青山群、王氏群地层。

青山群局限于断陷盆地之中，主要分布于东海县欢墩埠西侧一带，为一套不整合于王氏群之下的火山岩系，以中—基性与酸性火山岩相间为特征，间夹正常沉积岩层。

王氏群广泛分布于沭阳盆地，在赣榆欢墩、墩尚、青湖等地也有零星分布，受北北东向、北东向、近东西向断陷盆地所控制，主要为一套红色粗碎屑沉积，岩性以红色砂砾岩为主夹白色含砾砂岩、灰绿色泥岩、泥质粉砂岩，其底部与青山群呈角度不整合接触。

新生代地层主要分布于沭阳盆地等局部拗陷中。古近纪地层自下而上分为泰州组、阜宁组、戴南组、三垛组，以湖泊相碎屑岩为主，由一套细碎屑的砂泥岩等组成；新近纪地层主要为盐城组，分布范围较渐新世有所扩大，由一套冲积相、湖相堆积碎屑岩组成，地层总厚度在 0～4000m 不等，与下伏地层呈平行不整合—不整合接触。区内第四纪地层分布广泛，更新统为冲积、洪积、残坡积砂黏土、黏砂土、砂砾层，全新统为冲积、湖沼积、海积砂黏土、粉砂、砂砾层。

（三）下扬子地层区

江苏省内响淮断裂以南为华南地层大区下扬子地层区，以江南断裂为界，分为苏皖地层分区和江南地层分区。区内最老地层为中元古代地层，其中埤城岩群在镇江埤城地区由局部钻孔揭露，岩性由斜长变粒岩、黑云斜长变粒岩、斜长黑云变粒岩、绿帘阳起片岩、长石石英片岩等组成，下部混合岩化明显，原岩为碎屑岩和基性—中酸性火山岩，属火山-浅海沉积建造，所见厚度大于 480m。

中元古代上溪岩群在区内未有揭露，据地球物理和邻区资料推测，苏州—上海一带基底主要由上溪岩群组成，为一套千枚状泥砂质浅变质岩系，其变质程度较浅，其原岩多为泥砂质沉积岩。岩石中鲍马层序发育，浊流沉积特征明显，可能为成熟度较高的弧后盆地浊流沉积。

中元古代金山岩群主要分布于上海南部地区，岩性主要由云母片岩、斜长角闪岩及斜长片麻岩、云母石英片岩组成，经历了绿片岩相变质作用，为一套绿片岩-大理岩夹斜长角闪岩、变粒岩、浅粒岩变质建造，原岩可能以浅海相碳酸盐岩、细碎屑岩为主，夹玄武质凝灰岩、流纹岩等，其 Rb－Sr 等时线年龄为 1123±27Ma。

区内南华纪周岗组(休宁组)、南沱组(苏家湾组)主要分布于江浦及埤城等地，厚度达 1000m，与下伏地层为不整合接触。周岗组为一套浅变质陆相砂页岩系，由千枚岩、千枚状砂岩等组成；苏家湾组为浅变质陆相冰碛岩系，以含砾砂质千枚岩为主，局部夹变质安山岩透镜体。

区内震旦系黄墟组、灯影组主要分布于江浦、埤城及上海南部等地，厚度近 1000m，与下伏地层呈平行不整合接触。黄墟组下部由粉砂质千枚岩、千枚岩、岩屑砂岩、含磷砂岩等组成；上部则为含砂泥质灰岩、灰岩(夹千枚岩)；灯影组则主要由白云岩、白云质灰岩、灰岩等岩石组成。

区内寒武纪地层主要分布于宁镇、宜溧、上海南部等地，自下而上分荷塘组、幕府山组、炮台山组、观音台组(江南地层分区为超山组、大陈岭组、杨柳岗组、超峰组)。区域上该时期地层由泥(页)岩、硅质(页)岩、镁质碳酸盐岩等组成，为海相之沉积。地层厚度多为 1000～1800m，与下伏地层为平行不整合接触。

区内奥陶纪地层见于宁镇、宜溧、上海南部等地，地表出露不甚完整，各地岩性略有差别，自下而上可分仑山组、红花园组、大湾组、牯牛潭组、汤山组、汤头组(江南地层分区为仑山组、红花园组、大湾组、牯牛潭组、砚瓦山组、黄泥岗组、长坞组)。该时期地层为一套碳酸盐岩等沉积，以灰岩、泥质灰岩、白云岩为主，夹页岩及瘤状灰岩。区域地层厚度在 400m 以上，与下伏地层呈整合接触。

区内志留纪地层分布广泛，主要见于江苏省宁镇、茅山、宜溧、苏州、上海南部等地，自下而上分为高家边组、坟头组、茅山组(江南地层分区为康山组、唐家坞组)，以浅海陆棚沉积为主，由一套砂、泥岩等组成，厚度在 1800m 以上，与下伏地层呈整合接触。

区内泥盆纪地层主要分布于宁镇、茅山、宜溧、苏州等地。仅见上泥盆统，统称五通组，由一套成熟度较高的陆相碎屑沉积组成，岩性以石英砂岩、砾岩、页岩及黏土岩为主，厚度在 200m 左右，与下伏地层呈平行不整合接触。

区内石炭纪地层广泛分布于苏南宁镇、宜兴等地区。石炭纪初期，地处开阔台地，沉积了金陵组灰岩；石炭纪中期，全区地处潮坪环境，形成高骊山组砂页岩夹灰岩透镜体、和州组泥灰岩和老虎洞组白云岩；石炭纪后期，全区进入碳酸盐开阔台地，形成黄龙组、船山组灰岩。区域厚度近 200m，与下伏地层呈整合接触。

区内二叠纪地层于苏南地区广泛分布，自下而上分栖霞组、孤峰组、龙潭组、大隆组(江阴—宜兴一线南东为长兴组)。栖霞组、孤峰组主要由灰岩、硅质岩相间组成；龙潭组、大隆组由砂页岩及硅质岩组成，夹煤层及煤线；长兴组由灰岩、白云岩等组成。区域厚度近 400m，与下伏地层呈平行不整合接触。

苏南地区三叠纪地层分布广泛，自下而上分青龙组、周冲村组、黄马青组和范家塘组。青龙组由泥岩、泥灰岩、灰岩组成；周冲村组由膏溶角砾岩、泥灰岩、白云岩、石膏组成；黄马青组及范家塘组则以红色砂页岩为主，夹碳质泥岩及煤层。区域厚度 2000m 以上，与下伏地层呈整合接触。

本区从三叠纪末以后，便进入陆相沉积环境，早—中侏罗世接受河、湖相杂色碎屑沉积(局部有火山喷发)，晚侏罗世便发生大规模火山喷发，多次火山活动堆积形成了中—中基性、部分酸性乃至碱性火山岩。地层组成主要有象山群(钟山组、北象山组)、西横山组(劳村组)、龙王山组(黄尖组)、大王山组等。各地岩性不尽一致，厚度也各不相同，从 0～4000m 不等，与下伏地层为不整合接触。

区内白垩纪仍是陆相河、湖沉积环境，早期延续了晚侏罗世以来的大规模火山喷发，于火山岩盆地中堆积了姑山、上党、娘娘山、甲山火山岩锥等非正式火山岩地层；局部则以山麓相杂色粗碎屑沉积为主，形成了葛村组；白垩纪后期，随地壳上升加快，盆地中以冲洪积河流相粗碎屑沉积为主，形成了浦口组；晚期则以湖相为主沉积了赤山组的红色细碎屑岩。白垩纪地层区域厚度在 0～4000m 之间，与下伏地层为不整合接触。

区内古近纪地层主要沿安徽省天长—江苏省六合—扬州一线以北广泛分布，南部则局限于断陷盆地之中，自下而上分泰州组、阜宁组、戴南组、三垛组，以湖泊相碎屑岩为主，由一套细碎屑的砂泥岩等组成，夹多层玄武岩。厚度在0～4000m不等，与下伏地层呈平行不整合—不整合接触。新近纪地层分布范围较渐新世有所扩大，由一套冲积相、湖相堆积碎屑岩组成。其中沿安徽省天长—江苏扬州一线以北主要为湖相沉积区，组成中—上新世的盐城组；以南为河流相沉积区，由一套砂砾岩、泥岩夹玄武岩层组成，分为洞玄观组、雨花台组、方山组等，厚度在0～500m不等，与下伏地层呈不整合—平行不整合接触。

区内第四系分布广泛，低山丘陵区以河流相为主，平原区以海相-海陆交互相为主，其成因类型多种多样，一般山区为残坡积，丘陵区为洪坡积和冲积，平原区有冲积、海积和海陆交互相堆积，厚度一般数米至数十米，沿海一带最大厚度可达300m。其中下更新统和中更新统分布局限，零星出露于西部低山丘陵地带，上更新统广布于山麓地带和平原地区，全新统各处均有。

第二节　沉积岩建造组合划分及其特征

沉积岩建造组合指在同时代、同沉积相或沉积体系内几类沉积岩建造的自然组合。沉积岩建造组合类型的划分有明确的沉积相和沉积体系归属，因此需要在沉积相分析的基础上划分沉积岩建造组合类型。江苏省及上海市沉积岩建造组合类型划分如表2-2所示。

在沉积岩建造组合类型划分的基础上，进行建造组合类型的原型盆地分析，确定出沉积建造赋存的构造古地理单元及对应的大地构造相归属。

江苏构造地层分属3个区，分别为晋冀鲁豫地层区、苏鲁地层区、下扬子地层区，不同地层区由于在不同时代处于不同的构造古地理单元，发育了不同的大地构造相，因而下面将分3个区来对研究区内沉积岩建造组合类型进行介绍。

一、晋冀鲁豫地层区

晋冀鲁豫地层区在大地构造相单元中属华北板块，在江苏地区发现出露最老沉积地层为新元古代青白口纪沉积地层。整个新元古代，江苏地区处于被动陆缘初始阶段，沉积了大量陆源碎屑及碳酸盐岩沉积物。南华纪之后，地壳运动以垂直升降运动为主，江苏地区处于陆表海沉积环境。石炭纪晚期开始，陆表海环境由于持续进积作用，沉积环境逐渐萎缩，二叠纪逐渐演变为陆内拗陷盆地环境。直到三叠纪印支运动，华北板块与扬子板块碰撞拼合，江苏地区逐渐发展成为环太平洋构造体系下陆内盆地环境，并一直持续到现在。

（一）新元古代被动陆缘相

新元古代，华北板块的东部处于拉张的构造应力背景中，在江苏徐淮地区形成了被动陆缘古地理沉积环境。

徐淮地层小区先后经历了陆棚碎屑岩盆地和陆棚碳酸盐台地两种沉积环境。在陆棚碎屑岩盆地时期，发育了青白口纪黑山官组（Pt_3h）、兰陵组（Pt_3l）、新兴组（Pt_3x）和淮河群中的城山组（Pt_3c），这套沉积物以碎屑岩为主夹有极少量泥晶灰岩，碎屑岩成分主要为页岩、粉砂岩、石英砂岩，厚度近千米，地层中未见火山岩夹层，沉积物特征表现为滨浅海的沉积环境；陆棚碳酸盐岩台地时期发育了淮河群，包括有贾园组（Pt_3jy）、赵圩组（Pt_3z）、倪园组（Pt_3n）、九顶山组（Pt_3jd）、张渠组（Pt_3zq）、魏集组（Pt_3w）、史家组（Pt_3s）、望山组（Pt_3ws）。该套地层以碳酸盐岩沉积为主，包括灰岩、白云岩，另夹少量粉砂岩及页岩，

表 2-2 江苏省(及上海市)沉积岩建造组合类型划分方案

地层区	构造古地理单元				对应大地构造亚相
	二级	三级	四级	五级	
全区	陆内	拗陷盆地	缓坡带	亚砂土-亚黏土组合(Qh)	徐宿拗陷盆地亚相
				砂砾-亚砂土-亚黏土组合(Qp)	
晋冀鲁豫地层区	陆内	无火山岩断陷盆地	缓坡带	河流砂砾岩-粉砂岩泥岩组合(N_2s)	徐宿断陷盆地亚相
		火山-沉积断陷盆地	中央带	河流砂砾岩-泥岩夹玄武岩组合(N_1x)	
		无火山岩断陷盆地	缓坡带	河流砾岩-砂砾岩-粉砂岩组合(K_2W—$E_{2-3}G$)	
		火山-沉积断陷盆地	中央带	大陆伸展环境的安山岩-英安岩组合(K_1Q)	班井-利国同碰撞岩浆杂岩亚相
		无火山岩断陷盆地	缓坡带	湖泊泥岩-粉砂岩组合(K_1L)	
		拗陷盆地	缓坡带	河流砂砾岩-粉砂岩泥岩组合(J_3s)	贾汪拗陷盆地亚相
			缓坡带	湖泊泥岩-粉砂岩组合(P_3sh)	
				河流砂砾岩-粉砂岩泥岩组合(P_1s—P_2s)	
		陆表海	海陆交互障壁陆表海	陆表海海陆交互含煤碎屑岩组合(C_2t)	丰沛、铜山海陆交互陆表海亚相
			陆源碎屑无障壁陆表海	陆表海泥岩-粉砂岩组合(C_2b)	丰沛、铜山碎屑岩陆表海亚相
			碳酸盐岩陆表海	陆表海灰岩组合($O_{1-2}m$)	丰沛、徐淮台地亚相
				陆表海白云岩组合(O_1j)	
				陆表海白云岩组合(O_1s)	
				陆表海灰岩组合($\in_2z$—$\in_3c$)	
			陆源碎屑-碳酸盐岩陆表海	陆表海陆源碎屑-灰岩组合($\in_{1-2}m$)	
			碳酸盐岩陆表海	陆表海灰岩组合($\in_1c$)	
			陆源碎屑-碳酸盐岩陆表海	陆表海陆源碎屑-白云岩组合($\in_1h$)	
			海陆交互障壁陆表海	陆表海泥岩-粉砂岩组合(Z_2j)	

续表 2－2

地层区	构造古地理单元				对应大地构造亚相
	二级	三级	四级	五级	
晋冀鲁豫地层区	被动陆缘	陆棚碳酸盐岩台地	碳酸盐岩台地	台地潮坪-局限台地碳酸盐岩组合(Pt_3ws)	睢宁、邳州外陆棚亚相
				台地陆源碎屑-碳酸盐岩组合(Pt_3s)	
				台地潮坪-局限台地碳酸盐岩组合(Pt_3z—Pt_3w)	
			陆源碎屑-碳酸盐岩台地	台地陆源碎屑-碳酸盐岩组合(Pt_3jy)	
		陆棚碎屑岩盆地	陆棚碎屑滨海	前滨-临滨砂泥岩组合(Pt_3c)	
			陆棚碎屑浅海	远滨泥岩-粉砂岩组合(Pt_3x)	
			陆棚碎屑滨海	海岸沙丘-后滨砂岩组合(Pt_3l)	
				海陆交互砂泥岩夹砾岩组合(Pt_3h)	
苏鲁地层区	陆内	火山-沉积断陷盆地	中央带	大陆伸展环境碱性橄榄玄武岩组合(avc)	沭阳断陷盆地亚相
			缓坡带	河流砂砾岩-粉砂岩-泥岩组合(N_2s)	
		火山-沉积断陷盆地	缓坡带	河流砂砾岩-粉砂岩-泥岩组合($E_{2-3}s$)	
		火山-沉积断陷盆地	缓坡带	河流砂砾岩-粉砂岩-泥岩组合(E_2d)	
		火山-沉积断陷盆地	中央带	湖泊泥岩-粉砂岩组合(E_1f)	
			缓坡带	河流砂砾岩-粉砂岩-泥岩组合(E_1t)	
		无火山岩断陷盆地	陡坡带	河流砂砾岩-粉砂岩-泥岩组合(K_2W)	
		无火山岩断陷盆地	缓坡带	河流砂砾岩-粉砂岩-泥岩组合(K_1d)	
		火山-沉积断陷盆地	中央带	大陆伸展环境安山岩-英安岩组合(K_1Q)	临沭同碰撞岩浆杂岩亚带
		拗陷盆地	缓坡带	湖泊泥岩-粉砂岩组合(K_1L)	

续表 2-2

地层区	构造古地理单元				对应大地构造亚相
	二级	三级	四级	五级	
下扬子地层区	陆内	火山-沉积断陷盆地	缓坡带	大陆伸展环境碱性橄榄玄武岩组合(N_2f)	苏中-沿江断陷盆地亚相
		火山-沉积断陷盆地	陡坡带	河流砂砾岩-粉砂岩-泥岩夹火山岩组合($N_{1-2}y$)	
		火山-沉积断陷盆地	缓坡带	河流砂砾岩-粉砂岩-泥岩组合(N_1h)	
		火山-沉积断陷盆地	缓坡带	河流砂砾岩-粉砂岩-泥岩组合(N_1d—N_1l)	
		火山-沉积断陷盆地	缓坡带	河流砂砾岩-粉砂岩-泥岩组合($N_{1-2}y$)	
		火山-沉积断陷盆地	缓坡带	河流砂砾岩-粉砂岩-泥岩夹火山岩组合($E_{2-3}s$)	
		火山-沉积断陷盆地	缓坡带	河流砂砾岩-粉砂岩-泥岩组合(E_2d)	
		火山-沉积断陷盆地	中央带	湖泊泥岩-粉砂岩组合(E_1f)	
		火山-沉积断陷盆地	缓坡带	河流砂砾岩-粉砂岩-泥岩组合(E_1t)	
		火山-沉积断陷盆地	中央带	湖泊泥岩-粉砂岩组合(K_2c)	
			缓坡带	河流砂砾岩-粉砂岩-泥岩夹火山岩组合(K_2p)	
		火山-沉积断陷盆地	中央带	碰撞环境高钾火山岩组合(svb - jvb)	沿江同碰撞岩浆杂岩亚相
		火山-沉积断陷盆地	中央带	大陆裂谷环境安山岩-粗面岩-响岩组合(gvb - nvb)	
		火山-沉积断陷盆地	中央带	湖泊泥岩-粉砂岩夹火山岩组合(K_1g)	
		火山-沉积断陷盆地	中央带	大陆伸展环境安山岩-英安岩组合(J_3d)	
		火山-沉积断陷盆地	中央带	大陆伸展环境安山岩-英安岩组合(J_3lw)	
		火山-沉积断陷盆地	缓坡带	河流砂砾岩-粉砂岩-泥岩夹火山岩组合(J_3x)	
		火山-沉积断陷盆地	中央带	湖泊三角洲砂砾岩夹火山岩组合(J_3K_1s)	苏南同碰撞岩浆杂岩亚相
		火山-沉积断陷盆地	中央带	大陆伸展环境安山岩-英安岩组合(J_3h)	
		火山-沉积断陷盆地	缓坡带	河流砂砾岩-粉砂岩-泥岩组合(J_3lc)	
		拗陷盆地	陡坡带	河流砂砾岩-粉砂岩-泥岩组合(J_1z—J_2b)	象山拗陷盆地亚相
	前陆盆地	周缘前陆盆地	隆后	陆源碎屑浊积岩组合(T_2h—T_3f)	周冲村前渊亚相
				碳酸盐岩浊积岩组合(T_2z)	

续表 2－2

地层区	构造古地理单元				对应大地构造亚相
	二级	三级	四级	五级	
下扬子地层区	被动陆缘	陆棚碳酸盐岩台地	陆源碎屑-碳酸盐岩台地	台地缓坡-斜坡碳酸盐岩组合(T_1q^c)	青龙山外陆棚亚相
				台盆陆源碎屑-碳酸盐岩组合(T_1q^h)	
				台盆含放射虫硅泥质岩组合(P_3d)	龙潭碎屑岩陆棚亚相
		陆棚碳酸盐岩台地	碳酸盐岩台地	开阔台地碳酸盐岩组合(P_3c)	
		陆棚碎屑岩盆地	陆棚碎屑滨海	海陆交互含煤碎屑岩组合(P_2l)	
			陆棚碎屑浅海	台盆含放射虫硅泥质岩组合(P_1g)	
		陆棚碳酸盐岩台地	碳酸盐岩台地	台地潮坪-局限台地碳酸盐岩组合(P_1q)	船山外陆棚亚相
		陆棚碳酸盐岩台地	碳酸盐岩台地	开阔台地碳酸盐岩组合($C_2h—C_2c$)	
				台地潮坪-局限台地碳酸盐岩组合($C_1h—C_{1-2}l$)	
		陆棚碎屑岩盆地	陆棚碎屑滨海	海陆交互砂泥岩夹砾岩组合(C_1g)	高骊山碎屑岩陆棚亚相
		陆棚碳酸盐岩台地	碳酸盐岩台地	开阔台地碳酸盐岩组合(C_1j)	
		陆棚碎屑岩盆地	陆棚碎屑滨海	海陆交互砂泥岩夹砾岩组合(D_3C_1l)	
				海岸沙丘-后滨砂岩组合(D_3g)	
	前陆盆地	周缘前陆盆地	前渊	陆源碎屑浊积岩组合(S_2t)	高家边前渊亚相
			隆后	前滨-临滨砂泥岩组合($S_{1-2}k$)	
			前渊	台地潮坪-局限台地碳酸盐岩组合(S_2m)	
				陆源碎屑浊积岩组合($O_3S_1g—S_1f$)	
			前渊	碳酸盐岩浊积岩组合($\in_3cf$)	昆山前隆亚相
			隆后	滨浅海碳酸盐岩组合(O_1y)	
			隆后	滨浅海碳酸盐岩组合($\in_1m—O_{2-3}t$)	观音台前隆亚相
			前渊	台盆含放射虫硅泥质岩组合($\in_1ht$)	
	被动陆缘	陆棚碳酸盐岩台地	碳酸盐岩台地	台地潮坪-局限台地碳酸盐岩组合(Z_2d)	水晶山外陆棚亚相
			陆源碎屑-碳酸盐岩台地	台地潮坪-局限台地碳酸盐岩组合(Z_1h^2)	
				台盆陆源碎屑-碳酸盐岩组合(Z_1h^1)	
		陆棚碎屑岩盆地	陆棚碎屑滨海	远滨泥岩-粉砂岩夹砂岩组合($Nh_1z—Nh_2s$)	九灵山陆棚碎屑岩亚相

沉积物厚度达3000多米，沉积特征表现为典型陆棚碳酸盐岩台地环境。

1. 陆棚碎屑岩盆地环境

发育的沉积岩建造组合主要有海陆交互砂泥岩夹砾岩组合(Pt_3h)、海岸沙丘-后滨砂岩组合(Pt_3l)、远滨泥岩、粉砂岩组合(Pt_3x)、前滨-临滨砂泥岩组合(Pt_3c)。

1)海陆交互砂泥岩夹砾岩组合(Pt_3h)

黑山官组为一套含粉砂质页岩、薄层细砂岩及砂砾岩；这套地层整体表现出退积的沉积作用，沉积岩建造组合综合表现为海陆交互泥岩夹砾岩组合。

2)海岸沙丘-后滨砂岩组合(Pt_3l)

兰陵组为灰白色中厚层中粗粒石英岩状砂岩，顶部为灰紫色含铁中粗粒石英砂岩、含海绿石钙质中粗粒石英砂岩夹砂质泥晶灰岩，底部见含脉石英砾，大的可达2.5cm，另在中粗粒石英砂岩中发育有楔型、槽型交错层理。整体表现为退积层序，从具障壁海岸的潟湖进一步海侵发展成滨海(后滨-上临滨)沉积环境，沉积岩建造组合为海岸沙丘-后滨砂岩组合。

3)远滨泥岩-粉砂岩组合(Pt_3x)

新兴组三分明显，下部是蛋青色、黄灰色薄层(含砂或砾)泥晶灰岩；中部紫灰色页状夹薄层泥灰岩；上部黄绿色页岩夹薄层砂质泥晶灰岩及含海绿石薄层砂岩。小楔形层理发育，含疑源类及微古植物化石。该地层整体表现出退积的沉积作用特征，仍属于滨海沉积范围，从临滨沉积环境逐渐海侵到远滨沉积环境，沉积岩建造组合主要表现为远滨泥岩-粉砂岩组合。

4)前滨-临滨砂泥岩组合(Pt_3c)

淮河群城山组以灰白色中厚层中(细)粒石英岩状砂岩、砂岩为特征，夹褐黄色、灰黄色粉砂质页岩，薄层细砂岩。地层中石英砂岩含波痕明显，局部偶见海绿石、赤铁矿结核和楔形冲洗交错层理。沉积物整体为滨海沉积特征，属前滨-临滨相，沉积物粒度变化不明显，表现出加积沉积作用，沉积岩建造组合属前滨-临滨砂泥岩组合。

2. 陆棚碳酸盐台地环境

发育的沉积岩建造组合主要有台地陆源碎屑-碳酸盐岩组合(Pt_3jy、Pt_3s)，台地潮坪-局限台地碳酸盐组合(Pt_3z—Pt_3w、Pt_3ws)。

1)台地陆源碎屑-碳酸盐岩组合(Pt_3jy、Pt_3s)

贾园组以灰色、青灰色页状至薄层、中厚层粉砂质泥晶灰岩为主，夹少量泥质粉砂岩、泥岩、页岩、薄层钙质石英粉细砂岩及叠层石灰岩透镜体，地层单层向上变厚，波状微层理发育，顶部具鸟眼构造和冲刷充填构造。沉积物整体表现为障壁岛到局限台地环境，水体整体很浅，海浪影响明显，偶尔会暴露出水面形成鸟眼构造，沉积作用类型为进积，即水深有变浅的趋势。

史家组以黄绿色页岩为主，下部夹黄灰色页状薄层泥灰岩、叠层石灰岩、砾屑灰岩，另外在下部灰岩夹层中局部发育有竹叶状灰岩；中部夹灰色中厚层细粒石英砂岩；上部夹紫色含灰岩结核页岩和页岩、黄绿色薄层含海绿石粉(细)砂岩；顶部含赤铁矿结核。沉积物整体表现为潮上带至局限台地的一系列沉积特征，陆源碎屑沉积与生物化学沉积共同作用，沉积作用表现为进积趋势。

两者虽然沉积物特征表现有差异，但是沉积岩建造组合均属台地陆源碎屑-碳酸盐岩组合。

2)台地潮坪-局限台地碳酸盐岩组合(Pt_3z—Pt_3w、Pt_3ws)

赵圩组整体表现为泥晶灰岩，下部厚层为主，上部薄层至中厚层，下部具波状扰动层理和冲刷充填构造，地层整体叠层石发育，表现为台地潮坪环境和退积沉积作用。

倪园组下部灰色薄层泥晶灰岩或白云岩夹白云质灰岩、竹叶状砾屑灰岩，微层理发育；上部薄至中厚层含燧石条带泥晶白云岩，层面具波痕、干裂构造，微层理发育。竹叶状砾屑灰岩发育说明水深在风暴浪基面之上，干裂构造说明沉积物偶尔会暴露出水面。整体表现为潮上带到局限台地环境和进积沉积作用。

九顶山组下部深灰色厚层泥晶、粉晶灰岩夹叠层石礁灰岩，含鸟眼构造，微层理发育；上部灰色薄层至中厚层含燧石粉晶、细晶白云岩夹粉晶灰岩；顶部含叠层石。鸟眼构造说明沉积物短暂暴露于地表。整体表现为典型潮上带到局限台地环境，加积沉积作用。

张渠组下部灰色薄至中厚层泥晶灰岩，夹页状泥灰岩、钙质页岩和竹叶状砾屑灰岩；上部灰色中厚层（粉）细晶（含鲕）白云岩，夹叠层石礁白云岩。整体表现为局限台地沉积环境和进积沉积作用。

魏集组岩性分上、下两部分，下部为灰色、深灰色薄层、中厚层泥晶、细晶灰岩，白云岩（局部夹竹叶状砾屑灰岩、白云岩），含叠层石及微古植物化石，底为青灰色水云母黏土页岩，局部发育有波状层理；上部以灰白色、灰黄色、紫灰等色中厚层含叠层石泥质泥晶灰岩，白云岩为特征。地层整体表现上部叠层石较下部发育，为局限台地环境和加积沉积作用产物。

从赵圩组到魏集组为一套连续沉积，沉积环境为潮坪-局限台地，沉积物自下而上从最初发育典型的暴露构造如泥裂及鸟眼构造，到发育大量叠层石灰岩或白云岩，表现出退积的沉积作用特征，沉积岩建造组合类型为台地潮坪-局限台地碳酸盐岩组合。

望山组下部为灰色页岩与薄层泥质灰岩互层；中部薄层至中厚层泥晶灰岩，具微层理及燧石结核和条带；上部薄层至厚层泥晶灰岩，含叠层石泥晶灰岩，发育楔形及槽形层理，顶部薄层泥晶白云岩，偶含燧石结核，具鸟眼、龟裂纹及波痕构造。自下而上泥质减少，钙、镁、硅质增高，单层增厚，表现出进积沉积作用特点，为典型潮坪到局限台地沉积环境，沉积岩建造组合类型属台地潮坪-局限台地碳酸盐岩组合。

（二）古生代陆表海相

南华纪，华北板块东南部地区主体隆升为陆地，在江苏徐淮地区缺失了南华纪及早震旦世时期的海相沉积物，但在晚震旦世及古生代该区断续发育了一系列陆表海沉积，整体以升降构造运动为主。

徐淮地层分区该时期陆表海沉积物表现出至少两次明显的沉积间断，沉积作用可分为 3 个阶段。第一阶段发育了上震旦统金山寨组（Z_2j），在震旦纪末期寒武纪初期，华北板块东南部的抬升作用导致该区短暂缺失沉积作用；第二阶段发育了寒武系猴家山组（$\in_1h$）、昌平组（$\in_1c$）、馒头组（$\in_{1-2}m$）、张夏组（$\in_2z$）、炒米店组（$\in_3c$），下奥陶统三山子组（O_1s），但在中奥陶世后期，华北板块中部地区开始抬升，影响到江苏徐淮地区缺失了晚奥陶世到早石炭世的沉积；第三阶段发育了下中奥陶统贾汪组（O_1j）、马家沟组（$O_{1-2}m$），上石炭统本溪组（C_2b）、太原组（C_2t），石炭纪后华北板块东部地区海水逐渐退去，徐淮地区从陆表海环境稳定过渡到陆内河湖相沉积环境，从此结束了陆表海的历史。

徐淮地区陆表海环境表现有海陆交互障壁陆表海（Z_2j），陆源碎屑-碳酸盐岩陆表海（$\in_1h$、$\in_{1-2}m$），碳酸盐岩陆表海（$\in_1c$、$\in_2z$—O_1s，O_1j—$O_{1-2}m$），陆源碎屑无障壁陆表海（C_2b），海陆交互障壁陆表海（C_2t）等。

1. 海陆交互障壁陆表海环境

发育的沉积岩建造组合类型仅有陆表海泥岩粉砂岩组合（Z_2j）。

金山寨组岩性为黄绿色、灰黑色页岩，粉砂质页岩夹灰色薄层细至中粗粒石英砂岩，中厚层泥晶灰岩，叠层石灰岩透镜体，底有 0.2～0.7m 燧石杂砾岩（底砾岩），泥晶灰岩中含叠层石。该沉积地层中底砾岩代表典型的陆相碎屑沉积，含叠层石泥晶灰岩代表典型海相潮坪相沉积，因此整体表现为海陆交互相沉积环境，沉积作用表现为加积，沉积岩建造组合类型属陆表海泥岩-粉砂岩组合。

2. 陆源碎屑-碳酸盐岩陆表海环境

发育的沉积岩建造组合类型仅有陆表海陆源碎屑-灰岩组合（$\in_1h$）。

陆表海陆源碎屑-灰岩组合　猴家山组底部岩性为黄灰色中薄到厚层含砾钙质石英砂岩，楔形层理发育；中部为灰黄色页状泥灰岩夹含砾砂岩，泥灰岩中还见较多的石盐假晶印痕；上部为灰黄色夹紫红色页状泥灰岩夹粉砂岩、含砾的钙质石英砂岩，并且楔形层理发育，代表的是河口湾沉积相；中部泥灰岩中石盐假晶代表干旱碳酸盐岩潮坪相环境。地层整体表现为从河口湾到碳酸盐潮坪的退积沉积作用特征，沉积岩建造组合类型属陆表海陆源碎屑-灰岩组合。

馒头组岩性以紫(砖)红色页岩为主，夹泥灰岩、泥质灰岩、白云岩、灰岩和砂岩，灰岩中夹竹叶状砾屑灰岩，鲕粒灰岩，含大量三叶虫化石。该沉积物组合中生物大量出现及风暴岩发育，表现为开阔台地特征，页岩发育表明水体明显加深，具陆源碎屑浅海沉积物特点，沉积作用整体表现为进积的发展趋势，沉积岩建造组合类型属陆表海陆源碎屑-灰岩组合。

3. 碳酸盐岩陆表海环境

发育的沉积岩建造组合类型有陆表海灰岩组合($\in_1c$、$\in_2z$、$\in_3c$、$O_{1-2}m$)，陆表海白云岩组合(O_1s、O_1j)。

1)陆表海灰岩组合

昌平组为一套灰色、灰黑色厚层豹皮状粉晶-微晶白云质灰岩，厚层细粉晶-微晶灰岩及灰质白云岩，灰岩中含海绿石，产三叶虫、腕足类、棘皮、软舌螺等化石，底部含叠层石。沉积序列表现为以局限台地为主的沉积特征和退积的发展趋势，沉积岩建造组合类型为陆表海灰岩组合。

张夏组以厚层鲕粒灰岩和藻灰岩为主夹钙质页岩，下段鲕粒自下而上逐渐变大，并出现豆状核形石灰岩；上段藻凝块泥晶灰岩与厚层鲕粒灰岩交替出现。沉积物整体表现为开阔碳酸盐岩台地特征，沉积作用下段表现为进积，上段表现为加积，沉积岩建造组合类型为陆表海灰岩组合。

炒米店组以灰色中厚层微晶灰岩、含生物碎屑藻球粒灰岩、鲕粒灰岩、中薄层竹叶状灰岩为主，夹叠层石藻礁灰岩，灰岩中含大量三叶虫、腕足类化石，顶部叠层石发育，并发育砂屑灰岩、白云质灰岩，表明水体变浅，沉积环境表现为开阔台地到潮坪的环境和进积沉积作用，沉积岩建造组合类型为陆表海灰岩组合。

马家沟组为灰色厚—巨厚层灰岩夹白云岩、角砾状白云岩、角砾状灰岩的岩石组合。沉积环境为局限碳酸盐岩台地到碳酸盐岩潮坪，沉积作用表现为进积，沉积岩建造组合类型为陆表海灰岩组合。

2)陆表海白云岩组合

三山子组下段黄灰色、灰黄夹紫灰色中薄层粉细晶白云岩夹竹叶状砾屑细晶白云岩及土黄绿色薄层泥质粉晶白云岩；上段浅灰色中厚层含燧石结核细晶白云岩。地层中部含三叶虫、笔石、腕足类化石，反映了开阔碳酸盐岩台地环境和加积沉积作用，沉积岩建造组合类型为陆表海白云岩组合。

贾汪组岩性为土黄色，局部紫红灰色页状泥质粉晶白云岩或白云质泥灰岩夹白云质页岩及角砾岩，局部含叠层石。沉积物中含有大量角砾岩，角砾成分主要为白云岩、燧石，沉积环境很可能是一种台地边缘斜坡环境，沉积作用为进积，沉积岩建造组合类型为陆表海白云岩组合。

4. 陆源碎屑无障壁陆表海环境

发育的沉积岩建造组合类型仅有陆表海泥岩-粉砂岩组合(C_2b)。

本溪组以黄色砂岩、紫色或黄绿色页岩为主，夹铝土质页岩及铝土矿，有时夹薄煤层或煤线及灰岩透镜体，底部常有一套具不规则铁矿层的含铁铝碎屑岩。沉积物组合特征表现为潟湖或潮坪沼泽相，加积沉积作用，沉积岩建造组合类型主要表现为陆表海泥岩-粉砂岩组合。

5. 海陆交互障壁陆表海环境

发育的沉积岩建造组合类型仅有海陆交互相含煤碎屑岩组合(C_2t)。

太原组由海陆交互相的页岩夹砂岩、煤、石灰岩构成的多个旋回层组成。沉积环境为潮坪到三角洲平原沼泽相，属进积沉积作用，沉积岩建造组合类型主要为海陆交互含煤碎屑岩组合。

(三)晚古生代—中生代拗陷盆地

二叠纪江苏徐淮地区稳定过渡到陆内拗陷盆地环境，后受二叠纪末期印支构造事件的影响，缺失二叠纪末到晚侏罗世早期陆内沉积记录，仅发现中晚侏罗世拗陷盆地沉积物。

徐淮地层小区发育了两阶段拗陷盆地沉积。第一阶段发育的沉积岩建造组合类型主要有河流砂砾岩-粉砂岩泥岩组合，包括的地层有山西组（P_1s）、石盒子组（P_2s），石千峰组（P_3sh）；第二阶段发育的沉积岩建造组合类型主要有湖泊泥岩-粉砂岩组合，包括的地层有三台组（J_3s）。

1. 河流砂砾岩-粉砂岩泥岩组合

山西组岩性主要由陆相砂岩、页岩、煤构成的多个旋回层组成，夹数层厚度不等的含舌形贝及双壳类化石的非正常海相层。岩性特征表明沉积环境以陆相为主，偶尔受海侵作用的影响而形成少量非正常海相沉积夹层。沉积岩建造组合类型表现为河流砂砾岩-粉砂岩泥岩组合。

石盒子组由灰绿色、灰白色砂岩，黄绿、灰紫等色粉砂质泥岩，页岩组成，夹黑色页岩、煤（层）线。表现为陆相湖泊三角洲相沉积特征，沉积岩建造组合类型主要为河流砂砾岩-粉砂岩泥岩组合。

三台组岩性由紫红色为主夹灰绿色砂岩组成，有时夹有较多的砾岩。沉积环境表现为河湖相，沉积岩建造组合主要为河流砂砾岩-粉砂岩泥岩组合。

2. 湖泊泥岩-粉砂岩组合

石千峰组为由红色泥岩和长石砂岩组成的一套内陆干旱盆地河湖相沉积岩系，沉积岩建造组合主要为湖泊泥岩-粉砂岩组合。

（四）中—新生代火山-沉积断陷盆地及无火山岩断陷盆地

早白垩世之后的燕山运动及喜马拉雅运动在中国东部地区以拉张地质作用为主，在东部地区形成大量火山沉积断陷盆地及无火山岩断陷盆地。

1. 无火山岩断陷盆地

发育的沉积岩建造组合类型有湖泊泥岩-粉砂岩组合（K_1L），河流砾岩-砂砾岩-粉砂岩组合（K_2W—$E_{2-3}G$），河流砂砾岩-粉砂岩泥岩组合（N_2s）。

1）湖泊泥岩-粉砂岩组合

莱阳群以黄绿灰色页岩为主夹紫色砂页岩、泥晶灰岩，含叶肢介、植物化石，沉积岩建造组合类型为湖泊泥岩-粉砂岩组合。

2）河流砾岩-砂砾岩-粉砂岩组合

王氏群为一套红色砂砾岩为主夹白色含砾砂岩、灰绿色泥岩、泥质粉砂岩，沉积岩建造组合为河流砾岩-砂砾岩-粉砂岩组合。

官庄群为红色、灰色碎屑岩系，夹石膏层，沉积岩建造组合为河流砾岩-砂砾岩-粉砂岩组合。

3）河流砂砾岩-粉砂岩泥岩组合

宿迁组为一套灰白色、灰绿色中粗砂，灰绿色、棕黄色黏土，含砾亚黏土，及灰黄色、棕黄色粉细砂层，局部夹玄武岩，含脊椎动物和孢粉化石，沉积岩建造组合类型为河流砂砾岩-粉砂岩泥岩组合。

2. 火山-沉积断陷盆地

发育的沉积岩建造组合类型有河流砂砾岩-泥岩夹玄武岩组合（N_1x），大陆伸展环境的安山岩-英安岩组合（K_1Q）。

1）河流砂砾岩-泥岩夹玄武岩组合

下草湾组下段棕黄色、黄褐色砂砾岩和砾岩相间，夹粉砂质泥岩；上段灰绿色、浅灰色夹粉红色泥岩，钙质泥岩夹灰白色凹凸棒黏土岩，灰黄色砂、砾岩，局部夹玄武岩。含脊椎动物、双壳类、植物等化石。沉积岩建造组合类型为河流砂砾岩-泥岩夹玄武岩组合。

2）大陆伸展环境的安山岩-英安岩组合

青山群为中酸性火山岩系，间夹火山碎屑岩层，沉积岩建造组合类型为大陆伸展环境的安山岩-英安岩组合。

二、苏鲁地层区

苏鲁地层区大地构造位置处于华北板块与扬子板块的碰撞带，出露的地层以变质岩为主，沉积岩仅发育了碰撞拼合之后，白垩纪以来形成的碎屑岩及火山岩地层，发育的大地构造单元主要有拗陷盆地、火山-沉积断陷盆地和无火山岩断陷盆地。由于印支期之后，中国华北与扬子形成统一的环太平洋构造体系，在苏鲁地区晚三叠世之后形成的陆内沉积物兼具华北与下扬子沉积岩石特征，因此对苏鲁造山带地区沉积岩建造组合将不单独叙述。

三、下扬子地层区

江苏下扬子地层区在大地构造单元中属扬子板块东部，地表出露最老沉积地层为南华纪沉积地层。从南华纪到三叠纪晚期，扬子地层区一直处于被动陆缘与前陆盆地交替的沉积环境下，留下了大量碎屑岩或碳酸盐岩沉积记录。由于印支运动影响，三叠纪末期之后，江苏地区处于环太平洋构造动力背景作用下，下扬子地层区转化成为陆相盆地沉积环境。

(一)被动陆缘(南华纪—震旦纪)

该阶段代表了扬子板块形成统一结晶基底后，在扬子基底上大规模形成稳定的沉积盖层，表现为拉张背景下形成的被动陆缘相。江苏下扬子地区这一阶段被动陆缘发育的大地构造单元主要有陆棚碎屑岩盆地和陆棚碳酸盐岩台地。陆棚碎屑岩盆地发育沉积相有陆棚碎屑滨海，沉积地层包括有周岗组(Nh_1z)、苏家湾组(Nh_2s)；陆棚碳酸盐岩台地包括陆源碎屑-碳酸盐岩台地和碳酸盐岩台地，前者形成的沉积地层有黄墟组(Z_1h)，后者形成的沉积地层有灯影组(Z_2d)。

1. 陆棚碎屑滨海

沉积岩建造组合类型包括有远滨泥岩-粉砂岩夹砂岩组合(Nh_1z、Nh_2s)。

周岗组主要为千枚岩、千枚状粉砂岩、细粒长石砂岩、细粒石英砂岩组成韵律。沉积作用表现为退积特征，沉积环境表现为无障壁海岸后滨-远滨相。沉积岩建造组合类型为远滨泥岩-粉砂岩夹砂岩组合。

苏家湾组指平行不整合接触于周岗组和黄墟组间的轻微变质地层，上下部主要为含砾砂质千枚岩；中部为砂质千枚岩、砂岩，地层中含较多凝灰岩。地层中角砾表面具明显擦痕、刻槽等冰碛岩特征，沉积环境表现为无障壁海岸滨海相及冰海相，沉积作用表现为加积，沉积岩建造组合类型为远滨泥岩-粉砂岩夹砂岩组合。

2. 陆源碎屑-碳酸盐岩台地

沉积岩建造组合类型发育有台地潮坪-局限台地碳酸盐岩组合(Z_1h)。

黄墟组上部为灰色、深灰色中厚层状内碎屑灰岩，灰岩，夹灰黄色薄层泥灰岩；下部为深灰色、灰色千枚状泥岩，粉砂质泥岩；底为含铁锰质泥质白云岩。沉积环境下部主要表现为无障壁海岸前滨相到浅海相，沉积岩建造组合类型为台盆陆源碎屑-碳酸盐岩组合；上部主要表现为碳酸盐岩潮坪到局限碳酸盐岩台地环境，沉积岩建造组合类型表现为台地潮坪-局限台地碳酸盐岩组合。

3. 碳酸盐岩台地

沉积岩建造组合类型发育有台地潮坪-局限台地碳酸盐岩组合(Z_2d)。

灯影组上部为灰白色中厚层状白云岩，中部为黑色薄层含沥青质灰岩，含燧石条代及结核，下部为白色内碎屑白云岩。沉积环境表现为碳酸盐岩潮坪到局限台地相，沉积作用表现为进积，沉积岩建造组合为台地潮坪-局限台地碳酸盐岩组合。

（二）前陆盆地（寒武纪—志留纪）

江苏下扬子地区寒武纪—志留纪时期发育前陆盆地属于陆内周缘前陆盆地，代表了一次明显挤压碰撞作用。前陆盆地相包括地层有荷塘组（$\in_1 ht$）、幕府山组（$\in_1 m$）、炮台山组（$\in_2 p$）、超峰组（$\in_3 cf$）、印渚埠组（$O_1 y$）、观音台组（$\in_3 O_1 g$）、仑山组（$O_1 l$）、红花园组（$O_1 h$）、大湾组（$O_1 d$）、牯牛潭组（$O_{1-2} g$）、汤山组（$O_3 t$）、汤头组（$O_{2-3} t$）、高家边组（$O_3 S_1 g$）、坟头组（$S_1 f$）、茅山组（$S_2 m$）、康山组（$S_{1-2} k$）、唐家坞组（$S_2 t$）等。

前陆盆地发育的沉积岩建造组合类型主要有台盆含放射虫硅泥质岩组合（$\in_1 ht$）、滨浅海碳酸盐岩组合（$O_1 y$—$O_{2-3} t$）、碳酸盐岩浊积岩组合（$\in_3 cf$）、陆源碎屑浊积岩组合（$O_3 S_1 g$—$S_2 m$、$S_{1-2} k$—$S_2 t$）。

1. 台盆含放射虫硅泥质岩组合

荷塘组由黑色薄层碳质硅质岩、碳质硅质泥岩、页岩、石煤及磷结核层夹灰岩透镜体组成。沉积环境为远滨无障壁海岸，加积沉积作用，沉积岩建造组合表现为台盆含放射虫硅泥质岩组合。

2. 滨浅海碳酸盐岩组合

印渚埠组为粉晶灰岩夹硅质岩，沉积环境表现为碳酸盐岩广海陆盆相到盆地边缘相，沉积作用表现为加积，沉积岩建造组合类型为滨浅海碳酸盐岩组合。

幕府山组下部为灰白色含燧石结核灰岩、含磷白云质灰岩夹页岩；上部为灰褐色薄层白云岩、灰黑色薄层灰岩、白云岩及紫红色泥质灰岩。开阔台地到缓斜坡相，进积沉积作用，沉积岩建造组合类型为滨浅海碳酸盐岩组合。

炮台山组主要为浅灰色、浅黄色薄层白云质灰岩，浅红色薄层白云岩及黄色薄层泥质灰岩。沉积环境为碳酸盐岩开阔台地潟湖相，沉积物序列特征表现为退积沉积作用，沉积岩建造组合类型的滨浅海碳酸盐岩组合。

观音台组上部为浅—深灰色中厚层白云岩，夹含燧石结核和条带白云岩，下部为浅—深灰色中厚层灰质白云岩、白云岩夹白云质灰岩，含燧石结核或条带。沉积物组合特征反映沉积环境为开阔碳酸盐岩台地环境，进积沉积作用，沉积岩建造组合类型为滨浅海碳酸盐岩组合。

仑山组为一套灰色含灰质白云岩、白云质灰岩，及灰、暗灰色厚层灰岩，鲕状含燧石白云岩，局部具燧石结核和条带层，含鹦鹉螺化石。沉积物为开阔台地到台缘浅滩相，退积沉积作用，沉积岩建造组合类型为滨浅海碳酸盐岩组合。

红花园组是介于仑山组、大湾组之间的灰至深灰色中至厚层夹薄层的微晶至粗晶生物碎屑灰岩，下偶夹页岩或燧石薄层，灰岩中有丰富角石化石。沉积环境为开阔台地相及台地浅滩相，沉积作用为退积，沉积岩建造组合类型为滨浅海碳酸盐岩组合。

大湾组为一套富含腕足类、三叶虫和笔石化石的碳酸盐岩地层。上部为灰绿色薄至中厚层泥质瘤状灰岩夹泥岩；中部为紫红色生物屑灰岩、泥灰岩；下部为灰色、灰绿色薄至中厚层瘤状泥质灰岩，夹黄绿色、灰绿色泥岩。沉积环境为盆地边缘及广海陆盆相，沉积作用为进积，沉积岩建造组合类型为滨浅海碳酸盐岩组合。

牯牛潭组指介于大湾组和汤山组间的一套青灰色、灰色及紫灰色薄至中厚层灰岩与瘤状泥质灰岩互层，含角石化石。沉积物为广海陆盆相，沉积作用为进积，沉积岩建造组合类型为滨浅海碳酸盐岩组合。

汤山组下部为肉红色薄至中厚层含泥质生物碎屑微晶灰岩；上部以灰色、微肉红色厚层含粉屑生物碎屑灰岩为主，具干裂纹构造。地层中生物碎屑主要有介形虫、三叶虫、海百合，沉积环境为开阔台地相，沉积作用为进积，沉积岩建造组合类型为滨浅海碳酸盐岩组合。

汤头组为一套灰黄色、灰白色中薄层瘤状泥灰岩，泥质灰岩夹泥岩，局部为页岩夹瘤状灰岩，地层含丰富三叶虫及少量海百合和腕足化石。沉积环境为广海陆盆到盆地边缘相，沉积作用为加积，沉积岩建造组合类型为滨浅海碳酸盐岩组合。

3. 碳酸盐岩浊积岩组合

超峰组下部为深灰色、紫黄色薄层—纹层状白云岩，缝合线发育，具假角砾状构造；上部为灰白色、深灰色厚层状白云岩。沉积物表现为局限碳酸盐岩台地环境，加积沉积作用，沉积岩建造组合类型为碳酸盐岩浊积岩组合。

4. 陆源碎屑浊积岩组合

高家边组下部为灰黄色、灰黑色粉砂质页岩，硅质页岩，含笔石、三叶虫、腕足类化石；中部为黄绿色、灰黄绿色页岩，与粉、细砂岩互层；上部为黄绿色页（泥）岩、粉砂质页（泥）岩，夹粉、细砂岩，底部黑色、灰紫色硅质页（泥）岩，含笔石。沉积环境为无障壁海岸远滨到下临滨相，沉积作用为加积，沉积岩建造组合类型为陆源碎屑浊积岩组合。

坟头组下部为黄绿色、绿灰色厚层细砂岩，局部为岩屑石英砂岩与粉砂质泥岩相间；上部为黄绿色、灰黄色泥质粉砂岩或粉砂质泥岩夹细砂岩，局部含磷。地层中含大量棘鱼化石及少量腕足、头足、双壳、三叶虫化石，沉积物特征表现为前三角洲相，加积沉积作用，沉积岩建造组合类型为陆源碎屑浊积岩组合。

茅山组下部为浅灰色、青灰色、灰黄色、灰白色中厚层状中细粒岩屑砂岩，石英杂砂岩；上部为紫红色、浅灰色中厚层状中细粒砂岩，岩屑砂岩。沉积环境为三角洲前缘到三角洲平原相，沉积作用为加积，沉积岩建造组合类型为陆源碎屑浊积岩组合。

康山组下部为灰色、灰绿色泥质砂岩，砂质泥岩夹石英砂岩；上部为紫红色、暗紫色、灰黑色石英砂岩夹砂质页岩。沉积环境表现为无障壁海岸下临滨相到三角洲相，沉积作用为进积，沉积岩建造组合类型为陆源碎屑浊积岩组合。

唐家坞组下部为粉砂岩夹泥质粉砂岩、岩屑砂岩；下部为岩屑砂岩、岩屑石英砂岩夹粉砂质泥岩，含泥砾，含鱼化石。沉积物特征表现为三角洲环境，进积沉积作用，沉积岩建造组合类型为陆源碎屑浊积岩组合。

（三）被动陆缘（泥盆纪—早三叠世）

该阶段代表了扬子板缘再次形成了拉张背景下被动陆缘相。江苏下扬子地区被动陆缘发育的大地构造单元主要有陆棚碎屑岩盆地和陆棚碳酸盐岩台地。陆棚碎屑岩盆地包括有陆棚碎屑滨海和陆棚碎屑浅海。陆棚碎屑滨海沉积地层包括观山组（D_3g）、高骊山组（C_1g）、龙潭组（P_2l）；陆棚碎屑浅海环境沉积形成的沉积地层包括孤峰组（P_1g）。陆棚碳酸盐岩台地包括陆源碎屑-碳酸盐岩台地、碳酸盐岩台地。陆源碎屑-碳酸盐岩台地形成的沉积地层有大隆组（P_3d）、青龙组（T_1q）；碳酸盐岩台地形成的沉积地层包括擂鼓台组（D_3C_1l）、金陵组（C_1j）、和州组（C_1h）、老虎洞组（$C_{1\text{-}2}l$）、黄龙组（C_2h）、船山组（C_2c）、栖霞组（P_1q）、长兴组（P_3c）。

1. 陆棚碎屑滨海

沉积岩建造组合类型包括有海岸沙丘-后滨砂岩组合（D_3g）、海陆交互砂泥岩夹砾岩组合（C_1g，D_3C_1l）、海陆交互含煤碎屑岩组合（P_2l）。

1）海岸沙丘-后滨砂岩组合

观山组主要为灰白色厚层—块状（含砾）粗至细粒石英岩，有时夹粉砂质泥岩、细粒岩屑石英砂岩，下部常夹有砾石或砾岩。沉积物表现为河口湾到无障壁海岸后滨相，沉积作用为加积，沉积岩建造组合类型为海岸沙丘-后滨砂岩组合。

2)海陆交互砂泥岩夹砾岩组合

高骊山组由杂色页岩、泥岩、粉砂岩，夹细粒长石石英砂岩、石英砂岩及赤铁矿层组成。沉积环境主要为三角洲平原至后滨相，沉积组合表现为进积作用，沉积岩建造组合类型为海陆交互砂泥岩夹砾岩组合。

3)海陆交互含煤碎屑岩组合

龙潭组含煤岩系，上部以黑色页岩为主夹灰岩、细砂岩；中部为灰黄色、深灰色中至粗粒中厚层长石石英砂岩，粉砂岩，页岩，夹煤层，下部为灰黄色粉砂岩、页岩互层。沉积环境表现为障壁海岸潟湖相到三角洲平原相，沉积物组合特征表现为进积作用，沉积岩建造组合类型为海陆交互含煤碎屑岩组合。

2. 陆棚碎屑浅海

沉积岩建造组合类型仅有台盆含放射虫硅泥质岩组合(P_1g)。

孤峰组主要由薄层硅质岩、硅质页岩、粉砂质泥岩、碳质页岩、锰质页岩组成，下部页岩含锰及磷质结核。沉积环境表现为陆源碎屑浅海相到无障壁海岸远滨相，沉积作用整体表现为加积，沉积岩建造组合类型为台盆含放射虫硅泥质岩组合。

3. 陆源碎屑-碳酸盐岩台地

沉积岩建造组合类型发育有台盆含放射虫硅泥质岩组合(P_3d)、台地缓坡-斜坡碳酸盐岩组合(T_1q)。

1)台盆含放射虫硅泥质岩组合

大隆组为一套硅质岩、泥岩、砂岩及凝灰岩。沉积环境表现为广海陆盆-盆地相，沉积序列表现为退积作用，沉积岩建造组合类型为台盆含放射虫硅泥质岩组合。

2)台地缓坡-斜坡碳酸盐岩组合

青龙组由灰黄色的薄层泥岩、泥灰岩、灰岩、瘤状灰岩，夹蠕虫状灰岩组成。沉积物环境表现为碳酸盐岩台地广海陆盆-盆地边缘相，沉积作用表现为进积。湖山段表现为台盆陆源碎屑-碳酸盐岩组合；沧波门段表现为台地缓坡-斜坡碳酸盐岩组合。

4. 碳酸盐岩台地

沉积岩建造组合类型发育有台地潮坪-局限台地碳酸盐岩组合(C_1h、$C_{1-2}l$、P_1q)、海陆交互砂泥岩夹砾岩组合(D_3C_1l)、开阔台地碳酸盐岩组合(C_1j、C_1h、C_2c、P_3c)。

1)台地潮坪-局限台地碳酸盐岩组合

和州组为一套致密灰岩、泥质灰岩夹钙质泥岩，含珊瑚、腕足类化石。沉积环境为潟湖到开阔台地相，加积沉积作用，沉积岩建造组合类型为台地潮坪-局限台地碳酸盐岩组合。

老虎洞组为一套褐灰色、灰色巨厚层粉细晶白云岩，中、下部含燧石结核及条带，含珊瑚化石。沉积物表现为开阔台地到局限台地相，进积沉积作用，沉积岩建造组合类型为台地潮坪-局限台地碳酸盐岩组合。

栖霞组为一套碳酸盐岩和碎屑岩，自下至上有碎屑岩、臭灰岩、下硅质层、本部灰岩、上硅质层5个岩性段。沉积环境主要有局限台地和开阔台地相，退积沉积作用，沉积岩建造组合类型主要表现为台地潮坪-局限台地碳酸盐岩组合。

2)海陆交互砂泥岩夹砾岩组合

擂鼓台组为杂色页岩、砂质页岩夹薄层石英砂岩，砂质页岩中常发育铁锰结核，顶部常发育薄层含铁细粒石英砂岩，含腕足类、鱼、植物等化石。沉积环境表现为三角洲平原到前三角洲相，沉积作用表现为加积，沉积岩建造组合类型为海陆交互砂泥岩夹砾岩组合。

3)开阔台地碳酸盐岩组合

金陵组为灰黑色厚层细晶灰岩，含腕足类、珊瑚类化石。沉积物表现为开阔台地相，沉积作用为加积，沉积岩建造组合类型为开阔台地碳酸盐岩组合。

黄龙组为一套灰色、浅灰色、肉红色厚层微晶灰岩，生物屑灰岩，底部为粗晶灰岩，含灰质白云岩角砾或团块，含丰富的珊瑚、腕足等化石。沉积物表现为开阔台地环境，加积沉积作用，沉积岩建造组合类型表现为开阔台地碳酸盐岩组合。

船山组以灰色厚层结晶含藻球构造灰岩，生物屑灰岩为特征，夹深灰色中层、厚层、薄层状微晶灰岩，及少量碳质页岩、钙质泥岩、灰质砾岩，含丰富的珊瑚化石。沉积环境表现为开阔台地到局限环境，进积沉积作用，沉积岩建造组合类型为开阔台地碳酸盐岩组合。

长兴组主要由微晶至粉晶灰岩、生物屑灰岩、白云质灰岩组成，局部含燧石结核和条带。沉积环境主要表现为开阔台地相，退积沉积作用，沉积岩建造组合类型为开阔台地碳酸盐岩组合。

（四）前陆盆地（中晚三叠世）

江苏下扬子地区中晚三叠世阶段发育的前陆盆地属于陆内周缘前陆盆地，代表了扬子与华北板块一次碰撞作用，并最终拼合在一起。发育地层包括有周冲村组（T_2z）、黄马青组（T_2h）、范家塘组（T_3f）。

前陆盆地发育的沉积岩建造组合类型主要有陆源碎屑浊积岩组合（T_2z—T_3f）。

周冲村组分两段，下段下部为灰黄色薄层—中厚层砾屑灰岩与泥晶灰岩互层，上部薄—厚层粉晶灰岩、泥质灰岩及膏溶砾屑灰岩；上段下部为粉砂质泥岩夹粉砂岩，上部为泥质泥晶灰岩，具蜂窝状构造，含双壳类化石。沉积物特征表现为局限碳酸盐岩台地相到台地蒸发相，进积层序，沉积岩建造组合类型为陆源碎屑浊积岩组合。

黄马青组下部为灰色、深灰色细粒长石石英砂岩与粉砂岩互层；上部为紫红色、暗紫色薄—厚层砂砾岩，砂岩，泥岩。沉积环境表现为湖泊三角洲相，沉积作用表现为进积，沉积岩建造组合类型为陆源碎屑浊积岩组合。

范家塘组为一套灰色、深灰色细砂岩，粉砂岩及灰黑色碳质泥岩，局部夹煤层，富含黄铁矿结核，含植物及双壳类化石。沉积物表现为湖相环境，加积沉积作用，沉积岩建造组合类型为陆源碎屑浊积岩组合。

（五）拗陷盆地（早—中侏罗世）

三叠纪末期之后，在环太平洋构造动力背景下，下扬子地层区转化成为陆内盆地沉积环境为主，表现有拗陷盆地、无火山岩断陷盆地及火山岩断陷盆地，沉积了巨厚陆相碎屑沉积物，并一直持续到现在。

早中侏罗世，江苏地区处于挤压构造应力作用为主的地球动力学背景下，在下扬子地区发育了一系列拗陷盆地，主要地层为象山群，包括了钟山组（J_1z）和北象山组（J_2b）。发育的沉积岩建造组合类型主要表现为为河流砂砾岩-粉砂岩-泥岩组合（$J_{1\text{-}2}Xn$）。

钟山组下部为灰白色厚层石英砾岩、含砾石英岩状砂岩；中部为灰黄色薄—中层粉砂岩、页岩夹薄煤层；上部为黄褐色中—薄层长石石英砂岩夹粉砂质页岩。沉积物特征表现为河湖相，沉积岩建造组合类型主要表现为河流砂砾岩-粉砂岩-泥岩组合。

北象山组下部为紫红夹黄褐色粉细砂岩、泥岩，局部夹火山碎屑岩、泥岩；中部为灰白色、灰黄色岩屑石英砂岩，石英砂岩，局部含火山碎屑岩；上部为紫色粉细砂岩，夹灰白色中细粒长石石英砂岩，偶夹煤线。沉积物特征表现为河湖相，沉积岩建造组合类型主要表现为河流砂砾岩-粉砂岩-泥岩组合。

（六）火山-沉积断陷盆地（晚侏罗世以来）

晚侏罗世至早白垩世早期，中国东部处于挤压构造应力作用为主的地球动力学背景下；早白垩世中晚期至古新世，中国东部处于拉张构造应力作用为主的地球动力学背景下；始新世至渐新世中国东部处于太平洋板块向西俯冲、挤压的动力学背景下；喜马拉雅期（新近纪—早更新世）中国东部地区构造变形微弱，近南北向断层产生于东西向伸展环境并带有左行走滑特征。在这种大地动力学背景下，江苏地区发育了一系列火山-沉积断陷盆地。

火山沉积断陷盆地发育的沉积岩建造组合有河流砂砾岩-粉砂岩-泥岩夹火山岩组合(J_3x、K_2p、$E_{2-3}s$)、湖泊三角洲砂砾岩夹火山岩组合(J_3K_1s)、湖泊泥岩-粉砂岩夹火山岩组合(K_1g)、河流砂砾岩-粉砂岩-泥岩组合(J_2lc、E_1t、$N_{1-2}y$、E_2d、N_1d—N_1l、N_1h、$N_{1-2}y$)、湖泊泥岩-粉砂岩组合(K_2c、E_1f)、大陆伸展环境安山岩-英安岩组合(J_3lw、J_3d、J_3h)、大陆裂谷环境安山岩-粗面岩-响岩组合(gvb—nvb)、碰撞环境高钾火山岩组合(svb—jvb)、大陆伸展环境碱性橄榄玄武岩组合(N_2f)。

1. 河流砂砾岩-粉砂岩-泥岩夹火山岩组合

西横山组下部为紫色、灰色薄—厚层石灰质砾岩,砂砾岩,长石石英砂岩夹钙质砂岩;上部为红色、灰色薄—厚层含砾中粗粒长石石英砂岩,粉砂岩,泥岩,泥灰岩不等厚互层。沉积物表现为河湖相沉积环境,沉积岩建造组合类型主要为河流砂砾岩-粉砂岩-泥岩夹火山岩组合。

浦口组在山麓边缘位置沉积物表现为底部为砾岩;下部为灰紫色火山岩及角砾岩、砂岩;上部为紫红色夹紫灰色岩屑砂岩、粉砂岩夹粉砂质泥岩及砂砾岩。在盆地内部自下而上为灰色砂砾岩、粉细砂岩、膏质泥岩、泥岩与石盐层互层,局部夹咖啡色粉细砂岩。地层中含介形虫、轮藻、植物等化石。沉积环境表现为河湖相,沉积岩建造组合类型为河流砂砾岩-粉砂岩-泥岩夹火山岩组合。

三垛组为一套棕色、棕红色中细砂岩,含砾砂岩,砂质泥岩,沉积环境表现为河湖相,沉积岩建造组合类型为河流砂砾岩-粉砂岩-泥岩夹火山岩组合。

2. 大陆伸展环境安山岩-英安岩组合

龙王山组岩性主要为角闪安山质、粗安质、玄武粗安质火山岩及火山碎屑沉积岩。沉积环境为破火山口-火山口河湖相,构造岩石组合类型主要为大陆伸展环境安山岩-英安岩组合。

大王山组下部为火山碎屑沉积岩,含植物、叶肢介等化石;上部为安粗质、安山质火山岩及火山碎屑岩。沉积环境为破火山口-火山口河湖相,构造岩石组合类型主要为大陆伸展环境安山岩-英安岩组合。

黄尖组主要为一套中偏酸性火山岩或中性火山熔岩,偶夹薄层沉积岩。沉积环境表现为破火山口-火山口河湖相,沉积岩建造组合类型主要为大陆伸展环境的安山岩-英安岩组合。

3. 湖泊三角洲砂砾岩夹火山岩组合

寿昌组下部为紫红色、青灰色、灰黑色粉砂岩,砂岩,杂色砾岩;中部为紫红色、青灰色沉凝灰岩,凝灰质砂岩,及泥岩、粉砂岩、砂砾岩;上部为酸性火山岩、火山碎屑岩。沉积环境表现为破火山口-火山口河湖相,沉积岩建造组合类型为湖泊三角洲砂砾岩夹火山岩组合。

4. 湖泊泥岩-粉砂岩夹火山岩组合

葛村组下部以杂色细砂岩为主,夹粉砂质泥岩、砂砾岩、砾岩;上部以杂色泥岩、粉砂质泥岩为主或与泥质粉砂岩互层。沉积物特征表现为河湖相,沉积岩建造组合类型主要为湖泊泥岩-粉砂岩夹火山岩组合。

5. 大陆裂谷环境安山岩-粗面岩-响岩组合

姑山火山岩锥指分布于宁芜等地火山盆地的燕山期英安质火山熔岩及其火山碎屑岩。构造岩石组合类型主要为大陆裂谷环境安山岩-粗面岩-响岩组合。

娘娘山火山岩锥指分布于宁芜等火山盆地的燕山期粗面质熔结角砾岩、响岩质熔结凝灰岩。构造岩石组合类型主要为大陆裂谷环境安山岩-粗面岩-响岩组合。

6. 碰撞环境高钾火山岩组合

上党火山岩带指分布于上党等火山盆地的燕山期安山岩、石英粗面岩、流纹岩夹橄榄玄武岩等火山熔岩及其火山碎屑岩。构造岩石组合类型主要为碰撞环境高钾火山岩组合。

甲山火山岩锥指分布于甲山、圌山等火山盆地的燕山期流纹岩、松脂岩、霏细岩等火山熔岩及其火山碎屑岩。构造岩石组合类型主要为碰撞环境高钾火山岩组合。

7. 河流砂砾岩-粉砂岩-泥岩组合

泰州组下部为棕色、棕红色砂岩，泥质砂岩，砂质泥岩；上部为杂色泥岩夹粉砂岩、中细砂岩夹泥岩。沉积环境表现为河湖相，沉积岩建造组合类型为河流砂砾岩-粉砂岩-泥岩夹火山岩组合。

盐城组下部为灰绿色、浅棕色含砂钙质泥岩，砂岩，砂砾岩；上部为灰黄色黏土层与粉细砂、砂砾层互层。沉积环境表现为河湖相，沉积岩建造组合类型为河流砂砾岩-粉砂岩-泥岩组合。

洞玄观组岩性主要为灰黄色砂砾层、细砂层，黄棕色、灰白色粉砂黏土层，含哺乳类化石。沉积环境表现为河湖相，沉积岩建造组合类型为河流砂砾岩-粉砂岩-泥岩组合。

六合组为砾岩、粉细砂岩与粉砂岩、钙质泥岩互层，局部夹玄武岩。沉积环境表现为河湖相，沉积岩建造组合类型为河流砂砾岩-粉砂岩-泥岩组合。

黄岗组为一套砂砾岩、砂岩、泥岩组合，局部夹玄武岩。沉积环境表现为河湖相，沉积岩建造组合类型为河流砂砾岩-粉砂岩-泥岩组合。

劳村组岩性主要有砂砾岩、粉砂岩、泥岩，夹不稳定的流纹质凝灰岩。沉积环境主要为河湖相，沉积岩建造组合类型为湖泊三角洲砂砾岩夹火山岩组合。

戴南组下部为灰白色砂岩、砂砾岩与灰黑色泥岩、粉砂质泥岩互层，局部夹玄武岩；上部以杂色细砂岩、泥岩、粉砂岩、砂质泥岩互层。沉积环境表现为河湖相，沉积岩建造组合类型为河流砂砾岩-粉砂岩-泥岩夹火山岩组合。

雨花台组下部为灰绿色、灰红色粉砂质泥岩及含砾砂层；中部为灰黑色粗玄岩；上部为灰红色凝灰质砂岩、粉砂岩、砂砾岩夹灰白色凹凸棒黏土岩、薄层玄武岩。沉积环境表现为河湖相，沉积岩建造组合类型为河流砂砾岩-粉砂岩-泥岩夹火山岩组合。

8. 湖泊泥岩-粉砂岩组合

赤山组下部为紫红色、砖红色粉细砂岩，钙质泥岩夹砂砾岩；上部为棕红色、紫红色粉细砂岩，页岩互层。沉积环境表现为河湖相，沉积岩建造组合类型为湖泊泥岩-粉砂岩组合。

阜宁组自下而上分 4 段：第一段为灰黑色、灰褐等色泥岩与砂岩，粉砂岩互层，含植物化石碎片；第二段为灰黑色页岩；第三段为灰色、蓝灰色、黄绿等色页岩，泥岩，砂岩，细砂岩互层，含介形虫、腹足类化石；第四段以灰黑色、黑色泥岩为主，夹薄层泥灰岩、油页岩或灰质白云岩、生物灰岩，含介形虫、有孔虫、鱼类等化石。沉积环境表现为河湖相，沉积岩建造组合类型为湖泊泥岩-粉砂岩组合。

9. 大陆伸展环境碱性橄榄玄武岩组合

方山组其上下部为灰色、灰黑色橄榄玄武岩，中部为凝灰质砂砾岩、凝灰质细砂岩、粗砂岩及凝灰岩。沉积环境表现为破火山口-火山口河湖相，构造岩石组合类型主要为大陆伸展环境碱性橄榄玄武岩组合。

第四纪以来，中国处于构造活动比较微弱的阶段，发育了一系列陆内拗陷盆地及其碎屑沉积物。更新统岩性表现为砂砾石、砂土、亚黏土及残坡积物，沉积岩建造组合类型为砂砾、中粗砂及残坡积组合；全新统岩性表现为亚黏土、亚砂土、砂土等，沉积岩建造组合类型为粉砂-亚黏土组合。

第三节　构造古地理单元特征及其演化

按大地构造环境和沉积环境，省域内共划分出一级构造古地理单元陆块 1 种，二级构造古地理单元被动陆缘、前陆盆地和陆内盆地 3 种，三级构造古地理单元火山-沉积断陷盆地、断陷盆地、拗陷盆地、陆表海、周缘前陆盆地、陆棚碳酸盐岩台地、陆棚碎屑岩盆地 7 种、四级构造古地理单元火山-沉积断陷盆地中央带、火山-沉积断陷盆地缓坡带、断陷盆地缓坡带、断陷盆地中央带、拗陷盆地陡坡带、拗陷盆地缓坡带、碳酸盐岩陆表海、陆源碎屑-碳酸盐岩陆表海、陆源碎屑无障壁陆表海、海陆交互障壁陆表海、隆后盆地、前渊盆地、碳酸盐岩台地、陆源碎屑-碳酸盐岩台地、陆棚碎屑滨海、陆棚碎屑浅海 16 种，且构造古地理单元与大地构造相单元相互对应（表 2－3）。

表 2－3　江苏省构造古地理单元与大地构造相单元对应表

<table>
<tr><th colspan="4">构造古地理单元</th><th colspan="3">对应的大地构造相单元</th></tr>
<tr><th>一级</th><th>二级</th><th>三级</th><th>四级</th><th>亚相</th><th>相</th><th>大相</th></tr>
<tr><td rowspan="16">陆块</td><td rowspan="10">陆内盆地</td><td rowspan="2">火山-沉积断陷盆地</td><td>火山-沉积断陷盆地中央带</td><td rowspan="2">断陷盆地亚相</td><td rowspan="6">陆内盆地相</td><td rowspan="16">陆块</td></tr>
<tr><td>火山-沉积断陷盆地缓坡带</td></tr>
<tr><td rowspan="2">断陷盆地</td><td>断陷盆地缓坡带</td><td rowspan="2">断陷盆地亚相</td></tr>
<tr><td>断陷盆地中央带</td></tr>
<tr><td rowspan="2">拗陷盆地</td><td>拗陷盆地陡坡带</td><td rowspan="2">拗陷盆地亚相</td></tr>
<tr><td>拗陷盆地缓坡带</td></tr>
<tr><td rowspan="4">陆表海</td><td>碳酸盐岩陆表海</td><td>碳酸盐岩陆表海亚相</td><td rowspan="4">陆表海相</td></tr>
<tr><td>陆源碎屑-碳酸盐岩陆表海</td><td>碎屑岩陆表海亚相</td></tr>
<tr><td>陆源碎屑无障壁陆表海</td><td rowspan="2">海陆交互陆表海亚相</td></tr>
<tr><td>海陆交互障壁陆表海</td></tr>
<tr><td rowspan="2">前陆盆地</td><td rowspan="2">周缘前陆盆地</td><td>隆后盆地</td><td>隆后盆地亚相</td><td rowspan="2">前陆盆地相</td></tr>
<tr><td>前渊盆地</td><td>前渊盆地亚相</td></tr>
<tr><td rowspan="4">被动陆缘</td><td rowspan="2">陆棚碳酸盐岩台地</td><td>碳酸盐岩台地</td><td rowspan="2">外陆棚亚相</td><td rowspan="4">被动陆缘相</td></tr>
<tr><td>陆源碎屑-碳酸盐岩台地</td></tr>
<tr><td rowspan="2">陆棚碎屑岩盆地</td><td>陆棚碎屑滨海</td><td rowspan="2">陆棚碎屑岩亚相</td></tr>
<tr><td>陆棚碎屑浅海</td></tr>
</table>

一、构造古地理单元的主要特征

（一）被动陆缘

被动陆缘系指构造上长期处于相对稳定状态的大陆边缘，是与陆块同一刚性岩石圈板块边缘向洋壳的过渡带，是陆块裂解和离散的产物，是伸展作用体制下大陆岩石圈减薄和大幅度沉陷形成的活动微弱的大陆边缘。早期裂开阶段位于板块内部，随后被动地随着裂开的板块而移动，以生成巨厚的浅海相沉积、岩浆活动微弱和地层基本上未遭变形而与活动大陆边缘形成鲜明的对照。被动大陆边缘由宽阔的大陆架、较缓的大陆坡以及平缓的大陆陆基组成。

1. 华北陆块南缘被动陆缘

省域内华北陆块南缘于新元古代发育被动陆缘，其中新元古代早期表现为陆棚碎屑滨浅海环境，晚期转变为碳酸盐岩台地或潮坪环境，形成的构造岩石组合主要有海陆交互砂泥岩夹砾岩组合（Pt_3h—Pt_3l）、远滨泥岩-粉砂岩组合（Pt_3x）、前滨-临滨砂泥岩组合（Pt_3c）、台地陆源碎屑-碳酸盐岩组合（Pt_3jy、Pt_3s）、台地潮坪-局限台地碳酸盐岩组合（Pt_3z—Pt_3w、Pt_3ws）。地层广泛分布于徐州以东睢宁-邳州地区，表现为一套陆棚滨浅海相或碳酸盐岩台地相沉积岩建造，其反映了离散板块边缘背景下的沉积特征。

2. 扬子陆块之被动陆缘

省域内下扬子陆块区从南华纪到三叠纪晚期一直处于被动陆缘与前陆盆地交替的沉积环境下，被动陆缘主要发育于南华纪—震旦纪与晚泥盆世—早三叠世两个阶段，主要发育有陆棚碎屑岩盆地和陆棚碳酸盐岩台地。

南华纪—震旦纪被动陆缘阶段，陆棚碎屑滨海相包括的构造岩石组合有远滨泥岩-粉砂岩夹砂岩组合(Nh_1z、Nh_2s)，碳酸盐岩台地形成的构造岩石组合有台地潮坪-局限台地碳酸盐岩组合(Z_1h、Z_2d)，主要分布在宁镇山脉东段、江浦六合隆起区和盱眙隆起区，在宁镇山脉中西段也有零星分布，另外在滨海隆起、建湖隆起有钻孔揭露，表现为扬子基底形成之后，在拉张背景下首次大规模形成沉积盖层。

晚泥盆世—早三叠世被动陆缘阶段，陆棚碎屑岩盆地包括陆棚碎屑滨海和陆棚碎屑浅海两种古地理环境，形成的构造岩石组合有海岸沙丘-后滨砂岩组合(D_3g)、海陆交互砂泥岩夹砾岩组合(C_1g)、海陆交互含煤碎屑岩组合(P_2l)、台盆含放射虫硅泥质岩组合(P_1g)等。陆棚碳酸盐岩台地包括陆源碎屑-碳酸盐岩台地、碳酸盐岩台地两种构造古地理环境，形成的构造岩石组合有台盆含放射虫硅泥质岩组合(P_3d)、台地缓坡-斜坡碳酸盐岩组合(T_1q)、台地潮坪-局限台地碳酸盐岩组合(C_1h、$C_{1-2}l$、P_1q)、海陆交互砂泥岩夹砾岩组合(D_3C_1l)、开阔台地碳酸盐岩组合(C_1j、C_1h、C_2c、P_3c)。沉积物广泛分布在宁镇山脉、茅山断块区，另外在滨海隆起、建湖隆起有钻孔揭露，是晚古生代扬子陆缘的一次显著拉张作用的产物。

(二)下扬子陆块之前陆盆地

前陆盆地是洋壳俯冲闭合发生陆-陆碰撞或陆-弧碰撞，洋盆关闭，在俯冲陆块一侧的被动边缘转化来的构造挠曲类盆地，其底板为被动陆缘的陆壳。早期以深水相细碎屑复理石为主，晚期以浅水相粗碎屑的磨拉石为主。

省域内前陆盆地主要发育于下扬子陆块区，该陆块从南华纪到三叠纪晚期一直处于被动陆缘与前陆盆地交替的沉积环境下，前陆盆地主要发育于早古生代和晚中生代两个阶段，代表了两次碰撞作用，形成了两个不同时期的前陆盆地，均属于陆内周缘前陆盆地，进一步可划分为前渊盆地和隆后盆地两个次级构造古地理环境。形成的构造岩石组合有台盆含放射虫硅泥质岩组合($\in_1ht$)、滨浅海碳酸盐岩组合(O_1y—$O_{2-3}t$)、碳酸盐岩浊积岩组合($\in_3cf$)、陆源碎屑浊积岩组合(O_3S_1g—S_2m、$S_{1-2}k$—S_2t、T_2z—T_3f)等。

寒武纪—志留纪前陆盆地阶段形成的构造古地理单元有周缘前陆盆地隆后($\in_1m$—$O_{2-3}t$、O_1y—$S_{3-2}k$)，周缘前陆盆地前渊($\in_1ht$、O_3S_1g—S_2m、S_2t)，广泛分布在宁镇山脉、江浦六合隆起区、盱眙隆起区、茅山断块区及太湖周边区域，另外，在滨海隆起、建湖隆起有钻孔揭露，为板间挤压背景下形成的。

中晚三叠世前陆盆地阶段形成的构造古地理单元仅有周缘前陆盆地隆后(T_2z—T_3f)，主要分布在宁镇山脉中段、宁芜-溧水地区等，为印支运动挤压背景下形成的一套陆源碎屑-碳酸盐岩和红色类磨拉石沉积。

(三)陆内盆地

陆内盆地是陆内发展(盆山转换)阶段地壳构造变动不强烈的产物，地质作用以陆内盆地的发育为特征，沉积环境以海陆交互相、陆相环境为主。省域内于三大陆块区上均有发育，主要发育陆表海盆地、拗陷盆地和断陷盆地等类型。

1. 华北陆块南缘陆表海盆地

陆表海盆地是指大陆陆壳基底上的浅水海域，海底坡度十分平缓。省域内陆表海盆地主要发育于华北陆块区南缘，分为海陆交互障壁陆表海(Z_2j)、陆源碎屑-碳酸盐岩陆表海($\in_1h$、$\in_{1-2}m$)、碳酸盐岩陆表海($\in_1c$、$\in_2z$—O_1s、O_1j—$O_{1-2}m$)、陆源碎屑无障壁陆表海(C_2b)、海陆交互障壁陆表海(C_2t)等。其中海陆交互障壁陆表海环境发育的沉积岩建造组合类型有陆表海泥岩-粉砂岩组合（Z_2j）和陆表海海陆交互含煤碎屑岩组合（C_2t），陆源碎屑-碳酸盐岩陆表海发育的沉积岩建造组合类型仅有陆表海陆源碎屑-灰岩组合（$\in_1h$、$\in_{1-2}m$），碳酸盐岩陆表海发育的沉积岩建造组合类型有陆表海灰岩组合（$\in_1c$、$\in_2z$、$\in_3c$、$O_{1-2}m$）、陆表海白云岩组合（O_1s、O_1j），陆源碎屑无障壁陆表海发育的沉积岩建造组合类型仅有陆表海泥岩-粉砂岩组合（C_2b）。

海陆交互障壁陆表海沉积由海陆交互相沉积序列与煤层、碳质泥岩交替组合而成，以三角洲、河口湾、潮坪、沼泽、潟湖、潮汐通道、冲积扇、潮汐三角洲相陆源碎屑沉积序列为特征。碳酸盐岩陆表海通常为碳酸盐岩缓坡，自然坡度低于1°，缺乏显著的斜坡坡折。高能带及其颗粒沉积滩常直接分布于缓坡的向上部位；沿缓坡向下的部位为潮下和浪基面以下的低能泥晶或泥质沉积；下缓坡下部重力场十分微弱，因此缺乏重力流沉积物。碳酸盐岩沉积环境主要为含生物碎屑灰岩和泥晶灰岩及其与泥灰岩互层，含正常海相生物群，生物潜穴构造常见，生物扰动作用强烈，发育有与陆源碎屑沉积环境相对应的风暴沉积。陆源碎屑无障壁陆表海主要由海岸沙丘-后滨、前滨、临滨、远滨相石英砂砾岩、石英粉砂岩、高岭石黏土等共生系列组成的稳定克拉通陆表海沉积。

陆源碎屑-碳酸盐岩陆表海（$\in_1h$、$\in_{1-2}m$）及碳酸盐岩陆表海（$\in_1c$、$\in_2z$—O_1s、O_1j— $O_{1-2}m$）主要为一套碳酸盐岩组合局部夹碎屑岩沉积建造，分布于徐州复式背向斜的核部或翼部，构成徐州地区的主要山体，是徐淮山系的主要组成岩石，表现出稳定克拉通垂相运动驱动下，在陆壳之上形成的一套以稳定的海相碳酸盐岩为主的沉积。

陆源碎屑无障壁陆表海（C_2b）及海陆交互障壁陆表海（C_2t）沉积组合露头零星分布于徐淮山系和丰沛隆起之间。陆源碎屑无障壁陆表海（C_2b）为华北地区在经历过中奥陶世至早石炭世长期隆升剥蚀后，新一轮海侵使本地区再次接受陆表海沉积作用，主要表现为海侵背景下形成的一套滨浅海相碎屑岩沉积。海陆交互障壁陆表海（C_2t）表现为新一轮海侵之后，华北陆块区再次抬升，在本区域表现出一套海退背景的海陆相互相沉积组合特征，并夹有含煤建造层。

2. 拗陷盆地

拗陷盆地是指大范围凹陷下沉的沉积盆地，盆地边界无明显的断裂控制。拗陷盆地沉积充填可对称或不对称。如对称，盆地两侧坡度基本一致；如不对称，则一侧为陡坡带，另一侧为缓坡带。湖相沉积主要集中在盆地中部（最大沉降）。相比较而言，水下扇粗碎屑发育的一侧为陡坡带，粗碎屑发育较少的一侧为缓坡带。如拗陷盆地范围巨大，可在盆地内发育若干个次级拗陷带和隆起带。拗陷带充填较深水相沉积，厚度较大；隆起带充填较浅水相沉积，厚度较小。

省域内拗陷盆地在华北陆块南缘和下扬子陆块区均有广泛发育，分为拗陷盆地缓坡带和拗陷盆地陡坡带。拗陷盆地缓坡带以曲流河和湖泊三角洲相沉积为主，构造岩石组合有河流砂砾岩-粉砂岩-泥岩组合和湖泊泥岩-粉砂岩组合。拗陷盆地中央带以湖相沉积为主，构造岩石组合有湖泊泥岩-粉砂岩组合等。拗陷盆地陡坡带以三角洲相、曲流河沉积为主，构造岩石组合主要为河流砂砾岩-粉砂岩泥岩组合。

3. 断陷盆地

早白垩世之后的燕山运动及喜马拉雅运动在中国东部地区以拉张地质作用为主，省域内形成大量的火山沉积断陷盆地及无火山岩断陷盆地，在三大构造单元均广泛发育。

断陷盆地是指拉张型的下陷盆地，根据火山岩的发育情况分为火山沉积断陷盆地及无火山岩断陷盆地两类。特征是盆地沉积充填不对称，在盆地边界同沉积正断层一侧发育陡坡扇三角洲或水下扇的粗碎屑（砂砾岩）沉积，厚度巨大；湖相沉积主要集中在盆地中部靠近断层的盆地轴部（最大沉降）。远离断层的缓坡带的沉积物堆积厚度小，主要发育河流、三角洲相沉积。

省域内火山-沉积断陷盆地分为火山-沉积断陷盆地陡坡带、火山-沉积断陷盆地中央带及火山-沉积断陷盆地缓坡带。火山-沉积断陷盆地陡坡带以扇三角洲或水下扇粗碎屑（砂砾岩）沉积与火山岩共同发育为特征。火山-沉积断陷盆地中央带以湖相沉积夹火山岩为主。火山-沉积断陷盆地缓坡带以河流和三角洲相沉积夹火山岩为主。

省域内无火山-沉积断陷盆地也可分为陡坡带、中央带及缓坡带3类。构造岩石组合特征与火山-沉积断陷盆地基本一致，区别在于火山岩岩石组合的不发育。

二、构造古地理演化

省域内华北陆块区、苏鲁造山带和扬子陆块区三大地质构造单元在早二叠世前具有相对独立的演化历史，仅于印支旋回三大构造单元拼合后才共同经历了中新生代的陆内盆地演化。

华北板块区出露最老沉积地层为新元古代青白口纪地层。整个新元古代，江苏地区当时处于被动陆缘初始阶段，沉积了大量陆源碎屑及碳酸盐岩沉积物。南华纪之后，地壳运动以垂直升降运动为主，江苏地区处于陆表海沉积环境。石炭纪晚期开始，陆表海环境由于持续进积作用，沉积环境逐渐萎缩，二叠纪逐渐演变为陆内拗陷盆地环境。直到三叠纪印支运动，华北板块与扬子板块碰撞拼合，江苏地区逐渐发展成为环太平洋构造体系作用下陆内盆地环境，并一直持续到现在。其中受二叠纪末期印支运动的影响，缺失二叠纪末到晚侏罗世早期陆内沉积记录，中晚侏罗世继承了早期拗陷盆地的沉积环境，早白垩世之后的燕山运动及喜马拉雅运动在中国东部地区以拉张地质作用为主，在早期拗陷盆地的基础上断裂活动加剧，进一步发展形成了大量火山沉积断陷盆地及无火山岩断陷盆地。

省域内下扬子陆块区出露最老沉积地层为新元古代南华纪沉积地层。从南华纪到三叠纪晚期，扬子地层区一直处于被动陆缘与前陆盆地交替的沉积环境下，留下了大量碎屑岩或碳酸盐岩沉积记录。其中南华纪—震旦纪因联合大陆的裂解和离散，构造古地理环境表现为被动陆缘的发展；寒武纪—中志留世，下扬子陆块构造演化表现为汇聚性质，构造古地理环境表现为前陆盆地的沉积与发展。其后缺失晚志留世—中泥盆世的沉积，至晚泥盆世开始至中二叠世下扬子陆块区又经历了一次离散与汇聚的构造运动变迁，构造古地理则表现为又一次被动陆缘与前陆盆地的构造环境转换。三叠纪末期之后，由于印支运动影响，江苏地区处于环太平洋构造动力背景作用下，下扬子地层区转化成为陆相盆地沉积环境，与华北陆块区南缘相同，经历了拗陷盆地、无火山岩断陷盆地和火山岩断陷盆地的构造古地理环境的变迁，沉积了巨厚陆相沉积物，并持续到现在。

而苏鲁造山带大地构造位置处于华北板块与扬子板块的碰撞带，出露的地层以变质岩为主，沉积岩仅发育了燕山期以来的碎屑岩及火山岩地层，构造古地理环境演化主要表现为印支期碰撞拼合之后环太平洋构造体系域的构造环境变迁，晚侏罗世表现为拗陷盆地的发育，燕山运动后则由于断裂活动的加剧导致断陷盆地的长期沉积。

第四节　沉积岩建造组合与成矿关系

华北陆块区新元古代被动陆缘沉积的构造岩石组合主要有台地陆源碎屑-碳酸盐岩组合（Pt_3ws—Pt_3s）、台地潮坪-局限台地碳酸盐岩组合（Pt_3w—Pt_3z）、前滨-临滨砂泥岩组合（Pt_3jy—Pt_3c）、台盆陆源碎屑-碳酸盐岩组合（Pt_3x）、海岸沙丘-后滨砂岩组合（Pt_3l）、海陆交互砂泥岩夹砾岩组合（Pt_3h）6个构造岩石组合。区内该地区岩浆活动微弱，未见明显的内生成矿作用，但其中的碳酸盐岩岩石组合可构成后期矽卡岩型铁铜多金属矿的有利成矿围岩。

区内陆表海相主要分布于华北陆块区，早古生代陆表海发育的构造岩石组合有陆表海泥岩-粉砂岩组合（Z_2j）、陆表海陆源碎屑-灰岩组合（$\in_{1-2}m$—$\in_1h$）、陆表海灰岩-白云岩组合（$O_{1-2}m$—$\in_2z$）三个构造岩石组合，其中陆表海灰岩-白云岩组合（$O_{1-2}m$—$\in_2z$）中的马家沟组（$O_{1-2}m$）是区内矽卡岩型铁矿的主要成矿层位，矿体赋存于碳酸盐岩与燕山期中酸性侵入岩接触带部位，受矽卡岩带控制明显。

晚古生代陆表海相仅零星分布于徐淮山系和丰沛隆起之中，发育的构造岩石组合有海陆交互含煤碎屑岩组合(C_2t)、陆表海泥岩粉砂岩组合(C_2b)，主要为滨浅海相-海陆交互相陆源碎屑岩构造岩石组合，均夹有多个煤层，是区内主要的含煤建造，徐州地区也因此成为江苏省和东部地区重要的煤炭基地。

下扬子陆块新元古代被动陆缘相零星分布于宁镇山脉东段、江浦六合隆起区和盱眙隆起区，在宁镇山脉中西段也有零星分布，发育的构造岩石组合为远滨泥岩-粉砂岩夹砾岩组合(Nh_{1-2})、台盆陆源碎屑岩-灰岩组合(Z_1h)和局限台地白云岩组合(Z_2d)。其中局限台地白云岩组合的底部发育的锰质白云岩经风化、富集后可形成锰矿(矿点)，而台盆陆源碎屑岩-灰岩组合(Z_1h)和局限台地白云岩组合(Z_2d)中的碳酸盐岩与燕山期中酸性侵入岩接触部位也是区域矽卡岩型铁铜多金属矿产的成矿有利部位。

下扬子陆块晚古生代被动陆缘相广泛分布在宁镇山脉、茅山断块区、宜溧地区、苏州西部地区，发育的构造岩石组合有海岸沙丘-后滨砂岩组合(D_3g)、海陆交互砂泥岩夹砾岩组合(C_1j、D_3C_1l)、开阔台地碳酸盐岩组合(C_2c、C_2h)和局限台地碳酸盐岩组合(P_1q)、台盆含放射虫硅泥质岩组合(P_1g)、海陆交互含煤碎屑岩组合(P_2l) 和台盆含放射虫硅泥质岩组合(P_3d)、滨浅海碳酸盐岩组合(T_1q)。其中高骊山海陆交互砂泥岩夹砾岩组合(C_1j、D_3C_1l)中局部铜含量较高，可形成沉积型铜矿化点，区域上可能为重要的铜多属矿的矿源层，而海陆交互含煤碎屑岩组合(P_2l)则是区内主要含煤建造，滨浅海碳酸盐岩组合(T_1q)中碳酸盐岩石与燕山期中酸性侵入岩接触部位是区域内矽卡岩型铁铜矿床的主要赋存部位，而其他构造岩石组合中的碳酸盐岩石与燕山期中酸性侵入岩接触部位也应是区域矽卡岩型矿产的成矿有利部位，尤其是碎屑岩与碳酸盐岩接触界面(俗称“硅钙面”)是区内矽卡岩型矿产成矿主要控制层位。

前陆盆地在扬子陆块区分布较广，时间上有早古生代前陆盆地(∈—S)和晚古生代前陆盆地(T_2—T_3)两个阶段，其中早古生代前陆盆地发育的构造岩石组合有台盆含放射虫硅泥质岩组合($\in_1ht$)、滨浅海白云岩组合(O_1l—$\in_1m$)和滨浅海灰岩组合($O_{2-3}t$—O_1h)、陆源碎屑浊积岩组合(O_3S_1g)和陆源碎屑浊积岩组合(S_2m、S_1f)等。其中台盆含放射虫硅泥质岩组合($\in_1ht$)的黑色碳质页岩中富含铂、钯等贵金属元素，一直以来都是省内寻找与黑色岩系相关的贵金属、稀有金属矿产的重要层位；其他构造岩石组合与矿产关系不明显，但区域上存在与该时段形成的碳酸盐岩有关的矽卡岩型铁铜矿床，区内存在的滨浅海白云岩组合(O_1l—$\in_1m$)和滨浅海灰岩组合等在其与燕山期中酸性侵入岩接触带位置也可能是矽卡岩型铁铜矿产的重要赋存位置。中—晚三叠世前陆盆地相仅有陆源碎屑-碳酸盐岩组合(T_3f、T_2z)一个构造岩石组合，该岩石组合是区内石膏矿的主要成矿层位，其中含灰质岩石与燕山期中酸性侵入岩接触带位置也是区内矽卡岩型铁铜矿产的重要赋存位置。

中生代陆内盆地是印支期构造运动后的拗陷作用的产物，在两大陆块区均有分布，构造岩石组合以陆源碎屑岩类建造为主，一般与矿产关系不密切。如华北陆块区中生代陆内盆地相分别在大屯等地有少量分布，构造岩石组合为河流相砂砾岩-粉砂岩-泥岩沉积建造(J_3s)，区域内未发现有价值的矿化线索。

省域内中新生代陆内盆地发育一系列河流相碎屑沉积岩建造组合，间夹少量碱性橄榄玄武岩建造，在华北陆块区、苏鲁造山带和扬子陆块区基本相似，成矿作用微弱，但部分构造岩石组合中仍形成各具特色的矿产资源。其中华北陆块区河流相砂砾岩-粉砂岩-泥岩组合中有石膏矿赋存，扬子陆块区湖泊相泥岩-粉砂岩组合(E_1f)是江苏省重要的油气成藏层位和含盐层位。另外，其中局部间夹的碱性橄榄玄武岩组合有蓝宝石矿产出，而玄武岩风化后产物经流水搬运、淘洗、迁移与堆积形成的泥岩-黏土岩组合中可形成大型的凹凸棒石矿床，这也是江苏省重要的特色矿产之一。

第三章　火山岩构造岩石组合

江苏省位于中国东部中生代火山岩带和长江中下游中生代构造岩浆活动带的复合地段，区内火山活动强烈，火山岩发育且分布广泛，火山岩从基性到酸性皆有分布，火山活动既有裂隙式火山喷发又有中心式火山喷发，时代从元古宙晋宁期和中新生代燕山期、喜马拉雅期皆有活动(图 3-1)。

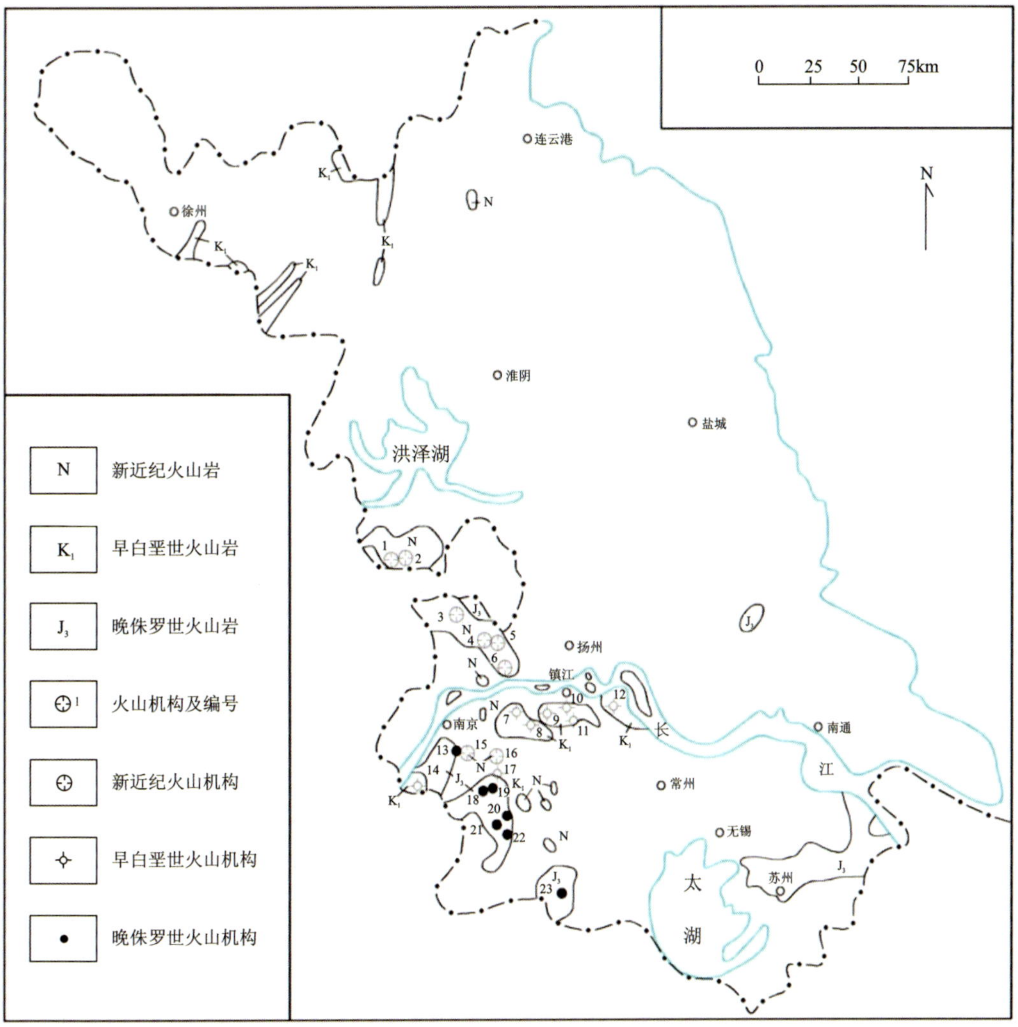

图 3-1　江苏省中新生代火山岩分布略图

第一节 火山岩时空分布

元古宙晋宁期火山岩主要分布于连云港、灌云、灌南和丹阳县境内，火山活动以海底火山溢流为主，早期为中基性—中酸性，晚期为中酸性—酸性，形成厚度较大的火山-沉积岩系，经后期区域变质作用，成为各种变质岩，组成苏鲁造山带的锦屏岩群、云台岩群和下扬子地区的张八岭岩群、埤城岩群等，构成了不同地质单元的变质基底(归入变质构造岩石组合)。

中生代火山活动开始于早中侏罗世，盛于晚侏罗世—早白垩世，晚白垩世基本结束，以陆相火山溢流作用为主，形成的火山岩包括爆发相的火山碎屑岩、溢流相的熔岩、喷发沉积相的沉火山碎屑岩和火山碎屑沉积岩、次火山岩相的次火山岩等。其中熔岩为主要岩类，包括中性的安山质熔岩、中酸性粗安质熔岩、酸性流纹质熔岩和碱性粗面质熔岩，局部出现响岩。它们组成晚侏罗世和早白垩世火山岩地层的主体。次火山岩主要见于江宁、溧水、溧阳、丹徒、句容、高淳、吴县境内，受构造控制明显，多沿断裂或火山管道侵入，呈岩脉、岩株、岩墙产出，规模小，一般出露面积1～3km^2，最大的达17km^2。岩石类型有次安山岩、次粗安岩、次玄武粗安岩、次粗面岩、流纹斑岩、假白榴石斑岩等。它们与长江中下游的铁、铜、铅、锌、金、黄铁矿等矿产的形成关系密切。

中生代陆相火山岩喷发多发生在构造凹陷区，全省共有11个中生代火山岩盆地。其中宁芜盆地是省内规模最大、活动时间最长、岩类最复杂、成矿最有利的火山活动盆地。火山活动受北东向、北西向、近东西向几组断裂控制，有多个喷发带，活动时期从晚侏罗世至早白垩世，岩相以溢流相、爆发相、次火山岩相为主，岩性有中性、中酸性、碱性等，与区内的铁、铜、黄铁矿、金矿关系密切，形成了著名的“玢岩铁矿”等矿床。

新生代火山活动始于古新世，中新世至上新世发生强烈喷发，更新世以来，尚无火山活动记录。古新世至渐新世火山活动中心在金湖—海安一带，苏北钻孔古近纪地层中普遍见火山岩夹层，多者可达数十层，累计厚度300余米；中新世至上新世火山岩主要出露在盱眙、六合、仪征境内，其他地区也有零星分布，受北西向、北北东向断裂控制，为裂隙-中心式喷发或中心式喷发。

新生代火山岩岩类较单一，为基性熔岩、火山碎屑岩及次火山岩。熔岩类以碱性玄武岩为主，火山碎屑岩类包括火山集块岩、火山角砾岩，其成分亦多为玄武质。火山碎屑沉积岩类则主要为凝灰质砾岩和凝灰质砂岩，次火山岩有辉绿岩及橄榄辉绿岩。

省域内中新生代火山岩浆活动主要是中新生代太平洋板块向北俯冲，中国大陆东部广泛发生造山、拉张与裂解作用的机制下形成的火山喷发产物，根据全国构造岩浆岩带的3级划分方案，总体上均属晚三叠世以来中国东部构造岩浆岩省(Ⅰ级)的一部分，与3个大地构造分区相对应，Ⅱ、Ⅲ级构造岩浆岩带分属鲁西构造岩浆岩带之鲁西-徐淮构造岩浆岩亚带，秦岭-大别-苏鲁构造岩浆岩带之青岛-日照构造岩浆岩亚带，十万大山-幕阜山-下扬子构造岩浆岩带之长江中下游中生代构造岩浆岩亚带。前两者各仅划分一个Ⅳ级构造岩浆岩带，对应于徐淮构造岩浆岩段、东海桃林-莒南构造岩浆岩段，而长江中下游中生代构造岩浆岩亚带根据岩浆岩特征，以江南断裂为界，可划分为沿江构造岩浆岩段和江南构造岩浆岩段两个部分(表3-1)。

表3-1 江苏省构造岩浆岩带与火山机构划分表

带	亚带	岩段
胶辽构造岩浆岩带	鲁西-徐淮构造岩浆岩亚带	徐淮构造岩浆岩段
秦岭-大别-苏鲁构造岩浆岩带	青岛-日照构造岩浆岩亚带	东海桃林-莒南构造岩浆岩段
十万大山-幕阜山-下扬子构造岩浆岩带	长江中下游中生代构造岩浆岩亚带	沿江构造岩浆岩段
		江南构造岩浆岩段

第二节 火山岩相与火山构造

江苏省为晚三叠世以来中国东部构造岩浆岩省的重要组成部分，区内火山活动强烈，火山岩岩石类型多样，火山岩相较为复杂，火山构造发育。表现为同一火山喷发中心发育多个火山岩相，同一火山盆地或火山洼地等发育多个次一级的火山构造。

一、火山岩相

中、新生代火山岩相类型可分为：爆发相、溢流相、爆发-溢流相、喷发-沉积相、潜火山岩相、火山通道相6种。中生代火山岩相发育较全，以溢流相和爆发相为主，其他各类岩相均有不同程度的发育，而新生代火山岩相较为简单，主要为溢流相，局部出现爆发相及火山通道相。

（一）爆发相

火山强烈爆发时形成的集块至凝灰级各种碎屑物，以不同方式搬运、堆积，形成各种粒级的火山碎屑岩，是全区内最为常见的火山岩相，分布广泛。按火山物质的堆积方式分为崩落堆积相、空落堆积相及碎屑流堆积相3种。

1. 崩落堆积相

以上侏罗统龙王山组、大王山组和早白垩世姑山火山岩锥及娘娘山火山岩锥等最为发育，主要分布于长江中下游中生代构造岩浆亚带的宁芜-溧水地区。多由集块岩、火山角砾岩等粗火山碎屑岩建造构成，集块、角砾呈棱角状，分选差，岩石层理不明显，沿走向变化急剧，常见环绕火山通相分布。该火山岩相的存在，是识别火山机构存在的重要标志。

2. 空落堆积相

为最常见的火山岩相之一，省内以龙王山组、大王山组最为发育。以较细的凝灰岩、角砾凝灰岩建造为主，岩石多显层理，横向上相变为火山角砾岩、集块岩，与崩落堆积过渡，平面上可见距火山机构一定距离呈半环状展布。剖面上常见不同粒级火山碎屑岩构成下粗上细或下细上粗的喷发韵律。空落堆积物一般远离火山喷发中心，部分地段常呈夹层出现。

3. 碎屑流堆积相

该相发育于姑山火山岩锥与娘娘山火山岩锥内，分布较局限。多由流纹质或粗面质熔结凝灰岩构成，靠近火山机构粒度变粗。该相常与破火山关系密切。

（二）溢流相

长江中下游地区广泛分布于中生界龙王山组、大王山组、姑山火山岩锥、娘娘山火山岩锥等火山岩地层中，在其他地区也是各时代火山岩地层的主要组成部分。主要由各种成分的熔岩构成，可进一步分为熔岩被及熔岩流两种。

(1)熔岩被：见于新生界方山组玄武岩中，由基性—超基性熔岩构成，多为复式熔岩被，分布范围广，厚度稳定，单层厚多10m至数十米，顶部气孔、杏仁、红色氧化壳发育。

(2)熔岩流：主要发育于龙王山组、大王山组、姑山火山岩锥、娘娘山火山岩锥、黄尖组、寿昌组及青山群等中，主要为玄武质、安山质、玄武粗安质、流纹质、粗安质、粗面质熔岩，以长江中下游火山盆地中分布最广，多为复式熔岩流，单层厚几米至数十米，横向变化大，气孔多见拉长而显示流动方向。

(三)爆发-溢流相

该相为爆发相和溢流相之间的过渡相，主要见于长江中下游构造岩浆岩亚带中，以发育碎屑熔岩为特征，主要见有两种韵律：一种韵律自下而上由凝灰熔岩—凝灰角砾熔岩—角砾熔岩—集块熔岩组成或只发育上部岩性，角砾集块成分单一，棱角状，大小不一，被同成分熔岩胶结，两者界线清楚，角砾见熔蚀现象，为典型的先爆发后被熔岩胶结的产物；另一种韵律自下而上岩石组合为含集块凝灰角砾熔岩—辉石安山岩—含集块凝灰熔岩—角闪辉石安山岩，显示由爆发相至溢流相、火山作用强度由强到弱的特点，该组合中胶结物和碎屑物难以区分，角砾不具熔蚀现象，系一种熔岩被爆碎再在原地被熔岩胶结的产物。

(四)喷发-沉积相

该相在中生代各个火山岩地层中均有发育，尤其是长江中下游构造岩浆岩亚带中各火山岩地层底部均有不同程度的发育，以出现大量的沉火山碎屑岩、凝灰质砂岩或沉积岩地层中含大量火山物质为特征，其岩石中层理构造一般较为发育，并多含植物化石和孢粉等生物化石。该相岩石主要发育于火山湖盆中，多形成于火山喷发初期、喷发间断期及不同火山构造交叉部位，为火山物质供给不足的沉积产物，形成的岩石组合常呈夹层出现在大套火山岩系之中(或底部)，局部向正常沉积相的岩石过渡。

(五)潜火山岩相

潜火山岩相主要发育于长江中下游构造岩浆岩亚带的宁芜、溧水、溧阳火山岩盆地中，其他地区由于出露较少未见发育，以龙王山旋回、大王山旋回最为常见，其次为姑山旋回、娘娘山旋回等，新生代潜火山相基本不发育。

潜火山岩相由各种岩性的次火山岩构成岩株状岩体或岩脉，与围岩呈侵入接触，边部可见同成分角砾，展布多与区域构造线及Ⅳ级火山构造展布方向一致，常见放射状、弧形、环形，潜火山相脉体环绕火山通道相分布(如娘娘山等地)，一起构成火山构造的总体。

潜火山岩相火山岩成分与同火山旋回爆发相、溢流相接近或偏碱偏酸性，形成的次火山岩相岩石结晶程度多偏高，当剥蚀较深时，具侵入岩外貌，如宁芜火山岩盆地中的安山玢岩向闪长玢岩过渡，但其分布与火山岩关系密切。

(六)火山通道相

火山通道相指连接岩浆房和地表火山口的岩浆运移孔道，其中充填物即称为火山通道相岩石。由于后期的剥蚀，当上部火山口及火山颈缺失时，与潜火山岩相难以截然区分。但火山通道相往往具环状、放射状构造，附近发育同旋回爆发相、溢流相产物，并显示出火山地层厚度增大、火山碎屑粒度变粗等特点。

火山岩相从形成时间上看，各火山旋回早期以爆发相、溢流相为主，晚期以潜火山岩相为主，喷发-沉积相可贯穿整个火山活动时期或不发育，这取决于火山构造洼地补偿状态。从空间上看，剖面上大致由下而上为火山沉积相—爆发相—溢流相—火山通道相排列，平面上自火山机构中心向外呈火山通道相—溢流相—爆发相—沉积相分布。火山岩相的空间展布特征，是确定Ⅴ级火山构造、区分火山类型的重要依据。

二、火山构造

根据构造岩浆岩带的划分，依据不同时代、不同类型火山岩空间分布特征，将徐淮构造岩浆岩段划为一个Ⅰ级火山构造——徐淮火山喷发岩区，苏鲁地区的东海桃林-莒南构造岩浆岩段划为一个Ⅰ级火山构造——苏北火山喷发岩区，沿江构造岩浆岩段划为六合-盱眙、宁芜-溧水、镇江-上党 3 个火山喷发岩区，将江南构造岩浆岩段划分为宜溧、苏州-松江 2 个火山喷发岩区；进一步依据不同类型火山机构的特征、控制因素和空间分布，将省内火山机构划分为 11 个Ⅱ级火山机构（火山喷发岩带或火山构造洼地）；在此基础上对省内火山构造研究较为详细的部分Ⅱ级构造进行了个Ⅲ级火山机构（火山洼地或火山隆起）的划分（表 3－2）。不同时期或地区的火山构造特征有所不同，根据火山构造的具体特征可进一步划分和确定各个Ⅳ级火山机构的具体类型。主要Ⅱ级、Ⅲ级火山机构特征如下。

表 3－2　江苏省及上海市构造岩浆岩带与火山机构划分表

带	亚带	岩段	火山构造类型		
			Ⅰ级	Ⅱ级	Ⅲ级
胶辽构造岩浆岩带	鲁西-徐淮构造岩浆亚带	徐淮构造岩浆岩段	徐淮火山喷发岩区	棠张-大庙火山构造洼地	
秦岭-大别-苏鲁构造岩浆岩带	青岛-日照构造岩浆亚带	东海桃林-莒南构造岩浆岩段	苏北火山喷发岩区	临沭火山构造洼地	
				安峰-平明火山喷发岩带	
十万大山-幕阜山-下扬子构造岩浆岩带	长江中下游中生代构造岩浆岩亚带	沿江构造岩浆岩段	六合-盱眙火山喷发岩区	六合-盱眙火山喷发岩带	
			宁芜-溧水火山喷发岩区	宁芜火山构造洼地	方山-小丹阳裂隙式火山喷发亚带
					安德门-娘娘山裂隙式火山喷发亚带
					吉山-朱门裂隙式火山喷发亚带
					梅山-凤凰山裂隙式火山喷发亚带
				溧水火山构造洼地	横溪-乌山东西向喷发亚带
					夏家边-团山北西向喷发亚带
					虬山-东芦山-曹桥北北西向弧形喷发亚带
					枯竹山-曹桥近南北喷发亚带
			镇江-上党火山喷发岩区	东阳-周冲村火山构造洼地	
				上党火山构造洼地	
					圌山火山喷发岩锥
		江南构造岩浆岩段	宜溧火山喷发岩区	溧阳火山构造洼地	
			苏州-松江火山喷发岩区	苏州火山构造洼地	
				松江火山构造洼地	

（一）棠张-大庙火山构造洼地（Ⅱ级火山构造）

该构造位于华北陆块区南缘徐州棠张—大庙一带。据钻孔揭示，有多条呈北北东向展布的长条状

3. 虬山-东芦山-曹桥北北西向弧形喷发亚带(Ⅲ级火山构造)

该亚带方向呈 350°,带宽 3～8km,控制着 3 个旋回的喷发活动。本亚带的北西端及西侧分布着龙王山旋回爆发碎屑亚相火山集块岩,沉积-爆发碎屑亚相沉凝灰岩,沉集块岩及溢流亚相玄武安山岩、角砾熔岩等,东岗为一火山机构;大王山旋回爆发灰流亚相粗面质或以石英粗面质为主的熔结凝灰岩均沿北北西向分布,其底局部出现火山集块岩,反映裂隙式猛烈爆发的特征,附近可能存在乌山岗、尹珠山两火山机构;姑山旋回以溢流亚相流纹岩为主,分布于甲山,为一孤零的火山机构。

4. 枯竹山-曹桥近南北向喷发亚带(Ⅲ级火山构造)

该亚带宽 6～8km,在云合山地区出现溢流亚相安山质角砾熔岩及喷发沉积相含孢粉火山碎屑沉积岩,前者为龙王山旋回,后者代表一间隙期。云合山之西侧及曹桥一带出露有大王山旋回溢流亚相粗安岩、粗面岩及爆发灰流亚相熔结角砾岩,后者于大成村可见碎后呈塑性的火焰状特征,指示该处可能是一火山中心。

(七)镇江-上党火山喷发岩区(Ⅰ级火山构造)

镇江火山岩盆地是一近东西向盆地,东西向与北西向交叉的两组断裂控制着该盆地喷发带,沿上党镇之南北向两侧宽约 14km,从车家边到陈武出露厚度约 990m,自下而上为爆发亚相火山集块岩、火山角砾岩及溢流亚相石英粗安岩、次火山岩相次石英粗安岩。于秃山—小马鞍山一线,主要分布爆发碎屑亚相火山集块岩、火山角砾岩,溢流亚相石英粗安岩极少见,走向北西向,秃山火山集块岩向北东倾斜,倾角近于 40°,其中夹熔结凝灰岩,推测附近有火山中心存在。由于镇江火山岩盆地内露头零星,据钻孔资料,在东西向、北西向两组断裂交叉处的上党多见火山角砾岩,也有可能存在一火山喷发中心。

镇江火山岩盆地外围的圌山、亭子、东阳、周冲几处火山岩分布区,均为孤零的小面积火山岩零星分布,位于断裂交错位置,可能为次一级的火山构造洼地或火山喷发中心。

(八)溧阳火山构造洼地(Ⅱ级火山构造)

溧阳-庙西北北东向断裂与横涧-社渚北西向断裂为喷发带所在位置,明显控制了溧阳盆地两次喷发旋回的火山喷发活动。

溧阳盆地长轴方向略呈近南北向,向北开口,估计盆地北半部拗陷深度相对较深,因而在龙王山旋回时期,南部出露了早期溢流亚相的安山岩及爆发碎屑亚相之火山碎屑岩,均沿南半部基岩的边缘分布,其延续性较好,呈弧形分布,北部则被大王山旋回产物掩盖。龙王山旅回之后存在一间歇阶段,沉积了一套喷发-沉积相(火山碎屑沉积岩组成),至大王山旋回时期,开始以大范围之溢流-爆发-溢流形式组成了一套中—酸性熔岩与火山碎屑岩交错的复合岩相。而晚期出露厚度较大的流纹岩漫延于北东侧。戴埠处于北东侧流纹岩收敛部位,据物探资料推测可能存在一火山中心。

断裂也明显地控制着次火山作用和晚期的侵入作用。主要的次火山岩体和花岗岩类侵入体沿断裂带分布,平桥次流纹岩体处于一火山中心,其边部可见一套酸性熔结火山碎屑岩,两者为过渡关系,构成近火山口-岩颈相。

(九)苏州火山构造洼地(Ⅱ级火山构造)

该构造洼地明显受苏州东河-南阳山北东向构造带所控制,沿通安镇-管山延伸存在一近东西向喷发带。推测通安可能是一个火山口,通安次流纹岩体明显伴随火山活动晚期侵入构成一火山隆起构造。其南面阳山为熔岩锥,以流纹岩为主,火山碎屑岩极少,北面为低矮的火山锥;金狗山、虎丘距线状火山口较远,存在一套火山碎屑沉积岩。盆地南西小雷岛粗面质火山碎屑岩及熔岩极可能为一孤零的火山中心。

(十)松江火山构造洼地(Ⅱ级构造)

该构造洼地为东南沿海火山岩带的一个凹陷盆地,地表露头极少,根据钻孔资料,见中性、酸性、碱性多种成分熔岩,并发育有熔结凝灰岩及火山集块岩,推测存在多个火山中心。

(十一)娘娘山古火山机构(Ⅳ级火山机构)

Ⅳ级火山机构主要指具体的单一类型的古火山机构,系指一定时间和空间内火山活动形成的各种产物的总体,反映了破火山口经多阶段活动形成的各种复杂的产物。目前江苏省域内公认的古火山机构有宁芜火山岩盆地娘娘山古火山机构1处。另外,有些单位提出宁芜火山岩盆地之麒麟山,溧水火山岩盆地之夏家边、湫湖山、观山、东岗、尹珠山、甲山,溧阳火山岩盆地之平桥也可能存在古火山机构。

娘娘山古火山机构位于宁芜火山岩盆地中部西侧,平面形态呈北东方向延伸的椭圆形,面积约15km^2,由娘娘山旋回喷发产物组成。其下伏岩层为姑山旋回的粗安岩和凝灰岩,是一个比较复杂的破火山口。

1. 娘娘山古火山机构火山岩相

按照喷发产物在火山机构中产出部位及形成方式,可划分为5个岩相:

(1)近火山口爆发碎屑岩相(爆发碎屑亚相):主要由火山集块岩、火山角砾岩及凝灰岩组成。分布于火山机构的外侧,为火山通道中冷凝的岩石及部分未全部冷凝的熔浆,被聚集在通道中的气体所形成的巨大内压力上冲爆发而成。碎屑成分以假白榴石响岩为主,其次尚有姑王山旋回的粗安岩、粗面岩、更老沉积岩以及长石晶屑与塑性碎屑等。塑性碎屑具假流动构造,其产状围绕火山口向内倾斜。

(2)火山口-火山颈火山灰流相(爆发火山灰流亚相):由黝方石响岩质角砾岩及熔结凝灰岩组成。分布在火山口的外带,为强烈爆发产物,含有大量的塑性碎屑及火山灰。塑性碎屑形态多样,具良好的假流动构造,据恢复的火山口横剖面形态呈南陡北缓的漏斗状。

(3)火山口-火山颈侵出熔岩相(火山颈相):由黝方石响岩组成,分布在火山口中心,为火山活动晚期阶段熔浆向上涌出并充塞火山通道而成。

(4)次火山岩相:为脉状及瘤状超浅成侵入体,早期次火山岩形成于爆发碎屑岩相末,为假白榴石响岩,同位素年龄为105.7Ma;晚期次火山岩形成于火山口-火山颈火山灰流相末,有黝方霓辉粗面岩、黑云母霓辉祖面岩(同位素年龄为93.6~91.6Ma)。这些次火山岩主要分布于东南及南面的外缘,呈半环状侵入于火山机构外侧与大王山旋回火山岩的接触带中。

(5)侵入岩筒相:属筒状侵入体,岩石为含黝方石霓辉正长岩,仅见于火山口的东南,同位素年龄为93.4Ma,应为火山活动晚期的岩浆活动产物。

2. 娘娘山古火山机构内部原生构造

娘娘山古火山机构的内部原生构造要素,除熔结火山碎屑岩中所表现的假流动构造外,尚有环状断裂、放射状断裂及阶梯状断裂。环状断裂主要发生在近火山口爆发碎屑岩相形成以后,以火山口东南及南面发育较好,并为次火山岩所充填,其产生与火山口塌陷有关。阶梯状断裂可能与环状断裂相伴而生。放射状断裂以火山口东南及西南两处发育较好,前者收敛于含黝方石霓辉正长岩岩筒处,可能为一继承的喷发口,后者收敛于扁担山,亦可能为另一喷发口,少数放射状断裂为后期石英脉充填。

3. 娘娘山古火山机构发展阶段

娘娘山古火山是一个经历多种形式、多次喷发的复杂火山机构,其发展过程可概括为4个阶段:

(1)爆发阶段。为火山活动的早期阶段,其产物主要为爆发的火山集块岩、凝灰岩,二者相间出现。

(2)破火山口阶段。火山口塌陷,出现火山洼地,并发生环状断裂及阶梯状断裂;火山再度爆发,抛出大量火山碎屑,形成近火山口爆发碎屑岩相上部火山集块岩;继之是次假白榴石斑岩等次火山岩的侵入。

岩石化学表现为：SiO_2 平均含量 58.68%，ALK 12.29%，σ 值 9.86，K_2O/Na_2O 3.7～1.2，总体上属碱性岩石，K－Ar 法等时线年龄为 108Ma。

三、碰撞环境高钾火山岩组合

该组合分布于沿江构造岩浆岩段的宁芜-溧水火山岩盆地和江南构造岩浆岩段的溧阳火山岩盆地，包括上党火山岩带、甲山火山岩锥和寿昌组等火山岩地层，岩性主要有中酸性安山质-粗安(面)质-流纹质熔岩类及火山碎屑岩类，构造岩石组合类型可归为碰撞环境下的高钾火山岩组合。

上党火山岩带主要分布于上党等火山盆地，岩石组合为安山岩、石英粗面岩、流纹岩夹橄榄玄武岩等火山熔岩及其火山碎屑岩。其上部主要由粗安岩，粗安质和流纹质熔岩、集块角砾岩、火山角砾岩、熔结角砾凝灰岩、凝灰岩组成，下部主要由玄武安山岩、玄武质熔岩、火山角砾岩等组成。火山岩相主要以溢流相和爆发相为主，其中玄武岩、粗安岩等岩石化学性质表现为 SiO_2 51.03%～56.11%，ALK 6.25%～7.86%，σ 值 4.71～4.87，K_2O/Na_2O 0.63～0.91，属碱钙性岩石。K－Ar 法同位素年龄为 130～120.8Ma。

甲山火山岩锥分布于溧水火山岩盆地的甲山、镇江火山岩盆地的圌山等地，呈扁豆形的孤立火山机构，岩石组合主要为一套偏酸性的流纹岩、松脂岩、霏细岩等火山熔岩及其火山碎屑岩。火山岩相主要以溢流相和爆发相为主，组成岩性主要为流纹岩、流纹质熔岩、熔结凝灰岩、火山角砾岩，底部见凝灰质砾岩、沉火山角砾岩等，岩石中常含集块并产钙基、钙钠基膨润土矿。流纹岩等岩石化学表现为平均 SiO_2 71.62%，ALK 8.18%，σ 值 2.39，K_2O/Na_2O 1.36，属钙碱性岩石。K－Ar 法同位素年龄为 93.6Ma。

寿昌组主要分布于溧阳火山岩盆地北部，由流纹岩及相应的火山碎屑岩组成，其下部为紫红色、青灰色、灰黑色粉砂岩，砂岩，杂色砾岩；中部为紫红色、青灰色沉凝灰岩，凝灰质砂岩及泥岩，粉砂岩、砂砾岩；上部为流纹质火山岩、火山碎屑岩。沉积环境表现为破火山口-火山口河湖相，流纹岩等岩石化学表现为 SiO_2 含量 73.26%左右，ALK 7.58%，σ 值 1.89，属钙碱性岩石，K－Ar 法同位素年龄为 106.3Ma。

四、大陆伸展环境碱性橄榄玄武岩组合

该组合为我国东部沿海新生代玄武岩带的组成部分，江苏省内主要分布于东海桃林-莒南构造岩浆岩段的安峰—平明一带和江南构造岩浆岩段的盱眙—六合、方山—小丹阳、茅山西部等地区，多为小规模的中心式喷发。岩石组合主要为碱性橄榄玄武岩及少量相应成分的火山角砾岩等，火山喷发时代主要为中—上新世，构造岩石组合类型可归为大陆伸展环境的碱性橄榄玄武岩组合。

以江宁方山玄武岩为代表，方山组玄武岩岩性组合上分为两次较大喷发期：第一喷发期为溢流相，形成致密状橄榄玄武岩、气孔状橄榄玄武岩(简称下玄武岩)；中部为火山沉积相的凝灰质砂砾岩、凝灰质细砂岩、粗砂岩及凝灰岩；第二喷发期为溢流-爆发-溢流相，形成玄武质集块岩及细粒橄榄玄武岩(上玄武岩)，部分地段由爆发相集块角砾岩与溢流相橄榄玄武岩组成韵律。

安峰山火山岩锥则由深灰色、灰黑色霞石玄武岩与集块火山角砾岩、凝灰岩组成火山岩韵律，沿北东向断裂呈中心式火山喷发。

玄武岩的岩石化学特征主要表现为 SiO_2 的平均含量为 44.83%～48.26%，CaO 的平均含量为 9.78%～8.47%；铁、镁氧化物平均值 19.48%～18.19%，MgO 平均含量 7.93%～6.95%，全碱(Na_2O+K_2O)平均含量 4.49%～4.91%，在碱-硅投影图上，两旋回玄武岩都落在碱性玄武岩区，均属碱性玄武岩系列。在 Na_2O－K_2O 相关图上，玄武岩除个别样品落于钾质系列外，都位于钠质系列。

第四节　火山构造岩浆旋回与构造岩浆岩带

一、构造岩浆岩带的划分

根据全国构造岩浆岩带的3级划分方案，江苏省及上海市构造岩浆活动总体上均属晚三叠世以来中国东部构造岩浆岩省(Ⅰ级)的一部分，与3个大地构造分区相对应，Ⅱ级、Ⅲ级构造岩浆岩带分属鲁西构造岩浆岩带之鲁西-徐淮构造岩浆岩亚带、秦岭-大别-苏鲁构造岩浆岩带之青岛-日照构造岩浆岩亚带、十万大山-幕阜山-下扬子构造岩浆岩带之长江中下游中生代构造岩浆岩亚带，前两者各仅划分一个Ⅳ级构造单位，分别对应于徐淮构造岩浆岩段、东海桃林-莒南构造岩浆岩段，而长江中下游中生代构造岩浆岩亚带根据岩浆岩特征，以江南断裂为界，可划分为沿江构造岩浆岩段和江南构造岩浆岩段两个部分(见表3-1)。

(一)徐淮构造岩浆岩段

该岩段位于华北陆块区南缘，南以郯庐断裂与秦岭-大别-苏鲁构造岩浆岩带相邻。区内火山活动以燕山期中基性火山喷发为主，形成的火山岩组合主要为大陆伸展环境安山岩-英安岩组合等，主要分布于棠张等中新代断陷盆地之中，受北东向断裂构造控制明显。

(二)东海桃林-莒南构造岩浆岩段

该岩段位于苏鲁造山带，北以郯庐断裂与徐淮构造岩浆岩段相邻，南以响淮断裂为界与沿江构造岩浆岩段相接。区内构造岩浆活动主要以燕山期大规模的中酸性火山喷发与岩浆侵入活动为主，形成的火山岩组合有大陆伸展环境安山岩-英安岩组合等。喜马拉雅期叠加有少量新生代基性火山喷发，形成的构造岩石组合为大陆裂谷碱性玄武岩组合。

(三)沿江构造岩浆岩段

该岩段是省域内中生代构造岩浆最为发育的地区，位于响淮断裂与江南断裂之间，区内构造岩浆活动主要以燕山期大规模的中酸性火山喷发与岩浆侵入活动为主，受北东向、北西向断裂构造控制明显。形成的火山组合主要有大陆伸展环境安山岩-英安岩组合、裂谷环境的安山岩-粗面岩-响岩组合、碰撞环境的高钾火山岩组合等。喜马拉雅期叠加有大量的新生代基性火山喷发活动，形成的构造岩石组合为大陆裂谷碱性玄武岩组合。

(四)江南构造岩浆岩段

该岩段是省域内中生代构造岩浆最为发育的地区之一，位于江南断裂以南地区，区内构造岩浆活动主要以燕山期大规模的中酸性火山喷发与岩浆侵入活动为主，形成的火山岩组合主要有大陆伸展环境安山岩-英安岩组合、碰撞环境的高钾火山岩组合等。

二、火山岩系的岩浆旋回、韵律特征

省域内火山岩是我国东南沿海中生代火山活动带及长江中下游构造岩浆岩带的一部分，火山活动主要集中于中生代晚侏罗世—早白垩世和新生代上新世两个时期，形成两套成分与岩石类型变化较大的火山岩组合。其中中生代火山岩主要由一系列近北北东向、北东向、东西向火山岩盆地组成，这10个盆地是：新沂盆地、六合盆地、宁芜盆地、镇江盆地、上党盆地、溧水盆地、溧阳盆地、苏州盆地、松江盆地及被第四系掩盖的徐州盆地等。这些盆地分别隶属于4个岩段，发育着晚侏罗世—早白垩世的一套以陆相中—酸性为主的火山杂岩，与区内部分铁、铜矿产紧密相关。区内新生代玄武岩主要分布于长江两岸，其他地区仅零星出露，是我国东部沿海诸省新生代玄武岩主要发育的地区之一，也是环太平洋新生代火山岩带的重要组成部分。

（一）火山岩系的岩浆旋回划分

区内中生代火山活动，在侏罗纪象山群和西横山组形成时期已有少量的安山质岩浆喷发，这是火山活动的前奏。大规模的火山活动发生在晚侏罗世—早白垩世。晚白垩世区内火山活动已基本趋于停息。根据火山活动的时期、间断及喷发物质成分变化的特点，可划分4个喷发旋回；上新世火山岩主要为橄榄玄武岩系列，统一划分方山旋回。各岩区主要火山岩喷发旋回划分如表3-4所示。

表3-4 江苏省及上海市火山喷发旋回划分对比表

<table>
<tr><td rowspan="2">时代</td><td rowspan="2" colspan="3">喷发旋回</td><td>华北陆块南缘</td><td>苏鲁造山带</td><td colspan="2">下扬子陆块</td></tr>
<tr><td>徐淮构造岩浆岩段</td><td>东海桃林-莒南构造岩浆岩段</td><td>沿江构造岩浆岩段</td><td>江南构造岩浆岩段</td></tr>
<tr><td>上新世</td><td>喜马拉雅旋回</td><td colspan="2">方山旋回</td><td></td><td colspan="2">中心式喷发为主，弱爆发相-喷溢相发育，岩性主要为橄榄玄武岩和玄武岩、火山角砾岩</td><td></td></tr>
<tr><td rowspan="2">早白垩世</td><td rowspan="4">燕山旋回</td><td>娘娘山旋回</td><td rowspan="2">青山旋回</td><td colspan="2" rowspan="2">中心式喷发为主，包括爆发-沉积相至爆发相（爆发相、喷溢相）的活动过程，为一套中基性至中酸性火山岩系，岩性有中基性—中酸性火山碎屑岩、火山碎屑沉积岩、熔岩等</td><td>中心式喷发为主，以碱性火山岩为主，岩性有粗面质、响岩质熔岩、熔结火山碎屑岩、火山碎屑岩及火山碎屑沉积岩等</td><td rowspan="2"></td></tr>
<tr><td>姑山旋回</td><td>中心式喷发为主，以钙碱性火山岩为主，岩性有石英安山岩、英安质熔岩、凝灰岩及火山碎屑沉积岩等</td></tr>
<tr><td rowspan="2">晚侏罗世</td><td>大王山旋回</td><td>黄尖旋回</td><td rowspan="2"></td><td rowspan="2"></td><td>裂隙式喷发兼中心式喷发。以中性、中偏碱性火山岩为主，岩性主要为安山质、粗安质、玄武粗安质火山岩及火山碎屑沉积岩</td><td>裂隙式喷发兼中心式喷发。以中性至碱性火山岩为主，岩性主要为安粗质、安山质火山岩及火山碎屑沉积岩</td></tr>
<tr><td>龙王山旋回</td><td>劳村旋回</td><td>裂隙式喷发兼中心式喷发，以中酸性火山岩为主，岩性主要为流纹岩、流纹质凝灰岩、火山碎屑沉积岩、碎屑岩</td><td>裂隙式喷发兼中心式喷发。以中性、中酸性、酸性火山熔岩为主，岩性主要为流纹质凝灰熔岩、凝灰岩、凝灰角砾岩、流纹岩及火山碎屑沉积岩</td></tr>
</table>

(1)徐淮岩段：仅一个喷发旋回，即青山旋回。为玄武安山岩-安山岩系列。主要由玄武安山岩、安山岩及相应的火山碎屑岩组成。分布于徐州、新沂两火山岩盆地。

(2)东海桃林-莒南岩段：中生代划分为青山旋回，与徐淮岩段岩石组成一致，新生代有少量的方山旋回玄武岩零星分布。

(3)沿江岩段：中生代可划分4个喷发旋回。自上而下为：

娘娘山旋回　碱性粗面岩-响岩系列，由碱性粗面岩、响岩及相应火山碎屑岩组成。主要见于宁芜火山岩盆地。

姑山旋回　分布于宁芜、溧水两火山岩盆地。宁芜火山岩盆地为安山岩系列，主要由安山岩及相应火山碎屑岩组成。溧水火山岩盆地为流纹岩系列，主要由霏细流纹岩组成。

大王山旋回　分布于宁芜、溧水、镇江3个火山岩盆地。宁芜火山岩盆地为安山岩-粗安岩-粗面岩系列，主要由安山岩、粗安岩、粗面岩及相应火山碎屑岩组成。溧水火山岩盆地为粗安岩-粗面岩系列，镇江火山岩盆地为石英粗安岩-粗面岩系列。

龙王王旋回　分布于宁芜、溧水火山岩盆地。宁芜盆地为玄武安山岩-玄武粗安岩-粗面岩系列，由玄武安山岩、玄武粗安岩、粗面岩及相应火山碎屑岩组成。溧水火山岩盆地为玄武安山岩系列。

新生代玄武岩归为方山旋回，主要分布于六合、盱眙一带，主要由橄榄玄武质熔岩组成，夹少量玄武质火山角砾岩，在长江以南沿方山-小丹阳和茅西断裂有少量玄武岩露头呈串珠状分布。

(4)江南岩段：溧阳火山岩盆地岩石系列具有沿江、江南两个岩段之特点，可划分为2个喷发旋回，自上而下：

大王山旋回　安山岩-流纹岩系列，主要由安山岩、流纹岩及相应火山碎屑岩组成。

龙王山旋回　安山岩-流纹岩系列，由安山岩及安山质火山碎屑岩、流纹质火山碎屑岩组成。

苏州、松江两火山岩盆地南面与浙江火山岩带相连，根据资料对比，大致可划分为劳村旋回和黄尖旋回。

黄尖旋回　苏州盆地为石英粗安岩-粗面岩系列，由石英粗安岩、石英安山岩、粗面岩及石英粗安质火山碎屑岩组成。

劳村旋回　苏州盆地为流纹岩系列，由流纹岩及相应火山碎屑岩组成，松江盆地为安山岩-流纹岩系列，主要由安山岩、石英安山岩、流纹岩及相应火山碎屑岩组成。

(二)各旋回的韵律、组合特征

各旋回在不同岩区、不同盆地的韵律组合特征如下。

1. 龙王山旋回韵律组合

该组合见于沿江岩段宁芜、溧水火山岩盆地及江南岩段溧阳火山岩盆地。

(1)宁芜火山岩盆地龙王山旋回发育有3～10个韵律组合，且南北差异较大。

北部牛首山有3个韵律，总厚190m，韵律组合简单，均由火山碎屑岩及熔岩组成。熔岩为玄武安山岩、安山岩；火山碎屑岩为凝灰岩、角砾凝灰岩、沉火山集块岩。后者见于第1韵律的底部。

中部高台寺共归纳8个韵律，总厚447.42m，显示多韵律性，韵律下薄上厚，厚者达165.22m。大部分韵律的顶部均有一层凝灰质粉砂岩，代表存在一次短时间的间歇。熔岩与火山碎屑岩在同一韵律中出现，前者为玄武粗安岩、粗面岩，较普遍地含有火山碎屑物；后者包括沉角砾凝灰岩、角砾凝灰岩，第1韵律底部含集块。

南部龙王山共归纳10个韵律，总厚达592.73m。第1～2韵律以沉积火山碎屑岩为主，上部均以集块、角砾碎屑聚集，反映爆发火山碎屑物受流水短暂分选的韵律特征；第3韵律反映以火山碎屑岩(角砾凝灰岩)为主组成的韵律。厚达40.23m；第4～10韵律大都由火山碎屑岩-熔岩组成，组成一个由喷发—溢流—火山沉积的完整韵律，其中熔岩包括玄武粗安岩、粗面岩，韵律厚者达113.98m，薄者仅数米。总体上看，大部分韵律顶部都有一层比较稳定的火山碎屑沉积岩，其中包括粉砂岩、中细粒砂岩、凝灰质砂岩、凝灰质粉砂岩，代表短暂火山喷发间歇。

(2)溧水火山岩盆地共归纳 2 个韵律，总厚 398.94m。每一韵律均由火山碎屑岩开始，以熔岩告终，代表由爆发—溢流的过程。熔岩为玄武安山岩，火山碎屑岩包括火山角砾岩、角砾凝灰岩，部分地区出现火山集块岩。

(3)溧阳火山岩盆地共归纳 7 个韵律，总厚达 459.3m。基本上每一韵律均由熔岩及相应火山碎屑岩组成，较厚达 97.3m。下部第 1～2 韵律的辉石安山岩及火山碎屑岩中含较多的集块碎屑，分别为安山质集块熔岩及集块角砾岩，反映强烈爆发的特征；上部第 3～7 韵律主要为流纹质火山碎屑岩、辉石安山岩，厚 10m 左右；第 5 韵律中见火山角砾岩及集决角砾岩，火山碎屑沉积岩夹层偶见。

2. 劳村旋回韵律组合

该组合见于江南岩段的苏州、松江火山岩盆地。

(1)苏州火山岩盆地于吴县北阳山所见厚度 787m，共分 5 个韵律。第 1～4 韵律由流纹质凝灰岩与流纹岩组成，顶部韵律则由含角砾熔结凝灰岩、熔结凝灰岩组成，韵律厚度较大者达 300m 以上。

(2)松江火山岩盆地在川沙县钻孔所见厚度 279.4m，共分 4 个韵律。基本每一韵律均由安山岩、石英安山岩及熔结火山碎屑岩组成。在金山所见厚度大于 500m，并出现有流纹岩。

3. 大王山旋回韵律组合

该组合见于江南岩段的宁芜、溧水、镇江火山岩盆地及江南岩段的溧阳火山岩盆地。

(1)宁芜火山岩盆地共归纳 12 个韵律，总厚达 2050.9m。组成岩石以熔岩为主，火山碎屑岩次之。熔岩最大厚度达 393.3m，下部以富钠安山岩为主，上部为粗安岩、含石英粗安岩及粗面岩。基本每一韵律均由熔岩开始，以粉砂岩及具层理之沉凝灰岩结束，反映经历溢流-沉积的喷发特征。

(2)溧水火山岩盆地共归纳 5 个韵律，总厚 822.43m。韵律简单，凝灰角砾岩少见，第 1～3 韵律均由粗安岩与沉凝灰岩、凝灰质粉砂岩组成，后两者层理较好，厚度在 10m 左右；第 4 韵律由火山角砾岩、粗面岩组成；第 5 韵律为熔结角砾凝灰岩，局部出现集块岩，反映喷发强度较大。

(3)镇江火山岩盆地可归纳 4 个构律，总厚 1980.7m。每个韵律均由火山集块岩、火山角砾岩与石英粗安岩或粗面岩组成，反映爆发-溢流的喷发特征。其中第 3～4 韵律以火山角砾岩为主，厚达 320～450m，熔岩极少。

(4)溧阳火山岩盆地共归纳 10 个较大的喷发韵律，总厚达 2123.75m。第 1～2 韵律由安山岩及相应的火山碎屑岩组成，熔岩厚达 670m；第 3～8 韵律基本由流纹质熔结角砾凝灰岩及流纹质晶屑凝灰岩组成，夹少量安山质凝灰熔岩，厚度大于 100m，反映强烈爆发的火山活动中心；第 9～10 韵律为石英粗安质角砾凝灰熔岩及流纹岩组成，厚者达 300m。

4. 黄尖旋回韵律组合

该组合见于苏锡岩区苏州、松江火山岩盆地。

(1)苏州火山岩盆地于虎丘、小雷岛所见共归纳 3 个韵律，厚度大于 69m。第 1～2 韵律于虎丘所见厚度较薄，底部韵律由石英粗安岩、粗安质角砾熔岩组成，上部韵律为玻屑、晶屑凝灰岩夹中粒长石砂岩；第 3 韵律仅在小雷岛见粗面岩。另在无锡阳山钻孔所见火山角砾岩、凝灰岩与砂岩、页岩等组成 5 个以上的韵律。

(2)松江火山岩盆地仅见为紫红色、灰绿色泥岩，粉砂岩及砂砾岩，凝灰岩夹层，韵律不明显。

5. 姑山旋回韵律组合

该组合仅见于沿江岩段。

(1) 宁芜火山岩盆地以梅山所见共分 2 个韵律，总厚 153m。由安山岩及火山角砾岩组成，底部为一套凝灰质粉砂岩、页岩，并含孢粉化石，代表一次较长时间的沉积间断。

(2)溧水火山岩盆地共归纳2个韵律。每一韵律均由沉积的碎屑岩-膨润土-流纹岩组成,反映河湖相碎屑岩沉积之时,伴随着酸性熔岩喷溢,可划分两个喷发期。覆盖于沉积岩之上的酸性熔岩,底部冷却收缩而产生珍珠构造,其酸性玻璃因脱玻化、蒙脱石化而形成膨润土。

6. 娘娘山旋回韵律组合

该组合仅见于宁芜火山岩盆地。

宁芜火山岩盆地娘娘山所见火山岩可归纳3个较大的韵律,总厚度大于833.88m。自下向上第1韵律由集块岩、火山角砾岩、角砾凝灰岩、沉积凝灰岩组成;第2韵律由集块岩、角砾凝灰岩、熔结角砾岩、碱性粗面岩组成,第3韵律由熔结角砾凝灰岩、熔结凝灰岩、响岩质凝灰熔岩、黝方石响岩等组成。

从3个喷发韵律的岩性组合来看,每一韵律均由粗碎屑岩开始,往上碎屑粒度变细,其中第2、第3韵律以熔岩告终,岩石组分出现有假白榴石、黝方石等副长石类矿物,其相应的火山碎屑岩出现了一套典型的响岩质熔结角砾岩、熔结凝灰岩,反映了火山猛烈爆发的特点。

7. 青山旋回韵律组合

该组合见于徐淮、东海岩段。

(1)徐淮地区青山旋回可归纳6个韵律,总厚达216.6m。每一韵律多由火山角砾岩、玄武安山岩或安山岩组成。

(2)新沂地区青山旋回可归纳3个韵律,总厚大于408m。第1韵律为含砾沉凝灰岩、泥质粉砂岩及玄武安山岩组成,后者厚度较薄,大于10m;第2～3韵律主要由安山质角砾熔岩及玄武安山岩组成,厚度大于300m。

综上所述,省域内中生代火山岩各喷发旋回有如下特征:

(1)沿江、江南两岩段火山活动较强,随着时间的推移,强度由强转弱,规模也逐渐变小。而徐淮岩段火山活动之规模不如前二者强烈,但略有增强的趋势。

(2)龙王山旋回、大王山旋回火山岩反映宁芜火山岩盆地喷发活动比较强烈,所见龙王山旋回组成的岩石类型复杂,其下部一套粗、细沉积火山碎屑岩及上部熔岩、火山碎屑岩组成的多韵律特征,表明了龙王山旋回火山活动是经历了初期相对稳定—爆发,至后期为爆发—宁静溢流的反复过程。宁芜火山岩盆地北部及溧水、溧阳火山岩盆地组成岩石均以火山碎屑岩与熔岩互层或相间为特征,韵律组合比较简单,反映喷发活动经历了爆发—溢流多次反复的过程。大王山旋回位于龙王山旋回之上,其间有一喷发间断,为一套含化石的火山碎屑沉积岩。在宁芜火山岩盆地所见为大规模的溢流(熔岩),喷发的火山碎屑岩局部出现,火山碎屑沉积岩夹层较多,反映经历喷溢—短暂沉积的韵律特征;镇江、溧水、溧阳等火山岩盆地呈现出以单一的熔岩、火山碎屑岩、熔结火山碎屑岩组成较厚的爆发—溢流韵律特征。

(3)劳村旋回、黄尖旋回火山岩与龙王山旋回、大王山旋回火山岩为不同火山岩盆地之同期产物。见于苏锡岩区苏州、松江火山岩盆地,与浙江火山岩带相连接。劳村旋回以熔岩与火山碎屑岩组成3～5个韵律,反映由爆发—溢流的反复过程。黄尖旋回为熔岩与火山碎屑岩或火山碎屑岩与沉积碎屑岩组成的韵律。

(4)姑山旋回火山岩只见于沿江岩段,宁芜火山岩盆地之姑山、梅山等地,火山岩厚152～185m,从沉积相的凝灰质粉砂岩、粉砂岩和砾岩开始,继之经历了溢流—爆发—溢流的过程;溧水火山岩盆地之甲山为一孤零的火山中心,主要由霏细流纹岩组成。

(5)娘娘山旋回火山岩仅见于沿江岩区宁芜火山岩盆地娘娘山及其周围。早期主要为爆发的火山集块岩、火山角砾岩,继之为熔结角砾岩,以喷出的响岩结束。

(6)青山旋回发育于徐淮岩段徐州、新沂两火山岩盆地,主要由火山碎屑岩与玄武安山岩组成3个以上的韵律,反映了由爆发—溢流的反复过程。

第五节　火山岩构造岩石组合与成矿关系

省域内岩浆岩与成矿关系十分密切，不同期的岩浆活动，形成不同的内生矿床。本区内生铁、铜、硫、多金属矿产的成矿母岩主要为燕山期岩浆岩。早期的超基性岩和基性岩已全面经变质作用改造成变质岩石的一部分，仅有少量镍、铬铁矿化及铁(铜)矿化，工业意义不大。下面重点讨论燕山期火山作用与矿产的关系。

省域内大部分铁、铜、硫、多金属矿产，其成因与火山岩和次火山岩-超浅成侵入岩有着密切的联系，成因上受一定的构造岩石组合控制，在时间上形成于火山-侵入活动的特定阶段，空间分布上受到盆地构造、断裂构造、火山机构和火山作用的类型与强度的制约。

一、火山岩构造岩石组合与成矿的关系

燕山期的岩浆喷发与侵入活动是我国东部晚三叠世以来叠加-造山构造演化阶段最重要的构造-岩浆地质事件，该时期也是江苏省和长江中下游地区最为重要的内生金属成矿阶段。该期构造岩浆活动既是区内成矿作用的主要成矿驱动力，所形成的构造岩石组合也是区内成矿主要矿质来源与成矿载体。其中华北陆块区与苏鲁造山带中的青山群安山岩-英安岩组合(K_1Q)目前尚未发现有价值的矿化线索，而下扬子陆块区长江中下游燕山期构造岩浆岩带伴随着伸展环境的安山岩-英安岩组合(J_3d、J_3lw)岩浆喷发形成的辉长闪长玢岩是长江中下游陆相火山岩型铁矿(宁芜铁矿)的主要成矿母岩；区内裂谷环境的安山岩-粗面岩-响岩组合(nvb、gvb)与陆相火山岩型铜金矿产具有密切的成因联系，在宁芜-溧水火山岩盆地控制着主要的铜金多金属矿产的分布；碰撞环境的高钾火山岩组合(jvb、svb)与铜、钼、铅、锌、金、银等多金属矿产成矿作用具有密切的成因关系，控制了区内大多数铜、钼、铅、锌、金、银多金属矿床的空间分布。

二、火山岩盆地构造与成矿的关系

火山岩盆地的火山活动强度及其相应的火山堆积物厚度，反映了火山岩盆地的形成形式及规模，它又取决于导浆通道断裂的发育程度及火山岩盆地的下沉幅度。

从区域角度分析，部分火山岩盆地长期拗陷，下沉幅度大，断裂切割深，岩浆物质来源深，火山岩成分以安山质为主，碱性分异特征极为明显，围岩为中三叠世灰岩对成矿较为有利。长期拗陷，断裂系统又多次重复活动，为岩浆运移、上升提供了良好的条件，往往构成多个火山-侵入旋回，具备多次成矿的阶段，如宁芜、溧水两火山岩盆地成矿条件即是如此。部分火山岩盆地拗陷较浅，盆地轮廓不显著，为某组断裂带控制的单个火山-侵入旋回，则成矿条件较差，如新沂、徐州两火山岩盆地，至今还未发现有价值的矿床。

三、火山作用的主旋回期与成矿关系

根据有关火山活动史，可以看出一般火山喷发有一个激烈喷发阶段和一个逐渐衰退阶段。前一阶段为强烈的爆发并伴之以熔岩溢出。后一阶段即逐渐衰退阶段，以大量的熔岩溢出并伴随次火山-超浅成岩侵入。从岩浆中分离出炽热的、矿化的、有化学性质活动力的气体和热液，生成了火山成因的金属矿床，其中包括铁、铜、锌、铅、金、银及其他金属矿床。在整个地质历史进程中，火山作用的表现是不均一的，剧烈的火山作用阶段与静止期是相互交替的。一般火山成矿作用形成于主喷发旋回期——龙王

山旋回、大王山旋回的末期。其特点如下：

(1)具备主喷发旋回期，一般是深部岩浆物质供应充足，通道又良好，熔岩与火山碎屑岩在火山岩系剖面占据重要地位，断陷所形成的盆地迅速被火山物质所充填，外侧陆源碎屑比例相应减少。

(2)当断裂喷发带中以溢流为主时，所形成的熔岩多，浅成-超浅成侵入作用较发育，因而有形成容矿的火山构造与较好的通道条件。

(3)深部存在着隐伏大岩体是有利区域性成矿的条件之一。深部(3～5km)的隐伏大岩体实际上是火山活动时期过渡性中间岩浆房内的残留体，反映了岩浆物质有充足的供给，旋回发育又较完整，为进一步分异促使矿质富集，在成矿阶段又不断向浅部提供矿质来源。

(4)发育有中基性偏碱的火山-侵入杂岩有利于成矿。从本区主要分布的11个火山岩盆地来看，宁芜、溧水两个盆地主喷发旋回——龙王山旋回、大王山旋回，发育着一套中基性偏碱质的火山-侵入杂岩，火山活动均经历了不同喷发阶段，与这一套中基性偏碱性岩浆的演化相关联，形成一组从岩浆晚期至热液成因的铁、铜、硫多金属矿床的主要成矿期。

宁芜火山岩盆地大王山旋回时期火山活动明显处于衰退阶段，大量的熔岩溢出及同源之偏基性辉长闪长岩超浅成侵入，伴随着后期成矿，明显具备了上述的4个特点，许多大中型铁、铜、硫矿床均较集中于大王山旋回成矿期。

四、断裂构造、岩浆活动与矿床分布的成因联系

断裂构造、岩浆活动与矿产三者是密切相关的，断裂构造控制岩浆活动和矿床的赋存，岩浆侵入活动及多旋回的火山喷发作用又促使多种类型矿床的形成。

1. 断裂喷发带即成矿带

火山活动中心受断裂构造控制，在火山岩盆地内往往沿断裂呈带状分布，组成断裂喷发带。断裂喷发带的发育，为岩浆活动提供了优越的空间条件，同时它往往是成矿作用的通道和储矿的空间，如两组断裂喷发带交叉对成矿控矿更为有利。由此可知，断裂喷发带明显控制着成矿带，且两者分布基本是相一致的，如宁芜、溧水两火山岩盆地即如此。

2. 火山机构、火山隆起构造是控矿的重要构造

本区宁芜、溧水两火山岩盆地已知资料说明，火山机构、火山隆起构造是矿体的主要赋存构造。比较明显地受火山机构、火山隆起构造控制的铁、铜、黄铁矿矿床有：宁芜火山岩盆地麒麟山火山机构控制着麒麟山铁矿，娘娘山火山机构控制了铜井铜矿，梅山火山穹状隆起控制着梅山铁矿，大平山隆起控制着大平山铜矿；在溧水火山岩盆地观山火山机构控制着观山铜矿，石坝隆起控制了石坝铁矿等。

五、含矿次火山岩体特征

(一)与铁矿有成因联系的辉长闪长岩-辉长闪长玢岩的主要特征

(1)在时间上，含矿辉长闪长岩-辉长闪长玢岩主要是在龙王山旋回或大王山旋回之后，姑山旋回之前侵入的。

(2)在空间上，这类岩体出露面积大小不一，为0.01～10km^2，岩体出露部位，相应的重磁异常多成群出现，并呈带状分布。在宁芜火山岩盆地，次火山岩体明显地受北北东向和北西向两组深部断裂的控制；在溧水火山岩盆地，北部次火山岩体受一组北西向断裂控制，南部大山一带次火山岩体则受北北东向断裂所控制。区域的重磁资料和矿区的钻探结果表明，宁芜火山岩盆地地表成群出露的小岩体在深部可能彼此相连或部分相连，实际含矿岩体是深部大岩体顶面的突起部分和分支。岩体表面形态，与矿

液的富集有一定的关系，一般突起的岩瘤或岩钟、岩株，及延伸的舌形、镰形、楔形的收敛部分与围岩接触对成矿有利。较大的贫矿主要分布在平缓的岩体内部，而较大的富矿则多半分布在岩体同围岩的接触带附近。

(3)在岩性上，含矿岩体是一种偏基性富钠质的辉长闪长岩-辉长闪长玢岩。

辉长闪长岩新鲜的为灰色，轻微蚀变后颜色变浅，呈绿灰和紫灰等颜色。岩石具全晶质近等粒或不等粒结构，90%以上的矿物颗粒小于1.5mm，矿物以中、拉长石为主，次要矿物为普通辉石，边部常过渡为辉长闪长玢岩边缘相，形成深度比前者略大些。

辉长闪长玢岩新鲜者呈深灰色，轻微蚀变后颜色变浅，呈灰色至浅灰色，并带绿色、紫色或褐黄色等色调。多为全晶质到半晶质连续不等粒斑状结构，斑晶数量较多，可达65%～90%。岩石基质中较自形的斜长石同较小的他形辉石组成似间粒结构，或较自形的斜长石同细小他形的辉石、磁铁矿和隐晶质组成填间结构。副矿物以磁铁矿为主，其次是磷灰石、锆石和榍石。次生矿物主要是碳酸盐矿物、绿泥石和黏土矿物。辉长闪长玢岩深部有时过渡为辉长闪长岩，岩石基质变成隐晶质结构、交织结构，流动构造常见。辉石闪长玢岩的形成深度一般均小于1.5km。

(4)在岩石化学特征上，以SiO_2的平均含量较低、Na_2O+K_2O平均含量偏高为特征。宁芜火山岩盆地所见辉长闪长(玢)岩SiO_2平均含量为53.43%，钙碱指数53.6，里特曼指数平均4.3，属碱钙性组合，Na_2O+K_2O平均为6.22%。溧水火山岩盆地辉长闪长(玢)岩SiO_2平均含量为52.96%，钙碱指数55.2，里持曼指数4.4，属碱钙性组合，Na_2O+K_2O=6.62%。与相应盆地主旋回——龙王山旋回、大王山旋回火山熔岩成分相比：宁芜盆地龙王山旋回玄武安山岩-玄武粗安岩-粗面岩系列SiO_2平均含量54.17%，Na_2O+K_2O含量变化于6.38%～10.09%，里特曼指数为5.99，大王山旋回安山岩-粗安岩-粗面岩系列SiO_2平均含量57.32%，Na_2O+K_2O含量变化于6.62%～10.09%之间，其中富钠安山岩Na_2O含量高达5%～7%，里特曼指数平均5.14，均属碱钙性组合。溧水盆地龙王山旋回玄武安山岩系列SiO_2平均含量55.54%，Na_2O+K_2O平均含量6.79%，里特曼指数平均3.6，属碱钙性组合。

总的来看，宁芜、溧水两火山岩盆地含矿辉长闪长岩(辉长闪长玢岩)与主旋回——龙王山旋回、大王山旋回火山岩在化学成分上的共同特点是低硅、富碱，里特曼指数说明均属碱钙性组合。所区别者反映岩浆喷发—侵入过程中，喷溢熔岩碱性分异特征更为明显和复杂。在铁矿中特征性的伴生元素钒、钛、磷在含矿辉长闪长岩、辉长闪长玢岩与主旋回火山岩中均有较高的含量，数值也基本近似，说明了两者的同源性及其与铁矿化的紧密关系。

应当指出的是，辉长闪长岩、辉长闪长玢岩具有与成矿作用相关的富钠特征，其Na_2O含量大于K_2O，Na_2O/K_2O比值一般小于5。在Na_2O/K_2O相关图上可以看到，它显著不同于两火山岩盆地中与铁矿无关的次火山岩体的Na_2O/K_2O比值。辉长闪长岩、辉长闪长玢岩富钠的现象，反映岩浆本身演化过程钠元素的运移聚集，这也说明辉长闪长岩、辉长闪长玢岩中的钠质在成矿时起了十分重要的作用。

(二)与黄铁矿、铜矿、多金属矿有成因联系的次火山岩体的主要特征

与黄铁矿、铜矿、多金属矿有成因联系的次火山岩体包括辉长闪长玢岩、粗面斑岩、正长斑岩。

(1)从时间上看，次火山岩形成于各次喷发旋回之后，其多次侵入作用产生的成矿作用表明具多期成矿的特点，组成了与各火山岩系列同源的成矿期。

辉长闪长玢岩与火山岩中黄铁矿型铜矿有关，其特点是在大王山旋回之后形成玢岩铁矿，之后又叠加成矿(钠型)；另有一种侵入到各个旋回火山岩及前火山岩系沉积岩中，期后叠加热液成矿，明显是构成黄铁矿、铜矿、多金属矿的母岩。另外含铜之粗面斑岩、正长斑岩与各旋回的碱质熔岩关系密切，为伴随火山喷发活动不同阶段活动的产物。

(2)含矿次火山岩与各旋回火山岩在岩石学、岩石化学特征上相一致，除部分辉长闪长玢岩与钠型含铜黄铁矿具有与玢岩铁矿相当的同源特征外，与铜、多金属矿有关的次火山岩——辉长闪长玢岩、粗

面斑岩、正长斑岩，与有关旋回的火山岩——玄武安山岩、安山岩、粗面岩、响岩在岩石学、岩石化学特征上是基本一致的。

在岩石学特征上，次火山岩为全晶质斑状结构—均粒结构，矿物成分与火山岩相近。

在化学成分上，碱质含量较高，在与矿有关的火山岩区，当 SiO_2 含量 54%～60%时，宁芜火山岩盆地龙王山旋回、大王山旅回火山岩 A′ 2.29～8.61，K′ 0.2～2.8，含矿次火山岩 A′>2，高者达 15.66，K′(平均)>0.34。娘娘山旋回火山岩 A′ 6.21～19.24，K′ 0.2～2.8，含矿次火山岩 A′平均 12.28，K′平均 1.01；溧水火山岩盆地大王山族回火山岩 A′ 1.45～3.32，K′ 0.69～2.48，含矿次火山岩 A′ 61.94～3.79，K′>0.88。

上述特征反映火山岩-次火山岩岩石化学分异演化特征与矿化是深部岩浆源在不同分异演化阶段的产物，成矿热液在时间上、空间上与火山-次火山岩的关系是成因上关系的反映。

六、含矿岩体的矿化蚀变特征

(1)与玢岩铁矿有关的辉长闪长岩-辉长闪长玢岩和接触带岩石均遭受强烈矿化蚀变。一般来说，对找铁矿有意义的蚀变矿物主要可分 3 个带：下部浅色蚀变带(钠长石化带)，中部深色蚀变带(方柱石化、透辉石化、石榴石化带)，上部浅色蚀变带(硅化、泥化、硬石膏化、黄铁矿化带)。从蚀变岩相组合上来看，可以分为类矽卡岩化、类青磐岩化及泥英岩化 3 类。

(2)与铜矿、黄铁矿、多金属矿有关的火山岩及次火山岩(辉长闪长玢岩、粗面斑岩、正长斑岩)矿化蚀变有如下特征：①与细脉浸染型铜矿有关的火山-次火山岩(粗面斑岩)蚀变带，即青磐岩化-绢云母化-高岭土化-钾质蚀变；②与陆相火山岩中铜、黄铁矿有关的矿化蚀变叠加于玢岩铁矿之上，蚀变矿物组合为绢云母-石英-高岭土-明矾石-硬石膏-绿泥石-钠长石化；③与脉状铜矿、多金属矿有关之火山-次火山岩(粗面斑岩、正长斑岩)主要矿化蚀变带为青磐岩化-高岭土化-硅化(交代式)-沉淀式硅化-碳酸盐化、强烈绿泥石化或碳酸盐化为主-高岭土化为主-硅化绢云母化为主。

第四章 侵入岩构造岩石组合

第一节 侵入岩时空分布

江苏省及上海市位于环太平洋中新生代构造岩浆岩带与长江中下游中生代构造岩浆岩带的复合部位，区内构造岩浆作用强烈，岩浆岩分布广泛，岩浆岩种类齐全。区域岩浆活动具有时间长、期次多、波及范围广、活动形式多样并与多种矿产关系密切的特点。

省内岩浆岩分布虽广，但由于第四系覆盖，出露面积仅 4000km^2 左右。岩浆活动形式既有岩体的侵入，也有火山喷发，形成的岩石类型包括超基性岩、基性岩、中性岩、酸性岩、碱性岩及各种过渡岩石类型，与之有关的矿产涉及铁、铜、铅、锌、金、银等金属矿产，及凹凸棒石、膨润土、蓝宝石等非金属矿产。

江苏岩浆侵入活动主要发生在燕山期，其次为吕梁期、晋宁期、喜马拉雅期。岩石类型较全，从超基性岩类到酸性岩类都有，但以中酸性岩类为主。燕山期侵入岩，由于是多期次、多类型岩浆活动的综合产物，往往构成杂岩体，且多过渡类型岩类，其他几期侵入活动，岩性则较单一。据不完全统计，江苏境内具一定规模的各类侵入岩体约有 70 个，除少数为钻孔揭示的隐伏岩体外，绝大多数岩体在地表均有不同程度的出露。

超基性岩主要有橄榄岩和榴辉岩两类，为吕梁期构造岩浆活动的产物，分布在东海、新沂、赣榆境内，泗洪地区钻孔中有揭示。岩石组合复杂，成群出现，多为透镜体，单个岩体规模较小，一般长数百米，宽数十米。橄榄岩多已蛇纹石化。

基性岩有辉绿岩和辉长岩两类，晋宁期、燕山早期及喜马拉雅期均见有，分布在铜山、邳县、睢宁、南京、宜兴、仪征、泗洪境内。岩石组合除燕山早期产物较复杂外，均较单一。多呈岩床、岩基、岩墙产出，辉绿岩多成群出现。单个岩体规模不大，大的岩体有燕子埠、马头山、埠上、牛蹄山、房村、都山、峰山、蒋王庙、解放桥等岩体，部分岩体与铁、铜矿化有关。

中性岩主要是闪长岩类，为燕山期产物，分布广泛，在沛县、丰县、铜山、盱眙、溧水、南京、溧阳、丹徒、宜兴等地均有分布。多呈岩株、岩枝、岩盖产出，出露面积一般为数十平方米至数百平方米，大者可达数平方千米。大的岩体有利国、班井、金山里、大红山等岩体，铁、铜、铅、锌、硫等矿产与之有关。

中酸性岩有石英闪长岩、石英二长岩、花岗闪长岩 3 类，属燕山晚期产物，省内分布广泛，岩石组合复杂多样。多呈岩株、岩基、岩枝产出，规模较大，一般出露面积为数平方千米，大者达数百平方千米。主要岩体有高资、安基山、其林门、冶山、镇江、下蜀、施山、同官、丹徒镇、桃林、谏壁、石马、白鹅山、后石娄等岩体，与铁、铜、铅、锌等矿产有关，是省内金属矿产的主要成矿母岩。

酸性岩有花岗岩和花岗斑岩两类，为燕山期产物，分布零星，在铜山、新沂、东海、宿迁、苏州、溧阳、句容、宜兴等县境内见有分布。岩石组合较简单，呈岩株、岩墙、岩脉产出，除苏州岩体外，其余规模均较小，一般出露面积小于 1km^2。较大岩体有苏州、周院、天池山、雷巷、牛头山、城隍山、徐塘庄、晓庄等岩体，其中苏州岩体与铁、铜、铌、钽、锡等矿产有关。

碱性岩主要有石英正长斑岩，零星分布，一般规模较小，矿化作用弱。

除较大的侵入岩体外，每一次较大规模的岩浆活动后期，往往伴随有相应的派生岩脉侵入。东海、新沂地区有海州期的苦橄玢岩和伟晶岩脉，后者与云母、水晶矿有关；燕山期脉岩种类繁多，主要有煌斑岩、细晶岩、伟晶岩、辉绿岩、石英斑岩、花岗斑岩、花岗闪长斑岩、正长斑岩等，规模差异大，受断裂带控制明显。岩脉多呈北西—北北西向、北东向、近东西向，少数为北北东向、近南北向；晋宁期、喜马拉雅期的辉绿岩则多呈岩脉产出。

第二节　构造岩石组合划分及其特征

江苏省及上海市吕梁期侵入的超基性岩均已经过变质改造，将在变质岩部分中进行论述。其他时期的侵入岩按岩石类型与空间分布、岩浆来源与岩浆演化，可划分为大陆裂谷碱性玄武岩组合(N)、大陆裂谷基性岩墙群(Z_1)、后造山过碱性花岗岩组合(K_1)、后造山花岗岩组合(K_1)、后造山花岗闪长岩-花岗岩组合(K_1)、后造山花岗闪长岩-二长花岗岩组合(K_1)、后造山闪长岩-二长岩组合(K_1)、后造山闪长岩组合(K_1)、同碰撞花岗岩-二长花岗岩组合(J_3)、同碰撞闪长岩组合(J_3)、同碰撞辉长岩-闪长岩组合(J_3)等，分属华北构造岩浆岩省与晚三叠世以来中国东部构造岩浆岩省。其中，华北构造岩浆岩省仅分布于江苏徐州地区，为华北陆块南缘构造岩浆岩带的一部分，构造岩石组合仅发育早震旦世大陆裂谷基性岩墙群(Z_1)，而晚三叠世印支运动以来，江苏省及上海市为晚三叠世以来中国东部构造岩浆岩省的一部分，参考分区断裂特征和印支运动前地区内基本构造格局，将其划分为胶辽构造岩浆岩带、秦岭-大别-苏鲁构造岩浆岩带、十万大山-幕阜山-下扬子构造岩浆岩带3个构造岩浆岩带，其亚带、岩段划分方案及各岩段的构造岩石组合划分如表4-1所示。不同岩浆构造带构造岩石组合特征具体描述如下。

一、大陆裂谷基性岩墙群(Z_1)

属晋宁期的侵入岩，主要分布于江苏徐州地区的铜山县汴塘、房村、大庙，邳县岔河、八义集和睢宁县古邳、双沟等地。为华北构造岩浆岩省华北陆块南缘构造岩浆岩带的一部分，为一系列北东向延伸的脉状辉绿岩岩体组合，受北东向构造控制，多呈岩脉产出，侵位时代为早震旦世，侵入最新层位为淮河群，外接触带常具大理岩化。岩体规模不大，长2～10km，宽0.1～2km。主要岩体有燕子埠岩体、红山岩体、牛蹄山岩体、黄集岩体等。

辉绿岩呈暗绿色、灰绿色，具辉绿结构，主要矿物由普通辉石、斜长石及少量石英组成。斜长石属中长石(An35)，多呈板柱状，晶体大小一般为6.4mm×1.6mm，含量70%～75%；普通辉石呈粒状，一般粒径大小为0.8mm，含量25%；石英呈他形粒状，偶见其与极少量钾长石构成文象交生，含量1%～2%；副矿物见磁铁矿、磷灰石，次生矿物为绿帘石、绿泥石、纤闪石、高岭土。

石英辉绿岩在黄集岩体及牛蹄山岩体所见，为辉绿岩局部相变产物。岩石呈灰绿色，具半自形粒状-嵌晶含长结构，由普通辉石(40%)、斜长石[属拉长石(An 55)、40%～50%]、石英(5%～8%)及少量钾长石组成。

辉绿岩岩石化学成分表现为SiO_2含量偏低，平均为45%，反映S值平均为55.92，Q值平均为−9.59，C值平均为3.93，都明显偏低，而b值明显偏高，平均为31.34。总体上为正常系列岩石，属SiO_2饱和弱过碱性岩石或SiO_2弱饱和弱碱性岩石。而石英辉绿岩岩石化学上表现为SiO_2含量增加，平均为48%，Q值为−3左右，S值平均为58.16，a值平均为6.97，C值平均为5.65，b值平均为29.23，总体上仍为正常系列岩石，属SiO_2饱和弱碱性岩石。

辉绿岩、石英辉绿岩分异指数(DI)平均值分别为34.9、28.08，与戴里R A同岩类平均值相比，辉绿岩近相等，石英辉绿岩平均值明显偏低，表明分异程度较低。

微量元素表现为 F、Zr、Nb、Hf、Ta、Li、Rb、Cs 等含量高，Co、Ni、Cr、V、Sr 含量低的特点，放射性元素 U 和 Th 总量高于 8×10^{-6}。在 Whalen 等(1987)A 型花岗岩岩石类型鉴别图上，投影点均落在 A 型区。

四、同碰撞闪长岩组合(J_3— K_1)

燕山旋回早期侵入岩，岩石类型主要有石英闪长玢岩、石英闪长岩、闪长玢岩、辉长闪长岩等，在 3 个构造岩浆岩带中均有广泛发育，为省内主要的一期构造岩浆活动。

1. 徐淮构造岩浆岩段同碰撞闪长岩组合(J_3)

在徐淮构造岩浆岩段以利国闪长玢岩岩体和班井闪长玢岩岩体为代表。利国岩体分布于铜山县利国—厉湾、蔡山—东马山一带，多为隐伏，地表出露面积约 $4km^2$。位于利国环形构造中，主要呈蘑菇状岩盖、岩舌、岩枝产出，组成岩石以闪长玢岩为主，部分相变成斑状角闪闪长岩、石英闪长斑岩。班井岩体分布在铜山县班井、罗岗、汉王一带，受北西向断裂控制，呈岩墙及岩枝产出，出露面积 6～$7km^2$，往深部相变为闪长岩。

两岩体呈斑状—似斑状结构，矿物成分有斜长石、普通角闪石，及少量黑云母、石英。副矿物有榍石、磷灰石、磁铁矿。斜长石斑晶一般呈板状，大者达 1mm×1.4mm，具钠式双晶及环带构造，含量 15%～25%。基质中呈细粒—微粒状。普通角闪石呈柱状，具淡绿色多色性，有的转化为绿帘石或透闪石，斑晶长径为 0.6～0.8mm，含量 15%～20%。黑云母呈片状，具棕色多色性，含量<1%。石英呈等轴粒状，具清晰的溶蚀现象，粒径 0.06～0.4mm，一般为 0.2mm，含量 1%～2%。闪长玢岩有时含少量钾长石，石英含量也有变化，当石英含量超过 5%，则过渡为石英闪长斑岩。

两岩体的围岩蚀变有大理岩化、绿帘石化、碳酸盐化、硅化、绿泥石化、矽卡岩化等，与铁、铜等矿产关系密切，铁矿常赋存于闪长玢岩与奥陶系马家沟组灰岩的内、外接触带中。

利国与班井闪长玢岩岩石化学成分如表 4－2 所示，主要表现为 SiO_2 含量为 58.9%～61.04%，Al_2O_3 含量为 15.5%～17.2%，Fe_2O_3＋FeO 含量为 5.09%～5.51%，CaO 平均含量为 4.9%～5.39%，MgO 平均含量为 3.26%～4.39%，Na_2O＋K_2O 平均含量为 5.83%～8.01%。总体表现为 SiO_2 含量偏高，Na_2O＋K_2O 总量偏高，里特曼指数 σ 平均 2.82，属钙碱性岩系。

表 4－2　闪长岩组合各类岩石化学成分表　（单位:%）

岩区	岩体	岩石类型	SiO_2	TiO_2	Al_2O_3	Fe_2O_3	FeO	MnO	MgO	CaO	Na_2O	K_2O	P_2O_5	灼烧量	合计
徐淮地区	利国	闪长玢岩	61.04	0.59	15.50	3.14	1.95	0.14	4.39	5.39	4.26	1.57	0.16	1.82	99.95
	班井	闪长玢岩	58.90	0.63	17.23	3.18	2.33	0.06	3.26	4.90	5.61	2.40	0.27	1.66	100.43
东海地区	玉山	石英二长岩	64.94	0.50	15.00	2.48	2.29	0.07	1.66	3.22	4.02	3.56	0.18	1.26	99.18
	唐岭	石英闪长岩	61.54	0.67	16.36	2.42	4.65	0.09	2.57	4.70	3.96	2.71	0.29	0.92	100.88
	玄庙	闪长岩	53.12	1.15	17.19	5.09	3.55	0.14	3.80	6.67	3.82	2.44	0.81	2.06	99.84
宁镇地区	杨坊山	(石英)闪长玢岩	63.88	0.56	17.95	3.36	0.36	0.07	0.54	1.30	8.51	0.81	0.27	2.00	99.61
	尖山	石英闪长玢岩	62.86	0.46	15.73	1.89	3.22	0.08	2.32	3.77	4.07	3.01	0.25	1.50	99.16

2. 东海桃林-莒南构造岩浆岩段同碰撞闪长岩组合(J_3)

在东海桃林-莒南构造岩浆岩段以东海玄庙闪长岩岩体、唐岭石英闪长(玢)岩体及玉山石英二长岩为代表。玄庙闪长岩由5个岩体组成,岩体呈岩株、岩枝产出。岩体侵入、捕虏东海杂岩,同位素年龄178.3Ma。

唐岭石英闪长岩是该地区主侵入阶段的中酸性侵入岩,由3个岩体组成。岩体呈岩株状产出,规模较大的面积达32km^2。岩体侵位于东海杂岩,与玄庙闪长岩体呈脉动式侵入,暗色矿物减少至10%,石英含量相应达10%,色率变浅,跟玄庙深色闪长岩体形成了黑白分明的界线。

玉山石英二长岩由6个岩体组成,岩体呈涌动式侵入于唐岭石英闪长岩体中。该类岩石中暗色矿物明显偏低,而钾长石含量明显偏高,达40%,其色率更浅。

该地区3种侵入岩石类型较为单一,岩石结构与矿物组成相似,主要差异表现为不同矿物含量的逐渐变化。总体上多呈中细粒至中粒结构,岩石矿物成分由斜长石、钾长石、石英、辉石、角闪石、黑云母组成,并含少量副矿物磁铁矿、磷灰石、锆石、榍石。随着暗色矿物减少,钾长石、石英含量增高,反映岩浆成分由中性向中酸性演化,具备了同源岩浆的特点。

从闪长岩-石英闪长岩-石英二长岩,SiO_2含量变化于53.12%～64.94%,明显呈增高趋向,铁镁(Fe_2O_3+FeO +MgO)含量为12.58%～9.75%～6.5%,明显递减,相应CaO含量也明显减少。较好地反映了由中性向中酸性演化的特点。全碱(ALK)含量明显增高,由6.26%～6.67%～7.58%,表明向后期碱性长石含量明显增高,这与石英二长岩命名相吻合;里特曼指数(σ)3.87,2.41,2.62,为碱钙性岩向钙碱性岩变化,赖特(AR)指数均属钙碱性、弱碱性岩。

3. 沿江构造岩浆岩段同碰撞闪长岩组合(K_1)

沿江构造岩浆岩段该岩石组合以南京大红山闪长玢岩体和杨坊山闪长玢岩岩体为代表。

大红山岩体位于南京市中央门外,基岩面积约1.1km^2,呈扁豆体状。岩体走向北东,倾向南东,倾角35°左右,侵位于青龙组、周冲村组、象山群和燕山早期的闪长岩体接触带中。岩石类型为闪长玢岩和(石英)闪长斑岩。杨坊山岩体位于杨坊山南麓,基岩面积约0.4km^2,沿长林村断裂分布,走向北东东,倾向南东,围岩为周冲村组、黄马青组和象山群。其岩石类型为闪长玢岩,以钠质高为特点。

该类闪长玢岩呈灰色,被铁染者呈棕色,斑状结构,斑晶斜长石30%,暗色矿物5%;基质主要由斜长石组成,另有少量暗色矿物;副矿物有磷灰石等。有时次生碳酸盐矿物含量达10%。斜长石斑晶呈自形板状,内部已绢云母化,边缘有溶蚀现象,有些晶体尚可见聚片双晶。暗色矿物几乎完全被碳酸盐矿物交代,黑云母已褪色,边缘呈"蚕食"状。闪长玢岩岩体一般蚀变强烈,主要有矽卡岩化、绿帘石化、绿泥石化、碳酸盐化,与周冲村组灰岩的接触带形成矽卡岩型铁矿。在大红山地区该类岩石含浑圆状的石英集合体,有时含量高达40%,可能系象山群砂岩的混染物。

该类闪长玢岩岩石化学成分主要表现为SiO_2含量为62.86%～63.88%,Al_2O_3含量为15.73%～17.95%,Fe_2O_3+FeO含量为3.72%～5.11%,CaO平均含量为1.3%～3.77%,MgO平均含量为0.54%～2.32%,Na_2O+K_2O平均含量为7.08%～9.42%。总体表现为SiO_2含量偏高,Na_2O+K_2O总量偏高,分异指数(DI)达55.28,表明岩石向酸性演化及岩石分异较明显,里特曼指数(σ)平均为4.16,属钙碱性岩系。

五、后造山石英闪长岩-石英二长岩组合(K_1)

系燕山旋回中期侵入岩。岩石类型主要有石英二长岩、石英二长斑岩、石英斑岩、石英闪长斑岩、石英闪长岩、闪长玢岩等,在沿江构造岩浆岩段宁镇地区及江南构造岩浆岩段的苏锡地区均广泛发育,是长江中下游中生代构造岩浆岩亚带一期主要的构造岩浆活动。

1. 沿江构造岩浆岩段后造山石英闪长岩-石英二长岩组合(K_1)

在沿江构造岩浆岩段该岩石组合以冶山石英闪长岩体、石马石英二长(斑)岩杂岩体、谏壁石英闪长斑岩杂岩体为代表。

冶山岩体分布在六合冶山一带,侵入于冶山复式背斜内,大部分隐伏,岩体为北东-南西向的椭圆形岩基,与围岩接触面倾向南东。岩体剥蚀深度较浅,见有大量围岩顶垂体。侵入最新地层为上侏罗统西横山组凝灰质砂岩,其他围岩则为震旦纪、寒武纪灰岩和白云岩。围岩蚀变主要有大理岩化、矽卡岩化、硅化、角岩化。岩体近接触带之边缘普遍钾长石化,且常具细粒团块,成分大致为细晶长石及黑云母片。岩体次生变化较复杂,有绿泥石化、绿帘石化、高岭土化、碳酸盐化、透闪石化、绢云母化、钾长石化等。冶山岩体岩性变化较大,由中性向中酸性过渡。主要岩性为石英闪长岩和闪长玢岩,局部边缘为花岗闪长岩、石英二长岩等,岩性的复杂变化与岩浆的演化及多期活动有关。岩体侵入时代为早白垩世中期,K-Ar法同位素年龄为116Ma。

石马杂岩体位于宁镇山脉中段,桦树-亭子复向斜和宝华山-巢凤山复背斜东段,呈不规则透镜状,侵入于志留系—下白垩统的不同层位。杂岩体由条状山岩体、徐湾岩体组成。呈北东东向延伸,长12km,最宽7km,基岩面积80km²,露头面积约8km²。主要岩石类型有闪长玢岩、石英闪长岩-石英二长岩。闪长玢岩为条状山岩体的主要岩石类型,局部也可相变为石英闪长斑岩。石英闪长岩-石英二长岩是徐湾岩体的主要岩石类型,但由于结晶分异作用,岩性有所变异,具有环状分相特征。内部相为中—粗粒石英闪长岩,分布于石头岗—徐湾一带,呈长椭圆状,约占徐湾岩体面积的1/3。过渡相为斑状石英闪长岩和斑状石英二长岩,环绕内部相分布,约占岩体面积的1/2。边缘相以石英闪长斑岩为主,有少量的石英二长斑岩,紧贴接触带分布,宽窄不一,总体上是南宽北窄。

条状山岩体呈岩墙状分布于条状山、韦岗地区,走向近东西,倾向北,倾角为70°~80°。南侧侵入上奥陶统—下志留统高家边组,北侧被徐湾石英闪长斑岩侵入。其主要岩石类型为闪长玢岩,蚀变强烈,东段韦岗附近以钠化为主,中段太阳山附近以矽卡岩化为主,西段条状山一带则以黄铁矿化和多金属矿化为主。

徐湾岩体是石马杂岩体的主体,为中深成相岩株。岩石类型多,相带发育。内部相为中—粗粒石英闪长岩,过渡相为似斑状石英闪长岩和石英二长岩,边缘相为石英闪长斑岩,大致呈环状分布。北接触带倾向北,倾角50°~60°,西南接触带倾向南西,倾角65°~70°,南接触带倾向北,倾角大于65°,东接触带参差不齐,产状不清。徐湾岩体中普遍有暗色岩石捕虏体,主要分布于岩体边缘,有时成群出现,定向排列,长轴方向大致平行于接触面,为原生流动构造的标志。捕虏体为闪长玢岩或细粒辉石闪长岩,轮廓清楚,与主岩体呈突变关系,局部可见其外围有一圈薄的反应边。捕虏体徐湾岩体同位素年龄为109.6~92Ma,侵入的最新地层为上党火山岩带,韦岗矿区钻孔中见该岩体内有上党火山岩带的安山岩捕虏体,确定徐湾岩体侵入时代为早白垩世。

谏壁杂岩体位于宁镇山脉东段,镇江—谏壁—大港一带,断续分布,总体呈东西走向,长28km²,宽窄不一,基岩面积60km²。但绝大部分被第四系覆盖,仅在接触带附近有零星的枝脉状的侵入岩露头。谏壁杂岩体包括丹徒镇、大港、南吕等岩体,以石英闪长斑岩、石英二长斑岩为主,其次有闪长玢岩等岩石类型。

丹徒镇岩体西起镇江九华山,东至谏壁粮山,南缘在四平山—雩山一线,北面延伸至长江之下,基岩面积46km²。岩体内有许多沉积岩顶垂体和捕虏体,总体呈东西向,向南倾。岩体有两个相:内部相为石英二长斑岩,外部相为石英闪长斑岩。侵入最新地层是早白垩世圌山火山岩,又被浦口组不整合覆盖。其时代应相当于早白垩世中期,石英闪长斑岩同位素年龄为102.1Ma。

大港岩体位于大港与圌山之间,地表均被第四系覆盖。主要岩石类型为石英闪长斑岩,北部边缘有闪长玢岩。根据航磁资料,丹徒镇岩体与大港岩体通过长江水域连成一体。

南吕岩体位于谏壁东南6km,呈树枝状侵入于震旦系,走向北西,可能与丹徒镇岩体连成一体。主要岩石类型为石英闪长斑岩，以含 Ag 高为特点。

上述 3 个岩体岩石类型基本相同，在空间上互相联系，属早白垩世中期同次侵入的产物。

2. 江南构造岩浆岩段后造山石英闪长岩-石英二长岩组合(K_1)

江南构造岩浆岩段苏锡岩区以金山里斑状闪长岩体、大杨村斑状石英闪长岩体、同官石英二长斑岩体、城隍山石英斑岩体为代表，构造岩石组合主要有中—深成相闪长岩、斑状石英闪长岩、斑状二长岩，及浅成相闪长玢岩、石英闪长斑岩、石英斑岩、石英二长斑岩。各岩体规模较小，一般均为数十平方米至数百平方米，多呈小岩株或岩脉产出，均以单一岩相出现。侵入最新层位为上侏罗统大王山组火山岩。

主要岩体中金山里斑状闪长岩体位于溧阳市社渚境内，呈岩株侵于大王山组火山岩中，出露面积约 3km^2，岩石呈灰色，似斑状结构，斑晶由斜长石、黑云母、辉石组成，副矿物为磷灰石和榍石。

大杨村斑状石英闪长岩体分布于溧阳市社渚大杨村及长山下，呈岩株侵入于大王山组火山岩中，出露面积 3km^2，岩石呈浅灰色，似斑状结构，斑晶由斜长石、黑云母，及少量角闪石、辉石组成，偶见少量石英，副矿物有磷灰石、磁铁矿。

同官石英二长斑岩体分布于溧阳市同官以东，呈岩株侵入于大王山组火山岩中，出露面积 1.2km^2，岩石呈暗灰色，斑状结构，斑晶主要由斜长石、钾长石、石英及普通辉石组成，其中斜长石斑晶粗大，属奥、中长石，基质局部具微文象结构。

城隍山石英斑岩体分布于苏州西部城隍山一带，岩体形态呈水滴状或舌状岩株，走向北东，分布面积约 16km^2。岩体总体上近于直立，略向东南倾，在东侧和西南端有岩枝外延。岩体受北北东向的光福-通安桥断裂控制，侵位于木渎向斜西北翼的志留纪至三叠纪地层中。

该岩石组合的岩石化学成分如表 4-3 所示，均属正常类型。SiO_2 含量为 57.12%～67.92%，Al_2O_3 含量为 14.52%～17.85%，Fe_2O_3＋FeO 含量为 2.73%～6.4%，CaO 平均含量为 0.62%～5.8%，MgO 平均含量为 1.04%～2.99%，Na_2O＋K_2O 平均含量为 3.91%～8.33%。总体表现为 SiO_2 含量偏高，Na_2O＋K_2O 总量偏高，部分岩石铁质含量偏低，分异指数(DI)达 55.28，表明岩石向酸性演化及岩石分异较明显。里特曼指数(σ)平均为 1.96～2.78，反映岩石由碱钙性向钙碱性的演化。其钙碱指数(AR)为 58.2，总体上属钙碱性岩系。

表 4-3　石英闪长岩-石英二长岩组合各类岩石化学成分表　(单位:%)

岩区	岩体	岩石类型	SiO_2	TiO_2	Al_2O_3	Fe_2O_3	FeO	MnO	MgO	CaO	Na_2O	K_2O	P_2O_5	灼烧量	合计
沿江构造岩浆岩段	冶山	石英闪长岩	66.05	0.43	15.18	2.31	1.01	0.09	2.16	3.73	4.38	3.62	0.18	0.71	99.85
	石马	(石英)闪长玢岩	62.90	0.56	16.27	0.77	3.09	0.08	2.31	4.96	5.32	2.10	0.27	1.14	99.77
		石英二长岩	67.92	0.47	14.78	1.50	1.90	0.07	1.61	3.09	4.22	3.72	0.14	0.60	100.02
		石英二长岩	66.62	0.53	15.04	1.63	2.13	0.07	1.85	3.28	4.20	3.59	0.16	0.70	99.80
	涑壁	石英二长岩	61.07	0.45	16.26	1.44	1.29	0.06	1.28	5.80	4.44	3.44	0.25	4.10	99.88
		石英二长斑岩	62.35	0.39	14.92	1.59	1.83	0.05	1.63	4.17	2.94	3.29	0.18	6.08	99.42
江南构造岩浆岩段	金山里	斑状闪长岩	57.12	0.82	16.68	2.99	4.87	0.12	2.99	5.46	3.25	2.99	0.32	2.02	99.63
		斑状闪长岩	59.04	0.80	17.05	1.87	4.53	0.21	2.72	4.93	3.43	2.89	0.22	1.94	99.63
	大杨村	石英闪长岩	61.31	0.61	17.85	2.33	3.29	0.11	1.92	2.70	3.88	3.25	0.24	2.16	99.65
		石英闪长岩	67.28	0.48	14.91	2.48	1.68	0.11	1.04	0.62	2.74	5.59	0.24	1.94	99.11
	同官	石英二长斑岩	62.16	0.61	14.52	4.17	2.10	0.06	2.16	4.52	3.61	3.35	0.22	2.22	99.70
	城隍山	石英斑岩	78.75	0.07	13.48	0.85	0.28	0.02	0.28	0.12	0.20	3.71	0.04	1.79	99.59

六、后造山二长花岗岩组合(K_1)

燕山旋回中期侵入岩，岩石类型主要有二长花岗岩、二长花岗斑岩，在东海桃林-莒南构造岩浆岩段发育较广，为该地区一期主要的构造岩浆活动。该构造岩石组合主要由马陵山斑状二长花岗岩体和大解庄二长花岗岩体组成，是构成桃林杂岩体的主要部分，呈北东带状分布，深部相连成岩带。马陵山斑状二长花岗岩是白垩纪早期侵入阶段酸性侵入岩，主要由6个岩体组成，岩体呈岩株产出，岩石中钾长石、斜长石两者含量均在30%左右，暗色矿物5%，色率较浅，同位素年龄为124Ma、118Ma。大解庄二长花岗岩是桃林杂岩体主侵入阶段形成的酸性侵入岩，岩体规模巨大，呈北东向带状，与马陵山岩体密切伴生，呈脉动侵入关系，接触界线清晰，岩石矿物成分雷同，唯长石晶体粒径较匀。同位素年龄为118Ma、111Ma。

二长花岗岩一般具中细粒、中粗粒结构—似斑状结构—斑状结构。矿物成分由斜长石、钾长石、石英、角闪石、黑云母组成，含少量磁铁矿、磷灰石、锆石等副矿物，由早单元至晚单元各岩类矿物成分有变化，石英、钾长石增高，暗色矿物减少，可能是主侵入阶段二长花岗岩浆在中—晚阶段向钙、碱方向分异形成了相对较早的花岗闪长岩及碱长花岗岩、花岗斑岩。总的反映了同源二长花岗岩浆酸性演化的特点。

该组合岩石化学成分如表4-4所示，SiO_2 含量变化于69.35%～69.44%，变化不明显，铁镁(Fe_2O_3+FeO +MgO)及CaO含量略为偏少，反映酸性岩类的酸性程度明显增高；K_2O 含量明显大于 Na_2O，Na_2O/K_2O 比值0.82～0.80；赖特(AR)碱度图上二者均位于弱碱性岩区。

表4-4　后造山二长花岗岩组合各类岩石化学成分表　　(单位：%)

岩区	岩体	岩石类型	SiO_2	TiO_2	Al_2O_3	Fe_2O_3	FeO	MnO	MgO	CaO	Na_2O	K_2O	P_2O_5	灼烧量	合计
构造岩浆岩段 东海桃林-莒南	大解庄	二长花岗岩	69.35	0.38	14.03	2.07	1.34	0.07	1.52	1.59	3.56	4.37	0.94	0.78	100.00
	马陵山	斑状二长花岗岩	69.44	0.29	14.21	0.96	1.96	0.06	0.89	1.25	4.05	4.91	0.31	1.54	99.87

七、后造山花岗闪长岩-二长花岗岩组合(K_1)

燕山旋回中期侵入岩，岩石类型主要有石英闪长斑岩、二长花岗斑岩、二长花岗岩、花岗闪长斑岩、花岗闪长岩等，在沿江构造岩浆岩段宁镇地区广泛发育，为该地区一期主要的构造岩浆活动，形成的侵入岩体构成了宁镇地区安基山杂岩体、高资杂岩体的主要部分。

安基山岩体位于宁镇山脉中段，东起亭子，西止鸡笼山—射乌山，南界在伏牛山—九华山一线，向北与高资杂岩体相接，基岩面积达130km^2，露头面积约35km^2。岩体受东西向的桦墅-亭子复式向斜及北东向的下蜀-汤山断裂和北北西向的东阳-孟塘断裂所控制。侵入于志留系—白垩系的不同层位，岩体内有许多沉积岩捕虏体和顶垂体，表明该岩体侵位高、剥蚀浅。岩石类型主要为石英闪长斑岩，其次为花岗闪长斑岩，两者呈相变关系。石英闪长斑岩主要分布于浅部以及与围岩接触的部位，花岗闪长斑岩主要见于钻孔中，地表只有零星分布。主岩体为早白垩世侵入活动的产物，同位素年龄值为123～92Ma(K-Ar等时线年龄为123Ma)。

安基山岩体是一个富含多种成矿元素的岩体，尤以铜为突出，其中石英闪长斑岩含Cu量为48.34$\times10^{-6}$，花岗闪长斑岩含Cu近199$\times10^{-6}$，属含铜杂岩体，目前已探明的铜及多金属矿床（点）10余处。Cu、Zn、Mo、Ag、Pb和As等亲硫元素普遍高于相应的克拉克值，而且变化系数大，是良好的成矿标志。

高资杂岩体西起仓头，经下蜀、高资至镇江市西，呈东西向分布于宁镇山脉中段，西端沿龙-仓背斜轴部侵入于志留系，东端侵入于上党火山岩带中。岩体北缘以幕府山-焦山断裂为界，南缘在铜山—石砀山—龙王山—武岐山—西砚山—五洲山一线，东西长32km，南北宽6km左右，基岩面积120km^2，露头区约18km^2，岩体南接触带向南倾。杂岩体规模大、剥蚀深，岩石类型繁多，岩体相带发育。岩体内部相为二长花岗岩和花岗闪长岩，过渡相为石英二长岩、石英闪长岩，边缘相为斑状石英闪长岩、石英闪长斑岩，其中石英二长岩分布最广，各相带间并无截然界线，所属岩石类型也非均一。

花岗闪长岩一般多呈淡肉红色，花岗结构。矿物成分：斜长石（An 25）45%，钾长石25%，石英20%，角闪石、黑云母共10%。斜长石呈半自形板状，聚片双晶发育，粒径一般3mm×5mm，具环带构造。钾长石不规则状，大小不一，最大者达5mm，充填于斜长石之间，偶见卡氏双晶。石英呈不规则粒状，粒径1～2mm，分布不均。角闪石呈柱状，一般长3mm左右，菱形断面规则，黄绿色至绿色。黑云母片径一般2～3mm，多已蚀变成绿泥石、绿帘石等，同时析出磁铁矿。

二长花岗岩多呈肉红色，花岗结构。矿物成分：钾长石36%～40%，斜长石（An 27）30%～35%，石英20%～25%，黑云母、角闪石5%～8%。斜长石呈半自形粒状、板状，一般长4～5mm，最长达7mm，具有稀疏的聚片双晶，边缘常被钾长石交代。钾长石呈他形不规则状，大小不一，充填于石英和斜长石之间，或与石英构成似文象共结构体。石英呈他形粒状，粒径一般2～3mm，大者5～6mm，常与钾长石互相包裹。角闪石呈自形柱状，长2～4mm，淡绿色多色性明显，常有磁铁矿相伴，有些已蚀变成绿泥石、绿帘石。黑云母片状，片径一般2mm，多已蚀变成绿泥石、绿帘石。

似斑状石英闪长岩见于花岗闪长岩的边缘相带，褐黄色、灰白色，多为不等粒状或似斑状结构。矿物成分：斜长石55%～80%，钾长石3%～25%，石英15%左右，黑云母、角闪石共5%～10%。斜长石为他形—半自形板状，粒径一般4mm左右，聚斑晶可达10mm，钠式双晶和环带构造发育，属中、更长石。钾长石呈他形粒状，镶嵌于石英和斜长石中间，或沿斜长石边缘分布，有的与石英共生，构成显微文象结构。石英呈他形粒状，粒径一般2～3mm，分布不均，充填在斜长石和暗色矿物之间。角闪石呈绿色柱状，一般长3～5mm，最长达10余毫米，呈斑晶出现。黑云母为黄绿色，片状，片径2～3mm。暗色矿物多半已被绿泥石、绿帘石交代，并析出磁铁矿。

石英闪长斑岩主要分布于接触带附近。呈灰—灰绿色，斑状结构，基质为微嵌晶或微粒结构。斑晶主要为斜长石，其次有少量角闪石和石英，斑晶总量5%～30%。斜长石斑晶（An 20—36）大小一般为3mm×5mm，有钠长双晶、卡钠复合双晶和肖钠双晶，环带构造清楚，为正常韵律环带，边缘常被溶蚀。角闪石呈自形柱状，为绿色普通角闪石，其大小一般0.5mm×4mm。石英斑晶粒径一般为1～2mm，被溶蚀成浑圆状。有时可见棕色至淡棕色的黑云母，片径一般1mm。基质由长英质斑块构成，粒径约0.8mm，其中有许多微小的斜长石嵌晶。

该组合各类岩石化学成分如表4-5所示，总体较为稳定。SiO_2含量的变化范围为63.04%～66.2%，TiO_2、Fe_2O_3、FeO、MnO、MgO、CaO、P_2O_5等基性组分在本区侵入岩中含量低于相应岩类平均值（黎彤，1963），全碱（ALK=Na_2O+K_2O）含量普遍高于相应岩类戴里值，且随着侵入时间从早期向晚期的推移，钾钠比值明显增大，岩类由中性向酸性演化，并且由富钠向富钾方向演化。里特曼指数（σ）为1.92～2.91，平均为2.48，属钙碱性岩石系列，主要与后造山作用和大洋消减带有关。

8.51%，相对较高，但城隍山石英斑岩中 Na_2O+K_2O 呈大幅度下降，可能与受风化蚀变影响 K_2O、Na_2O 的流失有关。按洪大卫(1987)拟定的碱度指数(Na_2O+K_2O/Al_2O_3)，青山花岗斑岩和城隍山石英斑岩的碱度指数为0.43～0.78，雅泥山花斑岩碱度指数为0.93，属偏碱性岩石。

表4-9　后造山过碱性花岗岩组合各类岩石化学成分表　（单位:%）

岩区	岩体	岩石类型	SiO_2	TiO_2	Al_2O_3	Fe_2O_3	FeO	MnO	MgO	CaO	Na_2O	K_2O	P_2O_5	灼烧量	合计
江南	雅泥山	花斑岩	75.58	0.08	11.99	0.87	1.46	0.12	0.10	0.50	5.40	3.11	0.03	0.99	100.23
	城隍山	石英斑岩	76.19	0.07	14.13	0.98	0.61	0.14	0.38	0.22	4.27	0.83	0.04	2.04	99.90
	青山	花岗斑岩	74.73	0.11	13.05	0.66	1.00	0.12	0.07	0.75	4.76	2.99	0.04	0.98	99.26

十二、大陆裂谷碱性玄武岩组合(N)

该岩石构造组合主要为喜马拉雅期的侵入岩。岩石类型主要有基性岩类——辉长岩或辉绿玢岩，主要在东海、沿江和江南3个构造岩浆岩段均零星出露，分布面积一般为几百平方米到上千平方米，多呈岩床、岩墙或岩脉产出，与玄武岩在空间上相伴，辉绿岩体多分布于新生代玄武岩火山口或火山通道附近，属岩颈相和次火山岩相。据苏北凹陷地区资料，它们侵入于古新世—上新世各地层中，均属喜马拉雅期。辉绿玢岩多呈暗绿色、暗灰色、灰色，具辉绿结构，主要矿物成分为斜长石、橄榄石、辉石，局部地区见含石英。副矿物为磷灰石、磁铁矿。

第三节　构造岩浆旋回与构造岩浆岩带

一、构造岩浆旋回

从各时代岩浆岩在不同岩浆带中分布情况和发育程度来看，江苏省岩浆岩以中生代岩浆岩分布最广泛，不同时代的岩浆岩具有明显的旋回演化特征，每个岩浆旋回一般从基性岩开始，至酸性、碱性岩结束。省域内共分为3个构造岩浆演化旋回(表4-10)。

1. 晋宁旋回

晋宁构造旋回是古罗迪尼亚联合大陆的初始裂解阶段，中国古地壳运动性质也开始由早先的汇聚阶段转化为离散阶段，在华北陆块南缘被动陆缘发展的基础上于早震旦世末发育了一套以大陆裂谷基性岩墙群(Z_1)为显著特色的构造岩石组合，代表了华北陆块南缘自新元古代开始大陆裂解与离散仅经过被动陆缘、大陆裂谷的演化而告夭折。

2. 燕山旋回

燕山构造旋回是我国东部中生代地质构造演化发展的最重要的构造阶段，也是中国大陆东部环太平洋构造岩浆活动最为激烈的阶段，形成了众多的火山岩、侵入岩的构造岩石组合，并带来大量的成矿物质，提供了成矿热源，导致了区内强烈的多金属内生成矿作用的广泛发生，形成了中国东部环太平洋多金属成矿带。该期构造岩浆活动也是中国东部最重要的一期成矿作用。燕山运动是在印支运动形成的中国统一大陆的主体上发生的，主要受太平洋板块向欧亚陆块俯冲机制控制，它进一步强化了前印支期开始的中国大陆由以东西向为主的构造机制进一步转换为以北东—北北东向为主的构造机制，促使

表 4-10 江苏省及上海市侵入岩构造岩浆旋回划分表

<table>
<tr><td rowspan="2">时代</td><td colspan="3">构造岩浆旋回</td><td>华北陆块</td><td>苏鲁造山带</td><td colspan="2">扬子陆块</td></tr>
<tr><td>构造旋回</td><td colspan="2">岩浆旋回</td><td>徐淮构造岩浆岩段</td><td>东海构造岩浆岩段</td><td>沿江构造岩浆岩段</td><td>江南构造岩浆岩段</td></tr>
<tr><td>上新世</td><td>喜马拉雅旋回</td><td colspan="2">喜马拉雅旋回</td><td></td><td>大陆裂谷碱性玄武岩组合</td><td>大陆裂谷碱性玄武岩组合</td><td></td></tr>
<tr><td rowspan="2">早白垩世</td><td rowspan="3">燕山旋回</td><td rowspan="3">燕山旋回</td><td>晚期</td><td></td><td></td><td>后造山碱性花岗岩组合</td><td>后造山过碱性花岗岩组合</td></tr>
<tr><td>中期</td><td>后造山花岗闪长岩-花岗岩组合</td><td>②后造山花岗闪长岩-花岗岩组合;①后造山二长花岗岩组合</td><td>③后造山花岗岩;②后造山花岗闪长岩-二长花岗岩组合;①后造山闪长岩-二长岩组合</td><td>③后造山花岗岩组合;②后造山花岗岩-花岗闪长岩组合;①后造山闪长岩-二长岩组合</td></tr>
<tr><td>晚侏罗世</td><td>早期</td><td>同碰撞闪长岩组合</td><td>同碰撞闪长岩组合</td><td>②同碰撞闪长岩组合;①同碰撞辉长岩-闪长岩组合</td><td>同碰撞花岗岩-二长花岗岩组合</td></tr>
<tr><td>早震旦世</td><td>晋宁旋回</td><td colspan="2"></td><td>大陆裂谷基性岩墙群</td><td></td><td></td><td></td></tr>
</table>

中国大陆内克拉通稳定陆块和前中生代造山带的活化,形成了一系列叠置于前中生代诸构造单元之上的构造岩浆岩带及沉积盆地,构成独具特色的双向构造分带。

该构造岩浆旋回形成了省域内中生代广泛的火山喷发作用和岩浆侵入作用,自晚侏罗世形成的伸展环境的安山岩-英安岩组合和同碰撞辉长岩-闪长岩组合开始,至后造山碱性花岗岩-过碱性花岗岩组合结束,岩浆性质经历了由中基性岩—中性岩—中酸性岩—酸性岩—碱性岩的演化过程。

(1)燕山旋回早期,随着太平洋板块向北的进一步俯冲,区域内进入燕山造山幕初始阶段,在龙王山旋回和大王山旋回安山岩-英安岩组合的火山喷发后,区域内形成与铁矿有关的同碰撞闪长岩组合和辉长岩-闪长岩组合,岩石类型以中基性岩为主。该期也是江苏省陆相火山岩型铁矿形成的主要时期,但在江南构造岩浆岩段岩浆侵入主要以花岗岩-二长花岗岩为代表。

(2)燕山旋回中期是区域构造岩浆活动最激烈的阶段,在4个构造岩浆岩段都有大规模不同类型的侵入岩侵入,形成侵入岩构造岩石组合众多,岩石类型以中酸性岩为主,主要有后造山闪长岩-二长花岗岩组合、后造山花岗闪长岩-花岗岩组合、后造山花岗闪长岩-二长花岗岩组合、后造山花岗岩组合等,该期侵入岩岩浆活动与区域铁、铜及铜金多金属矿产成矿关系密切,是区内铜金矿的主成矿期。

(3)燕山旋回晚期区域构造岩浆活动渐趋平静,形成的侵入岩主要以偏酸性、偏碱性花岗质岩石为主,形成的构造岩石组合主要有后造山花岗岩组合、后造山碱性花岗岩组合和后造山过碱性花岗岩组合,成矿作用也相对较弱,主要以叠加热液成矿作用为主。

3. 喜马拉雅旋回

该旋回为当前正在演化中的构造岩浆旋回,省域内仅见以溢流相碱性橄榄玄武岩为代表的大陆裂谷型火山岩组合和以辉绿玢岩或玄武玢岩侵入为代表的大陆裂谷型的侵入岩组合,代表陆内裂谷阶段的初始发展。

二、构造岩浆岩带

岩浆活动是大陆构造作用的重要表现形式之一，其形成、演化和空间分布规律受深部构造和区域动力学背景的制约。江苏省及上海市前寒武纪侵入岩均遭到强烈的变质变形改造，表现为变质岩的特征，区内真正的侵入岩主要发育于晚三叠世以来的燕山期—喜马拉雅期，另有少量晋宁期侵入岩局部产出。

按照岩浆岩的时空分布特点、岩浆来源与岩浆演化、构造环境，结合大地构造特征，依据《地质构造研究工作技术要求》，将华北陆块南缘的大陆裂谷基性岩墙群（Z_1）划为华北陆块南缘构造岩浆岩带，为华北构造岩浆岩省的一部分。而晚三叠世印支运动以来，江苏省及上海市地区为晚三叠世以来中国东部构造岩浆岩省的一部分。根据全国构造岩浆岩带的 3 级划分方案，参考分区断裂特征和印支运动前地区内基本构造格局，与 3 个大地构造分区相对应，Ⅱ级、Ⅲ级构造岩浆岩带划分为胶辽构造岩浆岩带之鲁西-徐淮构造岩浆岩亚带、秦岭-大别-苏鲁构造岩浆岩带之青岛-日照构造岩浆岩亚带、十万大山-幕阜山-下扬子构造岩浆岩带之长江中下游中生代构造岩浆岩亚带。前两者各仅划分一个Ⅳ级构造构造，对应于徐淮构造岩浆岩段、东海桃林-莒南构造岩浆岩段，而长江中下游中生代构造岩浆岩亚带根据岩浆岩特征，以江南断裂为界，可划分为沿江构造岩浆岩段和江南构造岩浆岩段两个部分。其亚带、岩段划分方案及各岩段的构造岩石组合特征如表 4－1 所示。

由于省内燕山期及其后岩浆侵入与火山喷发作用在成因上具有密切联系，空间上也相伴产出，故燕山期及其后侵入岩构造岩浆岩带划分与火山岩构造岩浆岩带划分基本一致。

1. 徐淮岩段

该构造岩浆岩段位于华北陆块区南缘，南以郯庐断裂与秦岭-大别-苏鲁构造岩浆岩带相邻。区内经历了晋宁期和燕山期两期构造岩浆活动，晋宁期主要以大陆裂谷基性岩浆岩墙群的大规模侵入为主，侵位时代为早震旦世，代表了华北陆块南缘自新元古代开始大陆裂解与离散仅经过被动陆缘、大陆裂谷的演化而告夭折。燕山期在太平洋板块向欧亚陆块俯冲机制的影响下，开始形成大规模的中酸性构造岩浆活动，形成的火山岩和侵入岩组合主要有同碰撞闪长岩组合、大陆伸展环境安山岩-英安岩组合和后造山花岗闪长岩-花岗岩组合等。

2. 东海岩段

该构造岩浆岩段位于苏鲁造山带，北以郯庐断裂与徐淮构造岩浆岩段相邻，南以响淮断裂为界与沿江构造岩浆岩段相接。区内构造岩浆活动主要以燕山期大规模的中酸性火山喷发与岩浆侵入活动为主，形成的火山岩和侵入岩组合主要有同碰撞闪长岩组合、大陆伸展环境安山岩-英安岩组合、后造山花岗闪长岩-二长花岗岩组合和后造山花岗岩组合等。喜马拉雅期仅叠加有少量新生代基性火山喷发，形成的构造岩石组合为大陆裂谷碱性玄武岩组合。

3. 沿江岩段

该构造岩浆岩段是省域内中生代构造岩浆最为发育的地区，位于响淮断裂与江南断裂之间。区内构造岩浆活动主要以燕山期大规模的中酸性火山喷发与岩浆侵入活动为主，形成的火山岩和侵入岩组合主要有大陆伸展环境安山岩-英安岩组合、裂谷环境的安山岩-粗面岩-响岩组合、碰撞环境的高钾火山岩组合、同碰撞辉长岩-闪长岩组合、同碰撞闪长岩组合、后造山闪长岩-二长岩组合、后造山花岗闪长岩-二长花岗岩组合和后造山碱性花岗岩组合等。喜马拉雅期叠加有大量的新生代基性火山喷发活动，形成的构造岩石组合为大陆裂谷碱性玄武岩组合。

4. 江南岩段

该构造岩浆岩段是省域内中生代构造岩浆最为发育的地区之一，位于江南断裂以南地区。区内构造岩浆活动主要以燕山期大规模的中酸性火山喷发与岩浆侵入活动为主，形成的火山岩和侵入岩组合

主要有大陆伸展环境安山岩-英安岩组合、碰撞环境的高钾火山岩组合、同碰撞花岗岩-二长花岗岩组合、后造山闪长岩-二长岩组合、后造山花岗岩组合、后造山花岗闪长岩-花岗岩组合和后造山过碱性花岗岩组合等。

第四节　岩浆岩的形成、构造环境及其演化

一、岩浆岩的形成类型

侵入岩的形成受地质时代、构造环境、地壳厚度、物理化学条件的制约。根据形成机制和成岩物质来源，江苏省及上海市侵入岩可划分为幔源型、混合源熔融型、壳源改造型 3 个成因系列。

（一）幔源型成因系列（M 型）

指来自地幔的超基性岩浆定位而成的侵入岩，按成岩机制可分为以下 3 种。

1. 晋宁期辉绿岩

华北陆块南缘构造岩浆岩带徐淮岩段大陆裂谷基性岩墙群主要由脉状辉绿（玢）岩组成，岩石为 SiO_2 弱饱和弱碱性岩石，其分异指数（DI）平均值分别为 34.9，28.08，与戴里同岩类平均值相比，明显偏低，表明分异程度较低，系来自上地幔的超基性—基性岩浆经初步分异而形成的。

2. 燕山期的基性岩类

如宁镇地区出露的同碰撞辉长岩-闪长岩组合，主要由辉长岩体组成，往往与闪长岩构成杂岩体。岩体中常见二辉橄榄岩、辉石岩包体。岩体的 $\varepsilon_{Sr}(t)=25.05\sim59.66$，$\varepsilon_{Nd}(t)=-6.66\sim-5.60$。根据它们的特征，这类辉长岩是来自上地幔的基性岩浆在不同的地质环境中结晶而成，与之伴生的闪长岩、二长岩正长岩等则为基性岩浆结晶分异的产物。其稀土元素和微量元素地球化学特征也明，岩浆主要来自上地幔分熔物，但在上升侵位过程中受到地壳物质的轻微混染。

3. 喜马拉雅期的基性火山岩类

为大陆裂谷碱性玄武岩组合，主要组成为溢流相喷发的玄武岩类熔岩和呈岩脉状侵入的少量玄武玢岩岩脉，普遍含橄榄石、刚玉（蓝宝石）等幔源包体，显示为来自上地幔的基性岩浆经轻度分异结晶而成。

（二）混合源熔融型成因系列（H 型）

省内燕山期大部分火山岩与侵入岩均为 H 型成因系列。根据幔源组分和壳源组分的混合比例进一步划分为 Hm 型、Hss 型和 Hs 型。各旋回岩浆岩的成因类型在不同岩区、岩段中不尽相同。

1. Hm 型

宁芜-溧水地区火山岩、次火山-侵入岩都属于 Hm 型。经 $\varepsilon_{Sr}-\varepsilon_{Nd}$ 幔壳混合模式计算，各旋回岩浆岩混合比例为：亏损地幔（DM 值）71％～74％、下地壳（LC 值）7％～12％、上地壳（UC 值）17％～22％。长石铅同位素在 $^{206}Pb/^{204}Pb-^{207}Pb/^{204}Pb$ 和 $^{208}Pb/^{204}Pb-^{206}Pb/^{204}Pb$ 的铅演化构造模式图上，投影点在地幔和造山带演化线的过渡区，放射性成因铅的成分较高。区内震旦纪和古生代沉积岩中放射性成因铅和氧同位素都较高，分别为 $^{206}Pb/^{204}Pb=17.482\sim18.336$，$^{208}Pb/^{204}Pb=37.763\sim38.44$，显然上地幔分熔物在上升过程中混入的陆壳物质以来自上地壳为主。

2. Hss 型

宁镇地区高资岩体、安基山岩体及上党火山岩等岩浆岩属于 Hss 型。区内广泛分布的花岗闪长(斑)岩和石英闪长斑岩的岩体中含有大量的深源暗色细晶闪长岩包体。各单元岩浆岩长石铅构造模式图上,投影点在地幔和造山带演化线的过渡区偏地幔线一侧。经 ε_{Sr} - ε_{Nd} 幔壳混合模式计算,DM=56%～70%、LC=18%～20%、UC=12%～24%,表明岩浆岩混入的壳源物质增多。

3. Hs 型

幔壳混合型(Hs 型)岩浆岩主要发育在江南岩段的城隍山花岗斑岩、东渚石英闪长斑岩、二长花岗岩、戴埠石英闪长斑岩、二长花岗岩等侵入岩体中,岩体中偶见或未见镁铁质包体。城隍山花岗斑岩体的 $\varepsilon_{Sr}(t)$=37～69、$\varepsilon_{Nd}(t)$=－10.8～－3.54;东渚二长花岗岩体的 $\varepsilon_{Sr}(t)$=53～112、$\varepsilon_{Nd}(t)$=－9.35～－5.2。据模式计算,上述单元(序列)岩浆岩混合比例,DM=43%～55%、LC=1%～20%、UC=25%～57%,显然岩浆岩中混入的壳源物质大量地增加了,而且以来自上地壳为主。

(三)壳源改造型成因系列(A 型)

江南岩段的天平山(含角闪)花岗岩类和平桥花岗斑岩类属于 A 型花岗岩,其全 $\varepsilon_{Sr}(t)$=68～237、$\varepsilon_{Nd}(t)$=－10.98～－8. 64,据模式计算,DM=52%,LC=12%,UC=36%。

总之,省内燕山期不同阶段形成的岩浆岩基本都属于幔壳混合型,但不同地区幔壳混合比例不同。沿江岩段幔源组分高于江南岩段,沿江岩段成因类型以 Hss 型和 Hm 型为主,江南岩段则以 A 型、Hs 型为主。

二、岩浆岩形成的构造环境与演化

岩浆岩的形成、演化与大地构造环境和地壳演化有密切关系。江苏省及上海市位于华北板块与扬子板块及太平洋板块与欧亚板块的接合部位,地质环境差异较大,发展历史也不同,不同岩区(带)的岩浆活动各有特色。江苏省及上海市的岩浆活动明显受板块构造活动的控制。随着地壳由硅镁质向硅铝质转化,岩浆由基性向酸碱性方向演化,其成因类型由简单到复杂,最终导致不同成因类型岩浆岩在空间上的叠置。

江苏省晋宁期岩浆活动主要以大陆裂谷环境的基性岩墙群侵入为主,中生代岩浆活动主要发生在燕山运动中期(J_3—K_1),是印支期末—燕山期后造山阶段的产物,新生代岩浆活动则是形成于陆内断陷盆地阶段的构造环境。新元古代和中、新生代岩浆活动形成的构造环境差别较大,也各有其成因演化规律。

1. 新元古代岩浆岩形成的构造环境与演化

江苏省晋宁期岩浆活动主要以辉绿玢岩脉状侵入为主,在徐州东部睢宁-邳州地区醒目分布,呈脉状沿北东向断裂构造侵入于新元古代形成的各构造岩石组合中。岩浆来源以上地幔为主,形成的大地构造环境为大陆裂谷环境,表现为区域上密集分布的基性岩墙群沿区域主要构造线侵入,代表了华北陆块南缘自新元古代开始大陆裂解与离散仅经过被动陆缘、大陆裂谷的演化而告结束。

2. 中生代岩浆岩形成的构造环境与演化

地球表面发生的构造运动及岩浆活动是与岩石圈的运动状态和地球内部热结构相联系的。中生代岩浆活动形成于华北板块与扬子板块在中三叠世碰撞之后,区域地壳增厚,地表隆升,晚侏罗世以后进入了一个以陆内剪切作用为主的大地构造时期(姜月华等,1999)。晚侏罗世北东向、北北东向剪切运动强烈,在本区及邻区形成了一系列的北东向为主的剪切拉分盆地。本区的地壳运动在这一时期受到郯庐断裂左行剪切运动的影响,同时也受到太平洋板块对欧亚板块的俯冲作用的影响(戚学祥,1998;杜旭东等，2000）。晚侏罗世的岩浆活动就是在这种构造背景下开始的，形成了区内基性岩浆喷发和相应的侵入活动。这一时期的岩浆活动来源于上地幔，地壳物质参与较少，岩浆呈偏碱性特征，且富含橄榄石、尖晶石等大量上地幔深源物质。岩浆的直接来源应该是莫霍面以下的热不均匀地幔，这里是玄武质岩浆出熔汇聚（底辟）的场所。软流圈是岩石圈的源动力层，岩石圈断裂的深切、软流层的上拱为剪切盆地的形成提供了强劲的动力，也是莫氏面下底辟玄武岩浆形成的强劲热源，同时上地幔物质垂直运动强烈，大量的深部地幔物质进入玄武岩浆，并一同侵入到地壳浅层，或喷出地表。

早白垩世开始，太平洋板块的俯冲作用对本区的影响愈发显著，软流圈的软化（局部出熔）范围扩大，岩石圈断裂的控岩特征相对减弱，底辟玄武岩浆规模增大，形成下部地壳热流大面积增强。因此在软流圈橄榄岩浆及顶部地幔玄武岩浆两个岩浆源区之上的下部地壳又形成了一个花岗质岩浆源区。早期形成的花岗质岩浆规模小，且受到大量玄武岩浆的侵入，岩浆呈基性特征；随着下部地壳深熔作用向大洋板块一侧扩展，花岗质岩浆规模不断扩大，玄武岩浆的侵入比例就相对缩小，岩浆成分向酸性方向演化。中酸性侵入岩、喷出岩中的暗色基性包体是底辟玄武岩浆侵入花岗质岩浆并被带到了地表的结果。这一时期，由于大范围花岗质岩浆源区的屏蔽作用，玄武质岩浆难以上升到地表。早白垩世晚期，岩浆活动大大减弱，又一次的构造热事件导致了底辟玄武岩浆再活动，下地壳局部出熔超酸性岩浆，形成小规模酸性岩浆的侵入-喷发活动，同时伴有玄武岩浆的喷发。

中国东南部晚中生代花岗质火山-侵入杂岩被认为是洋壳俯冲消减、玄武岩浆底侵和中、下地壳深熔三方面综合作用的结果，是中国大陆边缘与伸展构造作用有关的岩浆岩组合（王德滋等，2002）。事实上，本区中生代钙碱性准铝质岩浆岩也是在相似构造背景下形成的相似的岩石组合，反映了强烈的深部壳-幔作用。

据《苏南铜、多金属矿勘查研究》（江苏省地质矿产局，1995），长江中下游岩浆岩段的侵入岩浆活动与板块俯冲作用有关，其形成的构造环境由早至晚由造山前期向挤压抬升期演化到造山期后环境。同一构造环境下，则为一连续的岩浆分异演化关系。因此该区的构造岩浆活动是与板块俯冲作用有关的由挤压至拉张的构造环境下形成的。

据苏州西部地区研究（江苏省地矿局第四地质大队，1990），江南岩段早期岩浆活动的构造环境应属陆内碰撞带后的构造隆起环境，东渚序列岩浆岩为板块碰撞挤压抬升期构造环境。天平山超单元A型花岗岩归属于活动大陆边缘强烈拉张环境下形成的A2型花岗岩。

3. 新生代岩浆岩形成的构造环境与演化

省域内新生代岩浆活动形成于陆内断陷盆地阶段的构造环境，具有多旋回活动特征，主要活动期为新近纪中—上新世。岩浆活动受北东向、北西向及近东西向构造控制，时空变化规律明显。古近纪岩浆活动较弱，主要发生在凹陷区，为碱性橄榄玄武岩类，玄武岩的活动中心由北西向南东迁移。新近纪岩浆活动分布广泛，在断陷盆地边缘及相对隆起区更为强烈，主要为碱性橄榄玄武岩火山活动强烈。

苏北断陷盆地的发展与玄武岩浆活动的根本动力是太平洋板块对欧亚板块的俯冲作用，同时郯庐断裂带对本区构造格局产生了深刻的影响。根据目前研究资料（陈沪生等，1999），郯庐断裂带及其以东的苏北盆地岩石圈厚度为80～100km，郯庐断裂带向西则急剧增加至120km以上。莫霍面深度变化与软流圈有相似的特征，从西南向东北逐渐变浅。苏北盆地软流圈上拱、岩石圈减薄受太平洋板块俯冲和郯庐断裂带控制，苏北盆地因此具有较高的大地热流，明显高于周边地区，上地幔局部熔融是本区玄武质岩浆的直接来源。古近纪偏碱性的橄榄玄武岩起源于75km以下的上地幔，东部平原区新近纪钙碱性玄武岩形成深度在40～50km（吴向阳，1999），表明新近纪以来，苏北地区拉张作用和构造运动强度逐渐减弱，但构造活动影响范围明显增大，其中西部地区陆内深断裂作用明显。

第五节　侵入岩构造岩石组合与成矿关系

各岩区与内生金属矿产成矿有关的侵入岩为燕山早期及燕山晚期的第一、第二次侵入岩。

一、徐淮岩段

燕山早期闪长岩、闪长玢岩是铁、铜矿床的主要成矿母岩，见于铜山县利国、班井两地区(本岩段的主要成矿带)。矿体产于岩体与围岩接触带及与围岩捕虏体的接触带。

燕山晚期第一次侵入岩石英闪长岩、石英闪长斑岩与铁矿也有一定关系，但在本岩区不是主要的成矿母岩。

燕山晚期第二次侵入岩花岗闪长岩与铁、铜矿有关，多为矿点、矿化点，未见有工业价值的矿床。

本岩段未见与燕山晚期第四次侵入岩有关的矿床。

由上述可知，徐淮岩段主要成矿期为燕山早期，以利国铁矿床为代表，闪长(玢)岩体岩石多相变为石英闪长斑岩，其化学成分特征是富镁、贫铁，含碱高，这与侵入岩同围岩白云质灰岩、灰质白云岩、大理岩等碳酸盐岩石的同化混染作用及不同程度的钠化影响，使铁质从闪长(玢)岩析出有关。闪长(玢)岩 Na_2O+K_2O 6.5%～7.5%；Fe_2O_3/FeO 比值平均为 1.476，与戴里同岩类相比均明显偏高。丰沛地区姜梨园、魏老家两岩体原 Fe_2O_3+FeO 总量为 7.6%，经强烈钠化蚀变后，60%的铁质被带出，为铁矿体的形成提供了大量的物质来源。

二、沿江岩段

燕山早期辉长岩和闪长岩与铁、黄铁矿有关，见于南京岔路口地区，如岔路口铁矿、黄铁矿及小红山铁矿，都产于岩体与围岩接触处，其规模较小。

燕山晚期第一次侵入岩中酸性石英闪长(斑)岩、石英二长(斑)岩、花岗闪长(斑)岩具有明显的成矿专属性，是区内铁、铜、黄铁矿、多金属矿床的主要成矿母岩。见于宁镇地区、六合治山地区、盱眙地区。岩石富含 Cu、Mo、Pb、Zn、F、Cl 等成矿元素及矿化剂。其中铜含量高于地壳中同类岩石丰度值 20 倍。铜的载体矿物如黑云母、角闪石、磷灰石及磁铁矿等，成矿元素一般偏高，这些载体矿物经过岩浆期后热液蚀变作用，钠质交代、钾质交代强烈，被清洁矿物——钾长石、钠长石、石英等所带出的成矿元素呈络合物形式迁移，在适当的地质地球化学、地球物理环境中，沉淀成矿床。成矿物质是多来源的，主要来自岩浆，少部分来自围岩，即可能的矿源层，再经岩浆侵入作用，热液叠加富集成矿。综合分析成矿系列，可划分为 3 类组合矿床。

1. 铁-铜-钴-硫组合矿床

一般分布在中酸性岩体与石炭纪、二叠纪、三叠纪地层接触带部位，形成矽卡岩型、热液交代充填型矿床。矿物共生组合为磁铁矿、赤铁矿、黄铁矿、黄铜矿、方铅矿等，成矿元素主要为 Fe、S；其伴生元素为 Cu、Co。

2. 铜-钼-锌-铁-硫组合矿床

一般产于中酸性岩体内部、前锋部位，及其与石炭纪、二叠纪、三叠纪地层接触部位，或岩体内的围岩捕虏体之中，形成矽卡岩型、斑岩型、脉型三位一体复合矿床。成矿元素主要为 Cu、Mo、Zn、Fe、S，伴生元素 Au、Ag、Ga 等。矿物共生组合为黄铜矿、黄铁矿、辉铜矿、方铅矿、闪锌矿、磁铁矿等。

3. 铅-锌-锰-铜组合矿床

远离岩体，主要产于石炭纪、二叠纪地层中，呈脉状、透镜状、不规则状矿床。矿物共生组合为方铅矿、闪锌矿、黄铁矿、黄铜矿、黝铜矿、磁铁矿、毒砂、深红银矿、软锰矿、菱锰矿等。成矿元素有Pb、Zn、Ag、Mn，伴生元素为Cu、In、Cd、Se、Te、S等。

上述3个矿床组合，具有水平和垂直分带现象，水平分带表现为，以侵入体为中心，周围接触带形成铁矿、铁铜矿，向外为铜钼矿、铜铅锌矿，再向外，远离侵入体为铅锌银矿或黄铁矿。垂直分带表现为在浅部的铅锌矿，中段为铜钼矿，深部出现铁矿。

燕山晚期第二次侵入岩石英闪长斑岩与部分铁矿的成矿有关，见于宁镇地区，为矿化点。

三、江南岩段

燕山晚期第一次侵入岩花岗岩是区内铁、铜铁矿的成矿母岩。见于苏州郊区，成矿方式为：①含矿花岗岩与碳酸盐岩接触处形成矽卡岩，在其有利成矿地段受岩浆期后热液作用，形成矽卡岩型铁矿。②岩体边部内带含铌铁矿。铌铁矿的形成与花岗岩本身的钠长石化有密切关系。

燕山晚期第二次侵入岩花岗岩、花岗闪长斑岩、石英斑岩与铁、铌铁、铜矿有关，如苏州天池山花岗岩强烈钠长石化，并出现较多铌铁矿；溧阳城西花岗闪长斑岩体边部的矽卡岩型磁铁矿，吴县城隍山石英斑岩体推测与铜多金属矿有关。

本岩段燕山早期侵入岩，燕山晚期第三次侵入岩岩体规模小，分布极零星，目前还未见与其有关的矿产。

苏锡岩区燕山晚期第一、第二次侵入岩花岗岩为二氧化硅过饱和、过碱性岩体，普遍含有Ti、Zr、Ga、Sr、Be、Nb、Cd、In等微量元素，与之有关的含多金属硫化物较多的磁铁矿矿床中亦以富Ga、Se，含Cd、In为特征。大量岩石化学资料证明，形成铁矿的物质主要来自母岩，如苏州花岗岩体的内部相含磁铁矿高达7890×10^{-6}，过渡相斑状花岗岩中磁铁矿含量高达2234×10^{-6}，天池山细粒花岗岩中磁铁矿的最高含量为1614×10^{-6}，而经过自变质交代作用后的钠长石化花岗岩中磁铁矿则明显降低，这表明花岗岩经钠化交代作用后铁质大量析出进入岩浆后期溶液中，增加了溶液的含矿浓度，在适当的地质条件下富集成工业矿体。

另外，接触交代充填型铁、铜、多金属矿成矿岩体的产状及其与围岩接触带的形态对矿体形成的规模、形态均起着重要的作用。产于接触带附近的矽卡岩矿床或热液型矿床成矿母岩与围岩的接触带在平面上、剖面上均呈“斜交”接触，特别是那些在侵入岩与围岩间在平面上呈弧形接触，在剖面上呈陡倾斜接触的部位，矿体则发育在岩体伸入围岩（平面上），或者呈陡直变为平缓弯曲（在剖面上）的接触带。侵入体与围岩的接触面产状平缓时，则矿体发育在围岩伸入岩体的部位，亦即岩体的凹部构造内（剖面上）的陡倾斜接触带往往伴随着断裂构造的发育带，在这种部位构造极其复杂，岩层支离破碎，对成矿也较有利。韦岗铁矿床矿体即受陡倾斜的断裂控制且多产于围岩与捕虏体的接触带。

对热液型矿床而言，成矿岩体的产状平缓，尤其是顺层侵入的岩床侵入体比陡立侵入体成矿有利，侵入体与围岩接触带呈隆起拗陷的波状起伏者比平直的成矿较为有利。

第五章　变质岩构造岩石组合

第一节　变质岩时空分布及变质单元划分

江苏省及上海市变质岩类型主要为前震旦纪的区域变质岩，大部分出露于省域东北部，郯庐断裂以东、响水口-淮阴断裂以北的苏鲁造山带，以新沂、东海、赣榆、连云港、灌南等地出露较广。在华北陆块区南缘和下扬子陆块，经钻孔揭露深部也有部分区域变质岩隐伏。它们均经过不同程度的变质作用改造，组成了三大地质构造单元的变质结晶基底。

区内三大地质构造单元内均有变质岩存在，其中以苏鲁造山带新太古代至新元古代的变质岩石分布最广，变质作用最强烈，新太古代至新元古代地层均已变质。变质作用类型主要有区域变质、接触变质、动力变质等，以区域变质作用为主，形成的变质岩种类繁多，主要有变质超基性岩、榴辉岩、斜长角闪岩、片麻岩、变粒岩、片岩、角岩、大理岩、矽卡岩、糜棱岩等。

江苏省区域变质作用发生在太古宙至元古宙，区域变质岩广泛分布在苏鲁造山带中。在漫长变质地质时期内，原已形成的侵入岩、火山-沉积岩、沉积岩普遍遭受区域变质作用，构成各种区域变质岩，出现不同的变质带和变质相。按变质作用发生的时间，可划分为新太古代—古元古代和中新元古代两个变质期。

新太古代—古元古代变质期变质作用类型为区域高—中温热动力变质作用，遭受变质的地层为新太古界泰山岩群和东海杂岩，岩石达中—深变质程度，主要形成低角闪岩相和高绿片岩相两个变质相，部分地区达榴辉岩相、麻粒岩相，形成的变质岩石主要为片麻岩、榴辉岩、浅粒岩、变粒岩、片岩、石英岩、大理岩等。岩石中出现了金刚石、金红石、柯石英等超高压—高压变质矿物，原岩的矿物成分和结构构造均已消失。

中新元古代变质期变质作用类型属区域低温动力变质作用，遭受变质的地层为中—新元古界锦屏岩群、云台岩群、埤城岩群、金山岩群和中元古界张八岭岩群，变质相有高绿片岩相和低绿片岩相，部分地区可达低角闪岩相。变质作用影响的区域包括连云港、沭阳、灌云、东海、泗阳、盱眙大片地区和丹阳县埤城一带。形成的变质岩以片岩为主，夹石英岩、变粒岩、浅粒岩、大理岩和部分浅变质的砂岩类等。

另外，在不同时代岩浆侵入岩与不同围岩的接触带，常见热动力接触变质现象。主要发生在中生代燕山期的中酸性侵入岩与碳酸盐岩类围岩的接触处。该类岩石在省内 3 个地质构造单元均有分布，范围一般不大，宽几十米到数百米，少数达 1～2km，接触变质带形态和规模与侵入体大小、形状及围岩的物理化学性质有关。该类接触变质矽卡岩也是省域内最重要的矽卡岩型铁铜多金属矿产的主要赋矿围岩。

根据岩石类型、岩石组合特征、原岩类型、形成时代、变质时代和形成的大地构造环境，结合区域大地构造单元划分，将省域内变质岩石划分为华北变质域、苏鲁-大别变质域、下扬子变质域 3 个Ⅰ级变质地质单元，进一步划分为 4 个Ⅱ级变质地质单元和 5 个Ⅲ级变质单元，其相互的空间关系与变质时代具体如表 5-1 所示。

表 5-1　江苏省及上海市变质地质单元划分略表

变质地质单元			变质时代
华北变质域	鲁西变质岩区	鲁西-徐淮变质岩带	新太古代
苏鲁-大别变质域	苏鲁高压—超高压变质岩区	连云港-泗洪高压变质岩带	中—新元古代
		苏北-胶南超高压变质岩带	新太古代—古元古代
下扬子变质域	沿江变质岩区	埤城变质岩带	中元古代
	苏南变质岩区	金山变质岩带	中元古代

第二节　变质岩构造岩石组合划分及其特征

江苏省及上海市变质岩主要为前震旦纪的区域变质岩，大部分出露于江苏省东北部，郯庐断裂以东，响水口-淮阴断裂以北，新沂、东海、赣榆、连云港、灌南等地。钻孔揭示丰沛地区第四系之下也有新太古界泰山岩群呈东西向展布，宁镇埤城地区与上海金山地区存在中元古代斜长角闪岩-变粒岩-片岩-石英岩-大理岩组合等。

根据岩石类型、岩石组合特征、原岩类型、形成时代、变质时代和形成的大地构造环境，将省内变质岩石划分为花岗片麻岩-角闪岩-石英岩组合(Ar_{3-4})、斜长角闪岩-变粒岩-磁铁石英岩组合(Ar_{3-4})、变粒岩-浅粒岩-石英岩组合(Pt_3)、绿片岩-(云母)石英片岩-大理岩组合(Pt_2)、钾长花岗片麻岩-花岗片麻岩组合(Pt_1)、二长花岗片麻岩组合(Pt_1)、斜长角闪岩-榴辉岩组合(Pt_1)、变超基性岩-基性岩组合(Pt_1)、片岩-石英岩-大理岩组合(Ar_4—Pt_1)、斜长角闪岩-变粒岩-片岩组合(Pt_2)、片岩-石英岩-大理岩组合(Pt_2)共 11 个构造岩石组合。根据各类变质岩石的变质环境、变质相、主要分区断裂构造、大地构造环境等将区内划分为 3 个变质域、4 个变质岩区、5 个变质岩带，各变质地质单元、地质时代与构造岩石组合的时空关系见表 5-2。

表 5-2　江苏省及上海市变质岩构造岩石组合划分表

变质地质单元			变质时代		构造岩石组合
			代	纪	
华北变质域	鲁西变质岩区	鲁西-徐淮变质岩带	新太古代		花岗片麻岩-角闪岩-石英岩组合(Ar_{3-4})
					斜长角闪岩-变粒岩-磁铁石英岩组合(Ar_{3-4})
苏鲁-大别变质域	苏鲁高压—超高压变质岩区	连云港-泗洪高压变质岩带	新元古代	青白口纪	变粒岩-浅粒岩-石英岩组合(Pt_3)
			中元古代	蓟县纪	
				长城纪	绿片岩-(云母)石英片岩-大理岩组合(Pt_2)
		苏北-胶南超高压变质岩带	古元古代	滹沱纪	钾长花岗片麻岩-花岗片麻岩组合(Pt_1)
					二长花岗片麻岩组合(Pt_1)
					斜长角闪岩-榴辉岩组合(Pt_1)
					变超基性岩-基性岩组合(Pt_1)
			新太古代		片岩-石英岩-大理岩组合(Ar_4—Pt_1)
下扬子变质域	沿江变质岩区	埤城变质岩带	中元古代	长城纪	斜长角闪岩-变粒岩-片岩组合(Pt_2)
	苏南变质岩区	金山变质岩带	中元古代	长城纪	片岩-石英岩-大理岩组合(Pt_2)

一、华北变质域

省域范围内仅为华北陆块区南缘之一隅，钻孔揭示稳定盖层沉积岩之下有以片麻岩类、混合岩类、石英岩类为主的基底结晶岩系，将之归入鲁西变质岩区的鲁西-徐淮变质带，构造岩石组合划分为花岗片麻岩-角闪岩-石英岩组合（Ar_{3-4}）和斜长角闪岩-变粒岩-磁铁石英岩组合（Ar_{3-4}）两个构造岩石组合。

（一）花岗片麻岩-角闪岩-石英岩组合（Ar_{3-4}）

该组合分布于徐州丰沛地区，相当于泰山岩群变质岩，组成华北陆块的变质结晶基底，形成的岩石类型以黑云斜长片麻岩、斜长角闪岩、黑云变粒岩为主，并夹有角闪变粒岩、透闪阳起片岩、变质砾岩和石榴石英岩等，变质时代为新太古代，其岩石经历了中—深变质作用的改造，总体上属高绿片岩相-低角闪岩相。原岩可能为一套基性火山岩及细粒火山碎屑岩夹粉砂级的碎屑岩建造。

（二）斜长角闪岩-变粒岩-磁铁石英岩组合（Ar_{3-4}）

该组合分布于徐州丰沛地区，与泰山岩群山草峪组变质岩相当，岩石类型有斜长角闪岩、黑云变粒岩、透闪阳起片岩、变质砾岩和石英岩等，变质时代仍为新太古代，属低角闪岩相。原岩主要为粉砂级的碎屑岩，其组成岩石中的石英岩中多含磁铁矿，是区域鞍山式变质铁矿的成矿母岩。

二、苏鲁-大别变质域

该变质域系秦祁昆造山系东延部分的苏鲁高压—超高压变质岩区，位于郯庐断裂以东，响水口-淮阴断裂以北，是省域内主要变质岩分布区，由苏北-胶南超变压变质岩带、连云港-泗洪高压变质岩带两个部分组成。区内变质岩石主要由新太古代—古元古代东海杂岩、中元古界锦屏岩群、新元古界云台岩群等变质岩组成。东海杂岩以各种片麻岩为主，夹片岩、角闪岩、榴辉岩、变粒岩、浅粒岩、大理岩、石英岩等，变质相以低角闪岩相和高绿片岩相为主，部分地区达榴辉岩相、麻粒岩相。锦屏岩群为一套高绿片岩相区域变质岩，由各种片岩、变粒岩、大理岩、石英岩及磷灰岩组成，不同岩石常呈互层或渐变关系，其原岩主要为沉积碎屑岩和火山沉积岩。云台岩群主要为一套经历低绿片岩相变质的各种浅粒岩、变粒岩、片岩、石英岩组成，以浅粒岩、变粒岩为主，片岩、石英岩常呈薄层夹于其中，原岩复杂，有沉积的长石砂岩、黏土岩等，也有火山喷发的流纹岩类和过渡类型的层凝灰岩和凝灰质砂岩等。相应的构造岩石组合划分为变粒岩-浅粒岩-石英岩组合（Pt_3）、绿片岩-（云母）石英片岩-大理岩组合（Pt_2）、钾长花岗片麻岩-花岗片麻岩组合（Pt_1）、二长花岗片麻岩组合（Pt_1）、斜长角闪岩-榴辉岩组合（Pt_1）、变超基性岩-基性岩组合（Pt_1）、片岩-石英岩-大理岩组合（Ar_4—Pt_1）七个。

（一）片岩-石英岩-大理岩组合（Ar_4—Pt_1）

该组合与东海杂岩中的变质表壳岩相当，主要呈透镜状、似层状分布于东海杂岩主体片麻岩类之中，为局部有序、总体无序，甚至局部总体皆无序的非史密斯地层，为省域内形成时间最早的地质体。岩石类型主要由白云长石（石英）片岩、白云石英岩、白云变粒岩、黑云变粒岩、蓝晶石石英岩、榴辉岩、斜长角闪岩（摩天岭岩组）、透辉石白云质大理岩、透辉石石英岩、白云石英片岩、绿帘角闪片岩（演马厂岩组）、磁铁石英岩、长英质云母片岩、白云质大理岩、白云斜长变粒岩、黑云变粒岩（武强山岩组）等组成，原岩建造相当于基性火山岩-碎屑岩-铝质碎屑岩和碎屑岩-铁质硅质岩-碳酸盐岩建造。主要岩石类型如下。

1. 大理岩类

该岩类是武强山岩组的主要组成岩石，与石英岩、白云石英片岩呈互层状产出，岩性主要为白云质大理岩，少量透闪石白云质大理岩、含石英大理岩等。

白云质大理岩　风化面呈灰白色、褐白色，新鲜面纯白色，不等粒粒状变晶结构，块状构造。矿物主要为白云石（含量最多达 80%），其次为方解石、石英、透闪石、滑石等，矿物多沿优选方位或层理、片理定向排列，成层性良好。当岩石中局部石英含量增多时称含石英大理岩，透闪石增多且集中呈条带状分布时构成透闪石白云质大理岩。

据《连云港地区 1∶5 万区域地质调查报告》，本类岩石属副变质岩，其原岩为白云质灰岩或石灰岩，部分灰岩中含有较多的 SiO_2 或碎屑石英。

2. 石英岩类

该岩类在 3 个岩组中都有分布，分别与大理岩、白云石英片岩、白云钠长（石英）片岩、白云变粒岩共生，呈互层状顺层产出。按岩性可细分为石英岩、白云石英岩、蓝晶石石英岩、含蓝晶石白云石英岩、含磁铁石英岩等。

石英岩　呈透镜状或似层状顺层产出，乳黄色至灰白色，不等粒粒状变晶结构，变余砂状结构，块状构造或条带状构造。矿物主要为石英，少量磁铁矿、白云母、斜长石等。石英含量达 95%以上，呈不规则粒状或伸长粒状，边缘齿状或不规则港湾状紧密镶嵌分布，少数颗粒边缘平直，局部可见三连点，波状消光明显，可见较弱的定向排列；磁铁矿呈半自形粒状，不均匀分布于石英颗粒之间；白云母呈细小鳞片状，定向排列，有时相对集中构成条带，其含量多时岩性过渡较明显。

白云石英岩　似层状、透镜状顺层产出，灰白—灰黄色，不等粒粒状变晶结构或不等粒鳞片粒状变晶结构，弱片状构造、条带状构造或块状构造。矿物组成主要为石英（70%～90%）、白云母（5%～20%），次要矿物有绿帘石、钠长石、磁铁矿、榍石等。石英多呈伸长粒状、拉丝状，粒径小于 0.5mm×1.5mm，个别可达 2.5mm，边缘齿状、不规则港湾状为主，波状消光强烈，定向明显；白云母呈细小的鳞片状，定向排列，局部相对集中构成白云母条带。当白云母含量增多时向白云石英片岩过渡。

蓝晶石石英岩和含蓝晶石白云石英岩　呈似层状、层状或透镜状分布，风化面呈灰白—灰红色，新鲜面呈白—浅蓝色，不等粒粒状变晶结构、鳞片粒状变晶结构、块状构造、条带状构造。组成矿物主要为石英（70%～90%）、蓝晶石（8%～25%），少量白云母、绿帘石、磁铁矿、金红石、榍石、磷灰石等。石英呈不规则粒状或伸长粒状，齿状镶嵌，部分边界较平直，粒径小于 0.8mm×1.3mm，部分可大于 2mm，波状消光，弱定向排列；蓝晶石呈板柱状、不规则粒状，粒径小于 2mm，个别可达 4～5mm，不均匀团块状、条带状分布，常含有较多的包裹体；白云母呈细小鳞片状，定向较明显，含量变化大（1%～15%），其含量多时可命名含蓝晶石白云石英岩。

含磁铁石英岩　是武强山岩组的特征岩石之一。该岩石主要由石英及磁铁矿组成，磁铁矿含量较高，达 5%～20%，局部达 30%以上，且石英与磁铁矿相对分别集中形成条带，平行相间分布。

从表 5-3 可知，石英岩类岩化特征差异变化较大，其中，石英岩以高硅为特征，$SiO_2>95\%$，成分较纯。白云石英岩亦以高硅为特征，SiO_2 在 80%～90%之间，含一定的 Al_2O_3（9.94%）、K_2O（2.85%）。含蓝晶石石英岩及含蓝晶石白云石英岩则以高硅、高铝为特征，SiO_2 含量为 79.50%～81.30%，Al_2O_3 含量为 16.4%～17.30%，其他组分较少，且 SiO_2 与 Al_2O_3 存在此消彼长的关系。

石英岩类一般呈层状、似层状、透镜状产出，岩石中见变余层理（S_0），镜下可见变余砂状结构，且共生岩石中见变余粒序结构，皆反映了沉积岩的特征；与石英岩类共生的岩石主要为大理岩、片岩类、白云变粒岩等，岩石组合特征亦反映了变质沉积岩石的组合。且据石英岩类的化学成分，在 $K-A$ 相关图解中（图 5-1），均投入沉积岩区的泥质粉砂质岩亚区，故将该岩石恢复为副变质岩。其中，部分石英岩类由于含一定的化学沉积的铁质和铝质，且与大理岩类共生，其原岩可恢复为化学沉积成因的硅质岩；另一部分由于岩石中尚残余砂状结构且与其共生岩石中亦有残余的粒序构造，其原岩应为碎屑沉积的砂质岩石。

表 5-3　东海岩群变质岩岩石化学成分表

类型		序号	样号	岩石名称	氧化物及其含量(%)													
					SiO_2	TiO_2	Al_2O_3	Fe_2O_3	FeO	MnO	MgO	CaO	Na_2O	K_2O	P_2O_5	H_2O	烧失量	总量
表壳岩类	虎山岩组	1	Z1	石英岩	95.40	0.15	2.88		0.00	0.03	0.19	0.12	0.14	0.70	0.02		0.58	100.21
		2	Z3	白云石英岩	87.20	0.16	7.78	0.12	0.75	0.02	0.11	0.03	0.24	2.44	0.00		0.96	99.81
		3	Z4	白云石英岩	83.80	0.16	9.94	0.27	1.04	0.02	0.25	0.20	0.14	2.85	0.02	1.45	0.10	98.79
		4	Z7	蓝晶石英岩	81.30	0.48	16.70	0.38	0.70		0.03	0.17	0.08	0.08	0.04		0.17	100.13
		5	Z8	蓝晶石英岩	79.50	0.65	17.30	0.31	0.34		0.13	0.07	0.27	1.05	0.05	0.75	0.08	99.75
		6	SD389-2	含蓝晶石白云石英岩	80.10	0.61	16.40	0.30	0.28	0.01	0.08	0.08	0.21	0.90	0.05	0.92		99.02
		7	SD389-3	蓝晶白云石英岩	79.50	0.65	17.30	0.31	0.34		0.13	0.07	0.27	1.05	0.03	0.75		99.65
	摩天岭岩组	8	DP5-1b	白云钠长石英片岩	81.90	0.15	10.89	0.88	0.19	0.02	0.15	0.09	0.14	3.35	0.01	1.48	1.61	99.38
		9	DP5-2b	白云钠长片岩	75.18	0.25	13.31	0.77	0.41	0.06	0.24	0.24	3.17	5.40	0.02	0.74	0.93	99.98
		10	DMT1-1b	钠长石英片岩	85.12	0.20	7.69	0.66	0.24	0.01	0.18	0.04	0.18	5.66	0.02	0.44	0.50	100.50
		11	DMT5-1b	白云石英岩	89.38	0.11	5.01	0.93	0.15	0.02	0.10	0.06	0.13	3.36	0.02	0.42	0.52	99.79
		12	MTPⅠ1-1b	白云钠长石英片岩	84.62	0.17	7.80	0.81	0.19	0.03	0.21	0.12	0.35	5.20	0.01	0.82	0.84	100.35
		13	MTPⅠ3-1b	白云钠长石英片岩	84.56	0.21	8.45	0.65	0.21	0.01	0.22	0.08	1.88	3.28	0.01	0.54	0.69	100.26
		14	MTPⅠ4-1b	白云变粒岩	84.30	0.20	8.40	0.49	0.24	0.01	0.21	0.06	0.27	5.27	0.02	0.52	0.74	100.21
		15	MTPⅢ1-1b	白云斜长片麻岩	78.40	0.20	11.91	1.04	0.36	0.03	0.34	0.14	2.57	4.03	0.01	0.98	1.23	100.26
		16	MTPⅢ2-1b	白云钠长石英片岩	87.76	0.13	6.30	0.69	0.18	0.01	0.13	0.06	0.54	3.39	0.01	0.46	0.63	99.83
		17	MTPⅢ5-1b	黑云片岩	44.36	1.73	17.82	13.89	0.07	0.11	4.79	4.11	1.64	0.92	0.13	8.91	10.80	100.37
		18	MTPⅣ1-1b	钠长石英片岩	79.94	0.32	10.34	1.33	0.44	0.03	0.50	0.24	0.33	5.31	0.03	1.31	1.46	100.26
		19	SPDH002	片状白云石英岩	83.80	0.16	9.94	0.27	1.04	0.02	0.25	0.20	0.14	2.85	0.02	1.45		98.69
		20	SPDH008	含白云母钾长浅粒岩	78.90	0.24	9.56	0.94	0.88	0.02	0.08	0.05	0.18	7.47		0.62		98.32
		21	SPDH009	白云变粒岩	83.60	0.19	7.55	0.32	0.14	0.01	1.30	0.07	0.23	5.90		0.61		99.31
		22	Z11	白云石英片岩	73.70	0.37	13.10	0.97	0.68	0.02	0.26	0.06	0.30	9.28	0.02		0.90	99.66

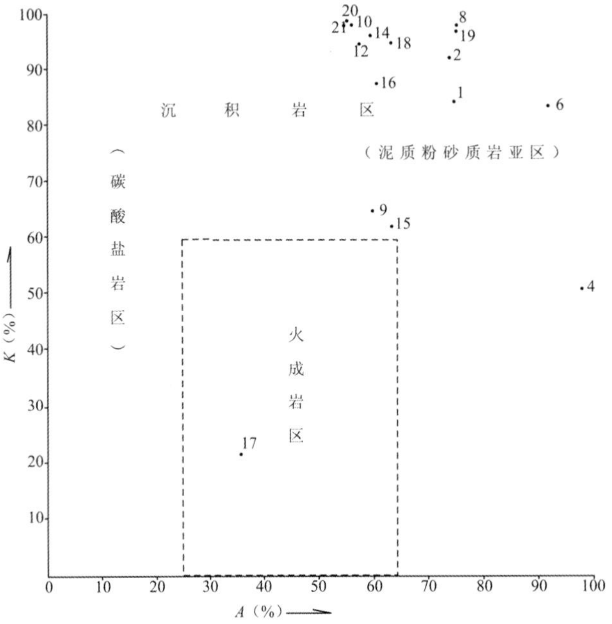

图 5-1　变质表壳岩 $K-A$ 相关图解

3. 片岩类

该岩类一般规模较小，但分布较为广泛，在区内 3 个岩组中都有分布，且是摩天岭岩组的主要组成岩石，一般与石英岩及大理岩共生。

白云石英片岩　岩石呈灰白—白色，鳞片粒状变晶结构，片状构造。矿物主要为石英（50%～65%）、白云母（20%～40%），另有数量不等的钠长石、绿帘石、磁铁矿、榍石、锆石等。长英质粒状矿物呈压扁的伸长粒状、拉丝状，粒径小于 0.7mm×1.2mm，定向排列明显，而白云母多呈大片状，片径可达 0.8mm×1.7mm，且相对集中，定向排列构成白云母成分条带。

白云钠长(石英)片岩　岩石呈灰白—灰黄色，鳞片粒状变晶结构，片状构造。矿物主要有钠长石（15%～40%）、石英（25%～50%）、白云母（20%～40%），另有少量钾长石、绿帘石、黑云母、磁铁矿及榍石；长英质矿物多呈压扁的伸长粒状、拉丝状、不规则粒状，粒径小于 0.4mm×1.1mm，沿长径定向排列明显；白云母呈鳞片状，粒径可达 0.5mm×1.5mm，且相对集中构成白云母成分条带。

白云片岩　呈灰白—白色，鳞片变晶结构，片状构造。组成矿物主要为白云母，含量可达 90%以上，含有少量长石、石英；白云母呈鳞片状，片径较大，达 1.5mm×3mm，定向性极强；长英质矿物呈伸长粒状、拉丝状，粒径小于 0.3mm×0.6mm，不均匀嵌布于云母矿物之间，且相对集中，成断续的条带。

黑云片岩　灰黑—黑色，鳞片变晶结构，片状构造。组成矿物主要为黑云母，含量可达 65%～85%，次有绿帘石、长石、褐铁矿等，岩石蚀变强烈。黑云母呈鳞片状，片径小于 0.3mm×0.7mm，定向性较强，绿帘石呈半自形粒状，不均匀分布。

本类岩石除黑云片岩成分差异显著外，浅色片岩类的化学成分（表 5－3）皆显示了沉积岩的岩化特征，Fe_2O_3>FeO，K_2O>Na_2O，SiO_2 含量较高；一般地，从白云钠长片岩→白云钠长石英片岩→白云石英(片)岩，岩石化学成分显示为 SiO_2 含量增加，Al_2O_3 含量降低，两者互为消长关系明显，再逐渐过渡为石英岩类，化学成分与岩石类型之间表现为明显的相关和过渡。空间上，摩天岭岩组亦是由以上岩石相间互层构成，其化学成分的变化特征可能显示有韵律构造残余。黑云片岩中 Fe_2O_3 含量高达 13.89%，而 FeO 仅 0.07%，反映了岩石在地表风化作用过程被强烈氧化，这与岩石多呈黏土状的特征一致，也说明了岩石化学成分可能经历过较明显的变质改造和风化迁移，但其总的低硅（SiO_2 仅 44.36%）、低碱，高 Al_2O_3，高铁镁的特征，与基性岩类化学成分相似。

本类岩石的稀土元素地球化学特征亦显示为明显的沉积岩石特征，其稀土总量（∑REE）为 $(86.37～154.03)\times10^{-6}$，是球粒陨石的 17～30 倍，轻重稀土比值为 1.33～4.74，轻稀土相对富集，且 Sm/Nd 较低，为 0.19～0.23，属轻稀土富集型。δEu 为 0.44～0.88，反映岩石中存在一定程度的 Eu 亏损。稀土元素分布形式皆为左高右低的“L”形。

根据片岩类主要与石英岩类、大理岩类呈互层状共生，且岩石中发现有变余的沉积岩结构构造，其原岩应为沉积岩石无疑；根据片岩类岩石化学成分，在 $K-A$ 相关图解中（图 5－1），大多投入沉积岩区的泥质粉砂岩亚区，仅 17 号黑云片岩投入在火成岩区，考虑岩石共生组合，其原岩应相当于长石砂岩或杂砂岩。而对于黑云片岩，根据其呈脉状产出于变质表壳岩之中，且其化学成分类似于基性岩类，故其原岩应为基性岩脉，具体岩性难以准确恢复，据化学成分大致相当于辉长岩类。

4. 变粒岩类

该岩类主要为白云变粒岩，少量黑云变粒岩，在东海岩群 3 个岩组中都有少量分布，呈透镜状、似层状与石英岩和片岩类共生。

白云变粒岩　呈灰白—灰色，鳞片粒状变晶结构，弱片状构造或块状构造。矿物主要为石英（30%～40%）、长石（45%～65%）、白云母（5%～15%），少量绿帘石、磁铁矿。该岩石矿物粒度普遍细小，长英质呈伸长粒状，不规则粒状，粒径小于 0.3mm×0.5mm，白云母呈细小鳞片粒状，粒径小于 0.2mm×0.5mm。片粒状矿物均有方向性排列，岩石薄片中可见较清楚残余粒序构造。

白云变粒岩的岩石化学成分亦显示沉积特征（表 5－3），K_2O>NaO，Fe_2O_3>FeO，一般 SiO_2 含量小于85%(83.6%～84.3%)，Al_2O_3 含量小于10%(7.55%～8.40%)，K_2O 含量大于5%(5.27%～5.90%)。

根据本岩石与前述副变质成因的石英岩、片岩共生，且岩石中尚可见残余粒序构造，其属副变质岩应无疑问。在 $K-A$ 相关图解(图5-1)中该岩石皆投点于沉积岩区泥质粉砂岩亚区，在($Al_2O_3+TiO_2$)-(SiO_2+K_2O)-Σ(其余组分)判别图解中皆投点于长石砂岩区。结合其结构构造特征，其原岩可能为泥质粉砂岩或粉细砂岩。

(二)变超基性岩-基性岩组合(Pt_1)

该组合与呈透镜状、脉状、不规则状混杂于东海杂岩片麻岩之中的变质超基性—基性岩相当，主要岩石类型有纯橄岩、斜辉橄榄岩、单斜橄榄岩、二辉橄榄岩、石榴石二辉岩、石榴石橄榄二辉岩、角闪透辉石岩、石榴石辉石岩、透辉石岩等，原岩为一套超基性岩-基性岩建造。

1. 超镁铁质岩

该岩类仅分布于东海县芝麻坊、许沟等地，地表罕见，多被1～3m厚的第四纪沉积物覆盖，在岗尚等地根据航磁异常特征及钻探资料也确定有超镁铁质岩分布。据矿产普查资料，超镁铁质岩体呈不规则透镜状、扁豆状，长度大于900m，厚70～170m，延深大于400m，向上有分支，总体呈北北东向展布，顶板呈波浪状起伏，围岩为东海杂岩中的片麻岩类，两者呈冷侵位接触关系，且经韧性剪切作用改造。超镁铁质岩体的产状与片麻岩中构造面一致。岩体的主要岩性有二辉橄榄岩、含辉纯橄岩及斜辉橄榄岩，以前两者为主。

二辉橄榄岩 暗绿—灰绿色，半自形粒状结构、似斑状结构，块状构造。矿物成分主要为橄榄石(80%～85%)、斜方辉石(6%～8%)、镁铝榴石(3%～4%)，次有少量金云母、蛇纹石、绿泥石、滑石、透闪石、尖晶石、碳酸盐矿物等。

含辉纯橄岩 黑—暗灰色，半自形粒状结构，块状构造。组成矿物主要为橄榄石(>90%)，次有含量不等的斜方辉石(2%～3%)、金云母、蛇纹石、绿泥石、滑石、透闪石、尖晶石等。

超镁铁质岩普遍遭受强烈蚀变作用，其中以蛇纹石化为主，次要有透闪石化、滑石化、绿泥石化、碳酸盐化，且有蚀变分带现象，越靠近岩体边部蚀变越强，局部已改造成蛇纹岩。

多数超镁铁质岩体由上述岩石成层相间构成复合岩体，岩石以相对富Mg、贫Si，及亏损易熔组分Al、Ca、Na、Ti为特征(表5-4)，镁铁比值(m/f)大于9，属镁质超基性岩。据黄堂发(1990)和樊金涛(1996)的研究，该类超基性岩形成于上地幔，是弱亏损的残余地幔岩石，经分异局部熔融、交代、变质变形的演化过程，由构造侵位于片麻岩之中。

表5-4 超镁铁质变质岩类岩石化学成分表

类型	序号	样号	岩石名称	氧化物及其含量(%)													
				SiO_2	TiO_2	Al_2O_3	Fe_2O_3	FeO	MnO	MgO	CaO	Na_2O	K_2O	P_2O_5	H_2O	烧失量	总量
变辉长岩类	1	D0059-1b	含绿帘黑云角闪片岩	53.30	1.41	15.00	1.47	8.35	0.26	5.09	5.38	4.84	3.68	0.04	1.14	0.75	99.57
	2	D0059-2b	辉长岩	46.30	1.79	15.30	2.03	11.00	0.19	6.42	8.83	3.76	2.88	0.22	1.28	0.71	99.43
	3	Y005	变辉长岩	45.80	1.89	14.90	1.86	11.10		6.32	9.24	3.44	2.71	0.15	1.36	2.05	99.46
	4	SNO.4	角闪黑云片岩	57.00	1.28	13.00	3.41	5.84	0.41	3.16	4.70	5.33	5.44	0.02	0.82		99.59
	5	SNO.5	黑云变粒岩	49.40	1.50	13.60	8.61	4.20	0.31	5.16	8.00	3.75	3.29	0.03	2.03		97.85
	6	SNO.6	绿帘角闪黑云片岩	58.40	0.87	14.00	4.30	2.82	0.22	4.18	2.22	4.66	5.54	0.08	2.75		97.29
	7	SNO.7	变角闪辉石岩	46.40	1.83	14.60	1.66	11.80	0.23	6.20	10.30	3.78	1.74	0.08	0.81		98.62
超基性岩	8	Z19	石榴石二辉橄榄岩	41.50	0.11	2.19	0.47	7.88	0.13	42.80	1.50	0.12	0.13	1.53	0.51	0.43	98.79
	9	Z21	石榴石二辉橄榄岩	41.80	0.01	2.24	1.00	6.97	0.08	43.10	1.49	0.12	0.15	1.50			98.46

2. 变辉长岩

该岩类仅分布于牛山采石坑中，呈杆状、透镜状或椭圆形的暗色体分布于含黑云角闪二长片麻岩（牛山片麻岩）之中，与片麻岩之间为韧性剪切接触。总体产状与围岩片麻理一致，如其杆状体长轴方向与片麻岩中拉伸线理相同，透镜体或椭圆形长轴面产状平行于片麻理，其围岩片麻理绕之弯曲与界面一致，且其顶端易形成空隙，有后期伟晶质角闪石或长英质脉状团块贯入，形成类似微观的拖尾构造。空间上多个暗色体断续分布，总体呈脉状，其原始接触关系可能为脉状侵入接触。暗色体中心变形相对较弱，片理不甚发育，边部片理发育，退变强烈，相应的岩性可分为变辉长岩（中部）、（含绿帘）黑云角闪片岩（边部）。

变辉长岩 灰黑—黑色，中粗粒粒状变晶结构、变余辉长结构，弱片麻状构造、块状构造。组成矿物主要为斜长石（25%～45%）、辉石（15%～30%）、角闪石（25%～40%）、黑云母（5%～15%），此外，尚有少量石榴石（1%～2%）、绿帘石、方解石、榍石等。岩石粒径变化较大，辉石粒径一般为1～5mm，部分粗大斑晶，粒径可达2cm，多已退变为角闪石、黑云母；长石多为钠长石，粒径为2～4mm，半自形至他形粒状、板柱状，边界较平直，后期重结晶作用明显。暗色矿物与斜长石相对聚集，构成相对单纯的成分团块，类似于辉长结构的残余。

（含绿帘）黑云角闪片石 灰黑—黑色，中粗粒粒状变晶结构、变斑状结构，片状构造或片麻状构造。组成矿物与变辉长岩一致，但成分变化更大，以黑云母（25%～50%）、角闪石（15%～40%）、斜长石（15%～35%）为主，绿帘石（1%～10%）、辉石、石榴石、方解石少量。岩石中矿物多为他形或半自形粒状、板柱状、片状，定向排列明显，且暗色矿物与斜长石相对聚集，呈团块状、条带状相间分布。

据表5-4中7个变辉长岩类岩化资料统计，该岩类化学成分与世界辉长岩类平均成分相当，其SiO_2为45.8%～58.40%，平均50.94%；Al_2O_3为13.0%～15.30%，平均14.34%；Fe_2O_3为1.47%～8.61%，平均3.34%；FeO为2.82%～11.80%，平均7.87%；MgO为1.74%～5.44%，平均3.61%。由表5-4可知，该类岩石中变辉长岩与含绿帘黑云角闪片岩成分差异明显，3个变辉长岩的平均成分与中国辉长岩成分基本相当，而含绿帘黑云角闪岩中SiO_2、Na_2O明显增加，Al_2O_3、TFeO、MgO、CaO都相对减少，这种成分的变化可能是与变辉岩类在变质变形过程中成分分异或交代作用有关，但其主要因素更应该是由于接触带附近有酸性片麻岩成分的交代混染所致。

变辉长岩体呈杆状、肠状、透镜状分布于片麻岩之中，断续分布的岩体整体上呈脉状分布，接触关系为侵入接触经韧性剪切变形改造，且岩石中见变余辉长结构，反映了岩浆成因的特征；变辉长岩类在尼格里四面体图解上，投影点均落入火成岩区，在$K-A$相关图解中亦落入火成岩区，故其原岩恢复成基性脉岩较合适，据其化学成分特征及变余结构判断，原岩类型可能为辉长岩。

（三）斜长角闪岩-榴辉岩组合（Pt_1）

该组合是苏鲁超高压变质带中重要的特征性高压—超高压变质岩石组合，呈透镜状、脉状、不规则状混杂于东海杂岩的片麻岩之中，以含金刚石、柯石英等超高压特征变质矿物为显著特征，主要岩石类型有含微粒金刚石榴辉（闪）岩、含柯石英榴辉（闪）岩、含金红石榴辉（闪）石、石英榴辉（闪）岩、榴辉岩、斜长角闪岩、角闪岩、黑云角闪岩、绿帘斜长角闪岩、黑云斜长变粒岩、黑云变粒岩等，原岩主要为一套中基性火山岩-拉斑玄武岩建造。

1. 榴辉岩类

苏鲁超高压变质带中榴辉岩分布广泛，已发现大小榴辉岩体200余个，在空间上，榴辉岩成群成带，总体以北东向展布。一般呈透镜状、似层状产出，部分以扁豆状、纺锤状、不规则脉状、肠状产出，形态复杂多样。大小悬殊，大者如青龙山-虎山地区榴辉岩体长达3600余米，宽500～1000m，小者如部分露头上的榴辉岩体仅数厘米至数十厘米。榴辉岩体的长宽比一般为（3∶1）～（10∶1），少数达20∶1，其长轴方向与围岩片麻理一致。榴辉岩与围岩的界面清楚，部分为成分突变，但多数情况下两者之间有斜长角闪(片)岩和黑云变粒岩存在,界面产状与围岩的片麻理及榴辉岩本身的片麻理(或剪切面理)协调一致,表现为顺层的韧性剪切接触。另外,经磁法推断及钻探证实,榴辉岩体均为规模不等的无根地质体。

区域上榴辉岩体的产状有3类:第一类为产于片麻岩中的榴辉岩,是区域上最主要的榴辉岩类型,一般呈透镜状产出,规模亦较大,围岩为各类片麻岩岩石;第二类为产于层状变质表壳岩之中的榴辉岩,仅分布于虎山、青湖等地,呈似层状、透镜状与蓝晶石石英岩或大理岩共生,一般规模较小,与表壳岩岩石一起褶皱变形;第三类为产于超基性岩中的榴辉岩,仅见于芝麻坊等地的超基性岩中,呈脉状、透镜状、扁豆状分布于超基性岩中,规模更小,分布更为局限。

依据退变质作用程度的不同,榴辉岩类可分为榴辉岩和榴闪岩两大类;依据剪切变形强度和结构构造的差异,榴辉岩类可分成块状榴辉岩、条带状榴辉岩和片麻状榴辉(闪)岩;而依据榴辉岩中特征变质矿物的不同,榴辉岩类又可以细分为含石英榴辉岩、含蓝晶石榴辉岩、含绿帘石榴辉(闪)岩、(含)白云母榴辉(闪)岩、普通榴辉(闪)岩等。

含白云母榴辉(闪)岩 灰绿—黑绿色,柱粒状变晶结构、鳞片粒状变晶结构,以片麻状构造为主,次有条带状构造,局部块状构造。组成矿物有:石榴石,自形粒状或浑圆粒状,粒径0.1～0.5mm,含量20%～55%;绿辉石,不规则板柱状或浑圆粒状,粒径0.5～1.5mm,含量10%～50%;角闪石(次闪石),他形板柱状或伸长粒状、放射状集合体,粒径0.2～2mm,含量5%～40%;多硅白云母,片状或板柱状,片径0.5～2mm,含量5%～15%。另有少量石英、绿帘石、黝帘石、金红石等。

含绿帘石榴闪(辉)岩 灰绿—黑绿色,柱粒状变晶结构、包含变晶结构、斑杂状变晶结构,以条带状构造为主,局部片麻状构造或块状构造。组成矿物有:石榴石,半自形—他形粒状,粒径0.4～1.5mm,含量25%～40%;绿辉石,不规则柱粒状或他形粒状,粒径1～2mm,含量20%～40%;角闪石(次闪石),半自形板柱状或伸长粒状,粒径1～3mm,含量10%～35%;绿帘石,自形—他形的长柱状,粒径1～3mm,个别可成2cm的巨晶,含量10%～20%。另有少量多硅白云母、石英、钠长石、金红石等。

含石英榴辉岩 灰绿色夹红棕色条带,柱粒状变晶结构、斑杂状变晶结构,以块状构造为主,部分条带状构造。组成矿物主要有:石榴石,自形粒状或等轴粒状,粒径0.2～1mm,含量30%～55%;绿辉石,板柱状或伸长粒状,粒径小于2mm,含量20%～45%;石英,不规则粒状或压扁粒状,多呈集合体,粒径0.3～1mm,集合体可达1cm以上,含量15%～30%;次有少量绿帘石、次闪石、金红石、多硅白云母等。岩石中剪切变形相对微弱,主要为块状岩石,但局部石榴石与绿辉石相对聚集形成成分条带,个别岩石中可见石英条带。

含蓝晶石榴辉(闪)岩 灰绿色或绿色夹红色条带,柱粒状变晶结构、包含变晶结构,以条带状构造为主,局部块状构造或片麻状构造。组成矿物有:石榴石,自形粒状或浑圆粒状,粒径0.3～0.8mm,含量25%～45%;绿辉石,板柱状或伸长粒状,粒径0.5～1.5mm,含量30%～55%;角闪石(次闪石),板柱状或放射状集合体,粒径0.1～2mm,含量15%～35%;蓝晶石,板柱状或他形粒状,粒径0.2～3mm,个别可形成大于1cm的巨晶,含量3%～10%;另有少量石英、黝帘石、绿帘石、金红石等。

普通榴辉(闪)岩 灰绿色或红绿色相杂,柱粒状变晶结构,以条带状、片麻状构造为主,局部有块状构造。组成矿物有:石榴石,较自形粒状或浑圆粒状,粒径0.3～2mm,含量30%～50%;绿辉石,柱状或板柱状,伸长粒状,粒径0.5～3mm,含量20%～45%;角闪石(次闪石),半自形板柱状或不规则放射状集合体,粒径0.1～1.5mm,含量5%～30%;另有少量石英、多硅白云母、绿帘石、黝帘石、金红石、榍石等。

由表5-5可知,榴辉岩类化学成分变化很大。仅从SiO_2含量分析,22个样品中有两个小于45%,相当于超基性岩类,占总数的9.1%;各有一个大于53%和66%,分别相当于中、酸性岩类,各占总数的4.5%;但大部分样品(18个)SiO_2含量在45%～53%之间,与基性岩类相当,占81.8%。22个样品的平均岩石化学成分为:SiO_2 49.82%、TiO_2 1.56%、Al_2O_3 16.72%、Fe_2O_3 3.90%、FeO 8.60%、MnO 0.23%、MgO 5.07%、CaO 8.95%、Na_2O 3.00%、K_2O 0.35%,与利曼特瑞(1976)给出的世界玄武岩岩石化学成分相比,SiO_2、Al_2O_3、TFeO、Na_2O都略高,MgO、CaO、K_2O、TiO_2偏低;与其世界辉长岩岩石

表 5-5　榴辉岩类变质岩岩石化学成分表

类型	序号	样号	岩石名称	氧化物及其含量(%)													
				SiO_2	TiO_2	Al_2O_3	Fe_2O_3	FeO	MnO	MgO	CaO	Na_2O	K_2O	P_2O_5	H_2O	烧失量	总量
榴辉岩类	23	D0387-1b	榴闪岩	48.40	1.61	17.50	2.64	7.60	0.19	7.48	8.01	3.56	0.56	0.42	2.18	1.78	99.75
	24	D0406-2b	榴辉岩	44.60	2.54	14.50	3.80	14.90	0.21	5.96	10.20	2.76	0.10	0.09	0.56		99.66
	25	DP20-1b	榴辉岩	48.40	0.99	16.21	1.46	8.75	0.13	7.77	10.60	3.05	0.57	0.19	0.24	1.40	99.52
	26	HP39-1b	榴辉岩	49.80	1.47	17.10	3.04	8.10	0.17	5.32	11.40	2.30	0.09	0.47	0.60	0.53	99.79
	27	HP39-2b	榴辉岩	51.10	1.72	15.90	6.47	7.20	0.20	3.54	9.46	2.60	0.11	0.47	1.07	0.77	99.54
	28	TP3-1b	榴辉岩	56.46	1.33	15.06	5.58	3.59	0.26	3.01	6.95	4.74	0.40	0.47	1.72	1.92	99.77
	29	ZP14-1b	榴辉岩	50.72	3.94	14.37	4.13	10.60	0.23	4.03	6.21	3.33	0.52	0.31	1.39	1.86	100.25
	30	ZP28-1b	榴辉岩	45.54	2.32	16.72	1.93	12.76	0.23	5.16	10.65	2.62	0.07	1.24	0.08	1.51	100.75
	31	补 H001-1b	榴辉岩	46.31	2.59	15.78	3.38	13.08	0.28	5.18	7.84	2.85	0.04	0.34	0.88		97.67
	32	SD342-4	榴辉岩	52.00	1.18	15.20	5.55	5.96	0.24	4.14	8.30	4.57	0.73	0.23	1.60		98.10
	33	SD390-1	榴辉岩	52.40	1.17	17.70	2.20	8.30	0.16	4.10	10.70	2.27	0.04	0.33	0.58		99.37
	34	SD391-2	含绿帘白云榴辉岩	47.40	1.10	17.90	5.12	6.26	0.18	7.50	8.96	2.90	0.81	0.50	0.85		98.63
	35	SD391-6	榴辉岩	50.80	1.48	16.20	5.66	7.88	0.20	4.18	8.33	3.04	0.12	0.44	0.58		98.33
	36	SD391-7	含角闪榴辉岩	43.40	1.49	19.20	5.71	7.50	0.41	6.10	12.30	2.05	0.21	0.63	0.96		99.00
	37	SD391-13	条带状榴辉岩	46.30	1.64	17.70	5.07	10.20	0.33	4.59	7.44	3.62	1.16	0.60	0.97		98.65
	38	SD391-14	块状榴辉岩	53.90	1.31	16.70	4.55	7.28	0.23	3.28	7.50	3.68	0.38	0.43	0.50		99.24
	39	SD391-15	白云母榴辉岩	47.90	1.35	18.20	7.04	5.92	0.16	3.57	9.12	4.34	0.61	0.50	0.87		98.71
	40	SD391-16	条带状榴辉岩	67.10	0.72	13.30	3.64	4.12	0.15	1.70	4.16	3.16	0.51	0.31	0.84		98.87
	41	SPDH001	榴辉岩	49.60	1.20	16.80	2.74	9.68	0.22	5.52	8.90	4.16	0.22	0.08	0.60		99.12
	42	Z16	榴辉岩	46.90	1.20	19.00	4.30	6.49	0.20	7.00	11.40	2.15	0.00	0.03	0.55	0.05	98.72
	43	Z17	榴辉岩	52.00	1.00	16.00	0.00	14.00	0.32	5.00	7.90	1.30	0.20	1.02	0.31	0.08	98.82
	44	Z18	榴辉岩	45.00	0.92	20.80	1.75	8.93	0.40	7.41	10.60	2.05	0.20	0.24			98.30
斜长角闪岩类	45	D0332-3b	斜长角闪岩	56.20	0.24	11.60	2.42	5.95	0.06	6.85	9.67	5.17	0.47	0.26	0.88	0.55	99.44
	46	HP23-1b	斜长角闪岩	46.78	0.78	17.35	5.76	4.27	0.18	6.34	10.25	2.45	0.52	0.20	4.23	4.63	99.51
	47	Y003	石榴斜长角闪岩	48.50	4.42	14.00	3.56	11.10		4.41	8.52	3.17	0.41	0.28	0.91	1.92	100.29
	48	Y016	斜长角闪岩	49.80	1.60	16.00	3.71	7.10	0.16	5.62	8.73	3.79	0.78	0.34	1.58		97.63
	49	SPDH003	斜长角闪岩	53.00	1.45	15.40	2.79	7.06	0.15	4.79	8.60	3.80	0.74	0.21	1.20		97.99
	50	SD35-2	绿帘斜长角闪岩	56.00	1.45	13.40	7.36	4.17	0.34	2.11	6.65	1.93	3.42				96.83
黑云变粒岩类	51	D0332-2b	黑云变粒岩	46.50	1.87	17.00	3.53	7.55	0.32	4.70	5.81	2.38	7.26	0.85	1.79	2.17	99.94
	52	DP3-1b	黑云变粒岩	67.78	0.74	14.15	4.68	0.21	0.12	1.57	2.48	3.20	2.70	0.31	2.23	2.36	100.30
	53	FP6	黑云变粒岩	48.58	1.23	16.18	3.76	6.71	0.20	5.74	8.27	3.18	4.16	0.19	1.22	1.78	99.98
	54	HP15-1b	黑云变粒岩	57.82	0.94	13.31	4.53	2.75	0.26	4.39	8.21	3.37	2.34	0.19	1.34	1.77	99.88
	55	HP35-1b	黑云变粒岩	54.10	1.84	16.55	9.02	0.38	0.25	2.39	4.43	3.79	1.36	0.98	4.83	5.01	100.10
	56	MP8-1b	黑云变粒岩	54.40	1.31	15.96	7.89	0.41	0.37	2.97	2.71	3.18	7.61	0.80	2.17	2.55	100.16
	57	TP9-2b	黑云变粒岩	50.36	0.98	17.18	9.34	0.48	0.26	3.50	5.98	3.27	4.37	0.22	3.87	4.17	100.11
	58	Y007	角闪黑云片岩	47.40	1.74	14.60	4.20	8.54	0.00	4.93	9.03	3.49	3.36	0.45	1.54	2.08	99.82
	59	Y015	黑云变粒岩	65.40	0.87	13.50	5.84	1.16	0.11	1.41	2.94	3.65	2.18	0.22	1.61		97.28
	60	SPDH013	含绿帘黑云变粒岩	63.60	0.73	14.20	3.26	3.00	0.13	1.90	3.46	3.73	3.56	0.20	1.04		97.77
	61	SPDH014	绿帘黑云角闪变粒岩	47.10	1.70	14.30	5.04	8.08	0.23	6.00	8.05	3.58	2.60	0.29	1.77		96.97

化学成分相比，则 Al_2O_3、TFeO、Na_2O 仍偏高，而 SiO_2 却略低；MgO、CaO、K_2O 仍偏低，而 TiO_2 却略高，但其总的岩石化学成分特征与世界玄武岩更接近。

从表 5-5 中还可看出，随着 SiO_2 含量的增加，大多数组分（TiO_2、Al_2O_3、TFeO、MnO、MgO）都呈下降的趋势，仅 NaO_2、K_2O 的变化呈上升趋势。

区域榴辉岩的稀土元素含量如表 5-6 所示，其分布形式如图 5-2 所示，从图 5-2 中可以明显将区内榴辉岩依稀土元素分为两类。

A 类：其稀土元素总量低，$\sum REE < 100 \times 10^{-6}$，$\sum LREE/\sum HREE$ 比值<1，La/Yb<2.5，反映其轻重稀土基本未分馏或弱分馏；Sm/Nd 比值较高（平均 0.31），说明其既不属轻稀土富集型，亦非重稀土富集型；δEu 为 0.86～1.02，Eu 异常微弱，其稀土分布曲线为近于水平的直线，与岛弧拉斑玄武岩稀土元素组成特征相似。

B 类：其稀土元素总量较高，$\sum REE$ 都大于 100×10^{-6}，最高达 254.48×10^{-6}，$\sum LREE/\sum HREE$ 比值为 1.69～3.89，La/Yb 为 4.84～15.50，反映轻重稀土分馏明显；Sm/Nd 为 0.20～0.26，反映为轻稀土富集型；δEu 为 0.82～1.15，Eu 异常较小，其稀土元素分布曲线呈向右单向倾斜的斜线型，与 E 型洋脊拉斑玄武岩的稀土组成特征相似。

区内榴辉岩以 B 类为主。

区内榴辉岩的产出环境有 3 类，其空间分布分别与片麻岩、变质表壳岩、超镁铁质岩有关，多呈规模不大的透镜状、似层状体分布，与围岩界线多为韧性剪切构造，局部面理、线理产状一致，以上特征反映了区内榴辉岩类型复杂，形成环境亦可能相差很大；尽管榴辉岩的岩石组合相对简单，一般与斜长角闪岩类、黑云变粒岩呈互层状组合，规律性较强，但依据矿物划分的榴辉岩岩石类型繁多，岩石化学成分差异较大，反映了榴辉岩原岩成分亦存在较明显的差别，然而榴辉岩的平均化学成分与基性岩相当，且区内榴辉岩也以产于片麻岩中为主。综合以上分析，结合前人尚于榴辉岩伴生的斜长角闪岩中发现变余杏仁结构（火成结构），区内榴辉岩的原岩应以基性火山岩为主，局部可能有火山沉积物或泥灰质沉积物的混入。在尼格里四面体图解中，榴辉岩皆投点于火成岩区域中；在 $K-A$ 相关图解（图 5-3）中，榴辉岩亦投入在火成岩区域中，这也说明了区内榴辉岩的原岩主要为火成岩类。在 SiO_2－〈FeO〉/MgO 图解及〈FeO〉-〈FeO〉/MgO 图解（图 5-4）中，榴辉岩样点几乎都投入拉斑玄武岩系之中，主要分属大洋拉斑玄武岩和岛弧拉斑玄武岩。综上所述，区内榴辉岩原岩应以火成岩为主，形成环境既有大洋洋脊环境，亦有岛弧环境，甚至有大陆环境形成的中基性火山岩类。

2. 斜长角闪岩类

区域上斜长角闪岩多呈似层状、透镜状分布于榴辉岩岩体边缘或其内部，空间上与榴辉（闪）岩紧密共生；部分呈似层状与黑云变粒岩互层或呈透镜状分布于黑云变粒岩之中，与黑云变粒岩关系密切。其总体产状与围岩协调，长度一般仅几米至数十米，个别可达数百米。其岩石类型有斜长角闪岩、绿帘斜长角闪岩、黑云斜长角闪（片）岩等。

斜长角闪岩　灰黑色至灰绿色，柱粒状变晶结构，片麻状构造或块状构造，组成矿物主要有：角闪石，板柱状或伸长粒状，粒径 0.1～0.5mm，含量 40%～65%；斜长石，伸长粒状或不规则板状，粒径 0.05～0.2mm，含量 30%～45%，次有黑云母（0～5%）、绿帘石（0～5%）、石英（0～3%）、石榴石（<1%）等。

绿帘斜长角闪岩　灰绿—黄绿色，柱粒状变晶结构、变斑状结构，片麻状构造。组成矿物主要有：角闪石（40%～55%）、斜长石（30%～40%）、绿帘石（10%～25%）。次有少量白云母（<2%）、石英（<2%）、黑云母（<5%）及石榴石等。

黑云斜长角闪（片）岩　灰黑—灰绿色，鳞片粒状变晶结构，片麻状或片状构造。组成矿物主要为角闪石（35%～50%）、斜长石（30%～45%）、黑云母（15%～30%）。次有绿帘石（<7%）、多硅白云母（<5%）、石榴石（<1%）等。该岩石剪切变形强烈，矿物多定向排列，大部分都有不同程度的成分分异，黑云母主要呈细小鳞片状集中于剪切面理上，局部可在岩石中形成黑云母成分条带。

表 5-6 榴辉岩类变质岩岩石稀土元素分析结果及特征参数

类型	序号	样号	岩石名称	Y	La	Ce	Pr	Nd	Sm	Eu	Gd	Tb	Dy	Ho	Er	Tm	Yb	Lu	ΣREE	ΣLREE	ΣHREE	ΣL/ΣH	δEu	Sm/Nd	La/Yb
榴辉岩	16	D0387-1b	榴闪岩	32.40	25.00	51.70	6.60	30.50	6.80	2.10	6.50	1.00	6.11	1.20	3.80	0.00	3.20	0.50	177.41	122.70	54.71	2.24	0.95	0.22	7.81
	17	D0406-2b	榴辉岩	17.80	4.20	9.20	1.10	6.20	1.90	0.65	2.80	0.50	3.30	0.65	1.90	0.00	1.80	0.29	52.29	23.25	29.04	0.80	0.86	0.31	2.33
	18	DP20-1b	榴辉岩	23.70	3.50	8.50	1.20	7.40	2.80	1.10	3.90	0.68	4.40	0.93	2.90	0.47	2.50	0.37	64.35	24.50	39.85	0.61	1.02	0.38	1.40
	19	HP39-1b	榴辉岩	22.50	27.90	56.40	6.90	31.50	6.30	2.20	5.40	0.82	4.30	0.87	2.70	0.00	2.10	0.33	170.22	131.20	39.02	3.36	1.13	0.20	13.29
	20	HP39-2b	榴辉岩	25.70	29.10	57.00	6.80	31.70	6.80	2.30	6.10	0.84	5.10	1.00	3.00	0.00	2.30	0.36	178.10	133.70	44.40	3.01	1.07	0.21	12.65
	21	TP3-1b	榴辉岩	28.70	43.40	88.90	10.70	46.70	9.90	3.20	8.40	1.10	5.60	1.10	3.10	0.44	2.80	0.44	254.48	202.80	51.68	3.92	1.05	0.21	15.50
	22	ZP14-1b	榴辉岩	40.50	29.70	58.70	7.00	30.50	7.40	2.10	8.20	1.30	7.70	1.60	4.40	0.64	4.10	0.63	204.47	135.40	69.07	1.96	0.82	0.24	7.24
	23	ZP28-1b	榴辉岩	42.40	18.50	48.00	6.50	32.00	7.90	2.40	8.50	1.30	8.00	1.70	4.50	0.62	3.70	0.54	179.96	115.30	64.66	1.78	1.30	0.25	5.00
	24	补 H001-1b	榴辉岩	41.20	20.80	41.10	6.20	27.80	7.10	2.40	7.20	1.20	8.00	1.60	4.70	0.69	4.30	0.62	167.71	105.4	62.31	1.69	1.02	0.26	4.84
	25	SD390-1	榴辉岩	20.80	25.59	57.69	6.60	28.57	6.25	2.00	5.38	0.74	3.76	0.84	2.93	0.00	2.15	0.34	163.64	126.70	36.94	3.43	1.03	0.22	11.90
	26	SD391-13	条带状榴辉岩	26.92	6.61	18.72	1.82	8.53	2.08	0.73	2.60	0.39	4.28	1.09	6.09	0.00	2.77	0.41	83.04	38.49	44.55	0.86	0.96	0.24	2.39
	27	SD391-14	块状榴辉岩	25.65	21.65	48.53	5.67	24.32	5.52	1.63	5.00	0.54	4.21	1.03	5.25	0.00	2.79	0.41	152.20	107.32	44.88	2.39	0.93	0.23	7.76
	28	SD391-15	白云母榴辉岩	22.40	18.29	47.03	5.49	25.60	6.16	2.12	5.92	0.90	4.27	0.92	5.21	0.00	2.14	0.31	146.76	104.69	42.07	2.49	1.06	0.24	8.55
	29	SD391-16	条带状榴辉岩	22.47	32.94	72.26	8.15	34.07	7.16	1.95	6.14	0.79	4.24	0.90	3.07	0.00	2.31	0.33	196.78	156.53	40.25	3.89	0.88	0.21	14.26
	30	SD391-2	含绿帘白云榴辉岩	13.55	13.72	39.15	3.61	16.61	3.54	1.28	3.11	0.33	2.29	0.53	3.80	0.00	1.37	0.20	103.09	77.91	25.18	3.09	1.15	0.21	10.01
	31	SD391-7	含角闪榴辉岩	27.54	25.81	79.89	7.00	31.33	6.98	2.25	6.87	1.00	4.92	1.13	3.60	0.00	2.72	0.40	201.44	153.26	48.18	3.18	0.98	0.22	9.49
斜长角闪岩类	32	D0332-3b	斜长角闪岩	5.40	6.70	14.60	1.90	9.70	2.40	0.82	2.20	0.27	1.20	0.21	0.73	0.00	0.38	0.08	46.59	36.12	10.47	3.45	1.07	0.25	17.63
	33	HP23-1b	斜长角闪岩	45.80	51.60	115.00	12.10	51.50	11.00	2.40	9.70	1.40	8.50	1.80	5.30	0.80	5.00	0.73	322.63	243.60	79.03	3.08	0.70	0.21	10.32
	34	Y003	石榴斜长角闪岩	36.50	19.40	37.60	5.20	23.10	6.60	1.90	7.40	1.20	7.60	1.50	4.20	0.00	3.70	0.54	156.44	93.80	62.64	1.50	0.83	0.29	5.24
	35	Y0016	斜长角闪岩	36.40	17.50	39.10	5.10	21.50	5.60	1.70	7.00	1.20	7.40	1.50	4.10	0.00	3.80	0.60	152.50	90.50	62.00	1.46	0.83	0.26	4.61
	36	SPDH003	斜长角闪岩	34.30	24.76	54.09	6.15	24.95	6.02	1.22	6.95	1.18	6.18	1.44	6.21	0.00	3.65	0.53	177.63	117.19	60.44	1.94	0.58	0.24	6.78
黑云变粒岩	37	D0332-2b	黑云变粒岩	139.00	168.00	352.00	36.40	130.00	23.50	5.00	19.30	3.00	18.40	4.20	12.90	0.00	16.70	2.80	931.20	714.90	216.30	3.31	0.70	0.18	10.06
	38	DP3-1b	黑云变粒岩	36.50	41.90	82.10	9.30	38.30	7.90	1.90	6.80	1.10	6.30	1.40	3.80	0.58	3.70	0.56	242.14	181.40	60.74	2.99	0.77	0.21	11.32
	39	FP6	黑云变粒岩	32.30	12.50	25.80	3.30	16.30	4.80	1.30	5.50	0.94	6.00	1.30	3.70	0.54	3.30	0.48	118.06	64.00	54.06	1.18	0.77	0.29	3.79
	40	HP15-1b	黑云变粒岩	523.00	68.80	107.00	25.30	134.00	50.70	4.20	63.60	12.30	87.00	19.40	56.00	8.90	57.60	8.20	1226.00	390.00	836.00	0.47	0.23	0.38	1.19
	41	HP35-1b	黑云变粒岩	47.10	59.70	118.00	14.10	65.00	12.90	4.40	11.20	1.60	9.00	1.80	5.10	0.73	4.60	0.69	355.92	274.10	81.82	3.35	1.09	0.20	12.98
	42	MP8-1b	黑云变粒岩	359.00	154.00	400.00	45.50	183.00	43.20	7.70	41.90	7.20	46.20	11.30	35.50	6.20	46.50	7.30	1394.50	833.40	561.10	1.49	0.55	0.24	3.31
	43	TP9-2b	黑云变粒岩	93.80	31.90	51.10	9.70	43.50	10.60	2.20	11.20	1.90	12.70	2.90	8.50	1.30	8.50	1.30	291.10	149.00	142.10	1.05	0.61	0.24	3.75

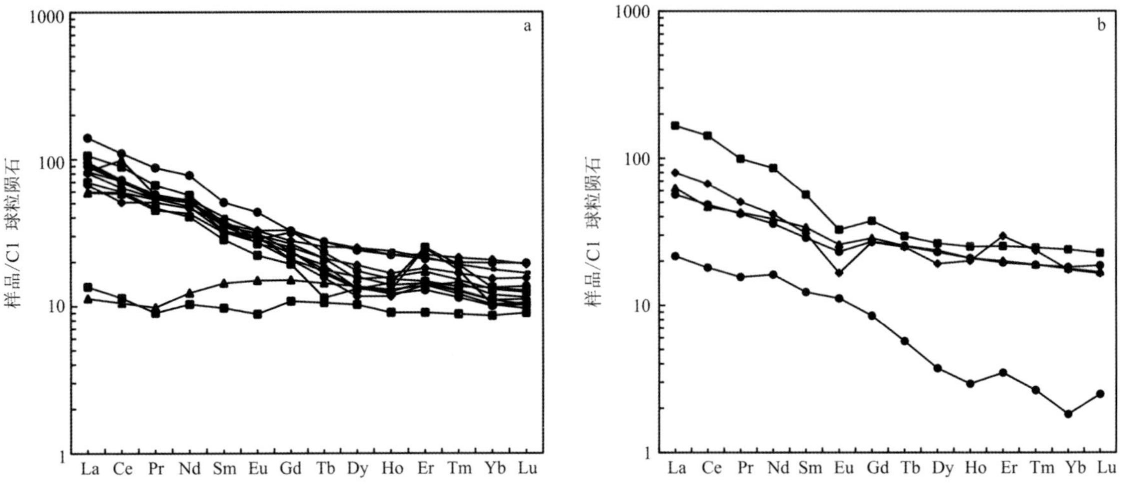

图 5-2　榴辉岩类稀土元素分布图

a. 榴辉岩；b. 斜长角闪岩

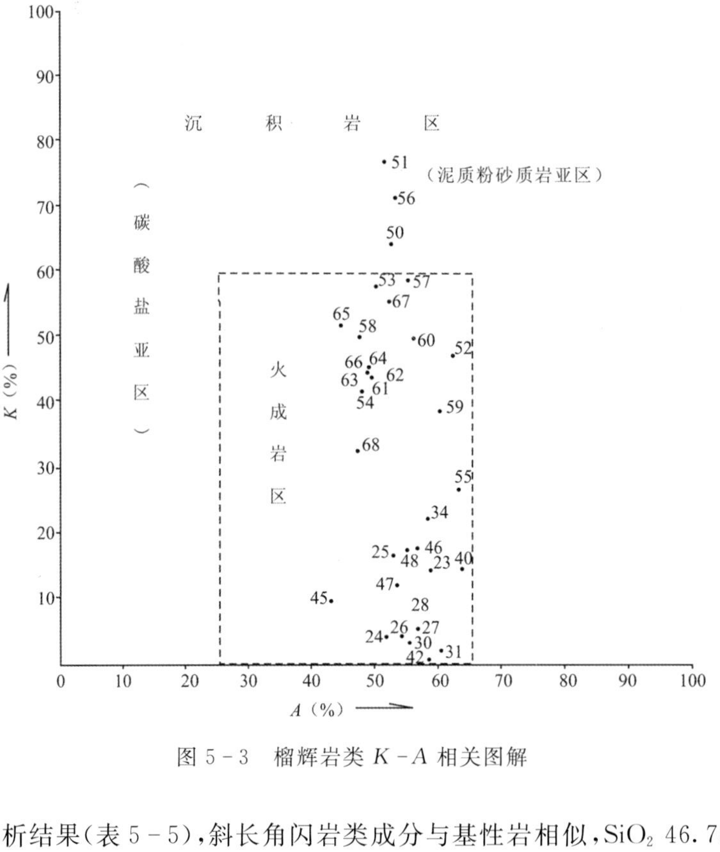

图 5-3　榴辉岩类 $K-A$ 相关图解

据 6 个硅酸盐分析结果(表 5-5)，斜长角闪岩类成分与基性岩相似，SiO_2 46.78%～56.20%(平均 51.71%)，Al_2O_3 11.60%～17.35%(平均 14.63%)，Fe_2O_3 2.42%～7.36%(平均 4.27%)，FeO 4.17%～11.10%(平均 6.61%)，MgO 2.11%～6.85%(平均 5.02%)，CaO 6.65%～10.25%(平均 8.74%)，Na_2O 1.93%～5.17%(平均 3.39%)，而 K_2O 含量较低(0.41%～0.78%，仅一个样高达 3.42%)，可能系强烈绿帘石化的缘故，其 TiO_2 的变化较大(0.24%～4.42%)，反映出原岩的成分信息。

据 5 个稀土元素分析结果(表 5-6)，斜长角闪岩稀土元素特征基本相近，稀土总量一般变化不大[$\sum$REE(152.5～322.63)$\times10^{-6}$]，仅 32 号样$\sum$REE 较低，为 46.59$\times10^{-6}$，稀土分馏中等($\sum$LREE/

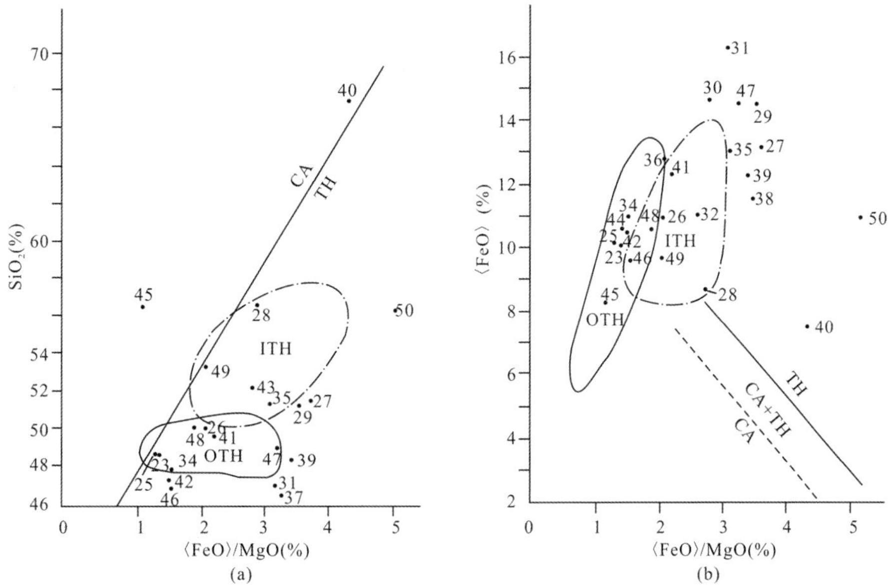

图 5 - 4　SiO_2 -〈FeO〉/MgO 图解(a)和〈FeO〉-〈FeO〉/MgO 图解(b)

(据 Miyashro,1974,引自程裕淇等,1982)

CA. 钙碱性火山岩系; TH. 拉斑玄武岩系; ITH. 岛弧拉斑玄武岩; OTH. 大洋拉斑玄武岩

∑HREE 1.46～3.45),Sm/Nd 比值较一致(0.21～0.29),显示为轻稀土富集型。具中—弱的负铕异常,个别具弱的正铕异常(δEu 0.58～1.07),稀土元素分布曲线呈斜率不大的右倾斜线型,与岛弧拉斑玄武岩的稀土元素组成特征相似。

斜长角闪岩类与榴辉岩类关系密切,其空间分布、产出特征都与榴辉岩相似,且前人尚于斜长角闪岩中发现有变余杏仁构造,反映其原岩应以火成岩为主。在尼格里四面体图解中,6 个斜长角闪岩皆投点于火成岩区域,在 $K-A$ 相关图解中(图 5 - 3),45—49 号样皆投于火成岩之中,仅 50 号样投点于较接近于火成岩的区域。说明其原岩应以火成岩(喷出玄武岩)为主,局部可能有泥灰质岩的混入。在 SiO_2 -〈FeO〉/MgO 图解及〈FeO〉-〈FeO〉/MgO 图解中(图 5 - 4),除 45 号样点投入钙碱性火山岩系(CA)范围内,其余皆投入拉斑玄武岩系之中,分别属于大洋拉斑玄武岩和岛弧拉斑玄武岩。综合以上分析,尽管同一样品在不同图解中的位置不能完全对应,但总体上,皆反映了区内斜长角闪岩原岩类型较复杂,构造环境多样,即区内斜长角闪岩的原岩主要以火山喷出的拉斑玄武岩为主,可能有泥灰质沉积岩(钙质泥岩)的存在,喷出的构造环境主要为岛弧环境或岛弧与大陆之间过渡环境(相当于弧后盆地),也有部分属大洋拉张环境。

3. 黑云变粒岩

与榴辉岩、斜长角闪岩关系密切,多呈似层状、透镜状顺层分布于片麻岩中。依据其与伴生岩石或围岩的关系,可分为 4 种产出类型。第一类空间上与榴辉岩关系密切,多分布于榴辉岩岩体边缘相斜长角闪岩的外侧,与榴辉岩类组成透镜体分布于片麻岩中,成为榴辉岩与片麻岩的直接接触岩石,黑云变粒岩→斜长角闪岩→榴辉岩这一岩石空间组合在区内常见,似成为一种规律性分布。第二类空间上仅与斜长角闪岩关系密切,与斜长角闪岩呈互层状,构成透镜体分布于片麻岩中。第三类则为单纯的黑云变粒岩透镜体顺层分布于片麻岩中。区内以上 3 类黑云变粒岩皆较为常见。第四类仅分布于摩天岭岩组之中,呈夹层分布于白云钠长石英片岩之中,其中还含有少量竹叶状白云钠长石英片岩之透镜体。岩石类型主要有黑云变粒岩、黑云斜长变粒岩、黑云二长变粒岩、含绿帘黑云变粒岩。

黑云变粒岩　灰白色、灰黄色、灰绿—灰黑色,细粒鳞片变晶结构、变斑状结构,片麻状构造或片状构造为主。组成矿物主要有石英(20%～35%)、长石(45%～60%)、黑云母(10%～25%)、白云母(0～5%)、绿帘石(0～5%),此外含少量磁铁矿、榍石、磷灰石、锆石等。岩石中长英质矿物粒度普遍细小,多呈伸长粒状、拉丝状,粒径为0.05～1mm,定向排列明显。黑云母多呈细小的鳞片状,相对集中且局部形成黑云母成分层;白云母片径较大,一般在2～3mm,粒径变化大,一般0.5～3mm,个别可达10mm以上。白云母和绿帘石显然为后期叠加矿物。

其他类型岩石的结构构造与黑云变粒岩基本相似,区别主要在于矿物含量的变化。含绿帘黑云变粒岩中绿帘石含量较高,达5%～15%,而黑云二长变粒岩、黑云斜长变粒岩中长英质矿物粒度较粗,粒径为0.5～1.2mm,基本能于镜下区分出长石的种类。其中,黑云斜长变粒岩中长石以斜长石为主,钾长石少,而黑云二长变粒岩中钾长石含量较高,近等于斜长石。

黑云变粒岩的岩石化学分析结果列于表5-5中。同榴辉岩类相似,黑云变粒岩的化学成分变化很大。依据 SiO_2 含量,黑云变粒岩可分为3类。

A类:成分中 SiO_2 含量为46.5%～50.36%,<53%;以低硅富铝(Al_2O_3 14.3%～17.18%)、富铁镁(Fe_2O_3 3.53%～9.34%、FeO 0.48%～8.54%、MgO 3.5%～6.00%)、钙质较高(CaO 5.18%～9.03%)为特征,成分与玄武岩相似。

B类:成分中 SiO_2 含量为54.1%～65.4%,即53%<SiO_2<66%,位于中性岩类成分范围,各组分含量均位于其他两类之间,平均化学成分为 SiO_2 59.06%、TiO_2 1.14%、Al_2O_3 14.7%、Fe_2O_3 6.11%、FeO 1.54%、MgO 2.58%、CaO 4.35%、Na_2O 3.54%、K_2O 3.14%,与英云闪长岩的化学成分较为相近。

C类:成分中 SiO_2 含最高达67.78%,属酸性岩范围。该类仅一个样品,采于大站摩天岭岩组之中,化学成分与花岗闪长岩十分接近。

区内黑云变粒岩尽管岩石特征矿物组合相似,但化学成分复杂,其原因一方面是由于原岩性质不同,另一方面同强烈的变质变形改造有关。在前人的研究中,关于黑云变粒岩的原岩成因类型的讨论亦是难点之一。根据目前已掌握的资料,认为区内黑云变粒岩的多样性不是哪一种单一成因能够包容的,其原岩成因类型应是多样的,既有沉积成因,亦有火山成因,也可能有中性侵入岩的存在,因叠加的强烈变质变形改造,造成现在岩石特征的丰富多样。

(1)区域上大多数黑云变粒岩与榴辉岩、斜长角闪岩空间关系密切,只要有榴辉岩或斜长角闪岩存在,一般都有黑云变粒岩分布,只是三者在分布范围、分布数量上以黑云变粒岩更广更多,因而认为它们在成因上应存在一定的相关性。区内榴辉岩及斜长角闪岩的原岩以火山喷溢的玄武岩为主,而部分黑云变粒岩的成分特征类似于玄武岩,说明该部分黑云变粒岩的原岩很可能是玄武岩类。

(2)部分黑云变粒岩层分布于白云钠长片岩与二长片麻岩之间,其岩石中接近界面处有呈叶片状白云钠长片岩薄透镜体的分布,薄透镜体与围岩(黑云变粒岩)界线清楚,成分未见过渡关系。这种现象的形成机理可能用类似砾石的沉积,再经剪切变形改造的过程解释较为合理,从而推测该类岩石应为沉积成因或火山-沉积成因。

(3)岩石化学成分与稀土配分型式的多样性也说明了原岩类型的复杂性。

(4)而在 $K-A$ 相关图解中(图5-3),51号、56号样品投入沉积岩区域的泥质粉砂岩区,其余则投入火成岩区域;在 $La/Yb-\sum REE$ 图解中,多数投点于玄武岩区(A区)的大陆拉斑玄武岩和碱性玄武岩区,但个别投点于花岗岩区(B区),亦说明区内黑云变粒岩原岩性质十分复杂。

(四)二长花岗片麻岩组合(Pt_1)

该组合是东海杂岩变质岩的主体部分,广泛分布于苏北-胶南超高压变质带中,主要岩石类型有含黑云角闪二长片麻岩、含霓辉二长片麻岩、二长片麻岩等,其次为含黑云二长片麻岩、含白云二长片麻岩、白云斜长片麻岩、含二云绿帘斜长片麻岩、含绿帘黑云斜长片麻岩、白云二长片麻岩、黑云二长片麻岩、含二云二长片麻岩等,原岩可能为二长花岗岩、斜长花岗岩等早期中酸性侵入岩建造。

1. 含黑云角闪二长片麻岩

该岩呈灰色夹灰黑色条带，粒状变晶结构、变斑状结构，以片麻状构造为主，主要造岩矿物有斜长石（35%～45%）、钾长石（25%～35%）、石英（20%～25%）、角闪石（2%～7%）、黑云母（1%～5%），另有少量绿帘石、石榴石、磁铁矿等。岩石以斜长石略多于钾长石，含较多的角闪石与其他片麻岩差异明显。斜长石双晶发育，以简单双晶、钠长石双晶为主，复合双晶少量；钾长石主要为微斜长石，条纹长石少量，格子双晶发育，泥化较明显。岩石中长英质矿物多呈压扁的伸长粒状、不规则粒状，且相对集中呈条带状集合体，定向排列明显。暗色矿物亦相对集中，呈不规则条带状断续分布。

含黑云角闪二长片麻岩岩石化学成分基本相近（表 5－7），以高硅（SiO_2 74.1%～76.9%，平均 75.49%），高碱（Na_2O+K_2O 8.30%～8.77%，平均 8.52%），低铝（Al_2O_3 10.70%～12.62%，平均 11.37%），低镁（MgO 0.09%～0.17 %，平均 0.12%），低钙（CaO 0.44%～0.78%，平均 0.55%）为特征，且 Na_2O 均大于 K_2O，化学成分与酸性花岗岩相近；$(Na_2O+K_2O)/Al_2O_3$（分子比）一般为 0.92～1.14，莱特碱度率（AR）为 4.55～6.88，反映其均属碱性岩。

含黑云角闪二长片麻岩稀土总量较高，且变化范围大，∑REE 为（116.02～660.87）$\times10^{-6}$，LREE/HREE 与 La/Yb 比值中等，分别为 1.33～5.84 和 2.66～19.08，稀土元素分馏明显，且 Sm/Nd（0.17～0.29）<0.33，属轻稀土富集型；稀土元素配分曲线表现为中等程度的右倾，呈“L”形，轻稀土部分中等右倾，重稀土部分较为平坦，说明其轻稀土分馏较明显，重稀土基本未分馏。δEu 比值中等，为 0.27～0.71，Eu 亏损较为明显。

岩石空间上呈岩基状产出，以厚层状为主，局部有巨厚层状分布，且单层中岩性较为一致，其岩貌及产状类似于中酸性火成岩体，其岩石矿物组成及岩石化学特征与花岗岩类相似。6 个含黑云角闪二长片麻岩在尼格里四面体图解上投点，均投入火成岩中心位置。在 $K-A$ 相关图解中（图 5－5），亦落在火成岩区。综合以上分析，可判别其为正变质岩。在 An－Ab－Or 分类图解中（图 5－6），6 个样点均落入花岗岩区，在 Batchelor 和 Bowden（1985）R_1-R_2 判别图解中（图 5－7），6 个样点投入造山晚期与造山期后（或非造山）的碱性或过碱性花岗岩区，说明其原岩应以花岗岩类为主，形成于造山作用晚期或造山期后。

2. 含霓辉石二长片麻岩

该岩呈灰白色或灰黄色，夹灰黑色条带，风化面为褐红色，中粗粒—粗粒粒状变晶结构，变斑状结构，以片麻状构造为主，少量块状构造。矿物成分主要为斜长石（25%～35%）、钾长石（35%～40%）、石英（20%～30%）、霓辉石（1%～10%）、黑云母（0～3%），另有少量石榴石、绿帘石、磁铁矿等，与其他片麻岩主要岩性差异表现为钾长石稍多于斜长石，含特征矿物霓辉石，粒度较为粗大。岩石中长英质矿物多呈伸长粒状，部分半自形—他形或不规则粒状，粒径一般为 1～2.5mm，个别颗粒粒度大于 3mm，呈变斑晶状分布。岩石中霓辉石呈不规则板柱状、枝杈状相对集中，构成暗色矿物断续条带，与长英质矿物定向条带相间，构成片麻状构造。

含霓辉石二长片麻岩的岩石化学分析结果表明，其岩化成分基本相似，表现为高硅（SiO_2 76.50%～77.16%，平均 76.8%），高碱（Na_2O+K_2O 7.6%～8.61%，平均 8.09%），低铝（Al_2O_3 11.10%～11.82%，平均 11.49%），低镁（MgO 0.08%～0.17%，平均 0.12%），低钙（CaO 0.11%～0.28，平均 0.22%）的特征，与黑云角闪片麻岩及二长片麻岩成分的显著差异是片麻岩中 K_2O 的含量较高（平均为 4.08%），略大于 Na_2O 的含量（平均为 3.99%）；其 $(Na_2O+K_2O)/Al_2O_3$（分子比）比值均在 0.9～1.02 之间，反映为偏碱性至碱性特征，莱特碱度率（AR）为 4.71～ 6.57，亦反映为碱性岩石。其中强变形岩石的化学成分与之相比，成分变化范围很大，总体以 SiO_2 微有减少，铁质显著降低，镁质铝质略有增加，碱质波动很大，表现为 SiO_2 显著下降，TFeO 及 Na_2O+K_2O 略有减少，Al_2O_3 和 CaO 则明显增多，成分变化较大，这种成分迁移过程与韧性剪切变形过程中物质组分的分异有关。

表 5-7　苏鲁造山带二长片麻岩类岩石化学成分表

岩体名称	序号	样号	岩石名称	氧化物及其含量(%)													
				SiO_2	TiO_2	Al_2O_3	Fe_2O_3	FeO	MnO	MgO	CaO	Na_2O	K_2O	P_2O_5	H_2O	烧失量	总量
黑云角闪片麻岩	1	D0059-3b	含黑云角闪二长片麻岩	75.50	0.20	11.20	2.37	1.15	0.09	0.17	0.64	4.96	3.60	0.02	0.10	0.20	100.10
	2	FP3	二长片麻岩	77.28	0.12	12.16	1.30	0.64	0.13	0.09	0.37	4.15	3.90	0.02	0.38	0.03	100.18
	3	FP4	含角闪二长片麻岩	76.04	0.16	12.62	1.12	0.86	0.04	0.14	0.46	4.54	3.81	0.02	0.08	0.05	99.86
	4	ZP23-1b	黑云二长片麻岩	72.16	0.25	15.11	1.16	0.15	0.01	0.25	0.52	5.79	3.94	0.05	0.59	0.61	100.00
	5	ZP30-1b	二长片麻岩	77.30	0.15	12.02	1.53	0.32	0.06	0.14	0.28	4.26	3.83	0.02	0.22	0.33	100.24
	6	Y001	黑云二长片麻岩	75.80	0.15	12.50	1.10	1.14		0.11	0.82	3.56	5.22	0.01	0.47	0.45	100.86
	7	Y002	黑云二长片麻岩	77.00	0.17	13.40	0.34	0.23		0.10	0.40	6.38	1.78	0.02	0.39	0.38	100.20
	8	Y004	二长片麻岩	77.00	0.15	11.60	2.13	0.41		0.09	0.42	4.32	3.92	0.02	0.37	0.32	100.38
	9	Y006	含角闪二长片麻岩	75.80	0.22	11.00	2.01	1.13		0.09	0.44	4.46	4.31	0.01	0.29	0.36	99.83
	10	Y008	角闪二长片麻岩	76.90	0.12	11.80	1.10	0.71		0.11	0.44	4.19	4.11	0.01	0.31	0.32	99.81
	11	Y010	角闪二长片麻岩	71.90	0.24	12.40	1.60	1.90	0.09	0.78	1.09	4.63	3.90	0.03	0.40		98.56
	12	Y011	二长片麻岩	75.00	0.14	12.10	1.76	0.79	0.04	0.09	0.76	4.73	3.72	0.01	0.12		99.14
	13	SPDH004	二长片麻岩	76.40	0.13	12.10	0.60	1.06	0.03	0.06	0.44	3.31	5.00		0.24		99.13
	14	SPDH005	二长片麻岩	70.50	0.29	14.60	2.67	0.36	0.03	0.59	1.14	4.20	4.00	0.01	1.06		98.39
	15	SPDH006	二长片麻岩	77.50	0.21	10.80	2.72	0.46	0.04	0.05	0.06	3.36	4.12		0.37		99.32
	16	SPDH007	斜长片麻岩	77.10	0.14	12.00	1.49	0.42	0.06	0.08	0.32	4.34	3.81		0.24		99.76
	17	SNO.1	含角闪二长片麻岩	74.60	0.43	10.70	2.80	1.46	0.13	0.09	0.56	4.68	3.72		0.23		99.17
	18	SNO.3	含角闪二长片麻岩	74.10	0.40	10.90	2.86	1.84	0.12	0.10	0.78	5.30	3.43	0.00	0.71		99.83
	19	STW5	黑云斜长片麻岩	66.90	0.48	15.10	3.31	1.21	0.09	1.51	4.48	4.22	1.26	0.15			98.71
二长片麻岩	20	HP2-1b	二长片麻岩	76.90	0.17	12.40	1.01	0.62	0.06	0.12	0.48	4.38	3.66	0.02	0.18	0.20	100.02
	21	HP25-1b	二长片麻岩	77.10	0.14	12.10	1.34	0.28	0.03	0.06	0.34	3.92	4.00	0.01	0.32	0.29	99.61
	22	HP28-1b	白云二长片麻岩	74.60	0.35	13.60	1.74	0.53	0.04	0.69	0.94	2.30	3.36	0.04	1.70	1.82	100.01
	23	HP29-1b	二云二长片麻岩	72.46	0.37	13.96	2.03	0.18	0.06	0.57	1.57	4.27	3.09	0.07	0.98	1.12	99.75
	24	HP30-1b	斜长片麻岩	76.50	0.15	12.10	1.54	0.59	0.06	0.09	0.38	4.20	3.62	0.02	0.20	0.26	99.51
	25	Y013	二长片麻岩	76.70	0.13	12.00	1.39	0.44	0.05	0.06	0.34	4.61	4.00	0.01	0.22		99.73
	26	Y014	角闪二长片麻岩	76.10	0.14	12.00	1.32	0.64	0.05	0.15	0.60	4.49	3.93	0.02	0.24		99.44
	27	SD35-1	二长片麻岩	76.80	0.07	11.60	0.92	0.77	0.05	0.18	0.48	4.38	4.12	0.01	0.58		99.38
	28	SD35-3	二长片麻岩	77.00	0.13	11.70	0.89	1.10	0.05	0.10	0.38	4.42	3.84	0.03	0.26		99.64
	29	SD390-4	二长片麻岩	77.10	0.15	11.60	1.01	1.02	0.07	0.11	0.40	4.50	3.32	0.03	0.24		99.31
	30	SD390-5	二长片麻岩	77.00	0.13	11.40	0.76	1.08	0.06	0.09	0.30	4.37	3.97	0.01	0.52		99.17
	31	SD391-11	黑云二长片麻岩	74.20	0.33	12.00	2.39	0.55	0.03	1.00	3.34	1.42	2.63	0.30	1.25		98.19
	32	D0394-1b	二长片麻岩	76.30	0.31	12.30	1.43	0.17	0.02	0.18	0.22	4.20	4.52	0.04	0.30	0.44	100.13
	33	D0394-2b	白云二长片麻岩	75.10	0.20	13.20	1.11	0.11	0.02	0.30	0.52	3.40	4.88	0.01	1.08	1.22	100.07
	34	DP6-1b	白云斜长片麻岩	74.80	0.25	13.53	1.00	0.32	0.06	0.26	0.32	4.02	4.28	0.03	0.77	0.92	99.79
	35	DP12-1b	白云二长片麻岩	76.76	0.23	12.34	1.01	0.18	0.05	0.27	0.39	3.86	4.00	0.01	0.46	0.80	99.90
	36	DP23-1b	黑云二长片麻岩	75.72	0.19	13.61	1.55	0.08	0.02	0.20	0.74	5.68	0.85	0.02	1.09	1.44	100.10
	37	DP29-1b	黑云二长片麻岩	73.58	0.34	13.57	1.95	0.38	0.08	0.58	0.78	4.71	2.95	0.08	0.87	1.10	100.10
	38	DP30-1b	白云斜长片麻岩	74.56	0.38	13.19	1.87	0.65	0.12	0.60	1.17	3.12	2.98	0.08	1.24	1.41	100.13
	39	DP32-1b	二长片麻岩	77.54	0.15	12.31	0.95	0.17	0.04	0.10	0.14	4.20	4.46	0.01	0.40	0.33	100.40
霓辉二长片麻岩	40	D0317-3b	黑云二长片麻岩	77.40	0.24	11.60	1.58	0.16	0.05	0.11	0.19	4.32	4.00	0.01	0.18	0.22	99.88
	41	D0332-1b	黑云二长片麻岩	76.60	0.21	11.80	1.48	0.30	0.07	0.15	0.27	4.46	4.28	0.03	0.14	0.21	99.86
	42	D0370-3b	糜棱岩	73.00	0.47	14.30	2.03	0.45	0.08	0.56	2.16	3.02	2.58	0.10	1.16	1.37	100.12
	43	HP44-2b	含霓辉二长片麻岩	76.50	0.29	11.10	2.99	0.30	0.09	0.08	0.28	3.66	4.32	0.02	0.28	0.25	99.88
	44	TP3-2b	白云斜长片麻岩	77.66	0.19	12.93	1.08	0.26	0.05	0.54	0.61	3.58	2.06	0.02	1.18	1.30	100.27
	45	TP4-1b	含霓辉二长片麻岩	77.16	0.15	11.59	2.48	0.09	0.04	0.16	0.11	3.98	3.62	0.01	0.56	0.61	100.00
	46	TP10-1b	含霓辉二长片麻岩	76.70	0.13	11.45	2.32	0.19	0.11	0.08	0.25	4.31	4.30	0.01	0.34	0.15	100.00
	47	MP2-2b	白云二长片麻岩	75.78	0.31	12.85	1.24	0.33	0.12	0.34	0.32	2.75	4.84	0.07	0.96	1.11	100.06
	48	MP6-1b	白云二长片麻岩	78.28	0.17	12.24	0.00	1.32	0.03	0.26	0.20	0.78	5.24	0.01	1.92	1.90	100.43
	49	MP7-2b	二长片麻岩	78.22	0.20	11.42	1.55	0.14	0.01	0.07	0.10	3.94	3.90	0.02	0.34	0.43	100.00
	50	MP9-1b	含霓辉二长片麻岩	76.80	0.25	11.82	2.10	0.07	0.09	0.17	0.23	4.02	4.07	0.02	0.26	0.35	99.99
	51	MTPⅣ2-1b	白云二长片麻岩	74.70	0.26	13.96	0.69	0.12	0.02	0.13	0.20	4.19	3.98	0.03	0.94	1.06	99.34
	52	Y009	二长片麻岩	76.30	0.14	11.00	2.64	0.34	0.00	0.07	0.16	4.32	4.04	0.02	0.30	0.44	99.47
	53	Y012	二长片麻岩	72.80	0.41	12.90	3.31	0.14	0.10	0.23	0.45	5.42	3.52	0.04	0.44		99.32
	54	SD332-1	黑云二长片麻岩	77.10	0.19	11.40	1.48	0.50	0.13	0.15	0.33	4.36	4.13	0.04	0.14		99.81
	55	SD393-2	白云斜长片麻岩	76.50	0.23	12.80	0.87	0.68	0.07	0.40	0.81	4.42	3.84	0.03	0.26		100.65
	56	SD394-2	二长片麻岩	77.10	0.16	10.50	2.37	0.56	0.09	0.08	0.18	4.61	4.00	0.01	0.32		99.66
	57	SPDH011	二长片麻岩	75.20	0.27	10.60	3.16	1.12	0.12	0.08	0.29	4.02	4.33	0.04	0.28		99.23
	58	SPDH012	二长片麻岩	77.00	0.13	11.50	1.55	0.86	0.05	0.07	0.25	4.40	3.75	0.03	0.22		99.59
	59	SPDH015	二长片麻岩	76.20	0.14	11.70	1.08	1.22	0.05	0.09	0.35	4.37	3.73	0.03	0.18		98.96
	60	SPDH016	二长片麻岩	76.70	0.15	11.80	0.90	0.94	0.03	0.10	0.39	4.31	3.62	0.03	0.24		98.97
	61	SPDH017	二长片麻岩	77.40	0.12	11.40	1.11	0.96	0.04	0.08	0.27	4.56	3.66	0.01	0.20		99.61

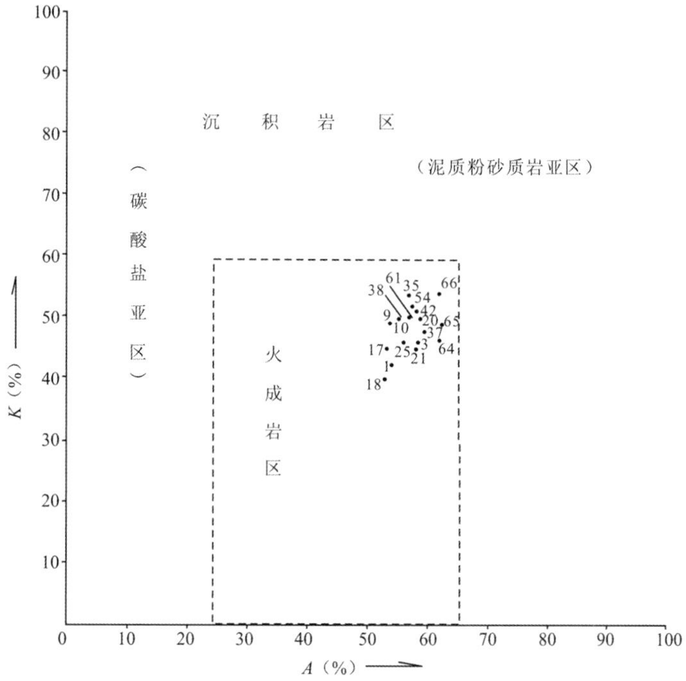

图 5-5　二长片麻岩的 $K-A$ 相关图解

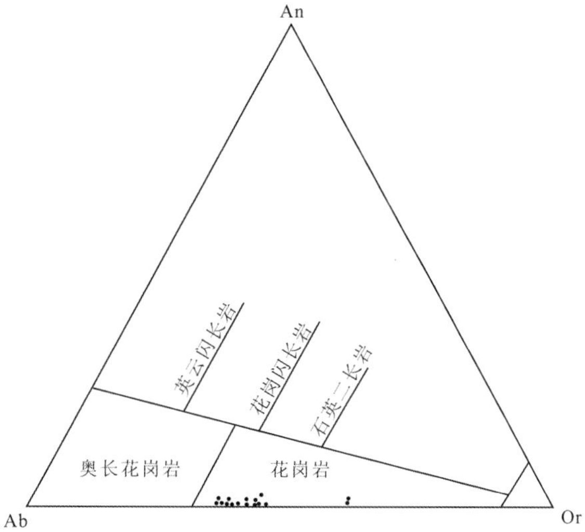

图 5-6　二长片麻岩 An-Ab-Or 分类图解

（据奥康诺，1965）

含霓辉石二长片麻岩中稀土元素总量（∑REE）为（195.12～411.81）$\times10^{-6}$，变化相对较小，轻重稀土比值（∑LREE/∑HREE）较大，为 1.75～5.61，反映轻重稀土分馏较强烈，且 Sm/Nd 较低，为 0.19～0.24，属轻稀土富集型。δEu 为 0.47～0.63，比值中等，反映 Eu 亏损较明显。其稀土配分曲线表现为略向右倾的“V”字形，Eu 异常较大，轻稀土右倾，重稀土近平坦略有左倾，反映了轻重稀土各自的不同分馏特征。

岩石空间上呈岩基状分布，局部呈枝状、脉状穿插于其他片麻岩中，说明其原岩应为火成岩体，其矿物组成、化学成分特征都与花岗岩类相似。4 个含霓辉石二长片麻岩在尼格里四面体图解上投点，均落

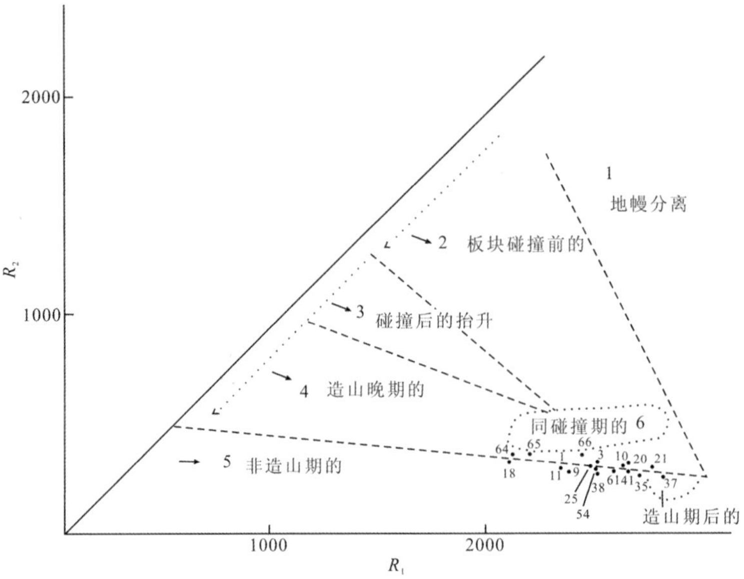

图 5－7 主要花岗岩类岩石组合的示意性图解

R_1＝4Si－11(Na＋K)－2(Fe＋Ti)　R_2＝Al＋2Mg＋6Ca

组 1.拉斑玄武岩；组 2.钙碱性岩石和奥长花岗岩；组 3.高钾钙碱性岩石；
组 4.次碱性二长岩；组 5.碱性和过碱性岩石；组 6.深熔二云母淡色花岗岩

入火成岩区域，在 $K-A$ 相关图解中(图 5－5)，亦投入在火成岩区域。综合以上分析，恢复其原岩为火成岩应较合适。而在 An－Ab－Or 分类图解中(图 5－6)，4 个样点均落入花岗岩区域，在 Botchelor 和 Bowden(1985)R_1-R_2 图解中(图 5－7)4 个样点皆投入造山期后或非造山期的碱性或过碱性花岗岩岩区，说明其原岩以碱性花岗岩类为主，形成于造山期后或非造山期的岩浆活动。

3. 二长片麻岩

该岩呈灰白色、灰黄色，中细粒状变晶结构，片麻状构造或块状构造。矿物成分主要有：斜长石(30%～45%)、钾长石(30%～40%)、石英(20%～30%)，另有少量磁铁矿(1%～3%)、绿帘石(＜1%)、石榴石(＜1%)、白云母(＜1%)等。岩石以基本不含暗色矿物、两种长石含量相近、粒度较细、含较多的粒状磁铁矿与其他片麻岩差异明显。在剪切强烈部位，岩石细粒化强烈，成分分异明显，长英质矿物可相对聚集形成成分纹层，且出现片状矿物，局部含量较高。

二长片麻岩样品分析结果(表 5－7)显示，其岩化成分变化不大，亦以高硅(SiO_2 76.10%～77.10%，平均 76.8%)，高碱(Na_2O+K_2O 7.82%～8.61%，平均 8.24%)，低铝(Al_2O_3 11.40%～12.40%，平均 11.85%)，低镁(MgO 0.06%～0.18%，平均 0.10%)，低钙(CaO 0.30%～0.60%，平均 0.42%)为特征，且 Na_2O 略大于或近等于 K_2O，与黑云角闪二长片麻岩相比，钾略有增多。其(Na_2O+K_2O)/Al_2O_3(分子比)一般在 0.90～1.00 之间，反映为偏碱性；而个别小于 0.9，反映为钙碱性；但亦有 2 个样点均为 1.01，略大于 1，反映为碱性。而莱特碱度率(AR)为 4.32～5.75，均反映为碱性岩石。综合以上两个参数特征，该岩体是以偏碱性-碱性岩为主，可能含少量钙碱性岩石。

二长片麻岩稀土总量变化很大，$\sum$REE 为(38.03～518.99)$\times10^{-6}$，$\sum$LREE/$\sum$HREE 为 0.66～2.74，轻重稀土分馏较弱，但 Sm/Nd(0.20～0.26)小于 0.33，仍属轻稀土富集型；δEu 比值较小，为 0.24～0.32，Eu 亏损强烈；稀土元素配分曲线表现为略向右倾的“V”形，轻稀土部分略向右倾，重稀土部分则相对平坦，反映其轻稀土部分分馏，而重稀土基本未分馏。

二长片麻岩空间上仍呈岩基状产出，分布范围较广，岩层以中厚层状为主的特征都与火成岩体相似，且其矿物组成及岩石化学特征亦类似于花岗岩类。结合图解判别，在尼格里四面体图解上(图 4－2)

二长片麻岩落入火成岩部分，在 $K-A$ 相关图解中(图 5-5)也投入火成岩区域，故判别其为正变质岩。在 An-Ab-Or 分类图解中(图 5-6)均投在花岗岩区，在 Batchelor 和 Bowden(1985)的 R_1-R_2 判别图解中(图 5-7)，二长片麻岩皆投入造山期后或非造山期的碱性花岗岩系列中，说明其原岩类型仍是以碱性花岗岩类为主，是造山期后岩浆作用的产物。

(五)钾长花岗片麻岩-花岗片麻岩组合(Pt_1)

该组合是东海杂岩变质岩的主体片麻岩的一部分，主要岩石类型有钾长花岗质片麻岩、含角闪石钾长花岗质片麻岩、粗粒花岗质片麻岩和细粒花岗质片麻岩等，原岩可能为钾长花岗岩、花岗岩等较早期酸性侵入岩建造。

钾长花岗质片麻岩 呈浅肉红色，细粒变晶结构、细粒鳞片花岗变晶结构，片麻状、条纹状、条带状、条痕状构造。主要由钾长石(55%～65%)、斜长石(5%～15%)、石英(25%)、黑云母(3%～5%)，及少量磁铁矿、绿帘石、锆石、黝帘石等组成。粒度随糜棱岩化程度的不同变化较大。长英矿物具定向排列，石英或石英集合体呈压扁不规则状或条带状定向排列，界线清晰，内部颗粒一般齿状相接，普遍具波状消光。随黑云母的增多，可转变为含黑云钾长花岗质片麻岩。

含角闪石钾长花岗质片麻岩 和钾长花岗质片麻岩相比暗色矿物明显增多，且角闪石含量一般较高，长英质矿物集合体及暗色矿物相间定向排列，呈粗条痕状、条带状。灰黑色、浅肉红色，中细粒变晶结构、糜棱结构，条痕状、条带状构造。具糜棱结构的可见 S-C 组构，残斑一般为长石，不规则粒状，呈眼球状或拉长状定向排列。颗粒边缘为细粒的长英质矿物、黑云母等组成，局部可见条带被错开，残斑具压力影、拖尾构造，基质具显微层状构造，石英或石英集合体呈拉长条痕状定向排列。矿物成分主要有钾长石(55%～60%)、石英(25%)、斜长石(5%)、黑云母(2%～5%)、角闪石(1%～5%)、绿泥石(1%～2%)、黄铁矿(<1%)、磁铁矿(<1%)、方解石(0～2%)、榍石(个别)、锆石(个别)、绿帘石(<1%)、磷灰石。根据黑云母、角闪石含量的不同，可分为含黑云钾长花岗质片麻岩、含角闪花岗质片麻岩。

粗粒花岗质片麻岩 灰白色、深灰色、灰黄至淡肉红色，主要矿物成分为斜长石、钾长石、石英和白云母，含少量霓辉石、绿帘石、钠铁闪石，副矿物有磁铁矿、锆石、榍石。斑晶主要为钾长石，少量为钠长石，含量变化大，5%～45%不等。钾长石主要为条纹长石和微斜长石，后者具格子双晶，含白云母、石英等矿物包体。钠长石聚片双晶较发育，具绢云母化。基质主要有钾长石(20%～30%)、石英(25%～35%)、斜长石(15%～20%)和云母(5%～15%)。斜长石主要为奥长石，次为钠长石，一般呈不规则状。镜下常见矿物出现波状消光、拉长、平行排列，反映了后期变形作用的叠加。

钾长片麻岩岩石化学成分分析表明，与二长片麻岩相比，SiO_2 含量最高，达 74.94%～76.61%，K_2O 含量最高，达 4.42～5.00，$K_2O>Na_2O$，而 Fe_2O_3、FeO、MgO、CaO、TiO_2 均较城头片麻岩和虎山片麻岩低。CIPW 标准矿物计算 Or 达 40.01%～51.48%，Ab、An 含量偏低，Q-A-P 图解中投入碱长花岗岩中，稀土元素总量为(59.99～206.62)$\times10^{-6}$，变化大，轻重稀土比值为 0.62～2.21，δEu 0.242～0.451，La/Yb 2.742～4.989，反映了岩浆具有深成、来源复杂的特点，属混合源 A 型花岗岩。

稀土元素中出现铈异常，δCe 在 1 左右。3 个样品中两件样品出现明显的正铈异常，δCe 达 1.8 以上；一个样品出现明显的负铈异常，δCe=0.483。铈异常的出现，可能与海水的参与或岩体中不同程度地混有沉积岩有关，因为在氧化或还原的条件下会造成铈异常。这与样品在判别图解上落在沉积岩区或靠近沉积岩区相一致。

花岗片麻岩岩石化学上也具有富硅(SiO_2 76.84%～77.78%)、碱(Na_2O+K_2O 8.11%～8.71%)，贫铝(Al_2O_3 11.62%～12.62%)、镁(MgO 0.02%～0.09%)、钙、铁等特征，原岩类型在 K-A 相关图解上为火成岩，在 An-Ab-Or 图解上落入花岗岩区，分类投影为碱性花岗岩。

(六)绿片岩-(云母)石英片岩-大理岩组合(Pt_2)

该组合相当于中元古界锦屏岩群变质岩，为一套大理岩-片岩-变粒岩的构造岩石组合，主要岩石类型有大理岩、白云质大理岩、云母大理岩、含磷大理岩、钙质绿泥片岩、细粒磷灰岩、石墨片岩、白云石英片岩、白云钠长变粒岩、绿泥钙质云母片岩、云母绿泥片岩、钙质云母绿泥片岩等。不同岩石常呈互层或渐变关系。经历了高绿片岩相区域变质作用，原岩为一套基性火山岩-碎屑岩-磷块岩-碳酸盐岩沉积建造。

1. 片岩类

云母片岩 岩石类型有白云母片岩、石英白云母片岩、含砾石英白云母片岩、碳质白云母片岩、钙质白云母片岩、绿泥云母片岩、钠长白云母片岩、钠长二云母片岩、钾长白云母片岩、二长云母片岩、绿帘阳起云母片岩、含绿帘钠长云母片岩等。白色、灰白色、淡绿色、黄绿色、灰黄色、灰黑色，鳞片变晶、柱片状变晶、纤片状变晶、花岗鳞片变晶结构，片状构造。矿物有：白云母，定向排列，常呈细条带状集合体，片径0.2～2.0mm，含量50%～90%；黑云母，常呈细条带状集合体，片径0.3～0.8mm，含量0～25%；绿帘石，粒状或粒柱状，粒径0.2～0.5mm，含量0～15%；绿泥石，片状，含量0～10%；阳起石，纤状、纤柱状，粒径0.3～1.2mm，含量0～35%；钠长石和微斜长石，不规则砂屑粒状，粒径0.1～1mm，含量0～15%；石英，不规则砂屑状，粒径0.1～0.3mm，含量5%～25%；含或不含钙质或碳质，含少量碎屑状磷灰石、锆石、榍石、磁铁矿、石榴石等。

白云石英片岩 岩石类型有白云石英片岩、含绿泥蓝晶白云石英片岩、含绿帘白云石英片岩等。灰白色、浅黄白色、灰黄色，鳞片花岗变晶结构，片状构造。矿物有：石英，碎屑粒状或压扁状，粒径0.1～1.0mm，常呈团块状、透镜状、条带状集合体，含量35%～60%；白云母，片径0.1～0.5mm，可达0.8mm，常集合成细条带，含量30%～45%；长石，以斜长石为主，含量0～30%；蓝晶石，柱状，粒径0.2～1.0mm，含量0～15%；硬绿泥石，柱状、长柱状，粒径0.3～0.8mm，含量0～5%；含少量绿帘石、黝帘石、榍石、金红石、磁铁矿等。

云母片岩和白云母石英片岩 呈层状、似层状产出，或与大理岩、磷灰石岩、变粒岩共同组成沉积韵律，或石英、长石等呈明显的碎屑粒状。岩石化学成分：SiO_2 39.78%～77.02%，TiO_2 0.03%～2.47%，Al_2O_3 8.02%～31.61%，MgO 0.09%～10.35%，CaO 0.08%～10.75%，Na_2O 0.06%～5.70%，K_2O 0.16%～9.89%。在周世泰(1977)$K-A$图解上均投入沉积岩区，经涅洛夫(1974)(SiO_2+K_2O)-($Al_2O_3+TiO_2$)-Σ(其他)图解判别，其原岩为泥质长石石英砂岩、含砾砂质泥岩、粉砂质泥岩、泥质岩、钙质泥岩、碳质泥岩、铁质泥岩等。

2. 大理岩类

岩石类型有大理岩、含白云石大理岩、白云石大理岩、含云母大理岩、含石英云母大理岩、含透闪石大理岩、含云母钠长大理岩、石膏大理岩、磁铁矿硅锰矿大理岩等。白色、灰白色、褐色、灰黑色，花岗变晶结构，块状、条纹状、条带状构造。矿物有：碳酸盐矿物以白云石为主，局部以方解石为主，含量一般大于90%；含或不含白云母、石英、透闪石、钠长石、石膏、磁铁矿、硅锰矿等；可见少量绿帘石、橄榄石、磷灰石、黄铁矿、重晶石等。

该类岩石一般呈层状，具原始沉积的纹层构造，并与磷灰石岩、变粒岩或片岩组成明显的沉积韵律。其化学成分具有高CaO(23.32%～38.09%)、MgO(9.73%～22.40%)，低SiO_2(1.48%～28.04%)、Al_2O_3(0.26%～5.21%)的特征。在周世泰(1977)$K-A$判别图解上均投入沉积岩区碳酸盐岩亚区，并以其高SiO_2，低MnO、P_2O_5，微含磷灰石、锆石等而区别于岩浆碳酸岩类。CaO/MgO此值为1.39～7.71。因此，其原岩应为白云岩、钙质白云岩、白云质灰岩等。

3. 磷灰石岩类

岩石类型有白云石磷灰石岩、云母磷灰石岩、锰质磷灰石岩、角闪磷灰石岩、石榴石磷灰石岩等。灰白色、灰黄色、灰黑色、深褐色，细粒变晶、细粒鳞片花岗变晶结构，块状、条纹、条带状构造。矿物以磷灰石、白云石或白云母或锰矿物为主，部分见较多的角闪石或石榴石，含少量石英、黑云母、黄铁矿、褐铁矿等，偶见闪锌矿、方铅矿、金红石等。

该类岩石多呈层状、似层状、透镜状与沉积大理岩共生，岩石化学具有高 P_2O_5（13.17%～21.62%）、CaO(25.59%～41.96%)，低 Al_2O_3(1.34%～5.64%)的特征。并且，磷灰石呈浑圆状、椭圆状或不规则粒状，表面呈不规则皱纹及瘤状，无晶面，具变胶体的特征。因此，其原岩应为磷块岩，包括内碎屑磷块岩和包粒磷块岩。

(七)变粒岩-浅粒岩-石英岩组合(Pt_3)

该组合相当于新元古界云台岩群变质岩，为一套变粒岩-浅粒岩-石英岩组合的构造岩石组合，主要岩石类型有白云变粒岩、黑云变粒岩、二云变粒岩、白云钠长浅粒岩、含黄铁矿浅粒岩、斜长白云片岩、白云石英片岩、蓝晶石石英片岩夹石英岩、二长浅粒岩、含岩块二长浅粒岩，夹钠长浅粒岩、含斑钠长浅粒岩及少量黄铁矿钠长浅粒岩等。经历了低绿片岩相区域变质作用，原岩为一套基性—酸性火山岩-碎屑岩沉积建造或细碧角斑岩火山沉积建造。

1. 浅粒岩类

岩石类型有二长浅粒岩、岩屑二长浅粒岩、含岩屑二长浅粒岩、含白云二长浅粒岩、含霓辉二长浅粒岩、含磁铁矿二长浅粒岩、含黄铁矿二长浅粒岩、斑状二长浅粒岩、钠长浅粒岩、钾长浅粒岩、含白云钠长浅粒岩、含磁铁矿钠长浅粒岩、含黄铁矿钠长浅粒岩等。灰白色、土黄色、褐红色，变斑状、变余晶屑塑性岩屑、细粒变晶结构，见变余砂屑、球粒结构，块状构造。组成矿物有：钠长石，An 0—3，棱角状、长条状、眼球状、不规则粒状等，粒径 0.02～8mm，其中 0.5～8mm 者为变斑晶或变余晶屑，含量 20%～60%；微斜长石和条纹长石，棱角状、次棱角状、眼球状等，粒径一般 0.02～2mm，个别变斑晶达 2～8mm，含量 10%～50%；石英，不规则粒状，粒径 0.01～0.05mm，常呈透镜状、条带状集合体，含量 25%～45%；长英质塑性岩屑，透镜状、竹叶状、薄饼状，边界清晰，可有“淬火边”，含量 5%～15%；白云母和黑云母，含量 3%～8%；含或不含霓辉石、石榴石、绿泥石、绿帘石、阳起石；含少量榍石、磁铁矿、黄铁矿等。

呈层状、似层状产出，可见变余层理、变余砂状结构、变余粒序结构、变余晶屑结构等。岩石化学成分：SiO_2 59.10%～80.10%，TiO_2 0.09%～0.91%，Al_2O_3 10.71%～14.55%，Fe_2O_3 0.41%～2.44%，FeO 0.41%～1.42%，MgO 0.07%～3.88%，CaO 0.05%～0.76%，Na_2O 0.08%～4.86%，K_2O 3.56%～8.02%。在周世泰(1977)$K-A$ 图解上，除部分二长浅粒岩样品投入沉积岩区外，大部分样品投入火成岩区。前者在涅洛夫(1974)(SiO_2+K_2O)-($Al_2O_3+TiO_2$)-Σ(其他)图解上，主要投入长石质砂岩区，其原岩应为长石砂岩或凝灰质长石砂岩；后者在周世泰(1977)火成岩 SiO_2-(Fe_2O_3+FeO)判别图解上，绝大多数投入流纹岩区，个别投入粗面岩区，其斜长石均为钠长石(An 0—3)，岩石化学成分含 Na_2O 高，CaO 低，与中国石英角斑岩和中国流纹岩的平均化学成分相比，更接近于石英角斑岩，但 K_2O 的含量稍高，因此，其原岩应为石英角斑岩、钾长石英角斑岩或石英角斑质凝灰岩、钾长石英角斑质凝灰岩等。

2. 变粒岩类

区类在锦屏岩群与云台岩群中均为主要岩石类型之一。岩石类型有白云钠长变粒岩、含石榴石白云钠长变粒岩、黑云钠长变粒岩、含角闪钠长变粒岩、含石榴石二云钠长变粒岩、白云二长变粒岩、二云二长变粒岩、含硬绿泥石白云钠长变粒岩、含塑性岩屑白云钠长变粒岩等。白色、灰白色、肉红色，(鳞片)花岗变晶结构，见变余晶屑、变余碎屑结构，块状、条带状或片块状构造。矿物有：钠长石，不规则碎屑粒状、棱角状、次棱角状、椭圆状、圆状，粒径 0.02～1.0mm，An=1，含量 25%～70%；微斜长石和条纹长石，粒径 0.02～2.0mm，含量 0～30%；石英，不规则粒状、次棱角状，粒径 0.1～0.5mm，含量 5%～45%；白云母和黑云母，定向排列，含量 10%～20%；石榴石，为锰铝榴石，含量 0～15%；塑性岩屑，透镜状、扁豆状、不规则团块状，含量 0～10%；含或不含角闪石、绿帘石、黝帘石、绿泥石、硬绿泥石、霓辉石等，含少量棱角状、次棱角状磷灰石、榍石、锆石、磁铁矿、黄铁矿、金红石、萤石、刚玉等。

变粒岩类呈层状、似层状，或与大理岩、磷灰石岩、石英岩组成沉积韵律，或具变余晶屑、变余碎屑、

辉岩等形成的温压条件为 860～920℃和 2.87～4.10GPa，换算形成深度为 86～120km，相当于岩石圈的上地幔。

另外，该期变质作用在变质泥沙质岩中，表现为柯石英与蓝晶石、多硅白云母、石英、金红石、磁铁矿共存。在变质基性岩中，表现为柯石英与石榴石（以镁铝榴石为主）、绿辉石（含硬玉组分高）等共存。根据石榴石的端元组分，在索波列夫（1970）（Alm＋Spe）-（Gro＋And＋Ura）- Pyr 变质相石榴石成分图解上，主要投入榴辉岩相区。根据柯石英形成的最低压力条件 2.6GPa 估算，变质温度大于 800℃，也应属超高压榴辉岩相重结晶作用。

（二）高压榴辉岩相

苏鲁造山带东海杂岩中的榴辉岩类岩石主要经历了该期变质作用，部分片麻岩和变质表壳岩石也与榴辉岩一起共同经历了该期变质作用的改造，区域上分为高压榴辉岩相进变质和高压榴辉岩相退变质两个阶段。早期进变质阶段表现为中—低温动力变质作用，以钠长石消失和富钠单斜辉石的出现为标志，表现为石榴石与绿辉石共存，并可出现金红石、蓝晶石、石英、多硅白云母等，属榴辉岩相变质作用。它是进变质石英榴辉岩等的形成期，亦可能是一些超高压榴辉岩形成前的一个不可忽视的变质期。这可从含柯石英及其假象榴辉岩的石榴石或绿辉石中有形状较规则、散乱分布的绿辉石或石榴石原生包体，石榴石虽因高温下的晶内扩散仍具不明显的进变生长环带而得到证实。

采用 Holland（1980）实验校正的单斜辉石硬玉分子地质压力计和 Ellis 等（1979）石榴石-单斜辉石地质温度计估算，获得石英榴辉岩、白云母榴辉岩等形成的温压条件为 580～595℃和 1.27～1.33GPa。按一般的岩石圈密度模型换算获得其形成深度为 38～40km，相当于下地壳的范围。

晚期退变质阶段矿物组合以石榴石和绿辉石为主，仍属榴辉岩变质相。但在含柯石英假象榴辉岩中发现石榴石有反环带结构，表现为核部相对富 MgO、FeO，边部相对富 MnO，反映温压降低的退变质条件。它以柯石英转变为多晶石英集合体而具有放射状胀裂结构，以及出现变斑晶蓝晶石为标志。在含柯石英假象蓝晶石榴辉岩中，变斑晶蓝晶石呈长柱状，包裹有石榴石、绿辉石、金红石、柯石英假象石英集合体等，说明含柯石英榴辉岩向含柯石英假象榴辉岩转变过程是一个相对缓慢的减压过程。

采用单斜辉石硬玉分子压力计和石榴石-单斜辉石矿物对间 Fe－Mg 分配系数温度计估算，获得含柯石英假象蓝晶石榴辉岩形成的温压条件为 790～860℃和 1.70～2.17GPa。

（三）高压角闪岩相

苏鲁造山带中东海杂岩的榴辉岩、片麻岩、变质表壳岩等大部分岩石都经历了该期变质作用，在榴辉岩中以石榴石和绿辉石被交代、分解为特征。石榴石，尤其是绿辉石被普通角闪石、斜长石、绿帘石、多硅白云母、石英等矿物取代，形成斜长榴闪岩、斜长角闪岩、绿帘斜长角闪岩等。在其他变质基性岩中，表现为角闪石与斜长石、黑云母、多硅白云母，或与斜长石，或与斜长石、石英、铁铝榴石，或与斜长石、绿帘石共存。在片麻岩石中以浅闪石普遍出现为特征。表现为角闪石与铁铝榴石、多硅白云母、黑云母、石英、钾长石、钠长石，或与多硅白云母、黑云母、石英、钾长石、钠长石共存。在变质硅质岩中，表现为透辉石与石英、多硅白云母，或与透闪石、石英共存。在变质碳酸盐岩中，表现为透辉石与透闪石、方解石、白云石、多硅白云母，或与方解石、白云石共存，或方解石与白云石、多硅白云母共存。

在特罗科娃（1965）TiO_2 － 100Fe/（Fe＋Mg）图解上，上述黑云母样品均落入角闪岩相区。在 Miyashiro（1973）Al_2O_3 -（Fe_2O_3＋FeO）图解上，上述多硅白云母样品大都投入角闪岩相铁铝榴石带。在萨克路特金（1968）Ti -（Na＋K）图解上，上述角闪石样品大都落入角闪岩相区。采用角闪石地质温度计估算，绝大多数形成温度为 500～700℃。在 Raase（1974）角闪石压力型 Al^{IV} － Si 图解上，榴闪岩、大理岩和斜长角闪岩中的角闪石投入大于高压型（＞0.5GPa）区。因此，它们应属高压角闪岩相重结晶作用。

(四)高压绿片岩相

该岩相叠加于东海杂岩、锦屏岩群高绿片岩相和云台岩群竹岛岩组、花果山岩组低绿片岩相之上的一期区域低温(局部中温)动力变质作用。它以蓝闪石、蓝晶石、多硅白云母等出现为标志。在变质基性岩中,表现为多硅白云母与绿泥石、石英、钠长石、(绿帘石),或与绿泥石、阳起石、钠长石、(绿帘石),或与黑云母、绿帘石、绿泥石、阳起石,或与黑云母、绿帘石、绿泥石,或与黝帘石、绿泥石、石英、(黑云母)共存。在变质泥砂质岩中,表现为蓝晶石与石英,或与多硅白云母、石英、(黄玉、磷钙铝石、金红石)共存;多硅白云母与黑云母、绿帘石,或与钠长石、石英、(黑云母、绿泥石),或与绿泥石、钠长石、微斜长石、石英,或与黑云母、绿帘石、石英、钠长石,或与硬绿泥石、钠长石、石英共存;或锰铝榴石与钠长石、微斜长石、石英、黑云母、(绿帘石)共存。在变质中酸性岩中,表现为蓝闪石与绿帘石、钠长石、石英、(硬玉)共存;或多硅白云母与钠长石、石英,或与钠长石、石英、钾长石、(黑云母、绿帘石),或与锰铝榴石、钠长石、石英、钾长石、(黑云母)共存。在变质钙质磷质岩中,表现为多硅白云母与方解石,或与方解石、磷灰石、钠长石、石英共存;或锰铝榴石与方解石、阳起石共存。根据多硅白云母的 b_0 值为 9.056~9.079A,在 Chprianl(1971)多硅白云母压力类型 Mg - Na 图解上均投入高压区,以及董申葆等(1986)变质相组和相系的矿物及矿物组合划分方案确定,该期应以高压绿片岩相或蓝闪绿片岩相变质重结晶作用为主。根据黑云母-石榴石、二长石及石英-白云母氧同位素地质温度计估算,其形成温度以 300~430℃为主,压力应大于 0.7GPa,地热梯度约为 15℃/km。沭阳韩山至连云港猴嘴一带的(含)蓝晶石石英岩和蓝晶石白云母石英片岩含有蓝晶石+黄玉+磷钙铝石+金红石等矿物组合,形成的温度和压力可能更高。

(五)中压角闪岩相

该岩相是华北陆块区南缘泰山岩群与城岗杂岩中的主要变质作用,属区域动力热流变质作用,它以蓝绿色角闪石、矽线石、铁铝榴石等出现为特征。在变质泥砂质岩中,表现为矽线石与斜长石、铁铝榴石、黑云母、白云母共存,或铁铝榴石与黑云母、石英、绿帘石,或钾长石、透辉石、透闪石、石墨共存,或黑云母、斜长石、钾长石、绿帘石、石英共存。在变质基性岩中,表现为角闪石与斜长石、黑云母、石英,或与斜长石、黑云母、绿帘石共存。在变质碳酸盐岩中,表现为方解石与白云石、透辉石、透闪石,或与透闪石、石英,或与橄榄石、硅镁石、多硅白云母共存。在变质硅铁质岩中,表现为角闪石与磁铁矿、辉石共存,或磁铁矿与石英共存。根据上述矿物组合及其 ACF 和 A′KF 图解,董申葆等(1986)划分的变质相组、相系的特征矿物及矿物组合方案,以及石榴石在索波列夫(1970)(Alm+Spe)-(Gro+And)-Pyr 图解上均投入低角闪岩相区,角闪石在 Zakpy(1968)角闪石 Al^{IV} - Al^{VI} 变异图上大都投入低角闪岩相区确定,它们属中压低角闪岩相,相当于变质泥岩中的矽线石带。其形成的温压条件采用别尔丘克(1966)斜长石-角闪石地质温度计和莱斯、费利特地质压力计估算,为 525~605℃和 0.5~0.65GPa。该期变质时代据斜长角闪岩 Rb - Sr 法等时线年龄为 2754Ma,确定为新太古代。

(六)中压绿片岩相

该岩相是扬子陆块区埤城岩群与金山岩群中的主要变质作用,它以白云母、绿泥石、锰铝榴石出现为标志。在变质砂泥质岩中,表现为白云母与钠长石、石英、钾长石、(黑云母)、绿泥石,或与绿泥石、钠长石、石英,或与绿泥石、钠长石、微斜长石、石英共存;或锰铝榴石与钠长石、钾长石、石英、(绿帘石、黑云母)共存。在变质基性岩中,表现为白云母与绿泥石、阳起石、钠长石,或与黑云母、绿帘石、绿泥石、阳起石,或与绿帘石、阳起石、钠长石共存;或绿泥石与黑云母、绿帘石、阳起石、钠长石共存。在变质中酸性岩中,表现为白云母与钠长石、钾长石、石英、(绿帘石、黑云母),或与钠长石、石英、绿帘石,或与钠长石、钾长石、石英、(黑云母、锰铝榴石),或与钠长石、石英、锰铝榴石、(黑云母、绿泥石)共存。根据上述矿物组合的 ACF 和 A′KF 图解,以及董申葆等(1986)变质相组和相系的矿物及矿物组合划分方案,确定属低压及中压低绿片岩相,相当于泥质变质岩的黑云母带。根据黑云母-石榴石地质温度计估算,以

及白云母的 b_0 值为 8.991～9.011A，在 Ghprianl(1971)多硅白云母压力类型 Mg－Na 图解上投入低压区，结合低绿片岩相与绿纤石相之间的临界反应条件，确定其形成温度为 345～380℃，压力为 0.25～0.40GPa，地热梯度约为 30℃/km。

该岩相在华北陆块区南缘和苏鲁造山带也是一期重要的叠加变质作用，为叠加于低角闪岩相之上的一期区域低温动力变质作用。它以角闪石、透辉石、橄榄石消失为特征，表现为角闪石为绿泥石所取代，橄榄石、透辉石为蛇纹石等所取代，以及斜长石的绢云母化和新生黑云母、钠长石等。根据董申葆等(1986)变质相组、相系的特征矿物及矿物组合划分方案，确定它们应属低压或中压低绿片岩相重结晶作用，形成的温度低于 400℃。

二、变质时代

(一)新太古代变质岩系及变质带

华北陆块区南缘的泰山岩群和城岗岩群，两者的原岩均相当于华北地区新太古界，它们都经历了低角闪岩相区域变质作用，其变质矿物组合相当于变质泥岩的矽线石带。同位素年龄资料显示，其变质时代与阜平旋回相当，其终止时间约 2.5Ga。上述特征显示为新太古代的单相变质带。

(二)古元古代变质岩系和变质带

该带主要发育于苏鲁造山带东海杂岩的演马厂岩组、摩天岭岩组、武强山岩组等中。演马厂岩组由含透辉石、透闪石的白云石大理岩、石英岩、白云石大理岩及白云石英片岩等组成。摩天岭岩组由含蓝晶石的白云片岩、白云石英片岩等组成。武强山岩组由大理岩、磁铁石英岩、变粒岩及云母片岩组成。三者变质程度较浅，为中压低角闪岩相的变质岩系和中低压高绿片岩相的变质岩系。其变质矿物组合相当于变质泥质岩的石榴石带。同位素年龄资料显示，它们的变质时代相当于吕梁旋回，其终止时间为 1.8Ga。上述特征表明是一古元古代的多相变质带。

(三)中—新元古代变质岩系和变质带

该带分布于锦屏岩群、云台岩群和埤城岩群、金山岩群等中。锦屏岩群由白云石大理岩、磷灰石岩、石英岩、片岩等组成，变质程度不深，为中压高绿片岩相的变质岩系。其变质矿物组合相当于变质泥质岩的石榴石带。云台岩群和埤城岩群主要由变粒岩、片岩和浅粒岩、片岩组成，变质程度更浅，为中低压绿片岩相的变质岩系。其变质矿物组合相当于变质泥岩的黑云母带。金山岩群由变质砾岩、砂岩、泥质砂岩、千枚岩等组成，变质很浅，为低压绿纤石相的变质岩系。同位素年龄资料显示，它们的变质期相当于晋宁旋回，其终止时间约为 0.7Ga，变质时代相当于中—新元古代。

(四)新元古代超高压—高压变质岩系及变质带

该带由含柯石英及其假象榴辉岩、含微粒金刚石柯石英榴辉岩、含微粒金刚石钛磁铁矿榴辉岩、含柯石英及其假象蓝晶石榴辉岩、(含)石榴石二辉橄榄岩、石榴石辉石岩、石榴石二辉岩、含柯石英及其假象石榴石黑云石英片岩，以及含石榴石花岗质片麻岩、含多硅白云母花岗质片麻岩、含黄玉蓝晶石石英岩、含黄玉蓝晶石白云石英片岩、蓝闪石片岩等组成。其中含微粒金刚石或含柯石英及其假象的岩石变质很深，为中—高温超高压榴辉岩相的变质岩系；向两侧过渡为高压角闪岩相变质岩系、高压绿片岩相变质岩系等。它们被晋宁期花岗质片麻岩包裹及其同位素年龄资料表明，它们的形成时代相当于晋宁旋回，变质终止时间约为 0.7Ga。上述特征表明，它是一个新元古代高压—超高压变质带。

（五）中生代高压变质岩系及变质带

该带主要发育于苏鲁造山带内韧性剪切带中，叠加于东海杂岩的各种岩石之中，以多硅白云母的出现为标志，属高压变质相系。

该期变质作用与区内最晚一期强烈的韧性剪切变形极为密切，多局限于韧性剪切带中。多硅白云母的大量出现，反映了水及钾质的活跃，其变质作用类型可能为一期叠加的动力变质作用。该期变质作用不仅叠加于东海杂岩之中，于中新元古界锦屏岩群及云台岩群中亦有发育，故其形成时代较晚，且大量的多硅白云母同位素年龄主要集中于221～150Ma，相当于印支构造期。

第四节　变质作用、构造环境及其演化

根据变质作用类型的不同，江苏省及上海市域内变质作用可分为区域变质作用、混合岩化变质作用、动力变质作用和接触变质作用四大类。

一、区域变质作用类型及其特征

区域变质作用是省内最重要、分布最为广泛而且变质因素最复杂的一种变质作用，常发生在前寒武纪结晶基底，或出现于造山带核部，在华北陆块区南缘、苏鲁造山带、下扬子结晶基底3个变质域内均有发生。一般规模较大、影响范围广、变质程度高。

（一）动力热流变质作用

为前寒武纪变质岩系的区域变质作用类型。

(1)属中—低压型变质相系。其中新太古代变质岩系为矽线石带，古元古代变质岩系为矽线石、蓝晶石带等，中—新元古代变质岩系为石榴石带、黑云母带、绿纤石带等。

(2)变质岩系形成的温度高、深度浅。变质矿物分带明显，且窄。地层由新到老，变质矿物带由绿纤石带→黑云母带→石榴石带→蓝晶石带→矽线石带，反映变质程度加深。其递增变质矿物带的形成以温度升高为主。

(3)同期岩浆活动强烈。新太古代变质岩系，古元古代变质岩系，中—新元古代变质岩系均夹有大量基性或中酸性、酸性火山岩原岩，古元古代末期和新元古代晚期均有大量中酸性、酸性侵入岩侵位。

(4)变质岩系在构造运动后的上升幅度小，速度慢。

变质带的上述特征与Zwart(1967)划分的西欧海西期变质带的特征相似，相当于张秋生(1981)划分的“基底”型区域变质作用的AA类型。

（二）中—高温动力变质作用

为新元古代超高压变质岩系的区域变质作用类型。

(1)属超高压型变质相系。变质岩系为柯石英或微粒金刚石-石榴石-绿辉石带。

(2)变质岩系形成的温度达中—高温，形成深度极深，可能达上地幔。呈带状分布，是超高压剪切带。它是大陆碰撞造山过程中变质-变形分解作用形成的一类特殊的剪切带。它向两侧过渡为高压角闪岩相矿物带、中压或低压绿片岩相矿物带等。因此，其递增变质矿物带的形成为压力和温度共同升高所致。

(3)同期岩浆活动少见。

(4)构造以推覆构造为主，发育大量平卧、倒转褶皱和剪切带。

(5)柯石英能在出露地表后得以保存,说明变质岩系在印支造山期后的上升幅度很大,速度极快。

(三)中低温动力变质作用

为部分新元古代高压变质岩系和中生代高压变质岩系的区域变质作用类型。

(1)属高压型变质相系。其中新元古代变质岩系为石榴石-绿辉石带,中生代变质岩系为蓝闪石带和蓝晶石-黄玉带(?)。

(2)变质岩系形成的温度低,深度深(中、下地壳)。呈带状分布,是高压剪切带。它是洋壳或陆壳在俯冲作用过程中变质-变形分解作用形成的一类特殊的剪切带。它向两侧过渡为中压或低压绿片岩相矿物带。因此,其递增变质矿物带的形成是以压力的升高为主。

(3)同期岩浆活动少见。

(4)构造以推覆构造为主。

(5)变质岩系在晋宁造山期后或印支造山期后的上升幅度较大,速度较快。

变质带的上述特征与 Zwart(1967)划分的西欧阿尔卑斯期变质带的特征相似,相当于张秋生(1981)划分的"造山带"型区域变质作用的 BD 类型。

二、混合岩化变质作用

高级区域变质作用进一步发展,一般变质程度较深,多为角闪岩相,局部可达麻粒岩相。随着温度和静岩压力的增大,必然会导致岩石的部分熔融。那些长英质而且富含水的组分熔点低而先发生熔融,留下的便是富含镁铁质的难熔组分。于是出现一种由浅色长英质脉体和暗色铁镁质变质岩(基体)共同组成的一种宏观上不均匀的变质岩,称为混合岩。华北陆块区结晶基底和苏鲁造山带中存在大量的混合片麻岩,主要是该类变质作用的产物。随着混合岩化作用的进行,在接近极端情况下,熔融产生的长英质脉体与残存基体已难区分,岩性与岩浆成因花岗岩极为相似,称为混合花岗岩。

三、动力变质作用

动力变质作用可以看作是化学过程与物理过程的结合。在动力变质作用中,物理过程占主导地位,空间上受韧性剪切变形构造带的控制。省内动力变质作用较为频繁,动力变质岩广泛发育,表现为剪切褶皱、剪切面理构造发育,涉及的地质体多被剪切改造成透镜状集合体,并有大量的新生变质矿物出现。主要发育于苏鲁造山带内韧性剪切带中,叠加于东海杂岩的各种岩石之中,以多硅白云母的出现为标志。

四、接触变质作用

接触变质作用是以岩浆为主要热源的一种局部变质作用,包括两种类型:因围岩受到岩浆的烘烤,二者之间不存在物质交换而发生的变质,称为接触热变质作用;而由于岩浆的侵位,沿其接触带或在接触带的一段距离内岩石受到岩浆挥发分及其流体的影响而发生显著的交代作用,形成内、外接触带,称为接触交代变质作用。

接触热变质现象主要发育于中生代花岗岩与碎屑沉积的围岩的接触带附近,使正常碎屑沉积岩变质成为板岩、角岩等接触热变质岩,形成较宽大的几个相带并大致围绕岩体作同心环状展布,由内向外依次为辉石角岩相、普通角闪石角岩相和钠长绿帘角岩相。

接触交代变质现象在长江中下游地区比较发育,在华北陆块南缘也有部分发育,许多中生代岩体,在与其围岩(沉积岩)接触部位大都不同程度地发育接触交代变质现象,形成矽卡岩及规模不等的铁、铜等矽卡岩型矿床。接触交代变质作用形成的岩石除矽卡岩外，还有各种类型的蚀变岩，如砂质岩石周边的黄铁绢英岩化，镁铁质岩石普遍具有的绿泥石化，超镁铁质岩石普遍具有的蛇纹石化和滑石化等。

五、构造环境与演化

根据省域内不同地区变质岩石类型、变质岩石组合、变质程度、变质作用类型及其空间分布特征，不同变质域的构造环境差异较大。

其中华北陆块区南缘变质岩主要为泰山岩群，构造岩石组合以花岗片麻岩-角闪岩-石英岩组合（$Ar_{3\text{-}4}$）为主，局部夹有斜长角闪岩-变粒岩-磁铁石英岩组合（$Ar_{3\text{-}4}$），其原岩为一套变质的基性火山岩及细粒火山碎屑岩夹粉砂级的碎屑岩建造，普遍经历了中压角闪岩相变质作用，构造环境相当于古岛弧环境，陆壳成熟度较低。

苏鲁造山带中变质岩石类型多样，变质期次与变质作用复杂。其中东海杂岩变质岩以各种片麻岩为主，夹片岩、角闪岩、榴辉岩、变粒岩、浅粒岩、大理岩、石英岩等，构造岩石组合有钾长花岗片麻岩-花岗片麻岩组合（Pt_1）、二长花岗片麻岩组合（Pt_1）、斜长角闪岩-榴辉岩组合（Pt_1）、变超基性岩-基性岩组合（Pt_1）、片岩-石英岩-大理岩组合（Ar_4—Pt_1）等，变质相以低角闪岩相和高绿片岩相为主，部分地区达榴辉岩相、麻粒岩相。其中早期表壳岩类原岩主要为基性火山岩-碎屑岩-铝质碎屑岩和碎屑岩-铁质硅质岩-碳酸盐岩建造，形成环境应为古岛弧环境，其后表现为大规模的花岗质岩浆岩的侵入，构造环境转为大陆边缘弧。进一步发展表现为东海杂岩南侧的锦屏岩群、云台岩群为陆源碎屑沉积岩建造和细碧角斑岩火山岩建造，构造环境进一步演化为弧后盆地环境。

下扬子陆块区埤城岩群构造岩石组合为斜长角闪岩-变粒岩-石英片岩组合，原岩建造相当于中基性—中酸性火山岩为主的岩石建造，并夹有少量正常碎屑岩，构造环境相当于大陆边缘弧环境；金山岩群构造岩石组合为片岩-石英岩-大理岩组合，原岩建造相当于浅海相碎屑岩-碳酸盐岩建造夹中酸性火山岩建造，构造环境相当于弧后环境。

第五节　变质岩构造岩石组合与成矿关系

华北陆块区南缘泰山岩群山草峪组为一套斜长角闪岩-变粒岩-磁铁石英岩的构造岩石组合（$Ar_{3\text{-}4}s$），是区内鞍山式变质铁矿的重要控矿层位，含矿岩石为其中的含铁石英岩、石英片岩等，可能为BIF含铁建造的组成部分。因此，徐州丰沛地区存在寻找鞍山式沉积-变质型铁矿的有利地质条件。

苏鲁造山带于武强山岩组的片岩-石英岩-大理岩组合（Ar_4—Pt_1）内已发现有多个铁矿点，含矿岩石为磁铁石英岩，可能为BIF含铁建造的组成部分，矿床类型为鞍山式变质型铁矿。尽管目前发现的矿（床）点规模小，品位低，但成矿条件有利，区域远景较好，深部找矿潜力巨大。

苏鲁造山带超高压变质亚带中榴辉岩-斜长角闪岩组合是区域上金红石矿的主要含矿岩石，目前已发现了一批大—中型变质型金红石矿床；而区内广泛分布的片麻岩组合金的地球化学丰度一般为$(2\sim 6)\times 10^{-9}$，并且在其中发现了一批金矿化点，可能为区域金矿的重要矿源岩石。

而苏鲁造山带南部连云港-泗洪高压变质亚带中锦屏岩群绿片岩-(云母)石英片岩-大理岩组合中赋存的变质型磷矿是我国东部地区最为重要的磷矿矿产类型之一。成矿严格受高压变质带中锦屏岩群的层位控制，赋存矿体的变质建造主要有大理岩-磷灰石岩-片岩变质建造、变粒岩-片岩变质建造、浅粒岩-片岩变质建造。矿石类型为磷灰石岩矿石。矿石围岩主要有变粒岩类、浅粒岩类、大理岩类、石英岩类、云母片岩类，原岩分别为碎屑沉积岩类-化学沉积岩类等，原岩建造主要为基性火山岩-碎屑岩-磷块岩-碳酸盐岩沉积建造或细碧角斑岩建造等。矿床成因为区域沉积-变质型，成矿作用主要为陆缘局限盆地相化学沉积作用并叠加后期区域高压绿片岩相变质作用。

另外，在连云港-泗洪高压变质亚带中已发现有蓝晶石矿（韩山蓝晶石矿）赋存于云台岩群变粒岩-浅粒岩-石英岩组合中。矿床成因为区域变质成因。矿体受岩石组合中的石英岩层位控制明显，主要赋存于含蓝晶石石英岩或含蓝晶石石英片岩中，呈长条状、透镜状顺层产出，矿床形成也明显受原岩化学组成的影响。

扬子陆块区镇江一带埤城岩群的构造岩石组合为斜长角闪岩-变粒岩-片岩组合，目前未发现有价值的矿化线索，但综合研究认为，其岩石组成中有绿岩带的组成，可能为金矿找矿的有利层位。上海金山地区金山岩群构造岩石组合为石英片岩-石英岩-大理岩组合，是矽卡岩型张堰铁铜矿的赋矿层位，其中的大理岩类是矽卡岩型铁铜多金属矿产的成矿有利围岩，区域上也是矽卡岩型金属矿的找矿有利层位。

第六章　大型变形构造

江苏省及上海市地跨三大地质构造单元，构造运动频繁，多旋回的构造运动导致区内褶皱、断裂十分发育，且多次叠加，形成了区域上错综复杂的构造格架。区内构造演化经历了新太古代的陆壳形成和增生、古元古代拼合固结、中新元古代伸展及古生代陆表海盆地演化阶段，自海西运动以来，开始了由中亚-特提斯构造域向滨太平洋构造域转化阶段（陆相盆地伸展发育与造山），中、新生代是区内滨太平洋构造体系强烈活动阶段（亦称大陆边缘活化阶段），致使发生地幔置换作用与中、新生代岩石圈减薄作用。其中华北板块与扬子板块夹持下的秦-祁-昆洋盆消亡及两个陆块的碰撞造山是区内最重要的构造演化阶段，在这一大的构造背景下，江苏省及上海市构造格局繁杂而多彩，发育了韧性变形构造、褶皱构造、断裂构造，及上叠中、新生代构造盆地等多种类型的地质构造，其中区域性的大型变形构造是独具特色的典型构造之一。

第一节　区域主要构造特征

在复杂而漫长的地质构造史中，历经板块碰撞、海陆开合等构造运动和所处大地构造位置，致使江苏省及上海市构造格局繁杂而多彩，其中最为显著的构造形迹主要包括大型褶皱构造：如徐州-邳县褶皱带、东海-连云港褶皱带、盱眙-建湖褶皱带、江浦-南京-镇江褶皱带、宜兴-溧阳褶皱带等；大型韧性变形构造：如泗洪-赣榆区域性韧性剪切带、猴嘴-南城韧性剪切带等；大型断裂构造：如郯庐断裂带、盱眙-响水口断裂、金坛-如皋断裂、海州-泗阳断裂、茅山断裂带、湖苏断裂等。

一、大型褶皱构造

褶皱构造主要发生在印支-燕山期，喜马拉雅期亦有发生。褶皱主要呈北东—北北东走向，次为东西向，少数呈北西向。省内 8 个褶皱构造带主要出露于徐州-邳县、东海-连云港、江浦-南京-镇江、溧阳-宜兴、无锡-苏州地区，而滨海-盐城、盱眙-建湖、扬州-江都等地多为隐伏褶皱构造。一般北东向褶皱比较紧密，背斜和向斜常成群出现，大型褶皱两翼有次一级小型构造发育，从而构成复式褶皱，组成褶皱带。

（一）徐州-邳县褶皱带

徐州至邳县以西，分布着一系列轴向由北北东渐转为北东东向，并略向北西凸出的弧形复式褶皱，平行相间排列，枢纽有起伏，剖面上呈隔档式，背斜相对紧密，向斜较为开阔，核部保存较好，翼部多被纵断层破坏。主要由 5 个复式背斜和 5 个复式向斜组成。

（二）东海-连云港褶皱带

东海-连云港地区太古宙、元古宙变质岩中，发育着一系列北东向或北北东向的紧闭同斜褶皱，规模较大的有锦屏倒转背斜、连云港-罘山倒转向斜等，分别由锦屏岩群、云台岩群组成。

(三)滨海-盐城褶皱带

该带属隐伏构造,钻孔有揭示。由震旦系至三叠系组成,褶皱轴大致平行,呈北东向延伸,规模大小不一。一般背斜开阔,向斜紧密。它们往往被北西向断裂带切割成数段。

(四)盱眙-建湖褶皱带

该带横亘苏北平原中部,属隐伏构造。自盱眙西南,经洪泽达建湖以南。褶皱由震旦系至三叠系组成,轴向由北东渐转为北东东,呈向北凸出的弧形。南、北两侧均被弧形断裂夹持。一般长 20～50km,宽 2～4km,形态较紧闭。褶皱主要形成于中生代,晚白垩世前基本形成,古近纪弧形隆起,分隔洪泽和金湖两凹陷。

(五)扬州-江都褶皱带

该带属推测隐伏褶皱,褶皱轴向由北西西转近东西至北东东向,呈略向南凸的弧形,褶曲和缓,均由侏罗系象山群组成。长约 25km,宽数千米。南、北两侧均为弧形断裂所制约。被后期断裂切割成数段。

(六)江浦-南京-镇江褶皱带

沿长江水道两侧的丘陵地带,分布着一系列由震旦系至中生界构成的复式褶皱。一般背斜紧密、向斜开阔,两翼不对称,形态复杂,且均被断裂破坏。西段江宁—江浦—六合一带,褶皱呈北东向展布;中段南京至镇江间,发育一系列轴向由北东转东西至北东东向复式褶皱,呈向北凸出的弧形展布,弧顶在下蜀一带;东段镇江以东地区,有呈北西向展布的复式褶皱。

(七)宜兴-溧阳褶皱带

宜溧地区褶皱构造发育,轴向多样,形态复杂。主要有近东西向和北北东向两组,常组成网格状构造格局。褶皱多为复式背、向斜,由志留系至三叠系组成,被后期构造复杂化和火山岩覆盖,显得残缺不全。

(八)无锡-苏州褶皱带

由一系列北东向复式褶皱构成,分布广,但出露零星,主要由上志留统至三叠系组成,一般背斜紧闭,向斜开阔,多被后期断裂破坏。

二、大型韧性变形构造

该构造主要于苏鲁造山带之中发育广泛,苏鲁造山带在碰撞造山运动,超高压、高压变质变形中形成了极为复杂的多期韧性剪切构造。根据变形特征、变质产物分析,区内至少形成 4 期韧性剪切带,前三期剪切带因后期变形的改造受到严重破坏,已很难恢复其空间分布规律和格架,第四期韧性剪切作用以出现大量多硅白云母为特征,所形成的剪切带将苏鲁造山带切割成不同规模、不同级别的构造岩片,各构造单元之间及各岩片之间主要以韧性剪切带为界,并且岩片内也大量出现交织状的韧性强变形带。一般韧性剪切带内岩石变形强烈,特征变质矿物广泛出现,并明显细粒化,剪切片麻理、拉伸线理非常发育。

(一)泗洪-赣榆区域性韧性剪切带

沿连云港台北镇、锦屏、沭阳滥洪、泗洪洋河一带分布,呈北东—北北东向展布,北段零星出露,南段隐伏。该剪切带位于超高压、高压变质带的交接部位,是新太古界—古元古界东海杂岩与中新元古界锦屏岩群与云台岩群的分界构造。带内二长质糜棱片岩、含多硅白云母构造片岩发育。该韧性剪切带两期韧性变形特征明显，早期具有逆冲性质，晚期具右行平移剪切特征。

（二）猴嘴-南城韧性剪切带

该带出露于猴嘴至南城一线，往南可延至沭阳韩山，是中新元古界锦屏岩群与云台岩群的分界构造。在猴嘴段，总体产状为80°～110°∠20°～40°，带内由二长质糜棱岩和白云石英构造片岩、白云钠长构造片岩构成。剪切带中心位于猴嘴—当路—九顶山—南城镇一线，断续出露糜棱片岩。该剪切带力学性质为右旋斜冲平移性质，属复合型叠加韧性剪切带。早期韧性剪切作用形成北东东—近东西向顺层低角度逆冲推覆剪切带；后期近南北向平移剪切作用具斜冲性质，糜棱面理发育比早期剪切带更为密集，连续性更好。在位于剪切带中心部位的糜棱片岩中，分异石英脉强烈褶皱、拉断，形成一系列扁平的透镜体或钩状体。成分分异强烈，白云母和绢云母集中成薄层状，厚1～3mm，成层性好，并有白云母构成的线理。

（三）大岭-徐岭韧性剪切带

该带位于东海大岭—徐岭一带，总体呈北东向，局部呈现近东西向、北北东走向，倾向南东，倾角30°～75°。剪切带内变形现象丰富，糜棱面理、拉伸线理极为发育。从拉伸线理指向、层内褶皱运动学特点判断，该剪切带为一由南东向北西的斜冲推覆剪切带，在平面上展示右行滑移特点。

（四）驼峰-埠后韧性剪切带

该带为一区域性韧性剪切带，位于东海驼峰—埠后一带，总体走向北东向，局部近南北向，一般倾向为90°～160°，倾角为23°～60°；其发育于驼峰片麻岩和暗色岩系中。岩石变形强烈，形成了相应的糜棱岩化岩石、糜棱岩、糜棱片岩。剪切带内变形现象丰富，糜棱面理极发育，从剪切褶皱形态看，其普遍发育向南西方向的倒转褶皱，显示右行运动特点。综合上述特点，该剪切带为由南东向北西方向的斜冲推覆剪切带，是高压低温绿片岩相条件下的产物。

（五）虎山-东海农场韧性剪切带

该带为一区域性韧性剪切带，位于区内中南部虎山—东海农场一带，总体呈北北东走向，局部北东向，倾向南东东，产状95°～150°∠20°～60°，平均119°∠42°。剪切带发育在牛山片麻岩、虎山片麻岩和暗色岩系中。剪切带岩石变形强烈，形成了相应的糜棱岩化岩石、糜棱岩、糜棱片岩。综合变形特征和变质矿物研究，该剪切带应为高压低温条件下形成的由南东向北西的斜冲推覆型韧性剪切带。

三、大型断裂构造

江苏境内断裂构造具有多期活动的特点，许多深大断裂处于长期活动状态，经多次构造运动叠加改造，不同时代、不同性质、不同方向的断裂构造相互交错和切割，从而构成了错综复杂的断裂系统。按断裂延伸的方向，可将境内断裂分为4组，一般北北东—北东向最为发育，往往成为构造单元的分界线，主要断裂有郯庐断裂、响水口-淮阴断裂、江南断裂、湖苏断裂等；其次为近东西向弧形断裂系和近东西向断裂，常常成为控制中新生代断陷盆地的边界；北西向断裂一般发生较晚，常切割和错断北北东向、北东向或近东西向构造。

（一）北东向断裂组

该断裂组是区内规模最大、活动时间最长、分布最广、影响最大的一组断裂。多为主干断裂，规模一般几十千米至百余千米，断距可达千米以上。

(1)郯庐断裂带。是中国东部的巨型断裂带,纵贯鲁、苏、皖三省,是华北板块与苏鲁造山带、扬子板块的分界断裂,推测深度大于20km,可达上地幔。其活动时间长,一般认为中生代是强烈的活动期。早期大幅度左行平移,累计距离可达数百千米。后期扩张,成为岩浆通道,新生代仍有活动。在江苏境内该断裂称为新沂-泗洪段,长约180km,宽20~30km。总体走向北北东,东侧有零星出露,西侧被覆盖,在航磁图上反映为明显的线性正异常带,卫星照片上线状影像清楚,由6条大致平行的主干断裂组成,其中纪集-王集断裂和山左口-泗洪断裂分别控制了断裂带的西界和东界,为最具影响的断裂。整个断裂带被数十条后期北西向断裂切割、错开。

(2)响水口-淮阴断裂。为一切割深达莫霍面的隐伏大断裂,是苏鲁造山带与扬子板块的分界构造,也是苏北拗陷区的北界。大致位于盱眙—淮阴—响水口—燕尾港一线,呈北东向延伸。断层向南东陡倾,具有先压后张的力学性质。其形成时代早,并长期活动,新近纪以来仍有活动,表现为北西侧上升,南东侧下降。

(3)金坛-如皋断裂。区域上称江南断裂带,大致沿安徽宣城—金坛—靖江—如皋一线分布,呈北东向延伸,是下扬子苏皖前陆盆地与江南被动陆缘的分界断裂。该断裂是主要根据物探资料推测的隐伏断裂,区域上其被后期断裂构造切割成多段,且不同构造段的构造特征、性质及其对区域地质的控制作用也存在较明显的差异,因此关于该断裂的性质一直争议较大,但总体上其两侧的基底构造,沉积盖层,构造环境,重、磁异常特征均存在明显不同,是一条活动时间长、规模大、切割深的区域性深大断裂。

(4)海州-泗阳断裂。亦属一切割莫霍面的隐伏深大断裂。北起赣榆海州湾,向南经海州西部,沭阳韩山、泗阳、洪泽湖西,到苏皖边境,北段航磁异常明显,卫星照片上影像清晰。该断裂带走向北北东,倾角70°左右。断裂带宽约30km,具挤压性质。该断裂形成时代较早,局部控制中生代红盆沉积。

(5)邵店-板浦断裂。为一隐伏断裂,南西段有明显的重力梯度带,北东段不明显。自宿迁,经新沂邵店、沭阳桑墟、灌云板浦至板桥入海,走向北东,倾向南东,倾角较陡,北西侧上升,出露东海岩群变质岩,南东侧下降,沉积了厚达数千米的中、新生界。形成时代较早,具先压后张、长期活动的特征,燕山晚期断裂南西段活动强烈,成为沭阳凹陷的北界。

(6)茅山断裂带。展布于茅山地区,总体走向北北东,倾向南东,倾角有缓有陡。断续长百余千米,宽4~8km,沿断裂多处可见挤压破碎带、构造透镜体、糜棱岩等。主要由茅西和茅东两断裂组成,中生代形成,挽近活动剧烈。

(7)吴江-吕四断裂。是湖州-苏州断裂的江苏段。经吴江,过阳澄湖、沙溪,穿崇明,至吕四港入海,总体沿北东向延伸。系根据物探异常、卫星照片特征推测的隐伏断裂,钻孔揭示见断层角砾岩。其活动时期长,具先压后张的力学性质,主活动期为燕山期和喜马拉雅早期。该断裂控制苏锡和上海地区古生代沉积。

除上述主要断裂(带)外,尚有一些具一定规模的北东向或北北东向断裂,它们对中、新生代凹陷的形成及沉积环境等有一定控制作用。此外,在徐州、盱眙、宁芜、宁镇、溧水、宜兴、溧阳等基岩出露区,尚有许多北东向断裂分布,但一般规模较小。

(二)弧形推覆断裂组

省境内具有一定规模的弧形推覆断裂,主要有徐州、宁镇、盱眙、扬州4处。前两处地表有断续出露,后两处为推测的隐伏断裂。它们往往由两条以上的断裂组成,形成具一定宽度的、向某一方向凸出的断裂带。

(1)徐州-贾汪弧形断裂带。为徐淮弧形断裂江苏段,经徐州、利国、贾汪至邳县一带,由10余条断裂组成。断裂走向由北东转北东东至近东西向,构成一向北西凸出的弧形。断面波状起伏,一般倾向南东,倾角变化大。断裂具压扭性,沿断裂片理化带、构造透镜体、挤压破碎带发育,多处可见"飞来峰"和"构造窗"。一般规模不大,长度多小于20km。

(2)盱眙-建湖弧形断裂带。为一隐伏构造,物探重力异常带明显向北凸出呈弧形。规模较大的是下面两条构成弧形隆起南、北界的断裂。

洪泽-流均沟断裂 为弧形隆起的北界断裂。自洪泽至淮安流均沟一线，断续长约70km。走向由北东转为近东西，倾向北西。为同沉积断裂，控制了中、新生代盆地沉积。

高桥-孟庄断裂 为弧形隆起的南界断裂。自盱眙高桥延至建湖孟庄，长约110km，呈弧形展布，倾向南东，亦为晚白垩世以来的同沉积断裂。

(3)扬州弧形断裂带。为推测隐伏构造，物探重力异常呈近东西转北东东向弧形展布。由一组向南凸出的断裂组成，并被后期北西向和北东向断裂错开成数段。主要为下面两条扬州-江都弧形隆起南、北界线断裂。

甘泉山-小纪镇断裂 为弧形隆起的北界断裂。位于大薛岗—甘泉山—丁沟镇一带。走向由近东西转为北东东向，长约60km。物探资料反映断面北倾，为高邮凹陷的南界，是多期活动的同沉积断裂。

蒋王庙-宜陵断裂 构成弧形隆起的南界。位于张家集—蒋王庙—扬州—宜陵一线。走向与北界断层基本平行，长约50km。推测断面南倾，为先压后张的多期活动断裂。

(4)宁镇弧形断裂带。在宁镇山脉两侧，发育一系列向北凸出的弧形断裂，被后期北西向断裂错开，显得支离破碎。主要断裂由北往南有以下4条：

沿江断裂 自南京幕府山北侧经下蜀北至镇江焦山，大致沿长江南岸展布，长约70km，为弧形断裂带北界。物探异常有明显反映，卫星照片上线性影纹清晰，地貌上多处见断层崖，并见挤压破碎带。推测断面南倾，具先压后张性质，晚白垩世仍有明显活动。

杨坊山-长林村断裂 位于南京红山—杨坊山—长林村—东阳一带，总长约70km。西段出露较好，呈北东东方向延伸，倾向南东，可见挤压破碎带、构造透镜体、“飞来峰”等压扭性特征。

徐家山-金子山断裂 位于上坊镇—徐家山—湖山—金子山—仑山北坡一带，长超过60km，总体呈近东西向并向北西凸出的弧形展布。断面南倾，倾角缓，断层线呈港湾状，可见“飞来峰”、断层角砾岩。

汤山-东昌断裂 位于方山—汤山—东昌一线，是弧形构造南界，为推测隐伏断裂。物探重力呈一向北凸出的弧形异常带，推测断面南倾，倾角陡。

(三)东西向走滑断裂组

该断裂组是一组规模大、延伸长的断裂，往往构成中、新生代盆地的边界，控制着中新生代的隆起和坳陷。

(1)蒋单楼-河口-四户断裂。西起江苏单县龙王庙，经丰县蒋单楼、沛县河口，过微山湖、铁佛沟，到邳县四户北，大部分被覆盖，航磁有明显异常带。省内断续长80km，总体呈近东西向延伸，断面南倾，形成较早，长期活动，构成敬安和四户凹陷的北界。

(2)黑林-柘汪断裂带。位于赣榆县北部，断续出露，长超过30km。总体走向近东西，断面南倾，是一断裂破碎带，糜棱岩化现象明显。

(3)海安-南港断裂。位于海安东—丁所—如东栟茶河—南港一线，系据物探资料推测、钻孔验证的隐伏断裂。近东西向延伸，断面北倾，倾角陡，长约50km。属同沉积断裂，构成盆地南界。

(4)望亭-太仓断裂。位于苏州北部，望亭—黄埭—巴城—太仓一线，呈近东西向延伸，系根据物探资料推测的隐伏断裂，形成较晚，错开北东向断裂。

(5)苏州-昆山断裂。系物探资料推测的隐伏断裂，地震剖面证实为向南倾的铲形正断层，为角直凹陷的北界，具同沉积断层特征，新近仍有活动。

此外尚有一些规模较大的东西向断裂，在徐州、连云港、盐城市境内，及宜溧、宁镇地区还分布着一些规模不大的东西向断裂，它们一般形成较晚，往往构成中新生代盆地的边界。

(四)北西向平移断裂组

省内北西向断裂极为发育，且常成群出现。一般生成较晚，多表现为平移性质，有时可将地层或早期形成的断裂错开数千米。

(1)徐州-睢宁断裂。北自夹河寨,经苏山头、徐州市、梁堂、双沟北到睢宁,总体走向北西西,基本沿废黄河展开。系推测隐伏断裂,物探航磁有反映,错开徐州弧形构造形迹,具先张后扭性质。

(2)南京-溧阳断裂。北起安徽滁县,经南京、湖熟至溧阳东,省内长约120km,走向北西,倾向南西,倾角陡,为宁芜凹陷的北界。多被覆盖,物探异常反映明显,卫星照片上线性影纹清晰。具同沉积断层特点,挽近仍有活动。

(3)巢凤山-伏牛山断裂。位于下蜀东—西砚山—巢凤江苏—石马—伏牛山一线,长约80km。巢凤山一带出露较好,断面倾向南西,倾角较陡,可见破碎带、构造透镜体、糜棱岩等。主断裂两侧发育一系列平行断层。

(4)镇江-苏州断裂。自镇江焦山北侧经丹徒黄墟、建山,向南东与无锡-苏州断裂连接,呈北西向延伸,总长150km左右,为一区域性大断裂,物探异常反映明显。镇江-常州段具有同沉积断裂特点。断面倾向南西,倾角陡,主断裂两侧与之平行的次级断层发育。

此外尚有一些规模较大的北西向断裂,在基岩出露区还分布着一些规模不大的北西向断裂,它们一般形成较晚,切割破坏了前期断裂构造。

四、中新生代上叠盆地构造

江苏省及上海市中新生代上叠盆地构造在省内占有较大的比重,多为断陷或拗陷盆地,三大地质构造单元内均有较大面积的分布,它们规模不等,形态各异,大多是在古生代台缘拗陷的基础上发展起来的,其中往往又含有若干次一级的凹陷和凸起。盆地的边界有的是断裂,有的是基底地层下拗而成,其基底地层从白垩系到前震旦系均有,而盆地中的沉积物则以古近系为主,少量上白垩统,其沉积物厚度最大可达3km以上。中新生代盆地中赋存有盐类和油气矿产。

(一)主要盆地特征

(1)敬安-四户凹陷。位于苏、鲁、皖边界一带,总体呈近东西向延伸,为在较老的东西向构造基础上形成的新生代凹陷,西宽东窄,凹陷内大部分为第四系覆盖。重力为一低异常区,航磁则为平缓负异常区,主要由新近系大汶口组、官庄群组成。

(2)沭阳凹陷。位于洋河镇—沭阳一带,面积约2500km^2,是一箕状断陷盆地,总体走向北东—北东东向,北界为桑墟-邵店断裂,盆地北侧陡深,南侧浅缓,基底为东海杂岩、锦屏岩群及云台岩群变质岩。盆地内沉积地层主要为上白垩统王氏群及古近系组成,为一套陆相山前快速堆积物,最厚达1500m以上,由燕山晚期到喜马拉雅早期,桑墟-邵店同沉积活动而形成。

(3)苏北拗陷区。位于响水口-淮阴断裂以南,郯庐断裂带以东,宁通构造带以北,面积约3.4×10^4km^2。它是在印支-燕山期褶皱的基础上发展而成的陆相沉积盆地,由南、北两个次级拗陷(盐阜拗陷和东台拗陷)和介于其间的建湖相对隆起三部分组成,在拗陷内又有一系列次级凹陷与凸起相间,多数呈北东向排列,受区域内北东向长期活动的断裂构造控制。拗陷中沉积了上白垩统、古近纪陆源碎屑沉积物,厚度达6000余米,是江苏省主要的成油、成盐盆地。

(4)仪征凹陷。介于江都隆起与宁镇隆起之间,东沟—仪征—施桥一带,总体呈近东西向延伸。凹陷内沉积了巨厚的中生界白垩系,深凹部位有古近纪沉积。

(5)徐舍-青阳凹陷。位于徐舍—前舍—青阳一带,约呈60°方向展布,是燕山晚期构造运动基础上形成的地堑式凹陷,其东南边界和桥-北国断裂控制了该凹陷的形成与发展。盆地内沉积物主要由上白垩统和古近系组成,总厚达1200m。

(二)中新生代盆地发育特征

综合区域盆地地质特征和发展历史,区内中新生代盆地的发育,存在如下规律:

(1)盆地形态多呈长条形,延伸方向与控盆断裂走向一致。鲁西区主要以北西向至近东西向盆地为主;鲁东区则以北东向和北北东向盆地为主。下扬子区则以北东向和近东西向为主。长条形态在断陷类盆地表现明显。区内盆地类型北部以断陷类为主,规模较小,盆内地层为上叠式展布,地层产状与盆地空间形态相吻合。南部则以拗陷盆地为主,面积较大,边界不规则,盆地地层呈内叠式,产状相对平坦。

(2)盆地具"断-拗"交替结构。本区中新生代盆地构造体制是以断陷和拗陷交替发展为特征的。早—中侏罗世为拗陷,晚侏罗世—早白垩世为断陷,晚白垩世为拗陷,古近纪为断陷,新近纪为拗陷。断陷的沉积呈"北断南超"或"南断北超"的形式。作为断陷边缘的主断裂一般落差很大,并常切入古生界或更老的地层中,断面上陡下缓呈铲形;拗陷在发育初期首先充填低洼处,在填平起伏之后开始持续沉降。

(3)控盆断裂性质因其方向不同而有区别。北西向断裂以左行张扭性为主,断面南西倾,南盘地层滑落。北东向断裂以左行压扭性为主,断面北倾,北西盘斜落。近东西向断裂向南倾斜,多为张性,南盘下降。北北西向断裂以左行扭动为主,先压后张。

(4)各组断裂均显示多次间歇性活动特征,并伴有短期反方向运动,导致各区盆地发育均遵循多期性规律,不同时期的地层常呈平行不整合接触,并致使盆地在不同时期具有不同的迁移特征。早中侏罗世盆地分布零星,仅在平邑地区发育;晚白垩世时期,是面型拗陷阶段,分布范围广阔;古近纪盆地沉积中心向北西迁移。盆地的这种迁移特征,实质上是构造格局发生更替特征的表现。

(三)中新生代盆地的演化过程

中新生代盆地的发育,具有长期性和多旋回性。各盆地均是持续构造运动不同阶段的产物,从早侏罗世发起,到白垩纪达到顶峰,尔后进入衰减时期,但直到今天仍在缓慢进行中,且盆地的形态、规模、分布也随时间不断演变。

(1)侏罗纪成盆阶段。本阶段是由整体隆升到裂解沉陷时期,是盆地初始形成阶段。由于隆起和裂陷作用,首先形成徐淮及苏南地区小范围孤立拗断盆地,尔后随着区域上发生大范围拗断作用,形成一系列北西向、近东西向断陷盆地或拗陷盆地。该世代各盆地沉积厚度较小,表明各地裂陷较浅,沉积期较短。

(2)白垩纪成盆阶段。白垩纪是中生代构造运动强化时期,也是中生代盆地发展的顶峰阶段。早白垩世在北北东向和北东向两组断裂的共同作用下,产生大面积拗陷,在苏鲁造山带两侧均形成广阔的盆地构造,以沭阳盆地为代表,断陷盆地也沉积了巨厚的具有复杂岩性组合的陆屑杂砂岩建造。剧烈的火山活动是本世代盆地的主要特征。

早白垩世末期至晚白垩世,地壳运动以拉伸运动为主,区内盆岭构造格架初步形成。在大范围整体拗陷和隆升作用的构造背景下,盆地构造持续稳定发展,形成王氏群或赤山组、浦口组红黄交替的由砂砾岩、砂岩、页岩组成的两旋回、多韵律沉积。

(3)古近纪成盆阶段。古近纪断陷盆地是在晚白垩世以来持续拗陷的基础上发育起来的,主要分布在下扬子地区,盆地类型都是半地暂式的断陷盆地,往往一侧为铲形断裂,另一则为超覆。断裂走向为北东向、北东东向及东西向。古近纪初,泰州组粗碎屑岩首先堆积在低洼处,接着陷落急剧发展,边续堆积了一套巨厚快速补偿的阜宁组二段。随着断陷发展,断裂活动趋于稳定,沉积物以泥质沉积为主,厚度巨大。

(4)新近纪成盆阶段。在三垛运动以后的新近纪拗陷阶段,最初的沉积首先是填平补齐了断陷的各个部位,从根本上改变了凹凸分异的构造格局,成为统一而较平坦的沉降面,代表冲积扇-河流平原的发展，细粒沉积物发育，粗细交替形成韵律。在大规模稳定沉降之前，普遍出现玄武岩的溢流活动。

第二节 大型变形构造类型的划分

大型变形构造是组成地壳的地质体在地质应力作用下形成的具有区域规模的巨型强烈变形构造，是地壳中的主要地质现象。大型变形构造与一般变形构造的主要区别就在于其是同一地质应力作用下形成的具有成因联系的构造组合，因而大型变形构造组成的基本单位还是各种类型的构造，如断裂、褶皱、韧性剪切带等，并且包括受构造活动影响而卷入其中的不同地质体。

根据《成矿地质背景研究工作技术要求》中关于大型变形构造的定义，江苏省及上海市内大型变形构造主要为大型推覆构造、大型走滑断裂构造、大型逆冲断裂构造和地堑-地垒构造系统（表 6－1），其中大型走滑断裂构造、大型逆冲断裂构造为不同级别大地构造单元的分界构造，大型推覆构造则在华北陆块区、扬子陆块区均有分布，中新生代中国东部地堑-地垒构造系统涵盖了省域全境。

第三节 大型变形构造的主要特征

江苏省内发育的大型变形构造类型及特征如表 6－1 所示。主要大型变形构造的特征及组成的主要构造单位具体描述如下。

一、郯庐左行走滑构造

郯庐断裂于 20 世纪 50 年代根据航磁异常特征推断确定，其在中国境内延伸长约 2400km，主段位于山东和江苏境内，由 4 条边界断裂组成，向北延伸至渤海湾海域和下辽河，后隐伏于松辽盆地之下，向南经安徽张八岭沿大别山东缘延伸，在广济终止于长江以北，整体呈北北东走向（王小凤，2000）。

对于郯庐断裂确切形成的时代、演化阶段及其力学性质，现在学术界还存在较大的分歧，但是经过近半个多世纪的研究，认为郯庐断裂带形成于中生代，并且在形成时经历过大规模的左行平移活动的观点，得到了大多数学者的认可（Wan，1996；朱光等，1998）。

江苏省区域内控制的郯庐断裂主要指新沂-泗洪段，延伸长度约 170km，宽度 20～30km，总体走向 5°～15°，大部分被第四系覆盖，仅断裂带东侧有零星露头。断裂带通过航磁观测有明显线型正异常带，卫星影像观测北段较清楚，南段模糊。断裂带从西向东的主要断裂有纪集-王集断裂（西界），瓦窑-皂河断裂，墨河-凌城断裂，新沂-新店断裂，马陵山-重岗山断裂，山左口-泗洪断裂（东界）及在东界边缘发育的高埝-陈栈断裂构造透镜体（江苏省大地构造及其演化，1989）。

本次郯庐断裂的表达总结了前人最新的研究成果，认为郯庐断裂形成时代在早三叠世即印支早期，后一直持续活动到古近纪。印支运动，扬子陆块和华北陆块拼合、碰撞造山的背景之下，郯庐断裂以转换走滑活动为主，持续时间大概在 240～220Ma，后在挤压应力背景作用下，转变为左行平移走滑为主，持续时间大概在 220～190Ma；燕山期，在江苏地区形成统一的环太平洋构造域背景下，中晚侏罗世至早白垩世早期以挤压走滑活动为主，早白垩世以地壳伸展和陆内裂谷断陷作用为主，晚白垩世到古新世以右旋走滑作用为主。在断裂带内断陷盆地发育，沉积物主要为白垩纪到新近纪陆内盆地相沉积岩或火山岩，另还有少量岩体侵入。产状省内走向主要为北北东，5°～10°，整体倾向南东东，局部近直立。

表 6-1 江苏省及上海市大型变形构造特征数据表

大型变形构造名称	代号	类型	规模	产状	组合形式	物质组成	构造层次	运动性质	力学性质	形成时代	变形期次	大地构造环境	含矿特征
郯庐左行走滑构造	TLZZ	剪切	省内长度170km，宽度20～30km	走向北北东，5°～15°，倾向整体向南东东，局部近于直立	平行	带内断陷盆地发育，主要物质组成为白垩纪、新近纪陆内盆地相沉积岩或火山岩。其内残留有新太古代城岗杂岩隆起，并有燕山期中一酸性桃林岩体大规模侵入	脆性	早期（T—J_3）走滑；（晚期J_{2-3}—N）：斜冲→正滑→先正滑后走滑	早期(T—J_1)扭性；晚期(J_{2-3}—N)：压扭性（J_2—K_1早期）→张性（K_1—E_1）→张性(N)	形成于T_2—J_1早期	1. 转换走滑阶段(240～220Ma)；2. 左行平移走滑阶段(220～190Ma)；3. 中晚侏罗世—早白垩世早期挤压走滑；4. 早白垩世中期至古新世陆内断陷阶段，中新世裂谷断陷阶段	T_{2-3}为陆间造山带；CZ为陆内盆地相	无
徐淮逆掩推覆构造	XSNT	挤压	推覆体，最大运移距离140～160km	北北东走向，南东向倾斜	近平行(弧形分布)	晚震旦世陆表海碎屑岩沉积，寒武纪至早奥陶世陆表海碳酸盐岩沉积；石炭纪陆表海碎屑岩沉积；而二叠纪、侏罗纪、白垩纪沉积岩主要在钻孔中揭露	脆性	逆冲	压性	形成于T_2—J_3	晚三叠世至燕山期形成，持续活动至古新世，可划分为3期：早期(T_3)向近南北方向挤压逆冲形成推覆构造，后侏罗纪—早白垩世早期活化北西向挤压逆冲；晚期(早白垩世中期—始新世)近东西向拉伸正滑	陆内盆地相	同期矿化Fe
宁镇逆掩推覆构造	NZNT	挤压	展布长度约50km	走向北东或北东东，倾向南东	近平行(弧形分布)	主要物质组成有志留纪前陆盆地沉积岩；泥盆纪、石炭纪至早三叠世被动陆缘沉积岩；中、晚三叠世前陆盆地沉积岩；侏罗纪、白垩纪陆内盆地相沉积岩、火山岩及侵入岩	脆性	逆冲	压性	形成于T_2—J_3	从晚三叠世持续活动至古新世，可划分为2期：早期：晚三叠世向北挤压逆冲形成推覆构造，侏罗纪至早白垩世早期北西向挤压逆冲活化；晚期：早白垩世中期至始新世多期拉张正滑	陆内盆地相	同期矿化Fe、Cu、Mo、Pb、Zn、Au
茅山逆掩推覆构造	MSNT	挤压	全长大于240km	北北东-南南西延伸	近平行	志留纪前陆盆地沉积岩；泥盆纪、石炭纪、二叠纪、早三叠世被动陆缘沉积岩；侏罗纪、白垩纪为陆内盆地相沉积岩及火山岩、侵入岩	脆性	逆冲	压性	T_3—J_3	持续活动至白垩纪，可划分为2期：早期：晚三叠世近南北向挤压逆冲，侏罗纪北西向挤压逆冲活化；晚期：白垩纪近南北向拉张正滑	陆内盆地相	Fe、Cu、Au
响淮大型逆冲断裂构造	XHNC	挤压	隐伏构造，省内长度大于210km，宽度不清	走向北东，倾向浅部南东，深部可能转向北西，陡倾斜	近平行	出露地层主要为震旦纪陆棚碳酸盐岩沉积物及新生代碎屑岩沉积	脆性	逆冲	压性	形成于新元古代	持续活动至早白垩世，可划分为3期：早期：新元古代挤压形成阶段；中期中三叠世—晚侏罗世挤压逆冲活化阶段；晚期：早白垩世—古新世拉张正滑断陷	新元古代为被动陆缘；T_2—古新世为陆内盆地相	无明显矿化
江南大型逆冲断裂构造	JNNC	挤压	隐伏构造，省内长度大于200km，宽度不清	走向北东，近于陡立或陡倾斜，倾向浅部可能为南东	近平行	地表被第四系覆盖，仅少量出露二叠系孤峰组硅质岩，另外钻孔揭露有新近系方山组玄武岩	脆性	逆冲	压性	可能形成于早古生代	持续活动至上新世，可划分为3期：早期：新元古代挤压逆冲形成阶段；中期中三叠世—晚侏罗世挤压逆冲作用；晚期：晚侏罗世—古新世拉伸正滑断陷，上新世可能存在拉张裂谷断陷	早古生代为前陆盆地；晚古生代至早三叠世为被动陆缘；中三叠世以来为陆内盆地相	无明显矿化
中国东部地堑-地垒构造(江苏部分)	ZDQL	拉张	省内沿北东向断层分布	北东向断裂控制边界	平行	地堑中陆相碎屑岩快速堆积，形成一套白垩纪以来巨厚的类磨拉石沉积物	脆性	早期（K—E_1）正滑或斜滑晚期（N）正滑	张性或张扭	K—N	持续活动至上新世，可划分为2期：早白垩世中期—古新世：多期拉张盆岭构造形成阶段；新近纪：拉张裂谷断陷	陆内盆地相	同期矿化Fe、Cu、Au矿

二、徐淮逆掩推覆构造

徐淮逆掩推覆构造形成于晚三叠世至晚侏罗世，持续活动至古新世。主要构造活动可划分为3期：早期(T_3)向近南北方向挤压逆冲形成推覆构造，中期($J—K_1$早期)活化北西向挤压逆冲；晚期(早白垩世中期—始新世)近东西向拉伸正滑。主要物质组成包括晚震旦世陆表海碎屑岩沉积，寒武纪至早奥陶世陆表海碳酸盐岩沉积；石炭纪陆表海碎屑岩沉积；而二叠纪、侏罗纪、白垩纪沉积岩主要在钻孔中揭露。

在徐州幅区调报告中被称为徐州弧，位于徐州、利国一带，构成徐淮山系的主体，出露地表的构造形迹主要在中生代形成，由4个以震旦系为背斜核和5个以二叠系为向斜核相间排列的复式褶皱及一系列平行的纵向压(压扭)性断裂组成。构造线的方向自南西向北东由北北东—北东—北东东(东西)向，在徐州一带转折向北西凸出呈弧形。它重叠在古老的东西向构造上，使老的东西向构造显得减弱。新生代在弧形构造的内侧形成一个略向北西凸出的弧形盆地，重叠在早期弧形构造之上，并被第四系覆盖(徐州市幅1∶20万区调报告)。

构造位置上，该大型变形构造位于华北板块东南缘，东与郯庐断裂带相邻，南和大别山造山带相望。大型变形构造所在区域出露沉积地层主要有新元古代被动陆缘相碎屑岩及碳酸盐岩，早古生代陆表海相碳酸盐岩及少量碎屑岩，晚古生代陆表海相碎屑岩。

三叠纪中晚期，华北板块与扬子板块碰撞形成苏鲁-大别造山带，之后发生陆块向造山带之下的陆内俯冲。受这期构造作用的影响，以郯庐断裂带为根带，徐淮地区发生从南东向北西的强烈推覆作用，密集分布的逆冲断裂和浅层紧闭褶皱带构成一个总体朝北西西向凸出的弧形构造(舒良树等，1994)。

在大型变形构造区域内发育了大量的褶皱，区内所有二叠纪前的地层都被卷入到褶皱中，褶皱体由一系列北北东向的背斜和向斜组合而成，主要有马山、长山套、锦屏山、弧山寨、胖妈顶、五眼泉等背向斜或单斜构造。研究表明，所有褶皱与断裂关系密切，褶皱形成和发展完全受推覆断面控制(舒良树等，1994)。

区域内密集带状逆掩断层沿20°～30°方向延伸，倾向南东，大多数顺层展布。推覆构造由三部分组成，分别是原地岩块、外来岩块和滑动层系。地表所见均为外来岩块，主要由古生代岩片组成，其总厚度约4000m；原地岩块位于地下深处或位于推覆体前缘，其最新地层位于二叠纪煤系地层；区域上推覆主滑动面位于太古宙或古元古代变质基底顶面之上，主滑动地层由断层及软弱岩层如泥页岩、泥灰岩、膏溶层、煤系地层等组成(舒良树等，1994)。

区域内被卷入推覆体的最新地层为晚二叠世地层，而作为推覆体盖板的最老地层为晚侏罗世或早白垩世地层。这些上覆盖层没有构造变形，产状平缓，分布稳定，统一不整合覆盖于徐淮推覆体之上。因此，推覆构造发生的时间应晚于二叠纪，完成定位的时间应早于晚侏罗世。区内大部分岩浆岩均为推覆晚期和推覆结束后的钙碱性岩浆活动产物，它们结晶年龄集中在180～135Ma之间。

本次图件表达中总结前人研究成果，认为徐淮逆掩推覆构造大概形成在晚三叠世到中侏罗世，并持续活动至早白垩世。在三叠纪中晚期，由于北西向挤压作用发生大规模逆冲推覆，推覆体最大运移距离160～140km，推覆构造北北东走向，到晚侏罗世及早白垩世转化为拉张应力作用下的正滑断裂。构造所在区域出露地层主要为陆表海相沉积岩，包括有晚震旦世碎屑岩沉积，寒武纪至早奥陶世碳酸盐岩沉积物，石炭纪碎屑岩沉积，另外还有少量二叠纪陆内河湖相沉积岩。推覆体盖层沉积物主要有侏罗纪、白垩纪沉积岩和火山岩。

三、宁镇逆掩推覆构造

宁镇山脉主要构造变形一直以来被认为是位于南京与镇江之间“三背两向”的构造格局，即由南向北分布的汤(山)-仑(山)复背斜，桦(墅)-亭(子)复向斜，宝(华山)-巢(凤山)复背斜，范家场复向斜，龙

(潭)-仓(头)复背斜(宁镇山脉1∶5万区调报告)。

后来有人提出夹于汤(山)-仑(山)复背斜和宝(华山)-巢(凤山)复背斜之间的徐(家山)-金(子山)逆掩断裂带和杨坊山-长林村逆掩断裂带将宁镇山脉构造分割为3条弧形构造带,自南向北依次为汤-仑构造带(徐家山-金子山断裂以南);宝-巢构造带(杨坊山-长林村断裂以南);幕府山-栖霞山-龙山构造带(杨坊山-长林村断裂构造以北)。由这3个构造带组成的连续构造剖面显示,由南部汤-仑构造带到北部幕-栖-龙构造带,褶皱变形依次增强,褶皱轴面从南倾到近于直立,说明北部挤压应力的集中区在北部,北部构造带是挤压构造的前锋,每一个构造带前缘都发育一条规模巨大的逆冲、逆掩断层,3个构造带所反映的剖面剪切动力是一致的,都指示了由南向北的逆掩推覆。因此可认为整个宁镇山脉的地表构造应该是由上述逆掩断层所标志的深层滑移面所分割的推覆片体的叠覆,地表所见无非是这些推覆片体表层滑动构造(葛肖虹,1987)。

本次图件表达总结前人的研究成果,认为宁镇推覆构造大概形成在晚三叠世到中侏罗世,并持续活动至早白垩世。早期,以北西向挤压作用为主发生大规模逆冲推覆,推覆构造走向北东到北东东向,展布长度约50km,到晚侏罗世及早白垩世转化为拉张应力作用下的正滑断裂。构造所在区域出露地层主要为志留纪到泥盆纪时期前陆盆地沉积岩,石炭纪到早三叠世被动陆缘沉积岩以及中晚三叠世前陆盆地沉积岩。推覆体盖层主要为侏罗纪、白垩纪以来的陆内盆地相沉积岩和火山岩及侵入岩。

四、茅山逆掩推覆构造

茅山逆掩推覆构造位于溧水和句容火山盆地与溧阳火山盆地之间,全长大于240km,北北东-南南西延伸,主体位于茅山山脉,属于挤压型构造类型。推覆构造主体在地表由一系列复式背斜和复式向斜及一系列断层组层。褶皱包括有塔山-顶宫倒转复式背斜,青山-燕子山倒转复式向斜,方山倒转复式背斜,东岳庙-花山倒转复式向斜,回峰山-芳山倒转复式背斜,芝山-遮军山倒转复式背斜。断裂相当发育,纵断裂主要有23条,其中NE20°有7条,均为倾向南东的逆掩断层,主要位于大型变形构造中北段,个别逆掩断层形成“飞来峰”构造;向北东30°有5条,主要是倾向南东的逆掩断层;近南北向的断层有4条,为正断层;北西向横断裂主要有30条,绝大多数为平移断层,极个别为逆掩断层。

茅山逆掩推覆构造所在区域物质组成主要有志留纪前陆盆地碎屑沉积物,泥盆纪至三叠纪被动陆源碎屑沉积物,燕山期侏罗纪到白垩纪火山碎屑沉积岩、火山岩及中酸性侵入岩。该大型变形构造形成时代介于晚三叠世到中侏罗世,后持续活动至早白垩世,其中晚三叠世到中侏罗世以挤压应力作用为主,表现为北西向挤压逆冲推覆作用,晚侏罗世到早白垩世以拉张应力作用为主,表现为近东西向拉张正滑作用。

五、响淮大型逆冲断裂构造

响淮大型逆冲断裂构造主体位于苏鲁造山带与扬子陆块区的交界处,为物探推断的隐伏深大断裂,地表均被第四系覆盖。该逆掩推覆构造属挤压型构造,长度省内大于210km,宽度不清,走向北东。推覆构造内出露地层主要为震旦纪陆棚碳酸盐岩沉积及新生代碎屑岩。逆掩推覆构造可能形成于新元古代,持续活动至早白垩世,其活动主要表现为3期:早期为新元古代挤压形成阶段;中期为中三叠世—晚侏罗世挤压逆冲活化阶段;晚期为早白垩世—古新世拉张正滑断陷。

六、江南大型逆冲断裂构造

江南大型逆冲断裂构造位置大致从如皋与黄桥一线向南过长江到金坛,后一直向西南到苏皖省界附近,具体分布区域由于几乎被第四系覆盖而无法准确圈定。该大型变形构造属隐伏构造,物探推测深大断裂,省内长度大于 200km,具体宽度不明,走向北东,近于陡立,属挤压型构造。构造内出露的地层主要为侏罗纪和白垩纪陆内断陷盆地沉积。构造形成时代可能在早古生代,持续活动至上新世,其主要活动可划分为 3 期:早期为新元古代挤压逆冲形成阶段;中期为中三叠世—晚侏罗世挤压逆冲作用;晚期为晚侏罗世—古新世拉伸正滑断陷,上新世可能存在拉张裂谷断陷。

七、中国东部地堑-地垒构造

早白垩世以来,江苏地区处于环太平洋构造体系域拉张应力环境下,发育大量地堑地垒构造,地垒部位缺失中新生代沉积,地堑中中新生代陆相碎屑岩快速堆积,并持续活动至上新世,形成一套白垩纪以来巨厚的类磨拉石沉积物。控制地堑地垒构造的主体断裂呈北东走向,发育的主要地层为新生代陆内断陷盆地类磨拉石沉积。江苏地堑-地垒构造形成于早白垩世,可划分为 2 期:早白垩世中期—古新世为多期拉张盆岭构造形成阶段;新近纪为拉张裂谷断陷。

控制断层大多是前期压性断裂构造的活化,活化断层的性质以正滑和斜滑为主。江苏省及上海市分布的地堑地垒包括有欢口地堑、华栖地垒、敬安地堑、徐淮地垒、新沂地堑、苏胶地垒、阜宁-东台地堑、建湖地垒、东台地堑、江都地垒、南通地垒、上海地堑。

欢口地堑　位于苏鲁豫三省交界处微山湖以西,北部与山东交界处有一条晚侏罗世火山喷发带大体呈东西向展布,南界由物探推测隐伏断裂控制,东西部分都可以延伸到省外,省内大体呈东西向展布。地堑内中新生代以来的沉积物可达几千米,主要为断陷盆地河湖相碎屑沉积物,厚薄分布不均。

华栖地垒　大体在丰县与沛县的连线上,呈近东西向展布,北缘与中新生代地层呈不整合接触,南缘与中新生代地层呈断层接触,断层名称为河口-铁佛沟断裂。该地垒在航磁上有明显近东西向磁异常带。

敬安地堑　是丰沛地区最南端的一个地堑构造,其北侧与泰山岩群变质岩系呈断层接触,断层走向近东西,倾向南,倾角 65°以上。向南中新生代红层逐渐向石炭系—二叠系不整合超覆,中新生界最大厚度达 3km 左右。钻孔工程揭示,在中新生代红层中含有丰富的膏盐矿床。

徐淮地垒　由一系列褶皱和断层组成,西界为隐伏断裂,东界紧靠郯庐断裂带。地表出露的沉积地层主要有新元古代被动陆缘相碎屑岩及碳酸盐岩,早古生代陆表海相碳酸盐岩及少量碎屑岩,晚古生代陆表海相碎屑岩。

新沂地堑　主体位于郯庐断裂带,是在早期郯庐左行走滑断裂的基础上拉张形成,形成时代大概在早白垩世中后期,一直活动到古近纪。盆地中沉积一系列晚白垩世类磨拉石沉积及后期河湖相沉积。

苏胶地垒　主体位于苏鲁造山带,北西边界被郯庐断裂所控制,南东边界被响淮断裂控制。地表出露的基岩主要为新元古代高压—超高压变质岩系,并表现为韧性变形,另外还有少量新近纪火山断陷盆地相火山岩地层。

阜宁-东台地堑　北西边界被响淮断裂控制,南东边界被江南断裂控制。该地堑是在晚白垩世以来持续拗陷的基础上,拉张断陷形成。沉积物以类磨拉石及河湖相沉积为主,地表主要被第四系覆盖。

建湖地垒　横亘于苏北平原,为一隐伏在新近系下的弧形断褶带,俗称建湖隆起。由震旦系—三叠系组成,被北侧洪泽-流均沟断裂、南侧高桥-孟庄断裂所夹持。

江都地垒　前人称为江都隆起,大概位置处于扬州-江都市区域。形成时代大概在早白垩世中晚期,是在早期挤压断裂基础上后期拉张断陷形成,沉积了系列类磨拉石沉积物,地表主要被第四系覆盖。

南通地垒　西北界线被江南断裂控制,东南界线被湖苏断裂控制。地垒呈北东向分布,地表出露地层主要为古生代碎屑岩。地垒形成时代大概在早白垩世中晚期,是在早期挤压断裂的基础上拉张断陷形成。

上海地堑　北西界被湖苏断裂控制,南东向一直到黄海。形成时代大概在早白垩世中晚期,是在早期挤压断裂的基础上后期拉张断陷形成。沉积了系列类磨拉石沉积物,地表主要被第四系覆盖。

第四节　大型变形构造的形成构造环境及其演化

区域内各类构造形迹或大型变形构造均是区域构造不同演化阶段的一定大地构造环境下构造变动的产物，不同的构造形式主要取决于不同力学机制与构造运动方式。由于中国大地构造演化的多旋回特征，导致有些构造形迹或大型变形构造在其形成与构造演化的不同时期，具有不同的大地构造环境和构造力学背景，导致在时间上区域构造演化具有明显的继承性的特点，早期构造控制和决定了后期构造的位置、规模、类型和性质，在空间上则主要表现为不同构造形迹或大型变形构造的继承与叠加关系。

(1)郯庐断裂是省内最醒目的大型变形构造，属左行走滑构造性质，形成时代于早三叠世即印支早期，后一直持续活动到古近纪。印支运动，扬子陆块和华北陆块拼合、碰撞造山的背景之下，郯庐断裂以转换走滑活动为主，持续时间大概在240～220Ma，后在挤压应力背景作用下，转变为左行平移走滑为主，持续时间大概在220～190Ma；燕山期，在江苏地区形成统一的环太平洋构造域背景下，中晚侏罗世至早白垩世早期以挤压走滑活动为主，早白垩世以地壳伸展和陆内裂谷断陷作用为主，晚白垩世到古新世以右旋走滑作用为主。

(2)徐淮逆掩推覆构造、宁镇逆掩推覆构造和茅山逆掩推覆构造等大概形成于晚三叠世到中侏罗世，并持续活动至早白垩世。在三叠纪中晚期，由于北西向挤压作用发生大规模逆冲推覆，推覆构造北北东走向，到晚侏罗世及早白垩世转化为拉张应力作用下的正滑断裂。

(3) 响淮大型逆冲断裂构造和江南大型冲断构造则形成较早，可能形成于新元古代或早古生代，持续活动至早白垩世—古新世，其活动主要表现为3期：早期为新元古代—早古生代的挤压形成阶段；中期为中三叠世—晚侏罗世挤压逆冲活化阶段；晚期为早白垩世—古新世拉张正滑断陷，上新世可能存在拉张裂谷断陷。

(4) 中国东部地堑-地垒构造是早白垩世以来，江苏地区处于环太平洋构造体系域拉张应力环境下形成的，并持续活动至上新世，可划分为2期：早白垩世中期—古新世为多期拉张盆岭构造形成阶段；新近纪为拉张裂谷断陷。

第七章 大地构造

根据《全国矿产资源潜力评价成矿地质背景研究工作技术要求》中的定义，大地构造相是指在特定大地构造环境和特定构造部位形成的一套岩石-构造组合，具有揭示陆块区和造山带的组成、结构和演化的大地构造功能。对大地构造相的细致鉴别、厘定和划分，可以揭示中国陆块和造山带结构组成及其演变和发展规律。

中国的三大陆块(华北陆块区、塔里木陆块区和扬子陆块区)，均经历了早期陆核形成，新太古代—元古宙的洋陆转换、增生、碰撞聚集形成稳定陆块(即基底形成阶段)，其后产生碰撞后裂谷事件(华北长城纪裂谷事件，扬子、塔里木南华纪裂谷事件)，尔后经碎屑岩“填平补齐”进入陆架碳酸盐岩台地稳定的地壳构造单元，为陆块区地壳三大阶段发展演化的基本规律。造山系是造山带的集成，是在大陆边缘受控于大洋岩石圈俯冲制约形成的一系列岛弧、火山弧、裂离地块，及相应的弧后洋盆、弧间盆地或边缘盆地，又经洋盆萎缩消减、弧-弧、弧-陆碰撞，多岛弧盆系转化形成的复杂构造域，整体表现为大陆岩石圈之间的时空域中特定的组成、结构、空间展布和时间演化特征的构造系统。如果造山带由不止一个弧后盆地(弧后洋盆)的消减碰撞造山形成，则可产生多个大地构造相的转化。一般来说，陆块和造山带结构由不同大地构造相相互叠加构成的，它们相互间是按一定序次和级别分布的。

在岩石-构造组合、大地构造亚相、大型变形构造和综合信息研究的基础上，根据大地构造相划分方案，对其特征进行细致鉴别，研究各大地构造相单元的边界条件、物质组成、结构构造，厘定和划分大地构造相。

依据中国陆块区和造山系地质构造形成演化规律和基本特征，划分出两大相系，即造山系相系、陆块区相系(对应一级构造单元)。在陆块区相系仅划分一个陆块大相，再依据基底和盖层的性质、形成环境进一步划分大地构造相及其亚相；在造山系相系中划分出三大相：结合带大相、弧盆系大相及地块大相，进而依据造山带洋-陆构造体制和盆山构造体制时空结构转换过程的特定大地构造环境，将三大相划分为大地构造相及其亚相(表7-1)。

大地构造相的研究方法主要是以大地构造时空结构分析方法为主，其中包括沉积相和盆地分析、火山岩相及构造环境恢复、侵入岩及其构造环境判别、变质岩区构造环境研究、大型变形构造的研究、物化遥成果推断、相模式研究以及与成矿作用关系对比等。

江苏省及上海市大地构造相是反映江苏陆块区、造山系(带)和叠加造山-裂谷相系形成演变过程中的一套构造岩石组合，是表达江苏大陆岩石圈板块经历离散、聚合、碰撞、造山等动力学和地质构造作用过程而综合形成的产物。

江苏省及上海市大地构造相的划分以优势大地构造相为主线，以建立在对沉积建造构造、火山岩性岩相构造、侵入岩浆构造、变质建造构造和变形构造等分析研究为基础，以一种岩石或几种岩石的自然组合而划为建造或建造组合的系统研究工程。

表 7－1　全国推荐的大地构造相划分方案简表

相系(facies series)	大相(facies group)	相(facies)
造山系相系(orogenic system facies series)	结合带大相(suture zone facies group)	蛇绿混杂岩相(ophiolite mélange)
		陆壳残片相(continental fragment)
		俯冲增生杂岩相(subduction accretionary complex)
		残余盆地相 (remnant basin)
		高压-超高压变质相(HP－UHP metamorphic)
	弧盆系大相(arc－basin system facies group)	弧前盆地相(forearc basin)
		岩浆弧(岛弧、陆缘弧、洋内弧)相(magmatic arc)
		弧后盆地相(backarc basin)
		弧后前陆盆地相(retroarc foreland basin)
		弧-弧或弧-陆碰撞带相(arc－arc or arc－continent collsion zone)
		碰撞后裂谷相(post－collision rift)
	地块大相(maasivek facies group)	相与亚相划分参照陆块划分
陆块区相系(continental blocks facies series)	陆块大相(continental block facies group)	变质基底杂岩相(metamorphic basement complex)
		古弧盆系相(ancient arc basin)
		古裂谷相(ancient rift)
		被动陆缘相(passive continental margin)
		陆表海盆地相(epicontinental sea basin)
		碳酸盐岩台地相(carbonatite platform)
		周缘前陆盆地相(peripheral foreland basin)
		裂谷相(rift)
		陆内盆地相(inland basin)

第一节　大地构造相类型的划分

江苏省及上海市地跨我国华北陆块区、苏鲁造山带、扬子陆块区 3 个主要的一级地质构造单元，不同地质历史时期各构造单元所处的大地构造环境差别很大，具有独特的地球动力学背景。早期各构造单元地质演化相对独立，其形成演化涉及多个动力学体制，经晋宁期—加里东期—印支期等多次构造拼合作用才最终焊接成一个整体。地质历史上省域内构造运动频繁，多旋回的构造运动导致区内褶皱、断裂十分发育，且空间上相互叠加，形成了不同地质块体相互镶嵌、叠覆，并保存了几乎所有地质时期形成的地质记录的综合面貌，因而具有丰富多彩的构造岩石组合或大地构造相，并导致了不同的构造岩石组合或不同的大地构造相在空间上的叠覆。

江苏省及上海市地质构造环境大致均经历了早期陆核形成，新太古代—元古宙的洋陆转换、增生、碰撞聚集形成稳定陆块(即基底形成阶段)，其后产生碰撞后裂谷事件，尔后经碎屑岩"填平补齐"进入陆架碳酸盐岩台地稳定的地壳构造单元。中三叠世末的构造运动改变了江苏乃至中国的大地构造格局，由特提斯构造域向滨太平洋构造域转化是其改变的大陆动力学基础。基于以上原因，本次研究采用优势大地构造相原则为相划分的依据，将江苏省及上海市分为陆块区相系、造山系相系和及其后的叠加造山-裂谷相系3个一级大地构造单元。

一、陆块区相系

一级大地构造单元陆块区相系是指地壳上长期稳定的构造环境，它与克拉通含义相近。克拉通一词最早由施蒂勒于1936年提出，作为与造山带相对应的地壳稳定地区。陆块区一词源于希腊语kratos，意为强度。施蒂勒当时还划分出高陆块区和低陆块区，分别对应于大陆和大洋盆地，由于后来已证实大洋是活动的年轻地壳，因此陆块区一词现仅用于大陆地区。我们借用陆块区一词，与造山系相对应，与"克拉通""陆台(plateform)"同义。它是由前寒武纪变质基底及其上覆沉积盖层组成的构造单元，且有密度低、厚度大(～200km)、深插于软流圈中被称为"大陆根"的岩石圈。江苏省及上海市以郯庐断裂与响淮断裂为界，南、北两区分属华北陆块区相系和扬子陆块区相系两个一级大地构造单元。陆块区相系根据基底、盖层的时空结构、组成演化特征，划分为不同陆块大相。

陆块区相系仅有一个二级大地构造单元——陆块大相。陆块大相是地壳上相对稳定的地区，具有古老的刚性变质岩基底，多指由前寒武纪变质基底和沉积盖层所构成的大陆块体。如华北陆块、扬子陆块等陆块区通常由2个或多个陆块组成。陆块具有厚度较大、密度较小、深插软流圈的岩石圈(大陆根)，其出露范围可这数十万至数百万平方千米。结构完整的陆块具有双层结构，即上部为未经变质、变形，或极少经受强烈变质、变形的海相或陆相的沉积盖层；下部为强烈变形和变质的前寒武纪变质基底，基底与盖层之间有一个清晰可见的角度不整合界面。双层结构不完整或规模较小、已卷入造山带的陆块则称之为地块，其规模通常小于数十万平方千米。陆块基底的三级大地构造相划分：变质基底杂岩相、古弧盆系相、古裂谷相。其上的沉积盖层根据形成时的大地构造环境、构造岩石组合可划分为被动陆缘相(passive continental margin)、陆表海盆地相(epicontinental sea basin)、碳酸盐岩台地相(carbonatite platform)、周缘前陆盆地相(peripheral foreland basin)、裂谷相(rift)、陆内盆地相(inland basin)等多个三级大地构造相。

在变质基底杂岩相中分出的陆核亚相主要指由前新太古代古老地质体组成的构造单元，通常在较年轻的早前寒武纪构造单元中呈残留体出现。陆核形成过程中，地壳的垂向增生占有重要地位，表现为一系列古老穹隆构造的存在。前新太古代为古老陆核形成阶段，由前新太古代形成的硅铝质原始大陆壳地质体称为陆核。但中国三大陆块区形成历史及古老地壳出露状态有显著差异，对扬子和塔里木陆块区而言，太古宙岩石出露范围很小，很难恢复它们形成时的构造环境。

新太古代—古元古代古弧-盆相：洋-陆俯冲过程中，在大陆一侧产生的弧-盆系统，包括新太古代及古元古代火山岛弧、BIF建造、TTG岩套、GMS岩套、高压麻粒岩及有关岩石组成的构造单元。新太古代至古元古代是古老陆核形成后，地壳生长的最重要时期。由于这一时期已出现大陆的大规模漂移，形成俯冲和碰撞带，因此，可勾画出相当于年轻造山带中的一些大地构造相和地质单元，如火山岛弧、岩浆弧、弧后盆地、前陆盆地等。新太古代及古元古代弧-盆系与后期弧-盆系没有本质上的差别，但由于地球早期热-构造状态的特殊性、保存程度及受改造程度的差异，因而新太古代及古元古代弧-盆系鉴别标志远没有后期的那么完整和清晰，有时会带有一定的推断性。

古元古代板内裂谷也是该期重要的相环境，如古元古代胶辽裂谷等。

盖层区三级大地构造相划分：始于中元古代是华北克拉通盖层形成期，始于新元古代是扬子-塔里木陆块区盖层形成期。除叠加的构造-岩浆岩带外，盖层主要按地层形成的构造岩石组合、构造背景、大地构造环境及大地构造优势相划分不同的盆地类型和构造单元。

二、造山系相系

造山系主要由多岛弧盆系、结合带及夹持于其间的古老地块组成，是造山带的集成，系指在大陆边缘受控于大洋岩石圈俯冲制约形成的前锋弧及其之后的一系列岛弧、火山弧、裂离地块和相应的弧后洋盆、弧间盆地或边缘海盆地，又经洋盆萎缩消减、弧-弧、弧-陆碰撞造山作用，多岛弧盆系转化形成的复杂构造域，整体表现为大陆岩石圈之间的时空域中特定的组成、结构、空间展布和时间演化特征的构造系统。可进一步划出二级、三级及序次更低的构造单元。江苏省及上海市郯庐断裂与响淮断裂之间为一级大地构造单元秦祁昆造山系相系的东延部分，主要表现为以榴辉岩广泛出露为代表的结合带大相中高压-超高压变质折返带的特征。

(1)根据多岛弧盆系组成的造山系中区域地质发展过程总体特征和优势大地构造相时空结构，以结合带、弧盆系和夹持于其间的地块作为二级构造单元，构成造山带构造单元划分的基本骨架。

(2)在洋陆构造体制转换过程形成的结合带和弧盆系中划分出三级构造单元：俯冲增生杂岩带、蛇绿混杂岩带(弧弧碰撞带、弧陆碰撞带)，洋内岛弧带或洋岛、岩浆弧、弧后盆地、弧前盆地等；裂离地块划分出：陆缘弧、前陆和弧后前陆盆地等，以及走滑拉分盆地、陆缘裂陷盆地或裂谷盆地基底逆推带等。

(3)根据关键地质事件的性质、特点、序列、时代和空间分布特征，特别要重视各构造区带的时间-空间-事件的差异进行构造单元划分；依据区域地球物理场特征对已进行构造分区的单元及其边界进行再厘定。

秦祁昆造山系相系(Ⅰ级)可进一步分为大别-苏鲁结合带大相(Ⅱ级)、胶南-威海陆缘岩浆弧相(Ⅲ级)和苏鲁高压-超高压变质相(Ⅲ级)等构造相单元，以及后期叠覆的岩浆弧、走滑拉分盆地、陆缘断陷盆地或裂谷盆地等，其划分见表 7-2 所示。

三、叠加造山-裂谷相系

发生于中三叠世末的构造运动全然改变了中国的大地构造格局。大致以贺兰山-六盘山-右江为界，以东为叠加造山-裂谷系构造格局。江苏省及上海市范围为中国东部叠加造山-裂谷系的重要组成部分，构造环境以受网格状断裂控制的地堑-地垒构造为主，构造单元主要表现为裂谷盆地、断陷盆地或拉分盆地；西部则以昆仑-阿尼玛卿山系为界；北部(中国西北部)为陆内盆山构造格局；南部(中国西南部)，或者称西藏-三江地区，仍然是多岛弧盆系构造格局。这一大地构造格局的形成，是受控于古亚洲构造域、特提斯构造域和滨太平洋构造域大陆动力学相互作用的结果。

中国东部在晚三叠世—早白垩世形成交叉叠加在早期构造形迹之上的陆内造山带、构造岩浆岩带和火山盆地，伴随着相应内生金属矿产的生成。晚白垩世末至新生代初喜马拉雅特提斯洋消亡，印度-亚欧大陆碰撞使青藏高原岩石圈急剧增厚；其结果迫使软流圈地幔向东运移，并受阻于下插的西太平洋板块而上涌，上涌的软流圈地幔，使中国东部大陆岩石圈拆沉、岩浆底侵、地壳减薄和裂谷作用发育(邓晋福等，1996)。而西太平洋板块俯冲所产生的弧后扩展，则导致了弧后裂谷盆地的形成，自北而南有鄂霍茨克海、日本海和中国南海。中国东部新生代岩浆作用、裂谷盆地、断陷盆地及新生的弧盆系同样控制着内生金属矿产资源、油气和可燃冰的生成，江苏省及上海市大量的矿产资源都与该阶段的大地构造环境和构造岩浆活动有关。

根据《全国矿产资源潜力评价地质构造研究工作技术要求》和大地构造相划分方案，江苏省及上海市大地构造单元或大地构造相的划分是在上述相系(一级大地构造单元)划分的框架下，以构造岩石组合为基础，采用优势大地构造相为相划分的原则，在全国一级至三级大地构造单元(大地构造相)划分的基础上，将区内大地构造相进一步划分为分为 3 个一级大地构造相单元(对应于相系，省域内划分为华北陆块区相系、扬子陆块区相系、秦祁昆造山带相系)、3个二级大地构造相单元(对应于大相，省域内划

表 7-2　江苏省大地构造相划分表

相系	大相	相		亚相	岩石建造组合
华北陆块区(Ⅱ)	鲁西陆块(Ⅱ-6)	鲁西碳酸盐岩台地(Ⅱ-6-1)	徐淮陆内盆地相(Ⅱ-6-1-8)	徐淮断陷盆地亚相 dxpd(K_2—Q)	欢口、敬安、四户、高集松散碎屑沉积组合(Qh、Qp)
					柳集河流相砂砾岩-粉砂岩-泥岩组合($E_{2-3}G$)
					棠张河流相砂砾岩-粉砂岩-泥岩组合(K_2W)
			班井-黄山岛后造山岩浆杂岩相(Ⅱ-6-1-7)	黄山岛后造山岩浆杂岩亚相 hzy(K_1)	黄山岛花岗闪长岩-花岗岩组合(K_1)
				班井-利国同碰撞岩浆杂岩亚相 tpy(J_3—K_1)	丰沛、睢宁-邳州大陆伸展环境的安山岩-英安岩组合(K_1Q)
					睢宁-邳州湖泊相泥岩-粉砂岩组合(K_1L)
					班井、利国闪长岩组合(J_3)
			大屯-贾旺陆内盆地相(Ⅱ-6-1-6)	大屯断陷盆地亚相 dxpd(J_3)	大屯河流相砂砾岩-粉砂岩-泥岩组合(J_3s)
				贾汪拗陷盆地亚相 oxpd(P_{2-3})	贾汪湖泊相泥岩-粉砂岩组合(P_3sh)
					贾汪河流相砂砾岩-粉砂岩-泥岩组合(P_2s)
			徐淮陆表海相(Ⅱ-6-1-5)	丰沛、铜山海陆交互陆表海亚相 hljh(C_2)	丰县、铜山、贾汪陆表海陆交互含煤碎屑岩组合(C_2t)
				丰沛、铜山碎屑岩陆表海亚相 sxlb(C_2)	丰县、铜山、贾汪陆表海泥岩粉砂岩组合(C_2b)
			鲁西碳酸盐岩陆表海相(Ⅱ-6-1-4)	丰沛、徐淮台地亚相 td(Z_2—O)	丰沛、徐淮陆表海灰岩-白云岩组合($O_{1-2}m$—$\in_2z$)
					丰沛、徐淮陆表海陆源碎屑-灰岩组合($\in_{1-2}m$—$\in_1h$)
					丰沛、徐淮陆表海泥岩粉砂岩组合(Z_2j)
			徐淮裂谷相(Ⅱ-6-1-3)	伊庄-燕子埠陆内裂谷亚相 lnlg(Z_1)	伊庄、燕子埠基性岩墙群(Z_1)
			睢宁-邳州被动陆缘相(Ⅱ-6-1-2)	睢宁-邳州外陆棚亚相 wlp(Pt_3)	睢宁、邳州台地陆源碎屑-碳酸盐岩组合(Pt_3ws—Pt_3s)
					睢宁、邳州台地潮坪-局限台地碳酸盐岩组合(Pt_3w—Pt_3z)
				睢宁-邳州碎屑岩陆棚亚相 lpsx(Pt_3)	睢宁、邳州台盆陆源碎屑-碳酸盐岩组合(Pt_3j—Pt_3c)
					睢宁、邳州远滨砂泥岩组合(Pt_3x)
					睢宁、邳州海岸沙丘-后滨砂岩组合(Pt_3l)
					睢宁、邳州海陆交互砂泥岩夹砾岩组合(Pt_3h)
			丰沛变质基底杂岩相(Ⅱ-6-1-1)	丰沛太古宙陆核亚相 tglh(Ar_{3-4})	丰县、沛县英云闪长质-奥长花岗质-花岗闪长质片麻岩组合($Ar_{3-4}T$)
					丰县斜长角闪岩-变粒岩-磁铁石英岩组合($Ar_{3-4}s$)
秦祁昆造山系(Ⅳ)	苏鲁造山带(Ⅳ-11)	苏鲁高压-超高压变质系折返带(Ⅳ-11-2)	苏北陆内盆地相(Ⅳ-11-2-3)	沭阳断陷盆地亚相 dxpd(K_2—Q)	苏北松散碎屑沉积组合(Qh、Qp)
					安峰山碱性橄榄玄武岩组合(avc)
					沭阳河流相砂砾岩-粉砂岩-泥岩组合($E_{2-3}G$—E_2d)
					沭阳湖泊相泥岩-粉砂岩组合(E_1f)
					沭阳河湖相砂砾岩-粉砂岩-泥岩组合(E_1t、K_2W)
			桃林-莒南后造山岩浆杂岩相(Ⅳ-11-2-2)	桃林后造山岩浆杂岩亚相 hzy(K_1)	踢球山花岗岩组合(K_1)
					马陵山花岗闪长岩-二长花岗岩组合(K_1)
				临沭同碰撞岩浆杂岩亚相 tpy(J_3—K_1)	临沭伸展环境的安山岩-英安岩组合(K_1Q)
					临沭湖泊相泥岩-粉砂岩组合(K_1L)
					唐岭闪长岩组合(J_3)
			苏鲁高压-超高压变质系折返带(Ⅳ-11-2-1)	连云港-泗洪高压变质亚相 gy(Pt_{2-3})	云台山变粒岩-浅粒岩-石英岩组合($Pt_{2-3}Y$)
					锦屏山绿片岩-石英片岩-大理岩组合(Pt_2J)
				东海-胶南超高压变质亚相 cgy(Ar_4—Pt_1)	东海花岗片麻岩-超高压榴辉岩组合(Pt_1)
					摩天岭片岩-石英岩-大理岩组合(Ar_4—Pt_1)

续表 7-2

相系	大相	相		亚相	岩石建造组合
扬子陆块区(Ⅵ)	下扬子陆块(Ⅵ-1)	苏皖前陆盆地(Ⅵ-1-1)	苏中-沿江陆内盆地相(Ⅵ-1-1-8)	苏中-沿江断陷盆地亚相 dxpd(K_2—Q)	苏中、沿江松散碎屑沉积组合(Qh、Qp)
					雨花台河流相砂砾岩-粉砂岩-泥岩组合(N_2f—N_1d)
					戴南河流相砂砾岩-粉砂岩-泥岩组合($E_{2-3}G$—E_2d)
					阜宁湖泊相泥岩-粉砂岩组合(E_1f)
					浦口河湖砂砾岩-粉砂岩-泥岩组合(K_2c—K_2p)
			沿江后造山岩浆杂岩相(Ⅵ-1-1-7)	沿江后造山岩浆杂岩亚相 hzy(K_1)	雷巷花岗岩组合(K_1)
					安基山花岗闪长岩-二长花岗岩组合(K_1)
				沿江同碰撞岩浆杂岩亚相 tpy(J_3—K_1)	上党碰撞环境的高钾火山岩组合(jvb、svb)
					徐湾闪长岩-二长岩组合(K_1)
					姑山裂谷环境的安山岩-粗面岩-响岩组合(nvb、gvb)
					冶山闪长岩组合(K_1)
					大王山伸展环境的安山岩-英安岩组合(J_3d、J_3lw)
					蒋王庙辉长岩-闪长岩组合(J_3)
					横山河流相砂砾岩-粉砂岩-泥岩夹火山岩组合(J_3x)
			象山陆内盆地相(Ⅵ-1-1-6)	象山拗陷盆地亚相 oxpd(J_{1-2})	象山河流相砂砾岩-粉砂岩-泥岩组合(J_2b—J_1z)
			周冲村前陆盆地相(Ⅵ-1-1-5)	周冲村前渊亚相 qy(T_2—T_3)	周冲村陆源碎屑岩-碳酸盐岩组合(T_3f、T_2z)
			青龙山被动陆缘相(Ⅵ-1-1-4)	青龙山外陆棚亚相 wlp(T_1)	青龙山滨浅海碳酸盐岩组合(T_1q)
				龙潭碎屑岩陆棚亚相 lpsx(P_2—P_3)	湖山台盆含放射虫硅泥质岩组合(P_3d)
					龙潭海陆交互含煤碎屑岩组合(P_2l)
					孤峰台盆含放射虫硅泥质岩组合(P_1g)
				船山外陆棚亚相 wlp(C_1—P_2)	栖霞山局限台地碳酸盐岩组合(P_1q)
					船山开阔台地碳酸盐岩组合(C_2c、C_2h)
				高骊山碎屑岩陆棚亚相 lpsx(D_3—C_1)	高骊山海陆交互砂泥岩夹砾岩组合(C_1j、D_3C_1l)
					观山海岸沙丘-后滨砂岩组合(D_3g)
			仑山前陆盆地相(Ⅵ-1-1-3)	高家边前渊亚相 qy(O_3—S_1)	坟头陆源碎屑浊积岩组合(S_2m、S_1f)
					高家边陆源碎屑浊积岩组合(O_3S_1g)
				观音台前隆亚相 qll(∈—O)	汤山滨浅海灰岩组合($O_{2-3}t$—O_1h)
					观音台滨浅海白云岩组合(O_1l—$∈_1m$)
					幕府山台盆含放射虫硅质泥岩组合($∈_1ht$)
			宁镇被动陆缘相(Ⅵ-1-1-2)	水晶山外陆棚亚相 wlp(Z)	帽山局限台地白云岩组合(Z_2d)
					嘉山台盆陆源碎屑岩-灰岩组合(Z_1h)
				九灵山陆棚碎屑岩亚相 lpsx(Nh)	九灵山远滨泥岩-粉砂岩夹砾岩组合(Nh_{1-2})
			埤城变质基底杂岩相(Ⅵ-1-1-1)	埤城元古宙中深变质杂岩亚相 ygsb(Pt_2)	埤城斜长角闪岩-变粒岩-片岩组合(Pt_2P)

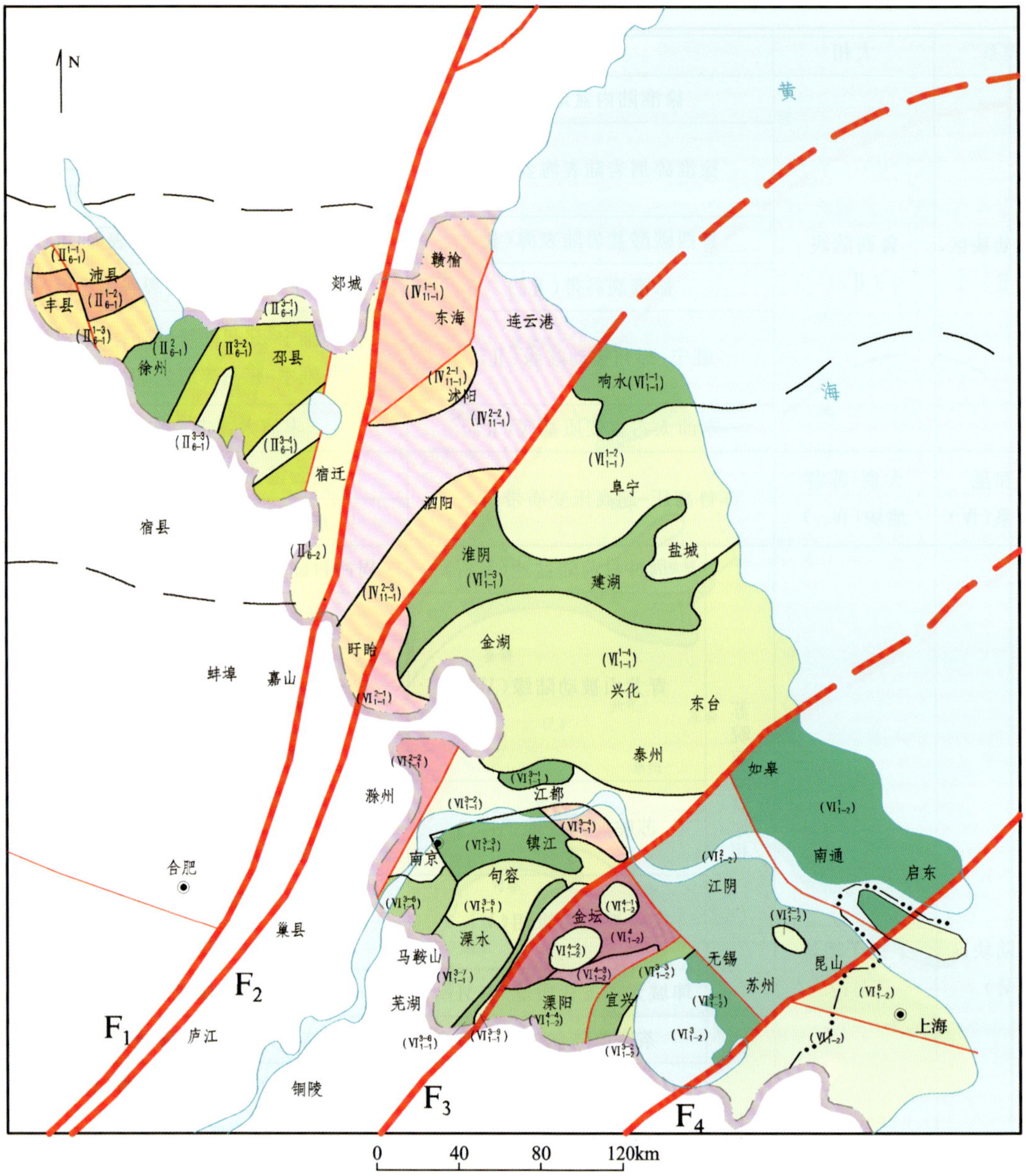

图 7-2　江苏省及上海市中新生代大地构造分区略图

F_1. 郯庐断裂；F_2. 响淮断裂；F_3. 江南断裂；F_4. 昆苏断裂

第三节　大地构造单元特征

一、华北陆块区之鲁西陆块

省域内郯庐断裂带以西属华北陆块区相系鲁西陆块大相，区内地质构造演化经历了新太古代变质基底杂岩形成阶段、新元古代被动陆缘发展阶段、早震旦世大陆裂谷阶段、早古生代碳酸盐岩陆表海发育阶段、晚古生代石炭纪碎屑岩陆表海发育阶段、二叠纪陆内盆地阶段、晚侏罗世—早白垩世的后造山

表 7-4 江苏省及上海市中新生代大地构造分区划分表

Ⅰ级	Ⅱ级	Ⅲ级	Ⅳ级	Ⅴ级
华北陆块区(Ⅱ)	鲁西陆块(Ⅱ$_{6}$)	鲁西陆表海盆地(Ⅱ$_{6-1}$)	徐淮陆内盆地(Ⅱ$^{1}_{6-1}$)	欢口断陷盆地(Ⅱ$^{1-1}_{6-2}$)
				华栖隆地(Ⅱ$^{1-2}_{6-2}$)
				敬安断陷盆地(Ⅱ$^{1-3}_{6-2}$)
			徐州-宿县断块(Ⅱ$^{2}_{6-1}$)	徐州-贾旺断隆(Ⅱ$^{2-1}_{6-2}$)
			邳县-睢宁断块(Ⅱ$^{3}_{6-1}$)	四户断陷盆地(Ⅱ$^{3-1}_{6-2}$)
				邳县-睢宁断隆(Ⅱ$^{3-2}_{6-2}$)
				柳集断陷盆地(Ⅱ$^{3-3}_{6-2}$)
				高集断陷盆地(Ⅱ$^{3-4}_{6-2}$)
		郯城-庐江断裂带(Ⅱ$_{6-2}$)	新沂宿迁断陷盆地(Ⅱ$^{1}_{6-2}$)	新沂宿迁断陷盆地(Ⅱ$^{1-1}_{6-2}$)
秦祁昆造山系(Ⅳ)	大别-苏鲁地块(Ⅳ$_{11}$)	苏鲁超高压高压变质带(Ⅳ$_{11-1}$)	苏北胶南断块(Ⅳ$^{1}_{11-1}$)	苏北胶南断隆(Ⅳ$^{1-1}_{11-1}$)
			连云港-泗洪断块(Ⅳ$^{2}_{11-1}$)	沭阳断陷盆地(Ⅳ$^{2-1}_{11-1}$)
				连云港-泗洪断隆(Ⅳ$^{2-2}_{11-1}$)
				洪泽断陷盆地(Ⅳ$^{2-3}_{11-1}$)
扬子陆块区(Ⅵ)	下扬子陆块(Ⅵ$_{1}$)	苏皖前陆盆地(Ⅵ$_{1-1}$)	苏北陆内盆地(Ⅵ$^{1}_{1-1}$)	滨海断隆(Ⅵ$^{1-1}_{1-1}$)
				阜宁断陷盆地(Ⅵ$^{1-2}_{1-1}$)
				建湖断隆(Ⅵ$^{1-3}_{1-1}$)
				东台断陷盆地(Ⅵ$^{1-4}_{1-1}$)
			滁巢断块(Ⅵ$^{2}_{1-1}$)	盱眙断隆(Ⅵ$^{2-1}_{1-1}$)
				江浦-六合断隆(Ⅵ$^{2-2}_{1-1}$)
			宁镇-溧水断块(Ⅵ$^{3}_{1-1}$)	江都断凸(Ⅵ$^{3-1}_{1-1}$)
				沿江断陷盆地(Ⅵ$^{3-2}_{1-1}$)
				宁镇断隆(Ⅵ$^{3-3}_{1-1}$)
				埤城断隆(Ⅵ$^{3-4}_{1-1}$)
				句容断陷盆地(Ⅵ$^{3-5}_{1-1}$)
				宁芜火山断陷盆地(Ⅵ$^{3-6}_{1-1}$)
				溧水火山断陷盆地(Ⅵ$^{3-7}_{1-1}$)
				茅山断隆(Ⅵ$^{3-8}_{1-1}$)
				直溪桥-椏溪港断陷盆地(Ⅵ$^{3-9}_{1-1}$)
		下扬子被动陆缘(Ⅵ$_{1-2}$)	南通断块(Ⅵ$^{1}_{1-2}$)	南通断隆(Ⅵ$^{1-1}_{1-2}$)
			江阴-昆山断块(Ⅵ$^{2}_{1-2}$)	白卯断陷盆地(Ⅵ$^{2-1}_{1-2}$)
			太湖断块(Ⅵ$^{3}_{1-2}$)	光福断隆(Ⅵ$^{3-1}_{1-2}$)
				宜兴断陷盆地(Ⅵ$^{3-2}_{1-2}$)
				张渚断隆(Ⅵ$^{3-3}_{1-2}$)
			滆湖断块(Ⅵ$^{4}_{1-2}$)	常州断陷盆地(Ⅵ$^{4-1}_{1-2}$)
				前黄断陷盆地(Ⅵ$^{4-2}_{1-2}$)
				上黄断隆(Ⅵ$^{4-3}_{1-2}$)
				社渚-张渚火山断陷盆地(Ⅵ$^{4-4}_{1-2}$)
			启东断块(Ⅵ$^{5}_{1-2}$)	
			吴江断块(Ⅵ$^{6}_{1-2}$)	

岩浆岩侵入阶段、晚白垩世—中新生代陆内断陷盆地发展阶段8个演化阶段，相应地划分为8个Ⅲ级大地构造相单元(相)、11个Ⅳ级大地构造相单元(亚相)和24个Ⅴ级大地构造相(构造岩石组合)(见表7-2)。

(一)鲁西陆块的大地构造相特征

1. 丰沛变质基底杂岩相(Ar_{3-4})

该相仅划分了1个Ⅳ级大地构造相单元——丰沛太古宙陆核亚相tglh(Ar_{3-4}),地表未出露,仅钻孔揭示稳定盖层沉积岩之下有以片麻岩类、混合岩类、石英岩类为主的泰山岩群变质岩系分布,组成华北陆块的变质结晶基底,主要隐伏分布于徐州北部的丰县—沛县一带。岩石类型以黑云斜长片麻岩、斜长角闪岩、黑云变粒岩为主,并夹有角闪变粒岩、透闪阳起片岩、变质砾岩和石榴石英岩等。变质时代为新太古代,其岩石经历了中—深变质作用的改造,总体上属高绿片岩相-低角闪岩相。原岩可能为一套变质的基性火山岩及细粒火山碎屑岩夹粉砂级的碎屑岩建造,总体上划分为英云闪长质-奥长花岗质-花岗闪长质片麻岩的构造岩石组合($Ar_{3-4}T$),而对应于泰山岩群中的山草峪岩组岩石类型以斜长角闪岩、黑云变粒岩、透闪阳起片岩、变质砾岩和石英岩为主,其组成岩石中的石英岩中多含磁铁矿,是区域鞍山式变质铁矿的成矿母岩,单独另划分为斜长角闪岩-变粒岩-磁铁石英岩的构造岩石组合($Ar_{3-4}s$)。

2. 睢宁-邳州被动陆缘相(Pt_3)

该相划分了2个Ⅳ级大地构造相单元,即睢宁-邳州碎屑岩陆棚亚相wlp(Pt_3)和睢宁-邳州外陆棚亚相wlp(Pt_3),广泛分布于徐州以东睢宁-邳州地区,表现为一套陆棚滨浅海相或碳酸盐岩台地相沉积建造。其中早期为陆棚碎屑滨浅海环境,晚期转变为碳酸盐岩台地或潮坪环境,反映了离散板块边缘背景下的沉积特征。

1)睢宁-邳州碎屑岩陆棚亚相wlp(Pt_3)

根据沉积岩建造组合特征、古地理环境及大地构造位置,在睢宁-邳州碎屑岩陆棚亚相wlp(Pt_3)内进一步划分了睢宁-邳州前滨-临滨砂泥岩组合(Pt_3jy—Pt_3c)、睢宁-邳州台盆陆源碎屑岩-碳酸盐岩组合(Pt_3x)、睢宁-邳州海岸沙丘-后滨砂岩组合(Pt_3l)、睢宁-邳州海陆交互砂泥岩夹砾岩组合(Pt_3h)四个构造岩石组合。沉积岩建造组合以碎屑岩为主,夹有极少量泥晶灰岩,碎屑岩成分主要为页岩、粉砂岩、石英砂岩。厚度近千米,地层中未见火山岩夹层。沉积物特征表现为碎屑岩陆棚的滨浅海的沉积环境。

2)睢宁-邳州外陆棚亚相wlp(Pt_3)

睢宁-邳州外陆棚亚相wlp(Pt_3)进一步划分了睢宁-邳州台地陆源碎屑岩-碳酸盐岩组合(Pt_3ws—Pt_3s)、睢宁-邳州台地潮坪-局限台地碳酸盐岩组合(Pt_3w—Pt_3z)两个构造岩石组合。该套地层以碳酸盐岩沉积为主,包括灰岩、白云岩,另夹少量粉砂岩及页岩。沉积物厚度达3000多米,沉积物特征表现为典型外陆棚碳酸盐岩台地环境。

3. 徐淮裂谷相(Z_1)

该相仅划分了1个Ⅳ级大地构造相单元——伊庄-燕子埠陆内裂谷亚相lnlg(Z_1),仅有一个构造岩石组合为伊庄-燕子埠基性岩墙群(Z_1)。为华北构造岩浆岩省华北陆块南缘构造岩浆岩带的一部分,由一系列北东向延伸的脉状辉绿岩岩体组成,在徐州东部睢宁-邳州地区醒目分布,受北东向构造控制,多呈脉状沿北东向断裂构造侵入于新元古代形成的各构造岩石组合中,侵位时代为早震旦世,侵入最新层位为淮河群。

4. 鲁西碳酸盐岩陆表海相(Z_2—O_2)

该相仅划分了1个Ⅳ级大地构造相单元——丰沛-徐淮碳酸盐岩陆表海亚相td(Z_2—O),主要为一套碳酸盐岩夹碎屑岩沉积岩建造组合,分布于徐州复式背向斜的核部或翼部,构成徐州地区的主要山体,是徐淮山系的主要组成岩石,表现出稳定克拉通垂向运动驱动下,在陆壳之上形成了一套稳定的海相碳酸盐岩沉积。

根据其沉积岩建造组合特征以及形成时的古地理环境及大地构造位置,丰沛-徐淮碳酸盐岩陆表海亚相td(Z_2—O)进一步划分为丰沛-徐淮陆表海泥岩粉砂岩组合(Z_2j)、丰沛-徐淮陆表海陆源碎屑岩-

灰岩组合($\in_{1-2}m$—$\in_1h$)、丰沛-徐淮陆表海灰岩-白云岩组合($O_{1-2}m$—$\in_2z$)三个构造岩石组合。

其中陆表海泥岩粉砂岩组合(Z_2j)为黄绿色、灰黑色页岩,粉砂质页岩夹灰色薄层细至中粗粒石英砂岩,中厚层泥晶灰岩的构造岩石组合,该组合中底砾岩的存在代表是典型陆相碎屑沉积,含叠层石泥晶灰岩代表典型海相潮坪相沉积,整体表现为海陆交互相沉积环境。

陆表海陆源碎屑岩-灰岩组合($\in_{1-2}m$—$\in_1h$)包括的沉积岩建造主要有寒武系猴家山组($\in_1h$)、昌平组($\in_1c$)、馒头组($\in_{1-2}m$)等。猴家山组底部含砾的钙质石英砂岩楔形层理发育,代表的是河口湾沉积相;中部泥灰岩中石盐假晶代表干旱碳酸盐岩潮坪相环境,总体表现为从河口湾到碳酸盐岩潮坪的退积沉积作用特征。昌平组表现为局限台地为主的沉积特征和退积的发展趋势,沉积岩建造组合类型为陆表海灰岩组合。馒头组沉积物组合中生物大量出现及风暴岩发育表明开阔台地的沉积特征,具陆源碎屑浅海沉积物特点,沉积岩建造组合类型属陆表海陆源碎屑岩-灰岩组合。

陆表海灰岩-白云岩组合($O_{1-2}m$—$\in_2z$)包括的沉积岩建造主要有中寒武统张夏组($\in_2z$)、上寒武统炒米店组($\in_3c$),奥陶系三山子组(O_1s)、贾汪组(O_1j)、马家沟组($O_{1-2}m$)等。张夏组整体表现为开阔碳酸盐岩台地特征,沉积作用下段表现为进积,上段表现为加积,沉积岩建造组合类型为陆表海灰岩组合。炒米店组沉积环境表现为开阔台地到潮坪的环境,沉积岩建造组合类型也为陆表海灰岩组合。三山子组反映了开阔碳酸盐岩台地环境和加积沉积作用,沉积岩建造组合类型为陆表海白云岩组合。贾汪组沉积环境表现为台地边缘斜坡环境,沉积岩建造组合类型为陆表海白云岩组合。马家沟组沉积环境为局限碳酸盐岩台地到碳酸盐岩潮坪,沉积作用表现为进积,沉积岩建造组合类型为陆表海灰岩组合。

5. 徐淮碎屑岩陆表海相(C_2)

该相划分了2个Ⅳ级大地构造相单元,即丰沛、铜山碎屑岩陆表海亚相 sxlb(C_2)和丰沛、铜山海陆交互陆表海亚相 hljh(C_2),露头零星分布于徐淮山系和丰沛隆起之间。

丰沛、铜山碎屑岩陆表海亚相 sxlb(C_2)是华北地区在经历过中奥陶世至早石炭世长期隆升剥蚀后,新一轮海侵使本地区再次接受陆表海沉积作用的产物,主要表现为海侵背景下形成的一套滨浅海相碎屑岩沉积。

铜山海陆交互陆表海亚相 hljh(C_2)表现为新一轮海侵之后,华北陆块区再次抬升,在本区域表现出一套海退背景的海陆交互相沉积组合特征,并夹有含煤建造层。

这两个Ⅳ级构造相单元各含一个构造岩石组合,分别对应于丰县、铜山、贾汪陆表海海陆交互含煤碎屑岩组合(C_2t),丰县、铜山、贾汪陆表海泥岩粉砂岩组合(C_2b)。其中泥岩粉砂岩组合(C_2b)岩石特征表现为潟湖或潮坪沼泽相,加积沉积作用明显。陆表海海陆交互含煤碎屑岩组合(C_2t)沉积环境为潮坪到三角洲平原沼泽相和进积沉积作用,沉积岩建造组合类型主要为陆表海海陆交互含煤碎屑岩组合。

6. 徐淮陆内盆地相(P—J_2)

该相表现为晚石炭世海退之后在原始陆表海盆地基础上发育的一系列陆内拗陷盆地碎屑岩沉积,进一步划分了2个Ⅳ级大地构造相单元,即贾汪拗陷盆地亚相 oxpd(P_{2-3})和大屯断陷盆地亚相 dxpd(J_3)。地表未出露,钻孔控制其分布范围主要分布于徐淮山系和丰沛隆起之中,另在徐淮山系东部也有分布。

贾汪拗陷盆地亚相根据构造岩石组合进一步划分为贾汪河流相砂砾岩-粉砂岩-泥岩组合(P_1s、P_2s)与贾汪湖泊泥岩-粉砂岩组合(P_3sh)两个构造岩石组合。山西组(P_1s)特征表明沉积环境以陆相为主,偶尔受海侵作用的影响而形成少量非正常海相沉积夹层。石盒子组(P_2s)主要表现为陆相河湖三角洲相沉积特征,沉积岩建造组合类型主要为河流砂砾岩-粉砂岩-泥岩组合。石千峰组(P_3sh)则表现为一套内陆干旱盆地河湖相沉积岩系,沉积岩建造组合主要为湖泊泥岩-粉砂岩组合。

大屯断陷盆地亚相仅划分了1个大屯河流相砂砾岩-粉砂岩-泥岩构造岩石组合(J_3s),沉积环境表现为河湖相。

而安峰山碱性橄榄玄武岩组合(avc)为我国东部沿海新生代玄武岩带的组成部分，于东海安峰一平明一带有少量分布，呈孤立的火山岩锥，多为小规模的中心式喷发，岩石组合主要为碱性橄榄玄武岩及少量相应成分的火山角砾岩等，火山喷发时代主要为中—上新世。第四纪以来区内沉积的一系列以黏土及亚黏土和粉砂为主的松散沉积物全部归为松散碎屑沉积岩石组合(Qh、Qp)。

(二)苏鲁地块的大地构造分区特征

秦祁昆造山系之苏鲁地块仅有一个Ⅲ级构造分区——苏鲁高压-超高压变质带，在前南华纪构造阶段以海泗断裂和桑墟断裂为界进一步划分出东海-胶南超高压变质带、连云港-泗洪高压变质带两个Ⅳ级构造分区；在南华纪—早三叠世该地块由于缺少记录，构造分区不明；中三叠世以来该构造分区以断块与凹陷为主，在继承基底构造分区的基础上，划分为苏北胶南断块和连云港-泗洪断块两个Ⅳ级构造分区。

1. 前南华纪大地构造分区

该分区属秦祁昆造山系大别-苏鲁地块的一部分，系秦祁昆造山系东延部分，夹持于郯庐断裂与响淮断裂之间，仅划分为一个Ⅲ级构造分区——苏鲁高压-超高压变质带。

苏鲁高压-超高压变质带　指郯庐断裂与响淮断裂之间的全部地区，对应的优势构造相为苏鲁高压-超高压变质相，在前南华纪构造阶段根据岩石组合特征和大地构造环境的差异，以海泗断裂和桑墟断裂为界划分为两个Ⅳ级构造分区，即东海-胶南超高压变质带和连云港-泗洪高压变质带两部分，与东海-胶南超高压变质亚相 cgy(Ar_4—Pt_1)和连云港-泗洪高压变质亚相 gy(Pt_{2-3})分别对应。其中东海-胶南超高压变质带以广泛出露造山带根部岩石为特征，普遍经历了强烈的超高压变质作用的改造，主要有摩天岭片岩-石英岩-大理岩组合(Ar_4—Pt_1)和东海花岗片麻岩-超高压榴辉岩组合(Pt_1)两类构造岩石组合；连云港-泗洪高压变质带位于东海-胶南超高压变质带南侧，出露岩石组合兼有陆缘裂谷的特征，普遍经历了强烈的超高压变质作用的改造，构造岩石组合有锦屏山绿片岩-(云母)石英片岩-大理岩组合(Pt_2J)和云台山变粒岩-浅粒岩-石英岩组合($Pt_{2-3}Y$)。

中三叠世以来，苏鲁高压-超高压变质带位于环太平洋叠加造山裂谷带之中，叠加了燕山期构造岩浆活动和中新生代断块作用，形成了桃林-莒南后造山岩浆杂岩相和苏北陆内盆地相及其相应的构造岩石组合。

2. 中新生代大地构造分区

该分区在继承前南华纪构造分区的基本格局的基础上，以叠加的中新生代断陷构造盆地为特征，表现为断隆与断陷相间的分区特征。

(1)苏北胶南断块。主要分布于郯庐断裂以东，海泗断裂以西，桑墟断裂以北地区，仅包含有苏北胶南断隆一个Ⅴ级构造分区单元。前南华纪构造阶段对应的大地构造分区为东海-胶南超高压变质带，中三叠世以来，侏罗纪表现为中新生代青岛-日照构造岩浆岩带与拗陷盆地，白垩纪—古新世在区域拉张背景下，形成的地堑地垒构造，始新世以来在环太平洋构造域的影响下，断块作用得以继承和发展。该阶段形成的构造岩石组合主要包括有临沭湖泊相泥岩-粉砂岩组合(K_1L)、临沭伸展环境的安山岩-英安岩组合(K_1Q)、马陵山花岗闪长岩-二长花岗岩组合(K_1)、踢球山花岗岩组合(K_1)和苏北松散碎屑沉积组合(Qh、Qp)等。

(2)连云港-泗洪断块。主要分布于海泗断裂以东，桑墟断裂以南，响淮断裂以西地区。前南华纪构造阶段对应的大地构造分区为连云港-泗洪高压变质带相；中三叠世以来在环太平洋构造域的影响下，以侏罗纪拗陷盆地以及白垩纪—古新世陆内断陷或走滑拉分活动为主，始新世以来在此基础上断块作用得到进一步继承和发展。

中三叠世以来根据构造岩石组合特征，该断块划分了 3 个Ⅴ级大地构造相单元，即沭阳断陷盆地(K_2—Q)、连云港-泗洪断隆(K_2—Q)、洪泽断陷(K_2—Q)。它们均是在环太平洋构造域的影响下，中国东部盆岭化作用过程中形成的。白垩纪—古新世沉积一套陆相类磨拉石沉积组合，其包括的构造岩石组合有沭阳河湖砂砾岩-粉砂岩-泥岩组合(E_1t、K_2W)、沭阳湖泊泥岩-粉砂岩组合(E_1f)、沭阳河流相砂砾岩-粉砂岩-泥岩组合($E_{2-3}G$—E_2d)、安峰山碱性橄榄玄武岩组合(avc)和苏北松散碎屑沉积组合(Qh、Qp)等。

三、扬子陆块区之下扬子陆块

省域内响淮断裂带以南属扬子陆块区相系下扬子陆块大相，区内地质构造演化经历了中元古代大陆变质基底形成演化阶段、新元古代被动陆缘发展阶段、早古生代前陆盆地发展阶段、古生代—早三叠世被动陆缘发展阶段、中—晚三叠世前陆盆地发展阶段、早—中侏罗世陆内拗陷盆地发育阶段、晚侏罗世—早白垩世的后造山岩浆岩侵入阶段和中新生代陆内断陷盆地发展8个演化阶段，构造分区上以江南断裂为界，北为苏皖前陆盆地的一部分，南为下扬子被动陆缘的一部分，其中苏皖前陆盆地区划分为8个Ⅲ级大地构造相单元(相)、14个Ⅳ级大地构造相单元(亚相)和33个Ⅴ级大地构造相单元(构造岩石组合)，下扬子被动陆缘区划分为7个Ⅲ级大地构造相单元(相)、12个Ⅳ级大地构造相单元(亚相)和25个Ⅴ级大地构造相单元(构造岩石组合)。

(一)下扬子陆块的大地构造相特征

1. 苏皖前陆盆地

(1)中元古代埤城变质基底杂岩相(Pt_2)。构成了下扬子陆块的变质基底，地表未出露，仅钻孔揭示，主要隐伏分布于宁镇山脉东段的埤城一带。埤城变质基底杂岩相仅划分了一个Ⅳ级大地构造相单元——埤城元古宙中深变质杂岩亚相 ygsb(Pt_2)，进一步划分为一个Ⅴ级大地构造相单元(构造岩石组合)——斜长角闪岩-变粒岩-片岩组合(Pt_2P)，为一套具轻微混合岩化的浅变质岩系，根据其岩石组合分析，主要为变粒岩＋片岩＋斜长角闪岩，应属绿片岩相。根据其岩石化学分析资料显示，其原岩应以基性火山岩为主，中酸性火山岩为次，并有少量正常碎屑岩。

(2)新元古代宁镇被动陆缘相(Nh—Z)。主要分布在宁镇山脉东段、江浦六合隆起区和盱眙隆起区，在宁镇山脉中西段也有零星分布，另外，在滨海隆起、建湖隆起有钻孔揭露，该构造相划分了两个Ⅳ级大地构造相单元，即九灵山陆棚碎屑岩亚相 lpsx(Nh)和水晶山外陆棚亚相 wlp(Z)。

九灵山陆棚碎屑岩亚相 lpsx(Nh)区域主要分布在宁镇山脉水晶山，为扬子基底形成之后最早发育的沉积盖层，表现为陆棚浅海碎屑岩沉积组合特征，其中九灵山陆棚碎屑岩亚相 lpsx(Nh) 进一步划分为一个Ⅴ级大地构造相单元(构造岩石组合)——九灵山远滨泥岩-粉砂岩夹砾岩组合(Nh_{1-2})，与南华纪周岗组(Nh_1z)、苏家湾组(Nh_2s)沉积岩石对应。周岗组沉积作用表现为退积特征，沉积环境表现为无障壁海岸后滨-远滨相。苏家湾组沉积环境表现为无障壁海岸滨海相，沉积作用表现为加积作用明显。

水晶山外陆棚亚相 wlp(Z) 区域分布范围与所属相分布范围基本一致，为浅海较深水区形成的一套碎屑岩-碳酸盐岩沉积物组合，后期表现为明显的海退，发育一套局限台地白云岩沉积。根据其特征进一步划分为两个Ⅴ级大地构造相单元(构造岩石组合)，即嘉山台盆陆源碎屑岩-灰岩组合(Z_1h)和帽山局限台地白云岩组合(Z_2d)。其中嘉山台盆陆源碎屑岩-灰岩组合(Z_1h)与震旦系黄墟组层位相当，沉积环境下部主要表现为无障壁海岸前滨相到浅海相，沉积岩建造组合类型为台盆陆源碎屑岩-碳酸盐岩组合；上部主要表现为碳酸盐岩潮坪到局限碳酸盐岩台地环境，沉积岩建造组合类型表现为台地潮坪-局限台地碳酸盐岩组合。而帽山局限台地白云岩组合(Z_2d)与震旦系灯影组层位相当，沉积环境表现为碳酸盐岩潮坪到局限台地相，进积作用明显。

(3)早古生代苏皖前陆盆地相(Pz_1)。广泛分布在宁镇山脉、江浦六合隆起区、盱眙隆起区、茅山断块区，另外在滨海隆起、建湖隆起有钻孔揭露。该构造相划分了两个Ⅳ级大地构造相单元，即观音台前隆亚相 qll(∈—O)和高家边前渊亚相 qy(O_3—S_1)。

观音台前隆亚相 qll(∈—O) 地表主要分布于宁镇山脉及浦口-六合地区，在滨海及建湖隆起区有钻孔揭露，为早古生代加里东构造背景下形成的一套前陆盆地沉积序列，进一步划分为 3 个Ⅴ级大地构造相单元(构造岩石组合)，即幕府山台盆含放射虫硅质泥岩组合($∈_1ht$)、观音台滨浅海白云岩组合(O_1l—$∈_1m$)和汤山滨浅海灰岩组合($O_{2\text{-}3}t$—O_1h)。其中幕府山台盆含放射虫硅质泥岩组合($∈_1ht$) 与下寒武统荷塘组相当，沉积环境为远滨无障壁海岸，加积沉积作用明显。

观音台滨浅海白云岩组合(O_1l—$∈_1m$)则包括有幕府山组($∈_1m$)、炮台山组($∈_2p$)、观音台组($∈_3O_1g$)、仑山组(O_1l)等沉积层位，其中幕府山组表现为开阔台地到缓斜坡相进积沉积作用产物；炮台山组沉积环境为碳酸盐岩开阔台地潟湖相，沉积物序列特征表现为退积沉积作用；观音台组沉积物组合反映为开阔碳酸盐岩台地环境，进积沉积作用；仑山组沉积环境为开阔台地到台缘浅滩相，退积沉积作用明显。

汤山滨浅海灰岩组合($O_{2\text{-}3}t$—O_1h) 包括有红花园组(O_1h)、大湾组(O_2d)、牯牛潭组($O_{1\text{-}2}g$)、汤山组(O_3t)、汤头组($O_{2\text{-}3}t$)等沉积层位，其中红花园组沉积环境为开阔台地相及台地浅滩相；大湾组沉积环境为盆地边缘及广海陆盆相，沉积作用为进积；牯牛潭组沉积环境为广海陆盆相，沉积作用仍表现为进积作用；汤山组沉积环境为开阔台地相，沉积作用表现为进积作用；汤头组沉积环境为广海陆盆到盆地边缘相，沉积作用表现为加积作用。

高家边前渊亚相 qy(O_3—S_1)地表分布区域与所属相分布区域一致，为深水斜坡相浊积岩，表现出复理石沉积特征，进积序列明显。进一步划分为两个Ⅴ级大地构造相单元(构造岩石组合)，即高家边陆源碎屑浊积岩组合(O_3S_1g)和坟头陆源碎屑浊积岩组合(S_2m、S_1f)。

高家边陆源碎屑浊积岩组合(O_3S_1g)与高家边组沉积层位一致，沉积环境为无障壁海岸远滨到下临滨相，沉积作用为加积，沉积岩建造组合类型为陆源碎屑浊积岩组合。

坟头陆源碎屑浊积岩组合(S_2m、S_1f) 则包括下—中志留统坟头组、茅山组两个层位。其中坟头组沉积物特征表现为前三角洲相沉积环境，加积沉积作用明显；茅山组沉积环境表现为三角洲前缘到三角洲平原相。

(4)晚古生代青龙山被动陆缘相(D—T_1)。广泛分布在宁镇山脉、茅山断块区，另外在滨海隆起、建湖隆起有钻孔揭露，该构造相划分了 4 个Ⅳ级大地构造相单元，即高骊山碎屑岩陆棚亚相 lpsx(D_3—C_1)、船山外陆棚亚相 wlp(C_1—P_2)、龙潭碎屑岩陆棚亚相 lpsx(P_2—P_3)和青龙山外陆棚亚相 wlp(T_1)。

高骊山碎屑岩陆棚亚相主要分布于宁镇山脉和茅山地区，另外钻孔揭露滨海隆起、建湖隆起地区也有分布，主要表现为陆棚滨浅海相碎屑沉积，进一步划分为两个Ⅴ级大地构造相单元(构造岩石组合)，即观山海岸沙丘-后滨砂岩组合(D_3g)和高骊山海陆交互砂泥岩夹砾岩组合(C_1j、D_3C_1l)。其中观山海岸沙丘-后滨砂岩组合(D_3g)与上泥盆统观山组层位相当，沉积物表现为河口湾到无障壁海岸后滨相，沉积作用为加积。高骊山海陆交互砂泥岩夹砾岩组合(C_1j、D_3C_1l)包括擂鼓台组(D_3C_1l)、金陵组(C_1j)和高骊山组(C_1g)等层位，其中擂鼓台组沉积环境表现为三角洲平原到前三角洲相，沉积作用表现为加积，沉积岩建造组合类型为海陆交互砂泥岩夹砾岩组合；金陵组主要为一整套开阔台地碳酸盐岩建造，沉积物表现为开阔台地相，沉积作用为加积；高骊山组沉积岩建造组合类型为海陆交互砂泥岩夹砾岩组合，沉积环境主要为三角洲平原后滨相，沉积物表现为进积作用。

船山外陆棚亚相主要分布区域与所属相分布范围一致，主要为一套陆棚碳酸盐岩台地相，进一步划分为两个Ⅴ级大地构造相单元(构造岩石组合)，即船山开阔台地碳酸盐岩组合(C_2c、C_2h)和栖霞山局限台地碳酸盐岩组合(P_1q)。船山开阔台地碳酸盐岩组合(C_2c、C_2h) 与黄龙组、船山组沉积地层相当，黄龙组沉积岩建造组合类型表现为开阔台地碳酸盐岩组合，沉积环境为开阔台地环境，加积沉积作用。船山组沉积岩建造组合类型为开阔台地碳酸盐岩组合，沉积环境表现为开阔台地到局限环境，进积沉积作用。

栖霞山局限台地碳酸盐岩组合(P_1q)与中二叠世栖霞组相当，表现为一套碳酸盐岩和碎屑岩组合，沉积环境主要有局限台地和开阔台地相，退积沉积作用，沉积岩建造组合类型主要表现为台地潮坪-局限台地碳酸盐岩组合。

龙潭碎屑岩陆棚亚相分布区域与所属相分布范围一致，主要为陆棚碎屑岩，表现出从海退到局部拉张形成深水环境，进一步划分为3个Ⅴ级大地构造相单元(构造岩石组合)，即孤峰台盆含放射虫硅泥质岩组合(P_1g)、龙潭海陆交互含煤碎屑岩组合(P_2l)和湖山台盆含放射虫硅泥质岩组合(P_3d)。其中孤峰台盆含放射虫硅泥质岩组合(P_1g)表现为薄层硅质岩、硅质页岩、粉砂质泥岩等岩石组合，沉积环境表现为陆源碎屑浅海相到无障壁海岸远滨相，沉积作用整体表现为加积。龙潭海陆交互含煤碎屑岩组合(P_2l)主要为含煤岩系，沉积环境表现为障壁海岸潟湖相到三角洲平原相，沉积物组合特征表现为进积作用。湖山台盆含放射虫硅泥质岩组合(P_3d)则为一套硅质岩、泥岩、砂岩及凝灰岩组合，沉积环境表现为广海陆盆-盆地相，沉积序列表现为退积作用。

青龙山外陆棚亚相 wlp(T_1) 主要分布于宁镇山脉、茅山山脉，另在江都隆起区钻孔有揭露，表现为陆棚较深水的碳酸盐岩台地沉积特征，仅划分了一个Ⅴ级大地构造相单元(构造岩石组合)——青龙山滨浅海碳酸盐岩组合(T_1q)，与早三叠世青龙组沉积层位相当，沉积物环境表现为碳酸盐岩台地广海陆盆-盆地边缘相，沉积作用表现为进积。

(5)中—晚三叠世周冲村前陆盆地相(T_2—T_3)。主要分布在宁镇山脉中段、宁芜-溧水地区等，为印支运动挤压背景下形成的一套陆源碎屑岩-碳酸盐岩和红色类磨拉石沉积。该构造相划分了一个Ⅳ级大地构造相单元——周冲村前渊亚相 qy(T_2—T_3)，仅划分了一个Ⅴ级大地构造相单元(构造岩石组合)——周冲村陆源碎屑岩-碳酸盐岩组合(T_3f、T_2z)，含周冲村组和黄马青组、范家塘组3个地层单位。其中周冲村组沉积物特征表现为局限碳酸盐岩台地相到台地蒸发相，进积沉积作用。黄马青组沉积环境表现为湖泊三角洲相，沉积作用表现为进积；范家塘组则沉积物表现为湖相环境，加积沉积作用，沉积岩建造组合类型为陆源碎屑浊积岩组合。

(6)象山陆内盆地相(J_1—J_2)。为印支构造运动之后的局部拗陷中沉积产物，在下扬子陆块中广泛分布。该构造相仅划分了一个Ⅳ级大地构造相单元——象山拗陷盆地亚相 oxpd($J_{1\text{-}2}$)，一个Ⅴ级构造相单元(构造岩石组合)——象山河流相砂砾岩-粉砂岩-泥岩组合(J_2b—J_1z)，包括钟山组(J_1z)和北象山组(J_2b)，两者沉积物特征均表现为河流相沉积环境，沉积岩建造组合类型主要表现为河流砂砾岩-粉砂岩-泥岩组合。

(7)沿江后造山岩浆杂岩相(J_3—K_1)。在下扬子陆块区长江中下游燕山期构造岩浆带中广泛分布，其中以宁芜、溧水火山盆地和宁镇山脉地区分布最为集中，主要为燕山期构造岩浆活动的产物。该构造相根据岩石组合特征划分了两个Ⅳ级大地构造相单元，即沿江同碰撞岩浆杂岩亚相 tpy(J_3—K_1) 和沿江后造山岩浆杂岩亚相 hzy(K_1)，其中沿江同碰撞岩浆杂岩亚相进一步划分为4个Ⅴ级大地构造相单元(构造岩石组合)，即横山河流相砂砾岩-粉砂岩-泥岩夹火山岩组合(J_3x)、蒋王庙辉长岩-闪长岩组合(J_3)、大王山伸展环境的安山岩-英安岩组合(J_3d、J_3lw)和冶山闪长岩组合(K_1)。其中横山河流相砂砾岩-粉砂岩-泥岩夹火山岩组合(J_3x)沉积物表现为河湖相沉积环境，沉积岩建造组合类型主要表现为河流砂砾岩-粉砂岩-泥岩夹火山岩组合。

蒋王庙辉长岩-闪长岩组合(J_3)是燕山旋回早期侵入岩，岩石类型主要有闪长玢岩、闪长岩、辉长岩等，为燕山活动最早的一期构造岩浆活动，以蒋王庙辉长岩体为主要代表，位于南京太平门外板仓—蒋庙—岔路口一带，为一向南倾斜沿北东东向延伸的基性—中性分异杂岩体，角闪橄榄辉长岩相、辉长岩相和闪长岩相三者呈似环状分布，岩石组成与岩石化学特征均显示其总体均属碱钙性岩系，且随着岩浆向酸性的不断演化，岩浆分异程度不断提高。

大王山伸展环境的安山岩-英安岩组合(J_3d、J_3lw) 包括晚侏罗世龙王山组和大王山组两个火山岩地层，龙王山组岩性主要为角闪安山质、粗安质、玄武粗安质火山岩及火山碎屑沉积岩，沉积环境为火山断陷盆地，构造岩石组合类型主要表现为大陆伸展环境安山岩-英安岩组合。大王山组下部为火山碎屑沉积岩，含植物、叶肢介等化石；上部为安粗质、安山质火山岩及火山碎屑岩，沉积环境为火山断陷盆地，构造岩石组合类型主要表现为大陆伸展环境安山岩-英安岩组合。

冶山（石英）闪长岩组合（K_1）系燕山旋回中期侵入岩，岩石类型主要有石英闪长斑岩、石英闪长岩、闪长玢岩等，是长江中下游中生代构造岩浆岩亚带一期主要的构造岩浆活动。以冶山石英闪长岩体、大红山闪长玢岩体和杨坊山闪长玢岩体为代表。其中冶山岩体侵入的最新地层为上侏罗统西横山组凝灰质砂岩，K－Ar法同位素年龄为116Ma，岩体侵入时代为早白垩世中期。大红山岩体侵位于青龙组、周冲村组、象山群和燕山早期的闪长岩体接触带中。杨坊山岩体侵位于周冲村组、黄马青组和象山群之中。

沿江后造山岩浆杂岩亚相hzy（K_1）进一步划分为5个Ⅴ级大地构造相单元（构造岩石组合），即姑山裂谷环境的安山岩-粗面岩-响岩组合（nvb、gvb）、徐湾闪长岩-二长岩组合（K_1）、上党碰撞环境的高钾火山岩组合（jvb、svb）、安基山花岗闪长岩-二长花岗岩组合（K_1）、雷巷花岗岩组合（K_1）。

其中姑山裂谷环境的安山岩-粗面岩-响岩组合（nvb、gvb）仅分布于沿江岩段的宁芜-溧水火山岩盆地，包括姑山火山岩锥和娘娘山火山岩锥等火山岩地层，岩性主要由中酸性—碱性英安质-粗面质-响岩质熔岩类及火山碎屑岩类组成，其中姑山火山岩锥K－Ar法等时线年龄120.4Ma，娘娘山火山岩锥K－Ar法等时线年龄108Ma。

徐湾闪长岩-二长岩组合（K_1）系燕山旋回中期侵入岩。岩石类型主要有石英二长岩、石英二长斑岩、石英斑岩、石英闪长斑岩、石英闪长岩、闪长玢岩等，是长江中下游中生代构造岩浆岩亚带一期主要的构造岩浆活动，以石马石英二长（斑）岩杂岩体、谏壁石英闪长斑岩杂岩体为代表。石马杂岩体位于宁镇山脉中段，呈不规则透镜状，侵入于志留系—下白垩统的不同层位。主要岩石类型有闪长玢岩、石英闪长岩-石英二长岩，同位素年龄为109.6～92Ma，侵入的最新地层为上党火山岩带中。谏壁杂岩体位于宁镇山脉东段，以石英闪长斑岩、石英二长斑岩为主，其次有闪长玢岩等岩石类型，侵入的最新地层是早白垩世圌山火山岩，又被浦口组不整合覆盖，其时代应相当于早白垩世中期。

上党碰撞环境的高钾火山岩组合（jvb、svb）主要分布于沿江岩段的宁芜-溧水火山岩盆地，包括上党火山岩带、甲山火山岩锥等火山岩地层，岩性主要由中酸性安山质-粗安（面）质-流纹质熔岩类及火山碎屑岩类组成，构造岩石组合类型可归为碰撞环境下高钾火山岩组合。上党火山岩带主要分布于上党等火山盆地，岩石组合为安山岩、石英粗面岩、流纹岩夹橄榄玄武岩等火山熔岩及其火山碎屑岩，火山岩相主要以溢流相和爆发相为主，岩石类型属碱钙性岩石，K－Ar法同位素年龄130～120.8Ma。甲山火山岩锥指分布于溧水火山岩盆地的甲山、镇江火山岩盆地的圌山等地，呈扁豆形的孤立火山机构，岩石组合主要为一套偏酸性火山熔岩及其火山碎屑岩，火山岩相主要以溢流相和爆发相为主，岩石类型属钙碱性岩石，K－Ar法同位素年龄93.6Ma。

安基山花岗闪长岩-二长花岗岩组合（K_1）系燕山旋回中期侵入岩，岩石类型主要有石英闪长斑岩、二长花岗斑岩、二长花岗岩、花岗闪长斑岩，花岗闪长岩等，在沿江岩段宁镇地区广泛发育，为该地区一期主要的构造岩浆活动，形成的侵入岩体构成了宁镇地区安基山杂岩体、高资杂岩体的主要部分。安基山岩体位于宁镇山脉中段，侵入于志留系—白垩系的不同层位，岩石类型主要为石英闪长斑岩，其次为花岗闪长斑岩，主体为早白垩世侵入活动的产物，同位素年龄值为123～92Ma（K－Ar等时线年龄为123Ma）。高资杂岩体呈东西向分布于宁镇山脉中段，侵入于上党火山岩带中，岩体内部相为二长花岗岩和花岗闪长岩，过渡相为石英二长岩、石英闪长岩，边缘相为斑状石英闪长岩、石英闪长斑岩。该组合各类岩石化学成分较为稳定，岩石类型属钙碱性岩石系列，主要与后造山作用和大洋消减带有关。

雷巷花岗岩组合（K_1）系燕山旋回晚期侵入岩，岩石类型主要有碱长花岗岩、花岗斑岩和花岗岩，仅分布于长江中下游沿江岩段的宁镇地区，以牛头山岩体、王后村岩体、雷巷岩体、东林场岩体为代表。牛头山碱长花岗斑岩体呈北北西向侵入于白鹅山岩体与黄马青组之间；王后村碱长花岗斑岩体侵位于青龙组、周冲村组、黄马青组之中；雷巷细粒花岗岩体呈岩枝状侵入于下蜀岩体中，同位素年龄为88.7Ma，为早白垩世晚期侵入；东林场碱长花岗岩体主要呈岩枝状侵入于下三叠统之中，在徐湾岩体内部常呈脉状产出。该岩石组合是沿江岩段酸性、碱性程度最高的岩石，Na_2O/K_2O 比值为 0.54～1.47，里特曼指数(σ)为 1.92～2.79，仍属钙碱性岩石系列。

(8)苏中-沿江陆内盆地相(K_2—Q)。为燕山晚期—喜马拉雅期陆内断陷活动形成的，在下扬子陆块的燕山期—喜马拉雅期断陷盆地中均为主要构造相，仅划分了一个Ⅳ级大地构造相单元——苏中-沿江断陷盆地亚相 dxpd(K_2—Q)，进一步划分为 5 个Ⅴ级大地构造相单元(构造岩石组合)，即浦口河湖砂砾岩-粉砂岩-泥岩组合(K_2c—K_2p)、阜宁湖泊相泥岩-粉砂岩组合(E_1f)、戴南河流相砂砾岩-粉砂岩-泥岩组合($E_{2-3}G$—E_2d)、雨花台河流相砂砾岩-粉砂岩-泥岩组合(N_2f－N_1d)和苏中-沿江松散碎屑沉积组合(Qh、Qp)。其中浦口河湖砂砾岩-粉砂岩-泥岩组合(K_2c—K_2p)与上白垩统赤山组、浦口组层位相当，沉积环境表现为河湖相，沉积岩建造组合类型分别表现为河流砂砾岩-粉砂岩-泥岩夹火山岩组合和湖泊泥岩-粉砂岩组合。

而区内古近系形成的构造岩石组合主要分布于局部拗陷盆地中，以湖泊相碎屑岩为主，由一套细碎屑的砂泥岩等组成。陆内断陷盆地环境形成的构造岩石组合自下而上有河湖砂砾岩-粉砂岩-泥岩组合(E_1t)、湖泊泥岩-粉砂岩组合(E_1f)、河流相砂砾岩-粉砂岩-泥岩组合($E_{2-3}G$—E_2d)等，分别与泰州组、阜宁组、戴南组、三垛组相对应，沉积环境主要为河湖相或河流相。

新近纪雨花台河流相砂砾岩-粉砂岩-泥岩组合(N_2f—N_1d)在区内分布极为广泛，平原区与盐城组层位相当，沉积环境表现为河湖相，沉积岩建造组合类型表现为河流砂砾岩-粉砂岩-泥岩组合。山麓区则与洞玄观组、六合组、黄岗组及雨花台组层位相当，沉积环境表现为河湖相或河流相。与雨花台组层位相当的方山组玄武质火山岩构成大陆伸展环境碱性橄榄玄武岩组合，为我国东部沿海新生代玄武岩带的组成部分，区主内要分布于盱眙-六合、方山-小丹阳、茅山西部等地区，岩石组合主要为碱性橄榄玄武岩及少量相应成分的火山角砾岩等。火山喷发时代主要为中—上新世。

第四纪以来区内沉积的一系列以黏土及亚黏土和粉砂为主的松散沉积物全部归为苏中-沿江松散碎屑沉积组合(Qh、Qp)。

2. 下扬子被动陆缘区

(1)中元古代金山变质基底杂岩相(Pt_2)。构成了下扬子被动陆缘的变质基底，地表未出露，仅钻孔揭示，主要隐伏分布于上海金山地区。该变质基底杂岩相仅划分了一个Ⅳ级大地构造相——金山元古宙中深变质杂岩亚相 ygsb(Pt_2)，进一步划分为一个Ⅴ级大地构造相单元(构造岩石组合)——金山片岩-石英岩-大理岩组合(Pt_2j)，相当于中元古界金山岩群变质岩。根据变质岩石自然共生组合，金山岩群属绿片岩-大理岩变质建造和斜长角闪岩夹变粒岩、浅粒岩变质建造类型，且经历了低绿片岩相或高绿片岩相变质作用。依据其地质产状和岩石共生组合及岩石化学等特征，初步推测金山岩群上段为正常沉积的砂、泥质碎屑岩夹碳酸盐岩建造，推测为浅海相沉积；中段由凝灰岩、流纹岩以及部分碎屑沉积物组成，说明当时有较强烈的间歇性(海底)火山喷发活动；下段其原岩以黏土质为主，夹少量碳酸盐岩，仍属浅海相沉积。

(2)苏南前陆盆地相(Pz_1)。主要分布于宜溧地区，在上海—昆山一带也有零星出露，根据构造岩石组合特征该构造相划分了两个Ⅳ级大地构造相单元，即昆山前隆亚相 qll(∈—O)和五通山前渊亚相 qy(S)。

昆山前隆亚相主要在昆山西北角和宜兴东北地区有零星露头，表现为残留海相碎屑岩和碳酸盐岩沉积组合，整体表现进积沉积演化趋势。进一步划分为一个Ⅴ级大地构造相单元(构造岩石组合)——昆山碳酸盐岩浊积岩组合($∈_3cf$、O_1y)，与上寒武统印渚埠组和下奥陶统超峰组层位相当。印渚埠组岩性主要为粉晶灰岩夹硅质岩，沉积环境表现为碳酸盐岩广海陆盆相到盆地边缘相，沉积作用表现为加积，沉积岩建造组合类型为滨浅海碳酸盐岩组合。超峰组岩性以白云岩为主，沉积物特征表现为局限碳酸盐岩台地环境，加积沉积作用，沉积岩建造组合类型为碳酸盐岩浊积岩组合。

五通山前渊亚相 qy(S)分布区域与所属相基本一致，表现为海相碎屑岩沉积岩组合，进一步划分为一个Ⅴ级大地构造相单元(构造岩石组合)——五通山陆源碎屑浊积岩组合(S_2m、S_1f、$S_{1-2}k$、S_2t)。与下志留统坟头组、下—中志留统康山组、上志留统唐家坞组层位相当。坟头组沉积物特征表现为前三角洲相及加积沉积作用,沉积岩建造组合类型为陆源碎屑浊积岩组合。康山组沉积岩建造组合类型为陆源碎屑浊积岩组合,沉积环境表现为无障壁海岸下临滨相到三角洲相,沉积作用为进积。唐家坞组沉积岩建造组合类型为陆源碎屑浊积岩组合,沉积物特征表现为三角洲环境,进积沉积作用。

(3)下扬子被动陆缘相(D_3—T_1)。加里东期后下扬子被动陆缘区与苏皖前陆盆地区构造上拼合于一起,其大地构造相与岩石组合特征与苏皖前陆盆地区相似。主要分布于宜溧地区、苏州西部地区,在上海—昆山一带也有零星出露。根据构造岩石组合特征划分了4个Ⅳ级大地构造相单元,即铜官山碎屑岩陆棚亚相 lpsx(D_3—C_1)、丁蜀外陆棚亚相 wlp(C_1—P_2)、长林碎屑岩陆棚亚相 lpsx(P_2—P_3)和张渚外陆棚亚相 wlp(P_3—T_1)。

铜官山碎屑岩陆棚亚相进一步划分为两个Ⅴ级大地构造相单元(构造岩石组合),即南洋山海岸沙丘-后滨砂岩组合(D_3g)和红岭海陆交互砂泥岩夹砾岩组合(C_1j、D_3C_1l)。其中南洋山海岸沙丘-后滨砂岩组合(D_3g)与上泥盆统观山组层位相当,主要为灰白色厚层—块状(含砾)粗至细粒石英岩建造,底部常夹有砾石或砾岩。沉积物表现为河口湾到无障壁海岸后滨相,沉积作用为加积。

红岭海陆交互砂泥岩夹砾岩组合(C_1j、D_3C_1l)包括擂鼓台组(D_3C_1l)、金陵组(C_1j)和高骊山组(C_1g)等层位,其中擂鼓台组沉积岩建造组合类型为海陆交互砂泥岩夹砾岩组合,沉积环境表现为三角洲平原到前三角洲相,沉积作用表现为加积;金陵组为一套开阔台地碳酸盐岩建造,沉积物特征表现为开阔台地相,沉积作用为加积;高骊山组沉积岩建造组合类型为海陆交互砂泥岩夹砾岩组合,沉积环境主要为三角洲平原后滨相,沉积物表现为进积作用。

丁蜀外陆棚亚相进一步划分为两个Ⅴ级大地构造相单元(构造岩石组合),即丁蜀开阔台地碳酸盐岩组合(C_2c、C_2h)和省庄局限台地碳酸盐岩组合(P_1q)。丁蜀开阔台地碳酸盐岩组合(C_2c、C_2h)与黄龙组、船山组沉积地层相当。黄龙组沉积岩建造组合类型表现为开阔台地碳酸盐岩组合,表现为开阔台地环境,加积沉积作用。船山组沉积岩建造组合类型为开阔台地碳酸盐岩组合,沉积环境表现为开阔台地到局限环境,进积沉积作用。

省庄局限台地碳酸盐岩组合(P_1q)与中二叠世栖霞组沉积层位相当,表现为一套碳酸盐岩和碎屑岩组合,沉积岩建造组合类型主要表现为台地潮坪-局限台地碳酸盐岩组合,沉积环境主要有局限台地和开阔台地相,退积沉积作用。

长林碎屑岩陆棚亚相进一步划分为两个Ⅴ级大地构造相单元(构造岩石组合),即孤峰台盆含放射虫硅泥质岩组合(P_1g)和长林海陆交互含煤碎屑岩组合(P_2l)。其中孤峰台盆含放射虫硅泥质岩组合(P_1g)表现为薄层硅质岩、硅质页岩、粉砂质泥岩、碳质页岩、锰质页岩组合,沉积环境表现为陆源碎屑浅海相到无障壁海岸远滨相,沉积作用整体表现为加积。龙潭海陆交互含煤碎屑岩组合(P_2l)主要为含煤岩系,沉积环境表现为障壁海岸潟湖相到三角洲平原相,沉积物组合特征表现为进积作用。

张渚外陆棚亚相仅进一步划分为一个Ⅴ级大地构造相单元(构造岩石组合)——张渚开阔台地碳酸盐岩组合(P_3c、T_1q),与上二叠统长兴组、下三叠统青龙组沉积层位相当。长兴组沉积岩建造组合类型为开阔台地碳酸盐岩组合,沉积环境主要表现为开阔台地相,退积沉积作用;青龙组主要由薄层泥岩、泥灰岩、灰岩、瘤状灰岩组成,沉积物环境表现为碳酸盐岩台地广海陆盆-盆地边缘相,沉积作用表现为进积。

(4)茶亭前陆盆地相(T_2—T_3)。主要分布于宜溧地区、苏州西部地区,仅划分了一个Ⅳ级大地构造相单元——茶亭前渊亚相 qy(T_2—T_3),进一步划分为一个Ⅴ级大地构造相单元(构造岩石组合)——茶亭陆源碎屑岩-碳酸盐岩组合(T_3f—T_2z),含周冲村组和黄马青组、范家塘组3个地层单位。其中周冲村组沉积岩建造组合类型为碳酸盐岩浊积岩组合,沉积物特征表现为局限碳酸盐岩台地相到台地蒸发相,进积沉积作用;黄马青组与范家塘组沉积岩建造组合类型为陆源碎屑浊积岩组合,沉积物表现为湖泊三角洲相或湖相沉积环境,加积沉积作用明显。

(5)象山陆内盆地相(J_1—J_2)。为印支构造运动之后的局部拗陷中沉积产物,在下扬子陆块中广泛分布。该构造相仅划分了一个Ⅳ级大地构造相单元——象山拗陷盆地亚相 oxpd(J_{1-2}),划分了一个Ⅴ级大地构造相单元(构造岩石组合)——象山河流相砂砾岩-粉砂岩-泥岩组合(J_2b—J_1z),仅分布于常州南部局部拗陷盆地中,包括下侏罗统钟山组(J_1z)和中侏罗统北象山组(J_2b),沉积物特征表现为河流相或河湖相,沉积岩建造组合类型主要表现为河流砂砾岩-粉砂岩-泥岩组合。

(6)苏南后造山岩浆杂岩相(J_3—K_1)。与沿江后造山岩浆杂岩相均为下扬子陆块区长江中下游燕山期构造岩浆带的组成部分,为燕山期构造岩浆活动的产物,构造岩石组合总体相似。根据岩石组合特征,该构造相划分了两个Ⅳ级大地构造相单元,即苏南同碰撞岩浆杂岩亚相 tpy(J_3—K_1)和苏南后造山岩浆杂岩亚相 hzy(K_1)。其中苏南同碰撞岩浆杂岩亚相进一步划分为4个Ⅴ级大地构造相单元(构造岩石组合),即劳村河流相砂砾岩-粉砂岩-泥岩夹火山岩组合(J_3lc)、黄尖伸展环境的安山岩-英安岩组合(J_3h)、焦山花岗岩-二长花岗岩组合和金山里闪长岩-二长岩组合(K_1)等。其中劳村河流相砂砾岩-粉砂岩-泥岩夹火山岩组合(J_3lc)与上侏罗统劳村组相当,沉积环境主要为河湖相。

黄尖伸展环境的安山岩-英安岩组合(J_3h)与上侏罗统黄尖组火山岩地层相当,分布于江南岩段的溧阳火山岩盆地、苏州火山岩盆地和上海松江火山岩盆地,岩石组合主要为一套以角闪安山岩、石英粗安岩、流纹质熔结凝灰岩为主的中偏酸性火山岩或中性火山岩,偶夹薄层沉积岩,火山岩相以溢流相和爆发相为主。岩石组合以中性岩与酸性岩的交替出现为特征,岩石化学特征显示为钙碱性岩石。其中角闪安山岩 K－Ar 法同位素年龄 131Ma,流纹质熔结凝灰岩 Rb－Sr 法等时线年龄 134.5Ma。

焦山花岗岩-二长花岗岩组合系燕山旋回较早时期形成的侵入岩,岩石类型主要有二长花岗岩、粗粒花岗岩、含角闪石花岗岩等,在江南岩段苏锡地区广泛发育,为该地区一期主要的构造岩浆活动。以苏州白鹅山斑状含角闪石花岗岩体为代表,岩石类型为准铝质至含白云母的过铝质花岗岩类。

金山里闪长岩-二长岩组合(K_1)系燕山旋回中期侵入岩,岩石类型主要有石英二长岩、石英二长斑岩、石英斑岩、石英闪长斑岩、石英闪长岩、闪长玢岩等,是长江中下游中生代构造岩浆岩亚带一期主要的构造岩浆活动。以金山里斑状闪长岩体、大杨村斑状石英闪长岩体、同官石英二长斑岩体、城隍山石英斑岩为代表,各岩体规模较小,一般均为数十平方米至数百平方米,多呈小岩株或岩脉产出,均以单一岩相出现,侵入的最新层位为晚侏罗世大王山组火山岩。

苏南后造山岩浆杂岩亚相 hzy(K_1)进一步划分为4个Ⅴ级大地构造相单元(构造岩石组合),即上党碰撞环境的高钾火山岩组合(K_1s)、庙西花岗岩组合(K_1)、周院花岗岩-花岗闪长岩组合(K_1)和雅泥山过碱性花岗岩组合(K_1)等。其中上党碰撞环境的高钾火山岩组合(K_1s)分布于溧阳火山岩盆地,包括上党火山岩带和寿昌组等火山岩地层,岩性主要由中酸性安山质-粗安(面)质-流纹质熔岩类及火山碎屑岩类组成,岩石类型属碱钙性岩石,K－Ar 法同位素年龄分别为 130～120.8Ma 和 106.3Ma。

庙西花岗岩组合(K_1)系燕山旋回中期侵入岩,岩石类型主要有富云母花岗岩、富钠长石花岗岩、细粒花岗岩、斑状花岗岩等,在江南岩段苏锡地区广泛发育,是该地区一期主要的构造岩浆活动,形成了以庙西花岗岩和苏州花岗岩为代表的区域主要侵入岩类。苏州花岗岩出露于苏州市西天平山、灵岩山一带,呈岩株状产出,侵入的最新地层为中上二叠统龙潭组,岩石类型属偏碱超酸性岩石,莱特(1969)碱度指数(AR)投影点分布于弱碱性岩石区。

周院花岗岩-花岗闪长岩组合(K_1)为燕山旋回中期侵入岩,岩石类型主要有花岗斑岩、花岗闪长斑岩、石英正长斑岩、花岗闪长岩和花岗岩等,在江南岩段苏锡岩区以分布于宜溧地区的周院花岗岩、上海—崇明一带的三林塘石英闪长岩、崇明花岗岩为代表。三林塘石英闪长岩体分布于三林塘—天花庵一带,呈椭圆形—似圆形的小岩株,侵位于中元古界金山岩群变质岩及上侏罗统劳村组中,同位素(全岩)年龄 120.1Ma,岩浆活动期为早白垩世。崇明花岗岩体分布于崇明、吴淞、上海虹桥一带,岩体呈不规则的岩株及零星分布的小岩枝,侵入于上侏罗统黄尖组中,同位素(K－Ar 法)年龄值为 112.2～107.1Ma。

雅泥山过碱性花岗岩组合(K_1)是省域内中生代岩浆活动最晚期的产物,岩石类型主要有花斑岩、石英斑岩及少量次英安斑岩，仅分布于江南岩段苏锡地区，一般岩体规模较小，多呈脉状产出。其中石英斑岩主要分布于阳山东侧和阳山北部火山岩中，呈网脉状产出；花斑岩分布于阳宝山-穹隆山之间，呈平行脉状产出，连续性好的可达10km，一般百米至千米，宽2～8m(最宽30m)。以上脉岩侵入于中生代茅山组、五通组和早白垩世火山岩中，同位素年龄值为73.7Ma，其时代属早白垩世晚期。

(7)苏南陆内盆地相(K_2—Q)。为燕山晚期—喜马拉雅期陆内断陷活动形成的，在下扬子陆块的燕山期—喜马拉雅期断陷盆地中均为主要构造相，仅划分了一个Ⅳ级大地构造相单元——苏南断陷盆地亚相dxpd(K_2—Q)，进一步划分为5个Ⅴ级大地构造相单元(构造岩石组合)，即浦口河湖砂砾岩-粉砂岩-泥岩组合(K_2c—K_2p)、阜宁湖泊相泥岩-粉砂岩组合(E_1f)、戴南河流相砂砾岩-粉砂岩-泥岩组合($E_{2\text{-}3}G$—E_2d)、盐城河流相砂砾岩-粉砂岩-泥岩组合($N_{1\text{-}2}y$)和苏中-沿江松散碎屑沉积组合(Qh、Qp)。其中浦口河湖砂砾岩-粉砂岩-泥岩组合(K_2c—K_2p)与上白垩统赤山组、浦口组层位相当。沉积环境表现为河湖相或河流相，沉积岩建造组合类型分别表现为河流砂砾岩-粉砂岩-泥岩夹火山岩组合和湖泊泥岩-粉砂岩组合。

而区内古近系形成的构造岩石组合主要分布于局部断陷盆地等局部拗陷中，以湖泊相碎屑岩为主，由一套细碎屑的砂泥岩等组成。陆内断陷盆地环境形成的构造岩石组合自下而上有河湖砂砾岩-粉砂岩-泥岩组合(E_1t)、湖泊泥岩-粉砂岩组合(E_1f)、河流相砂砾岩-粉砂岩-泥岩组合($E_{2\text{-}3}G$—E_2d)等，分别与泰州组、阜宁组、戴南组、三垛组相对应，沉积环境主要为河湖相或河流相。

新近纪盐城组河流相砂砾岩-粉砂岩-泥岩组合($N_{1\text{-}2}y$)在区内分布极为广泛，与盐城组层位相当，沉积环境表现为河湖相，沉积岩建造组合类型表现为河流砂砾岩-粉砂岩-泥岩组合。第四纪以来区内沉积的一系列以黏土及亚黏土和粉砂为主的松散沉积物全部归为苏中-沿江松散碎屑沉积组合(Qh、Qp)。

(二)下扬子陆块的分区特征

省域内响淮断裂带以南属扬子陆块区之下扬子地块，其中以江南断裂为界划分为苏皖前陆盆地和下扬子被动陆缘两个Ⅲ级构造分区。前南华纪构造阶段该地区岩石记录较少，仅钻孔揭露镇江埤城和上海金山地区有少量元古宙中深变质杂岩亚相的斜长角闪岩-变粒岩-片岩组合和片岩-石英岩-大理岩组合等构造岩石组合的隐伏，构成了下扬子地块的变质基底；南华纪—三叠纪构造阶段该地块大地构造环境发生了多次转换，从新元古代被动陆缘发展阶段、早古生代前陆盆地发育阶段、晚古生代—早三叠世被动陆缘发育阶段、中—晚三叠世前陆盆地阶段等经历了多个发展演化过程，形成的大地构造相与构造岩石组合较为丰富。苏皖前陆盆地划分出5个Ⅲ级构造分区、10个Ⅳ级构造分区，对应的Ⅴ级构造分区(构造岩石组合)共18个。下扬子陆块下扬子被动陆缘划分出4个Ⅲ级构造分区、8个Ⅳ级构造分区，对应的Ⅴ级构造分区(构造岩石组合)共11个；中生代以来该构造分区以中新生代构造岩浆活动和断块作用为主，在继承基底构造分区的基础上，其中苏皖前陆盆地区划分为苏北陆内盆地、滁巢断块、宁镇-溧水断块3个Ⅳ级构造分区，进一步划分为以断陷盆地和断隆为主的15个Ⅴ级构造分区；下扬子被动陆缘地区划分为南通断块、江阴-昆山断块、太湖断块、鬲湖断块、启东断块和吴江断块6个Ⅳ级构造分区，进一步划分为以断陷盆地和断隆为主的11个Ⅴ级构造分区。其中新生代以来构造分区特征分述如下。

1. 苏皖前陆盆地

宁镇-溧水断块 主要分布于南京溧阳断裂以东，镇江-薛家断裂以西，江南断裂以北，宁镇沿江断裂、长林村断裂、江浦-冶山断裂以南地区，在侏罗纪表现为拗陷盆地相河湖相沉积，白垩纪到古新世在区域拉张作用背景下局部形成断陷盆地或火山沉积断陷盆地，始新世以来在环太平洋构造域的影响下，在此基础上得到继承和发展。

滁巢断块 主要分布于响淮断裂以南盱眙、建湖地区，在侏罗纪表现为拗陷盆地相河湖相沉积，白垩纪到古新世在区域拉张作用背景下局部断陷形成地堑或地垒，始新世以来在环太平洋构造域的影响下，在此基础上得到继承和发展。

苏北断块　主要分布于宁镇沿江断裂及长江以北，响淮断裂以南所属江苏地区，在侏罗纪表现为拗陷盆地相河湖相沉积，白垩纪到古新世在区域拉张作用背景下局部形成断陷盆地，始新世以来在环太平洋构造域的影响下，在此基础上得到继承和发展。

2. 下扬子被动陆缘区

吴江断块(J—Q)　主要分布于湖熟断裂以东，苏州-嘉定断裂以南地区，在侏罗纪表现为拗陷盆地相河湖相沉积，白垩纪到古新世在区域拉张作用背景下形成断陷盆地，始新世以来在环太平洋构造域的影响下，在此基础上得到继承和发展。

启东断块(J—Q)　主要分布于湖熟断裂以东，在侏罗纪表现为拗陷盆地相河湖相沉积，白垩纪到古新世在区域拉张作用背景下形成断陷盆地，始新世以来在环太平洋构造域的影响下，在此基础上得到继承和发展。

鬲湖断块(J—Q)　主要分布于南京溧阳断裂以东，镇江-薛家断裂以西，张渚-戴溪断裂以北，江南断裂以南地区，在侏罗纪表现为拗陷盆地相河湖相沉积，白垩纪到古新世在区域拉张作用背景下形成断陷盆地，始新世以来在环太平洋构造域的影响下，在此基础上得到继承和发展。

太湖断块(J—Q)　主要分布于乐青-同安断裂以西，湖熟断裂以北，张渚-戴溪断裂以南太湖及周边区域，在侏罗纪表现为拗陷盆地相河湖相沉积，白垩纪到古新世在区域拉张作用背景下形成断陷盆地，始新世以来在环太平洋构造域的影响下，在此基础上得到继承和发展。部分学者认为太湖形成与新生代陨石撞击有关。

江阴-昆山断块(J—Q)　主要分布于天生港-测河口断裂以西，乐青-同安断裂以东，湖熟断裂以北，江南断裂以南区域，在侏罗纪表现为拗陷盆地相河湖相沉积，白垩纪到古新世在区域拉张作用背景下形成断陷盆地，始新世以来在环太平洋构造域的影响下，在此基础上得到继承和发展。

南通断块(J—Q)　主要分布于天生港-测河口断裂以东，湖熟断裂以北，江南断裂以南区域，在侏罗纪表现为拗陷盆地相河湖相沉积，白垩纪到古新世在区域拉张作用背景下形成断陷盆地，始新世以来在环太平洋构造域的影响下，在此基础上得到继承和发展。

第四节　大地构造阶段划分及其演化

大地构造演化，系指一个地区在不同地质时期地球动力学背景及其发展变化，以及不同时期不同地球动力学背景之间的相互关系。大地构造演化的研究及其演化过程的重建，与所采用的指导思想和理论基础密切相关，即不同的指导思想和理论基础，将产生对一个地区地球动力学背景截然不同的认识。本次大地构造演化的研究，主要以板块构造理论为指导思想，以大陆及其大陆边缘形成演化为主线，将中国大陆形成演化依次划分为构造旋回、构造阶段和构造期（或亚阶段）。

一、大地构造演化阶段划分的思路与原则

（一）把握中国大地构造时空结构组成特征及全球构造背景

大陆的裂解与重组是大陆岩石圈构造演化的主要形式之一。已有资料表明，在地质历史上，经历了多次的大陆岩石圈的裂解与重组，使得在地质历史上，出现了多个超级大陆。超大陆的裂解，形成新的洋陆格局。这些裂解的古超大陆的块体，经过离散和汇聚的演化过程，重新组合在一起，构成新的超大

陆。该新的构造旋回构造运动形成了现今我们见到的地壳中的构造现象。我们研究大陆的地质历史或重建其形成过程，首先就要恢复这些大陆形成演化的裂解与重组的构造旋回。

中国大陆的形成演化与全球大陆形成演化基本上具有不同态的同步性。因而，把中国大陆地质构造研究置于全球构造演化的框架之中，把各省区(陆块、造山带)大地构造研究，置于罗迪尼亚超大陆裂解形成古亚洲洋和原特提斯洋乃至太平洋构造域，以及亚洲大陆形成演化的框架之中，从宏观上把握中国及各省区陆块、造山带的地质构造研究，进而可以为高水平研究成果的获得奠定基础。

(二)遵循将今论古的现实主义比较构造地质学研究的原则

首先需要了解现今正在进行的地质过程及其主要特征，把其作为研究的对比标准，重建已经消失的古老地质过程。例如，我们知道现今的板块之间相互作用的裂谷、俯冲带和碰撞带等特征，我们也了解现今的大洋内部和大陆内部的地质现象，以此作为对比研究的准则，恢复过去的地质过程。我们了解新生代东亚南多岛弧盆系构造的基本特征，也可以用来认识理解青藏高原显生宙三大多岛弧盆系演化及造山系的形成。

(三)尽可能准确地反映组成中国陆区的地质体及构造背景

无论是从资源评价，还是探讨地质历史的角度看，反映构成现今中国地壳结构、组成的成因类型和构造背景，都是必要的。从构造演化的角度看，中国陆区地壳结构组成或成因类型，可以分成陆壳基底和上叠盖层或沉积盆地的陆块(地块)。随着地质科学研究的深入，资料的积累，发现前寒武纪地质与显生宙地质存在很大的相似性。前寒武纪地质记录中，存在着与显生宙类似的大陆裂解与重组的岩石组合，以及变质变形特征，与洋壳消减、消亡的结合带和活动陆缘的弧盆系等。这些不同成因类型地质体的存在，即反映了中国大陆的演化历史。

二、关于构造旋回和构造阶段的划分

源于地槽理念提出的构造旋回又称造山旋回、褶皱旋回、大地构造旋回。现在多数地质学家认为构造旋回是整个地壳发展具有阶段性特征的表现。我国一些地质学家基于中国大陆地质记录中的不整合界面，提出了多旋回构造理论，将中国大陆地质历史划分为多个巨旋回，每个巨旋回又划分为多个旋回。但从板块构造理论来看这些旋回，它们的地质含义是不同的，实际上有些是大陆边缘的增生，有些是大陆之间的碰撞，有些可能包括了动力学性质完全不同的地质过程。从超大陆演化的角度来探讨中国陆区的地质历史，这些构造旋回的概念，不仅难以满足需要，更为重要的是也与我们的科学理念、地质事实相矛盾。基于以上情况和近年国内外大陆地质构造演化的研究进展，此次工作所使用的构造旋回系指超级大陆形成演化旋回，将其定义为一个超级大陆裂解，经过离散、汇聚演化，聚合形成新的超级大陆的长期地质过程。其不同阶段具有不同的地球动力学背景，因而发育不同类型的地质作用和成矿作用，形成不同的地质体和矿产资源。此次共划分了四大构造旋回，分别是前中元古代(1.8Ga以前)、中元古代至新元古代早期(1.8～0.82Ga)，新元古代中期(0.82～0.28Ga)至中三叠世和晚三叠世以来的构造旋回。其中由于前中元古代(1.8Ga以前)多数陆块前南华纪的地质记录十分零散和不完整，很难依据这些残存的岩层重建和鉴别地质发展历史早期的大地构造环境。因而就中国大陆整体而言，将前南华纪划成了一个构造旋回，也便于编制分时代的大地构造相图和大地构造分区图。

(一)前南华纪构造演化阶段(＞0.82Ga)

从太古宙陆核形成→洋陆分化→大规模大陆地壳形成→大陆地壳块体固化→大陆地壳增生稳定期。

(二)南华纪—中三叠世演化阶段(0.82～0.28Ga)

超大陆裂解→三大洋形成发展→大陆边缘多岛弧盆系形成→转化为造山系,中国大地构造格局基本定型期。

(三)晚三叠世—新近纪阶段(<0.28Ga)

主要受太平洋板块向欧亚板块俯冲影响,成为环太平洋构造岩浆活动带的一部分,地质构造主要表现为燕山期的大规模构造岩浆活动和喜马拉雅期的断陷构造活动。

三、江苏省大地构造演化阶段的划分

江苏省及上海市地跨我国华北陆块区、苏鲁造山带、扬子陆块区3个主要的一级地质构造单元,不同地质历史时期各构造单元所处的大地构造环境差别很大,早期主要为微陆块碰撞、拼合与演化,形成华北与扬子陆块区结晶基底;经新元古代晋宁期大陆的拼合、离散和解体,三大构造单元的构造演化主要受各个陆块区的板块构造体制的控制,以板块的运移、汇聚、碰撞与拼合为主,形成了各个陆块区被动陆缘与前陆盆地等构造环境的转换;三大构造单元分别经加里东-印支期构造拼合后成为泛欧亚大陆的一部分,于中新生代构造环境受太平洋板块向欧亚板块俯冲作用制约,构造体制转换为伸展为主,表现为强烈的岩石圈减薄,构造岩浆活动非常活跃,断块作用强烈(图7-3,表7-5至表7-7)。

根据省域内大地构造演化的基本特征,依据技术要求的构造演化阶段划分方案和五统一的要求,采用全国大地构造演化3个阶段划分方案作为江苏省大地构造演化阶段划分的基本方案。其中前南华纪主要是微陆块聚合与结晶基底形成阶段、南华纪—中三叠世主要为板块汇聚和陆块重组阶段、中新生代则主要表现为构造体制的转折和大陆边缘活动带演化阶段。

四、江苏省及上海市大地构造演化基本特征

(一)前南华纪微陆块聚合与结晶基底形成阶段

省域内最早的地质记录为新太古代华北陆块区的泰山岩群花岗片麻岩-角闪岩-石英岩组合($Ar_{3-4}T$)和苏鲁造山带的东海岩群片岩-石英岩-大理岩组合(Ar_4—Pt_1)、钾长花岗片麻岩-花岗片麻岩组合(Pt_1)、二长花岗片麻岩(Pt_1)等变质岩石,显示区内大地构造演化至少始于新太古代。

新太古代之前,区域构造环境可能为具洋壳性质的不成熟原始陆壳,其中漂浮着一些大小不一的由中酸性结晶岩石组成的微陆块(半成熟陆块)。该阶段构造演化的主要特点是,由不成熟陆壳向成熟陆壳转化及各微陆块之间(包括古华北微陆块、苏鲁微陆块、扬子微陆块及其他微陆块之间)的碰撞拼合,基底固结并逐渐克拉通化。

新太古代开始,华北与苏鲁微陆块上局部可能有少量火山沉积碎屑类岩石的沉积(经变质作用形成片麻岩组合中的变质表壳岩组合透镜状包体),新太古代末五台构造运动期华北微陆块可能与其他微陆块间发生了构造碰撞与拼合,导致区内岩石遭受强烈变质变形改造,发生了大规模区域性混合岩化作用,并伴有强烈的中酸性岩浆岩的侵入作用;五台运动也导致了其后华北陆块区的抬升与剥蚀,使华北陆块缺失古—中元古代地质记录;而新元古代晚青白口世开始,于华北陆块区可能有真正意义上的板块构造运动,此时华北陆块区处于板块裂解体制下,形成了晚青白口世至南华纪间被动陆缘的构造环境,沉积了一套以陆源碎屑岩-碳酸盐岩沉积为主的构造岩石组合;以早震旦世的陆内裂谷相的基性岩墙为标志,结束了该次华北陆块区的裂解作用。

苏鲁造山带的地质构造演化也始于新太古代，东海岩群为一套原岩系细碧角斑岩建造的构造岩石组合，也为微陆块上局部沉积的火山沉积碎屑类，于古元古代吕梁旋回末伴随着微陆块的初始碰撞，区内发生了大规模的混合岩化和中酸性岩浆岩的侵入作用，形成了苏鲁造山带的雏形；晋宁旋回该区经历了一个伸展扩张至汇聚收敛的过程，中新元古代于苏鲁造山带南缘分别沉积了一套以基性火山岩-碎屑岩-磷块岩-碳酸盐岩为主的含磷碎屑沉积建造（锦屏岩群）和一套中酸性火山岩-碎屑岩沉积建造或细碧角斑岩火山沉积建造（云台岩群），均属伸展性裂谷边缘海相沉积；经晋宁旋回的汇聚与碰撞，随着苏胶古洋的闭合与俯冲造山作用拼贴形成苏鲁造山带，共同经历了超高压-高压变质作用，期后苏鲁造山带整体抬升，经历了一个长期的抬升与剥蚀过程。

扬子陆块结晶基底主要为中元古代埤城岩群、金山岩群，形成于晋宁旋回，主要为区域变质低绿片岩相变质岩系，原岩为碎屑岩、泥质-碳酸盐岩及基性—中酸性火山岩及火山碎屑岩建造，形成于大陆边缘火山（岛）弧的构造环境。晋宁旋回是扬子陆块区大陆地壳发展过程中的一个最重要阶段，它使扬子陆块基底大部分固结并全面回返成为统一的结晶基底。晋宁旋回构造运动主要表现为挤压褶皱变形及不均衡抬升，导致埤城岩群广泛发生变质变形作用，形成变质基底的近东西向褶皱，并使变质结晶基底整体上隆。

（二）南华纪—早三叠世板块汇聚与重组阶段

南华纪时期，华北陆块继承了新元古代青白口纪构造格局，仍以被动陆缘环境下的陆源碎屑岩-碳酸盐岩为主的岩石沉积，以早震旦世的陆内裂谷相的基性岩墙为标志，结束了该次华北陆块区的裂解作用。之后华北陆块相对稳定，区内岩浆活动与构造作用均较弱，地壳活动主要以升降运动为主，于震旦纪开始以陆表海沉积环境，形成一套碳酸盐岩台地相的构造岩石组合。于加里东期构造运动末可能向南俯冲，最有可能与苏鲁造山带碰撞，使华北陆块区又一次隆起，缺失志留纪—早石炭世沉积记录；晚石炭世—二叠纪华北陆块区经历了一次升降运动的变化，构造环境自陆表海进一步演化为陆内盆地，相应沉积了一套陆表海相的含煤碎屑岩的构造岩石组合与陆内盆地河湖相的细碎屑岩构造岩石组合；三叠纪可能受印支期扬子陆块的向北俯冲作用，华北陆块区进一步抬升，缺失沉积记录。

苏鲁造山带自晋宁旋回后缺失新元古代—中侏罗世的全部岩石记录，根据相邻的华北陆块区和扬子陆块区的构造环境与岩石记录，结合苏鲁造山带中发现的大量200Ma左右的同位素年龄数据，推断苏鲁造山带可能在该阶段发生了两次板块构造的俯冲与碰撞作用，尽管缺少地质证据，但华北陆块区加里东期末的构造体制转换，最合理的解释就是苏鲁造山带与华北陆块区的碰撞与拼合，而早三叠世末印支构造运动时期扬子陆块区向北俯冲，导致了苏鲁造山带的剧烈抬升和三大构造单元的最终拼合。

扬子陆块经晋宁旋回形成了统一的结晶基底，此后自南华纪至三叠纪扬子陆块构造环境主要表现为被动陆缘与前陆盆地的转换，可能经历了板块裂解与碰撞的重新组合。晋宁旋回后扬子陆块经历了第一次裂解，南华纪—震旦纪主要表现为被动陆缘沉积环境，形成了陆棚碎屑岩亚相的远滨泥岩-粉砂岩夹砾岩构造岩石组合（Nh_{1-2}）、外陆棚亚相的台盆陆源碎屑岩-灰岩组合（Z_1h）和局限台地白云岩组合（Z_2d）；加里东旋回早期（澄江运动）扬子陆块即使未经历板块碰撞过程，但构造运动使扬子陆块的迁移方向逆转，由裂解过程转为汇聚过程，寒武纪—志留纪，扬子陆块区主要表现为前陆盆地的构造环境，形成了以碳酸盐岩构造岩石组合为主的前隆亚相沉积和以陆源碎屑浊积岩构造岩石组合为主的前渊亚相沉积。

扬子陆块区内缺失晚志留世—中泥盆世的沉积，可能代表了加里东期扬子陆块区与华南古陆的一次碰撞与拼合作用；自晚泥盆世开始，扬子陆块经历了第二次裂解过程（也可能是扬子陆块与华南古陆间的构造解体），晚泥盆世—早三叠世主要表现为被动陆缘沉积环境，形成了陆棚碎屑岩亚相的海岸沙丘-后滨砂岩组合（D_3g）、海陆交互砂泥岩夹砾岩组合（C_1j、D_3C_1l）、台盆含放射虫硅泥质岩组合（P_1g）、海陆交互含煤碎屑岩组合（$P_{2-3}l$）和外陆棚亚相的开阔台地碳酸盐岩组合（C_2c、C_2h）、局限台地碳酸盐岩组合（P_1q）；早三叠世末，由于印支期扬子陆块向苏鲁造山带的俯冲，造成扬子陆块区形成前陆盆地的构

第一节 变质基底杂岩相与成矿

经钻孔揭露，江苏省内变质基底杂岩相在华北陆块区和扬子陆块区均有分布。华北陆块区为太古宙陆核亚相，主要隐伏分布于丰沛地区，是华北陆块区最为古老的结晶基底，构造岩石组合相当于泰山岩群的一套以含表壳岩透镜体的片麻岩为主的变质岩石，区内笼统地划分为英云闪长质-奥长花岗质-花岗闪长质片麻岩的构造岩石组合（$Ar_{3-4}T$），而泰山岩群中的山草峪岩组因在区域上发现有变质型磁铁矿的赋存，参考邻区资料，单独划分为斜长角闪岩-变粒岩-磁铁石英岩的构造岩石组合（$Ar_{3-4}s$），为鞍山式变质铁矿的重要控矿层位，含矿岩石为其中的含铁石英岩、石英片岩等，可能为 BIF 含铁建造的组成部分。因此，徐州丰沛地区存在寻找鞍山式沉积-变质型铁矿的有利地质条件。

扬子陆块区为元古宙中深变质杂岩亚相，构成了苏皖前陆盆地和下扬子被动陆缘的结晶基底。苏皖前陆盆地主要隐伏分布于宁镇山脉东段的埤城一带，构造岩石组合为斜长角闪岩-变粒岩-片岩组合，目前未发现有价值的矿化线索，但综合研究认为，其岩石组成中有绿岩带的组成，可能为金矿找矿的有利层位。下扬子被动陆缘中深变质杂岩亚相主要隐伏于上海金山地区，构造岩石组合为石英片岩-石英岩-大理岩组合，是矽卡岩型张堰铁铜矿的赋矿层位，其中的大理岩类是矽卡岩型铁铜多金属矿产的成矿有利围岩，区域上也是矽卡岩型金属矿的找矿有利层位。如张堰铁铜矿赋矿围岩主要为中元古界金山岩群角岩、白云质大理岩及矽卡岩等（图 8-1），系元古宙中深变质杂岩亚相石英片岩-石英岩-大理岩组合受后期岩浆作用改造的产物，其成矿作用与燕山晚期（119Ma）中酸性岩浆侵入活动有关，岩性主要为花岗闪长岩，另有石英闪长玢岩、二长花岗岩、花岗斑岩等，受北东向、北西向主干断裂构造控制作用明显，北东向张堰-南汇断裂带为区内主要控岩控矿断裂构造。该矿床主要以铜、铅锌、铁、金为主，成矿期为燕山晚期，矿床成因类型以矽卡岩型为主。

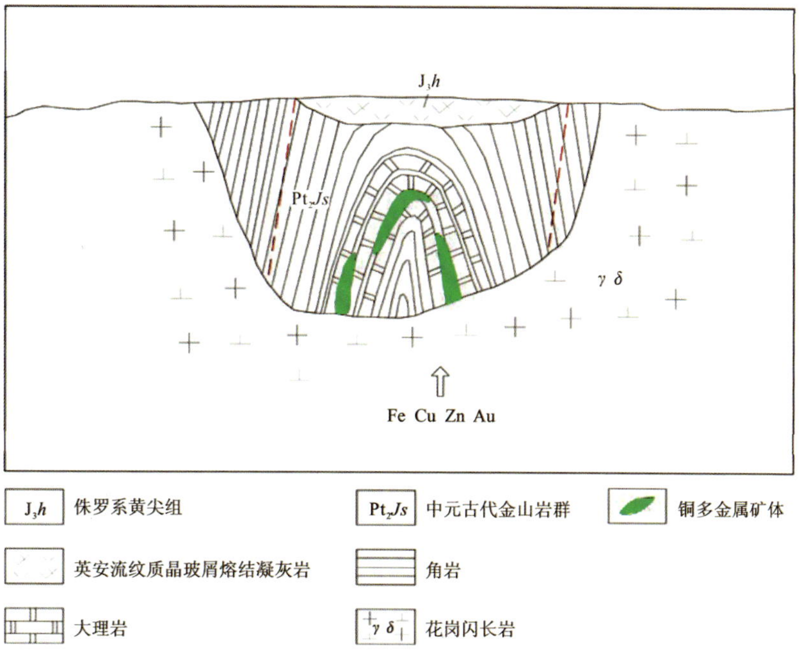

图 8-1 上海市金山地区铜多金属矿成矿模式图

第二节 高压-超高压变质相与成矿

苏鲁高压-超高压变质相位于秦岭造山系大别-苏鲁拼合带的东端苏北-胶南地区，其中根据构造岩石组合与区域变质作用的差异划分为东海-胶南超高压变质亚相与连云港-泗洪高压变质亚相两个部分，其中东海-胶南超高压变质亚相中主要赋存铁、铜、金红石等矿产，而我国东部地区重要的变质型磷矿就赋存于连云港-泗洪高压变质亚相中。

东海-胶南超高压变质亚相进一步划分为摩天岭片岩-石英岩-大理岩组合(Ar_4—Pt_1)和东海花岗片麻岩-超高压榴辉岩组合(Pt_1)两个构造岩石组合；其中在摩天岭片岩-石英岩-大理岩组合中区内已发现有多个铁矿点，含矿岩石为片岩-石英岩-大理岩组合中磁铁石英岩，可能为BIF含铁建造的组成部分，矿床类型为鞍山式变质型铁矿，尽管目前发现的矿(床)点规模小，品位低，但成矿条件有利，区域远景较好，深部找矿潜力巨大。该类型铁矿在全省工作程度均较低，目前发现的铁矿点主要有武强山、韩山、印庄等铁矿点，含矿层位为东海杂岩中的武强山岩组，组成岩性主要为黑云母斜长片麻岩、角闪斜长片麻岩、片岩夹浅粒岩、石英岩、大理岩，含矿围岩主要为一套云母大理岩、条带状含铁矿石英岩、云母石英片岩。矿体主要赋存于条带状含铁石英岩中及其两侧。矿石矿物以赤铁矿、磁铁矿为主，少量星散状黄铁矿。矿石呈粒状结构，条带状、块状、星散状构造。品位 TFe 26.75%～55.67%。

如武强山铁矿点位于赣榆县墩尚东北武强山，处于海州-泗阳断裂带北侧。区内出露地层为古元古界东海杂岩的武强山岩组，其剖面图(图8-2)显示，含矿围岩主要为一套云母大理岩、条带状含铁矿石英岩、云母石英片岩，夹有大理岩和榴辉岩。矿体主要赋存于条带状含铁石英岩中及其两侧，条带状含铁石英岩见有3条，宽3～5m，最宽达7m。矿体产状与围岩产状一致，总体走向南南西，倾向南东东，少有北东向。矿体长150余米，厚7m，最大可达11m。矿石矿物以赤铁矿、磁铁矿为主，少量星散状黄铁矿。矿石呈粒状结构，条带状、块状、星散状构造。铁矿石品位：TFe 26.75%～55.67%，平均 TFe 38.67%。其中条带状含铁矿石英岩含 TFe 21.53%～28.39%，SiO_2 22.91%，Al_2O_3 0.93%，CaO 0.11%。

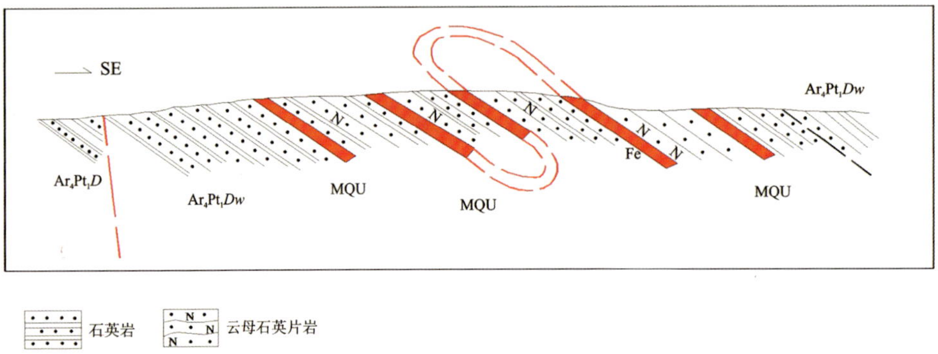

图8-2 武强山鞍山式沉积变质型铁矿剖面示意图

Ar_4Pt_1Dw：东海岩群武强山岩组；Ar_4Pt_1D：东海岩群(未分)；MQU：条带状含磁铁石英岩

另外，该亚相中的榴辉岩组合是区域上金红石矿的主要含矿岩石，目前已发现了一批大—中型变质型金红石矿床；而区内广泛分布的片麻岩组合金的地球化学丰度一般为$(2～6)\times10^{-6}$，并且在其中发现了一批金矿化点，可能为区域金矿的重要矿源岩石。

连云港-泗洪高压变质亚相含两个构造岩石组合，即锦屏山绿片岩-(云母)石英片岩-大理岩组合(Pt_2J)和云台山变粒岩-浅粒岩-石英岩组合($Pt_{2-3}Y$)。其中锦屏山绿片岩-(云母)石英片岩-大理岩组合中赋存的变质型磷矿是我国东部地区最为重要的磷矿矿产类型之一。该类磷矿主要分布于连云港市大浦镇—锦屏、小李庄—西樊庄、杨凤庄—刘顶及顾庄等地，成矿严格受高压变质带中锦屏岩群的层位控制，赋存矿体的变质建造主要有大理岩-磷灰石岩-片岩变质建造、变粒岩-片岩变质建造、浅粒岩-片岩变质建造，矿石类型为磷灰石岩矿石，矿石围岩主要有变粒岩类、浅粒岩类、大理岩类、石英岩类、云母片岩类，原岩分别为碎屑沉积岩类-化学沉积岩类等，原岩建造主要为基性火山岩-碎屑岩-磷块岩-碳酸盐岩沉积建造或细碧角斑岩建造等。矿床成因为区域沉积-变质型。矿床形成条件受多种因素综合作用及相互制约和转化所控制（图 8-3），成矿作用主要为陆缘局限盆地相化学沉积作用并叠加后期区域高压绿片岩相变质作用。可以确定其成矿叠加时代为中元古代。

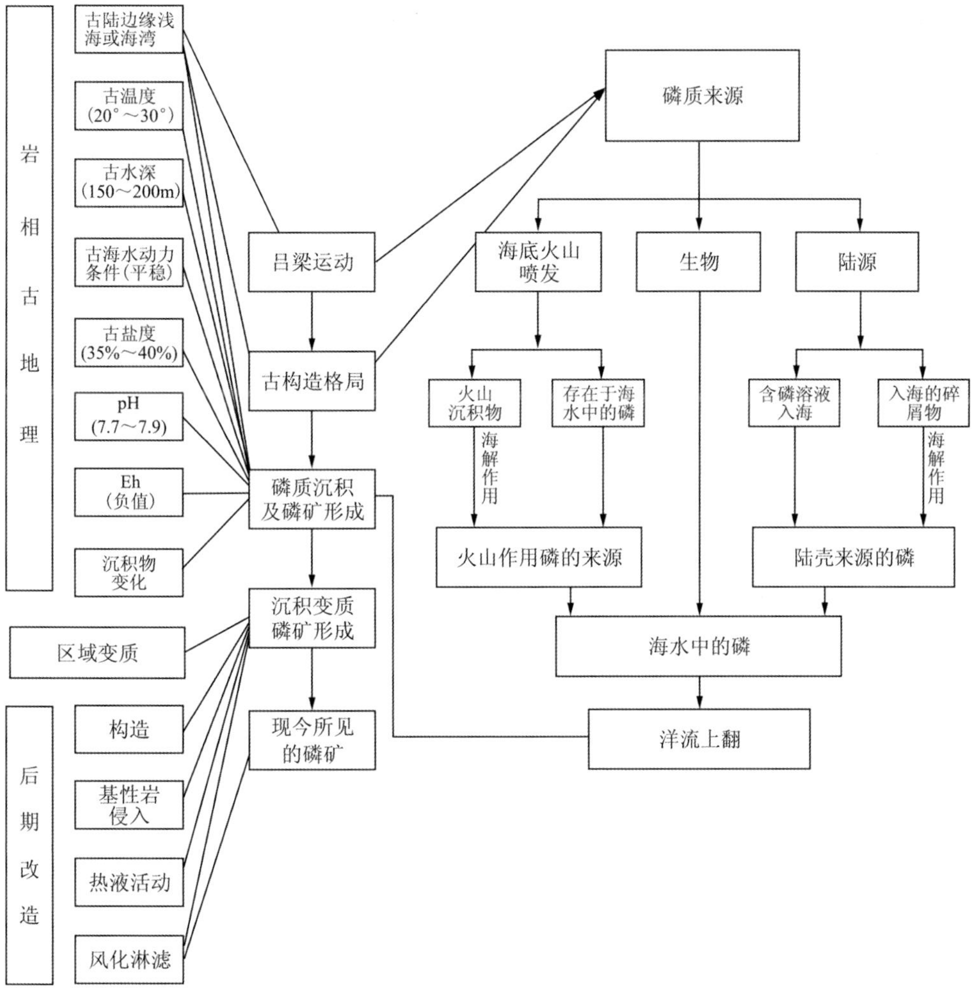

图 8-3　海州式磷矿成矿模式图之一

区内磷矿原始沉积是发生在古陆的边缘。吕梁运动之后，东海地区遭受了褶皱隆起并使裸露区遭受风化剥蚀。随着汇聚陆块的离散，发生了地壳下沉和海侵，被动陆缘盆地发育，开始沉积了一系列的海相沉积物，磷质同时由水流带至浅海区合适的环境中聚积下来，经沉积作用形成原始的沉积磷矿或磷矿富集层位（图 8-4）。

锦屏岩群原岩形成以后，区域上经历了多次构造运动并伴随区域地质作用。在中温、中压条件下，矿物发生了明显的重结晶，矿物颗粒增大，碳酸盐中原始的隐晶质矿物转化为白云石、方解石晶体；原始沉积的胶磷矿形成了晶质磷灰石，形成一套变质矿物组合，岩石多具片理、片麻理等。区域变质作用不但改变了磷灰石的结晶形态，同时在变质过程中产生的热流体，也可使磷和某些成矿元素进一步富集，

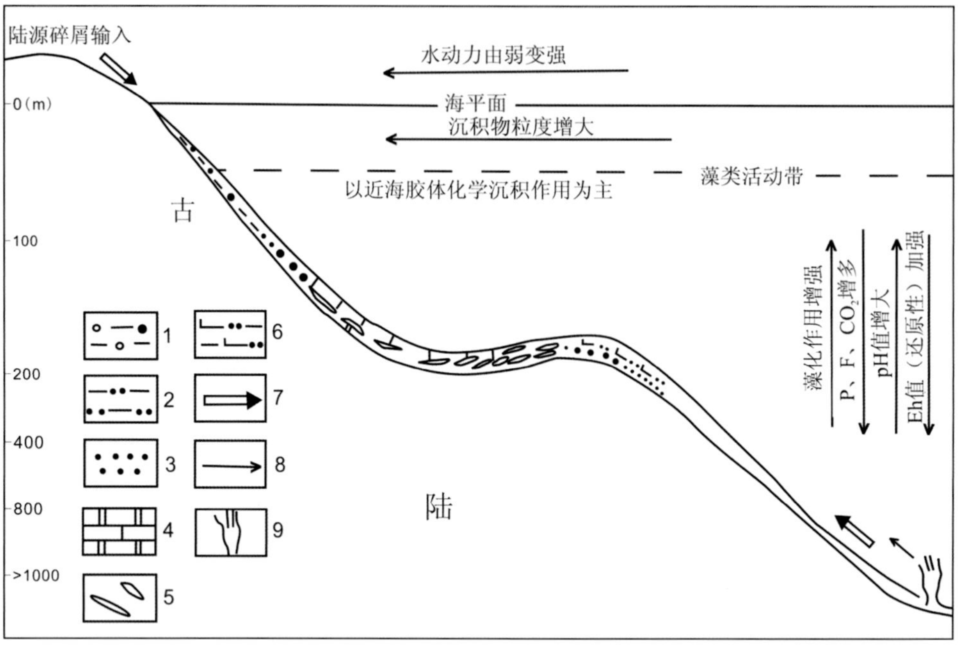

图 8-4　海州式磷矿成矿模式图之二

1. 含砾泥砂岩；2. 泥砂岩；3. 磷质微粒；4. 白云质灰岩；
5. 磷块岩；6. 沉凝灰岩；7. 海进；8. 洋流上翻；9. 海底火山

形成磷矿床。

磷矿形成以后，遭受了后期构造的改造作用，晚期叠加褶皱对矿层、矿体的产状变化亦有明显的改造和控制作用。一般褶皱转折端是厚矿体赋存部位，矿体多呈不规则透镜状或似层状。因褶皱较开阔，使矿层、矿体在延深方向上呈波状起伏，原始沉积的磷矿体，一般几米至 10m，层序亦较简单，经褶皱改造叠加，使矿层层数增多，总厚度加大，最厚可达 80m 左右。而区内断裂构造对矿体均起破坏作用，如北西向断裂在区内比较发育，斜角或近于直交切割矿层，断裂两旁矿体产生左形扭动，破坏了矿体的连续性。

另外，在连云港-泗洪高压变质亚相中已发现有蓝晶石矿（韩山蓝晶石矿）赋存于云台山变粒岩-浅粒岩-石英岩组合（Pt_3y）中，矿床成因为区域变质成因，矿体明显受岩石组合中的石英岩层位控制，主要赋存于含蓝晶石石英岩或含蓝晶石石英片岩中，呈长条状、透镜状顺层产出，矿床形成也明显受原岩化学组成的影响。

第三节　裂谷相与成矿

江苏省内裂谷相主要是指新元古代早期发育于华北陆块区周边的一次构造裂解事件的产物。以早震旦世末的辉绿玢岩岩墙呈脉状沿北东向构造大规模侵入为标志，区内划分为伊庄-燕子埠陆内裂谷亚相 lnlg(Z_1)，仅有一个构造岩石组合为伊庄、燕子埠基性岩墙群(Z_1)。该构造岩石组合中辉绿玢岩常伴有钛铁矿的富集，区内已发现有钛铁矿化点多处，是区域上钛铁矿产出的有利岩石。另外，当辉绿玢岩岩墙侵位于新元古代早期被动陆缘环境外陆棚亚相形成的碳酸盐岩组合时，在接触带也有少量铁矿化，局部较为富集可形成类矽卡岩型铁矿，成矿期为震旦纪，以热液交代充填型铁矿为主要成矿类型，由于规模很小，多为脉状，工业意义不大。

第四节　被动陆缘相与成矿

被动陆缘相在两个陆块区都有分布，分为陆棚亚相和外陆棚亚相，分别为一套滨浅海陆源碎屑岩组合和碳酸盐岩台地-局限台地碳酸盐岩组合组成，与区域复合内生型铁铜多金属矿成矿关系密切，其中碳酸盐岩与燕山期中酸性侵入岩接触带位置是区内矽卡岩型矿产的主要赋存部位。

华北陆块区睢宁-邳州被动陆缘相仅有一个睢宁-邳州外陆棚亚相 wlp(Pt_3)，广泛分布于徐州以东的睢宁-邳州地区，含睢宁-邳州台地陆源碎屑-碳酸盐岩组合(Pt_3ws—Pt_3s)，睢宁、邳州台地潮坪-局限台地碳酸盐岩组合(Pt_3w—Pt_3z)，睢宁、邳州前滨-临滨砂泥岩组合(Pt_3jy—Pt_3c)，睢宁、邳州台盆陆源碎屑-碳酸盐岩组合(Pt_3x)，睢宁、邳州海岸沙丘-后滨砂岩组合(Pt_3l)，睢宁、邳州海陆交互砂泥岩夹砾岩组合(Pt_3h)六个构造岩石组合。区内该地区岩浆岩活动微弱，未见明显的内生成矿作用。但其中的碳酸盐岩建造组合与后期如震旦纪辉绿玢岩、燕山期中酸性侵入岩的接触部位也有少量铁矿化，局部较为富集可形成类矽卡岩型铁矿，成矿期为震旦纪或燕山期，以热液交代充填型铁矿为主要成矿类型，由于规模很小，多为脉状，工业意义不大。

下扬子陆块苏皖前陆盆地发育两个阶段的被动陆缘，新元古代宁镇被动陆缘相零星分布于宁镇山脉东段、江浦六合隆起区和盱眙隆起区，在宁镇山脉中西段也有零星分布，其中九灵山陆棚碎屑岩亚相 lpsx(Nh)构造岩石组合为远滨泥岩-粉砂岩夹砾岩组合(Nh_{1-2})，水晶山外陆棚亚相 wlp(Z)构造岩石组合为台盆陆源碎屑岩-灰岩组合(Z_1h)和局限台地白云岩组合(Z_2d)。其中水晶山外陆棚亚相局限台地白云岩组合的底部发育的锰质白云岩经风化富集后可形成锰矿(矿点)。而在该亚相台盆陆源碎屑岩-灰岩组合(Z_1h)和局限台地白云岩组合(Z_2d)中的碳酸盐岩岩石与燕山期中酸性侵入岩接触部位也应是区域矽卡岩型矿产的成矿有利部位(图 8-5)。成矿类型有矽卡岩型、热液充填型等，成矿期为燕山晚期(见图 6-4)。该类型金属矿产成矿作用较弱，目前仅发现个别铁、铜(钼)矿化点。

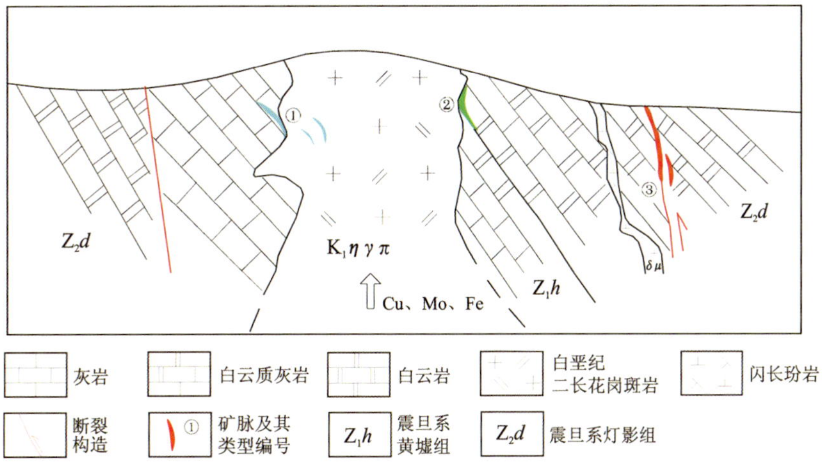

图 8-5　盱眙地区铜、钼矿成矿模式图

①李家岗斑岩型钼矿点；②石牛山交代充填型铜矿点；③圣人山充填型铁矿(化)点

另外，水晶山外陆棚亚相的陆源碎屑岩-灰岩组合(Z_1h)和局限台地白云岩组合(Z_2d)含有较丰富的磷灰石、胶磷矿等含磷矿物，构成区域上沉积型的低品位磷矿，陆源碎屑岩-灰岩组合(Z_1h)中磷矿见于盱眙县青峰山和丹阳县的嘉山等地，磷矿赋存于黄墟组的下部和底部，矿石矿物为磷灰石、胶磷矿，磷的品位较低，一般含 P_2O_5 在 2.5%～3.5%之间，矿石类型主要为磷灰石砂岩型磷矿。矿床类型属浅海-

滨海相沉积型磷矿。台地白云岩组合(Z_2d)中磷矿见于上震旦统灯影组，在江浦县浦镇西北大顶山和丹徒县大港镇西南石榴山等地有所分布，矿石类型有磷块岩、细条带白云质磷块岩、钙质磷块岩3种。矿石呈胶状结构，条纹状或条带状构造。矿石矿物为胶磷矿，脉石矿物有白云石、方解石、石英、长石、泥质等。矿石含 P_2O_5 为9.26%～16.02%。矿床类型也属浅海-滨海相沉积型磷矿。以上两类磷矿总体上品位较低，还未发现具一定规模的矿床，均为矿化点。

苏皖前陆盆地晚古生代青龙山被动陆缘相广泛分布在宁镇山脉、茅山断块区，其中高骊山碎屑岩陆棚亚相构造岩石组合为海岸沙丘-后滨砂岩组合(D_3g)和海陆交互砂泥岩夹砾岩组合(C_1j、D_3C_1l)；船山外陆棚亚相构造岩石组合有开阔台地碳酸盐岩组合(C_2c、C_2h)和局限台地碳酸盐岩组合(P_1q)；龙潭碎屑岩陆棚亚相构造岩石组合有台盆含放射虫硅泥质岩组合(P_1g)、海陆交互含煤碎屑岩组合(P_2l)和台盆含放射虫硅泥质岩组合(P_3d)；青龙山外陆棚亚相构造岩石组合仅有滨浅海碳酸盐岩组合(T_1q)。

其中高骊山海陆交互砂泥岩夹砾岩组合(C_1j、D_3C_1l)中局部铜含量较高，可形成沉积型铜矿化点，区域上可能为重要的铜多属矿源层。

苏皖前陆盆地晚古生代被动陆缘相中的海陆交互含煤碎屑岩组合(P_2l)则是苏南地区主要的含煤建造，苏南地区众多的小型煤矿或矿化点均赋存于这套岩石组合之中，地表出露在宁镇山脉、茅山山脉等地区。含煤岩系总厚10～580m，一般大于300m。含煤1～2层至10余层不等，煤层总厚由2～5m至10余米，多为不稳定至极不稳定的透镜状、藕节状、鸡窝状等形态，局部相对较为稳定，出现层状至似层状。常见可采或局部可采煤层1～3层，个别地段可达5层，其中有一层较普遍发育。可采厚度14m，常见为1～2m。总体上该构造岩石组合中煤层一般较薄，稳定性差，分布零星，仅局部工业价值较大且已开发利用外，多不具备开发利用价值。

苏皖前陆盆地晚古生代被动陆缘相中的滨浅海碳酸盐岩组合(T_1q)中碳酸盐岩石与燕山期中酸性侵入岩接触部位是区域内矽卡岩型铁铜多金属矿床的主要赋存部位，而其他构造岩石组合中的碳酸盐岩石组合与燕山期中酸性侵入岩接触部位也应是区域矽卡岩型矿产的成矿有利部位，尤其是碎屑岩与碳酸盐岩接触界面(俗称"硅钙面")是区内矽卡岩型矿产成矿主要控制层位(图8-6)。如宁镇地区的

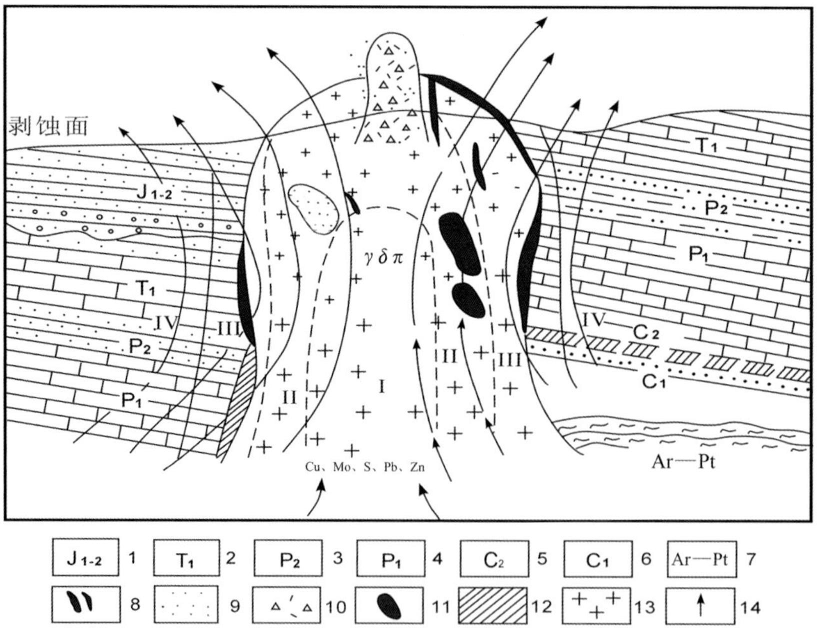

图8-6　安基山铜矿床成矿模式图

1.中下侏罗统；2.下三叠统；3.上二叠统；4.下二叠统；5.上石炭统；6.下石炭统；7.前震旦系；8.脉型矿体；9.细脉浸染型矿体；10.爆破角砾岩型矿化；11.矽卡岩型矿体；12.预测矿体；13.成矿母岩(γδπ)；14.含矿热液运移路线。

Ⅰ.钾化带；Ⅱ.石英绢云母化带、内矽卡岩化带；Ⅲ.泥化带、矽卡岩化带；Ⅳ.青磐岩化带、大理岩化带

安基山式铜矿床主要受中酸性岩浆岩与碳酸盐岩地层接触带控制，矿体赋存于接触带内或岩体内部的碳酸盐岩地层捕虏体中，少量产于破碎角砾岩带内，矿床成因类型为矽卡岩型、斑岩型，主要为花岗闪长斑岩和石英闪长玢岩受断裂构造控制侵入到石炭系黄龙组、船山组，二叠系栖霞组及三叠系青龙组碳酸盐岩地层中形成矽卡岩型接触带，产生不同程度的接触交代作用和热变质作用，在接触带或捕虏体形成矽卡岩型铜矿；在接触带内带花岗闪长斑岩和石英闪长玢岩中形成斑岩型铜钼矿。

晚古生代下扬子被动陆缘相主要分布于宜溧地区、苏州西部地区，在上海—昆山一带也有零星出露，其中铜官山碎屑岩陆棚亚相构造岩石组合有海岸沙丘-后滨砂岩组合(D_3g)和海陆交互砂泥岩夹砾岩组合(C_1j、D_3C_1l)；丁蜀外陆棚亚相构造岩石组合有开阔台地碳酸盐岩组合(C_2c、C_2h)和局限台地碳酸盐岩组合(P_1q)；长林碎屑岩陆棚亚相构造岩石组合有台盆含放射虫硅泥质岩组合(P_1g)和海陆交互含煤碎屑岩组合(P_2l)，张渚外陆棚亚相构造岩石组合仅有开阔台地碳酸盐岩组合(P_3c、T_1q)，其中海陆交互含煤碎屑岩组合(P_2l)是区内主要含煤建造，开阔台地相碳酸盐岩组合(P_3c、T_1q)中碳酸盐岩与燕山期中酸性侵入岩接触部位是区域内矽卡岩型铁铜矿床的主要赋存部位，而其他构造岩石组合中的碳酸盐岩与燕山期中酸性侵入岩接触部位也应是区域矽卡岩型矿产的成矿有利部位。

第五节 前陆盆地相与成矿

前陆盆地相是指造山带与毗连克拉通(陆块)之间，因边界逆冲断层作用和隆起造山的构造负荷作用，导致盆地基底向隆起山链方向弯曲下沉产生的构造拗陷盆地。省内在扬子陆块区分布较广，时间上有早古生代前陆盆地(∈—S)和早中生代前陆盆地(T_2—T_3)两个阶段，根据构造环境可分为前渊亚相和前隆亚相两个亚相，分别由一套滨浅海陆源碎屑浊积岩组合和滨浅海灰岩-白云岩等碳酸盐岩组合组成，省域上早古生代前陆盆地(∈—S)与矿产关系不明显，仅六合地区冶山铁矿(图 8-7)与南通地区王浩铁矿赋存于滨浅海灰岩-白云岩等碳酸盐岩与燕山期中酸性侵入岩接触带位置，是长江中下游燕山期铁铜多金属成矿带的重要组成部分，成矿时代为燕山晚期。区域上该相的岩石组合中碳酸盐岩与燕山

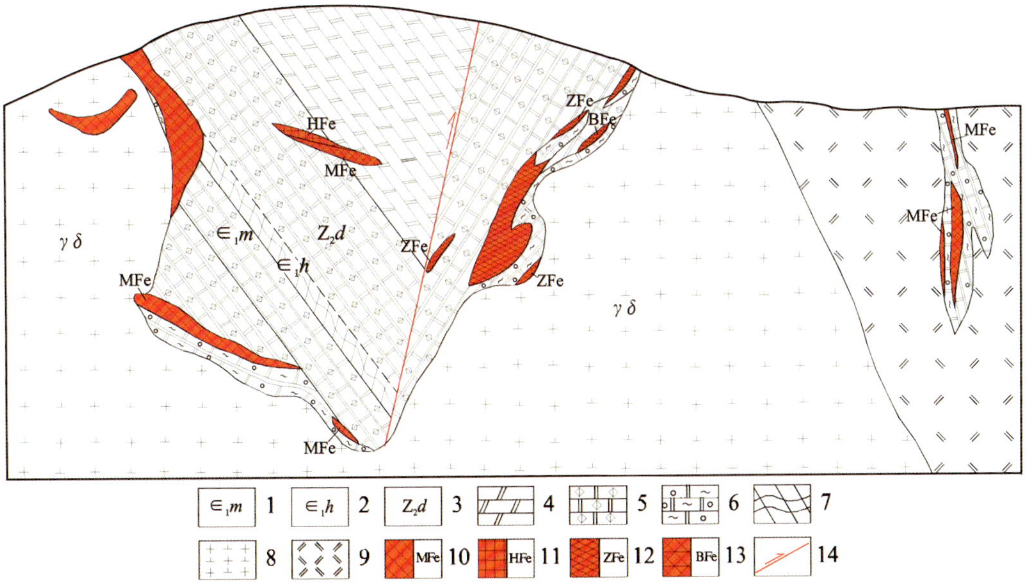

图 8-7 六合地区矽卡岩型铁矿床成矿模式图

1.寒武系幕府山组；2.寒武系荷塘组；3.震旦系灯影组；4.白云岩；5.白云石大理岩；6.矽卡岩；7.角岩；8.花岗闪长岩；9.二长岩；10.磁铁矿体；11.赤铁矿体；12.自熔性磁铁矿；13.硼镁铁矿；14.逆断层

期中酸性侵入岩接触带位置都可能是矽卡岩型铁铜矿产的重要赋存位置，省内有待进一步找矿工作验证。而早中生代前陆盆地（T_2—T_3）是江苏省矽卡岩型等复合内生型铁铜多金属矿产和热液型铜多金属与硫化物矿床的主要赋存位置。

苏皖前陆盆地区早古生代前陆盆地相主要有观音台前隆亚相 qll（∈—O）和高家边前渊亚相 qy（O_3—S_1）两部分组成，广泛分布在宁镇山脉、江浦六合隆起区、盱眙隆起区、茅山断块区。观音台前隆亚相构造岩石组合有台盆含放射虫硅质泥岩组合（$\in_1 ht$）、滨浅海白云岩组合（$\in_1 m$—$O_1 l$）和滨浅海灰岩组合（$O_1 h$—$O_{2\text{-}3} t$）等构造岩石组合；高家边前渊亚相 qy（O_3—S_1）构造岩石组合有陆源碎屑浊积岩组合（O_3S_1g）和陆源碎屑浊积岩组合（S_1f、S_2m）两个岩石组合。其中台盆含放射虫硅质泥岩组合（$\in_1 ht$）的黑色碳质页岩中富含铂、钯等贵金属元素，一直以来都是省内寻找与黑色岩系相关的贵金属、稀有金属矿产的重要层位；其他构造岩石组合省内与矿产关系不明显，但区域上存在与该时段形成的碳酸盐岩有关的矽卡岩型铁铜矿床，区内存在的滨浅海白云岩组合（$\in_1 m$—$O_1 l$）和滨浅海灰岩组合等在其与燕山期中酸性侵入岩接触带位置也可能是矽卡岩型铁铜矿产的重要赋存位置，如六合地区的冶山铁矿与南通地区的王浩铁矿便是该构造岩石组合控矿的典型代表。

苏皖前陆盆地区中—晚三叠世周冲村前陆盆地相主要为前渊亚相 qy（T_2—T_3），仅有陆源碎屑岩-碳酸盐岩组合（T_2z、T_3f）一个构造岩石组合。该岩石组合是区内石膏矿的主要成矿层位，其中含灰质岩石与燕山期中酸性侵入岩接触带位置也是区内矽卡岩型铁、铜、硫铁矿等矿产的重要赋存位置。南京江宁云台山硫铁矿与岔路口硫铁矿主要赋矿层位即是周冲村前陆盆地相前渊亚相的陆源碎屑岩-碳酸盐岩组合构造岩石组合中（图 8-8），矿体赋存于周冲村组碳酸盐岩中，在黄马青组钙质泥质粉砂岩、象山群砂页岩及辉石闪长玢岩中亦有矿体赋存。成矿与燕山期火山活动形成浅成-超浅成辉长闪长玢岩体关系密切，矿床类型属浅成-超浅成次火山岩与沉积岩接触带附近围岩中断裂和层间破碎带控制的次火山热液型。

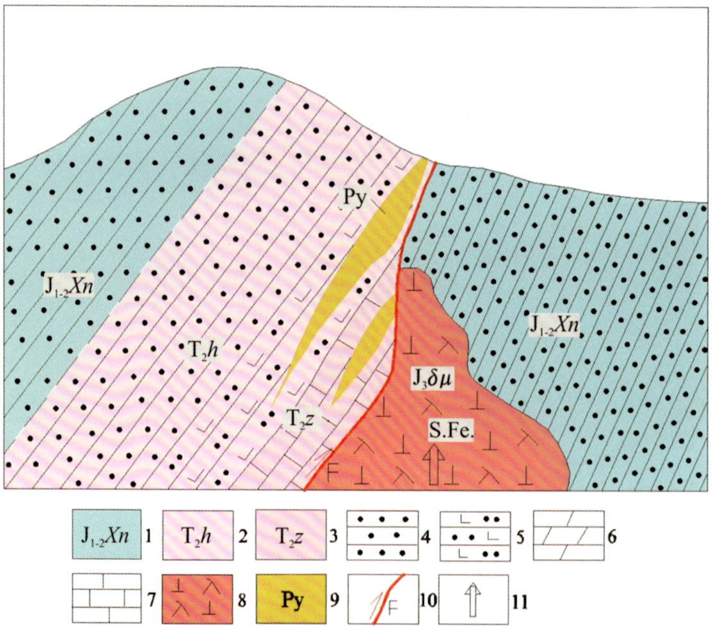

图 8-8　云台山硫铁矿床成矿模式图

1. 象山群；2. 黄马青组；3. 周冲村组；4. 砂岩；5. 钙质粉砂岩；6. 泥灰岩；7. 灰岩；8. 闪长玢岩；9. 黄铁矿体（Py）；10. 断层；11. 热液运移方向

另外，周冲村前陆盆地相前渊亚相的陆源碎屑岩-碳酸盐岩组合构造岩石组合也是陆相火山岩型铁矿（玢岩铁矿）的重要赋矿层位之一，其中的凤凰山式铁矿主要赋矿层位有三叠系青龙组，中三叠统周冲村组、黄马青组等，矿体主要赋存在辉长闪长玢岩体与三叠系青龙组灰岩、中三叠统周冲村组角砾状灰岩、黄马青组钙质砂页岩的接触带部位，主要为顺层产出，部分产于岩体中沉积岩捕虏体周围，代表矿床为凤凰山铁矿床（图8-9）、麒麟山铁矿床等，其成矿特征表现为辉长闪长玢岩体等次火山岩体与三叠纪碳酸盐岩接触带中的高—中温热液型似层状、透镜状磁、赤铁矿床，成矿时期为燕山中期。

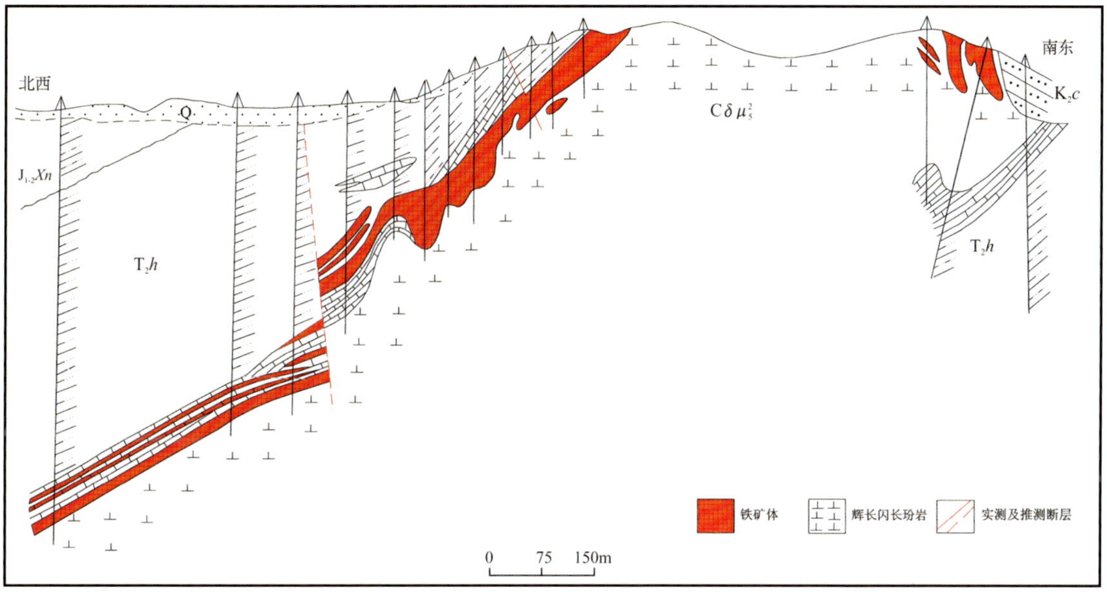

图8-9　南京凤凰山铁矿区地质剖面图

Q：第四系；K_2c：赤山组；$J_{1-2}Xn$：象山群；T_2h：周冲村组；$C\delta\mu_5^2$：辉长闪长玢岩

苏南地区前陆盆地相在宜溧地区分布较广，在上海—昆山一带也有零星出露，进一步划分了昆山前隆亚相qll(∈—O)和五通山前渊亚相qy(S)两个亚相，其中昆山前隆亚相构造岩石组合为碳酸盐岩浊积岩组合（$\in_3cf$、O_1y），五通山前渊亚相qy(S)构造岩石组合为陆源碎屑浊积岩组合（S_1f、S_2m）。区内五通山前渊亚相构造岩石组合与矿产关系不密切，但从矽卡岩型铁铜矿床的成矿条件分析，区内存在的碳酸盐岩浊积岩组合在其与燕山期中酸性侵入岩接触带位置也可能是矽卡岩型铁铜矿产的重要赋存位置。

苏南地区中—晚三叠世前陆盆地相主要分布于宜溧地区、苏州西部地区，仅划分了茶亭前渊亚相qy（T_2—T_3）一个亚相，构造岩石组合为陆源碎屑岩-碳酸盐岩组合（T_2z—T_3f）。该构造岩石组合与燕山期中酸性侵入岩接触带位置也是区内矽卡岩型铁铜矿产的重要赋存位置之一。

第六节　陆表海相与成矿

区内陆表海相主要分布于华北陆块区，形成时段为新元古代至晚古生代，早古生代鲁西陆表海相仅有一个丰沛、徐淮台地亚相td（Z_2—O），分布于徐淮山系和丰沛隆起之中，进一步划分为陆表海泥岩-粉砂岩组合（Z_2j）、陆表海陆源碎屑岩-灰岩组合（$\in_1h$—$\in_{1-2}m$）、陆表海灰岩-白云岩组合（$\in_2z$—$O_{1-2}m$）三个构造岩石组合。其中陆表海灰岩-白云岩组合（$\in_2z$—$O_{1-2}m$）中的马家沟组（$O_{1-2}m$）是区内矽卡岩型铁矿的主要成矿层位，矿体赋存于碳酸盐岩与燕山期中酸性侵入岩接触带部位，受矽卡岩带控制明显。如徐州地区利国式铁矿(图 8－10),其矿体主要赋存在中酸性侵入岩体与中下奥陶统马家沟组碳酸盐岩的接触带或其附近的构造裂隙中,赋矿地层主要为中下奥陶统碳酸盐岩,矿床成因类型属高—中温热液接触交代矽卡岩型矿床。其成矿作用与燕山早期闪长玢岩、石英闪长斑岩关系密切,东西向构造为主要导岩、储岩和容矿构造,矿床一般受区域褶皱中次级褶皱控制,矿体主要赋存在岩体接触带或围岩捕虏体的接触带内,如墓山铁矿,不同的铁矿体空间上均主要受接触带控制,产状变化较大,总体走向北东—北北东,局部为近东西或北西,倾向以南—南东为主,倾角 30°～55°。西马山矿段深部矿体变为北东走向,倾向北北西,倾角较陡,多为 50°～60°。因接触带形态复杂,其矿体多呈透镜状、脉状、扁豆状、囊状,部分为不规则似层状,构造裂隙中的矿体一般规模较小。主矿体长 150～500m,宽 80～400m,厚一般 5～10m,最大 20m,有分支复合现象。其成矿期主要为燕山早期。

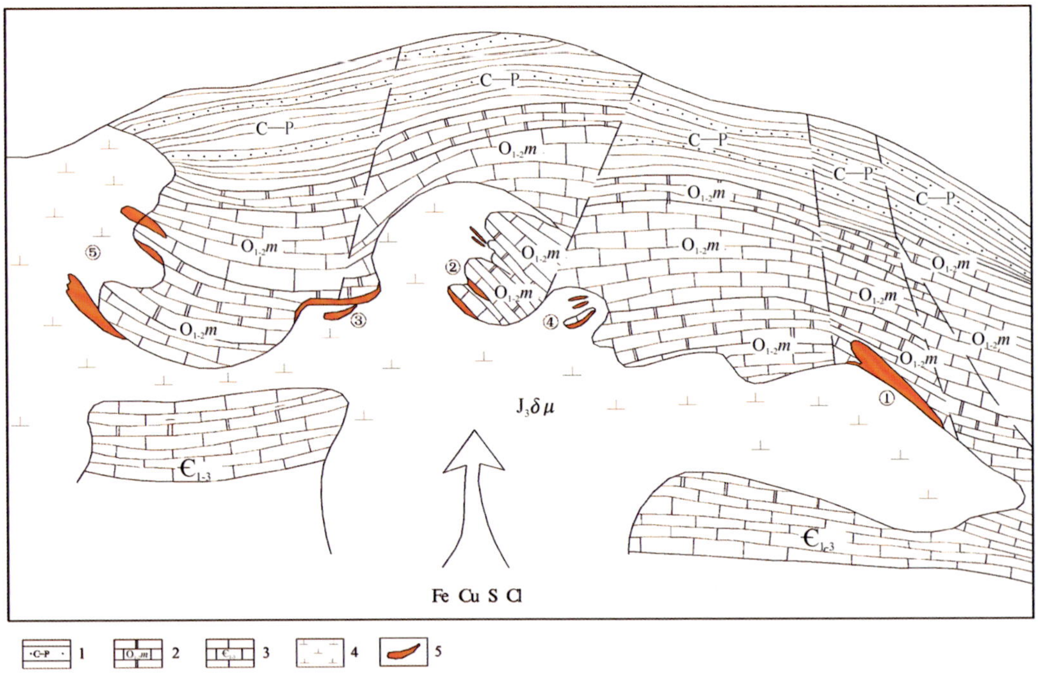

图 8－10　徐州地区利国式(邯邢式)矽卡岩型铁矿成矿模式图

1. 石炭纪—二叠纪砂页岩;2. 中下奥陶统马家沟组碳酸盐岩;3. 寒武纪碳酸盐岩;4. 闪长玢岩;5. 铁矿体。

①吴庄铁矿;②西马山铁矿;③墓山铁矿;④利国铁矿;⑤峒山铁矿

晚古生代徐淮陆表海相,零星分布于徐淮山系和丰沛隆起之中,在两者之间的凹陷区中大面积隐伏,分为碎屑岩陆表海亚相 sxlb(C_2)和海陆交互陆表海亚相 hljh(C_2)两个亚相,构造岩石组合对应于陆表海海陆交互相含煤碎屑岩组合(C_2t)、陆表海泥岩-粉砂岩组合(C_2b)、河湖相砂砾岩-粉砂岩-泥岩组合(P_2s)、湖泊相泥岩-粉砂岩组合(P_3sh),主要为滨浅海相-海陆交互相-湖相陆源碎屑岩构造岩石组合,均夹有多个煤层,是区内主要的含煤建造。徐州地区也因此成为江苏省和我国东部地区重要的煤炭基地。

如太原组陆表海海陆交互相含煤碎屑岩组合(C_2t)含煤 10 余层,均为 10 余厘米至 1m 左右的薄煤层,层位稳定,结构简单,多以灰岩为直接顶板。可采煤层徐州矿区为 1～3 层,丰沛矿区为 2～6 层,其中以底部 21 煤层发育最好,全区普遍分布,一般厚度小于 1m,局部达 1m 以上,层位较稳定,局部至大部分可采,为徐沛煤田较为重要的煤层。

而山西组河湖相砂砾岩-粉砂岩-泥岩组合(P_2s)含煤性最好,煤层分布广,单层厚度大,是徐沛煤田最重要的可采煤层。但从平面分布看,山西组煤层横向变化大,徐沛煤田各矿区间差异显著,从北而南,含煤系数逐渐减小，煤层厚度逐渐变薄。同时，由于本区处于以山东兖州-滕县煤田为中心的富煤带的边缘，沉积时更近于滨岸地带，受潮汐作用的影响较强，使煤层厚度和结构变化复杂，分叉尖灭、冲刷缺失现象频繁出现，其主煤层由山东境内的“单层结构”发展到本区的“双重结构”。

第七节 中生代陆内盆地相与成矿

中生代陆内盆地相是印支期构造运动后拗陷作用的产物，在两大陆块区均有分布，构造岩石组合以陆源碎屑岩类建造为主，一般与矿产关系不密切。

华北陆块区中生代陆内盆地相在大屯等地有少量分布，构造岩石组合为河流相砂砾岩-粉砂岩-泥岩岩石建造(J_3s)，区域内未发现有价值的矿化线索。

中生代陆内盆地相在下扬子陆块中广泛分布，区域内均为象山拗陷盆地亚相 oxpd(J_{1-2})，构造岩石组合为河流相砂砾岩-粉砂岩-泥岩组合(J_2b—J_1z)。该组合在区域上与成矿作用关系不明显，但局部地区因碎屑岩建造中钙质含量较高，在燕山期中酸性火山喷发与侵入岩浆活动过程中是矽卡岩型铁铜多金属矿成矿的有利层位，如溧水地区的象山群钟山组、北象山组及西横山组中的含钙质粉砂岩、钙质长石石英砂岩等均为有利成矿岩石，在该类构造岩石组合与角闪闪长玢岩、辉石闪长玢岩等次火山岩体的侵入接触部位，是陆相次火山岩型、矽卡岩型等复合内生型铁铜多金属矿产的赋存空间，而燕山期的火山岩-次火山岩活动期是该类内生矿床的主要成矿阶段，矿床形成受角闪闪长玢岩、辉石闪长玢岩等成矿岩体、有利成矿层位和区域性的纵向断裂与横向断裂的交叉部位、火山机构或矽卡岩接触带等控矿构造的综合控制(图 8-11)。

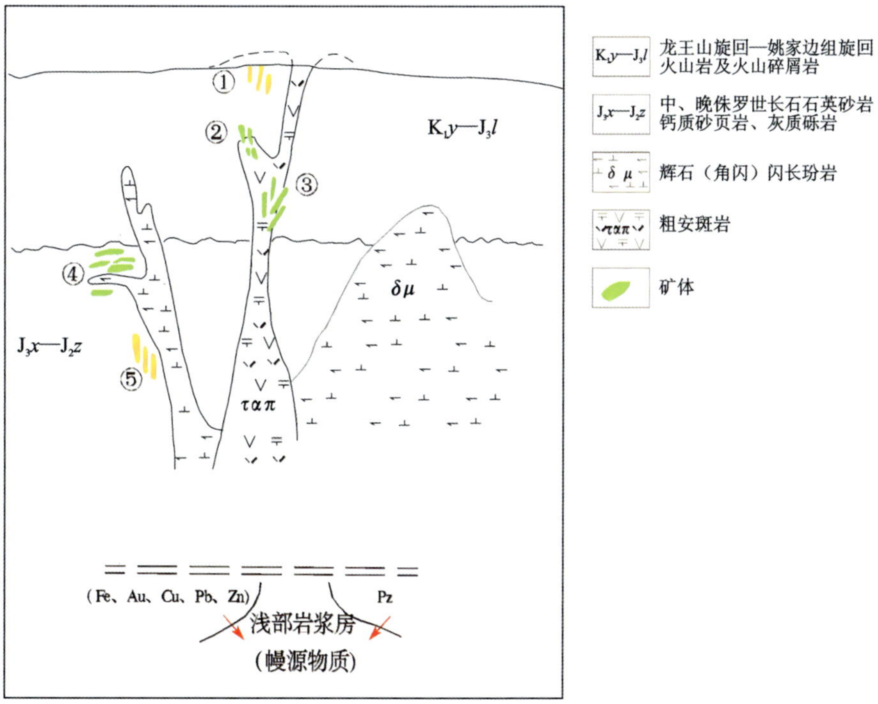

图 8-11 江苏省溧水地区铜金多金属矿区域综合成矿模式图

①金驹山金矿；②金牛山铀铜矿；③观山铜铅矿；④獾子洞铜金矿；⑤西衡山(燕子口)金矿

第八节　后造山岩浆杂岩相与成矿

燕山期的岩浆喷发与侵入活动是我国东部晚三叠世以来叠加-造山构造演化阶段最重要的构造-岩浆地质事件。该时期也是江苏省和长江中下游地区最为重要的内生金属成矿阶段。该期构造岩浆活动既是区内成矿作用的主要成矿驱动力，所形成的后造山岩浆杂岩相构造岩石组合也是区内成矿主要矿质来源与成矿载体。根据省内前中生代构造单元的差异，将江苏省及上海市范围内后造山岩浆杂岩相相应划分为4个部分：华北陆块区鲁西地块的班井-黄山岛后造山岩浆杂岩相、苏鲁超高压变质带的桃林-莒南后造山岩浆杂岩相、扬子陆块区苏皖前陆盆地的沿江后造山岩浆杂岩相、下扬子被动陆缘的苏南后造山岩浆杂岩相。不同构造单元该相的成矿作用、矿产类型、成矿强度各有特色。

华北陆块区后造山岩浆杂岩相为华北陆块南缘中生代岩浆岩带的主要组成部分，划分为班井-利国同碰撞岩浆杂岩亚相 tpy(J_3—K_1)和黄山岛后造山岩浆杂岩亚相 hzy(K_1)两个亚相，其中同碰撞岩浆杂岩亚相主要分布于徐州地区的班井—利国一带，在丰沛隆起也有少量分布，而黄山岛后造山岩浆杂岩亚相主要分布于徐州地区的利国黄山岛地区。构造岩石组合既有火山岩组合，也有侵入岩组合，两者为同一岩浆演化系列的产物。火山岩组合主要为大陆伸展环境的安山岩-英安岩组合(K_1Q)，侵入岩组合划分为同碰撞闪长岩组合(J_3)和后造山花岗闪长岩-花岗岩构造岩石组合(K_1)两类。其中与区域成矿关系最为密切的是同碰撞闪长岩组合(J_3)，是利国式矽卡岩型铁矿的成矿母岩(图8-12)，而与后造山花岗闪长岩-花岗岩构造岩石组合(K_1)有关的成矿作用较弱，控制了区内铜金银多金属矿化作用。

苏鲁超高压变质带中后造山岩浆杂岩相为燕山期构造岩浆活动的产物，主要分布于苏北-胶南断块西北部，划分为同碰撞岩浆杂岩亚相 tpy(J_3—K_1)和后造山岩浆杂岩亚相 hzy(K_1)两个亚相，其中同碰撞岩浆杂岩亚相构造岩石组合有大陆伸展环境的安山岩-英安岩组合(K_1Q)和同碰撞闪长岩组合(J_3)；后造山岩浆杂岩亚相构造岩石组合有后造山二长花岗岩组合(K_1)和花岗闪长岩-花岗岩组合(K_1)。区内与之相关的矿产主要为铜、铅锌、金银等矿化，成因上与后造山二长花岗岩组合(K_1)和花岗闪长岩-花岗岩组合(K_1)关系密切。如桃林岩体周边的铜、铅锌、金银等矿化点主要是二长花岗岩侵入时的岩

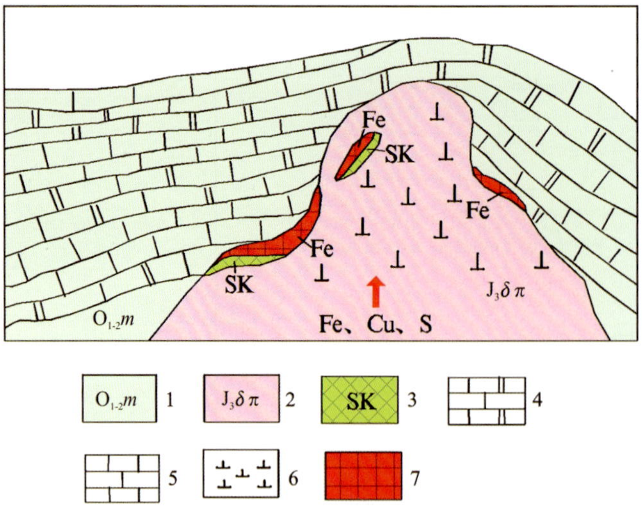

图8-12　墓山铁矿床成矿模式图

1.中下奥陶统马家沟组；2.燕山早期(J_3)闪长斑岩；3.矽卡岩；4.白云质灰岩；5.灰岩；6.闪长斑岩；7.铁矿体

浆热液交代与充填作用形成的。

后造山岩浆杂岩相在下扬子陆块区苏皖前陆盆地和下扬子被动陆缘地区均分布广泛，区域上都属于长江中下游燕山期构造岩浆岩带的组成部分，是区内中生代铁铜多金属成矿的主要内在原因。

苏皖前陆盆地区该构造相根据空间分布、岩石组合特征、成因联系和形成时代划分为沿江同碰撞岩浆杂岩亚相 tpy(J_3—K_1) 和沿江后造山岩浆杂岩亚相 hzy(K_1)，其中沿江同碰撞岩浆杂岩亚相 tpy (J_3—K_1) 构造岩石组合主要有辉长岩-闪长岩组合(J_3)、伸展环境的安山岩-英安岩组合(J_3d、J_3lw)和闪长岩组合(K_1)；裂谷环境的安山岩-粗面岩-响岩组合(nvb、gvb)、沿江后造山岩浆杂岩亚相 hzy(K_1) 构造岩石组合主要有闪长岩-二长岩组合(K_1)、碰撞环境的高钾火山岩组合(jvb、svb)、花岗闪长岩-二长花岗岩组合(K_1)、花岗岩组合(K_1)等。与区域成矿关系最为有利的是闪长岩组合(K_1)和伸展环境的安山岩-英安岩组合(J_3d、J_3lw)，其中同碰撞辉长岩-闪长岩组合(J_3)富集铁质元素，局部形成小型的铁矿床；而区域内伴随安山岩-英安岩组合(J_3d、J_3lw)的岩浆喷发形成的辉长闪长玢岩是长江中下游陆相火山岩型铁矿(宁芜玢岩铁矿)的主要成矿母岩(图 8－13)，如宁芜地区玢岩型铁矿与燕山期侵位的次火山岩——辉石闪长玢岩具有密切的成因联系，它们的分布受喷发-侵入活动[喷发中心或北北东向和北西向两组基底断裂(构造岩浆喷发带)]控制，围绕次火山岩侵入体可依次出现一组不同矿物组合铁矿床(玢岩铁矿系列)。另外闪长岩组合中的石英闪长岩(K_1)是韦岗式矽卡岩型铁矿的成矿母岩，区内矽卡岩型铁矿与其具有的成因控制。

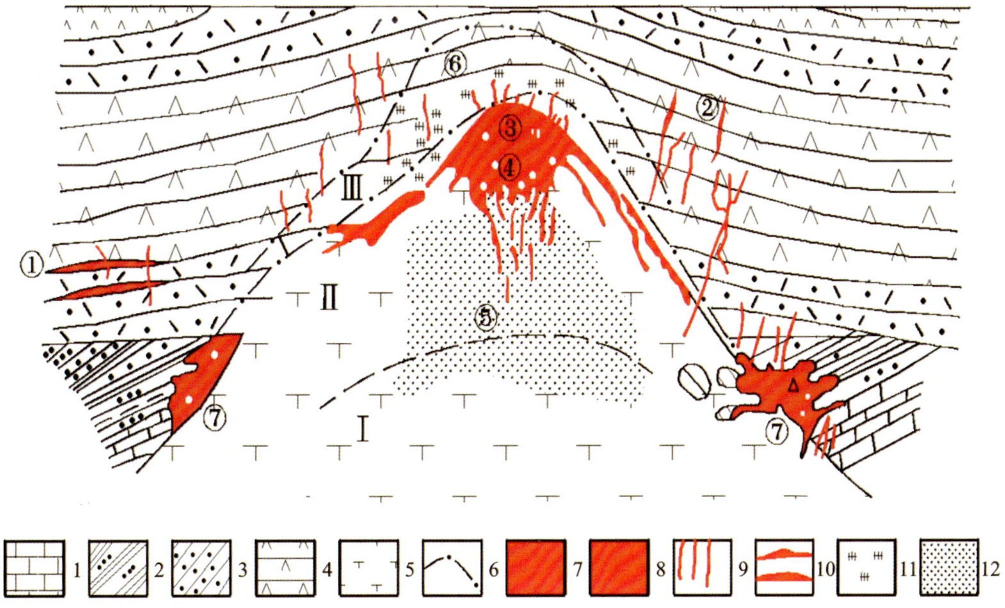

图 8－13　宁芜玢岩铁矿区域成矿模式图(引自《宁芜玢岩铁矿》,1980)

1.中下三叠统青龙组灰岩;2.上三叠统黄马青组砂页岩;3.中下侏罗统象山群砂岩;4.晚侏罗世—早白垩世火山岩;5.辉长闪长岩-辉长闪长玢岩;6.蚀变分带界线;7.角砾岩化及角砾状矿石;8.块状矿石;9.镜铁矿或磁铁矿;10.层状铁矿;11.黄铁矿;12.浸染状磁铁矿。①龙旗山式;②龙虎山式;③梅山式;④凹山式;⑤陶村式;⑥向山式;⑦凤凰山式。Ⅰ.下部浅色蚀变带;Ⅱ.中部深色蚀变带;Ⅲ.上部浅色蚀变带

区内裂谷环境的安山岩-粗面岩-响岩组合(nvb、gvb)与陆相火山岩型铜金矿产具有密切的成因联系，在宁芜-溧水火山岩盆地控制着主要的铜金多金属矿产的分布，如宁芜地区铜井铜金矿、大平山铜矿等一批铜金多金属矿的产出均与燕山中晚期的碱性和弱碱性火山岩关系密切，与娘娘山旋回碱性的富钾火山岩、次火山岩体具明显的成因联系，矿化体受次级断裂与火山机构的共同控制(图 8－14)。

而宁镇地区内后造山环境形成花岗闪长岩-二长花岗岩组合(K_1)、花岗岩组合(K_1)、碰撞环境的高

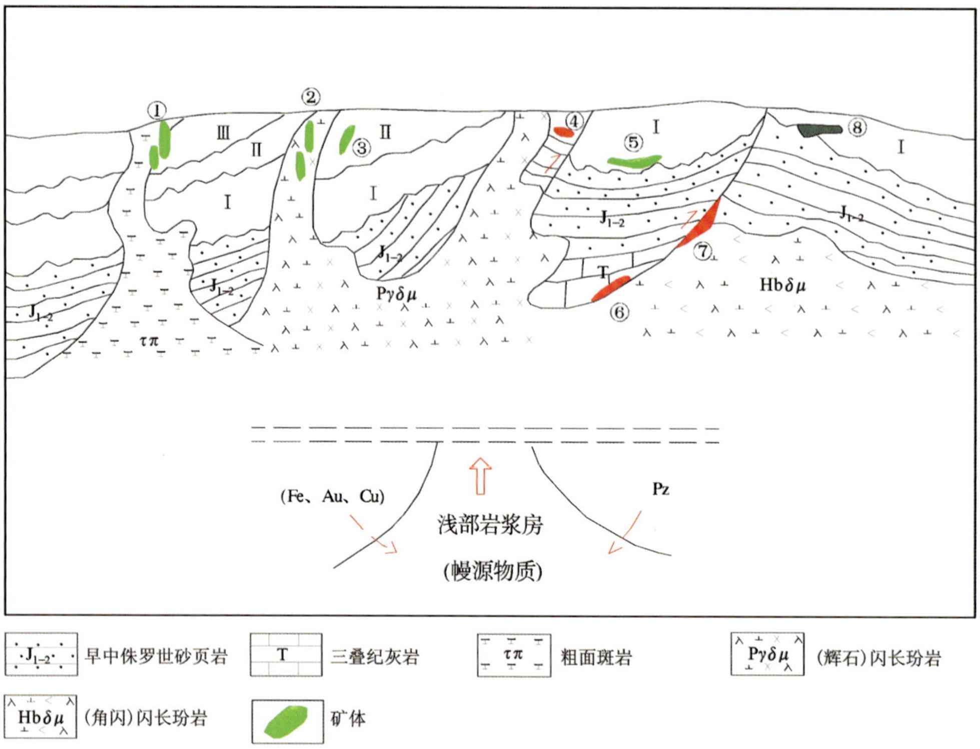

图 8-14　宁芜地区陆相火山岩型铜、金、多金属矿区域综合成矿模式图

Ⅰ.安山岩旋回；Ⅱ.粗安岩旋回；Ⅲ.碱性岩旋回。①铜井铜金矿；②谷里铜矿；③大岭岗铜矿；④天台山硫铁矿；⑤大平山铜矿；⑥凤凰山铁矿；⑦云台山硫铁矿；⑧陶吴铅锌矿

钾火山岩组合(jvb、svb)等与铜钼铅锌金银等多金属矿产成矿作用具有密切的成因关系，控制了区内大多数矽卡岩型铜金银多金属矿床的空间分布(图 8-15)，矿床一般均分布在该类构造岩石组合的侵入岩体与碳酸盐岩地层的接触带部位，代表性矿床有韦岗铁矿、安基山铜矿等，少量岩体本身也有矿化作用，形成类斑岩型多金属矿产，如盘龙岗铜矿、谏壁钼矿等。

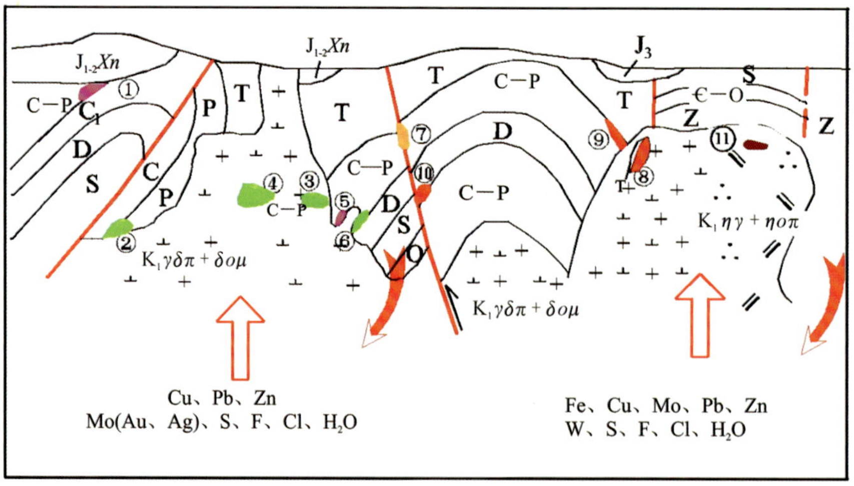

图 8-15　宁镇地区金属矿床区域综合成矿模式图

①栖霞山铅锌银矿；②伏牛山铜矿；③安基山铜矿(东)；④安基山铜矿(西)；⑤老人峰多金属矿；⑥铜山铜钼矿；⑦丁钯岗金矿；⑧韦岗铁矿；⑨巢凤山铁矿；⑩磁山头-五洲山铁矿；⑪谏壁钼(钨)矿

下扬子被动陆缘区该构造相根据空间分布、岩石组合特征、成因联系和形成时代划分为苏南同碰撞岩浆杂岩亚相 tpy(J_3—K_1) 和后造山岩浆杂岩亚相 hzy(K_1)，其中同碰撞岩浆杂岩亚相 tpy(J_3—K_1)构造岩石组合主要有劳村河流相砂砾岩-粉砂岩-泥岩夹火山岩组合(J_3lc)、黄尖伸展环境的安山岩-英安岩组合(J_3h)、焦山花岗岩-二长花岗岩组合和金山里闪长岩-二长岩组合(K_1)等；苏南后造山岩浆杂岩亚相 hzy(K_1) 构造岩石组合主要有上党碰撞环境的高钾火山岩组合(svb)、庙西花岗岩组合(K_1)、周院花岗岩-花岗闪长岩组合(K_1)和雅泥山过碱性花岗岩组合(K_1)等。该区域与苏皖前陆盆地区在区域上同属于长江中下游燕山期构造岩浆岩带的组成部分，该时期伴随广泛的构造岩浆活动，区域内铜铅锌多金属成矿作用十分强烈，且分布广泛，是区域内各类矿产的主要形成时期，其中多期次多类型的岩浆岩的侵入与喷发活动是区内中生代铁铜多金属成矿的主要驱动力，伴随含矿岩体的构造岩浆活动形成的富含各类成矿元素的构造岩浆热液是区内铁铜多金属成矿的主要物质来源。下扬子被动陆缘区后造山岩浆杂岩相中与成矿有关的构造岩石组合主要有花岗岩-二长花岗岩组合(J_3—K_1)、闪长岩-二长岩组合(K_1)、花岗岩-花岗闪长岩组合(K_1)等。

宜溧地区燕山期岩浆侵入-喷发活动对铁、铜等矿产均有重要控制作用，晚侏罗世至白垩纪是本区构造、岩浆活动最强烈的时期，岩浆多次喷发和侵入，为内生矿产的形成提供了有利条件。首先是较中性的闪长岩类侵入，形成了铁、铜、金等多金属矿床；其次是较酸性的花岗闪长岩的侵入，形成重晶石、金、多金属等矿床(图 8－16)。在其东部岩体与围岩接触带控制内生金属矿产的分布，成因类型多属矽卡岩型及热液交代充填型。西部矿床类型属火山喷溢型、火山热液型及次火山热液型。铁、铜矿体主要赋存于侵入岩体顶部及附近火山岩裂隙中，多呈透镜状及脉状。已发现的铁矿以矿点居多。

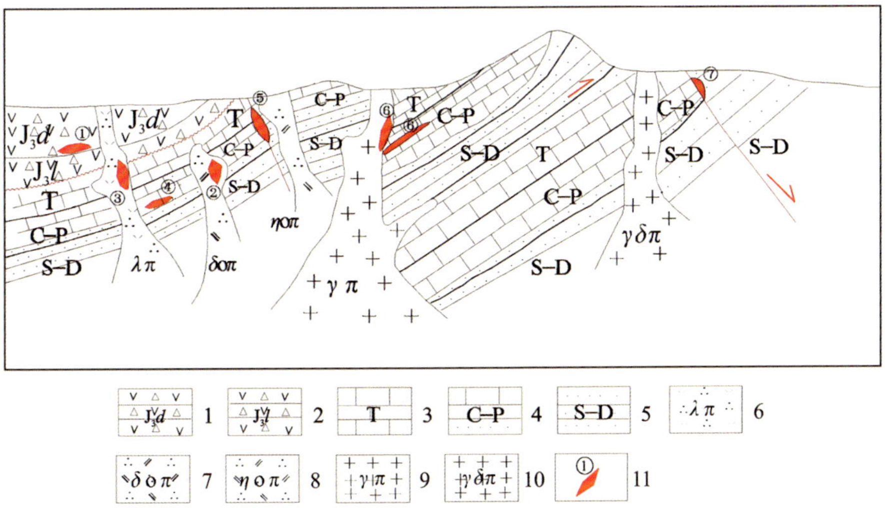

图 8－16　江苏省宜溧地区铜金多金属矿区域综合成矿模式图

1. 大王山组粗安质火山岩及火山碎屑岩建造；2. 龙王山组粗安质火山岩及火山碎屑岩建造；3. 青龙组碳酸盐岩建造；4. 石炭纪—二叠纪碎屑岩及碳酸盐岩建造；5. 志留纪—泥盆纪碎屑岩建造；6. 流纹斑岩；7. 石英闪长斑岩；8. 石英二长斑岩；9. 花岗斑岩；10. 花岗闪长斑岩；11. 矿体。①中巷铁铜矿；②土包山金铁矿；③松岭铁矿；④兔子山铁矿；⑤大贤岭金矿；⑥杨家村多金属矿；⑦吉多介金矿

该地区金属矿产以铁、铜、金为主，成矿期为燕山中晚期。区内内生矿产在时间上的演化与构造、岩浆及热液活动等多种因素有关，构造、岩浆及热液活动总的特点是“多期、多次”，因此表现在成矿作用上也具有“多期、多次”的特点。同一含矿带内往往有多矿种共、伴生。它们在成因、形成时间及空间分布上都有密切的联系，是一个成矿系列中不同时期、不同阶段的产物。

而苏州西部地区侵入的岩浆岩主要以中酸性岩类建造为主，花岗岩建造是区内最主要的侵入岩建造类型，大多为隐伏岩体，主要受隐伏基底断裂或北东—北北东向区域性断裂构造控制。区内主要岩体大多为燕山早期岩浆侵入作用的产物，以花岗岩类建造为主，多为Ⅰ型或A型。花岗岩体多呈岩基状、岩枝状产出，形成侵入岩穹隆，岩体规模一般较大，与区域成矿作用关系密切。矿产种类以铅、锌、银、铜、钽、铌、硫（锡）和高岭土为特色，矿床成因类型主要有矽卡岩型、矽卡岩伴生热液型、斑岩型、火山热液型、钠长石花岗岩型和石英脉型等，与燕山期侵入岩浆活动关系密切，成矿作用多围绕侵入岩体呈环带状分布，各类矿床在空间分布上常具环状分布特点。如苏州西部地区旋扭构造控制各类矿产多围绕多期次环状侵入岩体呈双环重叠分布（图8-17），外环有组成城隍山矿田、阳北-新庄矿田的各矿床（点），主要成矿元素为Pb、Zn、Ag、Cu、Bi、S等；内环为组成谈桥矿田的各矿床（点），主要成矿元素为Zn、Fe、Sn、Mb、Ta等。

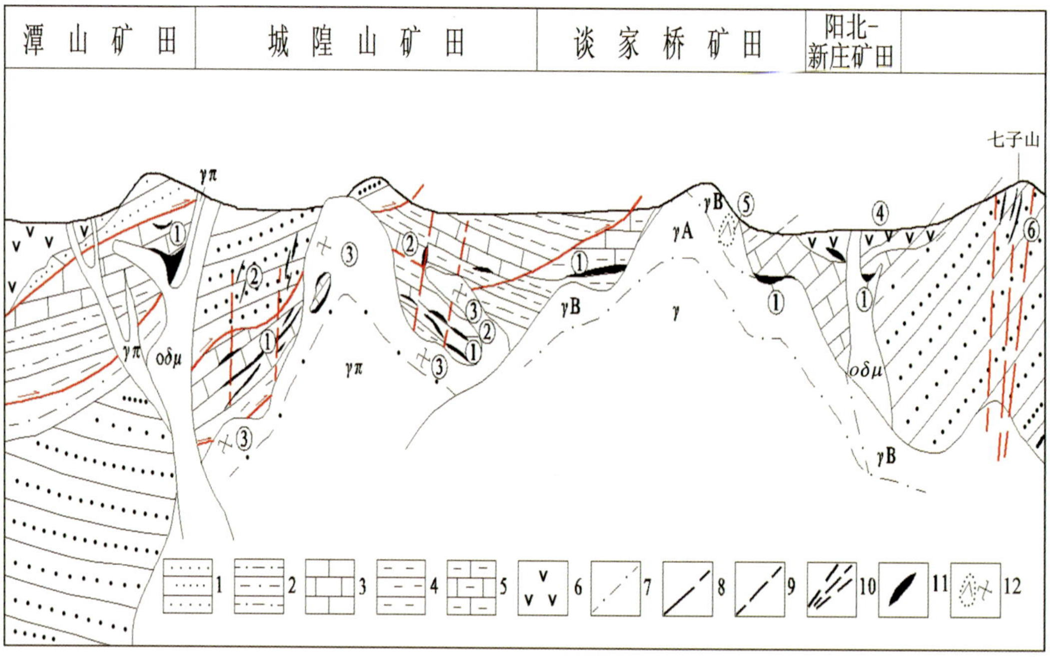

图8-17　苏州西部地区多金属矿成矿模式图

1. 泥盆纪（D）石英砂岩夹泥质粉砂岩；2. 高骊山组（C_1g）泥砂质岩；3. 黄龙组—栖霞组（C_2h—P_1q）碳酸盐岩；4. 堰桥组—龙潭组（P_2y—P_2l）粉砂岩夹泥质岩；5. 长兴组—青龙组（P_3c—T_1q）碳酸盐岩；6. 侏罗纪火山岩；7. 岩体蚀变或分相界线；8. 逆推断裂；9. 控矿断裂；10. 构造裂隙；11、12. 矿体。①矽卡岩型；②热液型；③斑岩型；④火山热液型；⑤蚀变花岗岩型；⑥石英脉型。$\gamma\pi$. 花岗斑岩；$o\delta\mu$. 石英闪长玢岩；γ. 花岗岩；γA. 富钠长石花岗岩；γB. 富黑去母花岗岩

此外，斑岩型、矽卡岩型、热液充填型3类矿体常可在同一矿区围绕岩体接触带的不同部位相继出现，形成成矿元素组合基本相同的“多型一体”矿床组合，如吴宅、迂理矿床均属以层控矽卡岩型为主的多型一体矿床组合。

第九节　中新生代陆内盆地相与成矿

江苏省内中新生代陆内盆地相主要是燕山晚期—喜马拉雅期受陆内拗陷或断陷活动作用而形成的，主要由一系列河流相碎屑沉积岩建造组成，间夹少量碱性橄榄玄武岩建造，在华北陆块区、苏鲁造山带和扬子陆块区基本相似，成矿作用微弱，但部分构造岩石组合中仍形成各具特色的矿产资源。其中华北陆块区柳河集河流相砂砾岩-粉砂岩-泥岩组合中有石膏矿赋存，扬子陆块区阜宁湖泊相泥岩-粉砂岩组合（E_1f）是江苏省重要的油气成藏层位和含盐层位。另外，其中局部间夹的碱性橄榄玄武岩组合有

蓝宝石矿产出，而玄武岩风化后产物经流水搬运、淘洗、迁移与堆积形成的泥岩-黏土岩组合中可形成了大型的凹凸棒石矿床，这也是该省重要的特色矿产之一。

第十节　中新生代陆内盆地与地质环境

江苏省及上海市地处长江中下游冲积平原和长江三角洲，经济发达，城市群体密集，发展速度很快。但该地区素以地势低平、水网发育为基本特点，区内与地质环境相关的地质灾害频发，主要以地面沉降和地裂缝的发育危害最大，以苏锡常地区为典型，区域性大面积地面沉降的发生最易造成建设环境和生态环境的恶化，而局部性的地裂缝的出现也直接危及人民生活财产的安全。这些问题产生的综合影响很大，关系到区内经济的可持续发展。

而该类地质环境的恶化、地质灾害的发生不仅与人类为了发展经济而对地下水资源的无序、过量开采所产生的破坏作用有关，更与客观存在的地质背景条件（基岩面起伏特征、基岩岩性、古埋藏阶地、第四纪地层结构的差异、含水层的结构特征等）密切相关，其中基底结构与叠加的中新生代陆内断陷盆地（地堑-地垒构造）是控制该类地质灾害的重要内在因素。不同类型地质灾害的形成机制，是不同影响因素，在不同地区、不同的地质背景条件下共同作用的结果。

江苏地堑-地垒构造形成于早白垩世，可划分为 2 期：早白垩世中期—古新世为多期拉张盆岭构造形成阶段；新近纪—第四纪为拉张裂谷断陷。早白垩世以来，江苏地区处于环太平洋构造体系域拉张应力环境下，区域内北东向与北西向断裂构造发育，并控制发育了大量地堑、地垒构造。地垒部位由于长期隆升，缺失中新生代沉积，形成基底隆起。地堑构造由于长期下陷，中新生代陆相碎屑岩快速堆积，并持续活动至上新世，形成一套白垩纪以来巨厚的类磨拉石沉积物，区域上形成基底凹陷。控制地堑、地垒构造主体断裂呈北东走向，该类断裂大多是前期压性断裂构造的活化，活化的断裂性质以正滑和斜滑为主。但同期或后期北西向断裂构造也控制了地堑、地垒构造的分布，或切割破坏了地堑、地垒构造的连续展布。这种基底结构与中新生代地堑、地垒构造不同控制了区域基岩面的强烈起伏，古埋藏阶地巨大落差，也导致了区域不同基底基岩岩性和第四纪地层结构的悬殊差异等，成为地面沉降和地裂缝发生、发育的最本质控制因素。

苏锡常地区地面沉降主要是近 30 年来强烈开采地下水而引发的地质灾害，虽发生时间不长，但发展速度极快，灾情及影响程度极为严重。至 2002 年，累计沉降量大于 200mm 的区间面积已超过 $5770km^2$，约占苏锡常平原地区总面积的 1/2，而 500mm 等值线已连片圈合了 3 个中心城市，面积超过 $1500km^2$（图 8－18）。最大沉降量达 2.8m。沉降速率、沉降规模、沉降的危害性等表现已成为国内最典型的重灾区，而且仍在继续发展中。

虽然可以肯定地面沉降是大范围过量开采地下水引发的严重地质灾害，但其形成的内在因素决定于基底构造的继承性差异沉降运动，这种差异性沉降运动对本区第四纪沉积一直发挥着主导作用。它不仅塑造了前第四纪末的古地貌格架，而且还以持续缓慢沉降影响本区，致使苏锡常地区地面高程不断降低，由地势较高的山丘谷地向高亢平原进而演化成滨海、湖沼洼地平原，这是主导区内第四纪沉积环境发生重大转变的重要影响因素。苏锡常地区地面沉降等值线图（图 8－18）显示该地区地面沉降主要沿苏锡一线呈北西向带状分布，该地段也是区域性的苏州-无锡断裂的位置，地面沉降应与苏州-无锡断裂控制的两侧地质体本身性质或其差异相关。

此外，在地面沉降严重地段，由于各种影响因素的复杂性，地面沉降不均匀发生，又由此引发了多处地裂缝地质灾害。

地裂缝是江苏 10 余年来新出现的地质灾害类型。目前苏锡常地区共调查出地裂缝灾点 25 处，主要分布在常州武进区、无锡锡山区、江阴市以及苏州张家港等地区（图8-19）。地质上位于江南断裂带与湖苏断裂带夹持的苏锡地体内，地裂缝空间展布主要呈北东向，少量北西向，与区域性断裂构造的趋

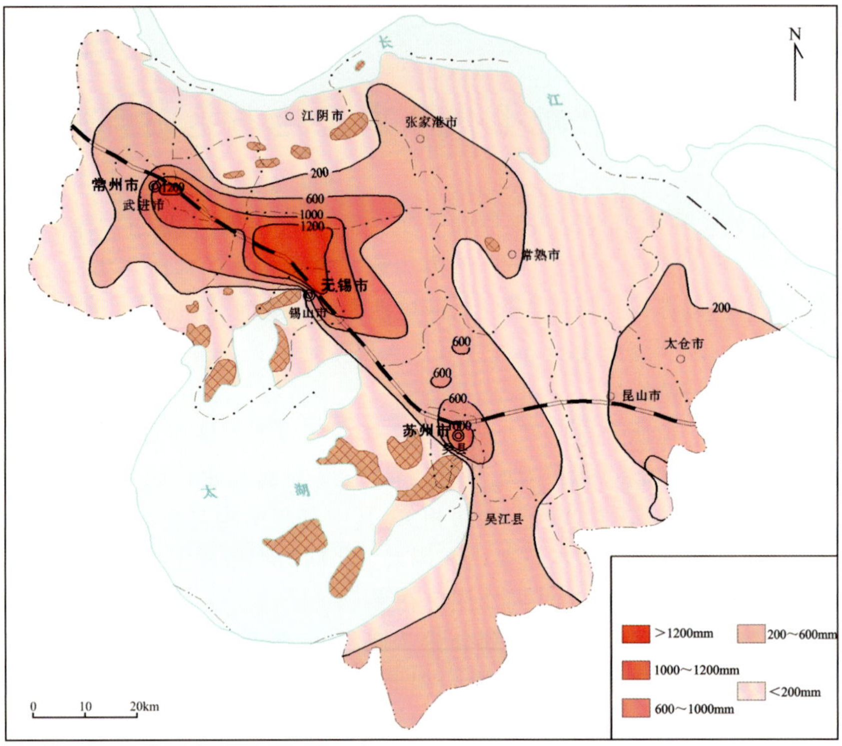

图 8-18　苏锡常地区地面沉降等值线图

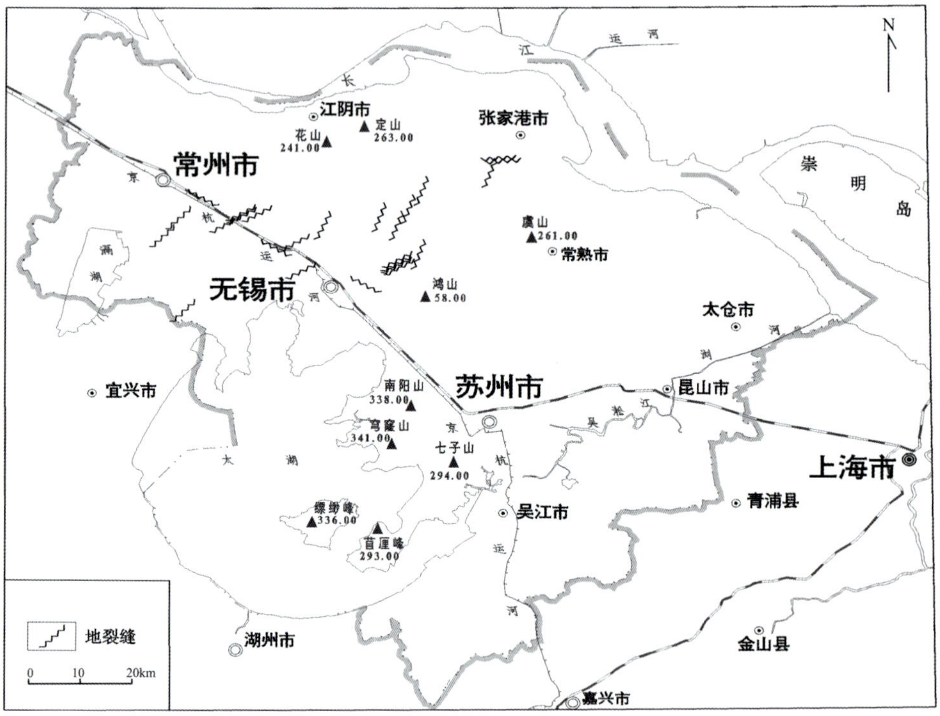

图 8-19　苏锡常地裂缝分布示意图

向一致，明显与基底断裂构造和中新生代地堑、地垒构造具有成因联系。

根据《地面沉降与地裂缝调查研究报告》等相关的调查研究成果，苏锡常地区地裂缝类型主要有古潜山型、埋藏阶地型、岩溶型、地下水综合开采型、土层结构差异型5类，分别与其形成的主要影响因素有关，但不同类型地裂缝的形成机制，也是不同影响因素，在不同地区、不同的地质背景条件下共同作用的结果。

1. 古潜山型

该类型主要是第四纪地层差异、古基底起伏变化和区内强烈开采地下水造成地面沉降这一外在因素综合作用的结果。长期超量开采地下水，引起含水砂层及地下水储集层中的水头下降，造成地下含水砂层本身及上覆土层释水压缩，出现地面沉降；由于土层本身的结构差异或沉积基底起伏等环境地质条件不均一时，即在土层压缩造成地面沉降的过程中出现明显的地面差异沉降，在土体内形成侧向张应力，当侧向张应力达到或超过土体的极限抗拉强度时，则在地表以地裂缝灾害的形式表现出来(图8-20)。

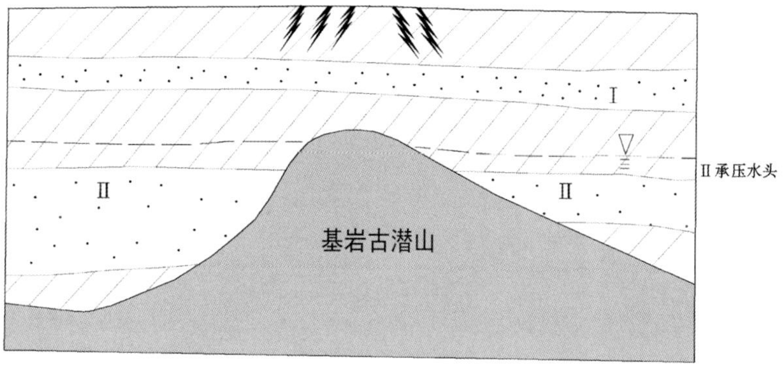

图8-20　基岩古潜山型地裂缝形成地质模式图

2. 埋藏阶地型

该类型与基岩古潜山型地裂缝的形成机制具有相似性，其主要影响因素为：古埋藏阶地或基岩陡崖(具线状分布特点)、第四纪地层差异和区内强烈开采地下水造成地面沉降这一外在因素综合作用的结果，在埋藏阶地或基岩陡崖的边缘部位，土层压缩造成明显的地面差异沉降，并具线状分布特点，在地表则以线状分布的地裂缝灾害的形式表现出来(图8-21)。

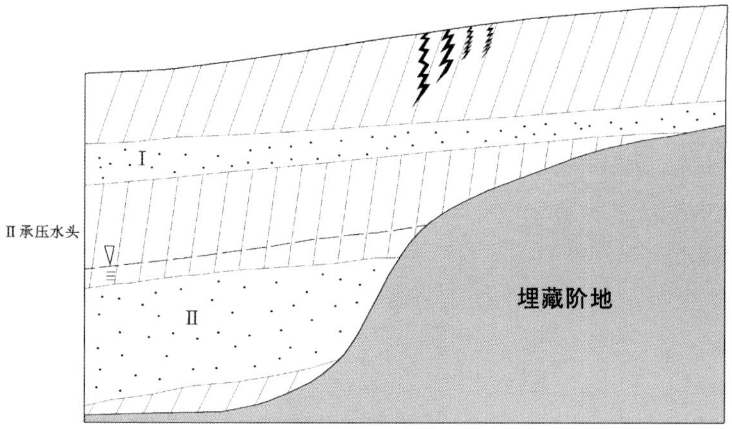

图8-21　埋藏阶地型地裂缝形成地质模式图

3. 岩溶型

目前苏锡常地区发育的岩溶型地裂缝的形成机制与古潜山型地裂缝具有相似性，其主要影响因素为：基岩隆起（基岩岩性必须是具有可溶盐特征的灰岩地层）、岩溶发育、第四纪地层差异和区内强烈开采地下水造成地面沉降这一外在因素综合作用的结果。长期超量开采地下水，在岩溶发育区，土层失水并压密，造成上覆松散堆积物垮落，诱发地面产生不均匀沉降，尤其在岩溶塌陷的边缘部位，在地表容易产生环状的地裂缝灾害（图 8－22）。

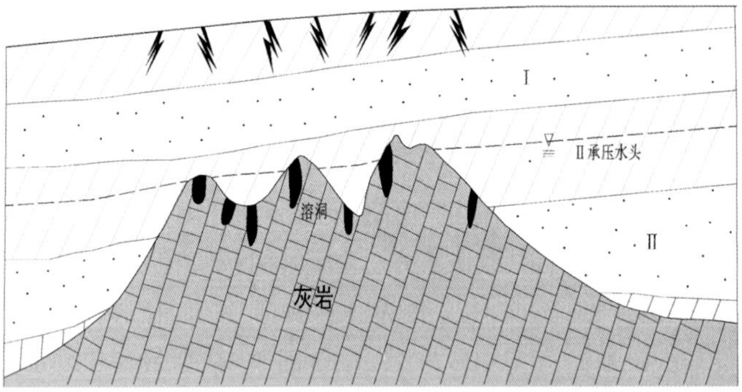

图 8－22　岩溶型地裂缝形成地质模式图

而地下水综合开采型与土层结构差异型地裂缝则主要与近地表第四纪沉积结构差异及过度开采地下水有关。地裂缝发育区近地表第四纪沉积结构明显，尤其在地表硬土层之下发育厚度不均一的高压缩性软土层（淤泥质亚黏土层），而淤泥质亚黏土层的液化指数、天然孔隙比、渗透系数相对较大。当降水偏少的年份来临时，地下水开采层越流补给条件差，加之长期过量开采，造成地下水水头急剧下降，促使高压缩软土层压密释水，形成塑性变形，造成地面持续沉降，最终诱发地裂缝灾害。

第九章　关键地质问题的讨论

一、大地构造分区与大地构造相的关系

根据《全国矿产资源潜力评价地质构造研究工作技术要求》，大地构造分区图是在大地构造相图的基础上直接形成，是大地构造相图的纲要图。大地构造单元划分必须研究的基本要素有：应有明确的构造边界、特定构造期的地质事件、发育一套大地构造相环境的构造岩石组合以及与相邻单元的构造关系等。

进行大地构造分区的主要目的都是为了反映一个地区的基本构造格局，根据以上大地构造单元划分原则，大地构造分区与大地构造相的5组划分方案应该基本一致，即大地构造相或优势大地构造相应与大地构造分区基本对应，但由于江苏省及上海市地跨华北陆块区、苏鲁造山带、扬子陆块区三大地质构造单元，不同地质历史时期各构造单元所处的大地构造环境不断变化，不同地质历史时期各种大地构造环境下形成的构造岩石组合或构造相在空间上相互叠加，现今的地质面貌主要是印支-燕山期构造作用对前期地质构造改造后的综合反映，以印支-燕山期断块作用为特征，空间上为不同断块的拼合，每个断块可能有不同地质历史时期多个大地构造环境形成的大地构造相或构造岩石组合垂向上的叠置，同一大地构造环境形成的大地构造相或构造岩石组合也可能为不同断块的组成部分。根据技术要求确定的大地构造单元划分原则，在操作上主要依据区域性断裂构造、重要的不整合面或其他地质界线作为大地构造分区边界进行构造分区，而区域性断裂构造决定了江苏省及上海市内大地构造分区的断块构造基本格局，在此基础上结合重要的不整合面或其他地质界线进一步进行大地构造单元的划分将使省内大地构造单元划分得极为繁杂与零乱，广大的厚覆盖区构造分区极为简单，少量的基岩出露区大地构造单元划分更显得极为繁杂与零乱，这样分区的结果反而失去大地构造分区的根本目的。

历史上省域内大地构造分区有很多划分方案，20世纪80年代以前，在生产和科研上应用较广泛的主要是传统槽台和地质力学方法。自70年代国内引进板块构造学说以来，主要应用板块构造理论进行划分。目前，江苏省内较为有共识的划分方案是三分方案（孙竞雄，1991），即华北板块、扬子板块及其间的秦岭-大别山活动带，进一步划分为6个Ⅱ级单元、7个Ⅲ级单元、14个Ⅳ级单元、38个Ⅴ级单元。

因此本次研究工作中仅依据《全国矿产资源潜力评价地质构造研究工作技术要求》中的大地构造分区原则和全国大地构造分区推荐方案，将省内Ⅰ～Ⅲ级大地构造分区与全国统一的分区方案一致，将江苏省及上海市大地构造分区划分为3个Ⅰ级构造分区单元、3个Ⅱ级构造分区单元、4个Ⅲ级构造分区单元；根据省域地质构造特征，主要依据印支-燕山期后的大地构造组成的断块构造特征，结合省内主流分区方案对省内四级、五级大地构造单元进行了划分，共分为12个Ⅳ级构造分区单元、39个Ⅴ级构造分区单元。这种分区结果导致Ⅳ级、Ⅴ级构造分区与大地构造相划分不完全一致，每个构造分区可能有不同地质历史时期多个大地构造环境形成的大地构造相或构造岩石组合在垂向上的叠置，同一大地构造环境形成的大地构造相或构造岩石组合也可能成为不同大地构造分区的组成部分。

二、苏鲁超高压-高压变质带的形成与演化

苏鲁造山带是中国中部的中央造山带的一部分，是江苏省重要的地质构造，目前研究已取得了不少进展，但还存在不少争议：①超高压造山带活动时间和活动方式是怎样的？广泛出露的花岗质片麻岩是否也一起经历了超高压变质作用？②与超高压变质岩有关的变质地质体的原岩性质及形成环境是怎样的？③区内缺失古生界和三叠系—侏罗系的地质记录，该段时间苏鲁造山带的演化历史争议最大；④对超高压变质岩形成的大地构造背景尚存歧义，表现在对诸如是否存在"蛇绿岩"，超高压变质作用发生的时代等问题的争论；⑤对超高压变质岩的折返过程与机制仍无一致的认识；⑥对造山带的结构、大地构造属性等没有形成统一的意见；⑦对造山带与成矿的关系也缺乏深刻的认识。

本次研究工作中认为苏鲁造山带仍是一条经历了多次俯冲碰撞过程的复合型接合带，其起源于新太古代形成的微地块，至少经历了吕梁期和晋宁期的微地块碰撞拼合、加里东期与华北陆块的俯冲碰撞和印支期与扬子陆块的俯冲碰撞，超高压变质带主要形成于晋宁期，大量的印支期同位素年龄可能代表着超高压变质带的构造抬升与折返时间。

第十章　大地构造相图空间数据库

地质背景研究专题图数据库包括省级基础图件和预测工作区底图数据库。省级基础图件包括分幅1∶25万实际材料图、1∶25万建造构造图和省级大地构造相图;预测工作区底图包括火山岩性岩相构造图、预测工作区侵入岩浆构造图、预测工作区建造构造图。各类图件专业属性图层按照数据模型规定进行属性内容填写。

一、1∶25万实际材料图数据库

1∶25万实际材料图数据库是在MapGIS6.7平台上,依据《全国矿产资源潜力评价数据库模型——成矿地质背景分册》给各图层建立属性结构并赋属性,然后利用GeoMAG软件进行规范,形成1∶25万实际材料图数据库成果。

各图幅均采用1954年北京坐标系,高斯-克吕格投影方式,6度分带,比例变形因子1.00,投影原点纬度00°00′00″,假东偏移500 000m,假北偏移0.00m,成图比例尺1∶25万;徐州市幅、连云港市幅、南京市幅、常州市幅投影原点经度为117°00′00″,上海市幅投影原点经度为123°00′00″。

属性图层包括岩性、地质界线、断裂、韧性剪切带、褶皱、蚀变带、化石采样点、同位素年龄、岩石化学样品采样点、地球化学采样点、同位素样品采样点、地质点、地质剖面、钻孔、产状要素。数据库属性图层具体情况如表10-1所示。

二、1∶25万建造构造图数据库

1∶25万建造构造图数据库是在MapGIS6.7平台上,依据《全国矿产资源潜力评价数据库模型——成矿地质背景分册》给各图层建立属性结构并赋属性,然后利用GeoMAG软件进行规范,形成1∶25万建造构造图数据库成果。

各图幅均采用1954年北京坐标系,高斯-克吕格投影方式,6度分带,比例变形因子1.00,投影原点纬度00°00′00″,假东偏移500 000m,假北偏移0.00m,成图比例尺1∶25万;徐州市幅、连云港市幅、淮安市幅、南京市幅、常州市幅投影原点经度为117°00′00″,滨海农场幅和盐城市幅、南通市幅和吕四镇幅、上海市和川沙县幅投影原点经度为123°00′00″。

属性图层包括沉积岩建造、火山岩性岩相、火山构造、侵入岩、构造岩浆带、变质岩建造、大型变形构造、地质界线、断裂、韧性剪切带、褶皱、同位素年龄、产状要素。数据库属性图层具体情况如表10-2所示。

三、预测工作区地质构造专题图数据库

预测工作区地质构造专题图数据库是在MapGIS6.7平台上,依据《全国矿产资源潜力评价数据库模型——成矿地质背景分册》给各图层建立属性结构并赋属性,然后利用GeoMAG软件进行规范,形成预测工作区地质构造专题图数据库成果。根据各预测工作区地质基础及成矿条件,各矿种预测工作区涉及的图件类型包括建造构造图、侵入岩浆构造图、火山岩性岩相构造图、变质建造构造图。

表 10-1　实际材料图属性数据库图层表

序号	数据模型规定图层名称	图层说明	图层重要程度（必要、可选、辅助）
1	LDZOFBA001. wp	岩性(面)	必要
2	LDZOFBA002. wl	地质界线(线)	必要
3	LDZOFBA003. wl	断裂(线)	必要
4	LDZOFBA004. wp	韧性剪切带(面)	必要
5	LDZOFBA005. wl	褶皱(线)	必要
6	LDZOFBA006. wp	蚀变带(面)	必要
7	LDZOFBA007. wt	化石采样点(点)	必要
8	LDZOFBA008. wt	同位素年龄(点)	必要
9	LDZOFBA009. wt	岩石化学样品采样点(点)	必要
10	LDZOFBA010. wt	地球化学样品采样点(点)	必要
11	LDZOFBA011. wt	同位素样品采样点(点)	必要
12	LDZOFBA012. wl	地质路线(线)	必要
13	LDZOFBA013. wt	地质点(点)	必要
14	LDZOFBA014. wl	地质剖面位置(线)	必要
15	LDZOFBA015. wt	钻孔(点)	必要
16	LDZOFBA016. wt	产状要素(点)	必要
17	参见数据模型地理信息分册	地理类图层	辅助
18	数据模型规范而成	辅助类图层	辅助

表 10-2　建造构造图属性数据库图层表

序号	数据模型规定图层名称	图层说明	图层重要程度（必要、可选、辅助）
1	LDZOFBB001. wp	沉积岩建造(面)	必要
2	LDZOFBB002. wp	火山岩性岩相(面)	必要
3	LDZOFBB011. wp	火山构造(面)	必要
4	LDZOFBB003. wp	侵入岩(面)	必要
5	LDZOFBB010. wp	构造岩浆带(面)	必要
6	LDZOFBB004. wp	变质岩建造(面)	必要
7	LDZOFBB009. wp	大型变形构造(面)	必要
8	LDZOFBA002. wl	地质界(线)	必要
9	LDZOFBA003. wl	断裂(线)	必要
10	LDZOFBA004. wp	韧性剪切带(面)	必要
11	LDZOFBA005. wl	褶皱(线)	必要
12	LDZOFBA008. wt	同位素年龄(点)	必要
13	LDZOFBA016. wt	产状要素(点)	必要
14	参见数据模型重力分册	依据工作技术要求引用重力推断地质构造类属性图层	必要
15	参见数据模型磁法分册	依据工作技术要求引用磁法推断地质构造类属性图层	必要
16	参见数据模型化探分册	依据工作技术要求引用地球化学推断地质构造类属性图层	必要
17	参见数据模型遥感分册	依据工作技术要求引用遥感矿产地质特征解译类属性图层	必要
18	参见数据模型地理信息分册	地理类图层	辅助
19	数据模型规范而成	辅助类图层	辅助

建造构造图属性图层包括变质岩建造、沉积岩建造、侵入岩、火山岩性岩相、地质界线、断裂、韧性剪切带、褶皱、蚀变带、产状要素、同位素年龄、岩石化学样品采样点、地球化学样品采样点以及依据工作技术要求引用的物化遥专题相关内容。各图层属性数据项按照《全国矿产资源潜力评价数据模型——成矿地质背景分册》中对应的数据表执行。

变质建造构造图属性图层主要包括变质岩建造、沉积岩建造、侵入岩、火山岩性岩相、地质界线、断裂、韧性剪切带、褶皱、蚀变带、产状要素、同位素年龄、岩石化学样品采样点、地球化学样品采样点、同位素样品采样点、各类标注以及依据工作技术要求引用的物化遥专题相关内容。

侵入岩浆构造图属性图层主要包括侵入岩、构造岩浆带、沉积岩建造、火山岩性岩相、变质岩建造、地质界线、断裂、韧性剪切带、褶皱、蚀变带、产状要素、同位素年龄、岩石化学样品采样点、地球化学样品采样点、同位素样品采样点、各类标注以及依据工作技术要求引用的物化遥专题相关内容。

火山岩性岩相构造图属性图层包括火山岩性岩相、火山构造、侵入岩、沉积岩建造、构造岩浆带、变质岩建造、地质界线、断裂、韧性剪切带、褶皱、蚀变带、产状要素、同位素年龄、岩石化学样品采样点、地球化学样品采样点、同位素样品采样点以及依据工作技术要求引用的物化遥专题相关内容。

各图件属性图层详细情况同分幅实际材料图及分幅建造构造图，属性数据项严格按照《全国矿产资源潜力评价数据模型——成矿地质背景分册》中对应的数据表执行。

四、大地构造相图数据库建设

江苏省大地构造相图数据库是在 MapGIS6.7 平台上完成数字化图件后，借助 GeoMAG 软件相关功能建立属性结构并赋属性，然后利用 GeoMAG 软件进行规范，形成江苏省及上海市大地构造相图数据库成果。

采用 1954 年北京坐标系，高斯-克吕格投影方式，投影原点经度 119°00′00″，投影原点纬度 00°00′00″，比例变形因子 1.00，成图比例尺 1∶50 万。

专业属性图层包括大地构造相单元(面)、大地构造相单元边界(线)、沉积岩建造组合(面)、火山岩构造岩石组合(面)、侵入岩构造岩石组合(面)、变质岩构造岩石组合(面)、构造岩石组合边界(线)、大型变形构造(线)、钻孔、产状要素、矿产地点以及引用的物探专业图层等。数据库属性图层具体情况如表 10－3 所示。

大地构造相单元(面)属性内容(表 10－4)包括：特征代码、图元编号、大地构造相单元名称Ⅰ级、大地构造相单元名称Ⅱ级、大地构造相单元名称Ⅲ级、大地构造相单元名称Ⅳ级、大地构造相单元编码、大地构造相单元级别、大地构造相特征、沉积岩构造岩石组合特征、火山岩构造岩石组合特征、侵入岩构造岩石组合特征、变质岩构造岩石组合特征、大型变形构造特征、地质年代、含矿性。

大地构造相单元边界(线)属性内容(表 10－5)包括：长度特征代码、图元编号、相单元边界级别、相单元边界类型。

沉积岩建造组合(面)属性内容包括：特征代码、图元编号、所含沉积岩建造、岩石地层单位(组)、年代地层、沉积岩建造组合厚度、化石组合、地层分区、沉积相、地层区、地层小区、岩石地层单位(群)、沉积岩建造组合名称、岩性岩相特征、含矿性、同位素年龄值与测年方法、构造古地理单元、构造古地理单元的判别标志、大地构造环境。

火山岩构造岩石组合(面)属性内容包括：特征代码、图元编号、构造岩石组合名称、岩石填图单位、地质时代、火山岩相、岩性特征、喷发旋回、岩石系列判别、岩浆岩大地构造环境、构造岩石组合所含建造、岩石组合厚度、同位素测年方法与年龄值、含矿性、火山岩构造岩浆岩省、火山岩构造岩浆岩带、火山岩构造岩浆岩亚带、火山岩构造岩浆岩段、火山岩构造岩浆旋回、地球化学对于构造环境判别、火山岩岩浆源区。

表 10-3　大地构造相图属性数据库图层表

序号	数据模型规定图层名称	图层说明	图层重要程度（必要、可选、辅助）
1	LDZGBAA017. wp	沉积岩建造组合(面)	必要
2	LDZGBAA018. wp	火山岩构造岩石组合(面)	必要
3	LDZGBAA019. wp	侵入岩构造岩石组合(面)	必要
4	LDZGBAA020. wp	变质岩构造岩石组合(面)	必要
5	LDZGBAA021. wl	构造岩石组合边界(线)	必要
6	LDZGBAA003. wp	大地构造相单元(面)	必要
7	LDZGBAA004. wl	大地构造相单元边界(线)	必要
8	LDZOFBA015. wt	钻孔(点)	必要
9	LDZOFBA016. wt	产状要素(点)	必要
10	LGCJCFF001. wt	矿产地特征(点)	必要
11	LGCJCFF006. wt	成矿时代(点)	必要
12	参见数据模型重力分册	依据工作技术要求引用重力推断地质构造类属性图层	必要
13	参见数据模型磁法分册	依据工作技术要求引用磁法推断地质构造类属性图层	必要
14	参见数据模型地理信息分册	地理类图层	辅助
15	数据模型规范而成	辅助类图层	辅助

表 10-4　大地构造相单元(面)属性表

ID 号	829	36
特征代码	00995	00036
图元编号	000995	000036
大地构造相单元名称Ⅰ级	扬子陆块区相系	秦祁昆造山系相系
大地构造相单元名称Ⅱ级	下扬子地块大相	大别-苏鲁地块大相
大地构造相单元名称Ⅲ级	苏南前陆盆地相	苏鲁高压-超高压变质相
大地构造相单元名称Ⅳ级	昆山前隆亚相	东海-胶南超高压变质亚相
大地构造相单元编码	前陆隆起亚相	超高压变质亚相
大地构造相单元级别	Ⅳ级构造相单元	Ⅴ级构造相单元
大地构造相特征	前陆隆起环境，碳酸盐岩浊积岩组合沉积	超高压榴辉岩组合
沉积岩构造岩石组合特征	碳酸盐岩浊积岩组合	
火山岩构造岩石组合特征		
侵入岩构造岩石组合特征		
变质岩构造岩石组合特征		东海花岗片麻岩-超高压榴辉岩组合
大型变形构造特征		苏鲁韧性剪切变质变形
地质年代	早古生代	新太古代
含矿性	铁	金红石

表 10-5　大地构造相单元(线)属性表

ID 号	长度	特征代码	图元编号	相单元边界级别	相单元边界类型
1	15.35	00001	000001	Ⅴ级构造相单元边界	整合接触
2	0.86	00002	000002	Ⅴ级构造相单元边界	整合接触
3	9.35	00003	000003	Ⅳ级构造相单元边界	不整合接触
4	20.13	00004	000004	Ⅴ级构造相单元边界	整合接触
5	3.74	00005	000005	Ⅴ级构造相单元边界	整合接触
6	4.29	00006	000006	Ⅴ级构造相单元边界	整合接触
7	4.35	00007	000007	Ⅴ级构造相单元边界	侵入接触
8	1.69	00008	000008	Ⅴ级构造相单元边界	整合接触
⋮	⋮	⋮	⋮	⋮	⋮

侵入岩构造岩石组合(面)属性内容包括:特征代码、图元编号、地质时代、岩性特征、SiO_2 -(Na_2O+K_2O)图解划分的系列及岩石成因类型、所含侵入岩建造、岩浆岩大地构造环境、构造岩石组合名称、同位素年龄值及测年方法、含矿性、构造岩浆岩省、构造岩浆岩带、构造岩浆岩亚带、构造岩浆岩段、构造岩浆旋回、QAP 图解判别的花岗岩类形成环境、巴巴林图表判别的构造环境、A/CNK - A/NK 判别的花岗岩类形成环境、SiO_2 - FeO/MgO 划分的系列及样品数、SiO_2 - K_2O 图解划分的系列及样品数、SiO_2 -(Na_2O+K_2O - CaO)图解划分化、Th - Hf - Ta 图解判别的构造环境及样品、Cr - Y 与 Cr - Ce/Sr 图解判别的构造环境、Ta/Yb - Th/Yb 图解(Pearce,1984)、Rb -(Nb+Y)图解(Pearce,1984)、$\varepsilon_{Nd}(t)$- $\varepsilon_{Sr}(t)$图解判别的岩浆源、其他判别大地构造环境的图解及结果、其他划分岩浆系列的图解及结果。

变质岩构造岩石组合(面)属性内容包括:特征代码、图元编号、所含变质岩建造类型、岩性特征、岩石填图单位(群)、岩石填图单位(组)、变质时代、原岩建造组合、变质相系、大地构造环境、变质地质单元名称Ⅰ级、变质地质单元名称Ⅲ级、地质年代、变质岩构造岩石组合类型、含矿性、变形作用特点、同位素测年方法及年龄、大地构造环境判别标志、变质地质单元名称Ⅱ级。

构造岩石组合边界(线)属性内容包括:特征代码、图元编号、构造岩石组合边界类型。

大型变形构造(线)属性内容包括:特征代码、图元编号、大型变形构造名称、构造层次、倾向、组合形式、物质组成、运动方式、形成时代、大地构造环境、成矿特征、变形构造长度、变形构造宽度、切割深度、倾角、力学性质、变形期次。

其他专业图层属性结构及属性内容与预测工作底图对应图层一致,按照数据模型相关规定建立属性库。

第十一章 结 语

大陆动力学是研究大陆块体离散、汇聚、碰撞、造山等动力学过程及机制的学说，它采用大地构造相编图作为大陆动力学研究的主要方法，针对大陆内部及其大陆边缘的物质组成与状态、时空结构与格局、动态行为与深层过程、力学体系与动力机制等大陆基本科学问题开展研究，揭示大陆与大洋相互作用、层圈相互作用以及大陆形成过程和演化历史。

本次工作按《成矿地质背景研究工作技术要求(修订汇总稿)》，以大陆动力学研究为主线，以大陆块体离散、汇聚、碰撞、造山等动力学过程及机制为切入点，以成矿的全球观、地壳演化与成矿的关系为目的，在充分收集已有各类地质资料、前人科研成果的基础上，对江苏省及上海市稳定陆块区、造山系和叠加造山-裂谷的多重特点进行了综合研究，编制了江苏省及上海市大地构造图，对江苏省及上海市大地构造相进行了较为合理的划分和充分的表达。编制的 1∶50 万江苏省及上海市大地构造相图，是研究江苏省及上海大陆块体离散、汇聚、碰撞、造山的大陆动力学过程的主要载体和具体表达形式。主要成果及创新如下。

一、全面总结了江苏省及上海市成矿地质构造环境

运用大陆动力学的观点，全面地总结了江苏省及上海市成矿地质构造环境。新太古代—古元古代片麻质构造岩石组合是江苏省最古老的岩石，其中所夹的石英片岩-磁铁石英岩-大理岩组合是区内鞍山式变质铁矿的成矿层位；中元古代绿片岩-(云母)石英片岩-大理岩组合是江苏省重要的磷矿含矿层位；古—中生代形成的被动陆缘相、前陆盆地相、陆表海相中碳酸盐岩构造岩石组合是江苏省燕山期构造岩浆作用过程中多金属成矿的重要赋存层位，形成的矿产类型以矽卡岩型等复合内生矿产为主；燕山期的岩浆喷发与侵入活动是我国东部晚三叠世以来叠加-造山构造演化阶段最重要的构造-岩浆地质事件，该时期也是江苏省和长江中下游地区最为重要的内生金属成矿阶段。该期构造岩浆活动既是区内成矿作用的主要成矿驱动力，所形成的后造山岩浆杂岩相构造岩石组合也是区内成矿主要矿质来源与成矿载体。

二、系统研究与划分了江苏省及上海市大地构造相

江苏省及上海市地跨我国华北陆块区、苏鲁造山带、扬子陆块区 3 个主要的一级地质构造单元，不同地质历史时期各构造单元所处的大地构造环境差别很大，具有独特的地球动力学背景和丰富多彩的大地构造相及其相的组合和叠覆。成矿地质背景专题工作以《全国矿产资源潜力评价地质构造研究工作技术要求》为指导，参考全国大地构造相划分方案，以构造岩石组合为基础，采用优势大地构造相为相划分的基本原则，将江苏省及上海市大地构造相共划分为 3 个Ⅰ级大地构造相单元(相系)、3 个Ⅱ级大地构造相单元(大相)、26 个Ⅲ级大地构造相单元(相)、42 个Ⅳ级大地构造相单元(亚相)和 96 个Ⅴ级大地构造相单元(构造岩石组合)。

三、编制了江苏省及上海市大地构造相图

在1∶25万实际材料图的基础上，通过建造与构造的综合分析与研究，按国际标准分幅编制形成1∶25万建造构造图。大地构造相图的编制强调1∶25万建造构造图是1∶50万大地构造相图的实际材料，大地构造相图编图工作必须以1∶25万建造构造图为基础。并以1∶25万建造构造图为基础，缩编形成1∶50万大地构造相图的编图底图。根据地质作用特征，分别按沉积作用、火山作用、侵入作用、变质作用、构造作用开展专题研究，编制了沉积岩、火山岩、侵入岩、变质岩和大型变形构造五要素专题底图，分别表达为沉积建造构造、火山岩性岩相构造、侵入岩浆构造、变质建造构造、变形构造及大型变形构造等。再综合五要素专题研究成果，开展综合地质构造研究，分析归纳大地构造演化阶段、大地构造环境和大地构造相，编制大地构造相时空结构图，编制完成了江苏省及上海市大地构造相图，因此，大地构造相图是地质背景综合研究成果的一个集成表达。

四、系统划分了江苏省及上海市大地构造分区

按大陆动力学的观点，江苏省及上海市大地构造单元划分为华北陆块区、秦祁昆造山系、扬子陆块区3个一级构造单元和相应的鲁西陆块、大别-苏鲁地块、下扬子陆块3个二级构造单元；并根据前南华纪、南华纪—早三叠世、中三叠世以来3个不同构造阶段的构造岩石组合和所在的大地构造环境，相应地进行了三、四、五级大地构造分区的划分，在综合不同构造阶段大地构造分区的基础上，强调燕山期及喜马拉雅期构造运动形成的断块构造对先期构造叠加与改造特征，确定了江苏省及上海市大地构造分区总体方案。省内以区域性断裂为边界，共分为4个三级构造分区、15个四级构造分区单元、39个五级构造分区单元。在四、五级构造分区中，每个构造分区可能有不同地质构造阶段多个大地构造环境形成的大地构造相或构造岩石组合在垂向上的叠置，同一大地构造环境形成的大地构造相或构造岩石组合也可能成为不同大地构造分区的组成部分。

五、阐述了大地构造相与成矿的关系

各种矿床都是在大地构造演化过程中在特定大地构造相环境下形成的特殊地质体，成矿作用过程与大地构造演化密切相关，不同级别大地构造相单元制约了相应级次的成矿区带，大地构造相（亚相）单元既是成矿系统、成矿作用的构造环境，也是成矿系统的载体。江苏省内金属矿产成因类型分为六大类9个亚类，其中以接触交代型、热液型、火山-次火山岩型最重要，主要与燕山期构造岩浆活动相关，且空间上矿产分布极不平衡，受后造山岩浆杂岩相控制明显。

省内发育的以上各类矿产都隶属于一定的大地构造演化阶段的大地构造相环境，其产出位置与空间分布主要受大地构造相环境、构造岩石组合的控制，不同矿种、不同的矿床类型均是不同的大地构造环境与大地构造相的物质组成和构造演化的产物。如变质基底杂岩相主要与铁铜矿产相关，高压-超高压变质相构造岩石组合控制了省内磷矿的空间分布，后造山岩浆杂岩相的构造岩石组合控制了省内主要的铁铜多金属矿矿化作用的类型与空间分布。

六、为成矿预测提供了基础地质资料

成矿地质背景研究的进展为重新认识江苏省的一些重大基础地质问题提供了大地构造相的详细划分资料，也为矿产地质研究与成矿预测提供了丰富的基础地质资料，而这些基础研究的进展无疑将为重新确定省内不同种类、不同类型矿床的成矿背景、成矿环境、物质来源、形成机制等提供新的思路。

大地构造相图基础资料翔实可靠，内容丰富，容纳信息量大，图面清晰，结构合理，并具有一定的创新，各项指标符合有关技术规范要求，可以较好地为编制成矿预测底图所利用。

主要参考文献

安徽省地质矿产局区域地质调查队.安徽地层志—前寒武系分册[M].合肥:安徽科学技术出版社,1985.

陈沪生,张永鸿.下扬子及邻区岩石圈结构构造与油气资源评价[M].北京:地质出版社,1999.

陈沪生,周雪清,李道琪,等.中国东部灵壁-奉贤(HQ-13)地学断面图[M].北京:地质出版社,1993.

陈希祥,等.江苏省徐淮地区第四纪地质[M].北京:海洋出版社,1988.

程裕祺.中国区域地质概论[M].北京:地质出版社,1994.

都洵,张永康.东南区区域地层[M].武汉:中国地质大学出版社,1998.

杜旭东,漆家福,张一伟,等.中国东部晚侏罗世—早白垩世盆地火山岩系的确认及成盆构造背景分析[J].石油大学学报(自然科学版),2000,24(1).

江苏省地方志编纂委员会.江苏省志-地质矿产志[M].南京:江苏科学技术出版社,1999.

江苏省地质矿产局.江苏省及上海市区域地质志[M].北京:地质出版社,1984.

江苏省地质矿产局.江苏省岩石地层[M].武汉:中国地质大学出版社,1997.

江苏省地质矿产局.宁镇山脉地质志[M].南京:江苏科学技术出版社,1989.

姜月华,业治铮.江苏及邻区中生代含油气盆地的类型、沉积特征和地球动力学背景[J],火山地质与矿产,1999,20(1):1-13.

马公伟.对徐淮弧形构造成因的新认识[J].中国区域地质,1992(1).

戚学祥,杜树三.长江中下游燕山期火山岩地质特征及其与成矿的关系[J].火山地质与矿产,2000,21(1).

戚学祥.长江中下游燕山期岩浆岩成因与构造环境[J].中南冶金地质,1998(56).

钱勤,李坤英.苏北盆地玄武岩地质年龄及地层时代[J].火山地质与矿产,1996,17(1～2):86-93.

乔秀夫,季强,高林志,等.北中国板块东部震旦系对比[J].中国区域地质,1996(2):135-142.

全国地层委员会.中国地层指南及中国地层指南说明书[M].北京:地质出版社,2001.

山东省地矿局.山东省岩石地层[M].武汉:中国地质大学出版社,1996.

上海市地质矿产局.上海市区域地质志[M].北京:地质出版社,1988.

邵家骥,黄姜侬,杨忠元,等.南京地区新生代玄武岩的期次、层序及时代[J].地质论评,1989,35(2):97-106.

石尚群,黄震方,缪本正,等.南京区域地壳稳定性评价[J].江苏地质,1989(1):29-35.

舒良树,吴俊奇,刘道忠.徐宿地区推覆构造[J].南京大学学报(自然科学),1994,30(4).

孙鼐,彭亚鸣.火成岩石学[M].北京:地质出版社,1985.

孙岩,施泽进,舒良树,等.层滑-倾滑断裂构造与油气地质研究[M].南京:南京大学出版社,1991.

田建明,谢华章.江苏地区地震活动性图像的构造解释[J].地震地质,1996,18(3):252-257.

王德滋,周新民.中国东南部晚中生代花岗质火山-侵入杂岩成因与地壳演化[M].北京:科学出版社,2002.

王桂梁,姜波,曹代勇,等.徐州宿州弧形双冲-叠瓦扇逆冲断层系统[J].地质学报,1998,72(3).

王中杰，等.浙闽赣中生代火山地质若干基本问题[A].中国地质科学院南京地质矿产研究所文集(IS)，1987.

翁世劼，孔庆寿.长江下游地区中生代构造活动与岩浆作用[J].中国地质科学院院报，1981，3(1).

吴向阳，牟荣，石胜群，等.苏北盆地火成岩发育与构造演化[J].勘探家，1999，4(1)：44-47.

谢华章，田建明.长江中下游-南黄海地震带地震活动趋势分析[J].地震学刊，1998(3)：1-6.

谢瑞征.江苏地震构造特征，第二届全国构造地质学术会议论文集第三卷[M].北京：科学出版社，1982.

徐树桐，等.中国东部徐淮地区地质构造格架及其形成背景[M].北京：地质出版社，1993.

许继峰，王强，徐义刚，等.宁镇地区中生代安基山中酸性侵入岩的地球化学：亏损重稀土和钇的岩浆产生的限制[J].岩石学报，2001，17(4)：576-584.

薛虎.宁镇山脉是"三背两向吗？"[J].地质论评，1985，31(2).

叶天竺.全国矿产资源潜力评价技术要求系列丛书——成矿地质背景研究技术要求[M].北京：地质出版社，2010.

岳文珍.皖南A型"庙西式"花岗岩初析[J].南京地矿所所刊，1987，8(3).

张永康，刘聪.扬子地块东北缘中元古代的大地构造[J].江苏地质，1996(2).

张永康，刘聪.扬子地块东北缘中元古代的大地构造[J].江苏地质，1996，20(2).

张永康，张健，鞠骥勤.宁镇山脉徐-金逆掩断裂前缘同生滑塌角砾岩的初步认识[J].资源调查与环境，1985，6(3).

浙江省地质矿产局.浙江省岩石地层(全国地层多重划分对比研究)[M].武汉：中国地质大学出版社，2008.

浙江省地质矿产局.浙江省区域地质志[M].北京：地质出版社，1989.

主要内部资料

安徽省地质局.南京市幅1：20万区域地质调查报告，1977.

安徽省地质局区域地质调查队.宣城幅、广德幅1：20万区域地质调查报告，1974.

安徽省地质局水文地质队.广德幅1：20万区域水文地质普查报告，1985.

安徽省地质矿产局322地质队.小丹阳幅、慈湖镇幅1：5万区域地质调查报告，1985.

车树政、谢家莹.江苏溧水火山岩区域地质构造与火山活动基本特征，1981.

地矿部航空物探遥感中心.江苏中部地区高精度航空磁测成果报告，1987.

地矿部华东石油地质局第六物探大队.苏北黄桥地区地震普查成果报告，1985.

地矿部石油物探研究大队.江苏及邻区中、古生界沉积盆地及含油气性物探综合研究报告，1982.

华东石油地质局地质研究大队.下扬子含油气区构造区划与含油气远景研究，1985.

江苏地矿局.宜兴-溧阳中生代火山岩盆地成矿地质条件和找矿方向预测研究报告，1991.

江苏省大地构造图及说明书(1：50万).江苏省地质矿产局区域地质调查大队，1989.

江苏省地矿局第二地质大队.溧水地区1：5万区域地质调查报告，1991.

江苏省地质调查研究院.1：25万常州幅区域地质调查报告，2003.

江苏省地质调查研究院.江苏省国土生态地球化学调查立项报告，2002.

江苏省地质调查研究院.金坛市幅、湟里镇幅1：5万区域地质调查报告，2000.

江苏省地质调查研究院.苏南及沿江地区1：5万区调片区总结，1998.

江苏省地质局第一水文地质大队.1：20万高邮幅、镇江幅区域水文地质普查报告，1980.

江苏省地质局区调队.盱眙幅1：20万区域地质调查报告，1977.

江苏省地质局区调队.盱眙幅1：20万区域地质调查报告，1977.

江苏省地质局区域地质测量队. 常州幅 1∶20 万区域地质测量报告书,1964.

江苏省地质局区域地质调查大队. 马鞍山幅 1∶20 万区域地质调查报告,1974.

江苏省地质矿产调查研究所. 新集镇幅、全椒县幅、江浦县幅、乌江镇幅、江宁镇幅 1∶5 万区域地质调查报告,1994.

江苏省地质矿产局. 宁镇山脉 1∶5 万区域地质调查报告,1984.

江苏省地质矿产局. 苏南铜金多金属矿矿勘查研究报告,1995.

江苏省地质矿产局. 宜溧地区 1∶5 万区域地质调查报告,1988.

江苏省地质矿产局第二水文地质工程地质大队. 徐淮盐地区水文地质工程地质综合评价报告,1985.

江苏省地质矿产局第三地质大队. 1∶5 万扬州市幅、镇江市幅(北部)区域地质调查报告,1995.

江苏省地质矿产局第一地质大队. 1∶5 万 陈集(南)、仪征市幅(江北)区域地质调查报告,1994.

江苏省地质矿产局第一地质大队. 1∶5 万 河桥、涧溪、穆店、旧铺、竹镇、马集、施官、六合、新集、仁和、瓜埠、陈集、仪征(北)幅区域地质调查报告,1986.

江苏省地质矿产局区域地质调查大队. 宜兴-溧阳中生代火山岩盆地成矿条件、找矿方向研究,1991.

江苏省第六物探大队. 苏北盆地泰州潜山带物探工作阶段总结及石油地质条件分析报告,1980.

江苏省基岩地质图及说明书(1∶20 万). 江苏省地质矿产局区域地质调查大队,1984.

江苏省重工业局区域测量队. 1∶20 万扬州幅区域地质测量报告书,1970.

南京地矿所. 江苏省宜兴-溧阳火山岩区成矿地质条件和靶区预测研究报告,1992.

南京地矿所. 中国东南部中生代陆相火山矿床的若干问题,1981.

宁芜研究队. 宁芜玢岩铁矿,1980.

宁芜研究队. 宁芜火山岩铁、铜矿床会议选集,1980.

全国地层委员会. 中国晚古生代陆相地层,1963.

郯庐断裂带中南段物探、化探、遥感综合解释成果报告. 地质矿产部郯庐断裂中南段编图综合解释组,1994.

薛怀民. 宁芜中生代火山岩地球化学特征及岩浆的成因与演化. 中国科学院研究生毕业论文,1987.

中 国 地 质 调 查 成 果 CGS 2017-020
江苏省重要矿产资源潜力评价成果系列丛书
江 苏 省 地 质 调 查 研 究 院

江苏省重要矿产区域成矿规律研究

JIANGSUSHENG ZHONGYAO KUANGCHAN QUYU CHENGKUANG GUILÜ YANJIU

黄 震 黄建平 等著

中国地质大学出版社
ZHONGGUO DIZHI DAXUE CHUBANSHE

内容简介

本书以“成矿系列理论”为指导，对江苏省铁、铜、铅、锌、金、银、钼、磷、硫铁矿、萤石等重要矿产的预测类型进行了研究；通过典型矿床及区域成矿特征、成矿背景、成矿作用，以及物探、化探、遥感和自然重砂等综合信息分析研究，总结了江苏省重要矿产成矿要素、成矿模式；对江苏省成矿(区)带、重要矿产矿床成矿系列和亚系列进行了研究划分，建立了区域成矿谱系，总结了全省重要矿产区域成矿规律。本书可供矿产勘查、科研、教学等相关人员参考使用。

图书在版编目(CIP)数据

江苏省重要矿产区域成矿规律研究/黄震，黄建平等著. —武汉：中国地质大学出版社，2017.8
(江苏省重要矿产资源潜力评价成果系列丛书)
ISBN 978-7-5625-3991-9

Ⅰ. ①江…
Ⅱ. ①黄… ②黄…
Ⅲ. ①成矿区-成矿规律-研究-江苏
Ⅳ. ①P617.253

中国版本图书馆 CIP 数据核字(2017)第 103620 号

江苏省重要矿产区域成矿规律研究　　　黄　震　黄建平　等著

责任编辑：龙昭月　胡珞兰　　选题策划：毕克成　刘桂涛　赵颖弘　　责任校对：徐蕾蕾

出版发行：中国地质大学出版社(武汉市洪山区鲁磨路 388 号)　　邮编：430074
电　话：(027)67883511　　传　真：(027)67883580　　E-mail：cbb@cug.edu.cn
经　销：全国新华书店　　Http://www.cugp.cug.edu.cn

开本：880 毫米×1230 毫米　1/16　　字数：507 千字　印张：16
版次：2017 年 8 月第 1 版　　印次：2017 年 8 月第 1 次印刷
印刷：武汉中远印务有限公司　　印数：1—1500 册

ISBN 978-7-5625-3991-9　　定价：258.00 元

江苏省重要矿产资源潜力评价领导小组
（第一阶段：2006—2010 年）

组　　长：陶培荣　江苏省国土资源厅党组书记　厅长

副 组 长：刘　聪　江苏省国土资源厅副厅长

孙大亮　江苏省地质矿产勘查局副局长

潘树仁　江苏煤炭地质局副局长

许建荣　江苏省有色金属华东地质勘查局副局长

毛凤鸣　中石化江苏石油勘探局副总经理

成　　员：郑锡泉　江苏省国土资源厅勘查处处长

向绍荷　江苏省国土资源厅财务处处长

崔德庚　江苏省国土资源厅储量处处长

钱智敏　江苏省国土资源厅科技处处长

李如海　江苏省国土资源厅规划处处长

袁晓军　江苏省地质调查研究院院长

项目办公室成员

主　　任：刘　聪

成　　员：郑锡泉　陈火根　刘　勇　刘沈衡　张新华　王传礼　夏　延　陈汉永

江苏省重要矿产资源潜力评价领导小组
（第二阶段：2010—2013 年）

组　　长：夏　鸣　江苏省国土资源厅党组书记　厅长

副 组 长：祖耀升　江苏省国土资源厅副厅长

孙大亮　江苏省地质矿产勘查局巡视员

潘树仁　江苏煤炭地质局副局长

许建荣　江苏省有色金属华东地质勘查局副局长

毛凤鸣　中石化江苏石油勘探局副总经理

成　　员：顾迅建　江苏省国土资源厅规划处处长

黄克蓉　江苏省国土资源厅勘查处处长

王黎明　江苏省国土资源厅资源处处长

崔　娟　江苏省国土资源厅科技处处长

孙卫东　江苏省国土资源厅财务处处长

朱锦旗　江苏省地质调查研究院院长

项目办公室成员

主　　任：祖耀升

成　　员：黄克蓉　陈火根　吴加和　刘沈衡　张新华　夏　延　邱祖林　郑锡泉

《江苏省重要矿产区域成矿规律研究》

著　者：黄　震　黄建平　王海欧　魏　芳　来又东　贾　根

序

江苏省位于中国东部沿海，长江、淮河下游，是我国重要的金融、航运、贸易、经济、文化、教育中心，在我国的国民经济建设中占有举足轻重的地位。

江苏省被称为“中国地质工作的摇篮”，地质矿产调查工作开展得较早，早在1924年刘季辰、赵汝钧等就对江苏全境进行了区域调查，著有《江苏地质志》。尔后，李毓尧、朱森、李捷、李四光、谢家荣、程裕淇、孙健初、陈恺等老一辈地质学家先后在本区地质矿产各个领域开展了调查，积累了大量资料。新中国成立后为了社会经济建设发展的需要，本区地质工作也迅速开展，地质、冶金、石油、煤炭、建材等系统在本区开展了大量地质普查找矿和勘探工作，先后发现了一批具工业价值的矿产，为本区工业发展提供了矿产资源和能源保障。

随着地方经济建设的高速发展，对矿物原料的需求逐年上升，人均资源占有量严重不足，供需矛盾十分突出。为贯彻落实《国务院关于加强地质工作的决定》中提出的“积极开展矿产远景调查和综合研究，科学评估区域矿产资源潜力，为科学部署矿产资源勘查提供依据”的要求和精神，国土资源部部署了全国矿产资源潜力评价工作，并将该项工作纳入国土资源大调查。

江苏省矿产资源潜力评价由江苏省地质调查研究院组织实施，江苏长江地质勘查院、华东有色地质矿产勘查开发院、江苏省地质矿产调查研究所、江苏省地质资料馆等单位协作。项目总体目标任务是全面开展江苏省矿产资源潜力预测评价，在现有工作程度的基础上基本摸清江苏省矿产资源的“家底”，为矿产资源保障能力和勘查部署决策提供依据。

自2007年6月正式启动以来，项目的各项工作严格按国土资源部、中国地质调查局的技术要求和统一部署进行。根据本区已有地质工作程度、成矿地质背景条件、矿产分布特征，选择煤炭、铁、铜、铅、锌、金、磷、钼、银、硫铁矿、萤石11个矿种开展资源潜力评价工作，累计完成各类图件编制2007张、图件数据库建设1623个，编写图件说明书1623份，编制各类成果报告49份，全面完成了预期的目标任务，取得了丰硕成果。

(1)首次以板块构造理论为基础，编制了江苏省大地构造图，为区域成矿地质作用研究和矿产预测奠定了坚实的地质基础和依据，进一步提高了江苏省区域地质研究程度。

(2)首次系统地利用地质、矿产、物探、化探、遥感、自然重砂等多学科资料，针对铁、铜、金等10个矿种及不同矿床类型，系统地建立了全省35个典型矿床的成矿模式、综合找矿模型和41个预测工作区区域成矿模式及区域找矿模型，丰富和发展了省内区域成矿理论，提升了综合信息矿产预测技术水平。

(3)系统总结了利用重磁组合异常直接判别铁矿异常、金铜多金属矿的控矿要素评价解释方法；利用磁法、化探资料开展了全省铁矿、铜矿的定量预测与研究；利用典型岩石剖面测量成果，采用面积、厚度加权方法获得了全省及三大地质构造单元元素丰度值；采用地质衬值法，编制了全省39个元素地球化学衬值异常图，极大地丰富了金、铜、铅锌、钼等多金属矿找矿信息。

（4）系统地利用地质、物探、化探、遥感、自然重砂等综合信息，全程应用GIS技术进行了全省重要矿产资源潜力评价与预测研究，估算了资源量，圈定了一批重要找矿预测区。

（5）系统对江苏省聚煤规律进行了科学总结，以煤田地质理论为指导，深入开展了全省煤炭资源禀赋规律研究，建立了典型煤田成煤模式；以构造控煤作用研究为核心，揭示不同构造背景煤炭资源的聚集和赋存规律，对指导深部找矿发挥了重要作用。

（6）首次系统建立了江苏省完整的地学数据库，实现了矿产资源潜力预测研究全程信息化、工作手段计算机化，为江苏省矿产资源总体规划和专项规划、找矿突破战略行动以及国土资源"一张图"工程打下了坚实的基础。

江苏省矿产资源潜力评价在基础地质、典型矿床与成矿规律研究、预测方法、数据库建设中取得了一系列创新性成果，总体达到国际先进水平。项目成果是制订江苏省国民经济中长期发展规划，研究制定矿产资源战略，加强宏观调控的重要依据；是科学规划合理部署、努力实现找矿重大新突破、缓解资源瓶颈的基础工作；是发展和推广利用成矿新理论、勘查新技术新方法，促进科研与调查密切结合的重要举措。该项成果的及时转化应用，必将为江苏省社会经济发展、地学研究和地质找矿实现新突破发挥重要作用。

中国工程院院士 丁国瑜

2017年2月20日

前　言

“江苏省重要矿产区域成矿规律研究”是“江苏省及上海市矿产资源潜力评价”项目的一个研究专题，包括单矿种和全省区域成矿规律研究两部分内容。研究工作流程和技术要求按“全国矿产资源潜力评价”项目统一技术要求进行。

本次工作首次对江苏省重要矿产预测类型进行了研究，在分析目标矿种的成矿特征基础上，对江苏省铁、铜、铅锌、金、银、钼、磷、硫铁矿、萤石等矿种(组)矿产预测类型进行了总结划分，共划分出了26个矿产预测类型。对10个矿种的33个典型矿床进行了研究，通过典型矿床及区域成矿特征、成矿背景、成矿作用，以及物探、化探、遥感和自然重砂等综合信息分析研究，总结了江苏省重要矿产主要矿产预测类型典型矿床和区域成矿要素、成矿模式。

通过本次研究，对江苏省成矿(区)带进行了划分。在全国Ⅲ级成矿(区)带划分的基础上，江苏省及上海市共划出5个Ⅲ级成矿(区)带(与全国统一)、7个Ⅳ级成矿亚带(与大区统一)、14个与本次评价目标矿种相关的Ⅴ级成矿远景区。以Ⅲ级成矿(区)带为基础，对各区带内重要矿产成矿特征及成矿作用进行了分析，总结了各(区)带成矿规律。划分了省内重要矿产矿床成矿系列和亚系列，建立了区域成矿谱系，研究总结了全省重要矿产区域成矿规律。

《江苏省重要矿产区域成矿规律研究》一书是对江苏省及上海市矿产资源潜力评价重要矿种(组)成矿规律研究成果的全面总结。项目实施及本书编制过程中得到了中国地质调查局、中国地质科学院、全国项目办及专题汇总组、大区项目办、江苏省国土资源厅及省级项目办领导和专家的大力支持及具体指导，在此一并表示感谢。

著　者

2016年11月

目　录

第一章　概　论

第一节　成矿规律研究的历史及现状

一、矿产勘查概况

中华人民共和国成立以后，江苏省地质矿产勘查大致可分为5个阶段。

第一阶段(1949—1957年)：采用“就矿找矿”的方法，通过矿点踏勘和矿产调查进行全省矿产资源摸底。对重点矿产地开展浅部揭露，做出远景评价。在重要的老矿区及外围采用深部勘探，提供矿山开采急需的矿产资源储量和寻找新的矿产地。新发现多处铁、硫、磷、煤矿床，并基本完成部分煤田、磷矿、铁矿、多金属矿、高岭土矿和陶土矿的普查、勘探工作。

第二阶段(1958—1965年)：为适应国民经济发展的需要，新组建了一批地质矿产勘查专业队伍，开创了江苏省地质矿产工作的崭新局面。省内矿产地比较多的有铁、铜、煤等30多种矿种，但除建筑材料资源稍好外，其他矿种储量与需求差距很大。因此，很有必要加强地质工作，开展大规模普查找矿，寻找更多的新矿产地。加速矿区及外围普查、勘探，迅速求取矿产储量，扩大找矿远景，可以为矿山提供原料基地。主攻矿种以煤、铁、铜、磷、石油、天然气等11个矿种为重点。发现和基本探明了一批大中小型铁、铜、铅锌、锶等金属矿产，硫铁矿、磷、白云岩、石灰岩、大理岩、盐矿等非金属矿产和煤矿等。

第三阶段(1966—1978年)：矿产勘查工作，主攻矿种为煤、铁、石油、天然气、铜、铅锌、银、磷、铀等，同时开展对新发现的凹凸棒石黏土、膨润土、硬石膏、蓝晶石、制碱用灰岩等矿产普查、勘探。完成全省1∶20万区域地质矿产调查，开展以普查找矿为主要目的的1∶5万区域地质调查，加强物探、化探及综合研究，并在发现和探明了一批埋藏较深的石油、天然气、煤、铁、铜、铅锌、银、锶、岩盐、石膏等矿产方面取得效果。

第四阶段(1979—1999年)：随着大规模普查、勘探，浅部常见矿产已基本查明，找矿难度越来越大。通过大比例尺区域地质调查及成矿规律、成矿预测的研究，采用地质、物探、化探、钻探、科研等多学科和多方法相结合协同工作，运用新理论、新方法，开辟新领域，寻找半隐伏或隐伏矿床。在已知矿区深部和外围进行普查、勘探，以期扩大矿床规模，为现有矿山提供更多的矿产资源及后备基地。同时，注重新地区、新矿种、新类型、新层位的普查找矿，并根据江苏省具有非金属矿产资源优势的特征，主攻方向以非金属矿产勘查为主。新发现硅灰石、方解石、珍珠岩、沸石、(红)蓝宝石、天然碱、芒硝、二氧化碳气、氦气等新矿种。勘查评价了石膏、蓝晶石、制碱用灰岩、玻璃用石英砂岩、凹凸棒石黏土、熔剂用蛇纹岩、硫铁矿、岩盐、芒硝、磷矿、金红石等一大批大中型矿床，找到20余处具有工业价值的油气田以及大型的二氧化碳气田和铌钽矿矿床。

第五阶段(2000年至今):2000年以后,随着国土资源大调查的启动,尤其是2006年国务院出台了《国务院关于加强地质工作的决定》以来,江苏省启动了新一轮的深部找矿勘查工作。在重要成矿(区)带、已有老矿山的周边及深部具备一定成矿地质条件的新区等重点地区,以国家急缺的铁、铜、铅锌、金等作为主攻的重点矿种,借助先进的勘查技术手段及数据处理技术开展勘查工作。苏州铌钽矿、东海新沂地区的金红石、溧水地区铁铜锶硫、西横山地区金矿等一批新老矿产地资源得到迅速扩大,镇江韦岗铁矿、梅山铁矿、栖霞山铅锌银矿等老矿山深部和外围找矿勘查工作取得了突破性进展,新增资源均达到中型以上规模。

二、成矿规律研究历史及现状

江苏区域成矿规律研究工作始于20世纪60年代,先后对江苏省丰沛地区铁矿、宁芜地区玢岩铁矿、宁镇地区铁铜多金属矿、苏州西部地区多金属矿、溧水地区铜金矿、溧阳地区金矿、苏北海州式磷矿的成矿地质条件和找矿方向作了专题研究,并进行成矿预测。

在原地质矿产部的统一部署下,江苏省分别于1979—1985年、1992—1994年进行了两轮成矿远景区划工作。二轮区划工作结束后,1998—1999年江苏又开展了三轮区划宁镇试验工作,后因经费等方面的原因,该项目未能继续。至20世纪末,江苏省未再开展区域成矿规律研究工作,其研究也停滞不前。

两轮成矿远景区划工作虽然未能严格按矿床成矿系列分类序次的概念划分矿床成矿系列,但在综合研究区域成矿规律的过程中,以先进的成矿地质理论为指导,采用先进的方法进行地质、物探、化探、遥感等多学科和多类别资料的分析处理,从中识别和提取成矿信息,在研究分析成矿规律的基础上,建立成矿模式,合理标定成矿(区)带,准确圈定成矿远景区,大大提高了江苏省矿产研究水平。

典型矿床及矿床式研究包括:海州式磷矿、玢岩式铁矿、大冶式铁矿(韦岗亚式和利国亚式)、栖霞山式铅锌矿、安基山式铜矿等。

1983—1986年,江苏省地质矿产局编制了《江苏省区域矿产总结》。该总结在全省1∶20万区域地质矿产调查成果的基础上,广泛搜集和利用了地质、冶金、煤炭、石油、化工、建材、科研及教学等系统的有关地质矿产资料,比较系统地总结研究了本省地质矿产工作成果。对省内主要矿产和优势矿产在分析研究区域成矿地质条件及控矿因素的基础上,通过区域地质矿产特征和典型矿床研究,分析了主要矿产的物质来源、成矿作用、成矿时代、成矿系列和矿床成因,结合江苏省矿产工业利用状况,提出了该省各类矿床类型的划分意见。通过对重点金属矿产成矿(区)带的成矿地质条件研究和典型矿床解剖,初步建立了主要成矿(区)带的成矿模式,并通过区域地质矿产特征类比方法,进行了成矿预测。对各类非金属矿产按工业用途划分矿种,并按矿种及矿床类型进行了系统地归纳、整理,其中某些矿产(如磷、硫)进行了成矿规律研究,并提出了找矿远景区。

总结以往省内区域成矿规律研究工作,特别是一轮区划和二轮区划,主要成果表现在以下两个方面。

1. 研究程度不断深入

(1)通过地层清理,对全省地层层序重新加以厘定、划分与对比的基础上所确定推荐使用的100个正式岩石和地层单位已有不同程度的运用,通过二轮区划基本查明各时代地层的岩性、岩相变化、沉积环境等特征与矿产的关系。

(2)通过总结各地区区域地质构造运动历史演变及其基本特征,划分了各级大地构造单元,特别是明确了江苏省地跨扬子、华北准地台及秦岭褶皱系三大一级构造单元(其中苏北-胶南变质岩带属秦岭-大别褶皱带的东延部分),对矿产普查找矿及成矿远景区划具有重要意义。

(3)对部分深大断裂的走势,特别是作为构造单元划分的边界断裂,取得了新认识,并基本查明控岩、控矿构造的形成时代及其特征。

(4)基本了解全省重要岩浆岩体(包括火山岩、次火山岩)的形态、产状、规模、岩性岩相变化,侵入(或喷发)的时代及期次划分,演化规律,及其与矿产成矿之间的关系等。

(5)基本掌握物化探(物探、化探)、重砂异常与岩浆岩、构造、矿产等的关系,为成矿远景区划工作,提供了重要找矿信息。

2. 对矿床成矿规律的认识更趋完善

一轮区划中对成矿系列的研究仅局限于对矿床自然体(客观存在的、唯一的、独立的具体矿床)的研究。如"玢岩式铁矿模式",根据成矿作用的不同,分为梅山、吉山、凤凰山、静龙山 4 个亚式;但由于研究得不够深入,将某些产于火山岩中其他类型的矿床(点)亦置于此类。二轮区划中对成矿系列的研究进一步深入,对在空间上、时间上、成因上有联系的、一定区域内的所有已知矿床进行了研究。如对江苏省铜金矿床的研究,根据已知矿床成因类型及其组合特征,划分为 6 个成矿系列。

一轮区划(1979—1985 年),非金属矿产在黄汲清先生大地构造理论对区域地质构造背景分析的基础上,结合矿产形成与分布规律,将江苏省非金属矿产成矿区划分到Ⅳ级,即划分 2 个Ⅱ级成矿区、9 个Ⅲ级成矿(区)带、18 个Ⅳ级成矿(区)带。金属矿产成矿区划分主要依据区域地质构造和成矿规律的研究,按构造单元、控矿因素、矿床的时空分布等规律,以及区域物理、地球化学背景,划分 2 个Ⅱ级成矿区、7 个Ⅲ级成矿(区)带、19 个Ⅳ级成矿(区)带、51 个Ⅴ级成矿(区)带。

二轮区划(1992—1994 年),成矿区划分按矿种(或矿组)均从Ⅲ级(区)带开始划分,重点放在Ⅳ级、Ⅴ级,其结果见表 1-1。

表 1-1 二轮区划各矿种成矿(区)带划分

矿种	各级成矿区数量(个)			重要远景区数量(个)
	Ⅲ级	Ⅳ级	Ⅴ级	
铜、金	3	11	24	20
铅锌银	4	10	13	17
优质高岭土		3	3	7
海州式磷矿		1	6	11
原生金刚石		4	7	5
岩盐(石膏)	2	6	8(4)	7(4)
金红石		1		5
蛇纹岩		2	4	4
优质石灰岩	4	8	31	23
白云岩	4	7	9	9
建筑用砂		3	14	4
下蜀黏土(苏南段)		4	10	5
钨、锡、铌、钽		3	3	3

在二轮区划的基础上,"十五"规划在研究了全省地质工作程度的基础上,补充了地质勘查的新成果,Ⅲ级成矿(区)带依照全国成矿(区)带划分,Ⅳ级成矿(区)带根据矿床分布的集中程度结合成矿地质

特征划分，在Ⅳ级成矿（区）带中进一步划分出“十五”期间拟调查评价矿种的找矿远景区。共划分出Ⅲ级成矿（区）带 4 个、Ⅳ级成矿（区）带 20 个、找矿远景区 56 个。

此外，国内一些著名矿床学家都在省内不同地区做过深入的科学研究工作，在与成矿带有关的基础地质、矿床地质、成矿规律等方面的研究取得了许多理论成果，如李文达、陈毓川等编写的《宁芜玢岩铁矿》(1978)，常印佛、刘湘培、吴言昌主编的《长江中下游铜铁成矿带》(1991)，翟裕生、姚书振(1992，1999)等主编的《长江中下游地区铁铜(金)成矿规律》和《长江中下游铜金矿床矿田构造》，胡文瑄、徐克勤、胡受奚、任启江(1991)所著的《宁芜和庐枞地区陆相火山喷气沉积-热液叠加改造型铁、硫矿床》。

第二节　本次工作情况及取得成果

“江苏省重要矿产区域成矿规律研究”为“江苏省及上海市矿产资源潜力评价”项目的一个研究专题。根据国土资源部、中国地质调查局和江苏省国土资源厅的统一部署和安排，本次工作选择江苏省及上海市的煤炭、铀、铁、铜、铅、锌、金、钼、银、磷、硫、萤石 12 个矿种开展资源潜力评价工作。其中，铀矿预测评价工作由中国核工业地质局承担，煤炭预测评价工作由江苏省煤炭地质局江苏长江地质勘查院承担，其余 10 个矿种由江苏省地质调查研究院承担。

成矿规律研究工作过程大致如下：资料收集；确定目标矿种矿产预测类型，划分预测工作区；研究典型矿床成矿特征及预测工作区成矿规律，总结典型矿床成矿要素和预测工作区区域成矿要素，编制典型矿床成矿要素图、成矿模式图、预测工作区成矿要素图、成矿模式图；在全国Ⅲ级成矿（区）带的基础上划分全省Ⅳ级成矿（区）带、Ⅴ级成矿远景区（矿集区）；总结单矿种成矿规律，编制单矿种成矿规律图；以Ⅲ级成矿（区）带为基础，划分全省区重要矿产成矿系列、亚系列、矿床式，建立区域成矿谱系，总结（区）带成矿规律；总结全省重要矿产区域成矿规律，编制区域成矿规律图。

本次工作取得成果如下：

(1)根据本次工作技术要求，结合近年来勘查工作进展，对全省矿产地数据库进行了更新和维护。

(2)在分析目标矿种成矿特征的基础上，对全省铁、铜、铅锌、金、银、钼、磷、硫铁矿、萤石等矿产预测类型进行了总结划分：确定全省开展矿产预测的主要铁矿预测类型为陆相火山岩型、矽卡岩型、沉积变质岩型，主要铜矿预测类型为铜井式陆相火山岩型铜矿、獾子洞式次火山热液-层控矽卡岩型铜金矿、安基山式矽卡岩斑岩型铜矿、金山式矽卡岩型铜矿，主要铅锌银矿预测类型为栖霞山式碳酸盐岩(层控热液)型铅锌银矿、五部式陆相火山岩型铅锌矿、吴宅式层控矽卡岩型铅锌银矿，主要金矿预测类型为陆相火山岩型、微细浸染型(卡林型)、铁帽型、破碎蚀变岩型、侵入岩体内及接触带型(矽卡岩型)，主要钼矿预测类型为谏壁式斑岩型钼矿、铜山式矽卡岩型钼矿，主要磷矿预测类型为海州式沉积变质型、玢岩式岩浆期后型，主要硫铁矿预测类型为云台山式陆相火山岩型硫铁矿、铜陵式矽卡岩型硫铁矿，萤石矿预测类型为俞石泉式热液充填型萤石矿。编制了铁、铜、铅锌银、金、钼、磷、硫铁矿、萤石等矿产预测类型分布图。

(3)通过对典型矿床成矿特征分析研究，完成了 33 个典型矿床(其中，铁矿 12 个、铜矿 5 个、铅锌银矿 3 个、金矿 5 个、钼矿 2 个、磷矿 2 个、硫铁矿 3 个、萤石 1 个)的成矿要素图、成矿模式图、预测要素图、预测模型图的图形库和属性库建设，编制了相应的说明书及数据表，系统总结了典型矿床成矿要素及成矿模式，为开展区域矿产预测研究工作打下了基础。

(4)通过预测工作区成矿规律研究，完成 43 个矿产预测类型预测工作区(其中，铁矿 12 个、铜矿 6 个、铅锌矿 4 个、金矿 9 个、磷矿 2 个、硫铁矿 4 个、钼矿 3 个、银矿 2 个、萤石 1 个)的成矿要素图、成矿模式图、预测要素图、预测模型图的图形库和属性库建设，编制了相应的图件说明书。通过对区域矿产成矿特征、成矿背景、成矿作用、成矿时代等的分析与研究，总结了区域成矿要素和成矿规律，建立了区域成矿模式，为开展区域矿产预测工作及进一步的矿产勘查工作提供了依据。

(5)通过本次研究，在全国Ⅲ级成矿(区)带划分的基础上，江苏省及上海市共划出5个Ⅲ级成矿(区)带(与全国统一)、7个Ⅳ级成矿亚带(与大区统一)、14个与本次评价目标矿种相关的Ⅴ级成矿远景区。

(6)进一步开展全省单矿种区域成矿规律研究，编制了江苏省及上海市铁、铜、铅锌、金、银、钼、磷、硫铁矿、萤石单矿种成矿规律图。

(7)以Ⅲ级成矿(区)带为基础，划分了省内重要矿产矿床成矿系列和亚系列，建立了区域成矿谱系，总结了各(区)带成矿规律。分前寒武纪、古生代和中新生代3个时段编制了省级重要矿产成矿系列图。

(8)在研究单矿种成矿规律的基础上，总结了全省重要矿产区域成矿规律，编制了省级重要矿产区域成矿规律图。

《江苏省重要矿产区域成矿规律研究》是"江苏省及上海市矿产资源潜力评价"成矿规律研究专题成果的全面总结。本书的出版得到了中国地质调查局、中国地质科学院、全国项目办及专题汇总组、大区项目办、江苏省国土资源厅及省级项目办领导和专家的大力支持与具体指导，项目成果的取得也是项目全体研究人员克服困难、共同努力的结果，在此一并表示诚挚的感谢。由于时间仓促，再加上笔者水平有限，错误在所难免，敬请专家批评指正。

本书各章节的撰写分工为：第一章由黄震撰写；第二章由贾根、黄震撰写；第三章由黄震、黄建平撰写；第四章由黄震、魏芳、来又东、王海欧撰写；第五章由黄震、来又东撰写；第六章由黄震、黄建平、来又东、王海欧、魏芳撰写；第七章由黄震撰写。由黄震统稿。

第二章　成矿地质背景研究

江苏省及上海市地跨华北陆块区、苏鲁造山带(秦岭造山带东段)、扬子陆块区三大地质构造单元,地质背景复杂,地质内容丰富。各单元的地质构造发展历史、岩浆活动和矿产形成存在明显的差异:郯庐断裂带以西为华北陆块区南缘,以中—新太古界泰山岩群作为基底,构造、岩浆岩和矿产属华北型;郯庐断裂带和响淮断裂带之间为苏鲁造山变质带南缘,分布着东海岩群、锦屏岩群、张八岭岩群、云台岩群变质岩,其变质地层、变质作用和矿产特征等可与大别-秦岭-祁连-昆仑造山带相对比;响淮断裂南东部为扬子陆块区,区内属下扬子陆块与江南过渡带,其基底组成、盖层沉积、岩浆活动、构造型式、矿产分布都有别于上述两地区,以扬子型为特征。

第一节　沉积岩建造组合

江苏省及上海市地跨华北陆块区、苏鲁造山带(秦岭造山带东段)、扬子陆块区三大地质构造单元,地层分为晋冀鲁豫地层区、苏鲁地层区、下扬子地层区,各区发育地层见表 2-1。

一、沉积岩分布特征

1. 华北陆块区

江苏省西北部以郯庐断裂带为界,属华北地层大区,区内地层发育较完整,出露较齐全,由中—新太古界泰山岩群组成基底,缺失古—中元古界,新元古界—古生界(缺失上奥陶统—下石炭统)形成盖层沉积,与基底呈不整合接触,中生界与古近系主要为断陷盆地沉积,各时代地层间呈整合或假整合接触关系,在徐州—铜山—邳县—睢宁一带构成低山丘陵。

区内最老的地层为中—新太古界泰山岩群,仅见于丰沛近东西向断隆带的钻孔中,为一套中深区域变质杂岩,岩性以斜长角闪岩、黑云变粒岩类为主,夹角闪变粒岩、透闪阳起片岩、变质砾岩和石榴石英岩等,自下而上分为孟家屯(岩)组、雁翎关(岩)组、山草峪(岩)组和柳杭(岩)组,以遭受低角闪岩相为主的区域变质为特征。

新元古界青白口系淮河群仅分布于郯庐断裂带以西的徐淮地区邳县、睢宁一带,为一套独特的未变质浅海相碎屑岩和碳酸盐岩,区域上不整合于泰山岩群变质岩之上,沉积建造自下而上为碎屑岩→碳酸盐岩→碎屑岩,岩性主要有石英砂岩、页岩、砂质泥灰岩、灰岩、白云岩等,属一套陆表海(或浅海陆架)沉积环境,总厚度达 5000 余米。

表 2-1 江苏省及上海市岩石地层划分对比表

地质时代			年代地层			岩石地层					
						华北地层大区		苏鲁地层大区		华南地层大区	
						晋冀鲁豫地层区		苏鲁地层区		下扬子地层区	
代	纪	世	界	系	统	鲁西地层分区	徐淮地层分区	东海地层分区	连云港地层分区	苏皖地层分区	江南地层分区
新生代	第四纪	全新世	新生界	第四系	全新统	Qh	Qh	Qh	Qh	Qh	Qh
		更新世			更新统	Qp	Qp	Qp	Qp	Qp	Qp
	新近纪	上新世		新近系	上新统	宿迁组 N_2s	宿迁组 N_2s	盐城组 $N_{1-2}y$		方山组 N_2f	盐城组 $N_{1-2}y$
		中新世			中新统	下草湾组 N_1x	下草湾组 N_1x			雨花台组 $N_{1-2}y$ 洞玄观组 N_1d	
	古近纪	渐新世		古近系	渐新统	官庄群 $E_{2-3}G$	官庄群 $E_{2-3}G$	三垛组 $E_{2-3}s$		三垛组 $E_{2-3}s$	三垛组 $E_{2-3}s$
		始新世			始新统			戴南组 E_2d		戴南组 E_2d	戴南组 E_2d
		古新世			古新统			阜宁组 E_1f 泰州组 E_1t		阜宁组 E_1f 泰州组 E_1t	阜宁组 E_1f 泰州组 E_1t
中生代	白垩纪	晚白垩世	中生界	白垩系	上白垩统	王氏群 K_2W	王氏群 K_2W	王氏群 K_2W		赤山组 K_2c 浦口组 K_2p	赤山组 K_2c 浦口组 K_2p
		早白垩世			下白垩统	青山群 K_1Q 莱阳群 K_1L	青山群 K_1Q 莱阳群 K_1L			甲山火山岩锥 jvb 娘娘山火山岩锥 nvb 上党火山岩带 svb 姑山火山岩锥 gvb 葛村组 K_1g	寿昌组 J_3K_1s
	侏罗纪	晚侏罗世		侏罗系	上侏罗统	三台组 J_3s	三台组 J_3s			大王山组 J_3d 龙王山组 J_3lw 西横山组 J_3x	黄尖组 J_3h 劳村组 J_3l
		早中侏罗世			下中侏罗统					象山群 $J_{1-2}Xn$	

续表 2-1

地质时代			年代地层			岩石地层					
						华北地层大区		苏鲁地层大区		华南地层大区	
						晋冀鲁豫地层区		苏鲁地层区		下扬子地层区	
代	纪	世	界	系	统	鲁西地层分区	徐淮地层分区	东海地层分区	连云港地层分区	苏皖地层分区	江南地层分区
中生代	三叠纪	晚三叠世	中生界	三叠系	上三叠统					范家塘组 T_3f	
		中三叠世			中三叠统					黄马青组 T_2h	
										周冲村组 T_2z	
		早三叠世			下三叠统					青龙组 T_1q	
古生代	二叠纪	晚二叠世	古生界	二叠系	上二叠统	石千峰组 P_3sh	石千峰组 P_3sh			大隆组 P_3d	长兴组 P_3c
		中二叠世			中二叠统	石盒子组 P_2s	石盒子组 P_2s			龙潭组 P_2l	
		早二叠世			下二叠统	山西组 P_1s	山西组 P_1s			孤峰组 P_1g	
										栖霞组 P_1q	
	石炭纪	晚石炭世		石炭系	上石炭统	太原组 C_2t	太原组 C_2t			船山组 C_2c	
						本溪组 C_2b	本溪组 C_2b			黄龙组 C_2h	
										老虎洞组 $C_{1-2}l$	
		早石炭世			下石炭统					和州组 C_1h	
										高骊山组 C_1g	
										金陵组 C_1j	
	泥盆纪	晚泥盆世		泥盆系	上泥盆统					五通组 D_3w	
		中泥盆世			中泥盆统						
		早泥盆世			下泥盆统						
	志留纪	晚志留世		志留系	上志留统						
		中志留世			中志留统					茅山组 S_2m	唐家坞组 S_2t
		早志留世			下志留统					坟头组 S_1f	康山组 $S_{1-2}k$
										高家边组 O_3S_1g	

续表 2-1

地质时代			年代地层			岩石地层					
						华北地层大区		苏鲁地层大区		华南地层大区	
						晋冀鲁豫地层区		苏鲁地层区		下扬子地层区	
代	纪	世	界	系	统	鲁西地层分区	徐淮地层分区	东海地层分区	连云港地层分区	苏皖地层分区	江南地层分区
古生代	奥陶纪	晚奥陶世	古生界	奥陶系	上奥陶统					高家边组 O_3S_1g	长坞组 O_3c
										汤头组 $O_{2-3}t$	黄泥岗组 O_3h
		中奥陶世			中奥陶统	马家沟组 $O_{1-2}m$	马家沟组 $O_{1-2}m$			汤山组 O_2t	砚瓦山组 O_2yw
		早奥陶世			下奥陶统					牯牛潭组 $O_{1-2}g$	牯牛潭组 $O_{1-2}g$
										大湾组 O_1d	大湾组 O_1d
						贾汪组 O_1j	贾汪组 O_1j			红花园组 O_1h	红花园组 O_1h
						三山子组 O_1s	三山子组 O_1s			仑山组 O_1l	仑山组 O_1l
	寒武纪	晚寒武世		寒武系	上寒武统	炒米店组 $\in_3c$	炒米店组 $\in_3c$			观音台组 $\in_3O_1g$	超峰组 $\in_3cf$
		中寒武世			中寒武统	张夏组 $\in_2z$	张夏组 $\in_2z$			炮台山组 $\in_2p$	杨柳岗组 $\in_2y$
		早寒武世			下寒武统	馒头组 $\in_{1-2}m$	馒头组 $\in_{1-2}m$			幕府山组 $\in_1m$	大陈岭组 $\in_1d$
							昌平组 $\in_1c$				
							猴家山组 $\in_1h$			荷塘组 $\in_1ht$	超山组 $\in_1c$
新元古代	震旦纪	晚震旦世	新元古界	震旦系	上震旦统		金山寨组 Z_2j			灯影组 Z_2d	灯影组 Z_2d
		早震旦世			下震旦统			石桥岩组 Z_1s		黄墟组 Z_1h	蓝田组 Z_1l
	南华纪	晚南华世		南华系	上南华统					苏家湾组 Nh_2s	南沱组 Nh_2n
		早南华世			下南华统					周岗组 Nh_1z	休宁组 Nh_1x

续表 2-1

地质时代			年代地层			岩石地层						
						华北地层大区			苏鲁地层大区		华南地层大区	
						晋冀鲁豫地层区			苏鲁地层区		下扬子地层区	
代	纪	世	界	系	统	鲁西地层分区	徐淮地层分区		东海地层分区	连云港地层分区	苏皖地层分区	江南地层分区
新元古代	青白口纪	晚青白口世	新元古界	青白口系	上青白口统		淮河群	望山组 Pt_3ws				
								史家组 Pt_3s				
								魏集组 Pt_3w				
								张渠组 Pt_3zh				
								九顶山组 Pt_3jd				
								倪园组 Pt_3n				
								赵圩组 Pt_3z				
								贾园组 Pt_3jy				
								城山组 Pt_3c				
								新兴组 Pt_3x				
								兰陵组 Pt_3l		云台岩群 $Pt_{2-3}Y$		
中元古代	蓟县纪	晚蓟县世	中元古界	蓟县系	上蓟县统							
		早蓟县世			下蓟县统							
	长城纪	晚长城世		长城系	上长城统					张八岭岩群 Pt_2Z 锦屏岩群 Pt_2J		金山岩群 Pt_2Js
		早长城世			下长城统						埤城岩群 Pt_2P	上溪岩群 Pt_2S
古元古代	滹沱纪		古元古界	滹沱系					东海岩群 Ar_4Pt_1D			
新太古代			新太古界			泰山岩群 $Ar_{3-4}T$	泰山岩群 $Ar_{3-4}T$			?	?	?
中太古代			中太古界						?			

寒武系—中奥陶统主要为碳酸盐岩夹碎屑岩沉积，发育较齐全，主要分布于徐州复式背、向斜的核部或翼部，构成徐州地区的主要山体；寒武系自下而上主要由紫红色页岩与泥灰岩、砂岩、灰岩相互交替沉积到以碳酸盐岩为主的沉积，属海陆交互相沉积，发育地层有猴家山组、昌平组、馒头组、张夏组、炒米店组；中下奥陶统主要为碳酸盐岩沉积，属陆表海-浅海台地相沉积，总厚度达 1500m 左右，发育地层有三山子组、贾汪组、马家沟组等。

区域上缺失上奥陶统—下石炭统。

区内晚石炭世—二叠纪沉积了海陆交互相含煤岩系及陆相红色碎屑岩地层，主要分布于徐州地区，地表仅见零星露头，自下而上沉积建造为海陆交互相→陆相→河湖相，区域残留厚度 800～1600m，是徐州地区主要含煤岩系。发育地层有本溪组、太原组、山西组、石盒子组、石千峰组，其中石炭系太原组—二叠系山西组是区内的主要含煤层位。

中生界上侏罗统—白垩系主要分布于丰沛东西向断隆带的两侧、铜邳睢地区北东向断陷盆地以及新沂-宿迁郯庐断裂带内部，主要为陆相碎屑岩及中基性夹酸性火山岩沉积，属山间断陷盆地沉积，沉积环境由早期红色类磨拉石建造、陆源碎屑岩及火山岩建造到晚期红色磨拉石建造，总厚度大约 3900m。其中，上侏罗统仅发育有三台组，岩性以紫红色砂岩、粉砂岩、砾岩为主；白垩系莱阳群为一套河湖相沉积，岩性以薄层状粗砂岩、砂岩、页岩为主；青山群为一套火山岩系，以中基性与酸性火山岩相间为特征，间夹正常沉积岩层；王氏群为一套红色粗碎屑沉积，岩性以红色砂砾岩为主夹白色含砾砂岩、灰绿色泥岩、泥质粉砂岩。

古近系分布范围局限于丰县欢口与黄口坳陷以及四户坳陷内，属一套内陆河湖相为主的沉积建造，沉积厚度变化较大，最大可达 800 余米，苏北地区的石膏、石盐矿均位于这套地层内。

新近系仅分布于丰沛、睢宁、新沂、宿迁、泗洪等地断陷槽地内，沿马陵山—重岗山可见零星出露，属一套河湖相黏土岩-粗碎屑岩沉积建造，各地厚度变化较大，一般 50～120m，最大可达 250 余米。

第四系较发育，属徐淮黄泛平原的西北部分，分布面积约占 80%。低山丘陵区外围主要分布中上更新统棕红色、褐黄色黏土，厚度一般几米至 10 余米。平原区主要分布全新世灰黄色亚砂土、黏土及亚黏土和粉砂，深部有更新统堆积。

2. 苏鲁造山带

苏鲁造山带位于郯庐断裂带与响淮断裂之间，区内地层发育具一老一新的特点，主要由新太古代—元古宙变质地层和中新生代地层组成。变质地层主要由新太古界—古元古界东海岩群，中元古界锦屏岩群、张八岭岩群，中新元古界云台岩群，震旦系石桥岩组组成，共同组成区内变质基底；区内缺失古生界—侏罗系，自白垩纪开始，局部断陷盆地中沉积有中、新生界。

新太古界—古元古界主要为东海岩群变质表壳岩系，出露于东海、赣榆一带，岩性主要有石英岩类、大理岩类、片岩类、变粒岩和浅粒岩等，含大山沟组、摩天岭组、演马场组和武强山组等；该岩群由于变质、变形强烈，原岩面貌大多已被改造，难以辨别，呈孤岛状、透镜体状、瘤状、似层状漂浮于变质深成侵入岩中，层序不清，发育厚度不明，与变质暗色岩类、变质深成侵入岩一起构成强烈变质变形构造混杂岩——东海杂岩。东海岩群以普遍经历了榴辉岩相-低角闪岩相变质作用改造和强烈变质、变形为特征。

中元古界锦屏岩群主要见于连云港锦屏山、云台山一带，在大浦、滥洪、洋河等地钻孔中也有分布，主要为一套经历高绿片岩相变质作用的，以绿色片岩系、变粒岩类为主夹大理岩-磷灰石岩的沉积变质组合，是海州式磷矿的赋矿层位。岩性主要由白云钠长变粒岩、含磷大理岩、大理岩、磷灰岩、绿泥云母片岩，夹石英岩、石英片岩等组成，底部的含砾白云石英片岩与东海杂岩中的朐山花岗片麻岩呈构造不整合接触。

中元古界张八岭岩群主要分布于泗阳—盱眙一线，多被覆盖，出露较少，为一套浅变质岩系，分西冷岩组、北将军岩组，其下以千枚岩、大理岩为主，其上以各种类型片岩为主夹少量变粒岩。原岩为一套细碧-石英角斑岩，属海底火山喷发-沉积岩系，经低压绿片岩相区域变质作用。

中—新元古界云台岩群分布于连云港市云台山区及南部淮阴至灌云一带，以变粒岩和浅粒岩为主，夹有白云石英片岩、蓝晶石石英片岩及薄层石英岩的岩石组合，为一套中酸性—酸性火山-碎屑沉积-变质产物，已有资料表明其叠置厚度大于 3400m。云台岩群以低绿片岩相为特征，与下伏锦屏岩群为受后期韧性剪切带改造的平行不整合接触。

震旦系石桥岩组仅分布于赣榆石桥一带，为一套浅变质地层，岩性上部以变质白云长石砂岩为主，中部以变质二云长石砂岩及石英岩状砂岩为主，下部则以变质含砾长石砂岩和变质长石砂岩、二云千枚岩为主，厚度大于 365m。该岩组呈透镜状、似层状漂浮于变质深成侵入岩中，以变质作用浅为特征，与元古宇其他层位关系不明。

白垩纪前苏鲁造山带长期隆起剥蚀，缺失沉积，白垩纪始于断陷盆地之中沉积有青山群、王氏群。青山群局限于断陷盆地之中，主要分布于东海县欢墩埠西侧一带，为整合于王氏群之下的一套火山岩系，以中基性与酸性火山岩相间为特征，间夹正常沉积岩层，自下而上分后夼组、八亩地组、石前庄组、方戈庄组。王氏群广泛分布于沭阳盆地，在赣榆欢墩、墩尚、青湖等地也有零星分布，受北北东向、北东向、近东西向断陷盆地所控制，主要为一套红色粗碎屑沉积，岩性以红色砂砾岩为主夹白色含砾砂岩、灰绿色泥岩、泥质粉砂岩，其底部与青山群呈角度不整合接触，自下而上分林家庄组、辛格庄组、红土崖组、金岗口组、胶州组。

新生界主要分布于沭阳盆地等局部坳陷中，古近系自下而上分泰州组、阜宁组、戴南组、三垛组，以湖泊相碎屑岩为主，由一套细碎屑的砂泥岩等组成；新近系主要为盐城组，分布范围较渐新世有所扩大，由一套冲、湖相堆积碎屑岩组成，地层总厚度在 0～4000m 不等，与下伏地层呈平行不整合—不整合接触。区内第四系分布广泛，更新统为冲积、洪积、残坡积砂黏土、黏砂土、砂砾层，全新统为冲积、湖沼积、海积砂黏土、粉砂、砂砾层。

3. 扬子陆块区

下扬子地层区以江南断裂为界，分为苏皖地层分区和江南地层分区，其中以苏皖地层分区地层发育较齐全，保存较好。区内最老地层为中元古界，埤城岩群（年龄约为 14Ga）为一套以变中基性火山岩系为主的地层，上溪岩群（年龄为 14～10Ga）主要为一套千枚状泥砂质浅变质岩系，金山岩群（年龄为 11.23Ga）为一套绿片岩-大理岩夹斜长角闪岩变质建造，它们共同组成了扬子板块的浅变质基底；震旦系至下三叠统由以浅海相碎屑岩与碳酸盐岩相间为主组成的沉积盖层，厚万米以上；中三叠世—中侏罗世在陆相湖盆中沉积了碎屑岩夹含煤层；晚侏罗世—白垩纪山间断陷型盆地发育，沉积了杂色碎屑岩-火山岩-红色碎屑岩；古近纪—新近纪主要于断坳盆地内沉积了大量红色碎屑岩夹火山岩。

埤城岩群在镇江埤城地区由局部钻孔揭露，岩性由斜长变粒岩、黑云斜长变粒岩、斜长黑云变粒岩、绿帘阳起片岩、长石石英片岩等组成，下部混合岩化明显，原岩为碎屑岩和基性—中酸性火山岩，属火山-浅海沉积建造，所见厚度大于 480m。

中元古界上溪岩群在区内未有揭露，据地球物理和邻区资料推测，苏州—上海一带基底主要由上溪岩群组成，为一套千枚状泥砂质浅变质岩系，变质程度较浅，其原岩多为泥砂质沉积岩，岩系中鲍马层序发育，浊流沉积特征明显，可能为成熟度较高的弧后盆地浊流沉积。

中元古界金山岩群主要分布于上海南部地区，岩性主要由云母片岩、斜长角闪岩及斜长片麻岩、云母石英片岩组成，经历了绿片岩相变质作用，为一套绿片岩-大理岩变质建造夹斜长角闪岩、变粒岩、浅粒岩变质建造，原岩可能以浅海相碳酸盐岩、细碎屑岩为主夹玄武质凝灰岩、流纹岩等，其 Rd－Sr 等时线年龄为 1123±27Ma。

区内南华系周岗组（休宁组）、南沱组（苏家湾组）主要分布于江浦及埤城等地，厚度达 1000m，与下伏地层呈不整合接触。周岗组为一套浅变质陆相砂页岩系，由千枚岩、千枚状砂岩等组成；苏家湾组为浅变质陆相冰碛岩系，以含砾砂质千枚岩为主，局部夹变质安山岩透镜体。

区内震旦系黄墟组(蓝田组)、灯影组主要分布于江浦、埤城及上海南部等地,厚度近 1000m,与下伏地层呈平行不整合接触。黄墟组下部由粉砂质千枚岩、千枚岩、岩屑砂岩、含磷砂岩等组成,上部为含砂泥质灰岩、灰岩(夹千枚岩);灯影组则由白云岩、白云质灰岩、灰岩等组成。

区内寒武系主要分布于南京—镇江、宜兴—溧阳、上海南部等地,自下而上分荷塘组、幕府山组、炮台山组、观音台组(江南地层分区为超山组、大陈岭组、杨柳岗组、超峰组)。区域上该地层由泥(页)岩、硅质(页)岩、镁质碳酸盐岩等组成,为海相沉积,地层厚度多在 1000~1800m 之间,与下伏地层呈平行不整合接触。

区内奥陶系见于宁镇、宜溧、上海南部等地,地表出露不甚完整,各地岩性略有差别,自下而上可分仑山组、红花园组、大湾组、牯牛潭组、汤山组、汤头组(江南地层分区为仑山组、红花园组、大湾组、牯牛潭组、砚瓦山组、黄泥岗组、长坞组)。其地层为一套碳酸盐岩等沉积,以灰岩、泥质灰岩、白云岩为主,夹页岩及瘤状灰岩,区域地层厚度在 400m 以上,与下伏地层呈整合接触。

区内志留系分布广泛,主要见于江苏省宁镇、茅山、宜溧、苏州、上海南部等地,自下而上分为高家边组、坟头组、茅山组(江南地层分区为康山组、唐家坞组),以浅海陆棚沉积为主,由一套砂岩、泥岩等组成。其地层厚度在 1800m 以上,与下伏地层呈整合接触。

区内泥盆系主要分布于宁镇、茅山、宜溧、苏州等地。所见泥盆系仅为上统,统称五通组,由一套成熟度较高的陆相碎屑沉积组成,岩性以石英砂岩、砾岩、页岩及黏土岩为主,厚度在 200m 左右,与下伏地层呈平行不整合接触。

区内石炭系广泛分布于苏南宁镇、宜兴等地区。石炭纪初期,地处开阔台地,沉积了金陵组灰岩;石炭纪中期,全区地处潮坪环境,形成高骊山组砂页岩夹灰岩透镜体、和州组泥灰岩和老虎洞组白云岩;石炭纪后期,全区进入碳酸盐岩开阔台地,形成黄龙组、船山组灰岩。区域内地层厚度近 200m,与下伏地层呈整合接触。

区内二叠系于苏南地区广泛分布,自下而上分栖霞组、孤峰组、龙潭组、大隆组(江阴—宜兴一线南东为长兴组)。栖霞组、孤峰组主要由灰岩和硅质岩相间组成,龙潭组、大隆组由砂页岩及硅质岩组成,夹煤层及煤线,长兴组由灰岩、白云岩等组成。区域内地层厚度近 400m,与下伏地层呈平行不整合接触。

苏南地区三叠系分布广泛,自下而上分青龙组、周冲村组、黄马青组和范家塘组。青龙组由泥岩、泥灰岩、灰岩组成;周冲村组由膏溶角砾岩、泥灰岩、白云岩、石膏组成;黄马青组及范家塘组则以红色砂页岩为主,夹碳质泥岩及煤层。区域内地层厚度近 2000m 以上,与下伏地层呈整合接触。

本区从三叠纪末以后,便进入陆相沉积环境,早—中侏罗世接受河、湖相杂色碎屑沉积(局部有火山喷发),晚侏罗世便发生大规模火山喷发,形成多次火山活动,堆积了中—中基性、部分酸性乃至碱性火山岩。地层组成主要有象山群(钟山组、北象山组)、西横山组(劳村组)、龙王山组(黄尖组)、大王山组等,各地岩性不尽一致,厚度也各不相同,0~4000m 不等,与下伏地层呈不整合接触。

区内白垩纪仍是陆相河、湖沉积环境,白垩纪早期延续了晚侏罗世以来的大规模火山喷发,于火山岩盆地中堆积了葛村组、甲山组、上党组、娘娘山组、寿昌组等火山岩地层;局部则以山麓相杂色粗碎屑沉积为主,形成了葛村组;白垩纪中期,随地壳上升加快,盆地中以冲洪积及河流相粗碎屑沉积为主,形成了浦口组;晚期则以湖相为主沉积了赤山组的红色细碎屑岩。白垩系区域厚度在 0~4000m 之间,与下伏地层呈不整合接触。

区内古近系主要沿安徽省天长—江苏省六合—江苏省扬州一线以北广泛分布,南部则局限于断陷盆地之中,自下而上分泰州组、阜宁组、戴南组、三垛组,以湖泊相碎屑岩为主,由一套细碎屑的砂泥岩等组成,夹多层玄武岩。厚度在 0~4000m 不等,与下伏地层呈平行不整合—不整合接触。新近系分布范围较渐新世有所扩大,由一套河、湖相堆积碎屑岩组成。其中沿安徽省天长—江苏扬州一线,以北主要为湖相沉积区,组成中新统—上新统的盐城组;以南为河流相沉积区,由一套砂砾岩、泥岩夹玄武岩层组成,分洞玄观组、雨花台组、方山组,厚度在 0~500m 不等,与下伏地层呈角度不整合—平行不整合接触。

区内第四系分布广泛，低山丘陵区以河流相为主，平原区以海相-海陆交互相为主。其成因类型多种多样，一般山区为残坡积，丘陵区为洪坡积和冲积，平原区有冲积、海积和海陆交互相堆积，厚度一般数米至数十米，沿海一带最大厚度可达300m。其中，下更新统和中更新统分布局限，零星出露于西部低山丘陵地带，上更新统广布于山麓地带和平原地区，全新统各处均有。

二、沉积岩岩石建造组合特征

江苏构造地层可分为3个区，分别为晋冀鲁豫地层区、苏鲁地层区、下扬子地层区，不同地层区由于在不同时代处于不同的构造古地理单元，发育了不同的大地构造相。

（一）晋冀鲁豫地层区

晋冀鲁豫地层区属华北板块，该区发现出露最老沉积地层为新元古代青白口纪沉积地层。整个新元古代，该区处于被动陆缘初始阶段，沉积了大量陆源碎屑及碳酸盐岩沉积物。南华纪之后，地壳运动以垂直升降运动为主，该区处于陆表海沉积环境。石炭纪晚期开始，陆表海环境由于持续进积作用，沉积环境逐渐萎缩，二叠纪逐渐演变为陆内坳陷盆地环境。直到三叠纪印支运动，华北板块与扬子板块碰撞拼合，江苏地区逐渐发展成为环太平洋构造体系作用下陆内盆地环境，并一直持续到现在。

1. 新元古代被动陆缘相

新元古代，华北板块的东部处于拉张的构造应力背景作用，在江苏徐宿地区形成了被动陆缘古地理沉积环境。

徐淮地层分区先后经历了陆棚碎屑岩盆地和陆棚碳酸盐台地两种沉积环境。在陆棚碎屑岩盆地时期，发育了青白口系兰陵组(Pt_3l)、新兴组(Pt_3x)和城山组(Pt_3c)，这套沉积物以碎屑岩为主夹有极少量泥晶灰岩，碎屑岩成分主要为页岩、粉砂岩、石英砂岩，厚度近千米，地层中未见火山岩夹层，沉积物特征表现为滨浅海的沉积环境；陆棚碳酸盐岩台地时期发育了淮河群，包括有贾园组(Pt_3jy)、赵圩组(Pt_3z)、倪园组(Pt_3n)、九顶山组(Pt_3jd)、张渠组(Pt_3zh)、魏集组(Pt_3w)、史家组(Pt_3s)、望山组(Pt_3ws)，该套地层以碳酸盐岩沉积为主，包括灰岩、白云岩，另加少量粉砂岩及页岩，沉积物厚度达3000多米，沉积特征表现为典型陆棚碳酸盐岩台地环境。

2. 古生代陆表海相

南华纪，华北板块东南部地区主体隆升为陆地，在江苏徐宿地区缺失了南华系及早震旦世海相沉积物，但在晚震旦世及古生代该区断续发育了一系列陆表海沉积，该区整体以升降构造运动为主。

徐淮地层分区该时期内陆表海沉积物表现出至少两次明显的沉积间断，沉积作用可分为3个阶段。第一阶段发育了上震旦统金山寨组(Z_2j)，在震旦纪末期、寒武纪初期，华北板块东南部的抬升作用导致该区短暂缺失沉积作用；第二阶段发育了寒武系猴家山组($\in_1h$)、昌平组($\in_1c$)、馒头组($\in_{1-2}m$)、张夏组($\in_2z$)、炒米店组($\in_3c$)，下奥陶统三山子组(O_1s)，但在中奥陶世后期，华北板块中部地区开始抬升，影响到江苏徐宿地区，缺失了晚奥陶世—早石炭世的沉积；第三阶段发育了早奥陶统贾汪组(O_1j)、中—下奥陶统马家沟组($O_{1-2}m$)，上石炭统本溪组(C_2b)、太原组(C_2t)。石炭纪后，华北板块东部地区海水逐渐退去，徐苏地区从陆表海环境稳定过渡到陆内河湖相沉积环境，从此结束了陆表海的历史。

徐宿地区陆表海环境表现有海陆交互障壁陆表海(Z_2j)，陆源碎屑-碳酸盐岩陆表海($\in_1h$、$\in_{1-2}m$)，碳酸盐岩陆表海($\in_1c$、$\in_2z$—O_1s、O_1j—$O_{1-2}m$)，陆源碎屑无障壁陆表海(C_2b)，海陆交互障壁陆表海(C_2t)。

3. 晚古生代—中生代坳陷盆地

二叠纪江苏徐宿地区稳定过渡到陆内坳陷盆地环境，后受二叠纪末期印支构造事件的影响，缺失二叠纪末到晚侏罗世早期陆内沉积记录，仅发现中晚侏罗世坳陷盆地沉积物。

徐淮地层分区发育了两阶段坳陷盆地沉积。第一阶段发育的沉积岩建造组合类型主要有河流砂砾岩-粉砂岩泥岩组合，包括的地层有山西组(P_1s)、石盒子组(P_2s)、石千峰组(P_3sh)；第二阶段发育的沉积岩建造组合类型主要有湖泊泥岩-粉砂岩组合，包括的地层有三台组(J_3s)。

4. 中—新生代火山-沉积断陷盆地及无火山岩断陷盆地

早白垩世之后的燕山运动及喜马拉雅运动在中国东部地区以拉张地质作用为主，在东部地区形成大量火山沉积断陷盆地及无火山岩断陷盆地。

(1)无火山岩断陷盆地。发育的沉积岩建造组合类型有湖泊泥岩-粉砂岩组合(K_1L)，河流砾岩-砂砾岩-粉砂岩组合(K_2W、$E_{2-3}G$)，河流砂砾岩-粉砂岩泥岩组合(N_2s)。

(2)火山-沉积断陷盆地。发育的沉积岩建造组合类型有河流砂砾岩-泥岩夹玄武岩组合(N_1x)，大陆伸展环境的安山岩-英安岩组合(K_1Q)。

(二)苏鲁地层区

苏鲁地层区大地构造位置处于华北板块与扬子板块的碰撞带，出露的地层以变质岩为主，沉积岩仅发育了碰撞拼合之后、燕山期以来的碎屑岩及火山岩。发育的大地构造单元主要有坳陷盆地、火山-沉积断陷盆地和无火山岩断陷盆地。由于印支期之后，中国华北与扬子形成统一的环太平洋构造体系，在苏鲁地区晚三叠世之后形成的陆内沉积物兼具华北与下扬子沉积岩石特征，因此，不对苏鲁造山带地区沉积岩石建造组合单独叙述。

(三)下扬子地层区

江苏下扬子地层区在大地构造单元中属扬子板块东部，地表出露最老沉积地层为新元古代南华纪沉积地层。从南华纪到三叠纪晚期，下扬子地层区一直处于被动陆缘与前陆盆地交替的沉积环境下，留下了大量碎屑岩或碳酸盐岩沉积记录。由于印支运动影响，三叠纪末期之后，江苏地区在环太平洋构造动力背景作用下，下扬子地层区转化成为陆相盆地沉积环境，包括有坳陷盆地、无火山岩断陷盆地及火山岩断陷盆地，沉积了巨厚陆相沉积物，并持续到现在。

1. 被动陆缘

江苏下扬子地区被动陆缘发育的大地构造单元主要有陆棚碎屑岩盆地和陆棚碳酸盐岩台地。陆棚碎屑岩盆地包括陆棚碎屑滨海和陆棚碎屑浅海沉积。陆棚碎屑滨海沉积地层包括周岗组(Nh_1z)、苏家湾组(Nh_2s)、五通组(D_3w)、高骊山组(C_1g)、龙潭组(P_2l)、陆棚碎屑浅海环境沉积形成的沉积地层包括孤峰组(P_1g)。陆棚碳酸盐岩台地包括陆缘碎屑-碳酸盐岩台地和碳酸盐岩台地。陆缘碎屑-碳酸盐岩台地形成的沉积地层有黄墟组(Z_1h)、大隆组(P_3d)、青龙组(T_1q)；碳酸盐岩台地形成的沉积地层包括灯影组(Z_2d)、金陵组(C_1j)、和州组(C_1h)、老虎洞组($C_{1-2}l$)、黄龙组(C_2h)、船山组(C_2c)、栖霞组(P_1q)、长兴组(P_3c)。

2. 前陆盆地

江苏下扬子地区前陆盆地属于陆内周缘前陆盆地，包括两个不同时期的前陆盆地，代表了两次碰撞作用。一个是发育在寒武纪到志留纪地层中，包括有荷塘组（$\in_1 ht$）、幕府山组（$\in_1 m$）、炮台山组（$\in_2 p$）、观音台组（$\in_3 O_1 g$）、仑山组（$O_1 l$）、红花园组（$O_1 h$）、大湾组（$O_1 d$）、牯牛潭组（$O_{1-2} g$）、汤山组（$O_2 t$）、汤头组（$O_{2-3} t$）、超峰组（$\in_3 cf$）、高家边组（$O_3 S_1 g$）、坟头组（$S_1 f$）、茅山组（$S_2 m$）、康山组（$S_{1-2} k$）、唐家坞组（$S_2 t$）；另一个发育在中晚三叠世，包括有周冲村组（$T_2 z$）、黄马青组（$T_2 h$）、范家塘组（$T_3 f$）。

前陆盆地发育的沉积岩建造组合类型主要有台盆含放射虫硅泥质岩组合（$\in_1 ht$）、滨浅海碳酸盐岩组合（$O_1 y$—$O_{2-3} t$）、碳酸盐岩浊积岩组合（$\in_3 cf$）、陆源碎屑浊积岩组合（$O_3 S_1 g$—$S_2 m$、$S_{1-2} k$—$S_2 t$、$T_2 z$—$T_3 f$）。

3. 坳陷盆地

早中侏罗世，江苏地区处于挤压构造应力作用为主的地球动力学背景下，在下扬子地区发育了一系列坳陷盆地，主要地层为象山群，包括了钟山组（$J_1 z$）和北象山组（$J_2 b$）。发育的沉积岩建造组合类型主要表现为河流砂砾岩-粉砂岩泥岩组合（$J_{1-2} Xn$）。

4. 火山-沉积断陷盆地

晚侏罗世—早白垩世早期，中国处于以挤压构造应力作用为主的地球动力学背景下；早白垩世中晚期—古新世，中国处于以拉张构造应力作用为主的地球动力学背景下；始新世—渐新世，中国处于太平洋板块向西俯冲、挤压的动力学背景下；喜马拉雅期（新近纪—早更新世），中国东部地区构造变形微弱，近南北向断层产生东西向伸展并带有左行走滑特征。在这种大地动力学背景下，江苏地区发育了一系列火山-沉积断陷盆地。

火山沉积断陷盆地发育的岩石建造组合有河流砂砾岩-粉砂岩泥岩夹火山岩组合（$J_3 x$、$K_2 p$、$E_2 d$、$E_{2-3} s$、$N_{1-2} y$）、湖泊三角洲砂砾岩夹火山岩组合（$J_3 l$、$J_3 K_1 s$）、湖泊泥岩-粉砂岩夹火山岩组合（$K_1 g$）、河流砂砾岩-粉砂岩泥岩组合（$E_1 t$、$N_{1-2} y$、$N_1 d$、$N_1 l$、$N_1 h$）、湖泊泥岩-粉砂岩组合（$E_1 f$）、大陆伸展环境安山岩-英安岩组合（$J_3 lw$、$J_3 d$、$J_3 h$）、大陆裂谷环境安山岩-粗面岩-响岩组合（gvb、nvb）、碰撞环境高钾火山岩组合（svb、jvb、$K_2 c$）、大陆伸展环境碱性橄榄玄武岩组合（$N_2 f$）。

第二节　火山岩岩石构造组合

一、火山岩分布特征

江苏省内火山岩分布面积广、厚度大，主要发育于元古宙晋宁期和中新生代燕山期、喜马拉雅期（以下简称“喜山期”）（图 2 - 1，表 2 - 2）。

元古宙晋宁期火山岩主要分布于连云港、灌云、灌南和丹阳县境内，火山活动以海底火山喷溢为主，早期为中基性—中酸性，晚期为中酸性—酸性，形成厚度较大的火山-沉积岩系，经后期区域变质作用，成为各种变质岩，组成苏鲁造山带的锦屏岩群、云台岩群、张八岭岩群和下扬子地区的埤城岩群等，构成了不同地质单元的变质基底（归入变质岩石构造组合）。

中生代火山岩活动开始于早中侏罗世，盛于晚侏罗世—早白垩世，晚白垩世基本结束，以陆相火山喷溢作用为主，形成的火山岩包括爆发相的火山碎屑岩、溢流相的熔岩、喷发沉积相的沉积火山碎屑岩和火山碎屑沉积岩、次火山岩相的次火山岩等。其中熔岩为主要岩类，包括中性的安山质熔岩、中酸性粗安质熔岩、酸性流纹质熔岩和碱性粗面质熔岩，局部出现响岩。它们组成晚侏罗世和早白垩世火山岩的主体。次火山岩主要见于江宁、溧水、溧阳、丹徒、句容、高淳、吴县境内，受构造控制明显，多沿断裂或火山管道侵入，呈岩脉、岩株、岩墙产出，规模小，一般出露面积 1～3km²，最大的达 17km²。岩石类型有次安山岩、次粗安岩、次玄武粗安岩、次粗面岩、流纹斑岩、假白榴石斑岩等。它们与长江中下游的铁、铜、铅、锌、金、黄铁矿关系密切。

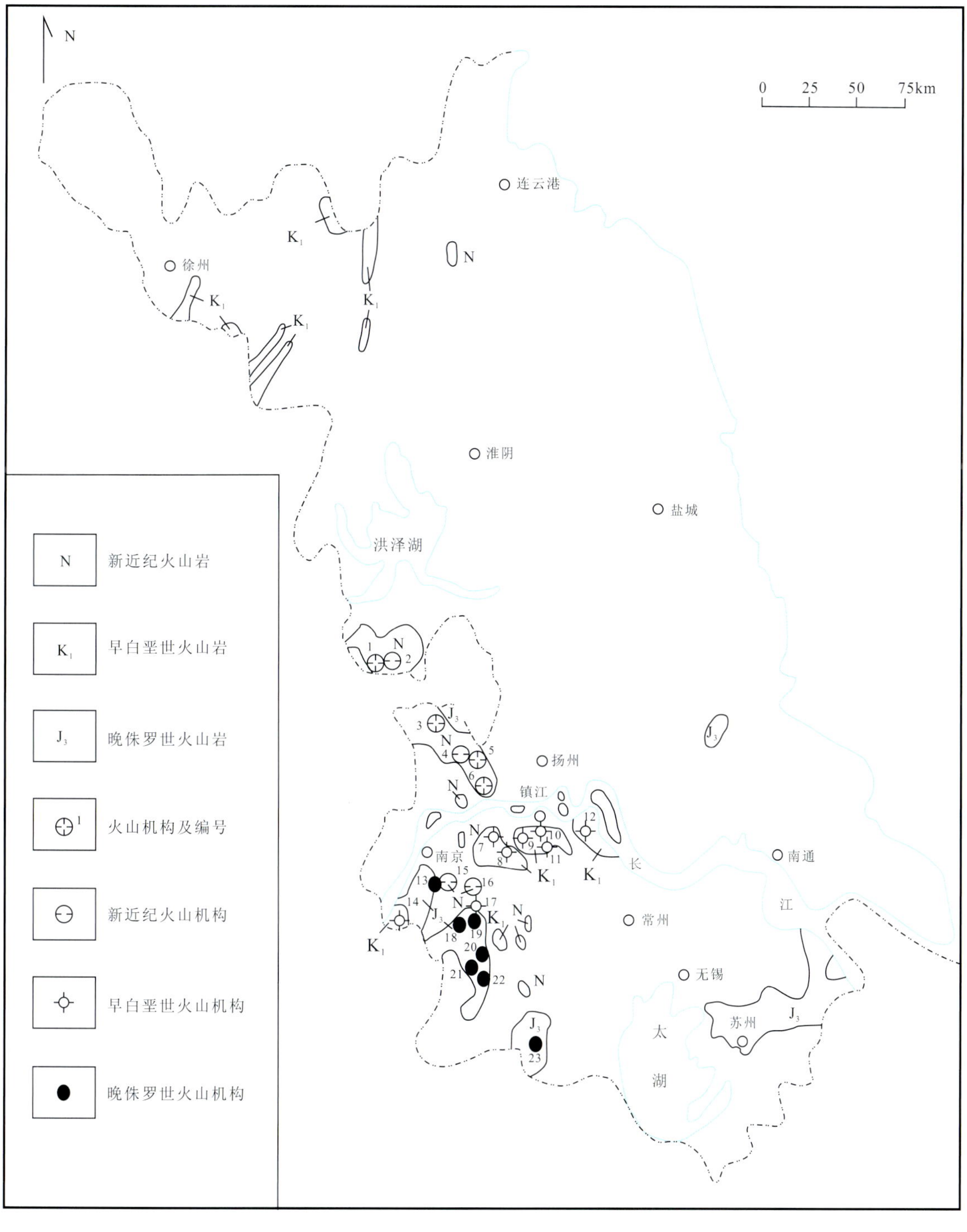

图 2-1　江苏省中新生代火山岩分布略图

表 2－4　江苏省侵入岩岩石构造组合划分表

省	带	亚带	岩段	岩石构造组合
华北构造岩浆岩省	华北陆块南缘构造岩浆岩带	鲁西－徐宿构造岩浆岩亚带	徐宿构造岩浆岩段	大陆裂谷基性岩墙群(Z_1)
晚三叠世以来中国东部构造岩浆岩省	鲁西构造岩浆岩带	鲁西－徐宿构造岩浆岩亚带	徐宿构造岩浆岩段	后造山花岗闪长岩－花岗岩组合(K_1)
				同碰撞闪长岩组合(J_3)
	大别－苏鲁构造岩浆岩带	青岛－日照构造岩浆岩亚带	东海桃林－莒南构造岩浆岩段	后造山二长花岗岩组合(K_1)
				后造山花岗闪长岩－花岗岩组合(K_1)
				同碰撞闪长岩组合(J_3)
	十万大山－幕阜山－下扬子构造岩浆岩带	长江中下游中生代构造岩浆岩亚带	沿江构造岩浆岩段	大陆裂谷碱性玄武岩组合(N)
				后造山花岗岩组合(K_1)
				后造山花岗闪长岩－二长花岗岩组合(K_1)
				后造山石英闪长岩－石英二长岩组合(K_1)
				后造山碱性花岗岩组合(K_1)
				同碰撞闪长岩组合(K_1)
				同碰撞辉长岩－闪长岩组合(J_3)
			江南构造岩浆岩段	后造山过碱性花岗岩组合(K_1)
				后造山花岗闪长岩－花岗岩组合(K_1)
				后造山花岗岩组合(K_1)
				后造山石英闪长岩－石英二长岩组合(K_1)
				同碰撞花岗岩－二长花岗岩组合(J_3)

2. 同碰撞辉长岩－闪长岩组合(J_3)

燕山旋回早期侵入岩，岩石类型主要有闪长玢岩、闪长岩、辉长岩等，仅在沿江岩段宁镇地区发育，为燕山活动最早的一期构造岩浆活动，以蒋王庙辉长岩体为主要代表。

蒋王庙辉长岩体位于南京太平门外板仓—蒋庙—岔路口一带，出露面积约 6km^2，为一向南倾斜沿北东东向延伸的多岩相基性—中性分异岩体。角闪橄榄辉长岩相、辉长岩相和闪长岩相三者呈似环状分布，由于岩浆分异它们在岩石特征上呈现出有规律的变化：暗色矿物成分由复杂至简单；斜长石变化为培长石、拉长石、中长石；岩石结构变化为典型的辉长结构－似斑状结构、似辉绿结构、半自形粒状结构。此外，在岩体南侧还见有一种碱基性交代－混染岩相，组成岩石主要有碱性辉长岩和等色岩等。

蒋庙岩体与铁矿、黄铁矿成矿有关，如小红山铁矿、岔路口铁矿、黄铁矿主矿体都产于岩体上盘外接触带。

3. 同碰撞花岗岩－二长花岗岩组合(J_3)

燕山旋回早期侵入岩，岩石类型主要有二长花岗岩、粗粒花岗岩、含角闪石花岗岩等，在江南岩段苏锡地区广泛发育，为该地区一期主要的构造岩浆活动，以苏州白鹅山斑状含角闪石花岗岩体为代表。

白鹅山岩体分布于苏州地区白鹅山、大落山，位于苏州旋扭构造中心，呈岩株状产出，出露面积约 0.7km^2，其周围为燕山晚期花岗岩。

斑状含角闪石花岗岩新鲜面呈青灰色，风化面呈黄褐至灰黄色，矿物成分由奥长石、条纹长石、石英、黑云母、角闪石等组成，具似斑状结构，基质呈细粒花岗结构。副矿物有磁铁矿、榍石、磷灰石、萤石。

4. 同碰撞闪长岩组合(K_1—J_3)

燕山旋回早期侵入岩，岩石类型主要有石英闪长玢岩、石英闪长岩、闪长玢岩、辉长闪长岩等，在江苏地区的3个构造岩浆岩带中均有广泛发育，为江苏省内主要的一期构造岩浆活动。

徐宿岩段以利国闪长玢岩岩体和班井闪长玢岩岩体为代表。利国岩体分布于铜山县利国—厉湾、蔡山—东马山一带，多为隐伏岩体，地表出露面积约4km^2。位于利国环形构造中，主要呈蘑菇状岩盖、岩舌、岩枝产出，组成岩石以闪长玢岩为主，部分相变成斑状角闪闪长岩、石英闪长斑岩。

班井岩体分布在铜山县班井、罗岗、汉王一带，受北西向断裂控制，呈岩墙及岩枝产出，出露面积6～7km^2，往深部相变为闪长岩。

两岩体呈斑状—似斑状结构，矿物成分有斜长石、普通角闪石，及少量黑云母、石英。副矿物有榍石、磷灰石、磁铁矿。

两岩体的围岩蚀变有大理岩化、绿帘石化、碳酸盐化、硅化、绿泥石化、矽卡岩化等，与铁、铜等矿产关系密切，铁矿常赋存于闪长玢岩与奥陶系马家沟组灰岩的内、外接触带中。

东海桃林-莒南岩段以东海玄庙闪长岩岩体、唐岭石英闪长(玢)岩体及玉山石英二长岩为代表。玄庙闪长岩由5个岩体组成，岩体呈岩株、岩枝产出。岩体侵入、捕虏东海杂岩，同位素年龄约为178.3Ma。

唐岭石英闪长岩是该地区主侵入阶段的中酸性侵入岩，由3个岩体组成。岩体呈岩株产状，规模较大的面积达32km^2。岩体侵位于东海杂岩，与玄庙闪长岩体呈脉动式侵入，暗色矿物减少至10%，石英相应含量达10%，色率变浅，跟玄庙深色闪长岩体形成了黑白分明的界线。

在沿江岩段以南京大红山闪长玢岩岩体和杨坊山闪长玢岩岩体为代表。大红山岩体位于南京市中央门外，基岩面积约1.1km^2。呈扁豆体状，侵位于青龙组、象山群和燕山早期的闪长岩体接触带中，岩石类型为闪长玢岩和(石英)闪长斑岩。岩体走向北东，倾向南东，倾角35°左右。该岩体蚀变强烈，主要有矽卡岩化、绿帘石化、绿泥石化、碳酸盐化，与周冲村组灰岩的接触带形成矽卡岩型铁矿。杨坊山岩体位于杨坊山南麓，基岩面积约0.4km^2，沿长林村断裂分布，围岩为周冲村组、黄马青组和象山群。走向北东东，倾向南东。岩石类型为闪长玢岩，以钠质高为特点。在大红山地区该类岩石含浑圆状的石英集合体，有时含量高达40%，可能系象山群砂岩的混染物。在杨坊山地区该类岩石钠化强烈。

5. 后造山石英闪长岩-石英二长岩组合(K_1)

燕山旋回中晚期侵入岩，岩石类型主要有石英二长岩、石英二长斑岩、石英斑岩、石英闪长斑岩、石英闪长岩、闪长玢岩等，在沿江岩段宁镇地区及江南岩段的苏锡地区均广泛发育，是长江中下游中生代构造岩浆岩亚带一期主要的构造岩浆活动。沿江岩段以冶山岩体、石马杂岩体、涑壁杂岩体为代表。

冶山岩体分布在六合冶山一带，侵入于冶山复式背斜内，大部分隐伏，岩体为北东-南西向的椭圆形岩基，与围岩接触面倾向南东。岩体剥蚀深度较浅，见有大量围岩顶垂体。侵入最新地层为上侏罗统西横山组凝灰质砂岩，其他围岩则为震旦纪、寒武纪灰岩、白云岩。围岩蚀变主要为大理岩化、矽卡岩化、硅化、角岩化。岩体近接触带之边缘普遍钾长石化，且常具细粒团块，成分大致为细晶长石及黑云母片。岩体次生变化较复杂，有绿泥石化、绿帘石化、高岭土化、碳酸盐化、透闪石化、绢云母化、钾长石化等。冶山岩体岩性变化较大，由中性向中酸性过渡。主要岩性为石英闪长岩和闪长玢岩，局部边缘为花岗闪长岩、石英二长岩等，岩性的复杂变化与岩浆的演化及多期活动有关。岩体侵入时代为早白垩世中期，K-Ar法同位素年龄为116Ma。

石马杂岩体位于宁镇山脉中段，桦墅-亭子复向斜和宝华山-巢凤山复背斜东段，呈不规则透镜状，侵入于志留系—下白垩统的不同层位。呈北东东向延伸，长12km，最宽7km，基岩面积80km^2。露头面积约8km^2，主要见于岩体边部。杂岩体由条状山岩体、徐湾岩体组成。

条状山岩体呈岩墙状分布于条状山、韦岗之间地区，走向近东西，倾向北，倾角为70°～80°。南侧侵入上奥陶统—下志留统高家边组，北侧被徐湾石英闪长斑岩侵入。其主要岩石类型为闪长玢岩，蚀变强烈，东段韦岗附近以钠化为主，中段太阳山附近以矽卡岩化为主，西段条状山一带则以黄铁矿化和多金属矿化为主。

徐湾岩体是石马杂岩体的主体，为中深成相岩株。岩石类型多，相带发育。内部相为中—粗粒石英闪长岩，过渡相为似斑状石英闪长岩和石英二长岩，边缘相为石英闪长斑岩，大致呈环状分布。北接触带倾向北，倾角50°～60°，西南接触带倾向南西，倾角65°～70°，南接触带倾向北，倾角大于65°，东接触带参差不齐，产状不清。徐湾岩体中普遍有暗色岩石捕虏体，主要分布于岩体边缘，有时成群出现，定向排列，长轴方向大致平行接触面，为原生流动构造的标志。包体的轮廓清楚，与主岩体呈突变关系，局部可见其外围有一圈薄的反应边。捕虏体为闪长玢岩或细粒辉石闪长岩。徐湾岩体同位素年龄为92～109.6Ma，侵入的最新地层为上党火山岩，韦岗矿区钻孔中见该岩体内有上党火山岩安山岩捕虏体，确定徐湾岩体的侵入时代为早白垩世。

石马杂岩体主要岩石类型有闪长玢岩、石英闪长岩-石英二长岩。闪长玢岩为条状山岩体的主要岩石类型，局部也可相变为石英闪长斑岩。石英闪长岩-石英二长岩是徐湾岩体的主要岩石类型，但由于结晶分异作用，岩性有所变异，具有环状分相特征。内部相为中—粗粒石英闪长岩，分布于石头岗—徐湾一带，呈长椭圆状，约占徐湾岩体面积的1/3。过渡相为斑状石英闪长岩和斑状石英二长岩，环绕内部相分布，约占岩体面积的1/2。边缘相以石英闪长斑岩为主，有少量的石英二长斑岩，紧贴接触带分布，宽窄不一，总体上是南宽北窄。

谏壁杂岩体位于宁镇山脉东段，镇江—谏壁—大港一带断续分布，总体呈东西走向，长28km，宽窄不一，基岩面积60km²。但绝大部分被第四系覆盖，仅在接触带附近有零星的枝脉状的侵入岩露头。岩石类型为一套中—酸性岩石组合。杂岩体包括丹徒镇、大港、南吕和钟家村4个岩体。

丹徒镇岩体西起镇江九华山，东至谏壁粮山，南缘在四平山—雩山一线，北面延伸至长江之下，基岩面积46km²，岩体内有许多沉积岩顶垂体和捕虏体，总体呈东西向，向南倾。岩体有两个相，内部相为石英二长斑岩，外部相为石英闪长斑岩。侵入最新地层是早白垩世圌山火山岩，又被浦口组不整合覆盖。其时代应相当于早白垩世中期，石英闪长斑岩同位素年龄为102.1Ma。

大港岩体位于大港与圌山之间，地表均被第四系覆盖。主要岩石类型为石英闪长斑岩，北部边缘有闪长玢岩。根据航磁资料，丹徒镇岩体与大港岩体通过长江水域连成一体。

南吕岩体位于谏壁东南6km，呈树枝状侵入于震旦系，走向北西，可能与丹徒镇岩体连成一体。主要岩石类型为石英闪长斑岩，以含Ag高为特点。

上述3个岩体岩石类型基本相同，在空间上互相联系，属早白垩世中期同次侵入的产物。

钟家村岩体位于谏壁北东2km左右，为细粒花岗岩小岩枝，侵入于丹徒镇岩体中，为早白垩世晚期侵入体。

谏壁杂岩体以石英闪长斑岩、石英二长斑岩为主，其次有闪长玢岩和花岗岩等岩石类型。

江南岩段苏锡岩区以金山里斑状闪长岩体、大杨村斑状石英闪长岩体、同官石英二长斑岩体、城隍山石英斑岩为代表，岩石构造组合主要有中—深成相闪长岩、斑状石英闪长岩、斑状二长岩及浅成相闪长玢岩、石英闪长斑岩、石英斑岩、石英二长斑岩。各岩体规模较小，一般均为数十至数百平方米，多呈小岩株或岩脉产出，均以单一岩相出现。侵入最新层位为上侏罗统大王山组火山岩。主要岩体中金山里斑状闪长岩体位于溧阳县社渚境内，呈岩株侵于大王山组火山岩中，出露面积约3km²。岩石呈灰色，似斑状结构，斑晶由斜长石、黑云母、辉石组成。副矿物为磷灰石和榍石。大杨村斑状石英闪长岩体分布于溧阳县社渚大杨村及长山下，呈岩株侵入于大王山组火山岩中，出露面积3km²。岩石呈浅灰色，似斑状结构，斑晶由斜长石、黑云母及少量角闪石、辉石组成，偶见少量石英，副矿物有磷灰石、磁铁矿。同官石英二长斑岩体分布于溧阳县同官以东，呈岩株侵入于大王山组火山岩中，出露面积1.2km²。岩石呈暗灰色，斑状结构，基质局部具微文象结构，斑晶主要由斜长石、钾长石、石英及普通辉石组成。其中斜长石斑晶粗大，属奥中长石。城隍山石英斑岩体分布于苏州西部城隍山一带，岩体形态呈滴水或舌状岩株，走向北东，分布面积约 $16km^2$。岩体总体上近于直立，略向东南倾，在东侧和西南端有岩枝外延。岩体受北北东向的光福-通安桥断裂控制，侵位于木渎向斜西北翼的志留纪—三叠纪地层中。

6. 后造山二长花岗岩组合(K_1)

燕山旋回中晚期侵入岩，岩石类型主要有二长花岗岩、二长花岗斑岩，在东海桃林-莒南构造岩浆岩段发育较广，为该地区一期主要的构造岩浆活动。该岩石构造组合主要由马陵斑状二长花岗岩体和大解庄二长花岗岩体组成，是构成桃林杂岩体的主要部分，呈北东带状，深部相连成岩带。马陵斑状二长花岗岩是白垩纪早期侵入的酸性侵入岩，主要由 6 个岩体组成，岩体呈岩株产出。岩石中钾长石、斜长石两者含量均在 30%左右，暗色矿物 5%，色率较浅，同位素年龄 124Ma、118Ma。大解庄二长花岗岩是桃林杂岩体主侵入阶段形成的酸性侵入岩，岩体规模巨大，呈北东向带状，与马陵岩体密切伴生，呈脉动侵入关系，接触界线清晰，岩石矿物成分雷同，唯长石晶体粒径较匀。同位素年龄 118Ma、111Ma。

7. 后造山花岗岩组合(K_1)

燕山旋回中晚期侵入岩，岩石类型主要有富云母花岗岩、富钠长石花岗岩、细粒花岗岩、斑状花岗岩等，在江南岩段苏锡地区广泛发育，该地区一期主要的构造岩浆活动，形成了以苏州花岗岩为代表的区域主要侵入岩类。苏州花岗岩出露于苏州市西天平山、灵岩山一带，出露面积约 $9.5km^2$，位于苏州旋扭构造的中心部位，呈岩株状产出，侵入最新地层为中二叠统龙潭组。岩体由内部相中粗粒花岗岩和过渡相斑状花岗岩组成，边缘相可能因剥蚀而消失。中粗粒花岗岩和斑状花岗岩多呈肉红色，具中粗粒—似斑状结构，矿物成分主要为钾长石、斜长石、石英及黑云母，副矿物有磁铁矿、萤石、锆石。

8. 后造山花岗闪长岩-二长花岗岩组合(K_1)

燕山旋回中晚期侵入岩，岩石类型主要有石英闪长斑岩、二长花岗斑岩、二长花岗岩、花岗闪长斑岩、花岗闪长岩等，在沿江岩段宁镇地区广泛发育，为该地区一期主要的构造岩浆活动，形成的侵入岩体构成了宁镇地区安基山杂岩体、高资杂岩体的主要部分。

安基山岩体位于宁镇山脉中段，东起亭子，西至鸡笼山—射乌山，南界在伏牛山—九华山一线，向北与高资杂岩体相接，基岩面积达 $130km^2$，露头面积约 $35km^2$。岩体受东西向的桦墅-亭子复式向斜及北东向的下蜀-汤山断裂和北北西向的东阳-孟塘断裂所控制，侵入于志留系—白垩系的不同层位。岩体内有许多沉积岩捕虏体和顶垂体，表明该岩体侵位高、剥蚀浅。岩石类型主要为石英闪长斑岩，其次为花岗闪长斑岩，两者呈相变关系。石英闪长斑岩主要分布于浅部以及与围岩接触的部位，花岗闪长斑岩主要见于钻孔中，地表只有零星分布。主岩体为早白垩世侵入活动的产物，同位素年龄值为 92～123Ma(K－Ar 等时线年龄，123Ma)。安基山岩体是一个富含多种成矿元素的岩体，尤以 Cu 突出。分布面积近 $100km^2$ 的石英闪长斑岩含铜量为 48.34×10^{-6}，花岗闪长斑岩含铜近 199×10^{-6}，属含铜岩体。目前已探明的铜及多金属矿床(点)10 余处，Cu、Zn、Mo、Ag、Pb 和 As 等亲硫元素含量普遍高于相应的克拉克值，而且变化系数大，是良好的成矿标志。

高资杂岩体西起仓头，经下蜀、高资至镇江市西，呈东西向分布于宁镇山脉中段。西端沿龙潭-仓头背斜轴部侵入于志留系，东端侵入于上党火山岩。岩体北缘以幕府山-焦山断裂为界，南缘在铜山—石砀山—龙王山—武岐山—西砚山—五洲山一线，东西长 32km，南北宽 6km 左右，基岩面积 $120km^2$，露头区约 $18km^2$，岩体南接触带向南倾。杂岩体规模大，剥蚀深，岩石类型繁多，岩体相带发育。岩体内部相为二长花岗岩和花岗闪长岩，过渡相为石英二长岩、石英闪长岩，边缘相为斑状石英闪长岩、石英闪长斑岩，其中石英二长岩分布最广，各相带间并无截然界线。

9. 后造山花岗闪长岩-花岗岩组合(K_1)

燕山旋回中晚期侵入岩，岩石类型主要有花岗斑岩、花岗闪长斑岩、石英正长斑岩、花岗闪长岩和花岗岩等，在江苏地区的3个构造岩浆岩带中均有广泛发育，为江苏省内主要的一期构造岩浆活动。

在徐宿岩段以后石娄花岗闪长斑岩体为代表。后石娄花岗闪长斑岩体分布于铜山县利国西南利国环形构造边缘，呈小岩株侵入于中—下奥陶统马家沟组灰岩中，出露面积近0.4 km^2。岩石呈灰白微带红色，斑状结构，斑晶为斜长石、石英、暗色矿物，基质由微晶—隐晶长英质矿物组成。

在东海桃林-莒南岩段以东海老圩庄花岗闪长岩岩体、踢球山花岗岩体及石埠花岗斑岩为代表。老圩庄花岗闪长岩由8个岩体组成，岩体呈小岩株、岩枝产出，其侵入于大解庄二长花岗岩中，为脉动侵入关系，该单元岩石斜长石含量明显偏高，相应钾长石含量偏低，同位素年龄111Ma、104.7Ma。踢球山花岗岩由3个岩体组成，岩体规模一般较小，呈小的岩株、岩脉产状与老圩庄岩体呈脉动接触关系，岩石石英、钾长石含量偏高，暗色矿物稀少。同位素年龄96Ma。石埠花岗斑岩岩体规模小，多呈岩脉产状，岩石出现文象结构，矿物结构两个世代结晶极为清楚。

沿江岩段以宁镇西段白鹅山岩体为代表，位于南京市东郊其林门附近。北起仙鹤门，南至青龙山北麓，近似长方形。南北长约6km，东西宽约2.5km。基岩面积14km^2，总体走向北北西，倾向北东东。岩体侵入于周冲村组和黄马青组中。岩石类型主要为花岗闪长斑岩和石英闪长斑岩，局部有球粒结构的石英二长斑岩，沿白鹅山脊分布有似斑状花岗闪长岩。同位素地质年龄为115～102Ma。

江南岩段苏锡岩区以分布于上海—崇明一带的三林塘石英闪长岩、崇明花岗岩为主体，三林塘石英闪长岩体分布于三林塘—天花庵一带，呈椭圆形—似圆形的小岩株，面积约为4.5km^2，受川沙-枫泾断裂控制。三林塘单元岩体侵位于中元古界金山岩群变质岩及侏罗系劳村组中，同位素（全岩）年龄120.1Ma，岩浆活动期为早白垩世。

崇明花岗岩分布于崇明、吴淞、上海市区及虹桥一带，岩体呈不规则的岩株及零星分布的小岩枝，岩石呈肉红色，具细—粗粒不等粒结构，以细粒为主。主要成分为钾长石、斜长石、石英，少量黑云母和角闪石，副矿物为磁铁矿、磷灰石、榍石、锆石等。岩体分布受断裂控制，岩体总体呈北东向排列，测区内分布面积约为140km^2。崇明单元侵入于寒武系和奥陶系及上侏罗统黄尖组中，同位素（K－Ar法）年龄值为112.2～107.1Ma。

10. 后造山碱性花岗岩组合（K_1）

燕山旋回晚期侵入岩岩石类型主要有碱长花岗岩、花岗斑岩和花岗岩，仅分布于长江中下游沿江岩段的宁镇地区，以牛头山岩体、王后村岩体、雷巷岩体、东林场岩体为代表。牛头山岩体呈北北西向侵入于白鹅山岩体与黄马青组之间，主要岩石类型为碱长花岗斑岩，以富硅碱和β-石英斑晶发育为特征。王后村岩体位于其林门东南约3.5km处，岩体沿纵向断裂分布，南东侧围岩为青龙组和周冲村组，北西侧围岩为黄马青组，岩石类型为碱长花岗斑岩。雷巷岩体位于桥头南约4km，呈岩枝状侵入于下蜀岩体中，平面呈近东西向的椭圆形，主要岩石类型为细粒花岗岩。东林场岩体位于徐湾岩体西北边缘，为碱长花岗岩，主要呈岩枝状侵入于下三叠统之中，走向北北西，在徐湾岩体内部常呈脉状产出。

11. 后造山过碱性花岗岩组合（K_1）

该岩石构造组合是省域内中生代岩浆活动最晚期的产物，同位素年龄值为73.7Ma。岩石类型主要有花岗斑岩、石英正长斑岩及少量次英安斑岩，仅分布于江南岩段苏锡地区，一般岩体规模较小，多呈脉状产出。其中石英正长斑岩主要分布于阳山东侧和阳山北部火山岩中，受北北东向、北西西向两组共轭断裂控制呈网脉状。花斑岩分布于阳宝山—穹隆山之间，呈平行脉产出，连续性好的可达10km，一般百米至千米，宽2～8m（最宽30m）。岩脉走向5°～30°，倾向以北西西者居多，倾角70°～80°。花岗斑岩多为浅肉红色，斑状结构，基质为显微文象、显微球状及显微嵌晶结构。斑晶少，主要是钾长石、钠长石和石英，基质成分与斑晶相似，以钾长石、石英为主，含少量钠长石。以上脉岩侵入于古生界茅山组、五通组和早白垩世火山岩中，其时代属早白垩世晚期。

12. 大陆裂谷碱性玄武岩组合(N)

该组合主要为喜马拉雅期的侵入岩，岩石类型主要有基性岩——辉长岩、辉绿岩，在江苏地区的3个岩带均零星出露，分布面积一般为几百到上千平方米，多呈岩床、岩墙或岩脉产出。据苏北坳陷地区资料，它们侵入于古新统—上新统各地层中，均属喜马拉雅期。辉绿岩体在玄武岩区主要分布于火山口或火山通道附近，均属岩颈相和次火山岩相。岩石呈暗绿色、暗灰色、灰色，具辉绿结构，主要矿物为斜长石、橄榄石、辉石，局部地区见含石英，副矿物为磷灰石、磁铁矿。

第四节 变质岩岩石构造组合

一、变质岩分布特征

区内三大地质构造单元内均有变质岩存在，太古宇—新生界均存在不同程度不同类型的变质作用，其中以新太古界—中元古界的变质作用最为强烈，新太古界—中元古界均已变质。变质作用类型主要有区域变质、接触变质、动力变质等，以区域变质作用为主。区域变质岩广泛分布苏鲁造山带中，动力变质岩、接触变质岩仅限于局部地区。形成的变质岩种类繁多，主要有片麻岩、变粒岩、片岩、角岩、大理岩、矽卡岩、糜棱岩等。

江苏省区域变质作用发生在太古宙—元古宙，在漫长的地质时期内，经历了多次大的地壳运动，使原已成形的侵入岩、火山-沉积岩、沉积岩普遍遭受区域变质作用，形成各种区域变质岩，出现不同的变质带和变质相。按变质作用发生的时间，可划分为太古宙—古元古代和中—新元古代两个变质期。

太古宙—古元古代变质期变质作用类型为区域高—中温热动力变质作用，遭受变质的地层为中—新太古界泰山岩群和新太古界—古元古界东海杂岩，岩石达中—深变质程度，主要形成低角闪岩相和高绿片岩相两个变质相，部分地区达榴辉岩相、麻粒岩相，形成的变质岩石主要为片麻岩、榴辉岩、浅粒岩、变粒岩、片岩、石英岩、大理岩等。岩石中出现了金刚石、金红石、柯石英等超高压、高压变质矿物，原岩的矿物成分和结构构造均已消失。

中新元古代变质期变质作用类型属区域低温动力变质作用，遭受变质的地层为中元古界锦屏岩群、张八岭岩群、埤城岩群和中—新元古界云台岩群，变质相有高绿片岩相和低绿片岩相。变质作用影响的区域包括连云港、沭阳、灌云、东海、泗阳、盱眙大片地区和丹阳县埤城一带。岩石为中—浅变质程度，形成的变质岩主要以片岩为主，夹变粒岩、浅粒岩、大理岩等。

此外，在宁镇地区和江浦、六合、盱眙境内的震旦系，岩石遭受轻微的变质，原岩矿物成分及结构构造基本保留，以千枚岩、千枚状岩石为主。

在岩浆岩和围岩接触带，常见接触变质现象。主要发生在中生代燕山期的中酸性侵入岩与围岩接触处，范围一般不大，宽几十到数百米，少数达1～2km，接触变质带形态、规模与侵入体大小、形状及围岩的物理化学性质有关。

二、岩石构造组合特征

江苏省变质岩主要为前震旦纪的区域变质岩，大部分出露于江苏省东北部，郯庐断裂以东，响水口-

淮阴断裂以北，新沂、东海、赣榆、连云港、灌南等地。钻孔揭示丰沛地区第四系之下也有太古宇泰山岩群呈东西向展布、宁镇埤城地区与上海金山地区存在中元古代斜长角闪岩-变粒岩-片岩-石英岩-大理岩组合等。根据岩石类型、岩石组合特征、原岩恢复、形成时代、变质时代和形成的大地构造环境，将省内变质岩石划分为花岗片麻岩-角闪岩-石英岩组合($Ar_{3-4}T$)、斜长角闪岩-变粒岩-磁铁石英岩组合($Ar_{3-4}s$)、变粒岩-浅粒岩-石英岩组合($Pt_{2-3}Y$)、绿片岩-(云母)石英片岩-大理岩组合(Pt_2J)、钾长花岗片麻岩-花岗片麻岩组合 (Pt_1)、二长花岗片麻岩组合(Pt_1)、斜长角闪岩-榴辉岩组合(Pt_1)、变超基性岩-基性岩组合(Pt_1)、片岩-石英岩-大理岩组合(Ar_4Pt_1)、斜长角闪岩-变粒岩-片岩组合(Pt_2P)、片岩-石英岩-大理岩组合(Pt_2Js)11个岩石构造组合，根据各类变质岩石的变质环境、变质相、主要分区断裂构造、大地构造环境等将区内划分为3个变质域、4个变质岩区、5个变质带。各变质地质单元、地质时代与岩石构造组合的时空关系见表2-5。

表2-5　江苏省变质岩岩石构造组合划分表

变质地质单元			变质时代		岩石构造组合
			代	纪	
华北变质域	鲁西变质岩区	鲁西-徐淮变质岩带	新太古代		花岗片麻岩-角闪岩-石英岩组合($Ar_{3-4}T$)
					斜长角闪岩-变粒岩-磁铁石英岩组合($Ar_{3-4}s$)
苏鲁-大别变质域	苏鲁高压—超高压变质岩区	连云港-泗洪高压变质岩带	新元古代	青白口纪	变粒岩-浅粒岩-石英岩组合($Pt_{2-3}Y$)
			中元古代	蓟县纪	
				长城纪	绿片岩-(云母)石英片岩-大理岩组合(Pt_2J)
		苏北-胶南超高压变质岩带	古元古代	滹沱纪	钾长花岗片麻岩-花岗片麻岩组合 (Pt_1)
					二长花岗片麻岩 (Pt_1)
					斜长角闪岩-榴辉岩组合(Pt_1)
					变超基性岩-基性岩组合(Pt_1)
			新太古代		片岩-石英岩-大理岩组合(Ar_4Pt_1)
下扬子变质域	沿江变质岩区	埤城变质岩带	中元古代	长城纪	斜长角闪岩-变粒岩-片岩组合(Pt_2P)
	江南变质岩区	金山变质岩带			片岩-石英岩-大理岩组合(Pt_2Js)

(一)华北变质域

华北变质域在省域范围内仅为华北陆块区南缘之一隅，钻孔揭示稳定盖层沉积岩之下有以片麻岩类、混合岩类、石英岩类为主的基底结晶岩系，将之归入鲁西变质岩区的鲁西-徐淮变质带，岩石构造组合划分为花岗片麻岩-角闪岩-石英岩组合($Ar_{3-4}T$)和斜长角闪岩-变粒岩-磁铁石英岩组合($Ar_{3-4}s$)。

1. 花岗片麻岩-角闪岩-石英岩组合($Ar_{3-4}T$)

该岩石构造组合分布于徐州丰沛地区，相当于泰山岩群变质岩。岩石类型以黑云斜长片麻岩、斜长角闪岩、黑云变粒岩为主，并夹有角闪变粒岩、透闪阳起片岩、变质砾岩和石榴石英岩等，变质时代为新太古代，属低角闪岩相。原岩为一套变质的基性火山岩及细粒火山碎屑岩夹粉砂级的碎屑岩建造。

2. 斜长角闪岩-变粒岩-磁铁石英岩组合($Ar_{3-4}s$)

该岩石构造组合分布于徐州丰沛地区，与泰山岩群山草峪组变质岩相当。岩石类型以斜长角闪岩、黑云变粒岩、透闪阳起片岩、变质砾岩和石英岩等，变质时代仍为新太古代，属低角闪岩相。原岩主要为粉砂级的碎屑岩，其组成岩石中的石英岩中多含磁铁矿，是区域鞍山式沉积变质铁矿的成矿母岩。

（二）苏鲁-大别变质域

系秦祁昆造山系东延部分的苏鲁高压—超高压变质岩区，位于郯庐断裂以东，响水口-淮阴断裂以北，是省域内主要变质岩分布区，由苏北-胶南超高压变质岩带、连云港-泗洪高压变质岩带两个部分组成。区内变质岩石主要由中新元古界云台岩群变质岩、中元古界锦屏岩群变质岩、新太古界—古元古界东海杂岩变质岩组成。云台岩群变质岩主要为一套经历低绿片岩相变质程度的各种浅粒岩、变粒岩、片岩、石英岩组成。以浅粒岩、变粒岩为主，片岩、石英岩常呈薄层夹于其中，原岩复杂，有沉积的长石砂岩、黏土岩等，也有火山喷发的流纹岩类和过渡类型的层凝灰岩和凝灰质砂岩等。锦屏岩群变质岩为一套经高绿片岩相区域变质岩，由各种片岩、变粒岩、大理岩、石英岩及磷灰岩组成，不同岩石常呈互层或渐变关系，其原岩主要为沉积碎屑岩和火山沉积岩。东海杂岩变质岩以各种片麻岩为主，夹片岩、角闪岩、榴辉岩、变粒岩、浅粒岩、大理岩、石英岩等，变质相以低角闪岩相和高绿片岩相为主，部分地区达榴辉岩相、麻粒岩相。相应的岩石构造组合划分为变粒岩-浅粒岩-石英岩组合($Pt_{2-3}Y$)、绿片岩-(云母)石英片岩-大理岩组合(Pt_2J)、钾长花岗片麻岩-花岗片麻岩组合(Pt_1)、二长花岗片麻岩(Pt_1)、斜长角闪岩-榴辉岩组合(Pt_1)、变超基性岩-基性岩组合(Pt_1)、片岩-石英岩-大理岩组合(Ar_4Pt_1)共7个。

（三）下扬子变质域

下扬子变质域未见区域变质岩的出露，仅少量钻孔于局部地区见及，现根据揭示的变质岩的空间分布、岩石类型、岩石组合、变质作用与变质相、大地构造环境等将其划分为沿江变质岩区埤城变质岩带和江南变质岩区金山变质岩带两个变质单元，相应的岩石构造组合分别为斜长角闪岩-变粒岩-石英片岩组合和大理岩-石英岩-片岩组合，分别对应于埤城岩群与金山岩群变质岩。

1. 斜长角闪岩-变粒岩-片岩组合(Pt_2P)

该岩石构造组合相当于中元古界埤城岩群变质岩，该岩群为一套具轻微混合岩化的浅变质岩系，主要岩石类型上部主要为深灰色斜(钠)长绢云片岩、二云斜长片岩、阳起片岩、绿泥片岩及阳起石英片岩，夹斜长变粒岩、阳起斜长变粒岩，局部夹石英绿泥大理岩、透闪片岩；中部主要为深灰色、灰绿色斜长变粒岩，阳起斜长变粒岩，黑云斜长变粒岩，夹含磷灰石黑云角闪岩及黑云角闪岩，上夹阳起片岩、黑云片岩；下部主要为深灰色、灰黑色角闪斜长变粒岩、斜长角闪岩、绿帘斜长变粒岩，夹黑云片岩、黑云绿泥片岩、阳起片岩。根据其岩石组合分析，主要为变粒岩＋片岩＋斜长角闪岩，应属绿片岩相。该岩石构造组合中具条带状、砾状、串珠状、眼球状、碎裂状结构，岩石中见多期长英石脉体并相互穿插，或疏或密展布，一般宽1～2cm，因动力作用，形成柔性褶曲。根据其岩石化学分析资料显示，其原岩应以基性火山岩为主，中酸性火山岩为次，并有少量正常碎屑岩，其中，绿泥阳起片岩、斜长角闪岩等深色变质岩的原岩多为基性火山岩，而变粒岩、绢云片岩等浅色变质岩的原岩则多为中酸性火山岩。

2. 片岩-石英岩-大理岩组合(Pt_2Js)

该岩石构造组合相当于中元古界金山岩群变质岩，其主要岩石类型在上段以灰白色白云母片岩、云母石英片岩及绢云母石英片岩等为特征；中段由灰黑色、深灰色及绿黑色斜长角闪岩，绿帘斜长角闪岩，含磁铁角闪岩，以及灰黑色、灰绿色的角闪斜长片麻岩，角闪二长片麻岩，二云斜长片麻岩等组成；下段主要为灰白色白云母浅粒岩、含磁铁绢云母片岩、黑云片岩及白云母石英岩；底部由白色大理岩、结晶灰岩夹阳起片岩与绿泥片岩等组成。根据变质岩石自然共生组合，金山岩群上、下段同属绿片岩-大理岩变质建造，中段属斜长角闪岩夹变粒岩、浅粒岩变质建造。根据特征矿物组合，金山岩群变质岩石可能经历了低绿片岩相或高绿片岩相变质作用。依据其地质产状和岩石共生组合及岩石化学等特征，初步推测金山岩群上段为正常沉积的砂、泥质碎屑夹碳酸盐岩建造，推测为浅海相沉积；中段由凝灰岩、流纹岩以及部分碎屑沉积物组成，说明当时有较强烈的间歇性(海底)火山喷发活动；下段的原岩以黏土质为主，夹少量碳酸盐岩，仍属浅海相沉积。

第五节　大型变形构造

一、大型变形构造划分

江苏省内大型变形构造主要为大型推覆构造、大型走滑断裂构造、大型逆冲断裂构造和地堑-地垒构造系统。其中，大型走滑断裂构造、大型逆冲断裂构造为不同级别大地构造单元的分界构造，大型推覆构造则在华北陆块区、扬子陆块区均有分布，中新生代中国东部地堑-地垒构造系统涵盖了省域全境。

二、大型变形构造特征

江苏省内发育的大型变形构造类型及特征如表 2－6 所示，主要大型变形构造的特征及组成的主要构造单位描述如下。

1. 郯庐左行走滑构造

江苏省区域内控制的郯庐断裂主要指新沂—泗洪段，延伸长度约 170km，宽度 20～30km，总体走向 5°～15°，大部分被第四系覆盖，仅断裂带东侧有零星露头。断裂带通过航磁观测有明显线型正异常带，卫星影像观测北段较清楚，南段模糊。断裂带从西向东的主要断裂有纪集-王集断裂(西界)、瓦窑-皂河断裂、墨河-凌城断裂、新沂-新店断裂、马陵山-重岗山断裂、山左口-泗洪断裂(东界)，及在东界边缘发育的高埝-陈栈断裂构造透镜体(江苏省地质矿产局区域地质调查大队，1989)。

本次郯庐断裂的表达总结了前人最新的研究成果，认为郯庐断裂形成时代在早三叠世，即印支早期，并一直持续活动到古近纪。印支期，在扬子陆块和华北陆块拼合、碰撞造山的背景之下，郯庐断裂以转换走滑活动为主，持续时间大概在 240～220Ma 之间，后在挤压应力背景作用下，转变为左行平移走滑为主，持续时间大概在 220～190Ma 之间；燕山期，在江苏地区形成统一的环太平洋构造域背景下，中晚侏罗世—早白垩世早期以挤压走滑活动为主，早白垩世以地壳伸展和陆内裂谷断陷作用为主，晚白垩世—古新世以右旋走滑作用为主。在断裂带内断陷盆地发育，沉积物主要为白垩纪—新近纪陆内盆地相沉积岩或火山岩，另还有少量岩体侵入。产状省内走向主要为北北东，倾角为 5°～10°，倾向整体南东东，局部近直立。

表 2-6 大型变形构造特征数据表

大型变形构造名称	代号	类型	规模	产状	组合形式	物质组成	构造层次	运动方向	力学性质	形成时代	变形期次	大地构造环境	含矿特征
郯庐左行走滑构造	TLZZ	剪切	省内长度170km，宽度20～30km	走向北北东，倾角5°～15°，倾向整体向南东，局部直立	平行	带内断陷盆地发育，主要物质组成为白垩纪、新近纪陆内盆地相沉积岩或火山岩。其内残留有新太古代城岗杂岩隆起，并有燕山期中—酸性桃林岩体大规模侵入	脆性	早期（T—J_3）：走滑；晚期（J_{2-3}—N）：斜冲→正滑→先正滑后走滑	早期（T—J_1）：扭性；晚期（J_{2-3}—N）：压扭性（J_2—K_1早期）→张性（K_1—E_1）→张性（N）	形成于T_2—J_1早期	①转换走滑阶段（240～220Ma）；②左行平移走滑阶段（220～190Ma）；③中晚侏罗世—早白垩世早期挤压走滑；④早白垩世中期—古新世陆内断陷阶段，新近纪裂谷断陷阶段	中—晚三叠世为陆间造山带；新生代为陆内盆地相	
徐宿逆掩推覆构造	XSNT	挤压	推覆体，最大运移距离140～160km	北北东走向，南东向倾斜	近平行（弧形分布）	晚震旦世陆表海碎屑岩沉积，寒武纪—早奥陶世陆表海碳酸盐岩沉积；石炭纪陆表海碎屑岩沉积；而二叠纪、侏罗纪、白垩纪沉积岩主要在钻孔中揭露	脆性	逆冲	压性	形成于T_3—J_3	晚三叠世—燕山期形成，持续活动至古新世，可划分为3期：早期（T_3）向近南北方向挤压逆冲形成推覆构造；中期（J—K_1早期）活化北西向挤压逆冲；晚期（K_1中期—E_2）近东西向拉张正滑	陆内盆地相	同期Fe矿化
宁镇逆掩推覆构造	NZNT	挤压	展布长度约50km	走向北东或北东，倾向南东	近平行（弧形分布）	主要物质组成有志留纪前陆盆地沉积岩；泥盆纪、石炭纪—早三叠世被动陆缘沉积岩；中—晚三叠世前陆盆地沉积岩；侏罗纪、白垩纪陆内盆地相沉积岩、火山岩及侵入岩	脆性	逆冲	压性	形成于T_3—J_2	从晚三叠世持续活动至早白垩世，可划分为2期：早期，晚三叠世向北挤压逆冲形成推覆构造，晚侏罗世—早白垩世早期北西挤压逆冲活化；晚期，早白垩世中晚期多期拉张正滑	陆内盆地相	同期Fe、Cu、Mo、Pb、Zn、Au矿化

续表 2-6

大型变形构造名称	代号	类型	规模	产状	组合形式	物质组成	构造层次	运动方向	力学性质	形成时代	变形期次	大地构造环境	含矿特征
茅山逆掩推覆构造	MSNT	挤压	全长大于240km	北北东-南南西延伸	近平行	志留纪前陆盆地沉积岩;泥盆纪、石炭纪、二叠纪、早三叠世被动陆缘沉积岩;侏罗纪、白垩纪陆内盆地相沉积岩及火山岩、侵入岩	脆性	逆冲	压性	T_3—J_2	持续活动至早白垩世,可划分为2期:早期,晚三叠世近南北向挤压逆冲,侏罗纪北西向挤压逆冲活化;晚期,白垩纪近东西向拉张正滑	陆内盆地相	Fe、Cu、Au
响淮大型逆冲断裂构造	XHNC	挤压	隐伏构造,省内长度大于210km,宽度不清	走向北东,倾向浅部南东,深部可能转向北西,陡倾斜	近平行	出露地层主要为震旦纪陆棚碳酸盐岩沉积物及新生代碎屑岩沉积	脆性	逆冲	压性	可能形成于新元古代	持续活动至早白垩世,可划分为3期:早期,新元古代挤压形成阶段;中期,中三叠世—晚侏罗世挤压逆冲活化阶段;晚期,早白垩世—古新世拉张正滑断陷	新元古代为被动陆缘;中三叠世—古新世为陆内盆地相	无明显矿化
江南大型逆冲断裂构造	JNNC	挤压	隐伏构造,省内长度大于200km,宽度不清	走向北东,近于陡立或陡倾斜,倾向浅部可能为南东	近平行	地表几乎被第四系覆盖,仅少量出露二叠系孤峰组硅质岩,另外钻孔揭露有新近系方山组玄武岩	脆性	逆冲	压性	可能形成于早古生代	持续活动至上新世,可划分为3期:早期,新元古代挤压逆冲形成阶段;中期,中三叠世—晚侏罗世挤压逆冲作用;晚期,晚侏罗世—古新世拉伸正滑断陷,上新世可能存在拉张裂谷断陷	早古生代为前陆盆地;晚古生代—早三叠世被动陆缘;中三叠世以来陆内盆地相	无明显矿化
中国东部地堑-地垒构造(江苏地区)	ZDQL	拉张	省内沿北东向断层分布	北东向断裂控制边界	平行	地堑中陆相碎屑岩快速堆积,形成一套自白垩纪以来巨厚的类磨拉石沉积物	脆性	早期(K—E_1)正滑或斜滑晚期(N)正滑	张性或张扭性	K—N	持续活动至上新世,可划分为2期:早白垩世中期—古新世多期拉张盆岭构造形成阶段;新近纪拉张裂谷断陷	陆内盆地相	同期Fe、Cu、Au矿化

2. 徐宿逆掩推覆构造

徐宿逆掩推覆构造形成于晚三叠世—晚侏罗世，持续活动至古新世，主要构造活动可划分为3期：早期(T_3)向近南北方向挤压逆冲形成推覆构造，中期(J—K_1 早期)活化北西向挤压逆冲，晚期(K_1 中期—E_3)近东西向拉伸正滑。主要物质组成包括晚震旦世陆表海碎屑岩沉积，寒武纪—早奥陶世陆表海碳酸盐岩沉积；石炭纪陆表海碎屑岩沉积；而二叠纪、侏罗纪、白垩纪沉积岩主要在钻孔中揭露。

该构造在徐州1∶20万区域调查报告中被称为徐州弧，位于徐州、利国一带，构成徐淮山系的主体，出露地表的构造形迹主要在中生代形成，由4个核部为震旦系的背斜和5个核部为二叠系的向斜相间排列的复式褶皱及一系列平行的纵向压(压扭)性断裂组成。构造线的方向自南西向北东，由北北东—北东—北东东(东西)向在徐州一带转折向北西突出呈弧形。它重叠在古老的东西向构造上，使老的东西向构造显得减弱。新生代在弧形构造的内侧形成一个略向北西突出的弧形盆地，重叠在早期弧形构造之上，并被第四系覆盖。

构造位置上，该大型变形构造位于华北板块东南缘，东与郯庐断裂带相邻，南和大别山造山带相望。大型变形构造所在区域出露沉积地层主要有新元古代被动陆缘相碎屑岩及碳酸盐岩，早古生代陆表海相碳酸盐岩及少量碎屑岩，晚古生代陆表海相碎屑岩。

本次总结前人研究成果，认为徐宿逆掩推覆构造形成大概在晚三叠世—中侏罗世，并持续活动至早白垩世。在三叠纪中晚期，由于北西向挤压作用发生大规模逆冲推覆，推覆体最大运移距离140～160km，推覆构造北北东走向，到晚侏罗世及早白垩世转化为拉张应力作用下的正滑断裂。构造所在区域出露地层主要为陆表海相沉积岩，包括有晚震旦世碎屑岩沉积，寒武纪—早奥陶世碳酸盐岩沉积物，石炭纪碎屑岩沉积，另外还有少量二叠纪陆内河湖相沉积岩。推覆体盖层沉积物主要有侏罗纪和白垩纪沉积岩、火山岩及侵入岩。

3. 宁镇逆掩推覆构造

宁镇山脉主要构造变形一直以来认为是位于南京与镇江之间三背两向的构造格局，即由南向北分布的汤山-仑山复背斜，桦亭复向斜，宝巢复背斜，范家场复向斜，龙仓复背斜(江苏省地质矿产局，1984)。

后来有人提出夹于汤仑复背斜和宝巢复背斜之间的徐家山-金子山逆掩断裂带和杨坊山-长林村逆掩断裂带将宁镇山脉构造分割为3条弧形构造带：自南向北依次为汤仑构造带(徐家山-金子山断裂以南)、宝巢构造带(杨坊山-长林村断裂以南)、幕府山-栖霞山-龙山构造带(杨坊山-长林村断裂构造以北)。这3个构造带组成的连续构造剖面显示，由南部汤-仑构造带到北部幕-栖-龙构造带，褶皱变形依次增强，褶皱轴面从南倾到近于直立，说明北部挤压应力的集中区在北部，北部构造带是挤压构造的前锋，每一个构造带前缘都发育一条规模巨大的逆冲，逆掩断层，3个构造带所反映的剖面剪切动力是一致的，都指示了由南向北的逆掩推覆。因此可认为整个宁镇山脉的地表构造应该是由上述逆掩断层所标志的深层滑移面所分割的推覆片体的叠覆，地表所见无非是这些推覆片体表层滑动构造(葛肖虹，1987)。

本次总结前人的研究成果，认为宁镇推覆构造形成大概在晚三叠世—中侏罗世，并持续活动至早白垩世。早期，以北西向挤压作用为主发生大规模逆冲推覆，推覆构造走向北东—北东东，展布长度约50km，到晚侏罗世及早白垩世转化为拉张应力作用下的正滑断裂。构造所在区域出露地层主要为志留纪—泥盆纪时期前陆盆地沉积岩，石炭纪—早三叠世被动陆缘沉积岩以及中晚三叠世前陆盆地沉积岩。推覆体盖层主要为侏罗纪、白垩纪以来的陆内盆地相沉积岩、火山岩及侵入岩。

4. 茅山逆掩推覆构造

茅山逆掩推覆构造位于溧水和句容火山盆地与溧阳火山盆地之间，全长大于240km，北北东-南南西延伸，主体位于茅山山脉，属于挤压型构造类型。大型变形构造所在区域物质组成主要有志留纪前陆盆地碎屑沉积物，泥盆纪—三叠纪被动陆缘碎屑沉积物，燕山期侏罗纪—白垩纪火山碎屑沉积岩、火山岩及中酸性侵入岩。形成时代为晚三叠世—中侏罗世，后持续活动至早白垩世，其中，晚三叠世—中侏罗世以挤压应力作用为主，晚侏罗世—早白垩世以拉张应力作用为主。

推覆构造主体在地表由一系列复式背斜和复式向斜及一系列断层组成。褶皱包括有塔山-顶宫倒转复式背斜，青山-燕子山倒转复式向斜，方山倒转复式背斜，东岳庙-花山倒转复式向斜，回峰山-芳山倒转复式背斜，芝山-遮军山倒转复式背斜。断裂相当发育，其中，NE20°有7条，均为倾向南东的逆掩断层，主要位于大型变形构造中北段，个别逆掩断层形成“飞来峰”构造；NE30°有5条，主要是倾向南东的逆掩断层；近南北向的断层有4条，为正断层；北西向横断裂主要有30条，绝大多数为平移断层，极个别为逆掩断层。

茅山逆掩推覆构造形成于晚三叠世—中侏罗世，并持续活动至早白垩世，早期以北西向挤压逆冲推覆作用为主，晚期以近东西向拉张正滑作用为主。构造全长大于240km，北北东-南南西延伸，构造所在区域物质组成主要有志留纪前陆盆地沉积岩，泥盆纪—早三叠世被动陆缘沉积岩，前陆盆地中晚三叠世沉积岩以及侏罗纪、白垩纪陆内盆地相沉积岩、火山岩和侵入岩。

5. 响淮大型逆冲断裂构造

响淮逆掩推覆构造主体位于苏鲁造山带与扬子陆块区的交界处，为物探推断的隐伏深大断裂，地表均被第四系覆盖。该逆掩推覆构造属挤压型构造，长度省内大于210km，宽度不清，走向北东。推覆构造内出露主要地层为震旦纪陆棚碳酸盐岩沉积及新生代碎屑岩。逆掩推覆构造可能形成于新元古代，持续活动至早白垩世，其活动主要表现为3期：早期，新元古代挤压形成阶段；中期，中三叠世—晚侏罗世挤压逆冲活化阶段；晚期，早白垩世—古新世拉张正滑断陷。

6. 江南大型逆冲断裂构造

江南大型逆冲断裂构造位置大致从如皋与黄桥一线向南过长江到金坛，后一直向西南到苏皖省界附近，具体分布区域由于几乎被第四系覆盖无法准确圈定。该大型变形构造属隐伏构造，物探推测深大断裂，省内长度大于200km，具体宽度不明，走向北东，近于陡立，属挤压型构造，构造内出露的地层主要为侏罗纪和白垩纪陆内断陷盆地沉积。构造形成时代可能在早古生代，持续活动早白垩世，其主要活动可划分为3期：早期，新元古代挤压逆冲形成阶段；中期，中三叠世—晚侏罗世挤压逆冲作用；晚期，晚侏罗世—古新世拉伸正滑断陷，上新世可能存在拉张裂谷断陷。

7. 中国东部地堑-地垒构造(江苏地区)

早白垩世以来，江苏地区处于环太平洋构造体系域拉张应力环境下，发育大量地堑-地垒构造，地垒部位缺失中新生代沉积，地堑中中新生代陆相碎屑岩快速堆积，并持续活动至上新世，形成一套白垩纪以来巨厚的类磨拉石沉积物。控制地堑-地垒构造主体断裂呈北东走向，发育的主要地层为新生代陆内断陷盆地类磨拉石沉积。江苏地堑-地垒构造形成于早白垩世，可划分为2期：早白垩世中期—古新世多期拉张盆岭构造形成阶段；新近纪拉张裂谷断陷。

控制断层大多是前期压性断裂构造的活化，活化的断层性质以正滑和斜滑为主。江苏省分布的地堑、地垒包括欢口地堑、华栖地垒、敬安地堑、徐宿地垒、新沂地堑、苏胶地垒、阜宁地堑、建湖地垒、东台地堑、江都地垒、南通地垒、上海地堑。

第六节 大地构造相与大地构造分区

一、大地构造相的划分

根据“全国矿产资源潜力评价”的地质构造研究工作技术要求和大地构造相划分方案，以岩石构造组合为基础，采用优势大地构造相原则为相划分的依据，将江苏省域内及上海市大地构造相划分为3个一级大地构造相单元(相系)、3个二级大地构造相单元(大相)、26个三级大地构造相单元(相)、42个四级大地构造相单元(亚相)和96个五级大地构造相单元(岩石构造组合)。

区域上以郯庐断裂带和响淮断裂带为界。郯庐断裂带以西为华北陆块区的鲁西陆块的一部分，江苏省范围内鲁西陆块可划分为8个大地构造相、12个亚相、24个岩石构造组合。郯庐断裂带以东、响淮断裂带以北属秦祁昆造山系中二级单元大别-苏鲁造山带的一部分，可进一步划分为3个大地构造相、5个亚相、14个岩石构造组合。响淮断裂带以南为扬子陆块区，属扬子板块的一部分，含苏皖前陆盆地与下扬子被动陆缘各一部分，分为15个大地构造相、26个亚相、58个岩石构造组合(表2-7)。

二、大地构造分区的划分

江苏省大地构造划分方案是在全国大地构造分区推荐划分方案的基础上，将江苏省大地构造分区划分为3个一级构造分区单元、3个二级构造分区单元、4个三级构造分区单元、15个四级构造分区单元、39个五级构造分区单元。在四级、五级构造分区中，每个构造分区可能有不同地质构造阶段多个大地构造环境形成的大地构造相或岩石构造组合在垂向上的叠置，同一大地构造环境形成的大地构造相或岩石构造组合也可能成为不同大地构造分区的组成部分。各级大地构造单元及其中包含(出露或已揭示的)的大地构造相/亚相与岩石构造组合见表2-8。

三、主要构造单元特征

1. 鲁西碳酸盐台地

该构造单元属华北陆块区，新太古界泰山岩群组成结晶基底，缺失古—中元古界沉积，新元古界—古生界(缺失上奥陶统—下石炭统)组成盖层沉积，与基底呈不整合接触，中生界与第三系(古近系+新近系)主要为陆相断陷盆地沉积，各时代地层间呈整合或假整合接触；古元古代及其之前的岩浆侵入活动颇为活跃，其后甚弱，中生代虽有活动，但规模较小，伴有中基性火山喷发，新生代以基性玄武岩喷溢为主。区内脆性断裂发育，以近东西向、北东向、北西向隐伏断裂为主，彼此构成断块构造。区内地质构造演化经历了变质新太古代基底杂岩形成阶段、新元古代被动陆缘发展阶段、早震旦世大陆裂谷阶段、早古生代碳酸盐岩陆表海发育阶段、晚古生代石炭纪碎屑岩陆表海发育阶段、二叠纪陆内盆地阶段、晚侏罗世—早白垩世的后造山岩浆岩侵入阶段、晚白垩世—中新生代陆内断陷盆地发展8个演化阶段。

表 2-7　江苏省大地构造相划分表

相系	大相	相		亚相	岩石建造组合
华北陆块区（Ⅱ）	鲁西陆块（Ⅱ-6）	鲁西碳酸盐岩台地（Ⅱ-6-1）	徐淮陆内盆地相（Ⅱ-6-1-8）	徐宿断陷盆地亚相 dxpd（K_2—Q）	欢口、敬安、四户、高集松散碎屑沉积组合（Qh、Qp）
					柳集河流相砂砾岩-粉砂岩-泥岩组合（$E_{2-3}G$）
					棠张河流相砂砾岩-粉砂岩-泥岩组合（K_2W）
			班井-黄山岛后造山岩浆杂岩相（Ⅱ-6-1-7）	黄山岛后造山岩浆杂岩亚相 hzy（K_1）	黄山岛花岗闪长岩-花岗岩组合（K_1）
				班井-利国同碰撞岩浆杂岩亚相 tpy（J_3—K_1）	丰沛、睢宁-邳州大陆伸展环境的安山岩-英安岩组合（K_1Q）
					睢宁-邳州湖泊相泥岩-粉砂岩组合（K_1L）
					班井、利国闪长岩组合（J_3）
			大屯-贾旺陆内盆地相（Ⅱ-6-1-6）	大屯断陷盆地亚相 dxpd（J_3）	大屯河流相砂砾岩-粉砂岩-泥岩组合（J_3s）
				贾汪坳陷盆地亚相 oxpd（P_{2-3}）	贾汪湖泊相泥岩-粉砂岩组合（P_3sh）
					贾汪河流相砂砾岩-粉砂岩-泥岩组合（P_2s）
			徐淮陆表海相（Ⅱ-6-1-5）	丰沛、铜山海陆交互陆表海亚相 hljh（C_2）	丰县、铜山、贾汪陆表海陆交互含煤碎屑岩组合（C_2t）
				丰沛、铜山碎屑岩陆表海亚相 sxlb（C_2）	丰县、铜山、贾汪陆表海泥岩粉砂岩组合（C_2b）
			鲁西碳酸盐岩陆表海相（Ⅱ-6-1-4）	丰沛、徐淮台地亚相 td（Z_2—O）	丰沛、徐淮陆表海灰岩-白云岩组合（$O_{1-2}m$—$\in_2z$）
					丰沛、徐淮陆表海陆源碎屑-灰岩组合（$\in_{1-2}m$—$\in_1h$）
					丰沛、徐淮陆表海泥岩粉砂岩组合（Z_2j）
			徐宿裂谷相（Ⅱ-6-1-3）	伊庄-燕子埠陆内裂谷亚相 lnlg（Z_1）	伊庄、燕子埠基性岩墙群（Z_1）
			睢宁-邳州被动陆缘相（Ⅱ-6-1-2）	睢宁-邳州外陆棚亚相 wlp（Pt_3）	睢宁、邳州台地陆源碎屑-碳酸盐岩组合（Pt_3ws—Pt_3s）
					睢宁、邳州台地潮坪-局限台地碳酸盐岩组合（Pt_3w—Pt_3z）
				睢宁-邳州碎屑岩陆棚亚相 lpsx（Pt_3）	睢宁、邳州台盆陆源碎屑-碳酸盐岩组合（Pt_3jy—Pt_3c）
					睢宁、邳州远滨砂泥岩组合（Pt_3x）
					睢宁、邳州海岸沙丘-后滨砂岩组合（Pt_3l）
					睢宁、邳州海陆交互砂泥岩夹砾岩组合（Pt_3h）
			丰沛变质基底杂岩相（Ⅱ-6-1-1）	丰沛太古宙陆核亚相 tglh（Ar_{3-4}）	丰县、沛县英云闪长质-奥长花岗质-花岗闪长质片麻岩组合（$Ar_{3-4}T$）
					丰县斜长角闪岩-变粒岩-磁铁石英岩组合（$Ar_{3-4}s$）

续表 2－7

相系	大相	相		亚相	岩石建造组合
秦祁昆造山系（Ⅳ）	苏鲁造山带（Ⅳ－11）	苏鲁高压—超高压变质系折返带（Ⅳ－11－2）	苏北陆内盆地相（Ⅳ－11－2－3）	沭阳断陷盆地亚相 dxpd（K_2—Q）	苏北松散碎屑沉积组合（Qh、Qp）
					安峰山碱性橄榄玄武岩组合（avc）
					沭阳河流相砂砾岩-粉砂岩-泥岩组合（$E_{2-3}G$—E_2d）
					沭阳湖泊相泥岩-粉砂岩组合（E_1f）
					沭阳河湖相砂砾岩-粉砂岩-泥岩组合（E_1t、K_2W）
			桃林-莒南后造山岩浆杂岩相（Ⅳ－11－2－2）	桃林后造山岩浆杂岩亚相 hzy（K_1）	踢球山花岗岩组合（K_1）
					马陵山花岗闪长岩-二长花岗岩组合（K_1）
				临沭同碰撞岩浆杂岩亚相 tpy（J_3—K_1）	临沭伸展环境的安山岩-英安岩组合（K_1Q）
					临沭湖泊相泥岩-粉砂岩组合（K_1L）
					唐岭闪长岩组合（J_3）
			苏鲁高压-超高压变质系折返带（Ⅳ－11－2－1）	连云港-泗洪高压变质亚相 gy（Pt_{2-3}）	云台山变粒岩-浅粒岩-石英岩组合（$Pt_{2-3}Y$）
					锦屏山绿片岩-石英片岩-大理岩组合（Pt_2J）
				东海-胶南超高压变质亚相 cgy（Ar_4Pt_1）	东海花岗片麻岩-超高压榴辉岩组合（Pt_1）
					摩天岭片岩-石英岩-大理岩组合（Ar_4Pt_1）
扬子陆块区（Ⅵ）	下扬子陆块（Ⅵ）－1	苏皖前陆盆地（Ⅵ－1－1）	苏中-沿江陆内盆地相（Ⅵ－1－1－8）	苏中-沿江断陷盆地亚相 dxpd（K_2—Q）	苏中、沿江松散碎屑沉积组合（Qh、Qp）
					雨花台河流相砂砾岩-粉砂岩-泥岩组合（N_2f—N_1d）
					戴南河流相砂砾岩-粉砂岩-泥岩组合（$E_{2-3}G$—E_2d）
					阜宁湖泊相泥岩-粉砂岩组合（E_1f）
					浦口河湖砂砾岩-粉砂岩-泥岩组合（K_2c—K_2p）
			沿江后造山岩浆杂岩相（Ⅵ－1－1－7）	沿江后造山岩浆杂岩亚相 hzy（K_1）	雷巷花岗岩组合（K_1）
					安基山花岗闪长岩-二长花岗岩组合（K_1）
				沿江同碰撞岩浆杂岩亚相 tpy（J_3—K_1）	上党碰撞环境的高钾火山岩组合（jvb、svb）
					徐湾闪长岩-二长岩组合（K_1）
					姑山裂谷环境的安山岩-粗面岩-响岩组合（nvb、gvb）
					冶山闪长岩组合（K_1）
					大王山伸展环境的安山岩-英安岩组合（J_3d、J_3lw）
					蒋王庙辉长岩-闪长岩组合（J_3）
					横山河流相砂砾岩-粉砂岩-泥岩夹火山岩组合（J_3x）

续表 2－7

相系	大相	相		亚相	岩石建造组合
扬子陆块区（Ⅵ）	下扬子陆块（Ⅵ）－1	苏皖前陆盆地（Ⅵ－1－1）	象山陆内盆地相（Ⅵ－1－1－6）	象山坳陷盆地亚相 oxpd（J_{1-2}）	象山河流相砂砾岩－粉砂岩－泥岩组合（J_2b—J_1z）
			周冲村前陆盆地相（Ⅵ－1－1－5）	周冲村前渊亚相 qy（T_2—T_3）	周冲村陆缘碎屑－碳酸盐岩组合（T_3f、T_2z）
			青龙山被动陆缘相（Ⅵ－1－1－4）	青龙山外陆棚亚相 wlp（T_1）	青龙山滨浅海碳酸盐岩组合（T_1q）
				龙潭碎屑岩陆棚亚相 lpsx（P_1—P_3）	湖山台盆含放射虫硅泥质岩组合（P_3d）
					龙潭海陆交互含煤碎屑岩组合（P_2l）
					孤峰台盆含放射虫硅泥质岩组合（P_1g）
				船山外陆棚亚相 wlp（C_1—P_1）	栖霞山局限台地碳酸盐岩组合（P_1q）
					船山开阔台地碳酸盐岩组合（C_2c、C_2h）
				高骊山碎屑岩陆棚亚相 lpsx（D_3—C_1）	高骊山海陆交互砂泥岩夹砾岩组合（C_1g、$C_{1-2}l$）
					观山海岸沙丘－后滨砂岩组合（D_3g）
			仑山前陆盆地相（Ⅵ－1－1－3）	高家边前渊亚相 qy（O_3—S_1）	坟头陆缘碎屑浊积岩组合（S_2m、S_1f）
					高家边陆缘碎屑浊积岩组合（O_3S_1g）
				观音台前隆亚相 qll（∈—O）	汤山滨浅海灰岩组合（$O_{2-3}t$—O_1h）
					观音台滨浅海白云岩组合（O_1l—$\in_1m$）
					幕府山台盆含放射虫硅质泥岩组合（$\in_1ht$）
			宁镇被动陆缘相（Ⅵ－1－1－2）	水晶山外陆棚亚相 wlp（Z）	帽山局限台地白云岩组合（Z_2d）
					嘉山台盆陆源碎－灰岩组合（Z_1h）
				九灵山陆棚碎屑岩亚相 lpsx（Nh）	九灵山远滨泥岩－粉砂岩夹砾岩组合（Nh_{1-2}）
			埤城变质基底杂岩相（Ⅵ－1－1－1）	埤城元古宙中深变质杂岩亚相 ygsb（Pt_2）	埤城斜长角闪岩－变粒岩－片岩组合（Pt_2P）
扬子陆块区（Ⅵ）	下扬子陆块（Ⅵ－1）	下扬子被动陆缘（Ⅵ－1－2）	苏南陆内盆地相（Ⅵ－1－2－7）	苏南断陷盆地亚相 dxpd（K_2—Q）	苏南松散碎屑沉积组合（Qh、Qp）
					雨花台河流相砂砾岩－粉砂岩－泥岩组合（N_2f—N_1d）
					戴南河流相砂砾岩－粉砂岩－泥岩组合（$E_{2-3}G$—E_2d）
					阜宁湖泊相泥岩－粉砂岩组合（E_1f）
					浦口河湖砂砾岩－粉砂岩－泥岩组合（K_2c—K_2p）

续表 2－7

相系	大相	相	亚相	岩石建造组合
扬子陆块区（Ⅵ）	下扬子陆块（Ⅵ－1）	下扬子被动陆缘（Ⅵ－1－2）	苏南后造山岩浆杂岩相（Ⅵ－1－2－6）	苏南后造山岩浆杂岩亚相 hzy(K_1)	雅泥山过碱性花岗岩组合(K_1)
					周院花岗岩-花岗闪长岩组合(K_1)
					庙西花岗岩组合(K_1)
				苏南同碰撞岩浆杂岩亚相 tpy(J_3—K_1)	上党碰撞环境的高钾火山岩组合(K_1s)
					金山里闪长岩-二长岩组合(K_1)
					焦山花岗岩-二长花岗岩组合(K_1)
					黄尖伸展环境的安山岩-英安岩组合(J_3h)
					劳村河流相砂砾岩-粉砂岩-泥岩夹火山岩组合(J_3l)
			象山陆内盆地相（Ⅵ－1－2－5）	象山坳陷盆地亚相 oxpd(J_{1-2})	象山河流相砂砾岩-粉砂岩-泥岩组合(J_2b—J_1z)
			茶亭前陆盆地相（Ⅵ－1－2－4）	茶亭前渊亚相 qy(T_2—T_3)	茶亭陆源碎屑-碳酸盐岩组合组合(T_3f—T_2z)
			张渚被动陆缘相（Ⅵ－1－2－3）	张渚外陆棚亚相 wlp(P_3—T_1)	张渚开阔台地碳酸盐岩组合(P_3c、T_1q)
				长林碎屑岩陆棚亚相 lpsx(P_1—P_2)	长林海陆交互含煤碎屑岩组合(P_2l)
					孤峰台盆含放射虫硅泥质岩组合(P_1g)
				丁蜀外陆棚亚相 wlp(C_1—P_1)	省庄局限台地碳酸盐岩组合(P_1q)
					丁蜀开阔台地碳酸盐岩组合(C_2c、C_2h)
				铜官山碎屑岩陆棚亚相 lpsx(D_3—C_1)	红岭海陆交互砂泥岩夹砾岩组合(C_1g、$C_{1-2}l$)
					南洋山海岸沙丘-后滨砂岩组合(D_3g)
				五通山前渊亚相 qy(S)	五通山陆源碎屑浊积岩组合(S_2m、S_1f)
			苏南前陆盆地相（Ⅵ－1－2－2）	昆山前隆亚相 qll(∈—O)	昆山碳酸盐岩浊积岩组合($∈_3cf$、O_1y)
			金山变质基底杂岩相（Ⅵ－1－2－1）	金山元古宙中深变质杂岩亚相 ygsb(Pt_2)	金山片岩-石英岩-大理岩组合(Pt_2Js)

表 2-8 江苏大地构造分区划分方案与大地构造相对应表

Ⅰ级	Ⅱ级	Ⅲ级	Ⅳ级	Ⅴ级	对应的主要构造相或岩石构造组合
华北陆块区（Ⅰ$_1$）	鲁西陆块（Ⅱ$_1$）	鲁西碳酸盐岩台地（Ⅲ$_1$）	徐淮陆内盆地（Ⅳ$_1$）	欢口断陷盆地（Ⅴ$_1$）	徐宿断陷盆地亚相
				华柄隆起（Ⅴ$_2$）	班井-利国同碰撞岩浆杂岩亚相 丰沛、徐淮台地亚相/丰沛太古宙陆核亚相
				敬安断陷盆地（Ⅴ$_3$）	徐宿断陷盆地亚相
			徐州-宿县断块（Ⅳ$_2$）	徐州-贾旺断隆（Ⅴ$_4$）	黄山岛后造山岩浆杂岩亚相/班井-利国同碰撞岩浆杂岩亚相/大屯断陷盆地亚相/贾汪坳陷盆地亚相/丰沛、铜山海陆交互陆表海亚相/丰沛、铜山碎屑岩陆表海亚相/丰沛、徐淮台地亚相
			邳县-睢宁断块（Ⅳ$_3$）	四户断陷盆地（Ⅴ$_5$）	徐宿断陷盆地亚相
				邳县-睢宁断隆（Ⅴ$_6$）	伊庄-燕子埠陆内裂谷亚相/睢宁-邳州外陆棚亚相
				柳集断陷盆地（Ⅴ$_7$）	徐宿断陷盆地亚相
				高集断陷盆地（Ⅴ$_8$）	徐宿断陷盆地亚相
		郯城-庐江断坳（Ⅲ$_2$）	新沂宿迁断陷（Ⅳ$_4$）	新沂宿迁断陷盆地（Ⅴ$_9$）	徐宿断陷盆地亚相
秦祁昆造山系（Ⅰ$_2$）	大别-苏鲁造山带（Ⅱ$_2$）	苏鲁高压—超高压变质带（Ⅲ$_3$）	苏北胶南断块（Ⅳ$_5$）	苏北胶南断隆（Ⅴ$_{10}$）	东海-胶南超高压变质亚相
			连云港-泗洪断块（Ⅳ$_6$）	沭阳断陷盆地（Ⅴ$_{11}$）	沭阳断陷盆地亚相
				连云港-泗洪断隆（Ⅴ$_{12}$）	连云港-泗洪高压变质亚相
				洪泽断陷（Ⅴ$_{13}$）	沭阳断陷盆地亚相
扬子陆块区（Ⅰ$_3$）	下扬子陆块（Ⅱ$_3$）	苏皖前陆盆地（Ⅲ$_4$）	苏北陆内盆地（Ⅳ$_7$）	滨海断隆（Ⅴ$_{14}$）	苏中-沿江断陷盆地亚相/船山外陆棚亚相/高骊山碎屑岩陆棚亚相/高家边前渊亚相/观音台前隆亚相
				阜宁断陷盆地（Ⅴ$_{15}$）	苏中-沿江断陷盆地亚相
				建湖断隆（Ⅴ$_{16}$）	苏中-沿江断陷盆地亚相/船山外陆棚亚相/高骊山碎屑岩陆棚亚相/高家边前渊亚相/观音台前隆亚相
				东台断陷盆地（Ⅴ$_{17}$）	苏中-沿江断陷盆地亚相

续表 2-8

Ⅰ级	Ⅱ级	Ⅲ级	Ⅳ级	Ⅴ级	对应的主要构造相或岩石构造组合
扬子陆块区（$Ⅰ_3$）	下扬子陆块（$Ⅱ_3$）	苏皖前陆盆地（$Ⅲ_4$）	滁巢断块（$Ⅳ_8$）	盱眙断隆（$Ⅴ_{18}$）	沿江后造山岩浆杂岩亚相/沿江同碰撞岩浆杂岩亚相 观音台前隆亚相/水晶山外陆棚亚相
				江浦-六合断隆（$Ⅴ_{19}$）	沿江后造山岩浆杂岩亚相/沿江同碰撞岩浆杂岩亚相 象山坳陷盆地亚相/观音台前隆亚相/水晶山外陆棚亚相
			镇江-溧水断块（$Ⅳ_9$）	江都断隆（$Ⅴ_{20}$）	苏中-沿江断陷盆地亚相/沿江同碰撞岩浆杂岩亚相 象山坳陷盆地亚相
				沿江断陷盆地（$Ⅴ_{21}$）	苏中-沿江断陷盆地亚相
				宁镇断隆（$Ⅴ_{22}$）	沿江后造山岩浆杂岩亚相/沿江同碰撞岩浆杂岩亚相 象山坳陷盆地亚相/周冲村前渊亚相/青龙山外陆棚亚相 龙潭碎屑岩陆棚亚相/船山外陆棚亚相/高骊山碎屑岩陆棚亚相高家边前渊亚相/ 观音台前隆亚相/水晶山外陆棚亚相
				埤城断隆（$Ⅴ_{23}$）	沿江后造山岩浆杂岩亚相/沿江同碰撞岩浆杂岩亚相/水晶山外陆棚亚相/九灵山陆棚碎屑岩亚相/埤城元古宙中深变质杂岩亚相
				句容断陷盆地（$Ⅴ_{24}$）	苏中-沿江断陷盆地亚相
				宁芜火山断陷盆地（$Ⅴ_{25}$）	沿江后造山岩浆杂岩亚相/沿江同碰撞岩浆杂岩亚相 象山坳陷盆地亚相/周冲村前渊亚相/青龙山外陆棚亚相
				溧水火山断陷盆地（$Ⅴ_{26}$）	沿江后造山岩浆杂岩亚相/沿江同碰撞岩浆杂岩亚相 象山坳陷盆地亚相/周冲村前渊亚相
				茅山断隆（$Ⅴ_{27}$）	沿江后造山岩浆杂岩亚相/沿江同碰撞岩浆杂岩亚相/象山坳陷盆地亚相/周冲村前渊亚相/青龙山外陆棚亚相/龙潭碎屑岩陆棚亚相/船山外陆棚亚相/高骊山碎屑岩陆棚亚相/高家边前渊亚相
				直溪桥-椏溪港断陷盆地（$Ⅴ_{28}$）	苏中-沿江断陷盆地亚相

续表 2-8

Ⅰ级	Ⅱ级	Ⅲ级	Ⅳ级	Ⅴ级	对应的主要构造相或岩石构造组合
扬子陆块区（$Ⅰ_3$）	下扬子陆块（$Ⅱ_3$）	下扬子被动陆缘（$Ⅲ_5$）	南通断块（$Ⅳ_{10}$）	南通断隆（$Ⅴ_{29}$）	苏南后造山岩浆杂岩亚相/苏南同碰撞岩浆杂岩亚相 丁蜀外陆棚亚相/铜官山碎屑岩陆棚亚相 五通山前渊亚相/昆山前隆亚相
			江阴-昆山断块（$Ⅳ_{11}$）	白卯断陷盆地（$Ⅴ_{30}$）	苏南断陷盆地亚相/苏南后造山岩浆杂岩亚相 苏南同碰撞岩浆杂岩亚相/象山坳陷盆地亚相
			太湖断块（$Ⅳ_{12}$）	光福断隆（$Ⅴ_{31}$）	苏南后造山岩浆杂岩亚相/苏南同碰撞岩浆杂岩亚相/象山坳陷盆地亚相/茶亭前渊亚相/张渚外陆棚亚相/长林碎屑岩陆棚亚相 丁蜀外陆棚亚相/铜官山碎屑岩陆棚亚相/五通山前渊亚相
				宜兴断陷盆地（$Ⅴ_{32}$）	苏南断陷盆地亚相
				张渚断隆（$Ⅴ_{33}$）	苏南后造山岩浆杂岩亚相/苏南同碰撞岩浆杂岩亚相 象山坳陷盆地亚相/茶亭前渊亚相/张渚外陆棚亚相 长林碎屑岩陆棚亚相/丁蜀外陆棚亚相/铜官山碎屑岩陆棚亚相/五通山前渊亚相/昆山前隆亚相
			滆湖断块（$Ⅳ_{13}$）	常州断陷盆地（$Ⅴ_{34}$）	苏南断陷盆地亚相
				前黄断陷盆地（$Ⅴ_{35}$）	苏南断陷盆地亚相
				上黄断隆（$Ⅴ_{36}$）	苏南后造山岩浆杂岩亚相/苏南同碰撞岩浆杂岩亚相 象山坳陷盆地亚相/茶亭前渊亚相/张渚外陆棚亚相
				社渚-张渚火山断陷盆地（$Ⅴ_{37}$）	苏南后造山岩浆杂岩亚相/苏南同碰撞岩浆杂岩亚相
			启东断块（$Ⅳ_{14}$）		苏南断陷盆地亚相/苏南后造山岩浆杂岩亚相 苏南同碰撞岩浆杂岩亚相
			吴江断块（$Ⅳ_{15}$）		苏南断陷盆地亚相/苏南后造山岩浆杂岩亚相 苏南同碰撞岩浆杂岩亚相/金山元古宙中深变质杂岩亚相

2. 苏鲁高压—超高压变质带

该构造单元为秦祁昆造山系的东延部分，区内主要由新太古代—元古宙变质地层和中新生代地层组成。变质地层主要由新太古界—古元古界东海岩群、中元古界锦屏岩群、中—新元古界云台岩群、震旦系石桥岩组组成，共同组成区内变质基底；区内缺失震旦系—侏罗系，自白垩纪开始局部断陷盆地中沉积有中生界。区内岩浆活动在新太古代—古元古代以中酸性岩浆侵入活动为主，中元古代则以中基性火山作用为主，中生代燕山期火山喷发与中酸性岩浆侵入活动均较强烈，新生代喜马拉雅期则以基性火山作用为主。前寒武纪地层普遍变质变形，以高角闪岩相-绿片岩相变质作用为主，西北部以超高压高角闪岩相-榴辉岩相变质作用为主，东南部则以高压绿片岩相变质作用为主。区内早期构造运动以韧性剪切变形构造发育为特征，以北东向、北北东向为主，晚期构造活动则脆性断裂构造为主，在前期剪切构造的基础上发展而成，断裂方向主要为北东向、北北东向，晚期北西向断裂发育。

3. 苏皖前陆盆地

该盆地属下扬子陆块的一部分，中元古界埤城岩群组成结晶基底，震旦系—下三叠统为浅海相碎屑岩与碳酸盐岩相间为主组成沉积盖层，厚度万米以上；中三叠统—中侏罗统为陆相湖盆沉积，以红色碎屑岩-含煤碎屑岩建造为主；上侏罗统—白垩系为山间断陷型火山盆地沉积，以碎屑岩-火山岩建造为主；古近系—新近系为断坳型盆地沉积，沉积物以碎屑岩为主，夹多层玄武岩。区内中生代燕山期火山喷发与中酸性岩浆侵入活动均十分强烈，新生代喜马拉雅期则以基性火山作用为主。区内中新生代褶皱与脆性断裂发育，发育于沉积盖层中的褶皱构造以近东西向紧闭或倒转褶皱为主，构成区内构造型式的基本骨架，断裂构造则以近东西向、北北东向、北东向、北西向断裂为主，控制了区内岩浆活动、成矿地质作用及其后的断块活动与盆地的形成与演化。

4. 下扬子被动陆缘区

该陆缘区属下扬子陆块的一部分，结晶基底主要由中元古界上溪岩群、金山岩群组成，晋宁运动将其与苏皖前陆盆地组成拼合为一个统一的整体，其后的沉积作用、岩浆作用与构造活动与苏皖前陆盆地组成基本一致。

四、大地构造演化

江苏省地质构造的发展与演化发展主要经历了五台旋回、吕梁旋回、晋宁旋回、加里东旋回、海西旋回、印支旋回、燕山旋回、喜马拉雅旋回等，大致可划分为结晶基底与克拉通形成阶段（包括陆核形成与克拉通陆壳增生阶段、克拉通拼合固结阶段、克拉通伸展裂陷阶段、克拉通内陆盆地阶段和碰撞造山及后造山裂解阶段）、沉积盖层形成与发展阶段（包括陆表海稳定发展阶段、陆表海盆边缘沉积阶段）、滨太平洋构造体系发展阶段[包括中亚-特提斯构造域向滨太平洋构造域转化阶段（陆内造山、盆地收缩）、陆相盆地伸展发育阶段、断块发展阶段]三大演化阶段。每个发展阶段，都由重大的地质事件所组成，华北、扬子与苏鲁造山带 3 个地区的地质演化特征见表 2－9～表 2－11。

1. 结晶基底与克拉通形成阶段

华北陆块结晶基底主要为新太古界泰山岩群，形成于五台-吕梁旋回，新太古代该区处于强烈的活动阶段，海底火山活动广泛，沉降幅度大，堆积了巨厚的复理石和细碧角斑岩建造，吕梁旋回末伴随着汇聚造山作用，区内地壳遭受强烈变质变形改造，区内发生了大规模区域性混合岩化作用，并伴有强烈的中酸性岩浆岩的侵入作用。

表 2-9 江苏省大地构造演化阶段划分表(华北陆块区)

构造阶段	构造旋回	地质时代	构造单元	构造属性	沉积作用特征	火山作用特征	侵入作用特征	变质作用特征	变形构造特征	成矿特征	成矿作用时段	主要矿产类型
滨太平洋构造体系发展阶段	喜马拉雅期	E—Q	鲁西陆块	造山后拉张	河湖相、海陆交互相碎屑沉积	局部有基性火山活动	局部基性岩脉侵入		断裂	沉积、火山		沉积型砂金矿
	燕山期	燕山晚期 K		造山后拉张	主要为中基性—酸性火山岩建造、河湖相碎屑沉积建造	以基性—中酸性火山岩、火山碎屑岩为主	基性—中酸性侵入体发育	接触变质作用	断裂	侵入、火山、复合	K_1	岩浆热液型矿床 矽卡岩型矿床
		燕山中期 J_3		挤压、造山	陆相粗碎屑岩为主，具磨拉石建造性质	局部有酸性火山岩及火山碎屑岩	中酸性侵入岩发育	接触变质作用	断裂	侵入、复合	J_3	矽卡岩型矿床 岩浆热液型矿床
		燕山早期 J_1—J_2		挤压、造山	缺失		以基性、中基性岩岩脉侵入为主	接触变质作用				
	印支期	T		挤压、造山	缺失				褶皱、断裂			
沉积盖层形成与发展阶段	海西期	C—P		拉张，陆表海盆地	碎屑岩-碳酸盐岩沉积建造(含煤碎屑沉积，以海陆交互相为主)		基性—超基性体侵入	接触变质作用	陆块内部褶皱、断裂	沉积、侵入、复合	C—P	煤炭
		S—D		挤压	缺失							
	加里东期	∈—O		拉张，形成碳酸盐岩台地	碳酸盐岩-碎屑岩沉积建造			接触变质作用	褶皱、断裂	沉积、复合		
	晋宁期	Pt_3		造山后拉张	碎屑岩-碳酸盐岩沉积建造		以基性岩岩脉状侵入为主	接触变质作用	褶皱、断裂	沉积、复合		
		Pt_2		造山后剥蚀	缺失							
华北克拉通形成阶段	吕梁-五台期	Pt_1		汇聚、造山	斜长角闪岩-黑云变粒岩-磁铁石英岩建造，主要有泰山岩群	中基性火山作用强烈	广泛的TTG-花岗质-碱长花岗质岩浆侵入，少量基性—超基性岩体	角闪岩相-麻粒岩相变质作用	多期褶皱变形，强烈的构造置换和韧性剪切变形	沉积、变质、复合	Ar_4 Pt_1	鞍山式沉积变质型铁矿
		Ar_4										

表 2-10　江苏省大地构造演化阶段划分表(秦祁昆造山系)

构造阶段	构造旋回	地质时代	构造单元	构造属性	沉积作用特征	火山作用特征	侵入作用特征	变质作用特征	变形构造特征	成矿特征	成矿作用时段	主要矿产类型
滨太平洋构造体系发展阶段	喜马拉雅期	E—Q	大别-苏鲁造山带	造山后拉张	河湖相、海陆交互相碎屑沉积	局部有基性火山活动	局部基性岩脉侵入		断裂	沉积、火山		沉积型砂金矿
	燕山期	燕山晚期 K		造山后拉张	主要为中基性—酸性火山岩建造、河湖相碎屑沉积建造	以基性—中酸性火山岩、火山碎屑岩为主	基性—中酸性侵入体发育	接触变质作用	断裂	侵入、复合	K_1	岩浆热液型矿床、矽卡岩型矿床
		燕山中期 J_3		挤压、造山	沉积缺失		中酸性侵入岩发育	接触变质作用	断裂	侵入		
		燕山早期 J_1—J_2		挤压、造山	沉积缺失		以基性、中基性岩岩脉侵入为主	接触变质作用	断裂	侵入		
	印支期	T		挤压、造山	沉积缺失			动力变质作用	褶皱、断裂、韧性剪切带			
沉积盖层形成与发展阶段	海西期	C—P		?	沉积缺失							
	加里东期	S—D		?	沉积缺失							
		∈—O		?	沉积缺失							
	晋宁期	Pt_3		汇聚、造山	中酸性火山岩-类复理石沉积变质建造	中酸性火山作用		低绿片岩相变质作用	韧性剪切带	沉积、复合		
		Pt_2		伸展裂谷	碎屑岩-中基性火山岩沉积变质建造,含磷	中基性火山作用		高绿片岩相变质作用	韧性剪切带等	沉积、变质	Pt_2	海州式磷矿
造山带形成阶段	吕梁-五台期	Pt_1		汇聚、造山	表壳岩为碳酸盐岩-碎屑岩沉积变质建造	基性、中酸性火山岩	早期为中酸性岩侵入,晚期则以基性—超基性岩岩脉为主	角闪岩相变质作用,局部榴辉岩相变质作用	褶皱变形,韧性变形构造	沉积、变质、侵入	Ar_4 Pt_1	鞍山式铁矿、岩浆型矿产
		Ar_4										

表 2-11　江苏省大地构造演化阶段划分表(扬子陆块区)

构造阶段	构造旋回	地质时代	构造单元	构造属性	沉积作用特征	火山作用特征	侵入作用特征	变质作用特征	变形构造特征	成矿特征	成矿作用时段	主要矿产类型
滨太平洋构造体系发展阶段	喜马拉雅期	E—Q	下扬子陆块	造山后拉张	河湖相、海陆交互相碎屑沉积	局部有基性火山活动	局部基性岩脉侵入		断裂	沉积、火山、风化淋滤		铁帽型金矿
	燕山期	燕山晚期 K		造山后拉张	早期为中基性—酸性火山岩建造，晚期为河湖相碎屑沉积建造	以基性—中酸性火山岩、火山碎屑岩为主	基性—中酸性侵入体发育	接触变质作用	断裂	侵入、火山、复合	K_1	岩浆热液型矿床、矽卡岩型矿床、火山岩型矿床
		燕山中期 J_3		汇聚、挤压、造山	陆相粗碎屑岩为主夹少量酸性火山岩，具磨拉石建造性质	中性—中酸性火山岩及火山碎屑岩发育	中酸性侵入岩发育	接触变质作用	断裂	侵入、复合	J_3	岩浆热液型矿床、矽卡岩型矿床、火山岩型矿床
		燕山早期 J_1—J_2		汇聚、挤压、拉张	陆相粗碎屑岩-泥砂岩-页岩夹煤层沉积	局部中基性—中酸性火山活动	以基性、中基性岩岩脉侵入为主	接触变质作用	断裂	侵入、复合	J_1—J_2	矽卡岩型矿床
沉积盖层形成与发展阶段	印支期	T		挤压、造山	碳酸盐岩建造与海陆交互相碎屑岩沉积建造			接触变质作用	褶皱、断裂	沉积		
	海西期	C—P		拉张，陆表海盆地	碳酸盐岩-碎屑岩建造			接触变质作用	褶皱	沉积	P	煤炭
	加里东期	S—D		拉张，陆缘海盆地	碎屑岩沉积建造			接触变质作用	褶皱			
		∈—O		拉张，陆表海盆地	碳酸盐岩-碎屑岩建造			接触变质作用	褶皱	沉积		
克拉通形成阶段	晋宁期	Pt_3		挤压、造山	碎屑岩-碳酸盐岩建造			接触变质作用	褶皱	沉积、侵入、复合		
		Pt_2		伸展、裂谷	陆缘碎屑岩-中基性—中酸性火山沉积等	中基性—中酸性火山作用		绿片岩相相变质作用	韧性剪切带等	沉积、变质		
		Pt_1										

苏鲁造山带结晶基底主要为新太古界—古元古界东海岩群、中元古界锦屏岩群和张八岭岩群、中—新元古界云台岩群，形成于五台-吕梁旋回及晋宁旋回。东海岩群原岩系海相细碧角斑岩建造，经历了超高压高角闪岩相-榴辉岩相变质变形改造，吕梁旋回末伴随着汇聚造山作用，区内发生了大规模的混合岩化和中酸性岩浆岩的侵入作用，其后于晋宁旋回该区经历了一个伸展扩张至汇聚收敛的过程。锦屏岩群原岩为中基性火山岩、含磷碎屑岩及碳酸盐岩建造，属伸展性裂谷边缘海沉积；张八岭岩群原岩为细碧-石英角斑岩系，属海底火山喷发-沉积岩系；云台岩群原岩为一套中酸性—酸性火山-碎屑沉积变质产物，属汇聚性大洋边缘海相沉积。晋宁旋回末随着苏胶古洋的闭合与俯冲造山作用拼贴形成苏鲁造山带，共同经历了超高压—高压变质作用，期后苏鲁造山带整体抬升，经历了一个长期的抬升与剥蚀过程。

扬子陆块结晶基底主要为中元古界埤城岩群、上溪岩群、金山岩群，形成于晋宁旋回，主要为区域变质低绿片岩相变质岩系原岩为碎屑岩、泥质-碳酸盐岩及基性—中酸性火山岩和火山碎屑岩建造，形成于大陆边缘火山（岛）弧的构造环境。晋宁旋回是扬子陆块区大陆地壳发展过程中的一个最重要阶段，它使扬子陆块基底大部分固结并全面回返成为统一的结晶基底。晋宁旋回构造运动主要表现为挤压褶皱变形及不均衡抬升，导致埤城岩群广泛发生变质变形作用，形成变质基底的近东西向褶皱，并使变质结晶基底整体上隆。

2. 沉积盖层形成与发展阶段

五台-吕梁旋回末，华北陆块整体抬升，缺失中元古代沉积，仅局部于新元古代青白口纪开始接受沉积，之后华北陆块相对稳定，进入沉积盖层形成与发展阶段，区内岩浆活动与构造作用均较弱，地壳活动主要以升降运动为主。自新元古代至印支构造旋回，华北陆块经历了多次升降运动（徐淮上升、宿县上升、华北上升、鲁中上升、苏皖上升）造成地层间的假整合或缺失，尤其是华北上升和苏皖上升，明显造成华北陆块缺失志留系—下石炭统及三叠系。

晋宁旋回形成了扬子陆块统一的结晶基底，此后自南华纪—三叠纪扬子陆块亦以垂向增生作用为主，进入沉积盖层形成与发展阶段，区内岩浆活动与构造作用均较弱，地壳活动主要以升降运动为主。该时期发育了一套稳定类型的沉积岩石组合，主要为浅海相、海陆交互相、陆相的碳酸盐岩和砂页岩沉积建造。各地层之间均为平行不整合—整合接触，反映出不同规模和级别的稳定的地壳升降运动。地壳稳定升降的构造格局，造成海水进退和海陆变迁，使沉积中心不断迁移，并形成不同规模的沉积间断。三叠纪末的印支运动使本区褶皱隆起，进入地壳活动的新阶段。

而此时苏鲁造山带可能一直处于挤压抬升过程中，缺失沉积记录。

3. 滨太平洋构造体系发展阶段

自三叠纪开始，省域处于中亚-特提斯构造域向滨太平洋构造域转化阶段，构造运动主要表现为陆内挤压造山、沉积盆地收缩，沉积环境由海相逐渐过渡为海陆交互相，三叠纪仅于下扬子陆块中局部沉积了碳酸盐岩沉积建造与海陆交互相碎屑岩沉积建造。

三叠纪末的印支运动结束了本区稳定的构造发展历史，由于受太平洋板块侧向俯冲的影响，构造演化进入了大陆边缘活动带的新阶段。该阶段以断裂-断块运动为主，并伴有强烈的岩浆活动，随着构造运动的发展和太平洋板块运动方式的改变，构造活动性质由早期的挤压剪切逐渐转变为晚期的以张剪作用为主。

在三叠纪末的印支运动褶皱隆起的基础上，早—中侏罗世，即燕山旋回早期，区内局部下沉接受沉积，形成河湖相含煤碎屑岩沉积建造；晚侏罗世—早白垩世，即燕山旋回中期，是中国大陆边缘活动带构造最为活跃的时期之一，区内发生了强烈的断裂作用，并引起较为广泛的岩浆喷溢和侵入事件，同时在局限盆地中沉积了早、晚两套陆相碎屑岩系，该时期构造变形以断裂构造的强烈活动及地壳水平挤压为特征，形成了一系列逆掩推覆构造。在晚白垩世，即燕山旋回晚期，由于构造应力场的改变，导致构造活动极性的反转，由挤压剪切型构造活动阶段转为张剪型构造活动阶段。该阶段由于断裂活动的继续加剧，在原来北东向、近东西向弧形构造的基础上，进一步发展或产生了北东—北东东向和北西向断裂，由此构成了本区断块运动的基本格局，并在断(坳)陷盆地中堆积了巨厚的红色粗碎屑岩系的类磨拉石山前堆积建造。

地质演化进入新生代，地壳运动发生了新的变化，主要表现为沉积盆地的萎缩和断隆作用的进一步加剧。喜马拉雅旋回早期，构造运动以断陷盆地的进一步继承性发展为特征，继承了晚白垩世末的南北构造分区特征，且使隆起更隆，坳陷更坳，沉积了一套以湖相为主的海陆交替相泥岩的沉积建造及河湖相碎屑岩建造，并伴有多旋回玄武岩浆活动。古近纪末的早喜马拉雅运动使古近系褶皱、隆起并遭受剥蚀。新近纪构造运动在古近纪断块运动的基础上继续发展，具有明显的继承性和差异性，控制了新近纪沉积作用及岩浆活动，在古近纪坳陷的基础上沉积了巨厚的河湖相砂泥岩沉积，在相对隆起区少量山间盆地中沉积了河流相的砂砾岩，同时，深大断裂的发育导致了区内新近纪广泛的玄武岩喷发。第四纪以来，地壳运动总体上呈沉降趋势，由于全球性多旋回气候影响，区内沉积了一套以多旋回河湖相为主的陆相地层，并夹有多次海侵层。受构造作用的影响，区内第四纪沉积作用具有明显的东西差别和南北差别。新近纪以来的新构造运动在区内表现强烈，主要以继承性断裂活动和差异性升降运动为特征。

第七节　大地构造环境与成矿

各种矿床都是在大地构造演化过程中在特定大地构造环境下形成的特殊地质体，成矿作用过程与大地构造演化密切相关，成矿作用过程中特定的成矿类型反映了大地构造相环境的成矿专属性。不同级别大地构造相单元制约了相应级次的成矿(区)带，大地构造相或亚相单元即是成矿系统、成矿作用的构造环境，也是成矿系统的重要载体。

各类矿产都隶属于一定的大地构造演化阶段的大地构造相环境，其产出位置与空间分布主要受大地构造相环境、岩石构造组合的控制，不同矿种、不同的矿床类型均是不同的大地构造环境与大地构造相的物质组成与构造演化的产物。

一、变质基底杂岩相与成矿

江苏省内变质基底杂岩相在华北陆块区和扬子陆块区经钻孔揭露均有分布，华北陆块区为太古宙陆核亚相，主要隐伏分布于丰沛地区，是华北陆块区最为古老的结晶基底，岩石构造组合相当于泰山岩群的一套以含表壳岩透镜体的片麻岩为主的变质岩石，而泰山岩群中的山草峪岩组为斜长角闪岩-变粒岩-磁铁石英岩的岩石构造组合($Ar_{3-4}s$)，为鞍山式沉积变质型铁矿的重要控矿层位，目前已发现有矿点存在。

扬子陆块区为元古宙中深变质杂岩亚相，构成了苏皖前陆盆地和下扬子被动陆缘的结晶基底。苏皖前陆盆地主要隐伏分布于宁镇山脉东段的埤城一带，岩石构造组合为斜长角闪岩-变粒岩-片岩组合，目前未发现有价值的矿化线索，但综合研究认为，其岩石组成中有绿岩带，可能为金矿找矿的有利层位。下扬子被动陆缘中深变质杂岩亚相主要隐伏于上海金山地区，岩石构造组合为石英片岩-石英岩-大理岩，其中的大理岩类是矽卡岩型铁铜多金属矿产的成矿有利围岩，已发现有中型的矽卡岩型铁铜矿床。

二、高压—超高压变质相与成矿

苏鲁高压—超高压变质相位于秦岭造山系大别-苏鲁拼合带的东端苏北-胶南地区，根据岩石构造组合与区域变质作用的差异划分为东海-胶南超高压变质亚相与连云港-泗洪高压变质亚相两部分。

东海-胶南超高压变质亚相进一步划分为摩天岭片岩-石英岩-大理岩组合（Ar_4Pt_1）和东海花岗片麻岩-超高压榴辉岩组合（Pt_1）两个岩石构造组合。在摩天岭片岩-石英岩-大理岩组合中区内已发现有多个沉积变质型铁矿点，含矿岩石为片岩-石英岩-大理岩组合中磁铁石英岩，可能为BIF含铁建造的组成部分。另外，该亚相中的榴辉岩组合是区域上金红石矿的主要含矿岩石，目前已发现了一批大—中型变质型金红石矿床；而区内广泛分布的片麻岩组合金的地球化学丰度一般为$(2\sim6)\times10^{-9}$，并且在其中发现了一批金矿化点，可能为区域上金矿的重要矿源。

连云港-泗洪高压变质亚相含两个岩石构造组合——锦屏山绿片岩-（云母）石英片岩-大理岩组合（Pt_2J）和云台山变粒岩-浅粒岩-石英岩组合（$Pt_{2-3}Y$）。其中锦屏山绿片岩-（云母）石英片岩-大理岩组合中赋存的变质型磷矿是我国东部地区最为重要的磷矿矿产类型之一。成矿严格受高压变质带中锦屏岩群的层位控制，赋存矿体的变质建造主要有大理岩-磷灰石岩-片岩变质建造、变粒岩-片岩变质建造、浅粒岩-片岩变质建造。矿床成因为区域沉积-变质型，成矿作用主要为陆缘局限盆地相化学沉积作用并叠加后期区域高压绿片岩相变质作用。

另外，在连云港-泗洪高压变质亚相中已发现有蓝晶石矿（韩山蓝晶石矿）赋存于云台山变粒岩-浅粒岩-石英岩组合（$Pt_{2-3}Y$）中，矿床成因为区域变质成因，矿体受岩石组合中的石英岩层位控制明显。

三、裂谷相与成矿

江苏省内裂谷相主要是指新元古代早期发育于华北陆块区周边的一次构造裂解事件的产物，以早震旦世末的辉绿玢岩岩墙呈脉状沿北东向构造大规模侵入为标志，区内划分为伊庄-燕子埠陆内裂谷亚相 lnlg(Z_1)，仅有一个岩石构造组合为伊庄、燕子埠基性岩墙群（Z_1）。该岩石构造组合中辉绿玢岩常伴有钛铁矿的富集，区内已发现有钛铁矿化点多处，是区域上钛铁矿产出的有利岩石，同时也是江苏省内金刚石成矿的有利地段。另外当辉绿玢岩岩墙侵位于新元古代早期被动陆缘环境外陆棚亚相形成的碳酸盐岩组合时，在接触带也有少量铁矿化，局部较为富集可形成类矽卡岩型铁矿。

四、被动陆缘相与成矿

被动陆缘相在两个陆块区都有分布，分为陆棚亚相和外陆棚亚相，分别为一套滨浅海陆源碎屑岩组合和碳酸盐岩台地-局限台地碳酸盐岩组合，与区域复合内生型铁铜多金属矿成矿关系密切，其中碳酸盐岩与燕山期中酸性侵入岩接触带位置是区内矽卡岩型矿产的主要赋存部位。

华北陆块区睢宁-邳州被动陆缘相仅有一个睢宁-邳州外陆棚亚相 wlp(Pt_3)，广泛分布于徐州以东的睢宁—邳州地区。区内该地区岩浆活动微弱，未见明显的内生成矿作用。

下扬子陆块发育两个阶段的被动陆缘，新元古代宁镇被动陆缘相零星分布于宁镇山脉东段、江浦六合隆起区和盱眙隆起区，在宁镇山脉中西段也有零星分布。其中水晶山外陆棚亚相局限台地白云岩组合的底部发育的锰质白云岩经风化后富集后可形成锰矿（矿点），而在该亚相台盆陆源碎-灰岩组合（Z_1h）和局限台地白云岩组合（Z_2d）中的碳酸盐岩与燕山期中酸性侵入岩接触部位也应是区域矽卡岩型矿产的成矿有利部位。

下扬子陆块晚古生代青龙山被动陆缘相广泛分布在宁镇山脉、茅山断块区。其中高骊山海陆交互砂泥岩夹砾岩组合（C_1g、$D_{1-2}l$）中局部铜含量较高，局地形成沉积型铜矿化点，区域上可能为重要的铜多金属矿源层，而海陆交互含煤碎屑岩组合（P_2l）是测区内主要含煤建造，滨浅海碳酸盐岩组合（T_1q）中碳酸盐岩石与燕山期中酸性侵入岩接触部位是区域内矽卡岩型铁铜矿床的主要赋存部位，而其他岩石构造组合中的碳酸盐岩与燕山期中酸性侵入岩接触部位也应是区域矽卡岩型矿产的成矿有利部位，尤其是碎屑岩与碳酸盐岩接触界面俗称“硅钙面”，是区内矽卡岩型矿产成矿主要控制层位。

晚古生代下扬子被动陆缘相主要分布在宜溧地区、苏州西部地区，在上海—昆山一带也有零星出露，其中海陆交互含煤碎屑岩组合(P_2l)是区内主要含煤建造，开阔台地相碳酸盐岩组合(P_3c、T_1q)中碳酸盐岩与燕山期中酸性侵入岩接触部位是区域内矽卡岩型铁铜矿床的主要赋存部位。

五、前陆盆地相与成矿

前陆盆地相是指造山带与毗连克拉通(陆块)之间，因边界逆冲断层作用和隆起造山的构造负荷作用，导致盆地基底向隆起山链方向弯曲下沉产生的构造坳陷盆地。江苏省内在扬子陆块区分布较广，时间上有早古生代前陆盆地(∈—S)和中生代前陆盆地(T_2—T_3)两个阶段。省域上早古生代前陆盆地(∈—S)与矿产关系不明显，仅南通王浩铁矿赋存于滨浅海灰岩-白云岩等碳酸盐岩与燕山期中酸性侵入岩接触带位置。而中生代前陆盆地(T_2—T_3)是江苏省矽卡岩型等复合内生型铁铜多金属矿产和热液型铜多金属与硫化物矿床的主要赋存部分。

苏皖前陆盆地区早古生代前陆盆地相主要有观音台前隆亚相 qll(∈—O)和高家边前渊亚相 qy(O_3—S_1)两部分组成，广泛分布在宁镇山脉、江浦六合隆起区、盱眙隆起区、茅山断块区。观音台前隆亚相中台盆含放射虫硅质泥岩组合($∈_1ht$)中黑色碳质页岩中富含 Pt、Pd 等贵金属元素，一直以来都是省内寻找与黑色岩系相关的贵金属、稀有金属矿产的重要层位。其他岩石构造组合省内与矿产关系不明显，但区域上存在与该时段形成的碳酸盐岩有关的矽卡岩型铁铜矿床，区内存在的滨浅海白云岩组合(O_1l—$∈_1m$)和滨浅海灰岩组合等在其与燕山期中酸性侵入岩接触带也可能是矽卡岩型铁铜矿产的重要赋存位置。

苏皖前陆盆地区中—晚三叠世周冲村前陆盆地相主要为前渊亚相 qy(T_2—T_3)，仅有陆缘碎屑-碳酸盐岩组合(T_3f、T_2z)一个岩石构造组合，该岩石组合是区内石膏矿的主要成矿层位，其中灰岩类岩石与燕山期中酸性侵入岩接触带位置也是区内矽卡岩型铁铜矿产的重要赋存位置。

苏南地区前陆盆地相在宜溧地区分布较广，在上海—昆山一带也有零星出露，进一步划分了昆山前隆亚相 qll(∈—O)和五通山前渊亚相 qy(S)两个亚相，区内与矿产关系不密切。

苏南地区中—晚三叠世前陆盆地相主要分布宜溧地区、苏州西部地区，仅划分了茶亭前渊亚相 qy(T_2—T_3)一个亚相，岩石构造组合为陆源碎屑-碳酸盐岩组合(T_3f—T_2z)。该岩石构造组合与燕山期中酸性侵入岩接触带位置也应该是区内矽卡岩型铁铜矿产的重要赋存位置。

六、陆表海相与成矿

区内陆表海相主要分布于华北陆块区，形成时段为新元古代—晚古生代，早古生代鲁西陆表海相仅有一个丰沛、徐淮台地亚相 td(Z_2—O)，分布于徐淮山系和丰沛隆起之中，进一步划分为陆表海泥岩粉砂岩组合(Z_2j)、陆表海陆源碎屑-灰岩组合($∈_{1-2}m$—$∈_1h$)、陆表海灰岩-白云岩组合($O_{1-2}m$—$∈_2z$)3个岩石构造组合，其中陆表海灰岩-白云岩组合($O_{1-2}m$—$∈_2z$)中的马家沟组($O_{1-2}m$)是区内矽卡岩型铁矿的主要成矿层位，矿体赋存于碳酸盐岩与燕山期中酸性侵入岩接触带部位，受矽卡岩带控制明显。

晚古生代徐淮陆表海相，零星分布于徐淮山系和丰沛隆起之中，在两者之间的坳陷区中大面积隐伏，分为碎屑岩陆表海亚相 sxlb(C_2)和海陆交互陆表海亚相 hljh(C_2)两个亚相，主要为滨浅海相-海陆交互相陆源碎屑岩岩石构造组合，均夹有多个煤层，是区内主要的含煤建造，徐州地区也因此成为江苏省和东部地区重要的煤炭基地。

七、中生代陆内盆地相与成矿

中生代陆内盆地相是印支期构造运动后坳陷作用的产物，在两大陆块区均有分布，岩石构造组合以陆源碎屑岩类建造为主，一般与矿产关系不密切。

华北陆块区中生代陆内盆地相分别在大屯等地有少量分布，岩石构造组合为河流相砂砾岩-粉砂岩-泥岩岩石建造(J_3s)，区域内未发现有价值的矿化线索。

中生代陆内盆地相在下扬子陆块中广泛分布，局部地区因碎屑岩建造中钙质含量较高，在燕山期中酸性侵入岩浆活动过程中是矽卡岩型铁铜多金属矿成矿的有利层位，如溧水地区的西横山组中的含钙质粉砂岩、钙质长石石英砂岩等均为矽卡岩型等复合内生型矿产成矿有利围岩，区内已发现多个铜金矿床(点)。

八、后造山岩浆杂岩相与成矿

燕山期的岩浆喷发与侵入活动是我国东部晚三叠世以来叠加-造山构造演化阶段最重要的构造-岩浆地质事件，该时期也是江苏省和长江中下游地区最为重要的内生金属成矿阶段，该期构造岩浆活动既是区内成矿作用的主要成矿驱动力，所形成的后造山岩浆杂岩相岩石构造组合也是区内成矿主要矿质来源与成矿载体。根据省内前中生代构造单元的差异，将江苏省范围内后造山岩浆杂岩相相应划分为4个部分：华北陆块区鲁西地块的班井-黄山岛后造山岩浆杂岩相、苏鲁超高压变质带的桃林-莒南后造山岩浆杂岩相、扬子陆块区苏皖前陆盆地的沿江后造山岩浆杂岩相、下扬子被动陆缘的苏南后造山岩浆杂岩相，在不同构造单元该相的成矿作用、矿产类型、成矿强度各有特色。

华北陆块区后造山岩浆杂岩相为华北陆块南缘中生代岩浆岩带的主要组成部分，划分为班井-利国同碰撞岩浆杂岩亚相 tpy(J_3—K_1)和黄山岛后造山岩浆杂岩亚相 hzy(K_1)两个亚相，其中同碰撞岩浆杂岩亚相主要分布于徐州地区的班井—利国一带，在丰沛隆起也有少量分布，而黄山岛后造山岩浆杂岩亚相主要分布于徐州地区的利国黄山岛地区。岩石构造组合既有火山岩组合，也有侵入岩组合，两者为同一岩浆演化的系列产物，火山岩组合主要为大陆伸展环境的安山岩-英安岩组合(K_1Q)，侵入岩组合划分为同碰撞闪长岩组合(J_3)和后造山花岗闪长岩-花岗岩岩石构造组合(K_1)两类。其中与区域成矿关系最为有利的是同碰撞闪长岩组合(J_3)，是利国式矽卡岩型铁矿的成矿母岩，而与后造山花岗闪长岩-花岗岩岩石构造组合(K_1)成矿作用较弱，控制了区内铜金银多金属矿化作用。

苏鲁超高压变质带中后造山岩浆杂岩相为燕山期构造岩浆活动的产物，主要分布于苏北-胶南断块西北部，划分为同碰撞岩浆杂岩亚相 tpy(J_3—K_1)和后造山岩浆杂岩亚相 hzy(K_1)两个亚相，其中同碰撞岩浆杂岩亚相岩石构造组合有大陆伸展环境的安山岩-英安岩组合(K_1Q)和同碰撞闪长岩组合(J_3)；后造山岩浆杂岩亚相岩石构造组合有后造山二长花岗岩组合(K_1)和花岗闪长岩-花岗岩组合(K_1)。区内与之相关的矿产主要为铜、铅锌、金银等矿化，成因上与后造山二长花岗岩组合(K_1)和花岗闪长岩-花岗岩组合(K_1)关系密切。如桃林岩体周边的铜、铅锌、金银等矿化点主要是二长花岗岩侵入时的岩浆热液交代与充填作用形成的。

后造山岩浆杂岩相在扬子陆块区苏皖前陆盆地和下扬子被动陆缘地区均分布广泛，区域上都属于长江中下游燕山期构造岩浆岩带的组成部分，是区内中生代铁铜多金属成矿的主要内在原因。

苏皖前陆盆地区该构造相根据空间分布、岩石组合特征、成因联系和形成时代划分为沿江同碰撞岩浆杂岩亚相 tpy(J_3—K_1) 和沿江后造山岩浆杂岩亚相 hzy(K_1)，其中沿江同碰撞岩浆杂岩亚相 tpy(J_3—K_1)岩石构造组合主要有辉长岩-闪长岩组合(J_3)、伸展环境的安山岩-英安岩组合(J_3d、J_3lw)和闪长岩组合(K_1);裂谷环境的安山岩-粗面岩-响岩组合(nvb、gvb)、沿江后造山岩浆杂岩亚相 hzy(K_1) 岩石构造组合主要有闪长岩-二长岩组合(K_1)、碰撞环境的高钾火山岩组合(jvb、svb)、花岗闪长岩-二长花岗岩组合(K_1)、花岗岩组合(K_1)等。与区域成矿关系最为有利的是闪长岩组合(K_1)和伸展环境的安山岩-英安岩组合(J_3d、J_3lw),其中同碰撞辉长岩-闪长岩组合(J_3)富集铁质元素,局部形成小型的铁矿床;而区域内伴随安山岩-英安岩组合(J_3d、J_3lw)的岩浆喷发形成的辉长闪长玢岩是长江中下游陆相火山岩型铁矿(宁芜铁矿)的主要成矿母岩;另外闪长岩组合中的石英闪长岩(K_1)是韦岗式矽卡岩型铁矿的成矿母岩。区内裂谷环境的安山岩-粗面岩-响岩组合(nvb、gvb)与陆相火山岩型铜金矿产具有密切的成因联系,在宁芜-溧水火山岩盆地控制着主要的铜金多金属矿产的分布;区内后造山环境形成花岗闪长岩-二长花岗岩组合(K_1)、花岗岩组合(K_1)、碰撞环境的高钾火山岩组合(jvb、svb)等与铜钼铅锌金银多金属矿产成矿作用具有密切的成因关系,控制了区内大多数铜金银多金属矿床的空间分布,矿床一般均分布在该类岩石构造组合的侵入岩体与碳酸盐岩的接触带部位,少量岩体本身也有矿化作用,形成类斑岩型多金属矿产。

下扬子被动陆缘区该构造相划分为苏南同碰撞岩浆杂岩亚相 tpy(J_3—K_1) 和后造山岩浆杂岩亚相 hzy(K_1)。该区域与苏皖前陆盆地区在区域上同属于长江中下游燕山期构造岩浆岩带的组成部分,该时期伴随广泛的构造岩浆活动,区域内铜铅锌多金属成矿作用十分强烈,且分布广泛,是区域内各类矿产的主要形成时期,其中多期次多类型的岩浆岩的侵入与喷发活动是区内中生代铁铜多金属成矿的主要驱动力,伴随含矿岩体的构造岩浆活动形成的富含各类成矿元素的构造岩浆热液是区内铁铜多金属成矿的主要物质来源。下扬子被动陆缘区后造山岩浆杂岩相与成矿关系密切的岩石构造组合主要有花岗岩-二长花岗岩组合(J_3—K_1)、闪长岩-二长岩组合(K_1)、花岗岩-花岗闪长岩组合(K_1)等。

九、中新生代陆内盆地相与成矿

江苏省内中新生代陆内盆地相主要指燕山晚期—喜马拉雅期受陆内坳陷或断陷活动作用而形成的,主要为一系列河流相碎屑沉积的岩石建造组成,间夹少量碱性橄榄玄武岩建造,在华北陆块区、苏鲁造山带和扬子陆块区基本相似,区内赋存矿产以石膏、盐、石油、天然气为主。其中华北陆块区柳河集河流相砂砾岩-粉砂岩-泥岩组合中有石膏、盐矿赋存,扬子陆块区苏北坳陷、常州坳陷湖泊相泥岩-粉砂岩组合(E_1f)是江苏省重要的油气成藏层位和含盐层位。另外,其中局部间夹的碱性橄榄玄武岩组合有蓝宝石矿产出,而玄武质火山碎屑物风化水解形成的泥岩-黏土岩组合中分布的大型凹凸棒石矿床,是江苏省重要的特色矿产之一。

第三章　矿产资源概况

第一节　全省矿产资源概况

新中国成立后至2010年年间，全省已发现的矿产资源133种，各类矿床、矿（化）点1400余处。经探明有一定规模资源储量的矿产有81种，大中小型矿床615处，其中，大型矿床94处、中型矿床151处、小型矿床370处。主要有煤、石油、铁、铜、铅锌、钛（金红石）、银、锶、铌钽、石灰岩、白云岩、磷、硫铁矿、岩盐、芒硝、石膏、含钾岩石、蛇纹岩、高岭土、陶土、膨润土、凹凸棒石黏土、水泥黏土、大理岩、方解石、水晶及二氧化碳气等几十种。按照矿产种类可分为能源矿产、金属矿产和非金属及其他矿产三大类，其中，能源矿产155处，金属矿产138处，非金属及其他矿产322处。此外，还发现和开发利用的新能源矿产——地热水资源20余处。全省探明的固体矿产资源保有储量的潜在总值近9000亿元，列在前10位的矿产有煤、岩盐、芒硝、石膏、水泥用灰岩、铁、饰面用大理岩、熔剂用灰岩，制碱用灰岩、硫铁矿，合计潜在值占总值的92.40%。保有储量名列全国前5位的矿产有28种，其中，凹凸棒石黏土、玻璃用石英砂、大理岩、二氧化碳气等6种矿产居于全国首位（表3-1）。

表3-1　江苏省矿产资源分类表

矿产分类		矿种	代表性矿床
能源矿产		煤炭	徐州贾汪煤田：含韩桥、权台、旗山、大黄山等煤矿；徐州九里煤田：含庞庄、夹河、张小楼、张集等煤矿；徐州丰沛煤田：含三河尖、龙固、姚桥、徐庄、张双楼、丁楼等煤矿；吴县东山煤田：包括渡村、东山北部煤矿；丹徒伏牛山煤田：含伏牛山、小力山、古洞、东昌等煤矿
		石油及天然气	高邮：真武、陈堡、富民、黄玉、沙埝等油田；金湖：闵桥油田、刘庄油气田
		地热水	东海汤庙、泰州、江浦汤泉水、江宁汤山、丹徒韦岗、张家港凤凰镇、无锡阳山等
金属矿产	黑色金属	铁	南京梅山铁矿、南京吉山铁矿、徐州利国铁矿、沛县姜梨园-魏老家铁矿、六合冶山铁矿、丹徒韦岗铁矿、江宁凤凰山铁矿、江宁麒麟山铁矿、海门王浩铁矿
		钛（金红石）	东海毛北金红石矿、新沂小焦金红石矿、新沂蒋庄金红石砂矿
	有色金属	铜	江宁安基山铜矿、宁伏牛山铜矿、江宁大平山铜矿、江宁谷里铜矿、上海金山铜矿
		铅锌	南京栖霞山铅锌银矿、南京大凹山铅锌矿、吴县吴宅铅锌银矿、吴县迂里铅锌银矿、吴县潭山多金属矿、句容老人峰多金属矿
		钼	镇江谏壁钼（钨）矿、句容铜山钼铜矿
	贵金属	金、银	南京平山头银金矿、江宁铜井金铜矿、江宁汤山金矿
	稀有及稀散元素	锶、铌、钽等	溧水爱景山锶矿、苏州善安滨铌钽矿、吴县横山铌铁矿砂矿、江蒲万寿山锗矿

续表 3-1

矿产分类		矿种	代表性矿床
非金属及其他矿产	冶金辅助原料矿产	灰岩、蛇纹石、蓝晶石、白云岩、萤石等	丹徒船山熔剂用灰岩矿、江宁青龙山熔剂用灰岩矿、东海许沟熔剂用蛇蚊石矿、沭阳韩山蓝晶石矿、南京幕府山白云岩矿、丹徒青龙山白云岩矿、吴县尧峰山硅石矿、吴县俞石泉萤石矿、仪征长山型砂矿
	化工原料非金属矿产	硫、磷、盐矿、芒硝、制碱灰岩等	江宁云台山硫铁矿；包括母鸡山、狮子山、天台山等；苏北海州式磷矿：包括锦屏、陶湾、新浦、大浦、滥洪等；金坛盐矿：包括茅兴、陈家庄等矿；淮安岩盐、芒硝矿：包括下关、谢碾、赵集等；洪泽顺河集岩盐、芒硝矿；丰县师砦盐矿；徐州鸡毛山制碱用灰岩矿、铜山霸王山制碱用灰岩矿；丰县华山含钾砂页岩矿
	建筑材料及其他非金属矿产	水泥灰岩	南京青龙山石灰岩矿、江宁孔山茨山石灰岩矿、句容矽锅顶石灰岩矿、宜兴老虎山石灰岩矿、金坛金牛洞石灰岩矿、铜山焦山石灰岩矿、盱眙青峰山石灰岩矿、镇江九华山-砚山岭石灰岩矿、吴县西山文化山石灰岩矿
		石膏	邳州四户石膏矿（包括董家、楚墩、高板桥、夏墩等矿）、江宁周冲村石膏矿
		高岭土	苏州高岭土矿（包括阳西、观山、戈家坞等矿）、江宁祖堂山高岭土矿
		陶土矿	宜兴陶土矿（含黄龙村、黄龙山、青龙山、杨店等矿）、高淳秀山陶土
		膨润土	句容甲山膨润土矿
		凹凸棒石黏土	盱眙凹凸棒石黏土矿（包括雍小山、龙王山等矿）、六合小盘山凹凸棒石黏土矿
		硅质黏土	盐城郭锰硅质黏土矿
		铸石矿	六合塔山铸石矿
		珍珠岩	丹徒圌山珍珠岩矿
		大理石	宜兴白云洞大理石矿、赣榆三清阁大理石矿
		玻璃用石英砂	苏州清明山、濉宁半山、宿迁白马涧-马陵山、泗洪梅花山等玻璃用石英砂
		硅灰石、方解石	溧阳小梅岭硅灰石、方解石矿
		蓝宝石	六合练山蓝宝石矿
		水晶	东海房山水晶矿
	其他矿产	CO_2	泰兴黄桥二氧化碳气田

江苏省矿产资源在分布上，地域性特征明显。苏北以煤、铁、钛（金红石）、磷、岩盐、芒硝及建筑材料矿产为主；苏中以石油、天然气、二氧化碳气及凹凸棒石黏土矿产为主；苏南则以冶金辅助原料及建筑材料非金属、铁、铅锌银、岩盐矿产为主。主要矿产地大都分布在中心城市及城镇周边，临近交通线，社会经济基础好，开发条件优越。

江苏省金属矿产成因类型分为六大类9个亚类，其中以接触交代型、热液型、火山-次火山岩型最重要。铁矿以火山-次火山岩型最为重要，次为接触交代型。铜（钼）多金属及硫铁矿等有火山-次火山热液型、接触交代型及中-低温热液型等，均占重要地位。

本次开展潜力评价研究的重要矿产包括煤炭、铁、铜、铅、锌、金、钼、银、磷、硫铁矿、萤石11个。铁矿主要集中分布于宁芜北段，以大、中型矿床为主，占全省探明储量的3/4，其余均为中、小型矿床，零星分布在徐州、宁镇、六合、苏州、南通等地。铜矿主要分布在宁镇地区，占探明储量的63%，次为宁芜北段及溧水、苏州西部等地；钼矿主要分布于宁镇中段；铅锌多金属矿主要分布于宁镇西段和苏州西部地区；金矿主要集中分布于宁镇和宁芜地区；银矿主要分布于宁镇西段和苏州西部地区，均为金属硫化矿床的伴生矿产；硫铁矿主要分布于宁芜北段、宁镇及苏州西部地区，除单独形成矿床外，有色金属矿床中普遍伴有黄铁矿;磷矿以"海州式"磷矿为代表,分布于连云港—沭阳一带;煤炭主要分布于徐州地区,为江苏省重要煤炭基地。

第二节 重要矿产成矿特征

一、铁矿

江苏省已知铁矿床(点)194处,其中,大型2处,中型9处,小型16处,矿点、矿化点167处(表3-2)。至2007年底,查明铁矿石资源储量82 028.6×10^4t,其中保有资源储量61 701.5×10^4t。

表3-2 江苏省铁矿床(点)简况

矿产类型	矿床数(处)	规模(处)				查明资源储量(×10^4t)	保有资源量(×10^4t)	代表矿床(点)
		大型	中型	小型	矿点、矿化点			
陆相火山岩型	39	2	3	5	29	68 960.8	54 628.5	梅山铁矿床、吉山铁矿床、凤凰山铁矿床、麒麟山铁矿床
接触交代(矽卡岩)型	74		6	11	57	12 957.8	7073	墓山铁矿床、冶山铁矿床、韦岗铁矿床、王浩铁矿床、谈家桥铁矿床
热液型	57				57	110		兔子山铁矿、埠上铁矿
沉积变质型	2				2			武强山铁矿
沉积型	15				15			夏桥菱铁矿、芳山赤铁矿
风化淋滤型	7				7			
总计	194	2	9	16	167	82 028.6	61 701.5	

矿床成因类型可划分为陆相火山岩型、矽卡岩型、热液型、沉积变质型、沉积型、风化淋滤(残积)型。其中,陆相火山岩型和矽卡岩型为本省重要的铁矿类型,占全省铁矿查明资源总量的99%以上,其余类型均为矿点、矿化点。

(一)接触交代型铁矿

接触交代型铁矿是江苏省重要铁矿类型之一,主要分布于华北陆块南缘徐州利国、丰沛地区,扬子陆块区长江中下游地区,代表矿床有冶山、韦岗、王浩、谈家桥等铁矿床。接触交代型铁矿床成矿温度较高,一般为300~600℃,成因及空间上与燕山期中酸性侵入岩关系密切,常产于侵入岩与围岩接触带中,或产于围岩捕虏体的接触带内,部分产于围岩裂隙及内接触带的侵入岩体中。成矿时代为燕山期。

徐州地区接触交代型铁矿床与燕山早期闪长玢岩、石英闪长斑岩、角闪闪长玢岩等中酸性闪长岩类关系密切。东西向构造为主要导岩、储岩和容矿构造,北东向和北西向构造次之。矿床一般受区域褶皱中次级褶皱控制,矿体主要产于背斜倾伏端,次为背斜翼部赋存在缓倾斜、平直状、舌状、锯齿状接触带,隐伏岩体凸起和凹部的接触带,捕虏体的接触带内。赋矿地层主要为早奥陶世碳酸盐岩地层,含矿围岩以灰岩、白云质灰岩、灰质白云岩为主。矿体与围岩接触关系较明显。矿石矿物以磁铁矿为主，次为赤铁矿和假象赤铁矿，并常伴生有铜金银硫等。矿石品位较富，TFe 含量在 45%～55%。矿石结构以半自形粒状结构为主，构造以致密块状、条带状和浸染状为主，部分为角砾状。矿床规模以中、小型为主，代表矿床有利国吴庄铁矿床、墓山铁矿床、姜梨园铁矿床。

长江中下游地区接触交代型铁矿床分布较为普遍，已知铁矿床主要分布在六合冶山、宁镇中段、南通王浩、苏州西部等地，宜溧地区也有少量分布。本类型铁矿床主要分布于燕山晚期侵入的中浅成岩株、岩钟及岩枝状中酸性侵入体与围岩的接触带中。与成矿有关的岩体有花岗闪长(斑)岩、石英二长岩、钾长花岗岩等，它们往往经多次活动及混杂同化作用而呈现不同岩相并构成杂岩体。主要控矿构造有北东向、北北西向断裂。最有利的成矿围岩有震旦系黄墟组、灯影组，早寒武世镁质碳酸盐岩，上二叠统长兴组，下三叠统青龙组。铁矿体主要赋存于侵入岩体与围岩接触带中，或产于围岩捕虏体的接触带内，部分产在围岩裂隙及内接触带的岩体中。矿体形态较复杂，呈透镜状、囊状、不规则状、柱状和似层状，其决定因素主要是侵入体与围岩的接触面产状、围岩产状、构造裂隙和褶皱构造等。矿石矿物主要为磁铁矿，少量赤铁矿和假象赤铁矿。矿石品位较高，TFe 含量一般在 30%～50%，磁铁矿常与硫化矿物(黄铜矿、黄铁矿)共生或伴生，并常伴生钴。部分围岩为镁质碳酸盐岩的接触交代铁矿，矿石中常伴生硼镁铁矿和硼镁石，可综合利用。

围岩蚀变强烈，主要为矽卡岩化。当岩体与镁质碳酸盐岩接触交代时，形成一系列镁质矽卡岩；而岩体与钙质碳酸盐岩接触交代时，则形成一系列钙铝质矽卡岩。另有金云母化，蛇纹石化，钾、钠长石化，绿泥石化，大理岩化，硅化等。

(二)陆相火山岩型铁矿

陆相火山岩型铁矿的形成与中生代火山-次火山岩浆气液活动密切相关，它们的分布受喷发-侵入活动(喷发中心或喷发带)控制，围绕次火山岩侵入体可依次出现一组不同矿物组合铁矿床(玢岩铁矿系列)。该类型铁矿为江苏省重要铁矿类型，已查明资源储量占全省已查明铁矿资源储量的 80%以上。已知铁矿床主要分布于宁芜火山岩盆地，在溧水火山岩盆地及溧阳火山岩地区也有分布。成矿时代为燕山期。

大王山旋回的辉长(辉石)闪长玢岩与成矿的关系最为密切，其次为中偏基性的闪长玢岩、辉长闪长岩，及辉长安山玢岩、粗安玢岩等，均属浅成—超浅成相，有明显的次火岩相特征。岩体呈岩株、岩钟、岩舌状产出。根据矿体赋存部位与岩体的关系、控矿构造和矿物组合可进一步划分为 6 类：

(1)由铁矿浆充填贯入火山口附近次火山岩中的张性构造带形成的次火山岩浆矿床，形成于大王山旋回末期，以梅山大型磁铁矿床为代表。

矿体赋存于辉长闪长玢岩与辉石安山岩的过渡带中，辉长闪长玢岩与辉石安山岩无明显界线，呈渐变关系。矿石构造以致密块状为主，次为浸染状、斑点状，少量角砾状。矿石矿物主要为磁铁矿、假象赤铁矿，次为镜铁矿、针铁矿、含钒磁铁矿、穆磁铁矿、菱铁矿等，并伴生少量黄铜矿、方铅矿。脉石矿物有碳酸盐矿物、方柱石、透辉石、石榴石、磷灰石等。典型矿物组合：磷灰石-假象赤铁矿-磁铁矿；石榴石-透辉石-磷灰石-磁铁矿。

围岩蚀变发育，具有明显的分带性，矿体上盘由高岭土化、硅化、碳酸盐化，构成浅色蚀变带；矿体下部及下盘为透辉石化、磷灰石化、方柱石化、钠长石化，构成浅绿色蚀变带和浅红色蚀变带。

(2)气成-高温热液细脉浸染状磁铁矿床出现于次火山岩体中。矿体产于辉长闪长玢岩岩体上部，受岩体原生裂隙控制。品位较低，产状平缓，规模较大。以吉山大型贫磁铁矿床为代表。

(3)气成热液型块状、脉状、角砾状磁铁矿床出现于次火山岩体与喷出岩“上接触带”附近。矿床受后期热液影响，部分脉石矿物为碳酸盐交代，磁铁矿大部分转变为假象赤铁矿，围岩有强烈蚀变，以石榴石化、透辉石化为主，具有交代、充填成矿的双重特征，代表矿床为牛首山铁矿。

(4)次火山岩体与三叠纪碳酸盐岩接触带中的高—中温热液型似层状、透镜状磁、赤铁矿床。矿体主要赋存在辉长闪长玢岩体与三叠纪上青龙组、下青龙组灰岩,中三叠世周冲村组角砾状灰岩,黄马青组钙质砂页岩的接触带,部分产于岩体中沉积岩捕虏体周围。矿体受不同成因的角砾岩带控制,代表矿床为凤凰山铁矿床、麒麟山铁矿床。

(5)次火山岩体附近的火山岩内中低温热液透镜状、脉状赤铁矿、镜铁矿矿床。此类矿床规模小,大多为矿点、矿化点。矿化与次火山岩体关系密切,矿体主要赋存在侵入体附近的火山岩中,呈脉状、透镜状产出,受围岩裂隙控制。矿石矿物主要假象赤铁矿、赤铁矿、镜铁矿等,脉石矿物常见的有石英、方解石。矿石品位一般较高。围岩蚀变以高岭土化、碳酸盐化、硅化等浅色蚀变为主,局部可见矽卡岩化、透辉石化。宁芜地区的腾子山镜铁矿点即属此类。

(6)火山沉积-热液矿床常分布于火山喷发碎屑岩层中,主要含矿层为大王山组底部的凝灰岩、凝灰角砾岩、凝灰质砂岩、安山质砾岩等,受火山喷发层位控制。部分矿床有热液作用相叠加,但矿化与侵入岩体空间上关系一般不明显,矿体产状与围岩基本一致。矿床规模一般较小,以静龙山(龙旗山)铁矿为代表。

(三)热液型铁矿

该类型铁矿床省内分布不多,且规模较小,以矿点、矿化点居多。铁矿床可与不同的侵入体存在成因联系,侵入体对矿床的控制作用较明显。矿床大多位于侵入体附近的地层中,或产于岩体内部,少量矿床距岩体较远。与成矿有关的侵入体一般规模较小,大多为中浅成相岩枝或岩脉,岩性为辉绿岩、闪长玢岩、石英二长斑岩、英安斑岩等。铁矿体主要矿物是在热液条件下沉淀的,围岩岩性对成矿作用有重要影响。围岩以碳酸盐岩、石英砂岩(或砂岩)、硅质页岩等性脆而易产生裂隙的岩层为多见,部分见于火山岩的破碎带中。矿体多赋存于各种裂隙带中,形态复杂。矿石矿物主要为磁铁矿、赤铁矿、褐铁矿(氧化带中),其次为假象赤铁矿、镜铁矿、菱铁矿等,并常伴有较多的硫化矿物出现。围岩蚀变常见的有硅化、矽卡岩化、绿泥石化、绿帘石化、绢云母化、碳酸盐化、高岭土化等。

该类型矿床中与中酸性侵入岩体有关的高—中温、中—低温热液交代充填铁矿矿床多见,成矿时代以燕山期为主,如溧阳兔子山铁矿;而与基性侵入岩体有关的热液交代充填铁矿较少,主要分布在徐州邳县—睢宁地区,成矿时代为前寒武纪徐淮期,如邳县埠上铁矿。

(四)沉积型铁矿

本类型铁矿在江苏省目前尚未发现具有工业价值的矿床,皆属矿点、矿化点。主要分布在沉积岩的一定层位中,按矿物成分可分为沉积菱铁矿和沉积赤铁矿两类。

1. 沉积菱铁矿

沉积菱铁矿主要赋存在煤系地层中煤层顶、底板附近的黏土岩、泥岩、泥灰岩、砂页岩中。全省晋冀鲁豫地层区含矿层位主要有上石炭统太原组、下二叠统山西组、中二叠统石盒子组;下扬子地层区含矿层位主要有中二叠统龙潭组、三叠系黄马青组等。矿体呈似层状、脉状、透镜状,矿体连续性差。单层厚0~2.69m,TFe 含量一般为10.5%~34%,最高可达39%。矿石类型有鲕状菱铁矿、结核状菱铁矿、砂岩型菱铁矿、灰岩型菱铁矿4种。代表矿床(点)如贾汪铁矿、夏桥铁矿。

2. 沉积赤铁矿

江苏省晋冀鲁豫地层区含矿层位主要有新元古界淮河群岠山组石英砂岩与黏土岩层中的沉积赤铁矿,上石炭统本溪组底部(相当于山西式铁矿层位)的沉积铁矿。前者以邳县长山赤铁矿点为代表,矿体呈薄层状、多层状产出，单层厚度小，一般小于1m。矿石结构致密，TFe含量20%～30%，一般赤铁矿呈细粒与黏土质混在一起。后者以铜山蔡山、东贺村等铁矿点为代表，赤铁矿呈透镜状、块状结核状、豆状、饼状不均匀分布在本溪组底部的紫色页岩中。矿层厚度小，变化大，规模小，局部地段厚2.5～5m，长数百米，矿石矿物以赤铁矿为主，氧化后为褐铁矿。矿石品位一般较低，TFe含量在20%以下，局部地段较高，选矿后的精矿品位可达21%～41%。

下扬子地层区含矿层位主要有上泥盆统五通组、下石炭统高骊山组、中二叠统龙潭组。五通组沉积赤铁矿在苏州、无锡地区分布较广，宁镇地区也有分布。矿层主要赋存于五通组下部黏土质页岩或石英砂岩中。矿体多呈薄层状，透镜状或串珠状，单层厚一般0.05～0.20m，常见矿两三层。矿物成分主要为赤铁矿，次为褐铁矿，TFe含量一般在20%～30%，最高可达50%左右。高骊山组沉积铁矿见于宁镇及茅山地区。如溧阳上沛芳山铁矿，矿体赋存在高骊山组下部砂页岩中，矿体呈不连续似层状产出，沿走向有膨大缩小现象，厚度一般小于1m，矿石矿物主要为赤铁矿，矿石构造有致密块状、鲕状、皮壳状3种，TFe含量20%～55%。晚二叠世砂泥岩中赤铁矿仅在洪泽县双沟煤田普查钻孔中见及，砂泥岩发现夹有3层鲕状赤铁矿层，呈薄层状，总厚5.81m，单层最大厚度4.21m，TFe 22%～44.2%。

（五）沉积变质型铁矿

该类型铁矿在本省工作程度较低，目前发现的铁矿点主要分布于东海—赣榆一带新太古界—中元古界东海岩群变质岩系分布区，有武强山、韩山、印庄等铁矿点。含矿层为武强山岩组，岩性主要为黑云母斜长片麻岩、角闪斜长片麻岩、片岩夹浅粒岩、石英岩、大理岩。含矿围岩主要为一套云母大理岩、条带状含铁矿石英岩、云母石英片岩。矿体主要赋存于条带状含铁石英岩中及其两侧。矿石矿物以赤铁矿、磁铁矿为主，少量星散状黄铁矿。矿石呈粒状结构，条带状、块状、星散状构造。品位TFe 26.75%～55.67%。

另外，徐州丰沛地区存在寻找鞍山式沉积变质型铁矿的地质条件。该区有太古宇泰山岩群变质岩系分布，目前该区周边相邻省份均已在该层位发现铁矿（化）体，含矿围岩为含铁石英岩建造。

二、铜矿

江苏省区已发现铜（包括铜多金属）矿床（点）60处，其中，中型2处，小型15处，其余均为矿点、矿化点（表3-3）。主要分布在长江中下游成矿带宁芜、溧水、宁镇等地区。已知铜矿类型有矽卡岩型（接触交代）铜矿床、陆相火山岩型铜矿床、中—低温热液型铜矿及沉积铜矿，其中具有工业意义的主要是矽卡岩型铜矿床、陆相火山岩型铜矿床。截至2008年底，本区已查明铜金属资源储量为65.49×10^4t，保有资源储量49.92×10^4t。

表3-3　江苏省铜矿床（点）简况

矿产类型	矿床数量（处）	规模（处）				代表矿床（点）
		大型	中型	小型	矿点、矿化点	
陆相火山岩型	30			7	23	铜井铜矿、观山铜铅矿、獾子洞铜金矿
矽卡岩型（含斑岩型）	21		2	7	12	金山铜铁矿、安基山铜矿、盘龙岗铜钼矿
热液型	8			1	7	射乌山铜矿点、天津山多金属矿点
砂岩型	1				1	小贤庄铜矿点
总计	60		2	15	43	

（一）矽卡岩型铜矿床

该类型为本区铜矿床主要类型，成矿作用发生在中性—中酸性侵入岩与碳酸盐岩层的接触带附近，通过气成-热液交代作用形成。近矿围岩产生强烈的交代蚀变作用，如矽卡岩化、绢云母化、绿泥石化、硅化、碳酸盐化等。该类矿床的共同特点是矽卡岩化很发育，并且往往与一定的地层有关。江苏境内该类型铜矿主要与石炭系—二叠系、三叠系关系密切，而上海金山张堰铜矿则是产于燕山期中酸性岩体与金山岩群白云质大理岩接触带矽卡岩中。

本类型铜矿床省内主要分布于宁镇地区，矿体一般沿侵入接触带附近分布，以交代作用为主，少数分布在蚀变花岗闪长斑岩或围岩中。矿体形态复杂，但以透镜状及似层状为主。矿体厚度、品位变化较小。有时可与斑岩型铜（钼）矿共生，如安基山铜矿床。

矿床规模以中、小型为主。矿石中主要矿物有黄铜矿、斑铜矿，伴生硫化物有磁黄铁矿、黄铁矿、闪锌矿，方铅矿。脉石矿物有石榴石、绿帘石、透辉石、透闪石、绿泥石、石英、方解石等。矿石多具致密块状、浸染状、细脉浸染状、角砾状构造。矿石中黄铜矿的爆裂温度为440～240℃，一般为320～290℃，黄铁矿的爆裂温度为420～150℃，一般为360～290℃。代表矿床：安基山铜矿、伏牛山铜矿、张堰铜矿。

（二）陆相火山岩型铜矿床

陆相火山岩型铜矿床是指与陆相火山-次火山气液活动有关的一系列矿床，均产于中生代火山岩盆地内及盆地边缘。

1. 火山热液型脉状铜金矿床

该类矿床主要分布于宁芜盆地中部，受北西向、北东向两组断裂及破火山口控制，矿体呈走向北东的大脉及复脉状雁行排列。控矿围岩为大王山组安山岩，娘娘山组碱性粗面岩、粗安岩、熔结角砾岩、黝方石响岩等。铜金矿主要赋存于石英脉中，少数在菱铁矿、重晶石脉中，与硫化物关系密切。

矿石矿物以黄铜矿、斑铜矿、自然金、银金矿、黄铁矿为主，次为镜铁矿、硫铜铋矿、辉锑铋矿、黝铜矿等。脉石矿物有石英、菱铁矿、方解石、重晶石、玉髓等。

围岩蚀变有碳酸盐化、绿泥石化、黄铁矿化、硅化、绢云母化、高岭土化等，沿裂隙呈带状或线状分布。代表矿床：江宁县铜井铜金矿、江宁县谷里铜矿。

2. 火山热液型细脉浸染状铜矿

该类矿床多位于火山盆地边缘的象山群砂页岩相对隆起部位，受北北东向基底断裂控制；矿体受平行于这些断裂的次一级陡倾斜及火山岩中平缓的层间破碎带控制，与围岩界线不明显。主要矿化围岩为龙王山组粗安质凝灰角砾岩。在时间、空间上与粗安质火山-次火山岩关系密切。围岩蚀变具有分带性：由矿体向外分别为钾质蚀变带，高岭土-绢云母化带，青磐岩化带。含矿角砾状安山岩以高碱（K_2O+Na_2O 为 9.5%）、低硅（SiO_2 为 48%～56%）为特征，钙碱指数为51，属碱钙性岩石组合。

矿石矿物以黄铜矿、黄铁矿、镜铁矿、闪锌矿为主，次有辉铜矿、斑铜矿、毒砂等。矿石多呈浸染状、细脉浸染状，黄铜矿颗粒细小，一般粒径在0.08～0.15mm。

矿床成因：为超浅成条件下形成的广义斑岩型铜矿，与火山热液活动有着密切关系。代表矿床：江宁县大平山铜矿。

3. 产于次火山岩体侵入接触带中热液交代型-层控矽卡岩型铜矿床

该类铜矿分布在溧水火山岩盆地西北部隆起区，是以交代作用为主的次火山热液-层控矽卡岩型铜矿床，铜矿产于辉长(角闪)闪长玢岩与上侏罗统西横山组接触带附近。矿体多分布在外接触带，呈似层状。少数在岩体内部，为细脉浸染状。铜矿物出现在矽卡岩矿物之后，与石英-绿泥石相伴生。铜矿化与岩床状侵入岩接触带旁侧钙质砂砾岩及钙质页岩、泥灰岩层位关系密切。层间破碎(碎裂)带是重要的容矿构造。

矿石中铜矿物主要为黄铜矿，次为斑铜矿、辉铜矿、黝铜矿；其他金属矿物有黄铁矿、镜铁矿、赤铁矿、褐铁矿；金矿物主要为自然金。脉石矿物有的以方解石、石英为主，有的以石榴石、透辉石为主，次为绿帘石、绿泥石、绢云母、高岭土、石膏等。矿石具团块状、浸染状构造。矿石品位：Cu 0.2%～2.52%，一般为 0.5%～1.5%。

已发现的该类铜矿床(点)有南京市獾子洞铜金矿、溧水县洪兰铜矿、溧水县山南村小茅山铜矿、溧水县柘塘乡大山铜矿等。

(三)中、低温热液型铜矿床

该类型矿床不多见。黄铜矿、辉钼矿、闪锌矿呈浸染状和细脉浸染状分布于热液蚀变的绢云母石英岩中，成矿以充填作用为主，交代作用次之。矿体呈脉状、成群出现，厚度、品位变化大。矿床点主要有射乌山铜矿点、天津山多金属矿点等。

低温热液型铜矿床仅见于高淳县固城禅林山铜矿点。矿体呈脉状产于青龙组灰岩中断裂构造及辉长闪长玢岩裂隙构造中。围岩蚀变有硅化、碳酸盐化、绢云母化。矿石矿物有黄铜矿、斑铜矿、孔雀石、辉铜矿，少量赤铁矿、黄铁矿、方铅矿等。脉石矿物有石英、方解石。Cu 含量一般 0.1%～0.4%，最高 0.8%～5%。伴生有益组分 Pb 最高达 0.55%。

(四)沉积铜矿

该类型铜矿发现于东海县左口小贤庄、新沂市王庄黄草关等处，目前尚未发现工业矿床。含矿地层为白垩系王氏群，其中，上部含铜砂砾岩层为含矿层。已发现矿(化)点有小贤庄、双湖、黄草关、晓店等。因规模甚小，未进行详细研究。

小贤庄铜矿点位于郯庐断裂带内，马陵山背斜南西翼。矿体呈不规则透镜状产出，稳定性差，但分布范围较广。矿体长一般 100～300m，矿层厚 0.4～1m。主要矿石矿物为孔雀石、蓝铜矿，均属氧化矿石。Cu 含量 0.3%～0.8%。

三、铅锌银矿

铅锌多金属矿是江苏省优势矿种之一，全省尚未发现独立银矿床，具有工业意义的银矿主要为铅锌多金属矿床伴生矿。已发现的以铅锌银为主多金属矿床(点)22 处，其中，大型 2 处，中型 5 处，小型 2 处，其余均为矿(化)点(表 3-4)。主要分布于宁镇、苏州两地区。矿床成因类型可划分为陆相火山岩型、矽卡岩型、热液型、碳酸盐岩(层控热液)型。碳酸盐岩(层控热液)型和矽卡岩型为江苏省重要的铅锌银矿类型，包括了全部的中型以上矿床。截至 2008 年底，全省已查明铅矿(含伴生)金属量为 885 881.38t、锌矿(含伴生)金属量为1 898 079.74t、伴生银金属量为2125.53t。

表 3-4 江苏省铅锌银多金属矿床(点)简况

矿产类型	矿床数(处)	规模(处)				代表矿床(点)
		大型	中型	小型	矿点、矿化点	
碳酸盐岩型	5	2	1		2	栖霞山铅锌银矿
矽卡岩型	8		4	1	3	吴宅铅锌银矿、迂里铅锌银矿
陆相火山岩型	2			1	1	观山铜铅矿
热液型	7				7	
总计	22	2	5	2	13	

1. 碳酸盐岩(层控热液)型铅锌银矿床

该类矿床又称层断热液型(栖霞山式),特定层位叠加纵向层间逆断层及热液作用改造形成的矿床,主要分布于宁镇地区。成矿物质主要来自岩浆期后气成热液,部分来自石炭系、二叠系赋矿地层(碳酸盐岩)或基底岩层,成矿与纵向断裂构造关系密切。围岩蚀变弱,常见碳酸盐化、硅化、重晶石化、黄铁矿化等。矿体呈似层状、扁豆状、透镜状、不规则团块状赋存于不整合面、纵向压性断裂(一般为早期压性,晚期张性)构造,石炭纪、二叠纪地层层间破碎裂隙以及溶洞。成矿元素复杂,矿石品位较高,储量规模大。有人又称沉积热液改造型。在江苏具重要工业意义。代表矿床:南京栖霞山铅锌银矿床。

2. 矽卡岩型铅锌银矿床

层控矽卡岩型铅锌银多金属矿床主要分布于苏州西部,矿体受印支期—燕山期中酸性—酸性岩体(花岗斑岩、闪长玢岩)与石炭纪、二叠纪及三叠纪碳酸盐岩地层接触带控制,产于正接触带及近接触带围岩层间断裂中,多呈似层状、层状,与地层整合或略斜交产出,与矽卡岩关系密切;矿石品位较高,矿床规模以中型为主,工业意义较大,是江苏省重要类型之一。代表矿床:苏州小茅山铅锌(铜)矿床、吴宅铅锌银矿床、迂里铅锌银矿床。

接触交代矽卡岩型铅锌银矿主要分布于宁镇地区,产于矽卡岩型铁、铜、硫铁矿矿床中,以共伴生组分出现,可综合利用。矿体主要受燕山中—晚期中酸性岩体与石炭纪—三叠纪碳酸盐岩地层接触带控制。代表矿床:安基山铜矿、伏牛山铜矿。

3. 陆相火山岩型铅锌矿床

本类型铅锌矿成矿与陆相火山作用有关,主要分布于宁芜、溧水中生代火山岩盆地,包括火山沉积-热液改造型和次火山热液充填型。

火山沉积-热液改造型:矿体赋存于侏罗系龙王山组—大王山组火山碎屑岩中,受燕山早期火山机构中次火山岩(辉长闪长玢岩)后期气液叠加改造富集成矿,矿体呈似层状、透镜状。已知矿床规模过小,近期难以开发利用。代表矿床:陶吴铅锌矿床。

次火山热液充填型:与陆相碱性火山-次火山岩有关的热液型矿产,矿体主要呈脉状、透镜状,也有少量细脉浸染状成群出现,受断裂控制。矿体规模一般较小,偶见具工业价值的矿床。代表矿床:观山铜铅矿床。

4. 中—低温热液型铅锌矿床

本类型矿床多产于燕山期中酸性—酸性侵入体与古生代地层接触带附近,或远离岩体的外围断裂构造、围岩层间裂隙中。矿体呈脉状、透镜状。矿床规模小,以矿(化)点为主,目前尚未发现规模矿床。

代表矿床：建新村多金属矿点、江宁县伏牛山村东山铅锌矿点。

四、金矿

本区已发现金矿床(点)24处，其中，小型矿床8处，矿点、矿化点16处(表3-5)。截至2008年底，江苏省已查明金矿资源储量(含伴生)为32 722.72kg。矿床类型以陆相火山岩(火山热液)型、中低温热液微细浸染型(卡林型)、铁帽型为主。

表3-5 江苏省金矿床(点)简况

矿产类型	矿床数(处)	规模(处)				代表矿床(点)
		大型	中型	小型	矿点、矿化点	
陆相火山岩(火山热液)型	11			2	9	铜井铜金矿、金驹山金矿
(中低温热液)破碎蚀变岩型	5			1	4	燕子口金矿、钉耙岗金矿
微细浸染型(卡林型)	2			2		汤山金矿、石宕冲金矿
铁帽型	3			1	2	平山头金矿
矽卡岩型	3			2	1	土包山铁金矿、丁公山金矿
总计	24			8	16	

本区域已知金矿类型有陆相火山岩型(火山热液型)金矿、微细浸染型(卡林型金矿)、矽卡岩型金矿、(中低温热液)破碎蚀变岩型金矿、铁帽型金矿。另层控热液型铅锌银矿、矽卡岩型铁铜矿为主要伴生金矿床类型。

1. 陆相火山岩型(火山热液型)金矿床

该类金矿床与火山-次火山作用有成因上的联系。矿体多呈脉状充填于火山岩裂隙中，受各种断裂、蚀变构造带及火山机构的控制。金矿脉多成群成带分布，有复脉状、大脉状，平面上呈雁行排列，常有侧伏现象。工业矿体延长稳定，最大可达3000m以上。矿石类型有含金(碲)石英脉、含金多金属石英脉、含金(铜)重晶石石英脉、含金(铜)石英脉、含金铜黄铁矿石英脉及含金铜镜铁矿石英脉等，矿石常具有浸染状、角砾状、梳状、细脉状、晶洞状构造。矿化一般都有多期多阶段。围岩蚀变有长英岩化、青磐岩化、绢云母化、碳酸盐化、硅化、高岭土化等，近矿围岩蚀变以硅化为主，围岩蚀变为线型、带型，蚀变带宽度与矿化规模一致。代表矿床：铜井铜金矿、金驹山金矿。

2. 微细浸染型(卡林型)金矿

该类型金矿目前仅发现汤山、仑山两处，矿体以似层状为主，部分脉状。常沿早中奥陶世泥质灰岩、泥质岩及其旁侧的层滑断面或不整合面分布，两者产状基本平行。矿石组分以中低温—偏低温矿物为主，矿石矿物主要为自然金，次为黄铁矿、辰砂、褐铁矿、方铅矿、闪锌矿、黄铜矿、赤铁矿等；脉石矿物以水云母、蒙脱石、石英为主，次为高岭石、方解石、辰砂、重晶石、方解石。矿石结构以微细粒自形晶—半自形晶压碎及胶状结构、浸染状构造为主，少部分为角砾状、网脉状及蜂窝状构造。围岩蚀变微弱，常见硅化、次生石英岩化，部分碳酸盐化、重晶石化。尚未发现一定规模的侵入岩。成矿作用与一定地层层位有关，为含金丰度较高的岩层经热液改造、活化转移的结果。含矿破碎带在浅表因风化淋积可形成红土型金矿。

3. 矽卡岩型金矿

该类矿床形成主要与燕山期岩浆侵入活动有关，矿体主要分布在酸性—中酸性侵入体(石英闪长玢岩、花岗闪长岩)与石炭纪—二叠纪、三叠纪碳酸盐岩层的内、外接触带及其附近的围岩中。溧阳土包山金(铁)矿床金矿体主要产于接触带内侧的岩体冷凝裂隙中，呈不规则透镜状。成矿方式具有渗滤交代的贯入特征。

4. (中低温热液)破碎蚀变岩型金矿

该类型矿床产于燕山期中酸性侵入体与沉积岩、变质岩接触带外带附近围岩中的硅化破碎带或构造裂隙中。区内该类型金矿较多，矿床规模一般较小，目前发现最大的破碎蚀变岩型金矿为燕子口金矿床(小型)，其余均为矿(化)点。金矿(化)体在苏南地区产于岩体接触带附近沉积岩中构造破碎带，苏北东海—赣榆地区主要产于变质岩区构造破碎带中。

金矿(化)体为含金黄铁矿化(褐铁矿化)硅化(石英)脉，蚀变以硅化、黄铁矿化(褐铁矿化)为主要标志，有时有矽卡岩化、铜铅锌矿化伴生。代表矿床为燕子口金矿床、石桥金矿化点。

5. 铁帽型(风化淋滤)金矿

该类型矿床主要为各类型含金矿(化)体，经表生氧化作用和次生富集而成的铁锰帽型金矿床。其深部多赋存有铅锌银硫化物矿体。矿体主要受断裂构造控制。金属氧化物以褐铁矿为主，其次为软锰矿、白铅矿等；金属硫化物以黄铁矿为主，其次为方铅矿、闪锌矿、黄铜矿等；金矿物主要为自然金。脉石矿物主要为石英、重晶石、黏土，其次为明矾石、方解石、高岭石、水云母等。矿石具交代残余结构、粒状结构、脉状结构、固溶体分离结构，以角砾状构造、土状构造、蜂窝状构造为主。蚀变主要有硅化、褐铁矿化。代表矿床为平山头银金矿。

6. 伴生金矿床

区内伴生金矿床主要有层控热液型铅锌银矿床伴生金矿、接触交代矽卡岩型铁铜(钼)矿床中的伴生金矿。

层控热液型铅锌银矿床伴生金矿：这类矿床中伴生金矿规模较大，可综合回收利用，具有一定的工业价值。其中栖霞山铅锌银、甘家巷铅锌银矿中伴生金资源储量占全省已查明金矿资源储量的50%以上。金矿化与铅锌银矿紧密伴生，产于象山群与下构造层(C—P)的不整合面局部凹陷处及下构造层五通组或高骊山组与石炭系—二叠系之间硅钙面断层中，矿石中金平均含量$(0.55\sim1.5)\times10^{-6}$。

接触交代矽卡岩型铁铜(钼)矿床中的伴生金矿：这类伴生金矿床在省内分布较广，大多数矽卡岩型铜铁(钼)矿床中均有不同程度的伴生金矿化，具有较好的经济意义。

五、钼矿

江苏已发现钼矿床(点)11处，其中，中型1处，小型5处，矿(化)点5处(表3-6)。截至2010年，全省已查明钼矿资源量(金属量，含伴生)约3.87×10^4t，保有资源储量约3.25×10^4t。主要分布于宁镇地区，盱眙、东海也有少量矿(化)点分布。矿床类型斑岩型、矽卡岩型、热液交代充填型、海相沉积型。以斑岩型、矽卡岩型最为重要，其余类型均为矿化显示，无工业意义。

表 3-6 江苏省钼矿床(点)简况

矿产类型	矿床数(处)	规模(处)				查明资源储量($\times10^4$t)	保有资源储量($\times10^4$t)	代表矿床(点)
		大型	中型	小型	矿点、矿化点			
矽卡岩型	5			4	1	0.907	0.4087	铜山铜钼矿
斑岩型	3		1	1	1	2.963	2.8400	谏壁钼(钨)矿
热液交代充填型	2				2			马虎山铜钼矿点
海相沉积型	1				1			乌龟山钼矿点
合计	11		1	5	5	3.870	3.2487	

1. 斑岩型钼矿

该类型矿床主要分布在宁镇地区和盱眙地区，为江苏省重要钼矿类型，已查明资源储量占江苏省总资源量的77%。矿体主要产于中酸性侵入岩与震旦纪碳酸盐岩接触带附近的岩体内，部分产于接触带中，极零星见于外接触带的围岩中。侵入岩体岩性以二长花岗岩、二长花岗斑岩及斑状石英二长岩为主。地层主要为震旦系黄墟组、灯影组。矿石主要为浸染状和细脉浸染状。矿体为似层状、不规则透镜状，呈侧幕式排列的脉体群。矿石矿物辉钼、白钨矿、黄铜矿、黄铁矿、磁铁矿等。脉石矿物主要为石英、长石及黑云母。辉钼矿呈半自形—自形片状、他形粒状结构，细脉、网脉—细脉浸染状及稀疏浸染状构造。矿石品位 Mo 一般在 0.05%～0.17%，WO_3 一般 0.09%～0.15%。典型矿床为镇江市谏壁钼(钨)矿(中型)。

2. 矽卡岩型钼矿

该类型钼矿主要分布在宁镇地区，一般与矽卡岩型铜多金属共伴生。矿体主要赋存于花岗闪长斑岩、石英闪长(斑)岩等中酸性侵入岩体与石炭纪—二叠纪碳酸盐岩地层接触带矽卡岩之中。纵向断裂是重要的控岩控矿构造，侵入接触带为储矿构造。矿化带(即含矿矽卡岩带)产状与围岩地层基本一致，矿体呈似层状、透镜状分布。矿石中主要金属矿物具自形—半自形晶粒状结构、交代残余结构等，浸染状、团斑状、细脉浸染状、薄膜状构造。矿石矿物以黄铜矿、辉钼矿为主，次为磁铁矿、磁黄铁矿、黄铁矿、白钨矿和少量闪锌矿。脉石矿物以石榴石、透辉石为主，次为斜长石、透闪石、方柱石，及少量绿帘石、阳起石、角闪石、绿泥石、石英等。典型矿床为句容市铜山钼铜矿。

3. 热液交代充填型

该类型钼矿化已知的有句容县马虎山铜钼矿点、东海县徐西多金属矿点，矿点受压扭性断裂带控制，矿化体产于中酸性岩体附近构造带或构造旁侧的次级小裂隙中，呈细粒浸染状和细网脉状分布。矿石矿物以黄铜矿、闪锌矿为主，次有辉钼矿等，钼矿品位一般在 0.01%～0.1%。

4. 海相沉积型

宁镇地区大隆组中钼的含量较高，局部地段可接近或达到工业品位。在大隆组分布地段，往往有钼的地球化学异常显示。目前该类型矿化点仅见南京乌龟山1处。含矿地层为大隆组上部黑色钙质碳质泥岩，含钼矿泥岩可见7～8层，单层厚0.4～1m，呈层状、似层状产出，含 Mo 0.015%～0.135%。含矿岩石主要由泥质、碳质、碳酸盐，及少量石英、黄铁矿、褐铁矿组成，在高倍镜下未见钼矿物，钼的赋存状态未查明。

六、磷矿

江苏省已知磷矿床(点)43处,其中,中型5处,小型1处,矿点、矿化点37处(表3-7)。截至2008年底,全省已查明磷矿石资源储量为11 961.04×10^4t,保有资源储量11 199.9×10^4t。

表3-7 江苏省磷矿床(点)简况

矿产类型	矿床数(处)	规模(处)				查明矿石资源储量(×10^4t)	保有矿石资源储量(×10^4t)	代表矿床(点)
		大型	中型	小型	矿点、矿化点			
沉积变质型	6		4	1	1	10 883.14	10 122.0	锦屏磷矿床、新浦磷矿床、华冲磷矿床
岩浆期后型	1		1			1077.9	1077.9	泰山铁磷矿床
热液变质型	2				2			蒋庄磷矿点、阿湖磷矿点
沉积型	8				8			青峰山、大顶山、幕府山磷矿(化)点
洞穴堆积型	26				26			徐州地区石灰岩溶洞中有26处
总计	43		5	1	37	11 961.04	11 199.9	

矿床类型按成因可划分为沉积变质型、晚期岩浆型、热液变质型、沉积型、洞穴堆积型。海州式沉积变质型磷矿为江苏省最重要的磷矿类型,占全省磷矿查明资源总量的90%以上,其次为玢岩式岩浆期后型磷矿,为与玢岩型铁矿共生的内生磷矿。其余均为矿点、矿化点,由于品位低,规模小,难以开发利用,工业意义不大。

(一)沉积变质型——海州式磷矿

该类型磷矿为江苏省最重要的磷矿类型,分布于苏鲁高压—超高压变质带南缘。区内分布的基底地层主要为中元古界锦屏岩群和中—新元古界云台岩群等变质岩系,呈北东—北北东向展布,其中,锦屏岩群为海州式磷矿的赋矿层位,含磷岩带从连云港市的临洪口一直延展到泗洪,呈北北东—南西向弧形展布,总长度近200km。地层总体倾向南东,倾角30°~60°,厚度一般在200~500m之间,在锦屏平原区及滥洪等地,磷矿沉积的同时,混杂有基性火山碎屑的堆积,导致锦屏岩群厚度加大,达2500余米。根据含磷岩性特征、岩石组合及其变质变形特点,并结合恢复原岩后的沉积旋回变化,锦屏岩群含磷层赋存在上部(东山岩组)及下部(西山岩组)。西山岩组:主要由白云石磷灰岩、云母磷灰岩、白云石质大理岩、云母大理岩、石英白云母片岩、碳酸盐白云母片岩和碳质石英白云母片岩组成,其次为石英钠长绿帘云母片岩,局部有磁铁矿硅锰矿大理岩、石膏大理岩、白云斜长片麻岩和透镜状石英岩产出,底部常见一层含砾石英白云母片岩(底砾岩)。东山岩组:在含磷特征、岩石组合上与西山岩组基本一致。该段顶部一般为石英白云母片岩或白云石(质)大理岩,与上覆云台岩群的厚层白云斜长片麻岩、白云二长片麻岩呈整合接触。

矿体呈似层状、透镜状,局部有分叉现象,长50~2500m不等,一般300~400m,厚0.3~62m,倾向

此类磷矿已发现20余处，出露于地表，延伸不大，品位较高，开采方便。已发现的矿体多被地方采尽。

七、硫铁矿

硫铁矿床主要分布于宁芜、宁镇及苏州西部地区，矿床类型有次火山热液型，接触交代矽卡岩型、中低温热液型等。除单独构成矿床（点）外，在有色金属矿床中普遍共伴生黄铁矿，可综合利用。江苏省已知硫铁矿床（点）共计有23处（包括共伴生），其中，中型7处，小型10处，矿点6处（表3-8）。截至2010年，全省已查明硫铁矿石资源量（含共伴生）8340.27×10^4t。

表3-8　江苏省硫铁矿矿床(点)简况

矿产类型	矿床数（处）	规模（处）				代表矿床（点）
		大型	中型	小型	矿点、矿化点	
次火山热液型	4		2	2		云台山硫铁矿床、天台山硫铁矿床
矽卡岩型	15		3	7	5	板仓岔路口硫铁矿床、潭山黄铁矿铅锌矿床
中低温热液型	4		2	1	1	南京东郊大凹山铅锌硫多金属矿床、条状山多金属矿点
总计	23		7	10	6	

（一）次火山热液型

该类型硫铁矿是江苏省内主要的硫铁矿床类型，根据产出部位可分为受断裂和层间破碎带控制的黄铁矿及次火山岩与火山岩接触带中的黄铁矿。

1. 受断裂和层间破碎带控制的黄铁矿

该类型黄铁矿主要分布于南京市江宁区天台山—母鸡山—云台山—富而岗一带，成矿受云台山-乔木山北北东向压扭性断裂带控制，矿体主要受北东向断裂和层间破碎带控制，南部天台山尚受龙王山组与象山群不整合接触面控制。成矿围岩有周冲村组碳酸盐岩、黄马青组钙质砂页岩、象山群砂岩及龙王山组粗安质角砾凝灰岩，以周冲村组为主，成矿与碳酸盐岩关系最为密切。与成矿有关的侵入岩为辉石闪长玢岩，其中也有脉状小矿体赋存。矿体多产于闪长玢岩与围岩接触带及其附近的构造裂隙带，矿体呈透镜状、似层状及扁豆状，规模大小不等，大的长几百到近千米，延伸300m以上，厚一般20多米，最厚达69.07m。一般矿体长100～400m，延伸数十米到数百米，厚一至十多米。矿石矿物主要为黄铁矿，脉石矿物主要为石英、方解石和白云石。矿石以他形粒状结构为主，次为自形—半自形粒状结构；块状构造为主，次为浸染状、条带状构造。矿石含硫量各地不一，云台山矿区含硫较高，一般在20%以上，最高达47.29%。天台山矿区含硫较低，一般在6%～15%，最高24.48%。围岩普遍硅化、碳酸盐化、绢云母化、高岭土化、黄铁矿化，地表风化后，常形成铁帽或“火烧皮”（浸染状黄铁矿经风化后形成褐铁矿），是找矿的直接标志之一。代表矿床有云台山硫铁矿床、天台山硫铁矿床。

该类型黄铁矿床在溧水火山岩盆地也有发现，以溧水县卧龙山黄铁矿点为代表，矿床受北西向断裂构造带控制，矿体主要赋存在龙王山组火山碎屑岩与陡山组长石石英砂岩之间喷发不整合面之上，其次是赋存于北西向断裂构造中。

2. 受次火山岩与火山岩接触带控制的黄铁矿

该类型黄铁矿主要分布于宁芜北段梅山等地，与玢岩式铁矿共伴生。黄铁矿赋存在次火山岩与火山岩接触带或外带火山岩中。梅山黄铁矿产于辉石闪长玢岩与大王山组辉石安山岩接触带中，黄铁矿呈自形、他形浸染状及细脉状分布在磁铁矿体内，含 S 量最高达 10%，全矿区铁矿中平均含 S 2.2%。在铁矿体上部围岩中黄铁矿化普遍，局部富集。

（二）矽卡岩型

该类型黄铁矿主要分布于宁镇地区、苏州西部地区，除少数以黄铁矿构成单独矿床外，大多为矽卡岩型铁、铜、多金属矿共伴生矿，为江苏省黄铁矿矿床主要类型之一。矿体主要产于石英闪长玢岩、花岗闪长斑岩、闪长岩、石英斑岩等中酸性岩体与石炭纪—三叠纪灰岩接触带，在接触带附近蚀变岩体或围岩中构造裂隙也有矿体赋存。在铜多金属矿床中，黄铁矿与黄铜矿、方铅矿、闪锌矿共生，黄铁矿体与铜多金属矿体往往是重合的。在铁矿床中黄铁矿富集于铁矿体边缘或旁侧，可形成黄铁矿矿体，磁铁矿体中黄铁矿呈细脉或网脉状分布，硫的品位较贫，矿石含 S 一般小于 20%，可综合利用。

单独构成矿床的仅见南京市东郊岔路口硫铁矿床 1 处，东西向断裂构造控制了闪长岩体侵入，也控制了矿体的分布。矿体主要赋存在闪长岩岩床顶板接触带和断裂内，以及接触带上部周冲村组角砾状灰岩中，其次在岩体的底板接触带，少数见于下盘周冲村组、黄马青组、象山群及岩体裂隙中。矿体呈透镜状、似层状，部分有分叉复合现象。矿石矿物为黄铁矿，氧化后成褐铁矿，脉石矿物主要为石英、方解石、绿泥石及硅酸盐矿物。矿石具有他形、半自形晶粒状结构及压碎结构，致密块状、浸染状和细脉浸染状构造。矿石含 S 14.39%～50.52%，多数在 20%以上。围岩蚀变有硅化、绿泥石化、高岭土化、角岩化、绿帘石化、阳起石化、透闪石化、叶蜡石化、大理岩化等。

（三）中低温热液型

此类型黄铁矿多见于热液型铅锌多金属矿床中，黄铁矿与铅锌多金属相伴生，已知矿床主要分布于宁镇地区，有栖霞山、大凹山铅锌银矿床，条状山铅锌矿点等。栖霞山、大凹山矿体受象山群砂岩、页岩与下伏泥盆系—二叠系不整合面及北东东向断裂控制。主要赋存于北东东向断裂中，规模较大。矿石矿物主要为闪锌矿、方铅矿、黄铁矿。栖霞山矿区平均含 S 18.92%，大凹山矿区含 S 一般在 10%以上。此类黄铁矿可在多金属选矿时一并选出供工业部门利用。

八、萤石

该类矿产主要分布在苏州西部地区，其次在溧阳小梅岭庙西岩体、江浦光山及东海罗庄等地也见有萤石矿脉和矿化现象。江苏已发现萤石矿床（点）共 7 处，其中，中型矿床 1 处，其余均为矿（化）点。矿床成因类型属中低温热液型。截至 2010 年，已查明萤石矿资源量（CaF_2）34.5×10^4t。

苏州花岗岩体内及岩体周围铁矿和多金属矿床中萤石矿化普遍，大多呈细脉状，无工业价值，仅局部地区矿脉较大，可富集成具工业价值的萤石矿体，如陈家沟、南爪山铁矿，谈家桥锌铁矿床及小茅山多金属矿床中均有萤石矿脉，可综合利用。单独构成矿床的仅有苏州俞石泉 1 处，矿床成因类型属中低温热液型。

苏州西部阳粑山、城隍山等地萤石矿化受潭东-光福断裂带控制，矿化体产于石英斑岩（花岗斑岩）

近南北向裂隙内，以脉状为主，矿脉厚 0.2～2.4m。矿物成分为萤石，脉石矿物为石英、方解石。品位较富，含 CaF_2 54.15%～95.98%。矿床成因类型为中低温热液型。

溧阳南部庙西花岗斑岩体北侧小梅岭一带以及江苏省内其他地区萤石矿化主要受断裂破碎带及节理裂隙控制，矿化体规模小，矿石成分主要为萤石，局部地区见有铅矿化，矿床类型多属中低温热液型。

九、煤矿

江苏省的煤田地质勘探和煤炭工业经过 60 多年的发展，取得了辉煌的业绩，集中探明了徐州和丰沛两个矿区，查明了苏南为一煤系分布广、含煤性差和构造极其复杂的小型煤田。截至 2009 年底，江苏省及上海市煤炭资源累计探获资源量464 363×10^4t（徐沛 432 835×10^4t、苏南 31 528×10^4t），保有资源量 360 272×10^4t（徐沛 333 039×10^4t、苏南 27 233×10^4t），占累计探获资源量的 77.59%。

江苏省共有 126 处生产矿井（包括开采、停采、闭坑、停建）和勘查区，81 处矿井已被利用，仅剩下 44 处未被利用的勘查区。已利用的矿井的勘查工作基本达到勘探程度，个别达到普查和详查。未被利用的勘查区中，达到普查的有 27 个，详查 12 个，勘探 5 个（其中，徐沛煤田详查区 7 个，普查区 7 个；苏南地区勘探区 5 个，详查区 5 个，普查区 20 个）。

江苏省及上海地区的含煤地层以石炭系—二叠系分布最为广泛。含煤地层除在山区有小范围的出露外，大部分被新生代地层所掩盖。按照最新地层划分方法，郯庐断裂以北属晋冀鲁豫地层区（简称“北区”），响水断裂以南属下扬子地层区（简称“南区”）。江苏省南、北两区所处的大地构造位置不同，地质演化历史及古地理条件有很大差别，因而煤田地质构造、含煤地层时代、含煤性及煤层特征等方面也不同。

1. 北区

徐沛煤田区含煤地层为华北型，为江苏省最重要的煤炭基地。含煤地层包括上石炭统本溪组、太原组，下二叠统山西组，中二叠统石盒子组。主要分布于郯庐断裂西侧平原区的掩盖层之下，地表仅在徐州市贾汪、利国、铜山县三堡、丰县华山等地有零星出露。主要含煤地层为太原组、山西组和石盒子组，3 组总厚约 370m，含煤 24 层左右，煤层总厚 11.13～14.44m，一般 10m 左右，其中可采煤层 4～10 层，可采厚度 5～10m，一般常见为 7～8m，含煤系数为 3.6%左右（表 3－9）。

表 3－9　太原组、山西组、石盒子组含煤特征一览表

组段	组段厚度（m）	含煤总数		含煤系数（%）	其中可采煤层		单层最大厚度（m）
		层数（层）	一般厚度（m）		层数（层）	一般厚度（m）	
石盒子组	96	1～8	0.20～6.45	2.1	1～3	0.00～5.07	12.00
山西组	115	3～7	1.40～8.87	4.4	1～4	0.60～6.00	11.68
太原组	160	8～15	2.86～6.30	2.6	1～6	0.79～4.30	3.86

各组地层的含煤特征在空间展布上有着很大的差异，垂向上总的表现为由下而上，煤层厚度由薄至厚，结构由简单至复杂，稳定性逐渐变差；平面上，自北而南，含煤层数逐渐增多，含煤层位逐渐抬高，富煤带有向南迁移的趋势。

太原组的含煤性全区差异不大，含煤 10 余层，均为 10 余厘米至 1m 的薄煤层，层位稳定，结构简单，多以灰岩为直接顶板。可采煤层徐州矿区为 1～3 层，丰沛矿区为 2～6 层，其中以底部 21 煤层发育最好，全区普遍分布，一般厚度小于 1m，局部达 1m 以上，均保持可采或大部分可采，以十二灰为直接顶板。由于十二灰厚度较大，稳定性好，故标志明显。发育于 21 煤层上部的 20 煤层和 17 煤层，层位较稳定，局部至大部分可采，亦为徐沛煤田较重要的煤层（表 3－10）。

表 3－10　晋冀鲁豫地层区主要煤层特征表

煤产地	地层	煤层编号		煤层厚度（m）	煤层结构	煤层稳定性	可采性	煤层类别
		新	原编号					
徐州	石盒子组	1	中 1 或中 2	0～6.85	较复杂	不稳定—较稳定	大部可采	薄—中厚煤层
		2	中 3 或中 4	0.04～12.00	较复杂	较稳定—稳定	普遍可采	薄—中厚煤层
	山西组	7	B	0～6.11	简单—复杂	较稳定—稳定	大部可采	薄—中厚煤层
		9	C	0～4.05	较复杂	不稳定—较稳定	局部可采	薄—中厚煤层
	太原组	17	Ⅶ	0～1.45	简单	不稳定	局部可采	薄煤层
		18	Ⅷ	0～1.12	简单	不稳定	零星可采	薄煤层
		20	Ⅸ	0～2.52	简单	较稳定	局部可采	薄煤层
		21	Ⅹ	0～1.88	简单	较稳定	大部可采	薄煤层
丰沛	石盒子组	柴煤组		0～1.35	复杂	不稳定	不可采	
	山西组	7	B	0～11.68	较复杂	较稳定—稳定	普遍可采	薄—中厚煤层
		8	C	0～5.85	较复杂	不稳定—较稳定	大部可采	薄—中厚煤层
	太原组	17	7－3、8－2、9－2	0～1.80	较复杂	较稳定—稳定	大部可采	薄煤层
		18	Ⅶ、7－3 下	0～1.18	简单	不稳定	局部可采	薄煤层
		20	Ⅸ	0～0.08	简单	不稳定	零星可采	薄煤层
		21	Ⅹ10、11－1	0.24～3.25	简单较复杂	稳定	普遍可采	薄煤层

山西组含煤性最好，煤层分布广，单层厚度大，尤以 7 煤层最发育，是北区最重要的可采煤层。但从平面分布看，山西组煤层横向变化大，徐沛煤田各矿区间差异显著，从北而南，含煤系数逐渐减小，煤层厚度逐渐变薄。同时，由于北区处于以山东兖州-滕县煤田为中心的富煤带的边缘，沉积时更近于滨岸地带，受潮汐作用的影响较强，使煤层厚度和结构变化复杂，分叉尖灭、冲刷缺失现象频繁出现，其主煤层由山东境内的“单层结构”发展到本区的“双重结构”，即以 7 煤层、8 煤层为一个分煤组，9 煤层、10 煤层为另一个分煤组。

石盒子组是徐沛煤田的又一个重要含煤层段，含煤性较好，含煤 1～9 层，一般可采 1～3 层，其中只有 1 个主采层，普遍发育，基本保持可采，其余两层均不稳定，局部可采。平面分布上，差异明显，从北而南，含煤性逐渐增强，煤层厚度逐渐增大，结构也由极其复杂向简单转化。北部丰沛矿区含煤性极差，煤层少，层位分散，几乎不含可采煤层；南部九里山区，含煤层数有所增加，可采两三层，可采厚度达 2.71m 左右；贾汪区，含煤性最好，煤层层数多，可采厚度大，平均达 4.44m 左右，结构简单，以单一厚煤层为主，垂向分布上，自底部向上，煤层由透镜体逐渐发育成层状，且结构复杂化，分叉尖灭现象严重。

纵观北区主要煤层的发育特征及其空间展布规律，可以看出，随着成煤环境的变迁，晚石炭世—中二叠世，徐沛煤田共形成 3 个富煤带。

A：以太原组 17 煤层、21 煤层和山西组 7 煤层、9 煤层为主体，以丰沛矿区三河尖—龙东—姚桥—徐庄—张双楼一线为中心的富煤带。

B：以山西组 7 煤层、9 煤层和石盒子组 1 煤层、2 煤层的均衡发育且相对富集为特征，分布于九里山区中部张集—夹河—庞庄—张双楼一线为中心的富煤带。

C：以石盒子组的稳定厚煤层为主体，以贾汪区的大黄山—旗山—权台—潘家庵深部为中心的富煤带。

2. 南区

南区为分布于苏南及沿江一带的苏南煤产地，属下扬子地层区，区内含煤地层自老至新有下寒武统幕府山组、上泥盆统五通组、下石炭统高骊山组、下二叠统栖霞组、中二叠统堰桥组、中二叠统龙潭组、上三叠统范家塘组、中下侏罗统象山群、古近系阜宁组。下扬子地层区的含煤地层虽然较多，但具有工业意义的仅有二叠系，其他各时期的煤层薄，稳定性差，分布零星，均不具备开发利用价值。

南区二叠纪含煤地层为堰桥组和龙潭组，主要分布于苏南及沿江一带，苏北平原则有小范围保留，地表出露在宁镇山脉、茅山山脉、宜溧山区和太湖地区。含煤岩系总厚 10～580m，一般大于 300m。含煤 1～2 层至 10 余层不等，煤层总厚由 2～5m 至 10 余米，多为不稳定至极不稳定的透镜状、藕节状、鸡窝状等形态，局部相对较为稳定，出现层状至似层状。大多数为不可采煤层，常见可采或局部可采煤层 1～3 层，个别地段可达 5 层，其中有一层较普遍发育。可采厚度 14m，常见为 1～2m(表 3-11)。

表 3-11 苏南区二叠纪各主要煤区的煤层特征一览表

煤产地	含煤系数	煤层总厚(m) 层数(层)	可采总厚(m) 层数(层)	主采煤层一般厚度(m)	主采煤层形态	煤层结构	煤层稳定性
宁镇	1.20%	1～5.23 3～7	0.74～4.0 1～5	0.7～1.0	透镜状—似层状	简单—复杂	不稳—较稳
茅山		0～6.4 3～4	1.5± 2～3	0～1.0	鸡窝状—透镜状	复杂—极复杂	极不稳—不稳
沿江	0.99%	0.13～5.0 3～5	2.3± 2～3	0.8±	透镜状—似层状	较简单	不稳—部分较稳
常州	0.65%	2.0～2.68 3～4	2.1± 1～3	0.5～1.5	透镜状—似层状	简单—复杂	不稳—部分较稳
宜溧	0.60%	1.0～3.0 1～3	0.67～1.9 1	1.2±	似层状—透镜状	简单—较复杂	不稳—部分较稳
江阴	1.35%	2.33～10.0 4～14	1.14～6.0 1～6	0.48～1.1	藕节状—透镜状	较复杂	较不稳—不稳、局部较稳
无锡—常熟	0.56%	0～5.23 1～7	0.6～2.65 1～2	0.40～1.64	透镜状—藕节状、局部似层状	复杂	极不稳—不稳、少量较稳
苏州	0.94%	0～8.25 3～10	3.91± 1～5	0.7～2.0	透镜状—似层状	复杂	不稳—局部较稳
滨海		1.35～2.0 2～5	0.9～1.35 1～2	0.9±	透镜状—似层状	较简单	较稳

堰桥组为南区的主要含煤地层，从下往上分为 4 个段，煤层主要发育于上含煤段中。在局部煤产地(如云花、团山、九华山、孤山、滨海等)的砂岩段中，常可形成数层薄煤层，多不可采，局部达可采，如孤山一带，单层厚度可达 1m 以上，呈透镜状和藕节状，平面分布不稳定。

龙潭组为南区二叠纪的另一个重要含煤地层，从下往上可分为 3 个段，分别为 B 含煤段、海相泥岩段和 A 含煤段，煤层主要赋存在 A、B 含煤段中。由于受环境变化的影响，煤层赋存分带现象明显。B

含煤段主要分布于南带和北带。其中南带含煤1～5层，多为不稳定。A含煤段的分布特征类同于B含煤段，煤层赋存范围进一步缩小，中带北带均不含煤层，只在南带的南部靠古隆起边缘赋煤较好，含煤1～5层，主要可采煤层1层，个别可达2层，煤层多分布于本段的上部。煤层层数及厚度有由南而北逐渐减少的趋势，至无锡—常熟一带已不含煤层。

第三节　矿产预测类型划分

矿产预测类型是开展矿产预测工作的基本单元，典型矿床研究、区域成矿规律研究、矿产预测工作都以此为基本工作单元。凡是由同一地质作用下形成的，成矿要素和预测要求基本一致，可以在同一预测底图上完成预测工作的矿床、矿点和矿化线索可以归为同一矿产预测类型。同一矿种存在多种矿产预测类型，不同矿种组合可能为同一类型，同一成因类型可能有多种类型，不同成因类型组合可能为同一类型。

根据以上划分原则及本次潜力评价技术要求，本次工作在铁、铅、锌、银、铜、金、钼、磷、硫铁矿、萤石等重要矿种成矿特征分析的基础上，共划分出了26个矿产预测类型，其中，铁矿有7个矿产预测类型，铅锌(银)矿有3个矿产预测类型，铜(金)矿有4个矿产预测类型，金矿有5个矿产预测类型，钼矿有2个矿产预测类型，磷矿有2个矿产预测类型，硫铁矿有2个矿产预测类型，萤石矿有1个矿产预测类型。江苏省重要矿种矿产预测类型划分及分布范围详见表3-12。

表3-12　江苏省及上海市重要矿种矿产预测类型一览表

矿产预测类型	成矿时代	矿种	典型矿床	分布范围
宁芜式陆相火山岩型铁矿	白垩纪	铁	梅山铁矿、吉山铁矿、凤凰山铁矿、麒麟山铁矿、龙旗山铁矿	宁芜地区、溧水地区
韦岗式矽卡岩型铁矿	白垩纪	铁	韦岗铁矿	宁镇地区、宜溧地区
冶山式矽卡岩型铁矿	白垩纪	铁	冶山铁矿	六合地区、盱眙地区
谈家桥式矽卡岩型锌铁矿	侏罗纪	铁	谈家桥锌铁矿	苏州西部地区
王浩式矽卡岩型铁矿	白垩纪	铁	王浩铁矿	南通地区
利国式矽卡岩型铁矿	侏罗纪	铁	墓山铁矿	徐州—利国地区、丰沛地区
鞍山式沉积变质型铁矿	新太古代—古元古代	铁		丰沛地区、东海—新沂地区
栖霞山式碳酸盐岩型(层控热液型)铅锌银矿	白垩纪	铅、锌、银(金)	栖霞山铅锌银矿	宁镇地区
吴宅式矽卡岩型铅锌银矿	侏罗纪	铅、锌、银(铜)	吴宅铅锌银矿	苏州西部地区、宜溧地区
五部式陆相火山岩型铜铅矿	晚侏罗世—白垩纪	铅、铜	观山铜铅矿	溧水地区
獾子洞式次火山热液-层控矽卡岩型铜金矿	晚侏罗世—白垩纪	铜、金	獾子洞铜金矿	溧水地区
安基山式矽卡岩斑岩型铜矿	白垩纪	铜	安基山铜矿	宁镇地区、宜溧地区

续表 3-12

矿产预测类型	成矿时代	矿种	典型矿床	分布范围
金山式矽卡岩型铜矿	白垩纪	铜(锌、铁、金)	张堰铜矿	上海金山地区
铜井式陆相火山岩型铜金矿	白垩纪	铜、金	铜井铜金矿	宁芜地区、溧水地区
汤山式微细浸染型(卡林型)金矿	白垩纪	金	汤山金矿	宁镇地区
新桥式铁帽型金矿	白垩纪	金	平山头金矿	宁镇地区、宜溧地区
焦家式破碎蚀变岩型金矿	白垩纪	金		东海—新沂地区、徐州—利国地区
西横山式破碎蚀变岩型金矿	白垩纪	金	燕子口金矿	溧水地区
土包山式侵入体内及接触带型金矿	白垩纪	金	土包山铁金矿	宜溧地区
铜山式矽卡岩型钼矿	白垩纪	钼、铜	铜山铜钼矿	宁镇地区
谏壁式斑岩型钼矿	白垩纪	钼	谏壁钼矿	宁镇地区、盱眙地区
海州式沉积变质型磷矿	中元古代	磷	锦屏磷矿	连云港—泗洪地区
宁芜式玢岩型铁磷矿	白垩纪	磷	泰山铁磷矿	宁芜地区
云台山式陆相火山岩型硫铁矿	晚侏罗世—白垩纪	硫铁矿	云台山硫铁矿	宁芜地区、溧水地区
铜陵式矽卡岩型硫铁矿	侏罗纪—白垩纪	硫铁矿	岔路口硫铁矿、潭山硫铁矿	宁镇地区、苏州西部地区
俞石泉式热液充填型萤石矿	侏罗纪	萤石	俞石泉萤石矿	苏州西部地区

第四章　典型矿床及其成矿模式

第一节　典型矿床的选取

典型矿床选取的原则：地质勘查程度较高，资料较为齐全并能够较全面系统地反映预测工作区域内某预测类型矿床的地质构造特征、成矿时代、矿化蚀变特征、成矿地质作用，能较全面地概括出该预测类型矿床的成矿要素，满足定量预测的需要。典型矿床选取应具有代表性、完整性、特殊性、专题性、习惯性。

根据以上原则，依据本次潜力评价技术要求关于矿产预测类型划分原则，结合江苏省已知矿床成矿特征及分布特点分析，选取33个矿床作为本次潜力评价典型矿床，其中，铁矿典型矿床12个、铜矿典型矿床5个、铅锌银矿典型矿床3个、金矿典型矿床5个、钼矿典型矿床2个、磷矿典型矿床2个、硫铁矿典型矿床3个、萤石矿典型矿床1个（表4-1）。

表4-1　江苏省铁、铜、铅锌银、金、钼、磷、硫铁矿、萤石矿典型矿床一览表

序号	矿种	矿产预测类型	典型矿床	备注
1	铁	宁芜式陆相火山岩型铁矿	梅山铁矿床	铁矿典型矿床12个
2	铁		吉山铁矿床	
3	铁		凤凰山铁矿床	
4	铁		麒麟山铁矿床	
5	铁		龙旗山铁矿床	
6	铁		东岗铁矿床	
7	铁		中巷铁铜矿床	
8	铁	利国式矽卡岩型铁矿	利国铁矿	
9	铁	韦岗式矽卡岩型铁矿	韦岗铁矿	
10	铁	冶山式矽卡岩型铁矿	冶山铁矿	
11	铁、锌	谈家桥式矽卡岩型铁矿	谈家桥铁矿	
12	铁	王浩式矽卡岩型铁矿	王浩铁矿	
13	铜、金	铜井式陆相火山岩型金铜矿	铜井金铜矿	铜矿典型矿床5个
14	铜、金	獾子洞式次火山热液-层控矽卡岩型铜矿	獾子洞铜矿	
15	铜	安基山式矽卡岩斑岩型铜矿	安基山铜矿	
16	铜		句容盘龙岗铜矿	
17	铜（铁、金、锌）	金山式矽卡岩型铜矿	张堰铜矿	

表 4-9　凤凰山铁矿床描述性模式

名称	江苏省凤凰山式陆相火山岩型铁矿床	
基本特征	铁矿体产于燕山中晚期浅成—超浅成辉长闪长玢岩(次火山岩体)与青龙组、周冲村组、黄马青组碳酸盐岩地层接触带	
成矿时代	燕山中晚期	
资料来源	《凤凰山铁矿床地质勘探最终报告》(江苏省冶金局第一勘探队,1959.09)	
地质背景	赋矿构造单元	下扬子陆块宁芜火山断陷盆地边缘
	含矿地层	三叠系黄马青组碳酸盐岩段,辉石闪长玢岩、闪长玢岩、石英闪长玢岩
	岩矿结构(矿化部位)	矿体赋存在燕山中晚期次辉长闪长玢岩与三叠系青龙组、周冲村组、黄马青组钙质粉砂岩、泥灰岩的接触带中,受不同成因的破碎构造带和层间裂隙带控制。矿石自然类型以致密块状为主,角砾状、粉末状次之
工业类型	铁矿床	
矿体形态	主矿体为似层状,长2700m,最大延伸1500m,厚28～59m	
矿物组合	矿石矿物:假象赤铁矿、赤铁矿、磁铁矿、镜铁矿、褐铁矿。伴生矿物:黄铁矿、黄铜矿、方铅矿;典型矿物组合:(透辉石-阳起石-碱性长石-)金云母-磷灰石-假象赤铁矿	
矿石结构	自形-半自形晶粒状结构	
矿体结构	矿体主要产于辉长闪长玢岩与钙质砂页岩或泥灰岩接触带,其次尚有一定数量的小矿体,分别产于砂页岩、泥灰岩及辉长闪长玢岩中	
容矿围岩	钙质砂页岩、石灰岩、辉长闪长玢岩	
围岩蚀变	碳酸盐化、高岭土化、绿泥石化、绢云母化、钠长石化	
蚀变分带	地表部分:自矿体至辉长闪长玢岩,高岭土化、碳酸盐化→高岭土化、碳酸盐化、绿泥石化→碳酸盐化;深部矿体:自上而下,碳酸盐化、高岭土化→碳酸盐化、绿泥石化→碳酸盐化	
地球物理标志	航磁异常呈北东向,峰值低,最高240nT,梯度缓,北侧有大片负场,负场极值－400nT。地磁异常形态杂乱不规则	

表 4-10　凤凰山铁矿床成因模式

名称	凤凰山式陆相火山岩型高中温热液充填交代铁矿床	
矿石成因类型	高中温热液交代-充填型	
成矿期次	热液期	
成矿环境	区域成矿构造背景	下扬子陆块宁芜火山断陷盆地边缘
	具体成矿环境	位于方山-小丹阳断裂与凤凰山-梅山断裂喷发带交会处,辉长闪长玢岩与钙质砂页岩或泥灰岩接触带
成矿物质来源	金属	来源于深部岩浆
成矿流体	以岩浆水为主的岩浆水、大气降水与地层水的混合体	
成矿物理化学条件	高中温阶段,低压,成矿温度330～450℃	

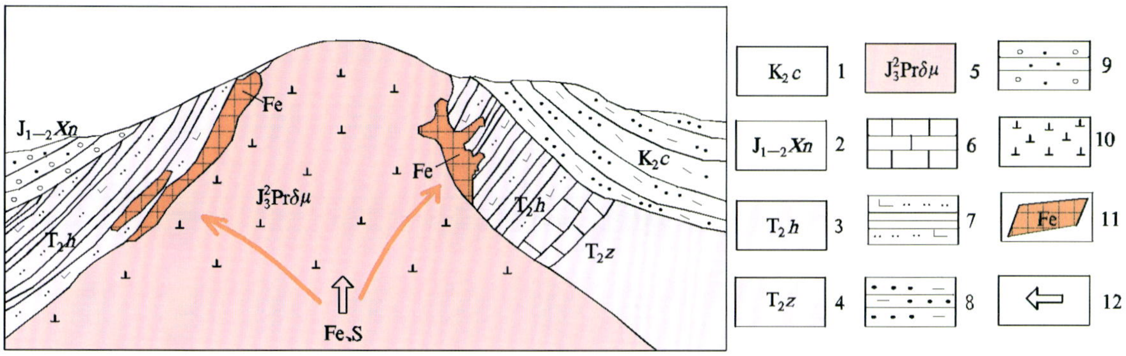

图 4-8 凤凰山铁矿床成矿模式图

1. 上白垩统赤山组；2. 中下侏罗统象山群；3. 中三叠统黄马青组；4. 中三叠统周冲村组；5. 燕山期大王山旋回辉石闪长玢岩；6. 灰岩；7. 钙质砂、页岩；8. 泥质粉砂岩；9. 长石石英砂岩；10. 辉石闪长玢岩；11. 铁矿体；12. 含矿热液运移方向

四、江苏省南京市麒麟山铁矿

1. 矿床特征

该矿区位于宁芜火山岩盆地北段东缘，方山-小丹阳断裂带之西侧。铁矿赋存于辉石闪长(玢)岩与三叠系黄马青组、青龙组顶部石灰岩的侵入接触带和岩体内接触带上。分为 3 个矿段：东庄矿段、麒麟山矿段、马村矿段。东庄矿段矿体呈透镜状，走向近东西，倾向北北西—北北东，倾角 20°～50°，总长约 700m，延伸 300m，矿体品位 TFe 24.77%～47.69%。麒麟山矿段矿体似层状，走向北东，倾向南东，倾角 10°～45°。主矿体长 550m，延伸 300m，矿体品位 TFe 25.85%～49.81%。马村矿段矿体呈透镜状和似层状，走向南北，倾向西，倾角 20°～60°，矿体南北长约 700m，宽 50～300m，矿体品位 TFe 25.60%～46.16%。

矿石结构主要有粒状结构、交代假象结构、交代残余结构。矿石构造有致密块状、条带状、角砾状、细脉浸染状。矿石矿物以假象赤铁矿为主，次为半假象赤铁矿和磁铁矿，少量针铁矿、菱铁矿、褐铁矿等。其中假象赤铁矿主要分布在矿体浅部和中上部，半假象赤铁矿和磁铁矿则主要分布于矿体深部和下部。脉石矿物以方解石为主，次为白云石、石英、玉髓、钾长石、钠长石、云母、绿泥石、磷灰石、硬石膏、重晶石等。

自然矿石以块状为主，次为角砾状，另有少量条带状矿石、粉末状和细脉浸染状矿石。按氧化程度分可分为氧化矿石、混合矿石和原生矿石 3 种类型，其中原生矿石占 50%以上。麒麟山地区的铁矿石工业类型为磁铁矿-假象赤铁矿型。

矿区 TFe 最高 62.03%，平均 41.69%。矿体中部含铁品位较高，边部品位较低，浅处又较深处为高。钒在矿石中有明显富集，一般铁高钒亦高，矿石中 V_2O_5 最高达 0.749%，平均为 0.242%。镓含量最高 0.002%，平均 0.014%。磷以磷灰石晶体为主，常形成高磷铁矿石，最高含量为 4.14%，东庄矿段含量较高，平均为 0.442%，麒麟山矿段平均为 0.413%，马村矿段平均为 0.31%。硫绝大部分存在于黄铁矿中，最高含量为 3.92%，一般均小于 0.1%。

围岩蚀变主要为碳酸盐化、绿泥石化、硅化，钠长石化、钾长石化、金云母化、磷灰石化，偶见阳起石化、透辉石化。

矿床成因类型为次火山高—中温热液型铁矿床。

2. 成矿要素

江苏省南京市麒麟山铁矿床成矿要素总结见表 4－11。

表 4－11 江苏省南京市麒麟山陆相火山岩型铁矿床成矿要素一览表

<table>
<tr><td colspan="2">成矿要素</td><td colspan="3">描述内容</td><td rowspan="3">成矿要素分类</td></tr>
<tr><td colspan="2">储量</td><td>Fe：125.4×10⁴t</td><td>平均品位</td><td>TFe：41.69％</td></tr>
<tr><td colspan="2">特征描述</td><td colspan="3">陆相火山岩盆地，燕山中晚期浅成—超浅成次火山岩体与三叠纪灰岩及含钙质碎屑岩接触带中的高—中温热液交代充填型铁矿床</td></tr>
<tr><td rowspan="6">地质环境</td><td>地层</td><td colspan="3">主要是上三叠统黄马青组钙质砂页岩及青龙组灰岩和中下侏罗统象山群细砂岩、粉砂岩</td><td>重要</td></tr>
<tr><td>岩浆岩</td><td colspan="3">燕山中晚期次辉石闪长玢岩</td><td>必要</td></tr>
<tr><td>岩石结构</td><td colspan="3">似斑状结构或斑状结构</td><td>次要</td></tr>
<tr><td>成矿时代</td><td colspan="3">燕山中晚期</td><td>重要</td></tr>
<tr><td>成矿环境</td><td colspan="3">矿体主要产于燕山中晚期次辉石闪长玢岩与三叠系黄马青组、青龙组碳酸盐岩接触破碎带</td><td>必要</td></tr>
<tr><td>构造背景</td><td colspan="3">下扬子陆块宁芜火山断陷盆地东南，古雄-吉山断裂带及方山-小丹阳断裂带交叉处的西北面</td><td>重要</td></tr>
<tr><td rowspan="5">矿床特征</td><td>矿物组合</td><td colspan="3">矿石矿物：主要为假象赤铁矿、半假象赤铁矿及磁铁矿，次为赤铁矿、褐铁矿、镜铁矿等；脉石矿物以方解石为主，次为白云石、石英、玉髓、钾长石、钠长石、云母、绿泥石、磷灰石、硬石膏、重晶石等</td><td>重要</td></tr>
<tr><td>结构</td><td colspan="3">粒状结构、交代假象结构、交代残余结构</td><td>次要</td></tr>
<tr><td>构造</td><td colspan="3">矿石构造主要有致密块状、条带状、角砾状、脉状浸染状</td><td>次要</td></tr>
<tr><td>蚀变</td><td colspan="3">主要为碳酸盐化及绿泥石化，次为硅化，局部偶见阳起石化、透辉石化</td><td>重要</td></tr>
<tr><td>控矿条件</td><td colspan="3">矿体产于次火山岩体辉石闪长玢岩与三叠纪灰岩或含钙质砂岩的接触破碎带内或岩体内接触带（或构造裂隙带）</td><td>必要</td></tr>
</table>

3. 成矿模式

描述性模式见表 4－12，成因模式见表 4－13 及图 4－9。

表 4－12 麒麟山铁矿床描述性模式

<table>
<tr><td>名称</td><td colspan="2">江苏省麒麟山陆相火山岩型铁矿床</td></tr>
<tr><td>基本特征</td><td colspan="2">燕山中晚期浅成—超浅成次火山岩体与三叠纪碳酸盐岩接触带中的高—中温热液型铁矿床</td></tr>
<tr><td>成矿时代</td><td colspan="2">燕山中晚期</td></tr>
<tr><td>资料来源</td><td colspan="2">《江苏省江宁县麒麟山铁矿床地质勘探报告书》（华东冶金地质勘探公司 807 队，1965.12）</td></tr>
<tr><td rowspan="3">地质背景</td><td>赋矿构造单元</td><td>下扬子陆块宁芜火山断陷盆地北段东缘</td></tr>
<tr><td>含矿地层</td><td>上三叠统黄马青组以及辉石闪长玢岩</td></tr>
<tr><td>岩矿结构（矿化部位）</td><td>辉石闪长玢岩超覆在三叠系黄马青组灰岩上，矿体产于接触破碎带内</td></tr>
<tr><td>矿床工业类型</td><td colspan="2">磁铁矿-假象赤铁矿床</td></tr>
<tr><td>矿体形态</td><td colspan="2">矿体呈似层状</td></tr>
<tr><td>矿物组合</td><td colspan="2">假象赤铁矿、半假象赤铁矿、磁铁矿、赤铁矿</td></tr>
<tr><td>矿石组构</td><td colspan="2">矿石结构：似斑状结构、斑状结构；矿石构造：致密块状构造、条带状构造、角砾状构造、浸染状构造</td></tr>
<tr><td>矿体结构</td><td colspan="2">矿体赋存于辉石闪长玢岩与上三叠统黄马青组灰岩正及外接触带，以正接触带矿体规模较大，为主矿体，次为内、外接触带平行小矿体</td></tr>
<tr><td>容矿围岩</td><td colspan="2">中三叠统黄马青组灰岩</td></tr>
<tr><td>围岩蚀变</td><td colspan="2">主要为碳酸盐化及绿泥石化，次为硅化</td></tr>
<tr><td>地球物理标志</td><td colspan="2">重力高异常边缘；椭圆形磁异常，最大峰值为 1500nT</td></tr>
</table>

表 4-13　麒麟山铁矿床成因模式

<table>
<tr><td>名称</td><td colspan="2">麒麟山陆相火山岩型高—中温热液交代铁矿床</td></tr>
<tr><td>矿石成因类型</td><td colspan="2">次火山中偏高温热液交代充填</td></tr>
<tr><td>成矿期次</td><td colspan="2">热液期</td></tr>
<tr><td rowspan="2">成矿环境</td><td>区域成矿构造背景</td><td>陆内盆地</td></tr>
<tr><td>具体成矿环境</td><td>下扬子陆块宁芜中生代火山岩盆地北部边缘，北西向梅山-凤凰山断裂喷发带，次辉石闪长玢岩与中三叠统黄马青组灰岩正及外接触带</td></tr>
<tr><td>成矿物质来源</td><td>金属</td><td>来源于深部岩浆</td></tr>
<tr><td>成矿流体</td><td colspan="2">岩浆热液</td></tr>
<tr><td>成矿物理化学条件</td><td colspan="2">形成于高中温热液阶段、低压，成矿温度 300～450℃</td></tr>
</table>

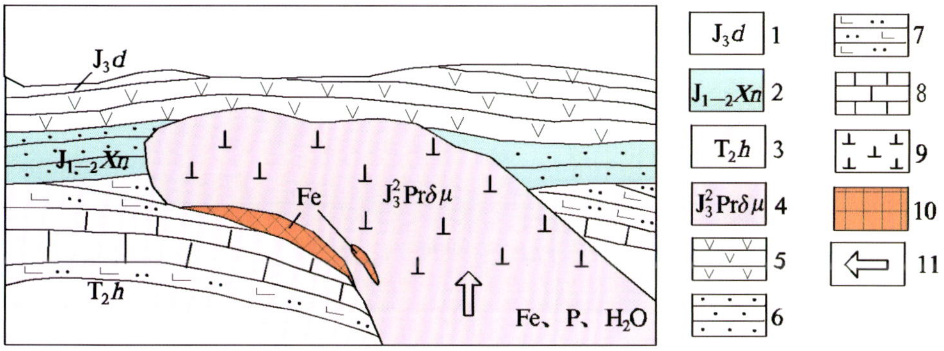

图 4-9　麒麟山铁矿床成矿模式图

1. 上侏罗统大王山组；2. 中下侏罗统象山群；3. 中三叠统黄马青组；4. 燕山期大王山旋回辉石闪长玢岩；5. 安山质火山岩；6. 砂岩、粉砂岩；7. 钙质粉砂岩；8. 灰岩；9. 辉石闪长玢岩；10. 铁矿体；11. 含矿热液运移方向

五、江苏省南京市龙旗山铁矿床

1. 矿床特征

该矿床处于宁芜火山岩断陷盆地北段东翼，板桥-凤凰山北西向断裂带东段，包括静龙山、龙旗山、马山凹、大路矿 4 个矿段。矿区出露地层有龙王山组安山岩，大王山组沉凝灰岩、凝灰质粉砂岩、凝灰角砾岩、安山岩。矿体呈似层状产于大王山组底部火山碎屑岩中，受岩层层理控制（图 4-10），部分矿体产于北北西向构造破碎带中。铁矿化沉凝灰岩与凝灰质赤铁矿层呈渐变关系，一般 3～4 层。

马山凹矿带有矿体 3 条，主矿体分 2 层，产于沉凝灰岩中。走向北东，倾向南东，倾角 30°左右。断续长约 500m，厚 0.3～2.5m。第一层为粉末状赤铁矿、镜铁矿，第二层为致密块状赤铁矿。静龙山矿带也产于沉凝灰岩中，长 40～600m，厚 0.5～8m，推测延伸 70m 左右。大路矿有矿体 4 条，近南北向分布，长 25～170m，厚 0.5～1m，推测延伸 15～250m。龙旗山矿带有矿体 6 条，主矿体 2 层，呈不规则层状，长 800m，厚 1.88m～2.56m，推测延伸 250～500m。走向北西，倾向北东，倾角 30°左右。

矿石矿物以赤铁矿为主，镜铁矿次之。脉石矿物以石英为主，此外尚有燧石、重晶石、方解石。主要矿物组合为重晶石-石英-赤铁矿。矿石具细粒结构、镶嵌结构，致密块状、浸染状、似条带状、粉末状构造。矿石品位：富矿 TFe 最低含量为 40%左右，平均 45%；贫矿 TFe 最低为 20%，一般为 30%～40%。全矿 TFe 平均为 40%。有害元素 S 0.33%，P 0.147%，SiO_2 38.24%。矿床规模为小型。围岩蚀变不明显，成矿时代为燕山期大王山旋回早期，系陆相火山喷发沉积成因。

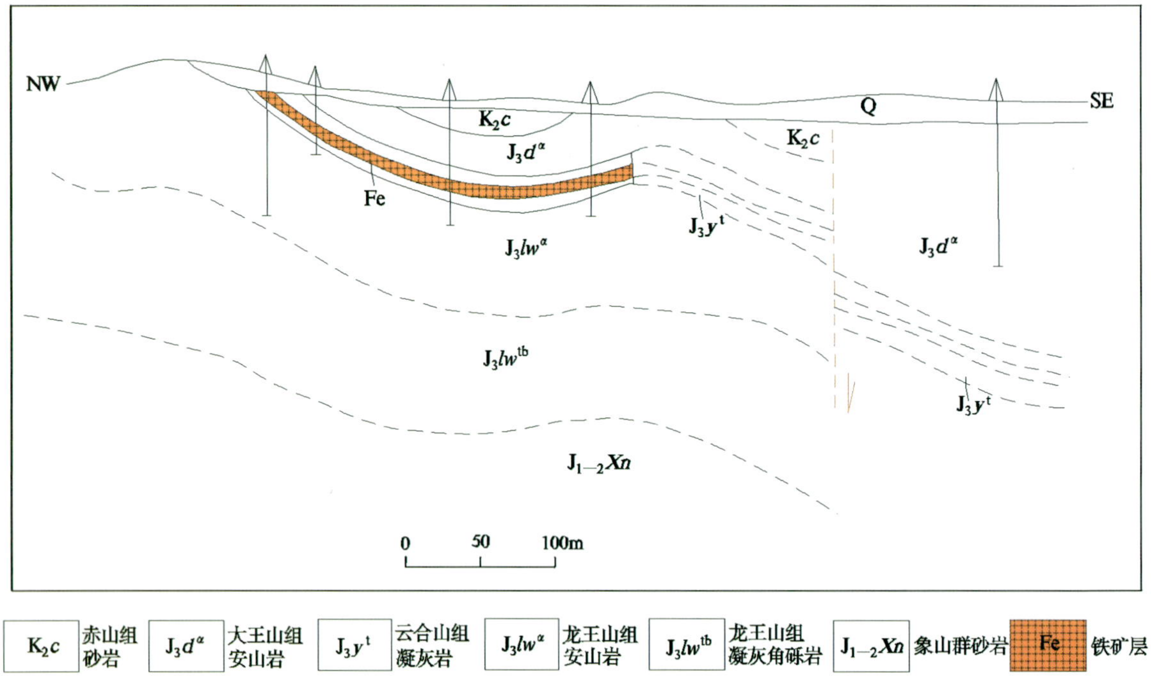

图 4－10　南京龙旗山铁矿床地质剖面图

2. 成矿要素

江苏省南京市龙旗山铁矿床成矿要素总结见表 4－14。

表 4－14　江苏省龙旗山陆相火山岩型铁矿床成矿要素一览表

成矿要素		描述内容			成矿要素分类
储量		Fe:146.84×10⁴t	平均品位	TFe:40%	
特征描述		矿体呈似层状产于大王山组底部火山碎屑岩中，受岩层层理控制，部分矿体产于北北西向构造破碎带中，属陆相火山喷发沉积型铁矿床			
地质环境	地层	主要为侏罗系大王山组火山岩系，岩性为凝灰岩、凝灰角砾岩、粗面岩和安山岩			重要
	岩浆岩	燕山中晚期次火山岩体，岩性主要为次石英闪长岩、闪长岩、辉长闪长岩			必要
	岩石结构	碎屑结构、粗面结构			次要
	成矿时代	燕山中晚期			重要
	成矿环境	矿体呈似层状产于大王山组底部火山碎屑岩中，沿火山岩系地层的层面延长、延伸成规则脉状，围岩南北向剪切裂隙和北西向张裂隙发育			必要
	构造背景	宁芜火山断陷盆地北缘，北北东向隐伏断裂和北西向断裂交会部位			必要
矿床特征	矿物组合	矿石矿物：赤铁矿、镜铁矿；脉石矿物：石英、方解石			重要
	结构	镶嵌结构、充填结构、脉状结构			次要
	构造	充填角砾构造、网脉状构造、致密块状构造			次要
	蚀变	围岩蚀变不明显			重要
	控矿条件	主要受大王山旋回早期火山岩地层控制			必要

3. 成矿模式

描述性模式见表 4－15，成因模式见表 4－16。

表 4－15　龙旗山铁矿床描述性模式

名称	江苏省龙旗山式陆相火山岩型火山-沉积赤铁矿床	
基本特征	矿体呈似层状产于大王山组底部火山碎屑岩中，受岩层层理控制，部分矿体产于北北西向构造破碎带中，属陆相火山喷发沉积型铁矿床	
成矿时代	燕山中晚期	
资料来源	《龙旗山铁矿地质勘探报告》(江苏省冶金工业局 807 队，1958.12)	
地质背景	赋矿构造单元	下扬子陆块宁芜火山断陷盆地边缘
	含矿地层	侏罗系大王山组底部沉火山碎屑岩
	岩矿结构(矿化部位)	呈似层状产于大王山组火山碎屑岩中，受岩层层理控制，部分矿体产于北北西向构造破碎带中
矿床工业类型	赤铁矿床	
矿体形态	似层状	
矿物组合	赤铁矿、镜铁矿	
矿石组构	细粒、镶嵌结构，致密块状构造、角砾状构造	
矿体结构	矿体呈似层状分布	
容矿围岩	大王山组沉凝灰岩、凝灰质粉砂岩、凝灰质角砾岩	
围岩蚀变	蚀变不明显	
风化	近地表褐铁矿化	
地球物理标志	局部重力高异常	

表 4－16　龙旗山铁矿床成因模式

名称	江苏省龙旗山火山沉积型铁矿床	
矿石成因类型	火山沉积成因赤铁矿石	
成矿期次	火山喷发沉积期—热液叠加期	
成矿环境	区域成矿构造背景	下扬子陆块宁芜中生代火山岩盆地边缘
	具体成矿环境	板桥-凤凰山北西向断裂喷发带东段南侧，大王山组底部火山碎屑岩中，受火山碎屑岩层层理控制，部分矿体产于北北西向构造破碎带中
成矿物质来源	金属	岩浆源
成矿流体	岩浆水、大气降水与地层水的混合体	
成矿物理化学条件	中低温条件，火山沉积环境	

六、江苏省溧水东岗铁矿床

1. 矿床特征

该矿床位于溧水火山岩断陷盆地的北缘，开太-白马山北西向张扭性断裂与博望-虬山北东向压性断裂交会处的东岗复式火山口中。矿区地表为第四系覆盖，矿床为航磁、地磁发现，后经钻探证实。

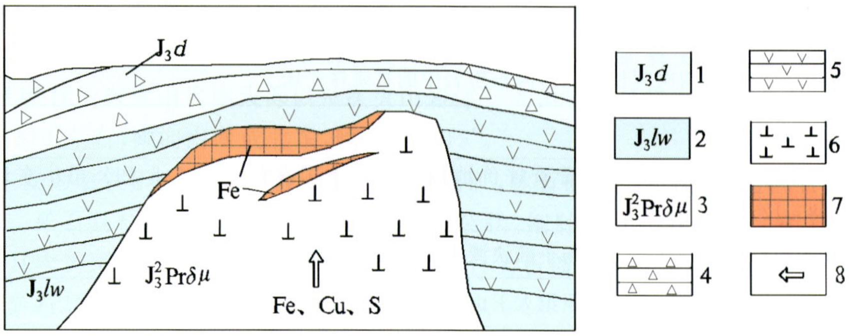

图 4-11 东岗铁矿床成矿模式图

1. 上侏罗统大王山组；2. 上侏罗统龙王山组；3. 燕山中晚期辉石闪长玢岩；4. 火山角砾岩；5. 安山质火山岩；6. 辉石闪长玢岩；7. 磁铁矿体；8. 含矿热液运移方向

七、江苏省溧阳中巷铁铜矿床

1. 矿床特征

该矿床位于下扬子陆块的溧阳火山岩盆地西缘，朱琳-梅渚中、新生代断陷盆地之东侧。矿区内除东侧有少量基岩出露外，其余皆为第四系所覆盖。基岩为一套晚侏罗世火山岩-碳酸盐岩建造，可分为4个岩性段：龙王山组下段紫灰色、浅灰色黑云母安山岩夹薄层浅绿色凝灰岩；龙王山组上段浅灰色、绿灰色凝灰岩，含砾凝灰岩及凝灰质砾岩，局部夹少量安山岩薄层及紫红色粉砂质泥岩；大王山组下段：下部为灰紫色、浅灰色粉砂岩，粉砂质页岩；上部为灰白色（局部具有微红色）灰岩间夹浅黄色薄层粉砂质页岩；大王山组中段浅灰色，安山岩夹少量凝灰岩，含砾凝灰岩，底部有流纹质疑灰熔岩，偶见熔结凝灰岩透镜体。在大王山组下段灰岩段上部及大王山组中段之层间构造，为含矿溶液的运移、交代、沉淀提供了场所。本区主要工业矿体就是产在层间构造中。据钻孔资料分析：矿区地层被2条北西西向的走向断层错移，破坏切割了矿体，为成矿后断层。矿区南部有花岗斑岩（石英闪长斑岩）小岩株出露，矿区钻孔中在矿体旁侧见有闪长玢岩侵入于晚侏罗世火山岩中，成矿应与该岩体有关。

中巷铁铜矿由东、西2个矿带计18个矿体组成，这些矿体成群产于上侏罗统大王山组下段灰岩段与大王山组中段底部的火山岩之间暗色蚀变带，受层间构造控制。其产状也与暗色蚀变带一致，一般呈大小不等的透镜状、似层状产出。矿体倾向约350°，倾角10°～29°，为一群向北缓倾的盲矿体。其中以3号、6号、14号、15号矿体规模相对较大，为区内主要矿体。

矿石结构主要有自形晶粒状结构、叶片状变晶结构、交代假象结构、交代骸晶结构、交代环边结构。自形晶粒状及叶片状结构为铁矿石的主要结构，而交代结构则为黄铁矿、磁黄铁矿和黄铜矿石的主要结构。矿石构造主要有块状构造、条带状构造、浸染状构造。

矿石矿物主要有磁铁矿、黄铁矿、磁黄铁矿、菱铁矿、黄铜矿，次有穆磁铁矿、镜铁矿、赤铁矿、褐铁矿等。脉石矿物主要有钙铁辉石、黑柱石、角闪石、普通辉石，其次有透辉石、绿帘石、方解石、透闪石、黝帘石、阳起石、石榴石、绿泥石、钠长石、石英等。

矿石的主要有用组分为Fe、Cu、S。含铁矿物以磁铁矿为主，矿体TFe含量40.1%～60.1%，平均为44.04%。本区磁铁矿石属高硫低磷矿石。含S量最高可达7.8%，最低为0.07%，一般多在2%～3%之间。含P一般在0.01%左右，个别样品可达0.05%。黄铜矿石中Cu品位变化较大，最低

0.37%，最高3.91%，平均1.75%。硫铁矿石中S含量8.05%～27.27%，平均17.62%。

矿石自然类型有块状、条带状、浸染状磁铁矿、黄铜矿、黄铁矿。按工业利用划分工业类型为铁、铜、硫矿石类型。

区内围岩蚀变范围广，强度高，高温、中温、低温蚀变均有，且垂直分带现象明显，按其分布空间及矿物组合自上而下分为浅色蚀变带、上部绿色蚀变带、暗色蚀变带、石榴石带、下部绿色蚀变带5个蚀变带。分述如下：

（1）浅色蚀变带：呈灰白色、灰色，蚀变矿物以矽化、绢云母化为主，次有高岭土化、滑石化及弱黄铁矿化。该带发育于近地表处。

（2）上部绿色蚀变带：呈浅绿色、淡绿色，蚀变矿物以绿帘石、绿泥石为主，次有钠长石、方柱石、绢云母、石英、赤铁矿、菱铁矿及黄铁矿。该蚀变带在剖面上位于浅色蚀变带之下，暗色蚀变带之上，发育于大王山组下段地层中。

（3）暗色蚀变带：呈暗灰色、黑色，主要蚀变矿物有钙铁辉石、普通辉石、黑柱石、角闪石，其次是透辉石、透闪石、阳起石、纤闪石等。金属矿化（如磁铁矿、赤铁矿、黄铜矿、黄铁矿、菱铁矿）与此蚀变带关系密切，相伴产出，矿化富集地段形成工业矿体。该带位于上部绿色蚀变带之下，发育于大王山组下段灰岩段上部及大王山组中段底部的火山岩中。

（4）石榴石带：呈黄褐色、红褐色，主要蚀变矿物是钙铁石榴石，其次有方解石、石英、胶状赤铁矿，局部见少量镜铁矿、磁铁矿等。该蚀变带位于暗色蚀变带之下与灰岩毗连。

（5）下部绿色蚀变带：呈黄绿色、灰绿色，由细粒绿帘石、方解石、绿泥石及少量绢云母组成。偶见磁铁矿。

中巷铁铜矿体产于晚侏罗世火山岩-碳酸盐岩建造中，属火山期后热液交代矿床。成矿时代为燕山晚期。

2. 成矿要素

江苏省溧阳中巷铁铜矿床成矿要素总结见表4-20。

表4-20 江苏省溧阳中巷铁铜矿床成矿要素一览表

<table>
<tr><td colspan="2">成矿要素</td><td colspan="3">描述内容</td><td rowspan="3">成矿要素分类</td></tr>
<tr><td colspan="2">储量</td><td>Fe：13.6×10^4 t</td><td>平均品位</td><td>TFe：44.04%</td></tr>
<tr><td colspan="2">特征描述</td><td colspan="3">铁铜矿体产于晚侏罗世火山岩-碳酸盐岩建造中，主要受大王山组下段灰岩段上部及大王山组中段之层间构造控制，属火山期后热液交代矿床</td></tr>
<tr><td rowspan="6">地质环境</td><td>地层</td><td colspan="3">大王山组中段：中基性—中性熔岩夹火山碎屑岩；大王山组下段：灰岩、砂页岩；龙王山组上段：火山碎屑岩；龙王山组下段：中性熔岩夹薄层火山碎屑岩</td><td>必要</td></tr>
<tr><td>岩浆岩</td><td colspan="3">燕山晚期花岗斑岩（石英闪长斑岩）、闪长玢岩</td><td>必要</td></tr>
<tr><td>岩石结构</td><td colspan="3">斑状结构，基质具显微细晶镶嵌结构</td><td>次要</td></tr>
<tr><td>成矿时代</td><td colspan="3">燕山晚期</td><td>重要</td></tr>
<tr><td>成矿环境</td><td colspan="3">矿体赋存于晚侏罗世火山岩-碳酸盐岩建造中的碳酸盐岩向火山岩过渡地段。大王山组灰岩及其火山岩系中的层间剥离面为含矿溶液的运移、交代、沉淀提供了场所</td><td>必要</td></tr>
<tr><td>构造背景</td><td colspan="3">下扬子陆块的溧阳火山断陷盆地西缘。朱琳-梅渚中生代、新生代断陷盆地东侧，区内构造线方向呈北北东</td><td>重要</td></tr>
</table>

续表 4-20

成矿要素		描述内容	成矿要素分类
矿床特征	矿物组合	磁铁矿、黄铜矿、黄铁矿、磁黄铁矿、菱铁矿	重要
	结构	自形晶粒状结构、叶片状变晶结构、交代假象结构、交代核晶结构、交代环边结构	次要
	构造	块状构造、条带状构造、浸染状构造、似片状构造、豆状构造、角砾状构造、细脉状构造	次要
	蚀变	浅色蚀边带：矽卡岩化和绢云母化为主，其次是高岭土化、滑石化及轻度黄铁矿化；上部绿色蚀边带：绿帘石化、绿泥石化为主；暗色蚀边带：钙铁辉石、普通辉石、黑柱石、透辉石、透闪石、阳起石等，金属矿化与此蚀变带关系密切；石榴石带：主要为钙铁石榴石；下部绿色蚀变带：绿帘石、方解石、绿泥石及少量绢云母	重要
	控矿条件	(1)上侏罗统大王山组下段灰岩对矿液的交代具有积极作用。灰岩段本身及其近旁的大王山组底部火山岩系中的层间剥离面是容矿的良好空间。(2)成矿与燕山晚期花岗斑岩(石英闪长斑岩)、闪长玢岩有关	必要

3. 成矿模式

描述性模式见表 4-21，成因模式见表 4-22。

表 4-21　中巷铁铜矿床描述性模式

名称	江苏省中巷陆相火山岩型-火山期后热液交代铁铜矿床	
基本特征	铁铜矿体产于晚侏罗世火山岩-碳酸盐岩建造中，主要受大王山组下段灰岩段上部及大王山组中段之层间构造控制，属火山期后热液交代矿床	
成矿时代	燕山晚期	
资料来源	《江苏省溧阳县周城中巷铁铜矿评价报告》(华东有色地质勘查局813队，1977.01)	
地质背景	赋矿构造单元	下扬子陆块溧阳火山断陷盆地西缘
	含矿地层	侏罗系大王山组
	岩矿结构(矿化部位)	矿体赋存于晚侏罗世火山岩-碳酸盐岩建造中的碳酸盐岩向火山岩过渡地段。矿化带上盘为火山岩，下盘为灰岩(矽卡岩)
伴生矿床	铜矿	
矿床工业类型	铁铜矿	
矿体形态	透镜状、似层状	
矿物组合	金属矿物：主要是磁铁矿、黄铁矿、磁黄铁矿、菱铁矿、黄铜矿，次要为穆磁铁矿、镜铁矿、赤铁矿和褐铁矿；非金属矿物：主要是钙铁辉石、黑柱石、角闪石、普通辉石，次要为透辉石、绿帘石、方解石、透闪石、黝帘石、阳起石、石榴石、钠长石、石英等	
矿石组构	自形晶粒状结构、叶片状变晶结构、交代假象结构、交代核晶结构、交代环边结构；块状构造、条带状构造、细脉浸染状构造、似片状构造、豆状构造、角砾状构造	
矿体结构	在暗色蚀变带中呈透镜状、似层状产出，且与暗色蚀变带呈渐变过渡关系	
容矿围岩	大王山组中基性至中性熔岩夹火山碎屑岩，灰岩、砂页岩	
围岩蚀变	硅化、绢云母化、高岭土化、黄铁矿化、绿帘石化、绿泥石化、钠长石化、方柱石化	
矿化分带	上部以铁矿为主，下部见铜矿	
蚀变分带	由上而下：浅色蚀变带、上部绿色蚀变带、暗色蚀变带、石榴石蚀变带、下部绿色蚀变带	
风化	均为盲矿体，无风化现象	
地球物理标志	磁异常明显且完整，磁场梯度较大，曲线圆滑	

表 4-22 中巷铁铜矿床成因模式

名称	江苏省中巷火山期后热液交代矿床	
矿石成因类型	火山期后高中温热液交代成因磁铁矿石、黄铜矿石、含铜磁铁矿石、黄铁矿石	
成矿期次	高温交代阶段形成磁铁矿;中温交代阶段形成金属硫化物	
成矿环境	区域成矿构造背景	下扬子陆块溧阳火山断陷盆地西缘,朱琳-梅渚中生代、新生代断陷盆地东侧
	具体成矿环境	赋存于侏罗系大王山组底部火山岩-碳酸盐岩建造中的碳酸盐岩向火山岩过渡地段上,受层间构造(层间滑脱及破碎构造)控制
成矿物质来源	金属	来源于深部岩浆
成矿流体	以岩浆热液为主	
成矿物理化学条件	形成于火山期后高—中温热液阶段	

八、江苏省镇江市韦岗铁矿床

1. 矿床特征

该矿床位于宁镇东西向构造隆起带中段,石马石英闪长岩体南缘接触带上,与成矿有关的侵入岩主要为燕山晚期花岗闪长斑岩、石英闪长斑岩。矿体赋存于花岗闪长斑岩与三叠系青龙组灰岩接触带的矽卡岩中,受侵入接触带的控制(图 4-12)。由大小不等的近百个矿体组成走向东西的矿带,长 1200 余米,宽 200 余米。矿体呈透镜状分布,主矿体长 852m,中部厚 60~70m,东、西部变薄,且分叉尖灭现象明显,矿体走向近东西,总体倾向北,倾角 60°~80°,矿体形态中部简单,倾斜延伸较大。

矿石矿物以磁铁矿为主,次有假象赤铁矿和少量赤铁矿,后期硫化物以黄铁矿为主,次有黄铜矿、闪锌矿、斑铜矿、方铅矿等;磁铁矿矿石一般呈他形晶粒状结构,早期磁铁矿为细粒结构,晚期磁铁矿为中—细粒结构,一般富矿的磁铁矿结晶颗粒较大,且结晶程度较好,贫矿结晶颗粒细,呈他形紧密共生。赤铁矿矿石一般为假象结构、交代残余结构,赤铁矿交代早期形成的磁铁矿。矿石构造主要有块状构造、条带状构造、角砾状构造、指纹状构造。矿石自然类型有块状、条带状、角砾状、条纹状、浸染状。富矿的一般为块状矿石。矿石的工业类型,按含铁品位划分为需选铁矿石;按硫含量划分为高硫铁矿石;按造渣组分划分,矿区铁矿石大部为自熔性矿石和半自熔性矿石,个别样品为酸性矿石。全区铁矿石中 TFe 最高含量 57.68%,平均含量 41.51%,属需选矿石,S 含量一般为 3%~5%,属高硫矿石,P<0.25%,有少量 Co、Ni、Cu 伴生,可综合回收。

围岩蚀变为接触变质交代作用,略具分带性,由内向外大致可分:①蚀变花岗闪长斑岩带,有绿帘石化、绿泥石化、钠长石化、矽卡岩化,次有高岭土化、绢云母化、硅化,蚀变带宽度大;②绿帘石石榴石矽卡岩带或绿帘石矽卡岩带,偶见黄铁矿化,厚 0 到数米(以上两带为内接触带);③石榴石透辉石矽卡岩带,为本区主要含矿矽卡岩,铁矿主要产于该带中;④透辉石、绿泥石矽卡岩带,具磁铁矿化,厚数米到 100 余米;⑤大理岩、角岩带。矿床规模为中型矿床。矿床成因类型属接触交代矽卡岩型。成矿时代为燕山晚期(108±1.3Ma,LA-ICP-MS 锆石 U-Pb 定年;孙国曦等,2013)。

表 4-25　韦岗铁矿床成因模式

名称	韦岗式接触交代矽卡岩型铁矿床	
矿石成因类型	接触交代成因	
成矿期次	矽卡岩期—热液期	
同位素特征	硫同位素	$\delta^{34}S$:0‰左右,少数−12.18‰~−15.8‰和12.2‰~14.1‰
	氢氧同位素	磁铁矿氧同位素$\delta^{18}O$:2.13‰~3.29‰
成矿环境	区域成矿构造背景	下扬子陆块宁镇断隆中段,矿区位于近东西向压性断裂与北北西向、北东向扭性断裂交会部位
	具体成矿环境	汤仑复背斜东端北翼,石马石英闪长岩体南缘接触带上,矿体赋存于花岗闪长斑岩与三叠系青龙组灰岩接触带的矽卡岩中,受侵入接触带的控制
成矿物质来源	金属	来源于深部岩浆
成矿流体	成矿溶液以岩浆水为主,为岩浆水、大气降水与地层水的混合体	
成矿物理化学条件	磁铁矿成矿温度400~700℃	

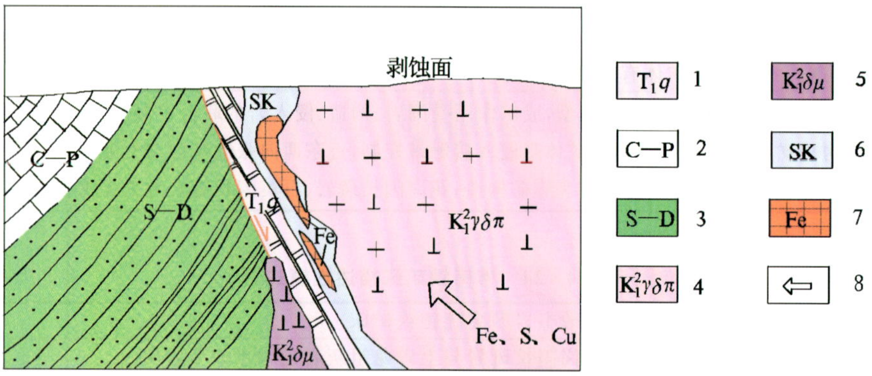

图 4-13　韦岗铁矿床成矿模式图

1. 三叠系青龙组大理岩;2. 石炭纪—二叠纪灰岩;3. 志留纪—泥盆纪页岩、砂岩;4. 燕山晚期花岗闪长斑岩;5. 燕山晚期闪长玢岩;6. 矽卡岩;7. 铁矿体;8. 含矿热液运移方向

九、江苏省六合冶山铁矿床

1. 矿床特征

该矿床位于下扬子陆块六合-天长隆起东缘,冶山复式背斜之冶山倒转背斜北翼与汤泉倒转向斜之间。燕山晚期侵入的冶山石英(花岗)闪长岩岩体呈岩株状产出,与成矿关系密切。赋矿围岩为上震旦统灯影组、下震旦统黄墟组,及下寒武统幕府山组上段的镁质碳酸盐岩。矿体主要赋存在侵入岩体与围岩的接触带中,尤其是岩体突入围岩的舌状部分的接触带或陡直变为平缓弯曲的接触带坡坎处,是主要矿体的赋存部位(图 4-14)。部分矿体产在岩体内围岩的捕虏体中和围岩层间裂隙中。

矿体多为透镜状、扁豆状、囊状、巢状、不规则脉状。北矿区上部矿体走向北东东,倾向南东,倾角45°~80°,矿体长700m左右,厚2~60m,平均厚20m左右;下部矿体长400余米,最厚59m,一般厚10~20m;东矿区由29个小矿体组成,一般长65~600m,厚0.7~13m,延伸300m左右;西矿区由14个小矿体组成，长 180～406m，厚 2～20m，延伸 85～235m；铁石岗矿段矿体赋存于北东向挤压破碎带中，其中残存有白云岩、白云质灰岩，被二长岩、闪长岩包围呈捕虏体出现。矿体总体走向 60°～70°，倾向南东，倾角 75°～85°，局部直立，甚至反倾。铁石岗矿段共有铁矿体 41 个。最大延长 320m，延伸 115m，厚度 3～20m。

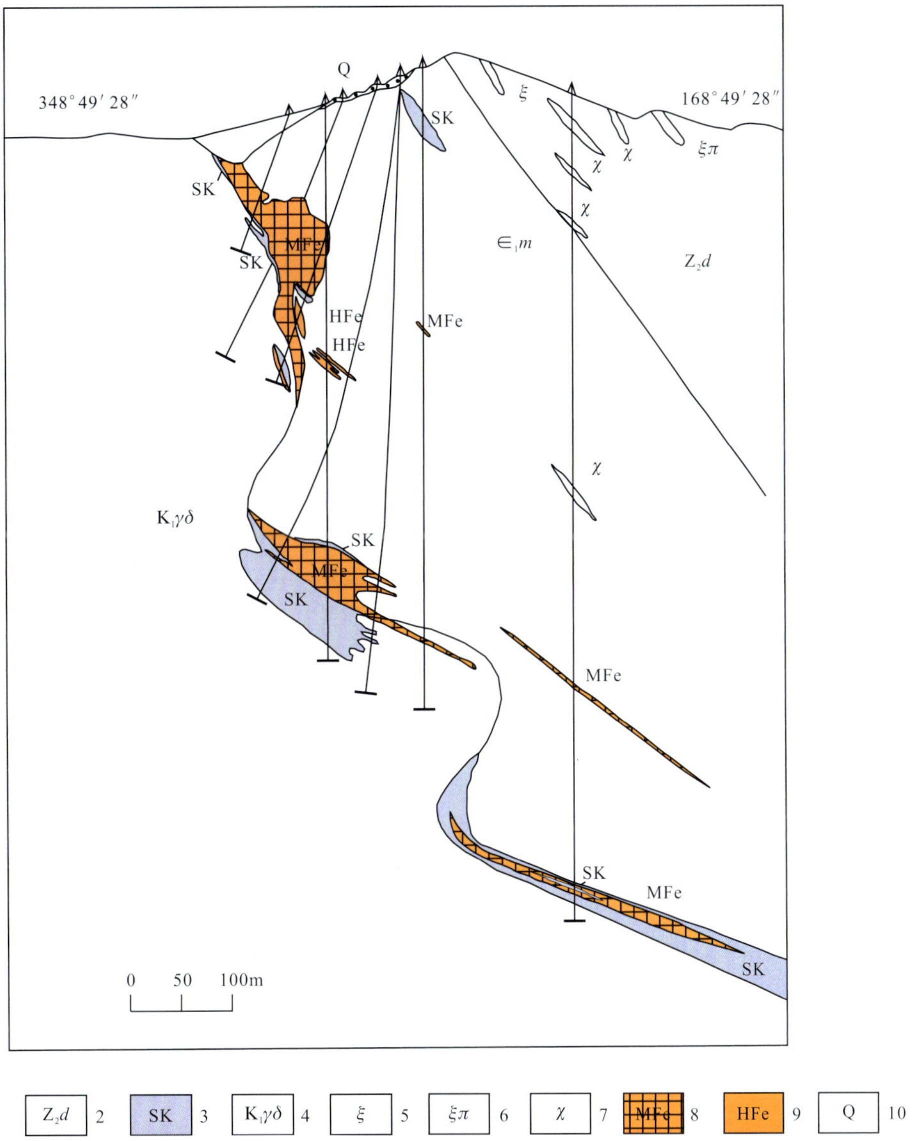

图 4-14 冶山铁矿床 8 线地质剖面图

1. 下寒武统幕府山组；2. 上震旦统灯影组；3. 矽卡岩；4. 燕山晚期花岗闪长岩；5. 正长岩脉；6. 正长斑岩脉；7. 煌斑岩脉；8. 磁铁矿体；9. 赤铁矿体；10. 第四系

矿区矿石以磁铁矿为主，次为假象赤铁矿、赤铁矿，少量穆磁铁矿、褐铁矿、黄铁矿、黄铜矿、斑铜矿、辉铜矿、闪锌矿、方铅矿，局部黄铜矿富集可形成独立的铜矿体。东矿段尚有少量含硼矿物：硼镁铁矿、硼镁石。脉石矿物主要有蛇纹石、透辉石、透闪石、白云石、绿泥石、石榴石、绿帘石，次为石英、方解石等。

矿石呈自形—半自形晶细粒状结构，具有块状、浸染状、条带状、斑杂状、角砾状、网脉状等矿石构造。矿石的自然类型主要有块状磁铁矿石和赤铁矿石、浸染状磁铁矿石、条带状磁铁矿石。矿石的工业类型按含铁品位划分为需选铁矿石，按造渣组分划分，矿区铁矿石大部分为自熔性矿石，少量半自熔性矿石。按氧化程度划分：矿区内铁矿石绝大部分为磁性铁矿石，仅局部存在赤铁矿矿石。

矿石 TFe 平均品位 41.81%～43.70%，伴生元素 Co 含量 0.025%～0.178%，Cu 含量 0.1%～0.2%。有害元素 S 平均含量 0.66%～2.195%，P 含量 0.12%～0.29%。

围岩蚀变自侵入岩向围岩方向，可分为蚀变花岗闪长岩带（钾长石化带）—石榴石透辉石矽卡岩带—金云母透辉石岩带—绿泥石透辉石岩带—蛇纹石化带—矽卡岩化大理岩带—大理岩带。如花岗闪长岩侵入于泥质岩则形成角岩带或矽卡岩化角岩带。主矿体多赋存于绿泥石透辉石带和金云母透辉石带。

冶山铁矿属接触交代矽卡岩型磁铁矿床，矿床规模达中型。成矿时代为燕山晚期。

2. 成矿要素

江苏省六合冶山铁矿床成矿要素总结见表 4-26。

表 4-26　江苏省冶山矽卡岩型铁矿床成矿要素一览表

<table>
<tr><td colspan="2">成矿要素</td><td colspan="3">描述内容</td><td rowspan="3">成矿要素分类</td></tr>
<tr><td colspan="2">储量</td><td>Fe：2371.66×10^4 t</td><td>平均品位</td><td>TFe：43.38%</td></tr>
<tr><td colspan="2">特征描述</td><td colspan="3">矿体主要赋存在燕山晚期花岗闪长岩等中酸性侵入岩体与上震旦统灯影组及下寒武统幕府山组上段的镁质碳酸盐岩的接触带中，属接触交代矽卡岩型磁铁矿床</td></tr>
<tr><td rowspan="6">地质环境</td><td>地层</td><td colspan="3">下震旦统黄墟组、上震旦统灯影组，及下寒武统幕府山组</td><td>必要</td></tr>
<tr><td>岩浆岩</td><td colspan="3">与成矿有关的侵入岩主要为燕山晚期花岗闪长岩、二长岩、闪长玢岩</td><td>必要</td></tr>
<tr><td>岩石结构</td><td colspan="3">不等粒结构</td><td>次要</td></tr>
<tr><td>成矿时代</td><td colspan="3">燕山晚期（116Ma，K-Ar 法）</td><td>重要</td></tr>
<tr><td>成矿环境</td><td colspan="3">矿体主要赋存在燕山晚期中酸性侵入岩体与碳酸盐岩接触带，受接触带控制</td><td>必要</td></tr>
<tr><td>构造背景</td><td colspan="3">下扬子陆块江浦-六合断隆，冶山复式背斜之冶山倒转背斜北翼及汤泉倒转向斜之间</td><td>重要</td></tr>
<tr><td rowspan="5">矿床特征</td><td>矿物组合</td><td colspan="3">金属矿物有磁铁矿、穆磁铁矿、黄铜矿、黄铁矿、赤铁矿、硼镁铁矿、硼铁石；脉石矿物有透辉石、绿泥石、蛇纹石、石榴石、绿帘石，少量透闪石、阳起石、角闪石、硅灰石、白云石、方解石</td><td>重要</td></tr>
<tr><td>结构</td><td colspan="3">自形—半自形晶细粒状结构</td><td>次要</td></tr>
<tr><td>构造</td><td colspan="3">块状构造、浸染状构造、条带状构造、斑杂状构造</td><td>次要</td></tr>
<tr><td>蚀变</td><td colspan="3">围岩蚀变自侵入岩向围岩方向，可分为蚀变花岗闪长岩带（钾长石化带）—石榴石透辉石矽卡岩带—金云母透辉石岩带—绿泥石透辉石岩带—蛇纹石化带—矽卡岩化大理岩带—大理岩带。如花岗闪长岩侵入于泥质岩则形成角岩带或矽卡岩化角岩带。主矿体多赋存于绿泥石透辉石带和金云母透辉石带</td><td>重要</td></tr>
<tr><td>控矿条件</td><td colspan="3">矿体主要赋存在燕山晚期中酸性侵入岩体与碳酸盐岩接触带，受接触带控制</td><td>必要</td></tr>
</table>

3. 成矿模式

描述性模式见表 4-27，成因模式见表 4-28 及图 4-15。

表 4-27 冶山铁矿床描述性模式

名称	江苏省冶山式接触交代矽卡岩型铁矿床	
基本特征	赋存在燕山晚期花岗闪长岩等中酸性侵入岩体与上震旦统灯影组、下震旦统黄墟组及下寒武统幕府山组上段镁质碳酸盐岩的接触带中，属矽卡岩型磁铁矿床	
成矿时代	燕山晚期(116Ma，K-Ar 法)	
资料来源	《江苏省六合县冶山铁矿北矿区地质勘探总结报告书》(华东冶金地质勘探公司，1965.06)； 《江苏省六合县铁石岗铁矿地质勘探总结报告》(江苏省冶金地质勘探公司 805 队，1975.12)； 《江苏省六合冶山铁矿北矿区下部矿体补充地质勘探报告》(有色总公司华东地质勘查局研究所，1984.06)； 《江苏省南京市冶山铁矿区资源储量复核地质报告》(江苏省地质调查研究院，2004.10)	
地质背景	赋矿构造单元	下扬子陆块江浦-六合断隆
	含矿地层	下震旦统黄墟组、上震旦统灯影组及下寒武统幕府山组
	岩矿结构(矿化部位)	矿体主要赋存在花岗闪长岩与白云岩接触带，部分在围岩层间构造裂隙中
伴生矿床	硼矿	
矿床工业类型	铁矿	
矿体形态	透镜状、扁豆状、囊状、巢状、不规则脉状	
矿物组合	金属矿物有磁铁矿、穆磁铁矿、黄铜矿、黄铁矿、赤铁矿、硼镁铁矿、硼铁石；脉石矿物有透辉石、绿泥石、蛇纹石、石榴石、绿帘石，少量透闪石、阳起石、角闪石、硅灰石、白云石、方解石	
矿石组构	自形—半自形晶细粒状结构；构造为块状构造、浸染状构造、条带状构造、斑杂状构造。自然类型有块状磁铁矿石、浸染状磁铁矿石、条带状磁铁矿石	
容矿围岩	主要为白云岩、白云质灰岩，次为花岗闪长岩	
围岩蚀变	钾长石化、透辉石化、绿泥石化、蛇纹石化、金云母化等	
蚀变分带	围岩蚀变自侵入岩向围岩方向，可分为蚀变花岗闪长岩带(钾长石化带)→石榴石透辉石矽卡岩带→金云母透辉石岩带→绿泥石透辉石岩带→蛇纹石化带→矽卡岩化大理岩带→大理岩带。如花岗闪长岩侵入于泥质岩中则形成角岩带或矽卡岩化角岩带。主矿体多赋存于绿泥石透辉石带和金云母透辉石带	
风化	少量出露地表矿石褐铁矿化	
地球物理标志	强磁异常，异常较规则，正负场伴生，形态北陡南缓	

表 4-28 冶山铁矿床成因模式

名称	冶山式接触交代矽卡岩型铁矿床	
矿石成因类型	热液交代成因块状、浸染状、条带状、斑杂状矿石；热液充填成因块状矿石、脉状矿石	
成矿期次	矽卡岩期—热液期	
成矿环境	区域成矿构造背景	下扬子陆块江浦-六合断隆，冶山复式背斜之冶山倒转背斜北翼及汤泉倒转向斜之间
	具体成矿环境	矿体主要赋存在燕山晚期中酸性侵入岩体与碳酸盐岩接触带，受接触带控制
成矿物质来源	金属	来源于深部岩浆
成矿流体	岩浆水	
成矿物理化学条件	形成温度 500℃左右	

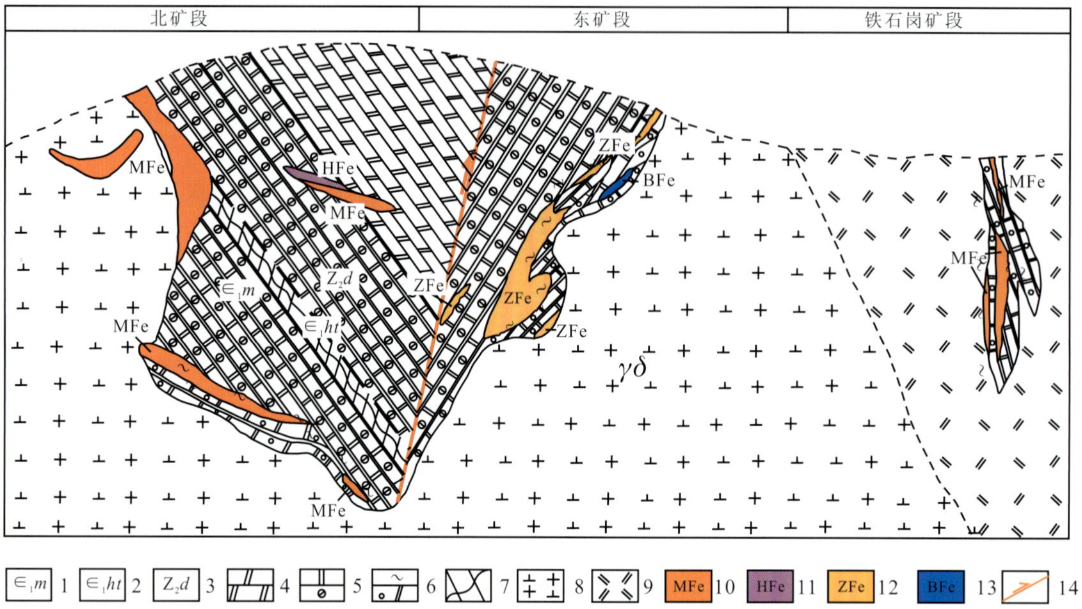

图 4－15　冶山铁矿成矿模式图

1. 寒武系幕府山组；2. 寒武系荷塘组；3. 震旦系灯影组；4. 白云岩；5. 白云石大理岩；6. 矽卡岩；7. 角岩；
8. 花岗闪长岩；9. 二长岩；10. 磁铁矿体；11. 赤铁矿体；12. 自熔性磁铁矿；13. 硼镁铁矿；14. 逆断层

十、江苏省海门市王浩铁矿床

1. 矿床特征

该矿区位于下扬子被动陆缘南通断块，南通－三余隆起带。铁矿体属隐伏盲矿体，赋存于矽卡岩化含矿带中，含矿带产于寒武系大理岩与燕山晚期花岗岩接触带（图 4－16），围绕花岗岩呈“U”字形分布。矿体呈缓倾斜的似层状、透镜状和楔形，形态较规整。含矿带厚度 30～170m，一般 70～90m。全区可分 3 个矿段：

（1）Ⅰ矿段主矿体呈透镜状及似层状分布，矿体总体走向北东，总体倾向南东，倾角 10°～60°。走向长 424.04m，倾向最大延伸 595m；厚 1.33～39.40m，平均厚度 9.08m。平均品位 TFe 38.81％～43.15％、Zn 0.47％～0.49％。

（2）Ⅱ矿段主矿体呈透镜状及似层状分布，矿体总体走向北西，总体倾向南西，倾角 20°～30°。走向长 420m，倾向最大延伸 290m；厚 30m 左右。平均品位 TFe 20.12％～33.54％、Zn 0.09％～0.93％。

（3）Ⅲ矿段呈似层状、脉状分布，矿体总体走向北东，总体倾向北西，倾角 30°左右。走向长 40～300m，倾向最大延伸 220m；厚 2～9.31m。平均品位 TFe 20.05％～38.95％、Zn 0.03～0.28％。

矿石矿物以磁铁矿为主，次有赤铁矿、闪锌矿、黄铁矿、褐铁矿，并有少量辉钼矿、辉铋矿、硼镁铁矿等。脉石矿物主要有透辉石、石榴石、粒硅镁石，次为阳起石、方解石、透闪石、金云母、绿泥石、石英、钾长石、斜长石。

矿石结构主要有半自形—他形晶粒结构和交代结构、交代假象结构；其次有包含结构、交代残余结构、胶状结构、反应边结构等。矿石构造：以稠密浸染状构造和块状构造为主，其次为条带状构造、斑杂状构造，少量呈角砾状构造。

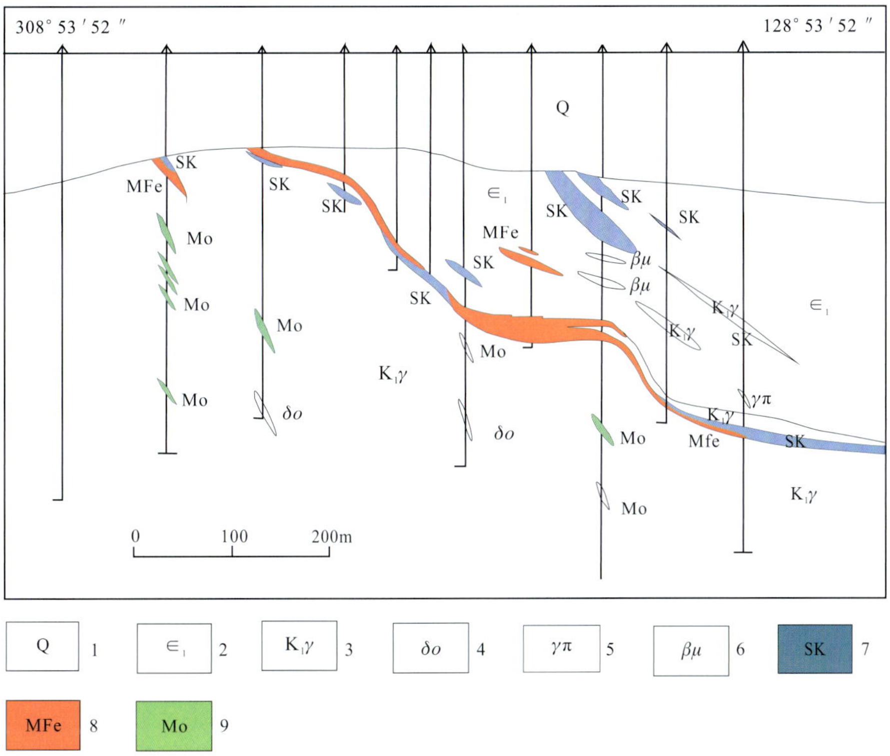

图 4－16　王浩铁矿床地质剖面图

1. 第四纪粉砂土；2. 早寒武世大理岩；3. 燕山晚期花岗岩；4. 石英闪长岩脉；5. 花岗斑岩脉；6. 辉绿玢岩脉；7. 石榴石透辉石矽卡岩；8. 磁铁矿体；9. 钼矿(化)体

全区矿石品位，TFe 平均含量 35.04%。伴生元素有 Zn、Mo、Sn、Bi、B；有害元素有 S、P、As 等，其含量较低，经选矿后均降低到工业要求范围内；微量元素有 Cu、Pb、Co、Ni、Cr、V、Au、Ag 等。

主矿体上盘围岩主要是大理岩，局部为矽卡岩；下盘围岩主要是花岗岩。围岩蚀变以矽卡岩化为主，且由岩体至围岩分带明显：钾长石化带→石英绢云母化带→矽卡岩化带→矿体→大理岩化带。矿床达中型规模。矿床成因类型属矽卡岩型。成矿时代为燕山晚期。

2. 成矿要素

江苏省海门市王浩铁矿床成矿要素总结见表 4－29。

表 4－29　江苏省王浩矽卡岩型铁矿床成矿要素一览表

成矿要素		描述内容			成矿要素分类
储量		Fe:1413.2×10^4t	平均品位	TFe:35.04%	
特征描述		接触交代矽卡岩型磁铁矿床			
地质环境	地层	下寒武统幕府山组碳酸盐岩			必要
	岩浆岩	主岩体为燕山晚期花岗岩类			必要
	岩石结构	细—中粒花岗结构，局部呈似斑状结构；块状构造			次要
	成矿时代	燕山晚期			重要
	成矿环境	含矿带产于寒武纪碳酸盐岩与燕山晚期花岗岩接触带及两侧矽卡岩中，受接触带控制			必要
	构造背景	位于下扬子被动陆缘南通断块，南通-三余隆起带			必要

续表 4-29

成矿要素		描述内容	成矿要素分类
矿床特征	矿物组合	金属矿物有磁铁矿、赤铁矿、褐铁矿、闪锌矿、黄铁矿，少量辉钼矿、辉铋矿、硼镁铁矿、菱铁矿，少许自然铋、黄铜矿、方铅矿、铜蓝、白铁矿和极微量硫碲铋矿、硫铜铋矿；脉石矿物主要有透辉石、石榴石、粒硅镁石	重要
	结构	半自形—他形晶粒结构和交代结构、交代假象结构，其次有包含结构、交代残余结构、胶状结构、反应边结构	次要
	构造	以稠密浸染状构造和块状构造为主，其次为条带状、斑杂状构造，少量呈角砾状构造	次要
	蚀变	岩体蚀变有矽卡岩化、硅化、绿泥石化、高岭土化、绢云母化、钾钠长石化、碳酸盐化、萤石化等。围岩蚀变有大理岩化、矽卡岩化、局部硅化	重要
	控矿条件	燕山晚期侵入的花岗岩与成矿关系密切；成矿围岩为中下寒武统幕府山组碳酸盐岩；矿体受碳酸盐岩与岩体接触带构造控制，主矿体产于正接触带，其形态、产状严格受接触带控制。小矿体受内接触带捕虏体控制	必要

3. 成矿模式

描述性模式见表 4-30，成因模式见表 4-31 及图 4-17。

表 4-30 王浩式铁矿床描述性模式

名称	江苏省王浩式矽卡岩型铁矿床	
基本特征	矿体产于燕山晚期花岗岩与寒武纪碳酸盐岩接触带矽卡岩中	
成矿时代	燕山晚期	
资料来源	《江苏省海门县王浩铁矿区Ⅰ矿段勘探地质报告》(中国有色总公司华东地质勘探公司 805 队，1992.07)	
地质背景	赋矿构造单元	下扬子被动陆缘，南通断块之南通断隆
	含矿地层	下寒武统幕府山组
	岩矿结构(矿化部位)	矿体主要赋存在接触带，部分分布在捕虏体周围
伴生矿床	锌矿	
矿床工业类型	铁矿	
矿体形态	矿体呈似层状、透镜状、脉状	
矿物组合	金属矿物主要有磁铁矿、赤铁矿、褐铁矿、闪锌矿、黄铁矿；脉石矿物主要有透辉石、石榴石、阳起石、符山石、石英和方解石	
矿石组构	矿石结构为半自形—他形晶粒结构和交代结构、交代假象结构，其次有包含结构、交代残余结构、胶状结构、反应边结构。矿石构造以稠密浸染状构造和块状构造为主，其次为条带状构造、斑杂状构造，少量呈角砾状构造	
矿体结构	矿体赋存于燕山晚期花岗岩与寒武纪大理岩接触带及两侧矽卡岩化含矿带中，围绕花岗岩体呈"U"字形分布。呈似层状、透镜状、脉状，与顶底板围岩界线一般较清楚	
容矿围岩	主矿体顶板围岩是大理岩、局部为矽卡岩，底板主要是花岗岩。捕虏体小矿体顶底板围岩均为花岗岩和矽卡岩，外接触带小矿体围岩为大理岩	
围岩蚀变	大理岩化、矽卡岩化、硅化、绢云母化、高岭土化	
地球物理标志	磁异常明显，异常强度高	

表 4-31　王浩式铁矿床成因模式

名称	王浩式接触交代矽卡岩型铁矿	
矿石成因类型	热液交代成因	
成矿期次	矽卡岩期—热液期	
成矿环境	区域成矿构造背景	下扬子被动陆缘南通断块，南通-三余隆起带
	具体成矿环境	产于燕山晚期花岗岩与寒武纪碳酸盐岩接触带中
成矿物质来源	金属	来源于深部岩浆
成矿流体	岩浆水	
成矿物理化学条件	成矿温度在 250～300℃	

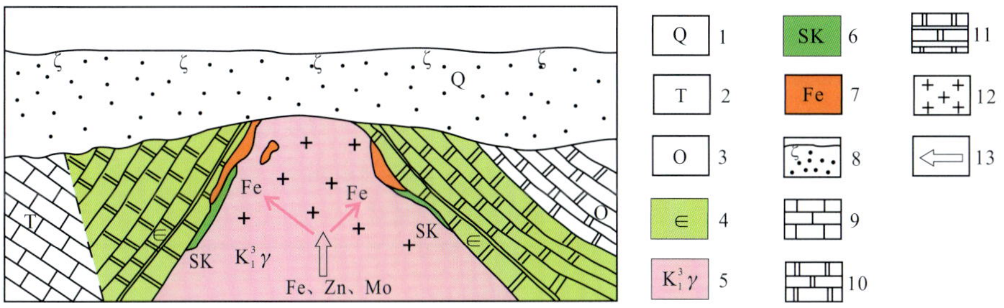

图 4-17　王浩式铁矿床成矿模式图

1. 第四系；2. 三叠系；3. 奥陶系；4. 寒武系；5. 燕山晚期花岗岩；6. 矽卡岩；7. 铁矿体；8. 粉质黏土、粉砂；9. 灰岩；10. 白云岩；11. 大理岩；12. 花岗岩；13. 含矿热液运移方向

十一、江苏省苏州谈家桥锌铁矿床

1. 矿床特征

该矿床位处苏州西部木渎短轴向斜北西翼。区内地层有二叠系堰桥组；龙潭组浅灰色砂岩、泥岩，灰白色石英砂岩和黑色页岩；长兴组灰岩（已蚀变为大理岩）。侵入岩体为燕山早期花岗岩，局部已钠长石化。围岩蚀变以矽卡岩化为主，次有绿泥石、硅化、大理岩化等。矿区北部有一条逆掩断层，走向北东，倾向南西，倾角 15°～25°，为成矿前断裂。

主矿体赋存于花岗岩体凹部与长兴组碳酸盐岩的接触带中，部分零星小矿体产于大理岩裂隙中（图 4-18）。主矿体呈不规则似层状、脉状，走向北东，倾向北西。南、北段为缓倾斜矿体，中段为陡倾斜矿体。矿体长 500 余米，延伸 1000m 以上，厚一般 5～7m。上部以锌铁矿体为主，下部矿体以铜硫矿体为主。矿石矿物以磁铁矿为主，次有铁闪锌矿、磁黄铁矿、黄铁矿、黄铜矿、辉钼矿等。矿区矿石品位：TFe 38.86%、Zn 1.69%、Cu 0.03%、S 2.53%、P 0.026%。有上铁锌下铜硫的矿体"分层"特征。矿石具他形晶粒状结构、乳滴状结构、溶蚀状结构，浸染状构造、块状构造、条带状构造。

矿石自然类型可分稠密浸染状、致密块状、条带状 3 类，以第一类为主。矿石工业类型分锌磁铁矿、铜硫铁矿、硫铁矿、锌矿 4 种，以前 2 种为主。

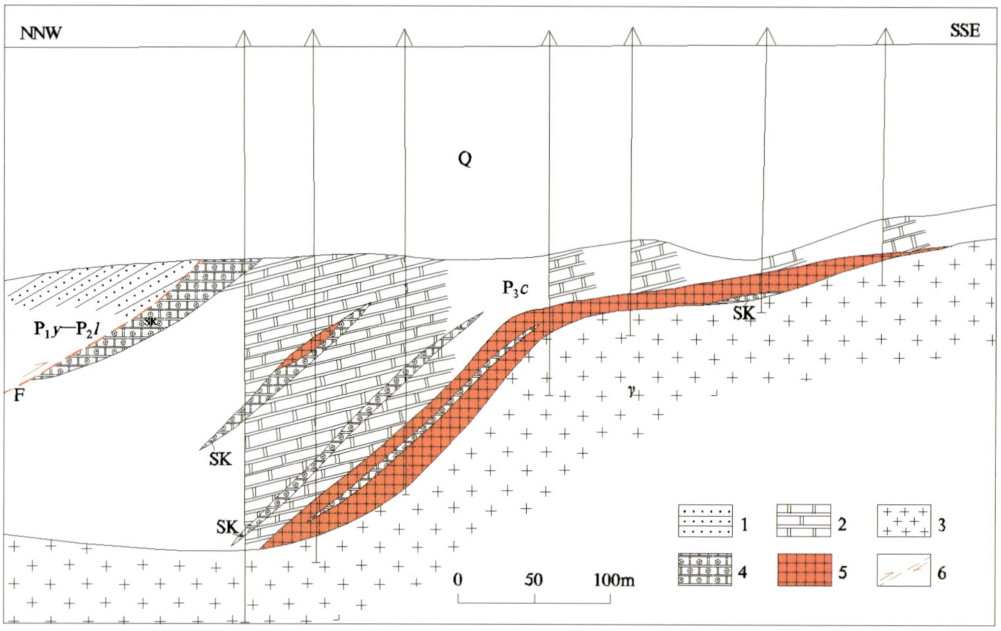

图 4-18　谈家桥铁矿床地质剖面图

（据江苏省地质局第四地质大队资料，1973）

1. 粉细砂岩；2. 大理岩；3. 花岗岩；4. 矽卡岩；5. 锌铁矿体；6. 断层

近矿围岩蚀变较强并具分带性，自下而上为：钠长石化花岗岩→透辉石矽卡岩→石榴石-透辉石矽卡岩→石榴石矽卡岩→大理岩，此外，尚有绿泥石化、碳酸盐化、黄铁矿化、萤石化等后期热液蚀变；铁矿与矽卡岩化关系密切，特别是叠加于矽卡岩化之上的绿泥石化、硅化、萤石化等往往使锌（铜）矿化进一步富集。矿床成因类型属矽卡岩型锌铁矿床。成矿时代应为燕山早期。

2. 成矿要素

江苏省苏州谈家桥锌铁矿床成矿要素总结见表 4-32。

表 4-32　江苏省谈家桥矽卡岩型铁矿床成矿要素一览表

成矿要素		描述内容			成矿要素分类
储量		Fe:687.7×10^4t	平均品位	TFe:34.15%	
特征描述		接触交代矽卡岩型铁矿床			
地质环境	地层	二叠系长兴组碳酸盐岩			必要
	岩浆岩	燕山早期花岗岩			必要
	岩石结构	中粒结构、似斑状结构			次要
	成矿时代	燕山早期			重要
	成矿环境	矿体产于燕山早期花岗岩与碳酸盐岩的接触带或其附近的层间裂隙带			必要
	构造背景	矿床位于木渎倾伏向斜西北翼，区内断裂构造发育主要为 3 组：一呈北东-南西向，以潭东-光福-通安桥大断裂为代表；二是弧形断裂，多属逆掩性质；三为北西-南东向断裂，为第一组断裂的次一级构造。褶皱构造主要为一系列短轴拱形背斜及向斜，轴向北东-南西			重要

续表 4-32

成矿要素		描述内容	成矿要素分类
矿床特征	矿物组合	金属矿物包括：磁铁矿、磁黄铁矿、黄铁矿、闪锌矿、黄铜矿、辉钼矿、褐铁矿。非金属矿物包括：透辉石、绿泥石、绿帘石、方解石、萤石、石榴石、石英、矽灰石、角闪石、钠铁闪石、符山石、绢云母、玉髓	重要
	结构	他形晶粒状结构、乳滴状结构、溶蚀状结构	次要
	构造	浸染状构造、块状构造、条带状构造	次要
	蚀变	钠长石化、钾长石化、矽卡岩化、大理岩化、高岭土化、绿泥石化	重要
	控矿条件	矿体主要受燕山早期花岗岩与二叠系长兴组碳酸盐岩的接触带所控制。花岗岩边缘呈港湾状弯曲地段以及接触带产状由陡变缓处是矿体的主要赋存部位	必要

3. 成矿模式

描述性模式见表 4-33，成因模式见表 4-34 及图 4-19。

表 4-33　谈家桥锌铁矿床描述性模式

名称	江苏省谈家桥式接触交代矽卡岩型铁矿床	
基本特征	产于花岗岩与大理岩（原岩为灰岩）的接触带或其附近的层间裂隙破碎带矽卡岩型含多金属磁铁矿床	
成矿时代	燕山早期	
资料来源	《江苏省吴县谈家桥铁矿总结勘探报告》（江苏省地质局第四地质大队，1973.11）	
地质背景	赋矿构造单元	下扬子被动陆缘太湖断块、光福断隆
	含矿地层	二叠系长兴组、三叠系青龙组碳酸盐岩
	岩矿结构（矿化部位）	花岗岩与大理岩的接触带或其附近的层间裂隙破碎带，岩体边缘凹部构造
伴生矿床	锌、铜	
矿床工业类型	锌铁矿床	
矿体形态	矿体主要呈似层状、透镜状、脉状	
矿物组合	金属矿物包括磁铁矿、磁黄铁矿、黄铁矿、闪锌矿、锡石、白钨矿；非金属矿物包括透辉石、绿泥石、绿帘石、方解石、萤石、石榴石、石英、硅灰石、角闪石、钠铁闪石、符山石、绢云母	
矿石结构	矿石结构为他形晶粒状结构、乳滴状结构、溶蚀状结构；矿石构造为浸染状构造、块状构造、条带状构造；矿石自然类型有浸染状、条带状和致密块状	
矿体结构	矿体主要产于花岗岩与大理岩接触带，呈似层状、透镜状、脉状	
容矿围岩	花岗岩、砂岩、灰岩、矽卡岩、大理岩	
围岩蚀变	钠长石化、钾长石化、矽卡岩化、大理岩化、高岭土化、绿泥石化	
矿化分带	上部以锌（闪锌矿）、铁（磁铁矿）为主，下部以铜（黄铜矿）、硫（黄铁矿、磁黄铁矿）为主	
蚀变分带	自下而上：钠长石化、矽卡岩化、大理岩化	
地球物理标志	花岗岩与围岩接触带周围具有磁异常	

表 4-34　谈家桥锌铁矿床成因模式

名称	谈家桥式接触交代矽卡岩型铁矿	
矿石成因类型	接触交代成因的稠密浸染状、条带状、致密块状矿石	
成矿期次	矽卡岩期—热液期	
同位素特征	硫同位素	黄铁矿 $\delta^{34}S$：0.41‰～3.16‰，平均 1.79‰；闪锌矿 $\delta^{34}S$：－0.83‰～2.63‰，平均 0.50‰
	氢氧同位素	磁铁矿 $\delta^{18}O$：－0.682‰～0.68‰
成矿环境	区域成矿构造背景	下扬子被动陆缘太湖断块、光福断隆，木渎倾伏向斜西北翼
	具体成矿环境	花岗岩与大理岩的接触带或其附近的层间裂隙破碎带，岩体边缘凹部构造
成矿物质来源	金属	深部岩浆源
成矿流体	岩浆水	
成矿物理化学条件	成矿温度 250～300℃，成矿阶段压力(350～420)×10^5 Pa	

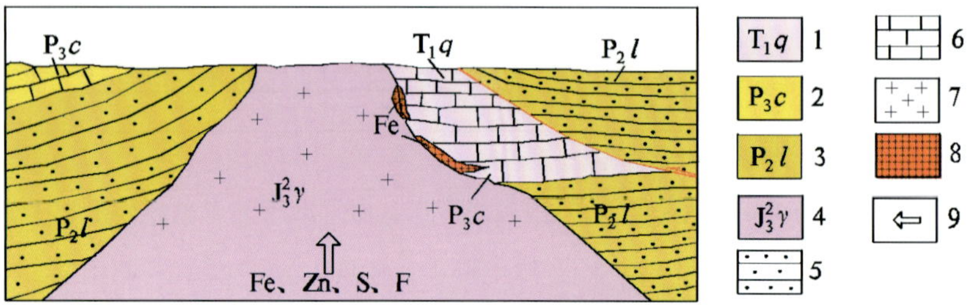

图 4-19　谈家桥锌铁矿床成矿模式图

1. 下三叠统青龙组；2. 上二叠统长兴组；3. 中二叠统龙潭组；4. 燕山早期花岗岩；5. 长石石英砂岩、粉砂岩；6. 碳酸盐岩(灰岩、大理岩)；7. 花岗岩；8. 锌铁矿体；9. 含矿热液运移方向

十二、江苏省徐州墓山铁矿床

1. 矿床特征

该矿床位于鲁西-淮北(拉张区)构造-岩浆带，利国短轴背斜南翼。区内主要分布有下古生界寒武系、奥陶系，上古生界石炭系、二叠系。断裂构造较主要有东西向、北北东向、北西向 3 组。成矿母岩为燕山早期闪长玢岩(可相变为石英闪长斑岩)，为弱酸性富碱的中性岩体，主岩体呈岩株状，受基底断裂构造及盖层断裂的复合控制。

整个矿区可分为 4 个矿段：峒山、墓山、西马山、镇北。矿体主要赋存在中酸性侵入岩与早奥陶世马家沟组、肖家裕组碳酸盐岩接触带或其附近的构造裂隙中(图 4-20)，其特征与邯邢式铁矿床极为相似。接触带形态复杂，接触带中的矿体通常规模较大，多呈透镜状、脉状、扁豆状、囊状，部分为不规则似层状，构造裂隙中的矿体一般规模较小。主矿体长 150～500m，宽 80～400m，厚一般 5～10m，最大 20m，有分支复合现象。矿体主要受接触带控制，产状变化较大，总体走向北东—北北东，局部为近东西或北西，倾向以南—南东为主，倾角 30°～55°。西马山矿段深部矿体变为北东走向，倾向北北西，倾角较陡，多为 50°～60°。

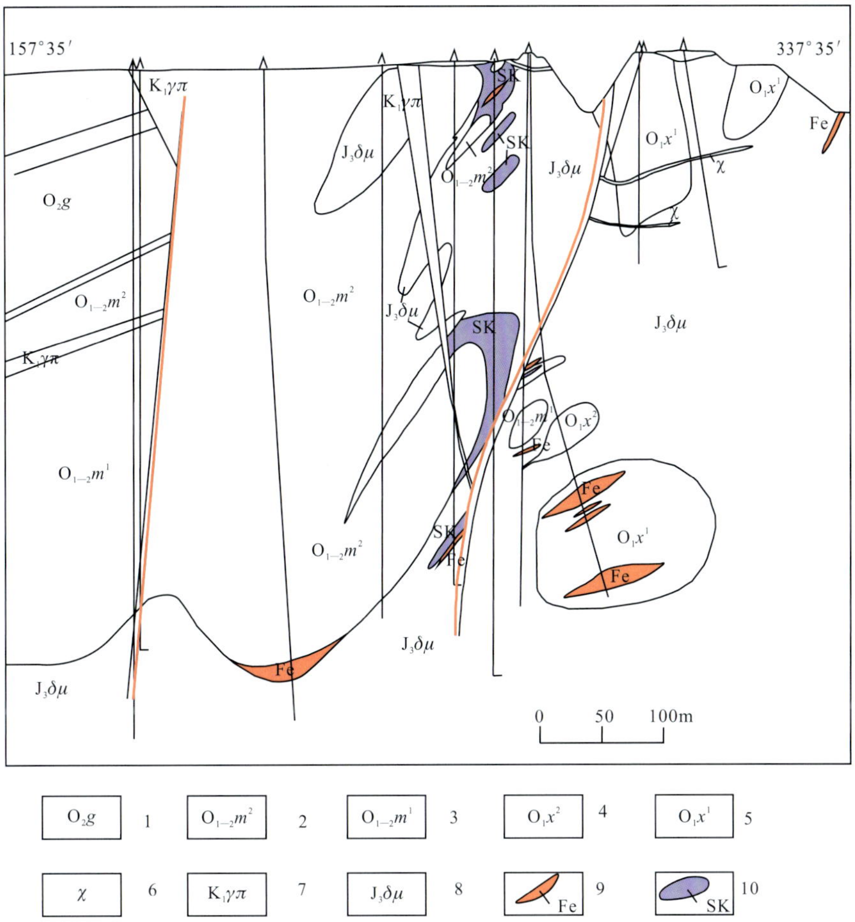

图 4-20　墓山铁矿床 415 线地质剖面图

1. 阁庄组;2. 马家沟组上段;3. 马家沟组下段;4. 肖县组大泉段;5. 肖县组寨山段;6. 煌斑岩脉;7. 燕山晚期花岗斑岩;8. 燕山早期闪长玢岩;9. 磁铁矿体;10. 矽卡岩

矿石结构以他形—半自形细晶粒状为主,次为交代结构。此外局部还可见叶片状结构、晶粒充填结构。矿石以致密块状构造为主,其次为浸染状构造和条带状构造,角砾状构造少见。

矿石矿物主要是磁铁矿,其次为赤铁矿,少量镜铁矿、黄铁矿、微量黄铜矿、斑铜矿、辉铜矿、磁黄铁矿、方铅矿、闪锌矿、白铁矿、褐铁矿、铜蓝等。脉石矿物主要为方解石,其次为绿泥石、金云母、白云母,少量绿帘石、石榴石、透辉石、透闪石、石英、长石,微量为尖晶石、重晶石、榍石、锆石及次生高岭土。

矿石类型按含铁矿物及其氧化程度可分为磁铁矿矿石、赤铁矿矿石、假象或半假象赤铁矿矿石,以及由两种以上含铁矿物组成的混合矿石。按金属矿物共生组合及硫化物含量的高低可分为黄铁矿-磁铁矿矿石、黄铁矿-黄铜矿-磁铁矿矿石、黄铜矿-黄铁矿-磁铁矿矿石、黄铜矿-黄铁矿矿石等。

铁矿石品位 TFe 27.83%～65.17%,主矿体平均为 53.02%。S 主要赋存于黄铁矿、黄铜矿中,含量变化范围 0.008%～7.720%,主矿体平均含量 0.895%,全矿床平均为 0.896%;Cu 主要赋存于黄铜矿中,含量 0～1.700%,主矿体平均为 0.086%,全矿床平均为 0.084%;Co 以黄铁矿为主要载体,含量 0.080%;P 含量 0.0037%～0.1000%。

围岩蚀变主要有矽卡岩化、透辉石化、绿泥石化、钾长石化、钠长石化、碳酸盐化、绿帘石化、绿泥石化、硅化、大理岩化等。矿床成因类型属高—中温热液接触交代矽卡岩型矿床。成矿时代应属燕山早期。

2. 成矿要素

江苏省徐州墓山铁矿床成矿要素总结见表 4－35。

表 4－35　江苏省墓山利国式矽卡岩型铁矿床成矿要素一览表

成矿要素		描述内容			成矿要素分类
储量		Fe:1855×10^4 t	平均品位	TFe:49.71%	
特征描述		矿体主要产于闪长玢岩与奥陶系马家沟组碳酸盐岩接触带，成因类型为高—中温热液接触交代矽卡岩型铁矿床			
地质环境	地层	主要为下古生界奥陶系马家沟组碳酸盐岩			必要
	岩浆岩	主要为燕山早期闪长玢岩等中酸性侵入岩体			必要
	岩石结构	半自形粒状结构、斑状结构，块状构造			次要
	成矿时代	燕山早期			重要
	成矿环境	形成于燕山早期闪长玢岩、石英闪长斑岩岩枝与奥陶系肖家峪组、马家沟组碳酸盐岩接触带及围岩层间裂隙中			必要
	构造背景	徐州弧形构造的转折端，徐州-江庄复式背斜的西北翼次级褶皱			重要
矿床特征	矿物组合	金属矿物磁铁矿、赤铁矿、镜铁矿、黄铁矿、少量黄铜矿、斑铜矿、辉铜矿、自然金；脉石矿物主要为方解石、绿泥石、金云母、透辉石、阳起石、石榴石、透闪石、蛇纹石			重要
	结构	以他形—半自形粒状结构为主，次为交代结构、晶粒充填结构、片状结构			次要
	构造	致密块状构造为主，条带状构造和浸染状构造为次，少量角砾状构造、斑杂状构造			次要
	蚀变	矽卡岩化、透辉石化、绿泥石化、钾长石化、钠长石化、碳酸盐化、绿帘石化、绿泥石化、硅化、大理岩化等			重要
	控矿条件	主要受接触带构造控制，形成于闪长玢岩、石英闪长斑岩岩枝与奥陶系肖家峪组、马家沟组碳酸盐岩接触带及围岩层间裂隙中			必要

3. 成矿模式

描述性模式见表 4－36，成因模式见表 4－37 及图 4－21。

表 4－36　墓山铁矿床描述性模式

名称	江苏省墓山利国式接触交代型铁矿床	
基本特征	产于燕山早期闪长玢岩、石英闪长斑岩与中—下奥陶统马家沟组碳酸盐岩接触带的磁铁矿床	
成矿时代	燕山早期	
资料来源	《江苏省徐州利国矿田大比例尺(1∶1万)铁(铜、金)成矿预测报告》(江苏省地质矿产局第五地质大队，1991)；《江苏省利国地区铁矿成矿地质条件及找矿方向专题研究报告》(江苏省地质局地质综合研究大队，1980)	
地质背景	赋矿构造单元	鲁西陆块徐州-宿县断块、徐州-贾汪断隆
	含矿地层	奥陶系马家沟组白云质灰岩、灰岩、钙质白云岩
	岩矿结构(矿化部位)	缓倾斜接触带，部分捕虏体接触带
伴生矿床	铜	
矿床工业类型	磁铁矿床	
矿体形态	似层状、透镜状、囊状	

续表 4-41

成矿要素		描述内容	成矿要素分类
矿床特征	矿物组合	矿石中铜矿物主要为黄铜矿，次为斑铜矿、辉铜矿、黝铜矿；金矿物主要为自然金；其他金属矿物有黄铁矿、镜铁矿、赤铁矿、褐铁矿；脉石矿物有的以方解石、石英为主，有的以石榴石、透辉石为主，次为绿帘石、绿泥石、绢云母、高岭土、石膏等	重要
	矿石结构	主要为他形中—细粒结构	次要
	矿石构造	主要为浸染状构造，其次为脉状构造、块状构造和角砾状构造	次要
	蚀变	主要为钠长石化、钠黝帘石化、矽卡岩化、碳酸盐化、硅化、绿帘石化、绿泥石化、绢云母化、高岭土化，局部石膏化。铜矿化出现于矽卡岩矿物（石榴石）之后，与硅化、绿帘石化、绿泥石化有关	重要
	控矿条件	层位（岩性）控矿：矿（化）体多赋存在上侏罗统西横山组钙质砂砾岩、泥灰岩中；侵入岩控矿：矿体多分布在燕山中晚期（龙王山期）中酸性次火山岩体-闪长玢岩、角闪闪长玢岩等（包括岩枝、岩脉）与地层接触带中或其附近；层间（裂隙）破碎带控矿：层间破碎（裂隙）带是重要的容矿构造	必要

3. 成矿模式

描述性模式见表 4-42，成因模式见表 4-43 及图 4-25。

表 4-42　獾子洞铜金矿床描述性模式

名称	江苏省獾子洞式次火山热液-层控矽卡岩型铜金矿床	
基本特征	与燕山中晚期火山-次火山作用有关、以交代作用为主的次火山热液-层控矽卡岩型铜金矿床	
成矿时代	燕山中晚期	
资料来源	《江苏省南京市江宁区獾子洞铜（金）矿床详查地质报告》（北京金有地质勘查有限公司，2004.01）	
地质背景	赋矿构造单元	下扬子陆块溧水火山断陷盆地西部边缘
	含矿地层	上侏罗统西横山组为矿区的赋矿层位
	岩矿结构（矿化部位）	矿体产于紧邻岩体的外接触带的钙质砂砾岩、泥灰岩层中，是岩浆期后热液充填交代破碎钙质砂砾岩、泥灰岩所形成
伴生矿床	金、银	
矿床工业类型	铜金矿	
矿体形态	似层状、透镜状产于西横山组下段钙质砂砾岩、砾岩层中，矿体产状与地层产状基本一致，倾向 315°～320°，倾角 10°～20°	
矿物组合	矿石中铜矿物主要为黄铜矿，次为斑铜矿、辉铜矿、黝铜矿，其他金属矿物有黄铁矿、镜铁矿、赤铁矿、褐铁矿；金矿物主要为自然金；脉石矿物有的以方解石、石英为主，有的以石榴石、透辉石为主，次为绿帘石、绿泥石、绢云母、高岭土、石膏等	
矿石结构	主要为他形中—细粒结构	
矿体结构	矿体呈似层状、透镜状产出，产状与地层产状基本一致	
容矿围岩	多为中—粗粒砂岩或含砾砂岩、砂砾岩等	
围岩蚀变	主要为钠长石化、钠（斜）黝帘石化、矽卡岩化、碳酸盐化、硅化、绿帘石化、绿泥石化、绢云母化、高岭土化，局部石膏化。矿化与晚期碳酸盐化、硅化、绿帘石化、绿泥石化有关	
矿化分带	铜与金共、伴生，无明显分带	

续表 4-42

蚀变分带	平面上自岩体向外，可出现钠长石化、钠黝帘石化、绿帘石化带→矽卡岩化带→矿化带→碳酸盐化、绿泥石化、绿帘石化带
风化	地表有褐铁矿
地球物理标志	闪长玢岩体与上侏罗统西横山组钙质砂砾岩的接触部位有一定的弱磁异常；激电与电阻率异常同高带
地球化学标志	次生晕 Cu-Pb-Zn-Mo-Ag 综合异常，金的自然重砂Ⅰ级异常、Ⅱ级异常

表 4-43 獾子洞铜金矿床成因模式

名称	江苏省獾子洞式次火山热液-层控矽卡岩型铜金矿床	
矿石成因类型	热液交代	
成矿期次	矽卡岩期—热液期	
同位素特征	硫同位素	$\delta^{34}S$ 变化范围为 -1‰～3.8‰，其中黄铜矿中变化范围为 0.5‰～1‰，$^{32}S/^{34}S$ 比值变化范围为 22.15～22.24，与我国岩浆热液型铜矿床硫同位素特征相似
	氧同位素	石英 $\delta^{18}O$ 为 9.27‰～12.68‰，H_2O $\delta^{18}O$ 为 1.25‰～4.06‰
成矿环境	区域成矿构造背景	大地构造位置属于下扬子陆块溧水火山岩盆地西部边缘隆起。北东向构造带和东西向构造带的褶皱和断裂对本区矿产有一定控制作用
	具体成矿环境	矿体产于紧邻岩体外接触带的钙质砂砾岩层中，砂砾岩层层间破碎带（或层间碎裂带）发育，是重要的容矿构造
成矿物质来源	金属	来源于深部岩浆
成矿流体	岩浆水和大气降水组成的混合水	
成矿物理化学条件	成矿温度 200℃左右，pH 值 8.02～8.64，Eh 值 -19.5～-56.1，形成中—中低温热液阶段，中偏酸—中偏碱、弱氧化—弱还原环境	

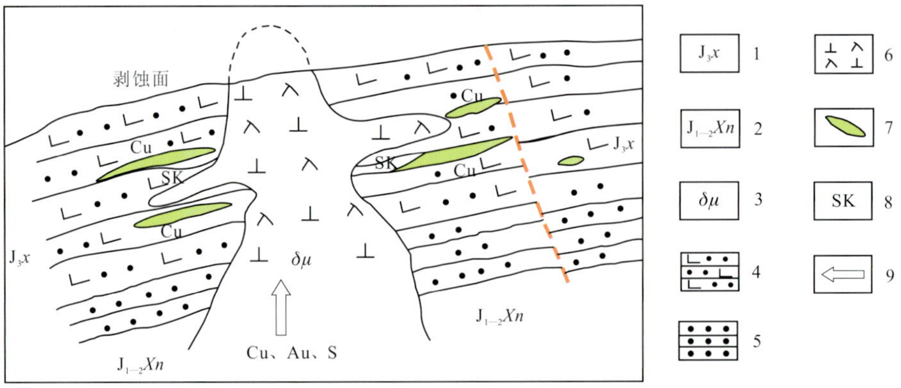

图 4-25 江苏省獾子洞铜金矿床成矿模式图

1. 上侏罗统西横山组；2. 中下侏罗统象山群；3. 燕山中晚期闪长玢岩；4. 钙质砂砾岩；5. 长石石英砂岩；6. 闪长玢岩；7. 铜金矿体；8. 矽卡岩；9. 含矿热液运移方向

三、江苏省南京市安基山铜矿床

1. 矿床特征

该矿床处于下扬子陆块东部，宁镇断隆中段，桦墅-亭子向斜南翼与汤山-仑山背斜北翼之间，近东西向断裂与北北西向断裂交会处。矿区主要位于黎家山次级背斜核部及近核两翼。

矿区出露地层有下三叠统青龙组、中三叠统黄马青组和侏罗系象山群，深部自泥盆系—侏罗系较为齐全。区内褶皱轴向为近东西向，断裂主要为北北西向、近东西向。北北西向构造岩浆带为矿区控岩控矿构造。在黎家山背斜与北北西向断裂交会处，原地层被断裂及岩浆冲碎、吞蚀成多个岩片状捕虏体，形成了矿液活动的有利空间，从而控制了矿化带和矿体的展布。

侵入岩（安基山岩体）为燕山晚期浅—中浅成中酸性岩体，LA-ICP-MS 锆石 U-Pb 测年为 107～108Ma（孙国曦等，2013）。岩株状产出，剥蚀较浅，平面上呈北北西向长椭圆形。岩性主要为花岗闪长斑岩、石英闪长玢岩。

安基山铜矿床按成矿作用和赋存部位可分为两类，即接触交代作用形成的矽卡岩型矿体，热液交代作用形成的斑岩型矿体。其中矽卡岩型矿体占绝对优势，占总储量的 90%。矿床成因类型归属接触交代矽卡岩型。

矽卡岩型矿带受一组北北西向张性断裂控制，长约 1800m，宽约 800m，矿带中断裂断续分布大小不等的捕虏体，矿体主要赋存于石炭纪—二叠纪、三叠纪碳酸盐岩与岩体接触带部位。矿体形态复杂，以陡倾斜透镜状为主（图 4-26）。

尚见少量斑岩型铜矿体，大部分赋存于石英绢云母化花岗闪长斑岩中，少量生于砂岩捕虏体内，矿体受石英绢云母化带中北北西向裂隙控制，呈陡倾斜脉状产出，厚度几米至数十米不等，走向延长200～400m 不等，延伸 300m 左右，剖面上有明显的膨大、收缩、分叉现象。矿化自地表至深达 -900m 尚未穿过铜钼矿化带，但品位均很低，与矽卡岩矿体邻近才富集成矿体，矿体平均品位 Cu 0.3%左右。

矿区内共查明大小矿体 100 余个，呈似层状、扁豆状、透镜状、脉状；主矿体呈不规则透镜状和脉状，长度 560～600m，厚 14.23～45.35m，延伸大于 300m。

矿石自然类型有块状黄铁矿、黄铜矿矿石，含铜磁铁矿矿石，黄铜矿硬石膏矿石，细脉浸染状黄铜矿、黄铁矿矿石及辉钼矿、黄铜矿矿石。矿石结构有乳滴状、自形—他形粒状、斑状结构等。矿石构造细脉浸染状、块状、团块状、条带状等。矿石矿物以黄铜矿、黄铁矿为主，次有闪锌矿、辉钼矿、磁黄铁矿、斑铜矿、辉铜矿、铜蓝、孔雀石、自然铜、磁铁矿、赤铁矿、褐铁矿等。矽卡岩型矿石中元素一般含量：Cu 0.8%，Mo 0.0037%、Zn 0.63%。

矽卡岩矿成矿过程分为矽卡岩期—气液期（包括早、晚两个阶段）、热液期（包括钾质交代作用阶段，石英硫化物阶段和硫酸盐-碳酸盐阶段）和表生期，其中热液期的石英硫化物阶段为主要成矿期。

根据同位素研究显示，安基山铜矿成矿作用是多阶段的，成矿作用是在中等氧化势条件下进行，S 的来源主要是地幔，有少量同生沉积硫混杂。Cu 有 91%来源于深部岩浆，9%来源与地层有关。成矿热液由岩浆水与热卤水混合组成。通过矿物中包裹体特征研究，成矿温度为 350～260℃，成矿压力为 $(387\sim775)\times10^5$ Pa。

围岩蚀变较强烈，有钾长石化、黑云母化、矽卡岩化、黄铁矿化、硅化、绢云母化、绿泥石化、碳酸盐化等。矿床规模为中型。成矿时代为燕山晚期（108±2Ma，辉钼矿 Re-Os；王立本等，1997）。

2. 成矿要素

江苏省南京市安基山铜矿床成矿要素总结见表 4-44。

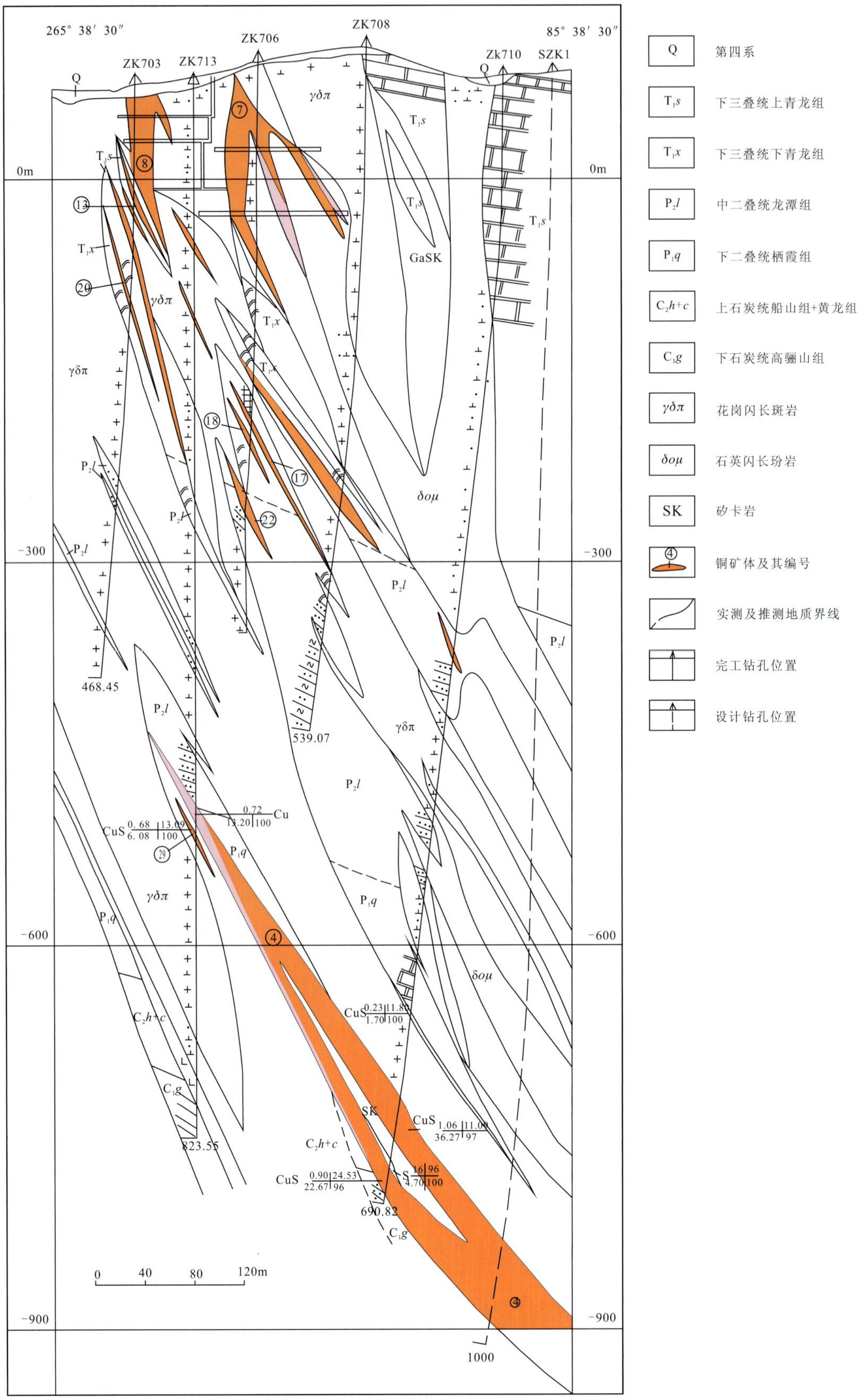

图 4－26　安基山铜矿区某线地质剖面图

表 4-44 江苏省安基山矽卡岩斑岩型铜矿床成矿要素一览表

成矿要素		描述内容			成矿要素分类
资源储量		铜金属量:219 344.41t	平均品位	Cu:0.8%	
特征描述		接触交代作用形成的矽卡岩型和热液成矿作用形成的斑岩型铜矿床,矽卡岩型为主要矿床类型			
地质环境	地层	石炭系黄龙组、船山组,二叠系栖霞组及三叠系青龙组碳酸盐岩			必要
	侵入岩	燕山晚期(K_1)中酸性侵入岩体,岩性主要为花岗闪长斑岩、石英闪长玢岩			必要
	成矿时代	燕山晚期(辉钼矿 Re-Os 等时线年龄,108±2Ma;王立本等,1997)			重要
	成矿作用	主要为花岗闪长斑岩和石英闪长玢岩与石炭系黄龙组、船山组,二叠系栖霞组及三叠系青龙组碳酸盐岩接触,产生不同程度的接触交代作用和热变质作用,在接触带或捕虏体形成矽卡岩型铜矿;在接触带内花岗闪长斑岩和石英闪长玢岩中形成斑岩型铜钼矿			重要
	成矿环境	矿床受一组走向北北西、倾向南西西、倾角 75°~80°的张扭性断裂控制。该断裂带既是导岩、导矿构造,又是储岩、储矿构造			重要
	构造背景	下扬子陆块东部,宁镇断隆中段,桦墅-亭子向斜南翼与汤山-仑山背斜北翼之间,近东西向断裂与北北西向断裂交会处			重要
矿床特征	矿物组合	矽卡岩型:矿石矿物为黄铜矿、黄铁矿、磁铁矿、闪锌矿、方铅矿、磁黄铁矿;脉石矿物为石榴石、绿泥石、阳起石、透辉石、石膏、方解石、透闪石。斑岩型:矿石矿物为黄铁矿、黄铜矿、辉钼矿、赤铁矿、辉铜矿、磁黄铁矿、方铅矿、闪锌矿;脉石矿物为斜长石、钾长石、石英、绢云母、黑云母、高岭石、绿泥石、方解石、石膏、绿帘石			次要
	矿石结构构造	矽卡岩型:以细粒结构为主,次为镶边结构、乳滴状结构;细脉状、团块状构造。斑岩型:斑状结构、聚斑状结构、残斑状结构;细脉状、浸染状、团块状构造			次要
	热液蚀变	早期:钾长石化、黑云母化;中期:硅化、绢云母化;晚期:泥化、青磐岩化、硫酸盐(石膏)化、碳酸盐化			重要
	控矿条件	燕山晚期(108~107Ma)中酸性杂岩体,主体为花岗闪长斑岩和石英闪长玢岩,通过北北西向张扭断裂,侵入到石炭纪、二叠纪、三叠纪碳酸盐岩地层中,发生接触交代作用和岩体热液蚀变作用,形成矽卡岩带和硅化、石英绢云母化带。矽卡岩型铜矿赋存于矽卡岩中,斑岩型铜钼矿赋存于蚀变斑岩体中			必要

3. 成矿模式

描述性模式见表 4-45,成因模式见表 4-46 及图 4-27。

表 4-45 安基山铜矿床描述性模式

名称	江苏省安基山式矽卡岩型、斑岩型铜矿床
基本特征	矿床主要产于中酸性岩浆岩与碳酸盐地层接触带附近,少量产于破碎角砾岩带内。按成矿作用和赋存部位分为 3 种自然类型,即接触交代作用形成的矽卡岩型;热液成矿作用形成的斑岩型以及充填作用形成的脉状或破碎角砾岩型。主要为矽卡岩型
成矿时代	燕山晚期(辉钼矿 Re-Os 等时线年龄,108±2Ma;王立本等,1997)
资料来源	《江苏省江宁县安基山铜矿区深部及外围铜矿普查地质报告》(江苏省地质矿产局第三地质大队,1993.10)

续表 4－45

地质背景	赋矿构造单元	下扬子陆块宁镇断隆
	含矿地层	石炭系黄龙组、船山组，二叠系栖霞组及三叠系青龙组碳酸盐岩
	岩矿结构(矿化部位)	矿体产于中酸性岩浆岩与碳酸盐岩地层接触带附近，特别是岩体内部捕房体，少量产于破碎角砾岩带内
伴生矿床	伴生钼、铅、锌、硫	
矿床工业类型	铜矿	
矿体形态	不规则透镜状	
矿物组合	矿石矿物主要为黄铜矿、辉钼矿、黄铁矿、磁铁矿、闪锌矿，其次为磁黄铁矿、方铅矿、斑铜矿、辉铜矿、黝铜矿、赤铁矿；脉石矿物主要为石榴石、阳起石、斜长石、钾长石、石英，其次为透辉石、绿帘石、绿泥石、绢云母、石膏、黑云母、方解石	
矿石结构构造	主要为浸染状构造、细脉状构造、团块状构造；结构以不规则他形粒状结构为主，次为乳滴状结构、镶边结构	
矿体结构	单矿体平面上、剖面上均呈不规则透镜状，倾角较陡，厚度变化大，矿化不均匀。工业矿体不连续。部分较大矿体有膨大收缩、尖灭再现、分支复合等现象	
容矿围岩	底板为花岗闪长斑岩、石英闪长玢岩，顶板为碳酸盐岩、泥质砂岩	
围岩蚀变	早期蚀变有钾长石化、黑云母化的钾质交代；中期蚀变为硅化、绢云化，形成石英绢云母化带；晚期蚀变为泥化、青磐岩化、硫酸盐化、碳酸盐化	
矿化分带	自中部为铜矿带，向南为铜铅锌矿带，向北为铜钼矿带	
蚀变分带	呈对称的带状，由岩体中心向两侧依次为钾长石化、黑云母化带→石英绢云母化带→泥化、青磐岩化、硫酸盐化、碳酸盐化带	
风化	矿体在地表为褐铁矿铁帽。氧化矿基本分布在海拔标高 60m 以上	
地球物理标志	重力：存在局部重力异常。 磁法：地磁以正异常为背景。 电法：低阻、高极化异常	
地球化学标志	土壤综合异常呈近圆状分布，具有元素分带性，从内向外依次为 Ba→Cu→Pb→Mo	

表 4－46　安基山铜矿床成因模式

名称	安基山式矽卡岩斑岩型铜矿床	
矿石成因类型	以热液交代为主，少量为热液充填	
成矿期次	矽卡岩期—热液期	
同位素特征	硫同位素	$\delta^{34}S$：－2.6‰～3‰
	氢氧同位素	磁铁矿、石英 $\delta^{18}O$ 为－5.16‰～9.05‰，H_2O $\delta^{18}O$ 为 1.60‰～2.16‰
成矿环境	区域成矿构造背景	位于扬子陆块区下扬子陆块东段宁镇断隆。北北西向断裂为矿区控岩控矿构造
	具体成矿环境	燕山晚期中酸性岩浆岩沿北北西向断裂侵入碳酸盐岩地层，接触带(包括捕虏体)及破碎角砾岩带为主要赋矿位置
成矿物质来源	金属	深源岩浆，混入部分壳源物资
成矿流体	岩浆水和大气降水混合体，中偏高盐度	
成矿物理化学条件	形成高中温热液阶段，成矿温度 260～350℃，pH 值 5.82～7.43，Eh 值－8.8～110.7，属弱酸—弱碱性、弱氧化环境	

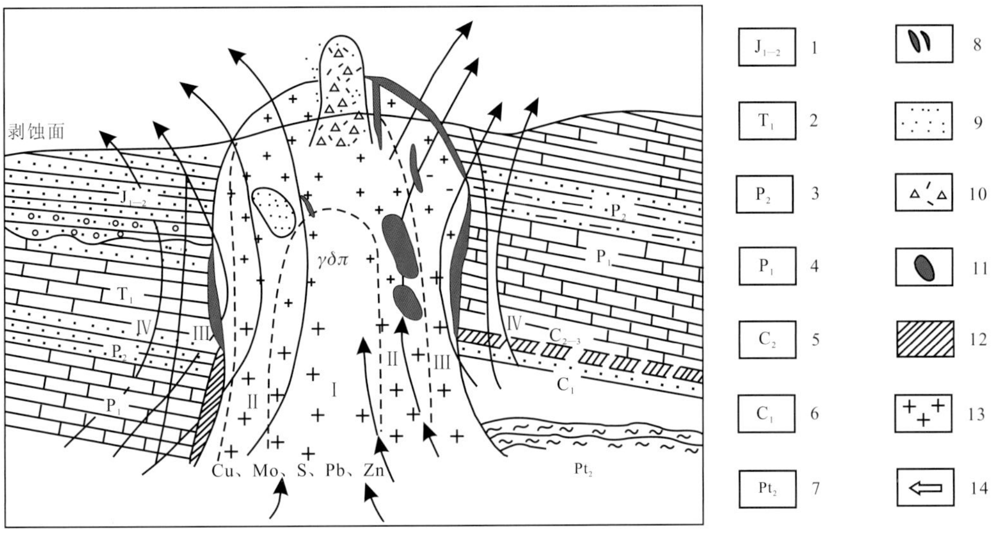

图 4－27　安基山铜矿床成矿模式图

1. 中下侏罗统；2. 下三叠统；3. 上二叠统；4. 下二叠统；5. 上石炭统；6. 下石炭统；7. 前震旦系；8. 脉形矿体；9. 细脉浸染状矿体；10. 爆破角砾岩型矿化；11. 矽卡岩型矿体；12. 预测矿体；13. 成矿母岩（花岗闪长斑岩）；14. 含矿热液运移方向。Ⅰ. 钾化带；Ⅱ. 石英绢云母化带、内矽卡岩化带；Ⅲ. 泥化带、矽卡岩化带；Ⅳ. 青磐岩化带、大理岩化带

四、江苏省句容盘龙岗铜矿床

1. 矿床特征

该矿区位于下扬子陆块宁镇断隆中段。宝巢复背斜中段轴部偏南部位，近东西向纵断裂是主要的控矿构造，其次是北西向断裂，岩体中部分节理也是容矿裂隙。矿区零星出露地层为上奥陶统—下志留统高家边组，志留系坟头组，泥盆系五通组，二叠系栖霞组、孤峰组、龙潭组，三叠系青龙组、周冲村组。区内岩浆岩分布广泛，为下蜀-高资岩体南部边缘部分，中酸性—酸性，属中深—浅成相，呈岩株状、岩枝状及脉状产出。岩石测年为 117～112Ma，属燕山晚期产物。岩性主要为花岗闪长斑岩，其次为石英闪长玢岩、石英二长斑岩、二长斑岩。矿体主要赋存岩体接触带内侧花岗闪长斑岩中，呈透镜状、似层状、脉状产出（图4－28）。个别小矿体赋存于接触带外侧裂隙中。

矿石矿物以黄铜矿为主，其次为黄铁矿，少量辉钼矿、闪锌矿、方铅矿，微量磁铁矿。脉石矿物主要为石英、绢云母、斜长石、钾长石，其次为角闪石、黑云母，少量绿泥石、绿帘石、磷灰石、锆石、榍石。矿石结构：以他形粒状结构为主，次为不规则状结构、片状结构。矿石构造：以浸染状构造、细脉状构造为主，次为团块状，少量串珠状构造。矿石类型以斑岩型铜矿石、斑岩型钼矿石、角岩型钼矿石为主，斑岩型铜钼矿石少量。矿区平均品位 Cu 0.35％、Mo 0.042％。

围岩蚀变：早期蚀变为黑云母化，随后产生低品位铜矿化和钼矿化；中期蚀变为绢云母化和伴随产生的主要铜矿化；晚期蚀变为泥化、碳酸盐化。成因类型为以气成-高中温热液交代为主的斑岩型铜矿床。矿床规模为小型。

2. 成矿要素

江苏省句容盘龙岗铜矿床成矿要素总结见表 4－47。

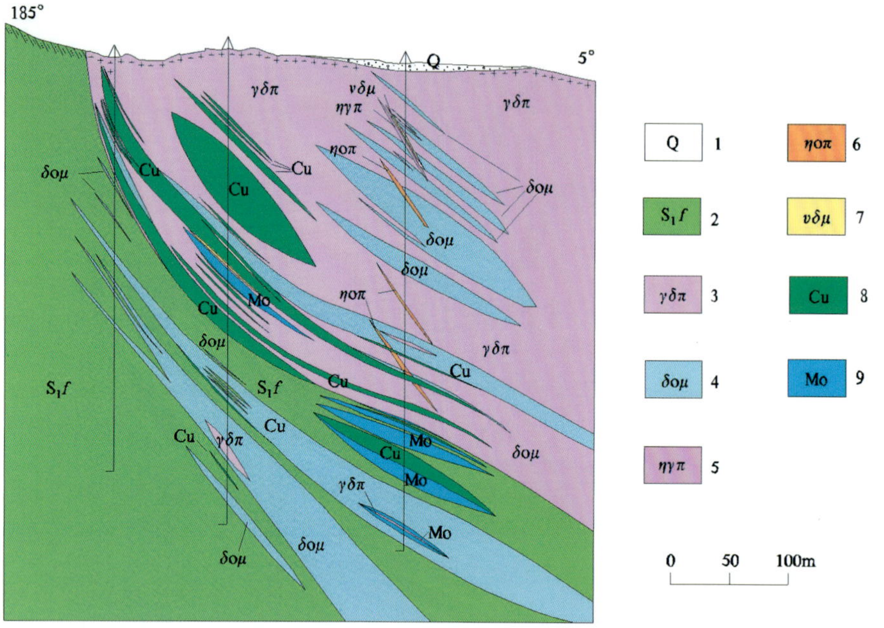

图 4-28　盘龙岗铜矿地质剖面图

1. 第四系;2. 下志留统坟头组泥岩-粉砂岩建造;3. 花岗闪长斑岩;4. 石英闪长玢岩;5. 二长花岗斑岩;6. 石英二长斑岩;7. 辉长闪长玢岩;8. 铜矿体;9. 钼矿体

表 4-47　江苏省盘龙岗斑岩型铜矿床成矿要素一览表

成矿要素		描述内容			成矿要素分类
储量		铜矿矿石量:1074.70×10^4t,Cu:3.76×10^4t;伴生钼矿矿石量:243.62×10^4t,Mo:1022t	平均品位	Cu:0.35%,Mo:0.042%	
特征描述		以气成-高中温热液交代为主的铜矿床			
地质环境	地层	志留系坟头组,泥盆系五通组,二叠系栖霞组、孤峰组、龙潭组,三叠系青龙组、周冲村组			重要
	岩浆岩	与成矿有关的侵入岩以花岗闪长斑岩为主,次为石英闪长玢岩			必要
	岩石结构	斑状结构,块状构造			次要
	成矿时代	燕山晚期			重要
	成矿环境	矿体主要赋存岩体接触带内侧花岗闪长斑岩中			必要
	构造背景	宁镇断隆,宝巢复背斜中段轴部偏南部位,近东西向纵断裂是主要的控矿构造			重要
矿床特征	矿物组合	矿石矿物以黄铜矿为主,其次为黄铁矿,少量辉钼矿、闪锌矿、方铅矿,微量磁铁矿。脉石矿物主要为石英、绢云母、斜长石、钾长石,其次为角闪石、黑云母,少量绿泥石、绿帘石、磷灰石、锆石、榍石			重要
	矿石结构	以他形粒状结构为主,次为不规则状、片状结构			次要
	矿石构造	以浸染状、细脉状构造为主,团块状为次,少量串珠状构造			次要
	蚀变	早期蚀变为黑云母化,随后产生低品位铜矿化和钼矿化;中期蚀变为绢云母化和伴随产生的主要铜矿化;晚期蚀变为泥化、碳酸盐化和含少量黄铜矿的黄铁矿细脉矿化			重要
	控矿条件	宝巢复背斜中段轴部偏南部位,近东西向纵断裂是主要的控矿构造,其次是北西向断裂,岩体中部分节理也是容矿裂隙。花岗闪长斑岩、石英闪长玢岩是铜、钼等矿质的主要来源。主矿体赋存于靠近岩体接触带岩体内侧的裂隙中,个别小矿体赋存于接触带外侧裂隙中			必要

3. 成矿模式

描述性模式见表 4-48，成因模式见表 4-49 及图 4-29。

表 4-48　盘龙岗铜矿床描述性模式

名称	江苏省盘龙岗斑岩型铜矿床	
基本特征	矿体产于花岗闪长斑岩、石英闪长玢岩内接触带，呈透镜状及似层状	
成矿时代	燕山晚期	
资料来源	《江苏省句容县盘龙岗铜矿区普查地质报告》(江苏省地质矿产局第三地质大队，1986.12)	
地质背景	赋矿构造单元	下扬子陆块宁镇断隆
	含矿地层	上奥陶统—下志留统高家边组和下志留统坟头组泥岩、砂质泥岩及细砂岩
	岩矿结构(矿化部位)	以花岗闪长斑岩、石英闪长斑岩内接触带为主，个别小矿体赋存于接触带外侧裂隙中。矿体倾角较陡，一般 45°～65°
伴生矿床	钼、硫铁矿	
矿床工业类型	铜矿	
矿体形态	透镜状、似层状、小脉状	
矿物组合	矿石矿物以黄铜矿为主，其次为黄铁矿，少量辉钼矿、闪锌矿、方铅矿，微量磁铁矿；脉石矿物主要为石英、绢云母、斜长石、钾长石，其次为角闪石、黑云母，少量绿泥石、绿帘石、磷灰石、锆石、榍石	
矿石结构	以他形粒状结构为主，次为不规则状、片状结构	
矿体结构	以透镜状及似层状产于岩体内接触带	
容矿围岩	以花岗闪长斑岩、石英闪长玢岩为主，次为上奥陶统—下志留统高家边组和下志留统坟头组泥岩、砂质泥岩及细砂岩	
围岩蚀变	碎屑岩角岩化，岩浆岩绢英岩化	
矿化分带	低品位铜矿化和钼矿化-铜矿-含少量黄铜矿的黄铁矿	
蚀变分带	由内至外：黑云母化蚀变带(Ⅰ)→绢英岩带(Ⅱ)→泥化、碳酸盐化带(Ⅲ)	
地球物理标志	重力低异常带边缘内侧，宽缓磁异常，强度在 100～200nT，是岩体反映，矿化较好地段均处于激电异常 η_s 9%等值线范围内	
地球化学标志	矿化较好地段有次生晕 Cu 异常，Mo 异常在 Cu 异常的边缘呈零星分布。同时 Mo、Cu、Pb、Zn、Ag、As 元素异常在地面呈有规律的展布	

表 4-49　盘龙岗铜矿床成因模式

名称	江苏省盘龙岗斑岩型铜矿	
矿石成因类型	热液交代	
成矿期次	热液期	
同位素特征	硫同位素	$\delta^{34}S$：−2.6‰～4.3‰
成矿环境	区域成矿构造背景	宁镇断隆，宝巢复背斜中段轴部偏南部位，近东西向正断层、北西向断裂发育
	具体成矿环境	矿体主要产于下志留统坟头组细砂岩、泥质粉砂岩、粉砂质泥岩与花岗闪长斑岩、石英闪长斑岩接触带的岩体内侧，岩体中裂隙发育
成矿物质来源	金属	来源于深部岩浆
成矿流体	以岩浆水为主的岩浆水和大气降水的混合水	
成矿物理化学条件	成矿温度 300℃左右，pH 值 6.28～7.43，Eh 值 15.4～84.4，属弱酸—弱碱性、弱氧化环境	

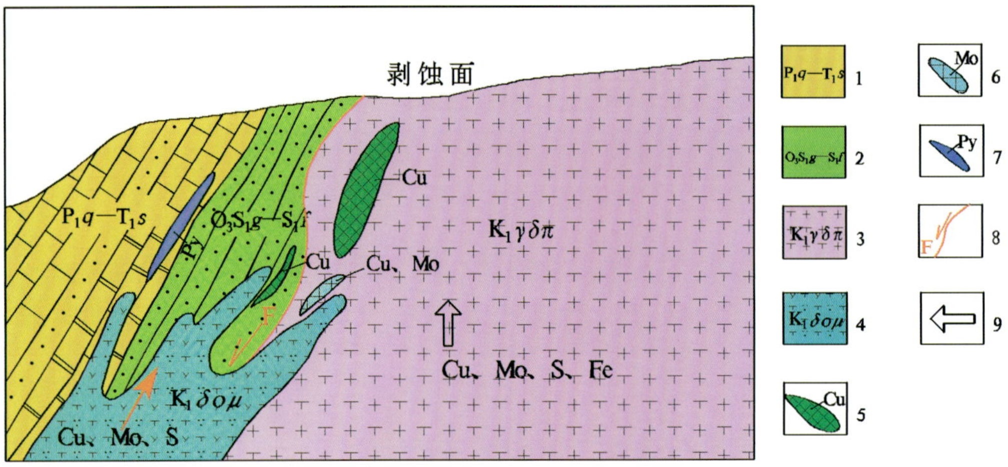

图 4-29　江苏省盘龙岗铜矿床成矿模式图

1. 二叠系栖霞组—三叠系上青龙组；2. 上奥陶统下志留统高家边组—下志留统坟头组；3. 燕山晚期花岗闪长斑岩；4. 燕山晚期石英闪长玢岩；5. 铜矿体；6. 钼矿体；7. 黄铁矿体；8. 纵断裂；9. 含矿热液运移方向

五、上海市金山张堰铜矿床

1. 矿床特征

该矿区的大地构造位置属下扬子陆块下扬子被动陆缘吴江断块，金山-南汇断隆南缘。矿区内未见基岩出露，钻孔揭露的深部地层主要为中元古界金山岩群、上侏罗统劳村组和黄尖组。岩浆岩为张堰花岗闪长岩体，沿张堰-南汇断裂带侵入，岩株状产出。同位素测年结果 119Ma，属燕山晚期产物。断裂构造以近东西向展布的纵向逆断层为主，断面南倾，倾角 50°～70°，与金山岩群走向大致相同。矿体赋存于的花岗闪长岩体与金山岩群碳酸盐岩接触带矽卡岩或接触带附近岩体中（图 4-30）。

矿区内已发现大小铜矿体数十个，呈似层状、透镜状、鞍状体产出。主矿体均为近东西走向，向北陡倾，倾角 60°～80°。矿体长 80～350m，延伸 100～340m，控制最大厚度 41m。矿石矿物黄铜矿、蓝辉铜矿、辉铜矿、斑铜矿、自然银、辉银矿、银金矿、闪锌矿、黄铁矿、磁铁矿、镜铁矿、辉钼矿；脉石矿物为钙铁石榴石、透辉石、透闪石及方解石、绿泥石、蛇纹石、滑石、硅镁石。

矿石结构：自形—半自形晶粒结构，填隙结构，交代残骸结构，固溶体分离乳滴状结构，包含花瓣状雏晶结构，环边结构。矿石构造：块状构造、浸染状构造、脉状构造、稠密浸染状构造。

矿石自然类型主要有含铜（银、锌）矽卡岩、含铜磁铁矿及含铜闪长岩 3 种。

矿床平均品位：Cu 1.3%、Ag 25.99×10^{-6}、Zn 0.51%。

围岩蚀变：角岩化、大理岩化、矽卡岩化、钾长石化、碳酸盐化、蛇纹石化、硅化。

矿床成因类型属与中酸性侵入活动有关的接触交代矽卡岩型铜矿床。矿床规模为中型。

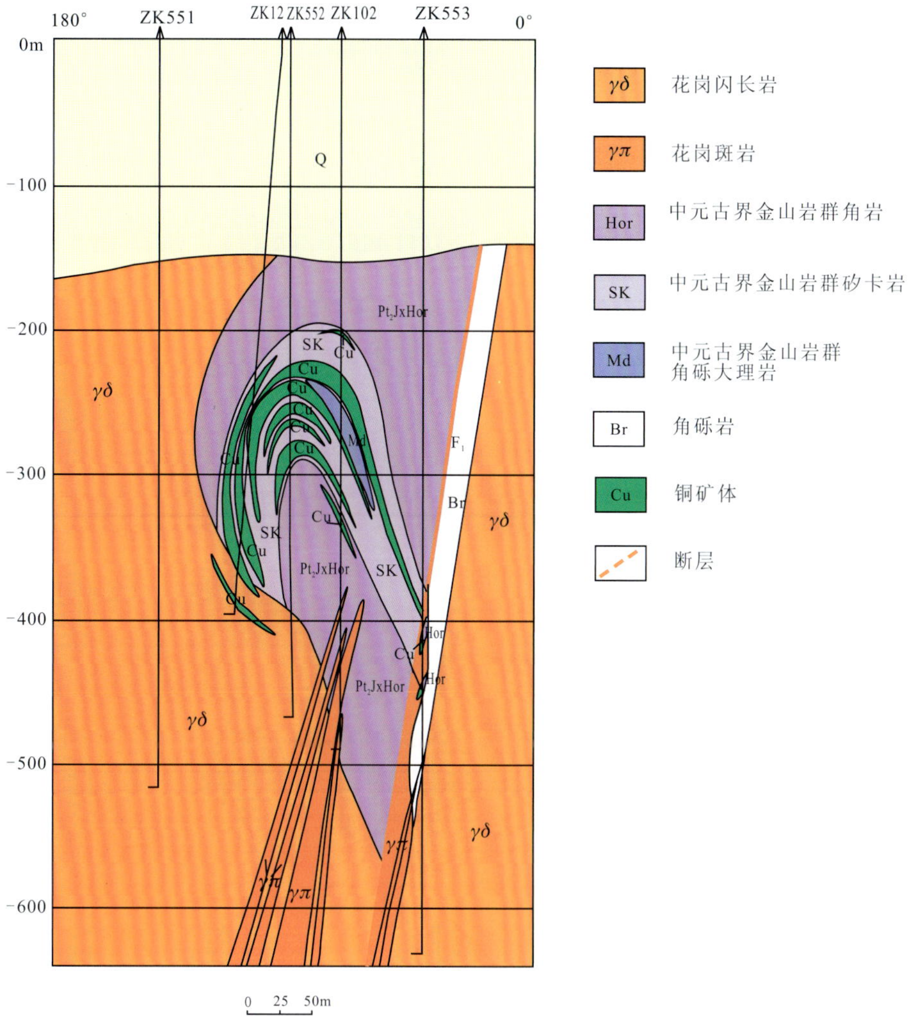

图 4-30　上海市金山张堰铜矿床地质剖面图

2. 成矿要素

上海市金山张堰铜矿床成矿要素总结见表 4-50。

表 4-50　上海市金山张堰矽卡岩型铜矿成矿要素一览表

成矿要素		描述内容			成矿要素分类
资源储量		铜金属量：121 914.44t	平均品位	Cu：1.3%	
特征描述		与燕山晚期中酸性岩浆侵入活动有关的矽卡岩型铜矿床			
地质环境	地层	中元古界金山岩群			必要
	岩浆岩	燕山晚期花岗闪长岩			必要
	岩石结构	花岗结构、似斑状结构，块状构造			次要
	成矿时代	燕山晚期(119Ma)			必要
	成矿环境	矿体赋存花岗闪长岩体与金山岩群碳酸盐岩地层接触带矽卡岩中及接触带附近岩体中			必要
	构造背景	下扬子被动陆缘吴江断块，金山-南汇断隆南缘，张堰-南汇断裂带			重要

续表 4-50

成矿要素		描述内容	成矿要素分类
矿床特征	矿物组合	矿石矿物黄铜矿、蓝辉铜矿、辉铜矿、斑铜矿、自然银、辉银矿、银金矿、闪锌矿、黄铁矿、磁铁矿、镜铁矿、辉钼矿；脉石矿物为钙铁石榴石、透辉石、透闪石及方解石、绿泥石、蛇纹石、滑石、硅镁石	重要
	结构	自形—半自形晶粒结构、填隙结构、交代残骸结构、固溶体分离乳滴状结构，包含花瓣状雏晶结构、环边结构	次要
	构造	块状构造、浸染状构造、脉状构造、稠密浸染状构造	次要
	蚀变	角岩化、大理岩化、矽卡岩化、钾长石化、碳酸盐化、蛇纹石化、硅化	重要
	控矿条件	张堰-南汇断裂具明显的控岩、控矿作用；张堰花岗闪长岩与矿床的空间及成因关系密切，矿床产于花岗闪长岩体与金山岩群接触带矽卡岩及接触带附近岩体中；金山岩群上下角岩对矿液起着良好的屏蔽作用，从而使其上下的矽卡岩层成为矿液停储场所	必要

3. 成矿模式

描述性模式见表 4-51，成因模式见表 4-52 及图 4-31。

表 4-51　张堰铜矿床描述性模式

名称	上海市张堰金山式矽卡岩型铜矿床	
基本特征	与中酸性岩浆侵入活动有关的矽卡岩型铜矿床，矿体赋存花岗闪长岩体与金山岩群碳酸盐岩地层接触带矽卡岩中及接触带附近岩体中	
成矿时代	燕山晚期(119Ma)	
资料来源	《上海市金山县张堰铜矿床(百家村矿段)地质详查报告》(上海市地质技术开发总公司，1996.12)	
地质背景	赋矿构造单元	下扬子陆块下扬子被动陆缘吴江断块
	含矿地层	中元古界金山岩群
	岩矿结构(矿化部位)	矿体赋存于花岗闪长岩体与金山岩群接触带矽卡岩中及接触带附近岩体内
伴生矿床	铁、银、锌	
矿床工业类型	铜矿石	
矿体形态	层状、似层状、透镜状、马鞍状	
矿物组合	金属矿物黄铜矿、蓝辉铜矿、辉铜矿、斑铜矿、自然银、辉银矿、银金矿、闪锌矿、黄铁矿、磁铁矿、镜铁矿、辉钼矿；非金属矿物位钙铁石榴石、透辉石、透闪石及方解石、绿泥石、蛇纹石、滑石、硅镁石	
矿石结构	自形—半自形晶粒结构、填隙结构、交代残骸结构、固溶体分离乳滴状结构，包含花瓣状雏晶结构、环边结构；块状构造、浸染状构造、脉状构造、稠密浸染状构造	
矿体结构	绝大多数产于接触带矽卡岩中，个别产于接触带附近岩体中	
围岩	中元古界金山岩群角岩、矽卡岩；花岗闪长斑岩	
围岩蚀变	角岩化、大理岩化、矽卡岩化、钾长石化、碳酸盐化、蛇纹石化、硅化、滑石化、绿泥石化	
矿化分带	自西向东形成 3 个矿段：时家矿段(铜矿体和锌矿体)、百家村矿段(铜矿体)、东城隍庙矿段(铁矿体)	
蚀变分带	钾化带、蛇纹石化、绿泥石化	
风化	氧化作用不甚强烈	
地球物理标志	航磁、地磁正异常；重力梯度带；低阻、高极化	
地球化学标志	原生晕 Cu、Ag、Mo、Zn、Pb、Au 异常	

表 4－52　张堰铜矿床成因模式

名称	上海市张堰金山式矽卡岩型铜矿床	
矿石成因类型	热液交代	
成矿期次	矽卡岩期—热液期	
成矿环境	区域成矿构造背景	下扬子陆块下扬子被动陆缘吴江断块、金山-南汇断隆南缘、张堰-南汇断裂带
	具体成矿环境	花岗闪长岩体与金山岩群北接触带矽卡岩中及接触带附近岩体中
成矿物质来源	金属	来源于深部岩浆
成矿流体	以岩浆水为主的岩浆水和大气降水的混合水	
成矿物理化学条件	形成于高中温阶段，弱酸—弱碱性、弱氧化环境	

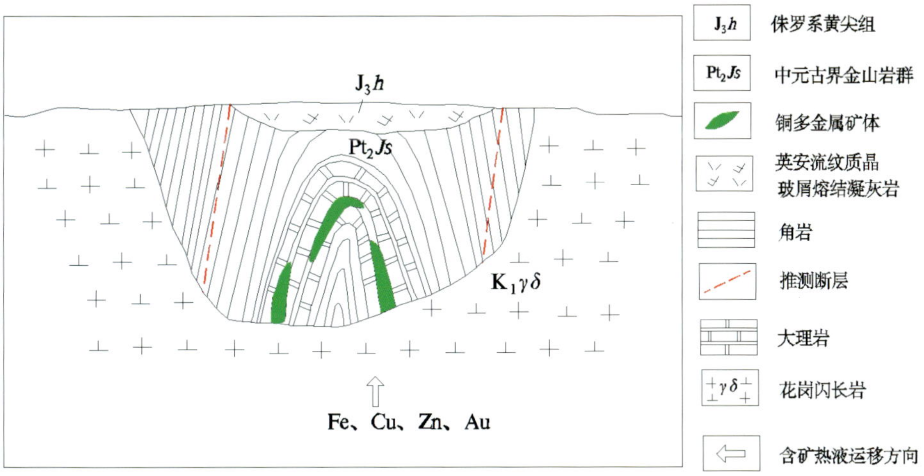

图 4－31　上海市张堰铜矿床成矿模式图

第四节　铅锌银矿典型矿床及其成矿模式

一、江苏省南京栖霞山铅锌银矿床

1. 矿床特征

该矿区处于宁镇构造隆起带北侧龙仓复背斜西段南翼。区内象山群不整合于泥盆系—石炭系、二叠系之上，主矿体赋存于高骊山组与黄龙组之间的纵向断裂带（F_2）中，矿体上部延伸至纵向断裂旁侧断裂中，旁侧断裂大致沿象山群与下构造层之间的不整合面发育（图 4－32、图 4－33）。主矿体呈大透镜体产出，走向北东，倾向北西，长约 1400m，厚 30～50m，延伸 250～400m。主矿体两侧围岩中也赋存有矿体，如产于象山群碎屑岩中的矿体以裂隙充填型为主，但矿体规模小，多为贫矿；产于石灰岩裂隙和古岩溶构造中的矿体，多呈不规则团块状、束状，规模不大，矿石品位较富。矿石、矿物以闪锌矿、方铅矿、黄铁矿、钙菱锰矿为主，次有白铁矿、黝铜矿、黄铜矿、磁铁矿、自然金、赤铁矿、褐铁矿及少量软锰矿、硬锰矿、辉铜矿、斑铜矿、白铅矿、菱铁矿，氧化带形成铁帽。矿石中不仅含金，还富含银，含银矿物有螺状硫银矿、辉银矿、深红银矿和锑铋铅银矿等。矿石品位 Pb 2.37%，Zn 4.22%，Mn 26.49%，S 18.92%，Ag 104.23×10^{-6}，部分矿体含 Cu 1.82%，伴生有益组分平均含量：Au 0.55×10^{-6}，Cd 0.039%。矿石呈稠密块状、稀疏—稠密浸染状、角砾状、条带状、交错网脉状等构造。近矿围岩蚀变微弱，主要有硅化、黄铁矿化、碳酸盐化、高岭土化、白云石化等。矿床达大型规模。

由于矿区内未见岩浆岩，根据物探资料推测矿区深部 2000m 以下可能有中酸性侵入体存在，为成矿提供了主要矿质及热流体。

由于矿体主要受石炭纪、二叠纪赋矿地层（碳酸盐岩）和纵向断裂控制，热液充填成矿特征明显，故称为“层断热液型”。也有人认为：矿床是由石炭纪—二叠纪沉积岩层作为矿源层，并有岩浆岩热液和地下热卤水液叠加成矿作用形成，成因类型属沉积-热液叠加改造型矿床。本次预测根据全国汇总组给出的预测类型为栖霞山式碳酸盐岩（层控热液）型铅锌银矿床。

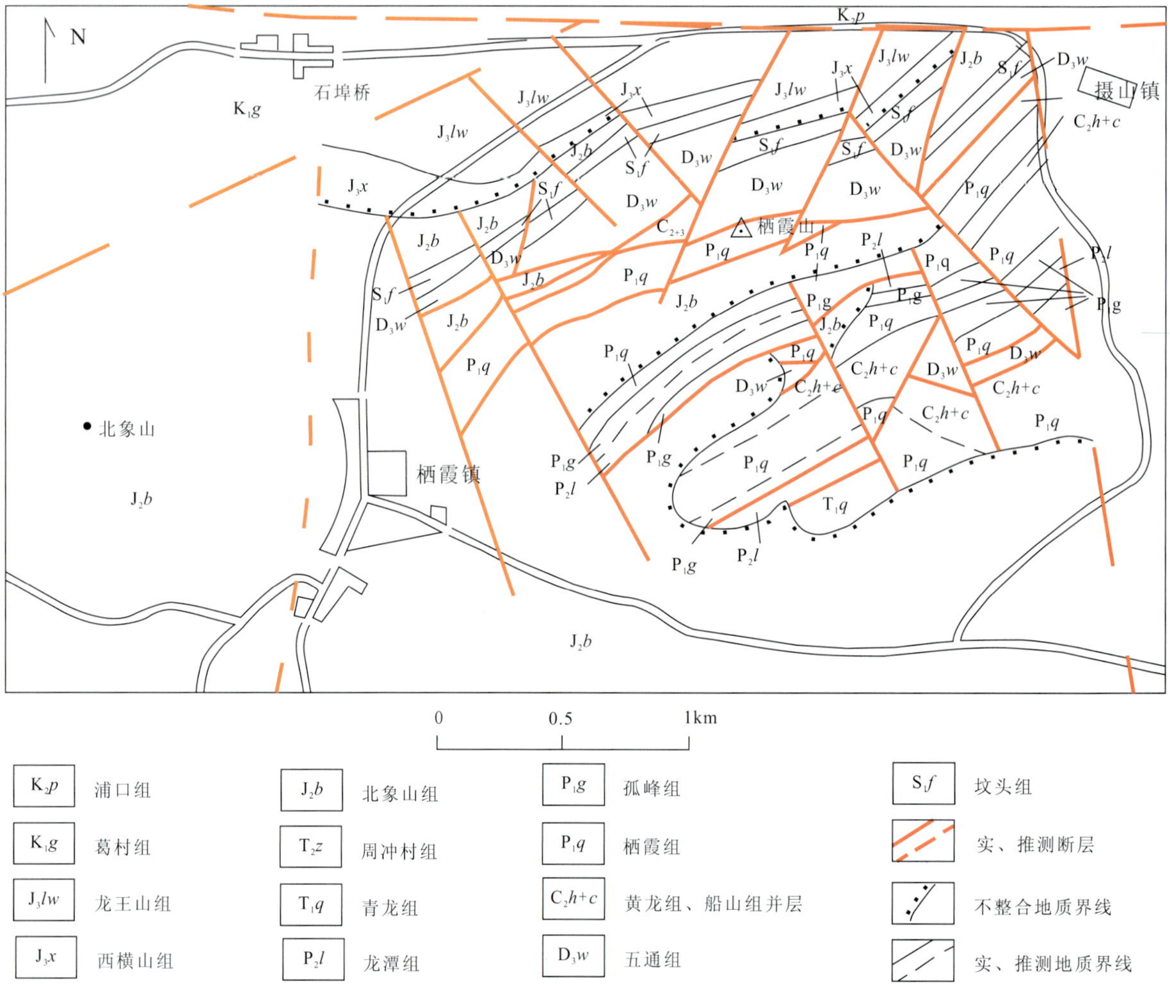

图 4-32　南京栖霞山铅锌银矿区地质简图

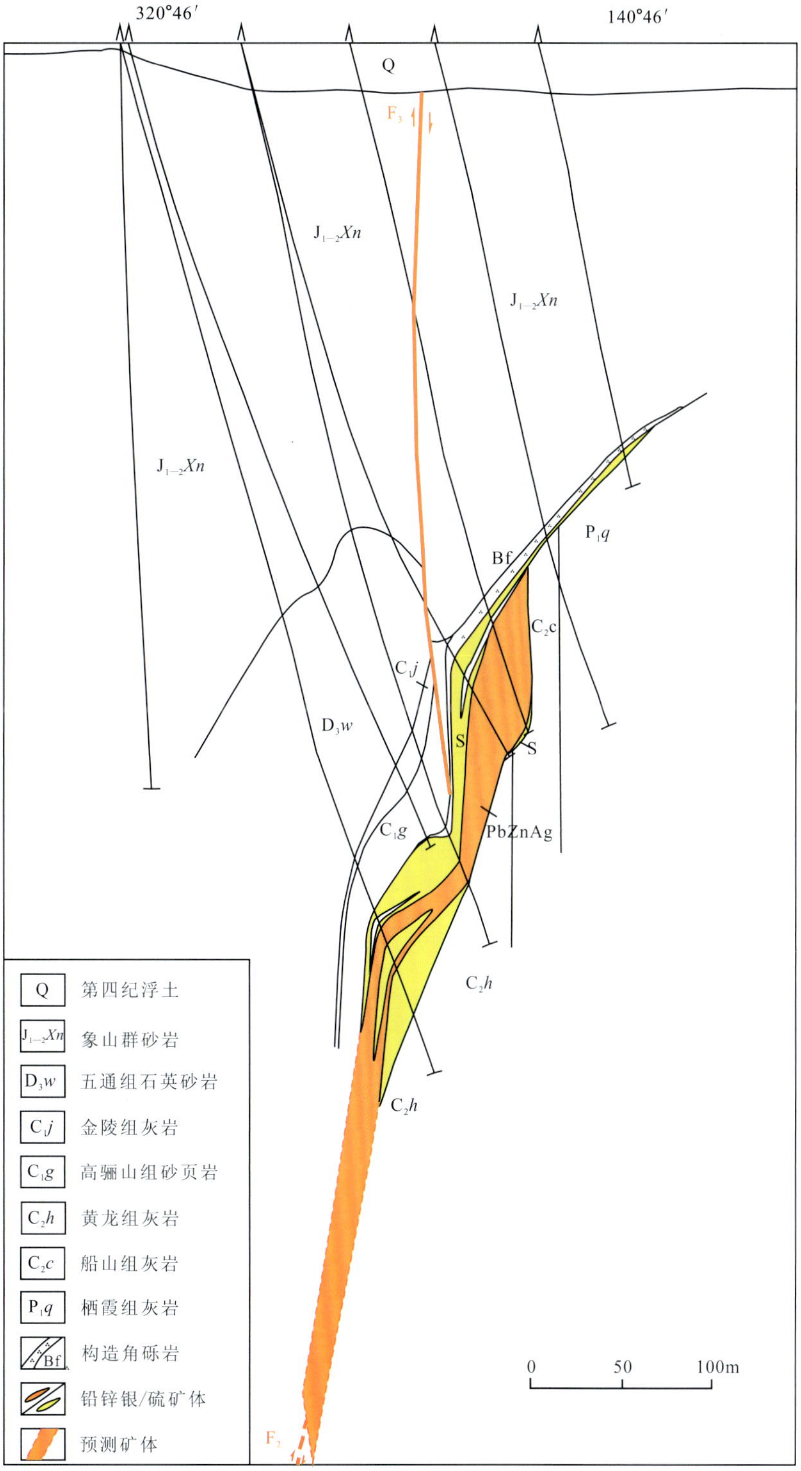

图 4－33 南京栖霞山铅锌银矿地质剖面图

2. 成矿要素

江苏省南京市栖霞山铅锌银矿床成矿要素总结见表 4－53。

表 4－53　江苏省栖霞山碳酸盐岩(层控热液)型铅锌银矿成矿要素一览表

成矿要素		描述内容			成矿要素分类
资源储量		铅金属量：435 840t，锌金属量：932 216t，银金属量：944t	平均品位	Pb：2.79%，Zn：5.12%，Ag：71.87×10^{-6}	
特征描述		矿体主要受纵向逆断层、断碎不整合面控制，次为层间裂隙及古岩溶构造，矿体围岩主要为石炭系黄龙组、二叠系栖霞组碳酸盐岩，成因类型以热液充填为主层控热液型铅锌银矿床			
地质环境	地层	石炭系黄龙组、二叠系栖霞组碳酸盐岩地层为有利成矿层位			必要
	断裂构造	发育于泥盆系五通组或石炭系高骊山组砂页岩与石炭纪—二叠纪碳酸盐岩地层之间的压性或压扭性断裂是矿区主要的容矿构造，象山群砂岩与下构造层之间不整合所发生的断裂破碎带，也是矿区重要的容矿构造之一			必要
	构造背景	下扬子陆块宁镇断隆西部、栖霞山复背斜南翼的倒转部位			重要
	成矿时代	燕山晚期			重要
矿床特征	矿物组合	矿石矿物主要为闪锌矿、方铅矿、黄铁矿、菱锰矿，次为黝铜矿、黄铜矿、白铁矿和少量磁铁矿、菱铁矿、铁菱锰矿、毒砂、磁黄铁矿，微量螺状硫银矿、辉银矿、深红银矿、自然金。 脉石矿物主要为石英、方解石，次为白云石、铁白云石、玉髓、重晶石，少量石膏、萤石、滑石，偶见绢云母、磷灰石、绿泥石、绿帘石、石榴石。 矿物共生组合主要有：闪锌矿-方铅矿-黄铁矿-黝铜矿-磁铁矿、闪锌矿-方铅矿-菱锰矿-黄铁矿、黄铁矿-菱锰矿-钙菱锰矿			重要
	结构构造	以细粒结构为主，次为镶边结构、乳滴状结构；以角砾状构造、土状构造、蜂窝状构造为主，其次为块状构造、浸染状构造、细脉浸染状构造			次要
	热液蚀变	总体热液蚀变较弱，局部有碳酸盐化、硅化、重晶石化等			次要
	控矿条件	成矿明显受构造和岩性控制。北东—北东东向压性或压扭性纵向断裂、断碎不整合面及北西向张性或张扭性断裂是主要控矿构造，次为层间错动和层间裂隙及古岩溶构造；石炭系黄龙组、二叠系栖霞组碳酸盐岩为成矿有利层位和主要赋矿地层			必要

3. 成矿模式

描述性模式见表 4－54，成因模式见表 4－55 及图 4－34。

表 4－54　栖霞山铅锌银矿床描述性模式

名称	江苏省栖霞山式碳酸盐岩型铅锌银矿床	
基本特征	矿体主要受纵向逆断层、断碎不整合面控制，次为层间裂隙及古岩溶构造，矿体围岩主要为石炭系黄龙组、二叠系栖霞组碳酸盐岩，成因类型以热液充填为主层控热液型铅锌银矿床	
成矿时代	燕山晚期	
资料来源	《江苏省南京市栖霞山铅锌矿区虎爪山矿段详细勘探地质报告》(江苏省冶金地质勘探公司 810 队，1980)； 《江苏省南京市栖霞山铅锌矿区虎爪山矿段资源储量核查报告》(江苏省地质调查研究院，2008)； 《江苏省南京市栖霞山铅锌矿区甘家巷—大凹山矿段核查区资源储量核查报告》(华东有色地质矿产勘查开发院，2010)	
地质背景	赋矿构造单元	下扬子陆块宁镇断隆
	含矿地层	石炭系黄龙组、二叠系栖霞组碳酸盐岩地层为成矿有利层位和主要赋矿地层
	岩矿结构(矿化部位)	北东—北东东向压性或压扭性纵向断裂、断碎不整合面及北西向张性或张扭性断裂是主要控矿容矿构造，次为层间错动和层间裂隙及古岩溶构造

续表 4-54

伴生矿床	主要为银、金
矿床工业类型	铅锌硫型、铅锌硫锰型、铅锌银硫型
矿体形态	似层状、不规则透镜体、不规则复脉状
矿物组合	矿石矿物主要为闪锌矿、方铅矿、黄铁矿、菱锰矿和钙菱锰矿，其次为黝铜矿、黄铜矿、白铁矿和少量磁铁矿、菱铁矿、铁菱锰矿、毒砂、磁黄铁矿；微量的螺状硫银矿、辉银矿、深红银矿、自然金等。脉石矿物主要为石英、方解石；次为白云石、锰白云石、铁白云石、玉髓、重晶石；少量石膏、萤石、滑石、偶见绢云母、磷灰石、绿泥石、锆石、绿帘石、石榴石
矿石结构构造	以细粒结构为主，次为镶边结构、乳滴状结构；块状构造、浸染状构造、角砾状构造、条带状构造、交错网脉状构造
矿体结构	单矿体平面上呈不规则脉状、透镜状；剖面上呈不规则透镜状、复脉状，倾角较陡，厚度变化大，矿化不均匀
容矿围岩	主矿体围岩上盘为泥盆系五通组、石炭系高骊山组砂页岩，下盘为石炭系黄龙组和船山组、二叠系栖霞组碳酸盐岩
围岩蚀变	近矿围岩蚀变较弱，范围不大，仅见局部硅化、黄铁矿化、碳酸盐化、重晶石化、高岭土化、白云石化等
矿化分带	不明显
蚀变分带	不明显
风化	矿区氧化带分布 0m 水平以上，矿体经风化淋滤呈锰(铁)帽，局部可形成较富的银金矿
地球物理标志	重力梯级带，反映纵向断裂带；航磁异常为负背景区内一个低缓隆起的磁异常，地磁异常规模较大，极大值为 200nT，推测为 -3000m 以下燕山中晚期隐伏侵入体的反映；矿区有激电异常，背景值为 3%左右，矿带 5%～6%，最高达 8%
地球化学标志	元素组合以 Pb、Zn、Ag、Sb、As 为主，并有 Cd、Bi、Hg 等。单元素呈现的异常范围由小到大、由内向外依次为：Mo、Cd、Bi、Hg、Ag、As、Sb、Zn、Pb，具有一定的元素分带性，越向西南方向分带性越明显。多数元素都有一定的浓度分带性，但发育程度不同

表 4-55　栖霞山铅锌银矿床成因模式

名称	栖霞山式碳酸盐岩(层控热液)型铅锌银矿床	
矿石成因类型	以中低温热液充填为主	
成矿期次	热液期—表生期	
同位素特征	硫同位素	$\delta^{34}S$：-27.4‰～14.1‰
	氢氧同位素	方解石、石英 $\delta^{18}O$：7.65‰～15.07‰
成矿环境	区域成矿构造背景	下扬子陆块宁镇断隆西部，栖霞山复背斜南翼的倒转部位
	具体成矿环境	北东向的压扭性纵断裂，北西向的张扭性横断裂，断碎不整合面，古岩溶及部分层间裂隙是矿床的控矿构造，石炭纪—二叠纪碳酸盐岩有利于成矿
成矿物质来源	金属	主要来自岩浆活动期后成矿热液，部分来源于围岩地层
成矿流体	岩浆水、大气降水和地层水的混合水	
成矿物理化学条件	成矿温度 200～300℃，中偏碱，弱氧化环境	

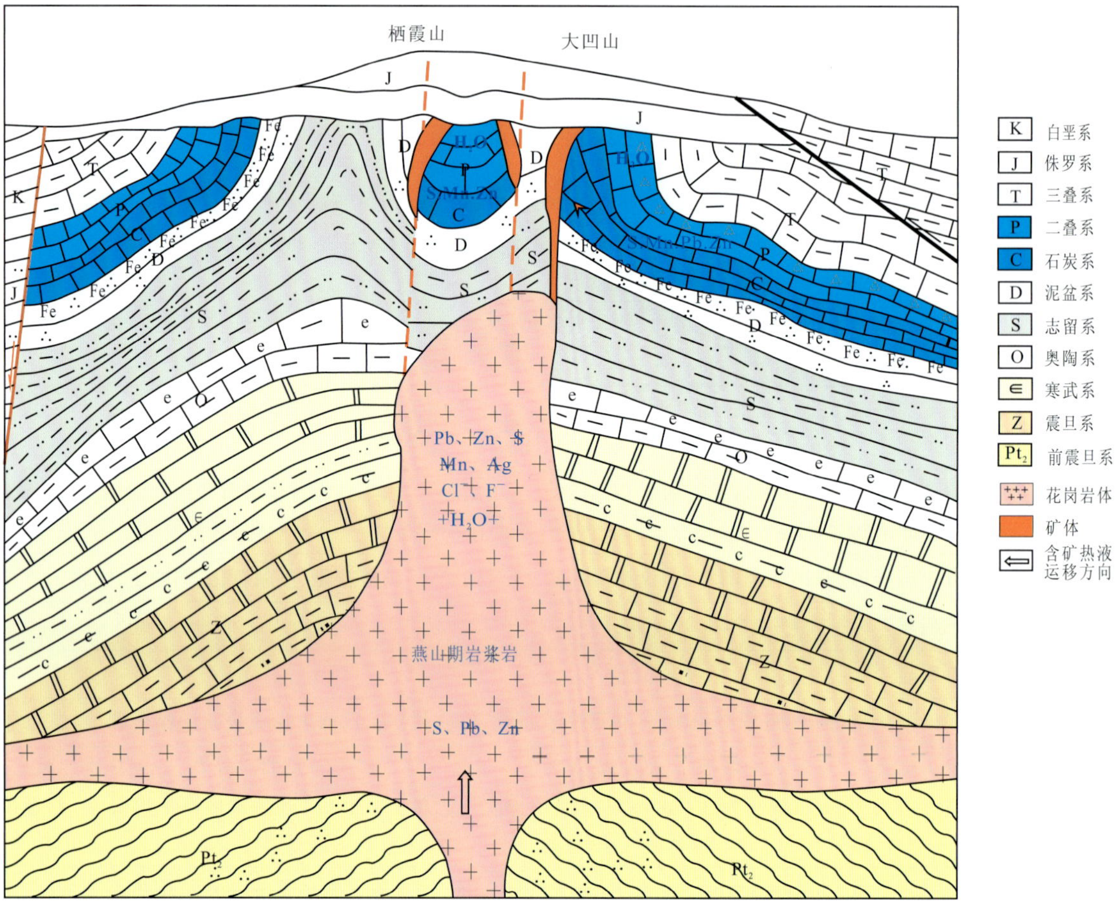

图 4-34　江苏省栖霞山铅锌银矿床成矿模式图

二、江苏省溧水观山铜铅矿床

1. 矿床特征

该矿床位于溧水中生代火山岩盆地中部，矿区出露侏罗系大王山组、白垩系姚家边组粗安质熔结凝灰岩、粗安岩、粗安质沉角砾凝灰岩等。构造较简单，以断裂为主。次火山岩体为粗安斑岩，侵入火山岩系地层(图 4-35)。

矿化带、矿体均受观山次火山岩体(粗安斑岩)中断裂所控制，近东西向、北西向和北东向 3 组断裂形成近似环状分布的断裂构造破碎带，矿体产于该断裂构造破碎带中，倾角陡(70°～80°)。矿体长数十到数百米不等，最大达 850m，厚度一般在 1～5m，局部达 10m 左右。

矿石结构以半自形、他形粒状结构为主。矿石有致密块状、浸染状和角砾状等构造。矿石矿物主要为黄铜矿、方铅矿、闪锌矿，其次为斑铜矿、辉铜矿、黝铜矿，伴生黄铁矿、赤铁矿；脉石矿物主要为菱铁矿，其次为重晶石、石英，少量方解石。矿石品位：Cu 0.53～0.91%，Pb 0.87%～1.43%，最高达 2.6%；Zn 分布不普遍，部分矿体含 Zn 为 1.5%左右。围岩蚀变强烈，主要有硅化、菱铁矿化、重晶石化、黄铁矿化，局部有绢云母化和碳酸盐化，其中硅化和黄铁矿化与矿化关系密切。矿床成因类型为火山-次火山热液矿床。成矿时代为燕山晚期(120.84±1.0Ma，绢云母 Ar-Ar；梁业恒等，2010)。

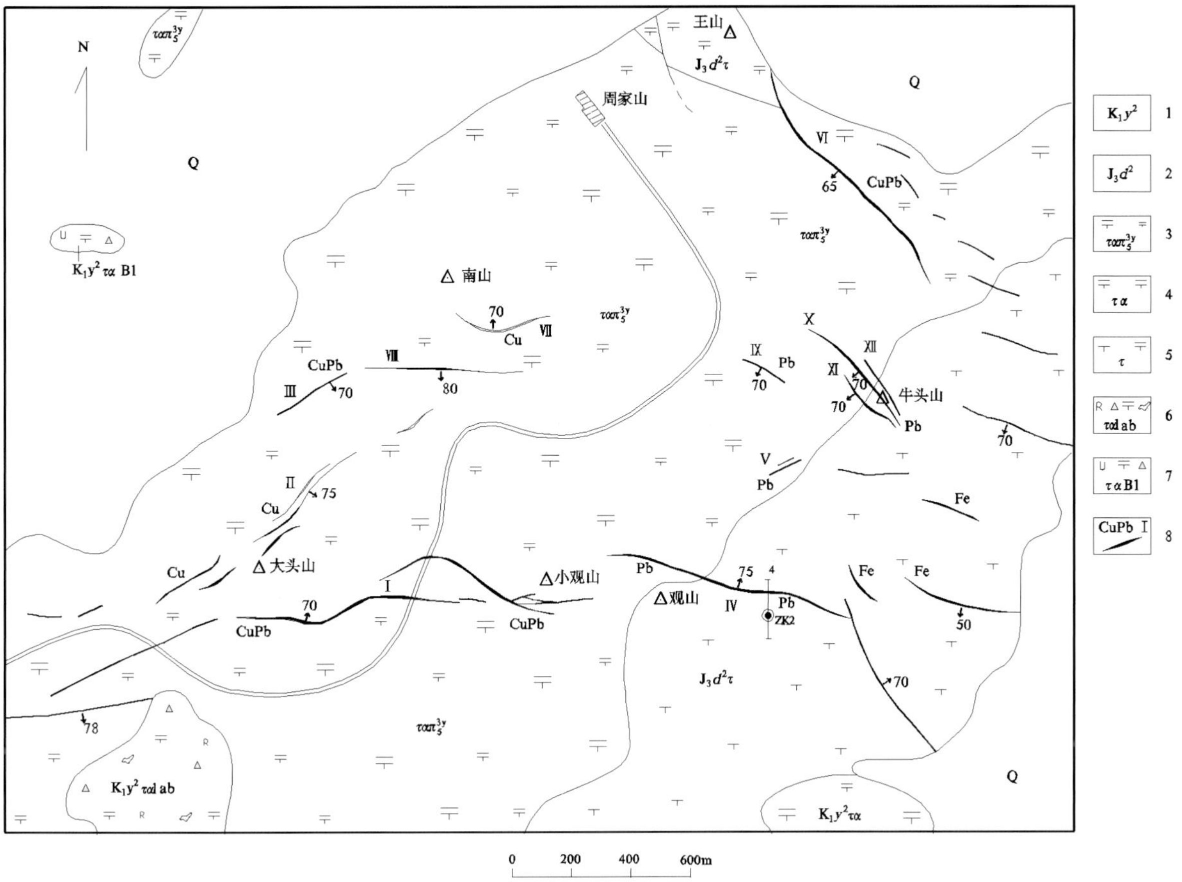

图 4-35 溧水县观山铜铅矿区地质简图

1. 姚家边组上段;2. 大王山组上段;3. 粗安斑岩;4. 粗安岩;5. 粗面岩;6. 粗安质熔集块角砾岩;7. 粗安质角砾熔岩;8. 铜铅矿脉及编号

2. 成矿要素

江苏省溧水观山铜铅矿床成矿要素总结见表 4-56。

表 4-56 江苏省观山陆相火山岩型铜铅矿成矿要素一览表

成矿要素		描述内容			成矿要素分类
资源储量		铜金属量:10 530t,铅金属量:23 019t	平均品位	Cu:2%,Pb:1.77%	
特征描述		矿化带、矿体均受观山次火山岩体(粗安斑岩)中断裂所控制,近东西向、北西向和北东向 3 组断裂形成近似环状分布的断裂构造破碎带,矿体产于该断裂构造破碎带中,矿床成因类型属中低温热液充填型,工业类型为脉状铜铅矿床			
地质环境	地层	白垩系姚家边组粗安质熔结凝灰岩、粗安岩、粗安质沉角砾凝灰岩			重要
	岩浆岩	白垩纪姚家边旋回次火山岩体粗安斑岩与成矿关系密切			必要
	岩石结构	斑状结构			次要
	成矿时代	燕山晚期(120.84±1.0Ma,绢云母 Ar-Ar;梁业恒等,2010)			重要
	成矿环境	矿体分布于火山机构火山口附近,受次火山岩体内的近似环状断裂所控制			必要
	构造背景	位于下扬子陆块溧水火山断陷盆地,平安山-双顶山北西向断裂喷发带、朝山-官塘近南北向断裂喷发带及杭村-大山南北向断裂喷发带交会处,近东西向、北西向和北东向断裂发育			重要

续表 4-56

成矿要素		描述内容	成矿要素分类
矿床特征	矿物组合	矿石矿物主要为黄铜矿、方铅矿、闪锌矿，其次为斑铜矿、辉铜矿、黝铜矿，伴生黄铁矿、赤铁矿；脉石矿物主要为菱铁矿，其次为重晶石、石英，少量方解石	重要
	矿石结构	他形粒状结构	次要
	矿石构造	块状构造、细脉浸染状构造、角砾状构造	次要
	蚀变	主要有硅化和菱铁矿化，次为重晶石化、黄铁矿化。其中硅化和黄铁矿化与矿化关系密切	重要
	控矿条件	溧水中生代火山岩凹陷区火山机构，次火山岩体内的近东西向、北西向和北东向 3 组断裂形成近似环状分布的断裂构造破碎带是主要控矿构造，白垩纪姚家边旋回粗安斑岩与成矿关系密切	必要

3. 成矿模式

描述性模式见表 4-57，成因模式见表 4-58 及图 4-36。

表 4-57　观山铜铅矿床描述性模式

名称	江苏省观山陆相火山岩型铜铅矿床	
基本特征	矿化带、矿体均受观山次火山岩体（粗安斑岩）中断裂所控制，近东西向、北西向和北东向 3 组断裂形成近似环状分布的断裂构造破碎带，矿体产于该断裂构造破碎带中，矿床成因类型属中低温热液充填型，工业类型为脉状铜铅矿床	
成矿时代	燕山晚期（120.84±1.0Ma，绢云母 Ar-Ar；梁业恒等，2010）	
资料来源	《江苏省溧水县观山铜铅矿地质勘探总结报告》（江苏省冶金局地质勘探总队二队，1960）； 《江苏省溧水县观山铜铅矿地质勘探总结报告 1、2 号脉》（华东冶金地质勘查局 813 队，1966）； 《江苏省溧水县观山铜铅矿床六号脉带地质勘探报告书》（江苏省冶金地质勘探公司 807 队，1982）	
地质背景	赋矿构造单元	下扬子陆块溧水火山断陷盆地
	含矿地层	下白垩统姚家边组火山岩、次火山岩
	岩矿结构（矿化部位）	矿体产于次火山岩体粗安斑岩中环状断裂构造破碎带中，由 12 条矿脉组成
伴生矿床	含少量金、银	
矿床工业类型	铜铅矿床	
矿体形态	脉状	
矿物组合	矿石矿物主要为黄铜矿、方铅矿、闪锌矿，其次为斑铜矿、辉铜矿、黝铜矿，伴生黄铁矿、赤铁矿；脉石矿物主要为菱铁矿，其次为重晶石、石英，少量方解石	
矿石结构	他形粒状结构，块状、细脉浸染状、角砾状构造	
矿体结构	矿脉平面上形成一近似封闭的三角形，“三边”均同时向内倾斜。各脉长短不一，倾角较陡，厚度变化大，矿化不均匀。工业矿体不连续。部分较大矿脉有膨大收缩、尖灭再现、分枝复合等现象，剖面上呈侧幕式排列	
容矿围岩	早白垩世姚家边旋回粗安斑岩	

续表 4-57

围岩蚀变	早期蚀变类型有绢云母化、硅化、黄铁矿化、菱铁矿化;晚期有绿帘石化、高岭石化、碳酸盐化、重晶石化及赤铁矿化。其中硅化和黄铁矿化与矿化关系密切
矿化分带	自西向东依次为铜矿带→铅铜矿带→铅矿带
蚀变分带	呈对称的带状,由矿体向两侧依次为菱铁矿化、重晶石化、黄铁矿化、硅化、高岭石化和绢云母化
风化	矿脉在地表为重晶石褐铁矿或重晶石赤铁矿铁帽
地球物理标志	重力:位于溧水重力高的东南,该区重力高低总体反映了侏罗系及白垩系姚家边组的隆坳特征。 磁法:位于溧水杂乱磁异常区南部,航磁异常特征是:100～200nT 的正磁场背景,在此基础上磁场作一定波动,异常梯度小,强度不大,ΔT_{max} 为 500 多纳特。区内的航磁异常主要为侵入岩和蚀变岩引起
地球化学标志	土壤综合异常呈近圆状分布,具有元素分带性,从内向外依次为 Ba→Cu→Pb→Mo

表 4-58　观山铜铅矿床成因模式

名称	江苏省观山陆相火山岩型铜铅矿床	
矿石成因类型	热液充填	
成矿期次	热液期	
同位素特征	硫同位素	$\delta^{34}S$:0～7.7‰
	氢氧同位素	石英 $\delta^{18}O$:8.52‰～18.53‰,H_2O $\delta^{18}O$:0.75‰～10.76‰
	其他同位素	方解石 $\delta^{13}C$:-1.2‰～2.9‰
成矿环境	区域成矿构造背景	下扬子陆块溧水火山断陷盆地,平安山-双顶山北西向断裂喷发带、朝山-官塘近南北向断裂喷发带及杭村-大山南北向断裂喷发带交会处,近东西向、北西向和北东向断裂发育
	具体成矿环境	矿体受古火山机构环形断裂控制,围岩为白垩纪姚家边旋回粗安斑岩
成矿物质来源	金属	来源于深部岩浆
成矿流体	岩浆水和大气水的混合水	
成矿物理化学条件	成矿温度 133～304℃,中偏低盐度(0.48%～7.39%),中偏酸、弱氧化环境	

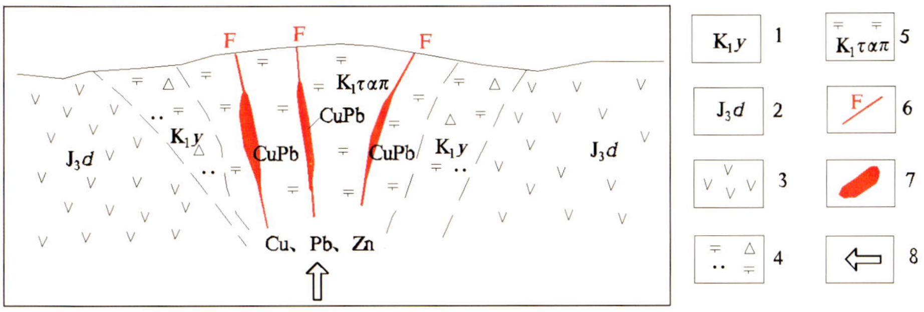

图 4-36　观山铜铅矿床成矿模式图

1. 下白垩统姚家边组;2. 上侏罗统大王山组;3. 粗安岩;4. 粗安质角砾凝灰熔岩;5. 燕山晚期粗安斑岩;6. 断裂;7. 铜铅矿体;8. 含矿热液运移方向

表 4-60　吴宅铅锌银矿床描述性模式

名称	江苏省吴宅式层控矽卡岩型铅锌银矿床	
基本特征	矿体产于逆掩断层上下盘石炭纪—二叠纪碳酸盐岩与石英斑岩接触带及附近围岩构造裂隙内。矿床成因类型属矽卡岩型铅锌矿和中低温热液充填交代型铅锌矿床，矿石工业类型以块状铅锌银矿石为主，次为锌铁矿石、铁矿石和黄铁矿矿石	
成矿时代	燕山早期	
资料来源	《苏州西部地区 1∶5 万区域地质矿产调查报告》(江苏省地质局第四地质大队，1981)； 《江苏省吴县东渚乡小茅山多金属矿区吴宅矿段铅锌银矿勘探地质报告》(江苏省地质矿产局第四地质大队，1989)	
地质背景	赋矿构造单元	下扬子陆块，太湖断块东部
	含矿地层	主要赋矿地层为石炭系黄龙组、船山组，二叠系龙潭组、长兴组
	岩矿结构(矿化部位)	矿体产于逆掩断层上下盘石炭纪—二叠纪碳酸盐岩与石英斑岩接触带及附近围岩构造裂隙内
伴生矿床	磁铁矿、银、黄铁矿	
矿床工业类型	铅锌银硫矿床	
矿体形态	矿体呈不规则透镜状、囊状	
矿物组合	矿石矿物主要为方铅矿、铁闪锌矿、磁铁矿、黄铁矿，次为赤铁矿、褐铁矿、黄铜矿、磁黄铁矿、闪锌矿、自然银等；脉石矿物主要为钙铁榴石、透辉石、钙铁辉石、绿帘石、矽灰岩、泥岩，次为钙铝榴石、斜长石、钾长石、黑云母、石英、绿泥石、绢云母、萤石、高岭石、磷灰石、重晶石等	
矿石结构构造	他形—半自形、自形细—中粒结构；块状、浸染状、稠密浸染状、细脉浸染状、团块状、条纹状等构造	
矿体结构	矿体平面上呈月牙状、扁豆状、似层状、透镜状，剖面上呈月牙状、不规则透镜状，矿体长短不一，倾向 136°～164°，倾角较陡。矿体连续性较好，沿倾向变薄尖灭，厚度变化大，中部品位比边缘要富	
容矿围岩	以石炭纪—二叠纪碳酸盐岩及矽卡岩、砂岩等为主要赋矿围岩	
围岩蚀变	主要有矽卡岩化、大理化、角岩化、绢英岩化、钾化、绿泥石化、石英岩化、碳酸盐化、萤石化	
矿化分带	矿带上部以铅、锌、银、硫矿体为主，矿带下部接触带或外带以锌铁矿、铁矿体为主，黄铁矿体一般赋存于矿体边缘和堰桥组泥砂岩中	
蚀变分带	绢云母、堇青石化带，黄铁矿化带，铅锌矿化带，堇青石化带和大理岩化矽卡岩化带，铁铅锌矿带、铁锌矿和铁矿带、含铁铅锌矿带，矽卡岩带、绢云母化石英斑岩带	
风化	地表见褐铁矿、铜蓝、蓝铜矿、孔雀石、辉铜矿、蓝辉铜矿	
地球物理标志	地磁以正异常为主，矿床位于磁异常范围内，且主矿体和异常高值范围相对应	
地球化学标志	原生晕成矿元素综合异常为 Pb、Zn、Ag、Cd、Cu 等；汞气测量在已知矿体上方均有明显反映，异常最高峰值为 314ηg/m^3，而矿体埋深在 50～300m 内，均有汞气异常，重现性好	

表 4-61　吴宅铅锌银矿床成因模式

名称	吴宅层控矽卡岩型铅锌矿床	
矿石成因类型	以接触交代矽卡岩型为主，少量小矿体为中低温热液充填交代型	
成矿期次	燕山早期	
同位素特征	硫同位素(‰)	$\delta^{34}S$：－4.6～6.54
	氢氧同位素(‰)	磁铁矿 $\delta^{18}O$：－6.33
成矿环境	区域成矿构造背景	位于下扬子陆块，太湖断块东部。断裂构造发育，有北东向逆掩断层、北北东向和北西向断层
	具体成矿环境	矿区经印支期—燕山期的构造变动和石英斑岩(花岗斑岩)等中酸性岩体的侵入活动，导致碳酸盐岩层遭受不同程度的变质作用而成矿。逆掩断层是矿区控岩控矿及储矿构造，矿体主要赋存在石英斑岩(花岗斑岩)与石炭系黄龙组、船山组；二叠系龙潭组、长兴组正接触带及碳酸盐岩的层间破碎构造中
成矿物质来源	金属	主要来自深部岩浆，部分来自围岩
成矿流体	以岩浆水为主的岩浆水和大气降水的混合水	
成矿物理化学条件	成矿温度 300℃左右，弱氧化环境	

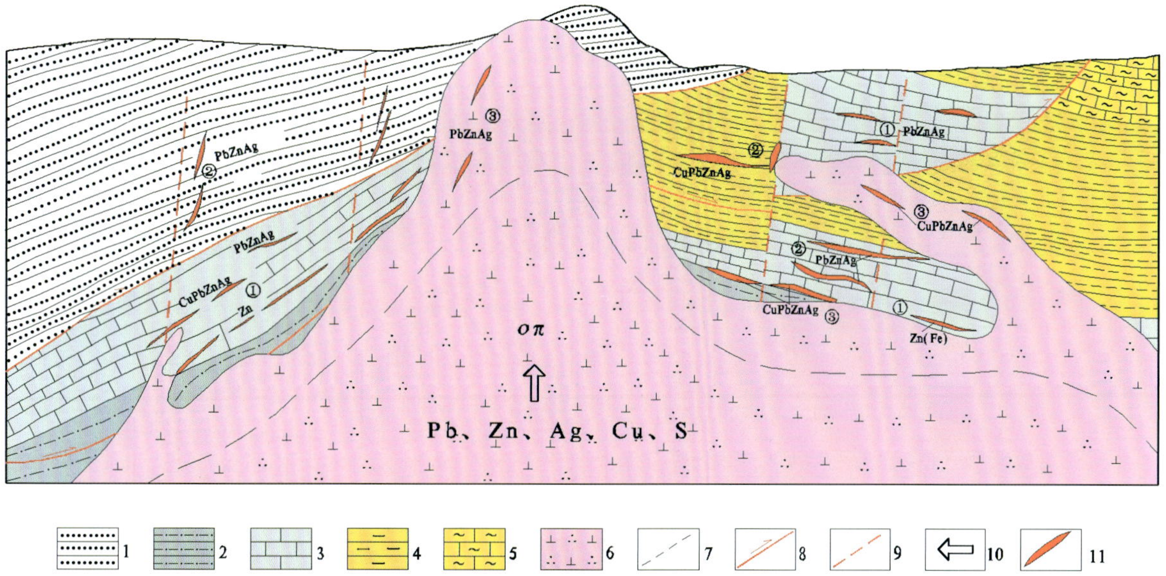

图 4-38　吴宅铅锌银矿床成矿模式图

1. 茅山组(S_2m)石英砂岩夹泥质粉砂岩；2. 高骊山组(C_1g)泥岩、砂岩；3. 黄龙组—栖霞组(C_2h—P_1q)碳酸盐岩；4. 堰桥组—龙潭组(P_1y—P_2l)粉砂岩夹泥岩；5. 长兴组—青龙组(P_3c—T_1q)碳酸盐岩；6. 石英斑岩；7. 岩体蚀变界线；8. 逆推断层；9. 控矿断裂；10. 含矿热液运移方向；11. 矿体：①矽卡岩型，②热液型，③斑岩型

第五节　金矿典型矿床及其成矿模式

一、江苏省溧水金驹山金矿床

1. 矿床特征

该矿床位于溧水中生代火山岩盆地观山火山机构西南部，区内出露地层为大王山组，岩性为粗安质火山碎屑岩及粗安岩，为金矿化主要赋矿层位。

矿区褶皱为一略向北东倾伏的舒缓向斜，断裂构造十分发育，其中，北西向、近东西向和北东东向断裂为主要控矿构造。与金矿化有关的次火山岩是燕山晚期侵入的粗安斑岩、正长斑岩。

矿区已发现的含金(碲)的黄铁矿石英蚀变破碎带与围岩(粗安岩)界线不清，以北西向为主，带长90～500m，宽0.1～4m，倾向南西，倾角65°～75°，其次为近东西向。破碎带在平面上呈雁行排列，多见尖灭再现、尖灭侧现现象，矿体呈脉状、透镜状，生于蚀变破碎带中。金矿化向脉中心富集，并与硅化渐强有关(图4-39)。

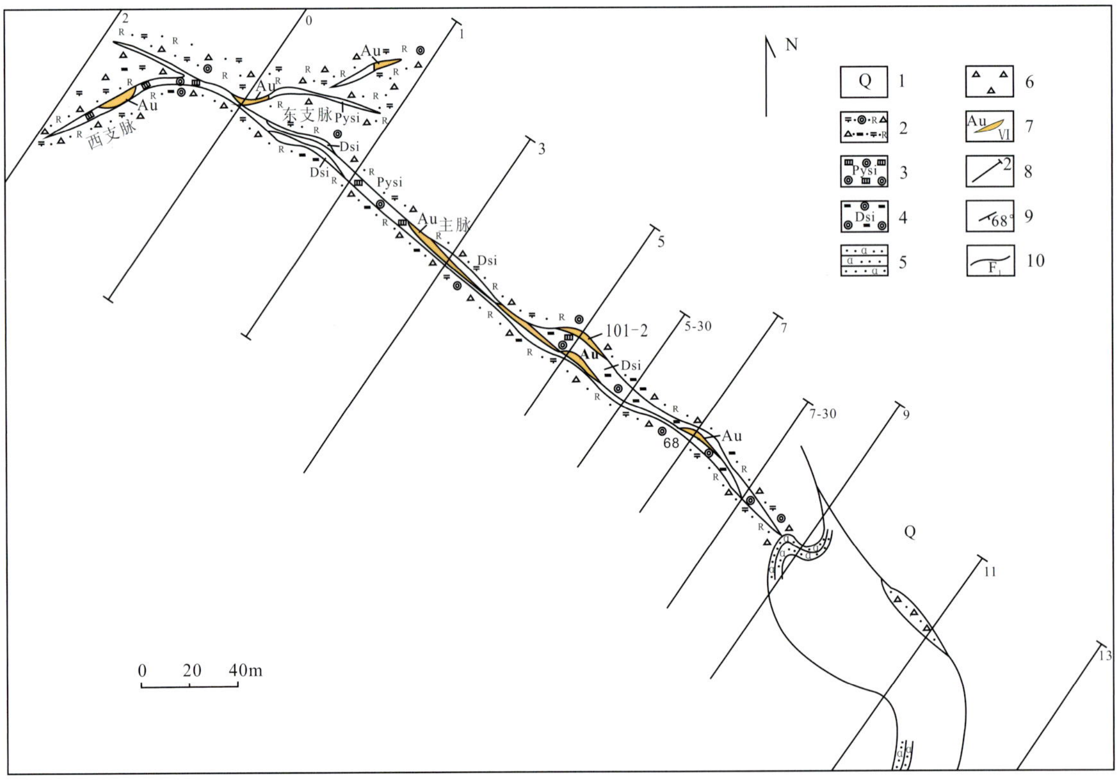

图4-39　溧水县金驹山金矿床101-2金矿(化)脉平面分布图

1. 第四系；2. 硅化、绢云母化粗安质角砾凝灰熔岩；3. 黄铁矿石英蚀变岩脉；4. 绢云母石英蚀变岩脉；5. 沉凝灰岩；6. 角砾凝灰岩；7. 金矿体及编号；8. 剖面线及编号；9. 产状；10. 断层及编号

碲金矿成矿作用可分5个阶段:面型黄铁矿化阶段;石英-黄铁矿阶段;石英-硫化物阶段,该阶段是金的主要成矿阶段;重晶石-黄铁矿阶段;石英-碳酸盐岩阶段。

热液蚀变可分早晚两期:早期伴随次火山侵入而发生的面型蚀变,为绢云母化、高岭土化、黄铁矿化等;晚期热液蚀变沿破碎带发育,带状分布,主要有硅化、黄铁矿化、重晶石化和碳酸盐化等,金矿化和晚期热液蚀变有关,尤其与硅化、黄铁矿化关系密切。矿石类型为黄铁矿石英型和黄铁矿石英重晶石型,星点状、浸染状构造。矿石矿物:主要为自然金、碲金矿,次要为银金矿、黄铁矿、碲金银矿、黄铜矿等;脉石矿物主要为石英、重晶石,次要为菱铁矿、方解石、绢云母等。

根据包体测试资料,金驹山金矿成矿温度为200℃左右,成矿溶液盐度偏低,中偏酸(pH值6.2~6.3),弱氧化—弱还原环境。据同位素分析,硫主要来自上地幔,成矿热液的水为岩浆水和大气降水的混合水,该矿床成因类型为中低温火山热液型金(碲)矿。

2. 成矿要素

江苏省溧水金驹山金矿床成矿要素总结见表4-62。

表4-62　江苏省金驹山陆相火山岩型金矿成矿要素一览表

<table>
<tr><td colspan="2">成矿要素</td><td colspan="4">描述内容</td><td rowspan="3">成矿要素分类</td></tr>
<tr><td colspan="2">储量</td><td>金金属量:269.62kg</td><td>平均品位</td><td colspan="2">Au:3.25×10⁻⁶</td></tr>
<tr><td colspan="2">特征描述</td><td colspan="4">位于溧水中生代火山岩断陷盆地东南边缘。矿床成因类型是晚侏罗世—早白垩世中偏碱性火山岩有关的裂隙充填式中低温热液硫化物-石英蚀变岩型金矿床</td></tr>
<tr><td rowspan="6">地质环境</td><td>地层</td><td colspan="4">上侏罗统大王山组、下白垩统姚家边组火山岩</td><td>重要</td></tr>
<tr><td>岩浆岩</td><td colspan="4">主要为白垩纪姚家边旋回粗安斑岩、正长斑岩等次火山岩体</td><td>必要</td></tr>
<tr><td>岩石结构</td><td colspan="4">斑状结构</td><td>次要</td></tr>
<tr><td>成矿时代</td><td colspan="4">燕山晚期</td><td>重要</td></tr>
<tr><td>成矿环境</td><td colspan="4">矿体受断裂构造控制,赋存在次火山岩顶部及其周围的火山碎屑岩破碎带中,与侵入于大王山组地层中的浅成—超浅成脉状或岩床状粗安斑岩关系密切</td><td>必要</td></tr>
<tr><td>构造背景</td><td colspan="4">溧水中生代火山岩断陷盆地东南边缘。控矿构造主要以北西向构造为主,次为近东西向,北东东向断裂</td><td>必要</td></tr>
<tr><td rowspan="5">矿床特征</td><td>矿物组合</td><td colspan="4">矿石矿物:主要为自然金,碲金矿,次要为银金矿、黄铁矿、碲金银矿、黄铜矿等;脉石矿物主要为石英、重晶石,次要为菱铁矿、方解石、绢云母等</td><td>重要</td></tr>
<tr><td>结构</td><td colspan="4">他形—自形粒状结构,其次为嵌晶结构,填隙结构和滴状结构,局部交代结构</td><td>次要</td></tr>
<tr><td>构造</td><td colspan="4">以稀疏浸染状构造、稠密浸染状构造为主,次为细脉浸染状构造</td><td>次要</td></tr>
<tr><td>蚀变</td><td colspan="4">主要是黄铁矿化、硅化、碳酸盐化、绢云母化</td><td>重要</td></tr>
<tr><td>控矿条件</td><td colspan="4">位于溧水中生代火山岩断陷盆地东南缘。矿体主要受北西向构造控制,次为近东西向,北东东向,赋存在大王山组钙碱性次火山岩顶部及其周围的火山碎屑岩破碎带中,与侵入于大王山组地层中的浅成—超浅成脉状或岩床状次火山岩-粗安斑岩有关</td><td>必要</td></tr>
</table>

3. 成矿模式

描述性模式见表4-63,成因模式见表4-64及图4-40。

表 4-63 金驹山金矿床描述性模式

名称	江苏省金驹山陆相火山岩型金矿床	
基本特征	位于溧水中生代火山岩断陷盆地东南边缘。矿床成因类型是与晚侏罗世—早白垩世中偏碱性火山岩有关的裂隙充填式中低温热液硫化物-石英蚀变岩型金矿床	
成矿时代	燕山晚期	
资料来源	《江苏省溧水县金驹山金矿区 101-2 号脉详细普查地质报告》(江苏省地质矿产局第二地质大队,1984)	
地质背景	赋矿构造单元	下扬子陆块,溧水火山断陷盆地
	含矿地层	上侏罗统大王山组、下白垩统姚家边组火山岩
	岩矿结构(矿化部位)	矿体受断裂构造控制,赋存在次火山岩顶部及其周围的火山碎屑岩破碎带中,与侵入于大王山组地层中的浅成—超浅成脉状或岩床状粗安斑岩关系密切。控矿构造主要以北西向构造为主,次为近东西向,北东东向断裂
伴生矿床	碲	
矿床工业类型	金矿	
矿体形态	脉状、透镜状	
矿物组合	矿石矿物:主要为自然金、碲金矿,次要为银金矿、黄铁矿、碲金银矿、黄铜矿等;脉石矿物主要为石英、重晶石,次要为菱铁矿、方解石、绢云母等	
矿石结构	他形—自形粒状结构,其次为嵌晶结构,填隙结构和滴状结构,局部交代结构。稀疏浸染状构造,稠密浸染状构造为主,次为细脉浸染状构造	
矿体结构	不规则脉状	
围岩	侏罗系大王山组粗安岩、粗安质角砾凝灰熔岩,粗安质火山碎屑岩,次火山岩-粗安斑岩	
围岩蚀变	主要是黄铁矿化、硅化、碳酸盐化、绢云母化	
矿化分带	不明显	
蚀变分带	不明显	
风化	地表见褐铁矿、铁帽	
地球物理标志	区内地磁全部为正异常,场值范围 20~520nT 无负异常伴生,区内北部有 1 处明显正异常带,呈东西方向展布,异常带内有 2 处峰值,场值均为 520nT 电阻率为高阻异常,其变化范围 ρ_s 为 1108~2649Ωm,平均 1721Ωm	
地球化学标志	次生晕 Au、Cu、Ag、As、Sb、Bi、Hg、Zn 等元素综合异常	

表 4-64 金驹山金矿床成因模式

名称	江苏省金驹山次火山热液充填交代型金矿床	
矿石成因类型	热液充填	
成矿期次	热液期	
同位素特征	硫同位素(‰)	$\delta^{34}S$:0.8~3.8
	氢氧同位素(‰)	石英 $\delta^{18}O$:12.51~13.22
成矿环境	区域成矿构造背景	下扬子陆块,溧水火山断陷盆地观山火山机构西南部
	具体成矿环境	矿体受断裂构造控制,赋存在次火山岩顶部及其周围的火山碎屑岩破碎带中,与侵入于大王山组火山岩地层中的浅成—超浅成脉状或岩床状粗安斑岩关系密切。控矿构造主要以北西向构造为主,次为近东西向,北东东向断裂
成矿物质来源	金属	岩浆源
成矿流体	以岩浆水为主的岩浆水和大气降水的混合水	
成矿物理化学条件	成矿温度 150~250℃,中偏酸、弱氧化—弱还原环境	

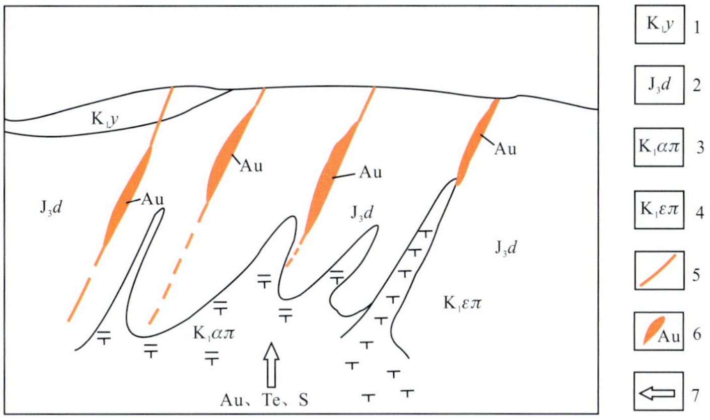

图 4-40　江苏省金驹山金矿成矿模式图

1. 下白垩统姚家边组粗安质火山碎屑岩；2. 上侏罗统大王山组粗安岩；3. 燕山晚期粗安斑岩；4. 正长斑岩；5. 断裂破碎带；6. 金矿体；7. 含矿热液运移方向

二、江苏省南京市燕子口金矿床

1. 矿床特征

该矿床位于溧水火山岩盆地西部基底隆起区，出露地层为中侏罗世陡山组含砾粗粒石英砂岩、中粒石英砂岩、细粒石英砂岩、粉砂质泥岩、泥质粉砂岩。燕山中晚期次火山岩体-石英闪长玢岩、闪长玢岩呈岩脉、岩枝状分布。近东西向、北西向和北东向断裂发育，其中近东西向断裂破碎带为主要控矿容矿断裂构造。金矿化体分布在石英闪长玢岩、闪长玢岩岩体的边缘附近断裂破碎带中，围岩为中侏罗世陡山组石英砂岩（图 4-41）。金矿脉平面上形成长条状，各脉长短不一，倾角较陡，一般在 80°左右，厚度、品位变化大，矿化不均匀。工业矿体不连续。部分较大矿脉有膨大收缩、尖灭再现、分支复合等现象，剖面上呈脉状。

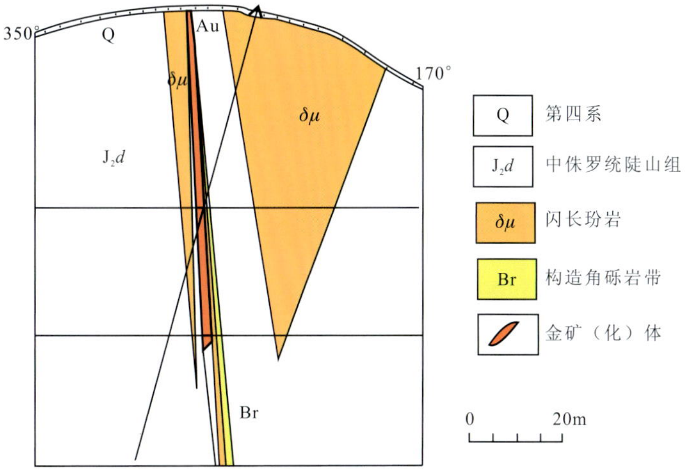

图 4-41　燕子口金矿某线地质剖面图

矿石矿物主要为褐铁矿、自然金，其次为赤铁矿、磁铁矿、黄铁矿、黄铜矿、方铅矿、闪锌矿、自然银。脉石矿物以石英为主，绢云母、白云石次之，方解石、绿帘石微量。矿石结构构造：以他形晶粒状结构、交代假象结构为主，次为交代残留结构、包含结构、聚粒状结构、碎裂结构；以稀疏浸染状构造、稠密浸染状构造为主，次为块状构造、细脉浸染状构造。

蚀变主要有褐铁矿化、赤铁矿化、黄铁矿化、硅化、次生石英岩化、绿帘石化、石榴石化、碳酸盐化、绢云母化、泥化、高岭土化；黄铁矿化（褐铁矿化）与自然金的关系较密切。矿床成因类型属中—低温热液破碎蚀变岩型金矿。

2. 成矿要素

江苏省南京市燕子口金矿床成矿要素总结见表 4 - 65。

表 4 - 65　江苏省燕子口破碎蚀变岩型金矿成矿要素一览表

成矿要素		描述内容	成矿要素分类
特征描述		矿化带、矿床均受溧水火山岩盆地西部基底隆起区的断裂控制，矿体产于近东西向断裂构造破碎带中，矿床成因类型属中—低温热液型，工业类型为脉状、透镜状金矿床	
地质环境	地层	中侏罗统陡山组含砾粗粒石英砂岩、中粒石英砂岩、细粒石英砂岩、粉砂质泥岩、泥质粉砂岩	重要
	岩浆岩	燕山中晚期次火山岩体——石英闪长玢岩、闪长玢岩	必要
	岩石结构	斑状结构	次要
	成矿时代	燕山中晚期	重要
	成矿环境	矿床位于溧水火山岩盆地西部基底隆起区，矿体分布在石英闪长玢岩、闪长玢岩岩体的边缘附近断裂破碎带中，围岩为中侏罗统陡山组石英砂岩	必要
	构造背景	位于溧水火山岩盆地西部基底隆起区，大魏庄火山活动中心的西南侧，横溪-大魏庄近东西向断裂喷发带的南侧，博望-桑园蒲倾伏背斜的北西翼。近东西向、北西向和北东向断裂发育	重要
矿床特征	矿物组合	矿石矿物主要为褐铁矿、自然金，其次为赤铁矿、磁铁矿、黄铁矿、黄铜矿、方铅矿、闪锌矿、自然银；脉石矿物以石英为主，绢云母、白云石次之，方解石、绿帘石微量	重要
	结构	以他形晶粒状结构、交代假象结构为主，次为交代残留结构、包含结构、聚粒状结构、碎裂结构	次要
	构造	以稀疏浸染状构造、稠密浸染状构造为主，次为块状构造、细脉浸染状构造	次要
	蚀变	主要有褐铁矿化、赤铁矿化、黄铁矿化、硅化、次生石英岩化、绿帘石化、石榴石化、碳酸盐化、绢云母化、泥化、高岭土化；褐铁矿与自然金的关系较密切	重要
	控矿条件	发育于溧水中生代火山岩断陷盆地西部基底隆起区，侵入岩体旁侧的张扭性断裂是主要控矿构造，矿体均产于断裂构造破碎带中。围岩为侏罗纪陡山组石英砂岩，侵入岩（次火山岩）为石英闪长玢岩、闪长玢岩与成矿关系密切	必要

3. 成矿模式

描述性模式见表 4 - 66，成因模式见表 4 - 67 及图 4 - 42。

表 4-66 燕子口金矿床描述性模式

名称	江苏省燕子口破碎蚀变岩型脉状金矿床	
基本特征	矿化带、矿床均受溧水火山岩盆地西部基底隆起区的断裂控制，矿体产于近东西向断裂构造破碎带中，矿床成因类型属中—低温热液充填破碎蚀变岩型，工业类型为脉状、透镜状金矿床	
成矿时代	燕山中晚期	
资料来源	《江苏省南京市江宁区燕子口金矿区普查地质报告》(江苏省地质调查研究院，2009)	
地质背景	赋矿构造单元	下扬子陆块溧水火山断陷盆地西部基底隆起区
	含矿地层	中侏罗统陡山组
	岩矿结构(矿化部位)	侵入岩体旁侧的张扭性断裂是主要控矿构造，矿体均产于断裂构造破碎带中。围岩为侏罗系陡山组石英砂岩，侵入岩(次火山岩)为石英闪长玢岩、闪长玢岩与成矿关系密切
矿床工业类型	金矿床	
矿体形态	脉状、透镜状	
矿物组合	矿石矿物主要为褐铁矿、自然金，其次为赤铁矿、磁铁矿、黄铁矿、黄铜矿、方铅矿、闪锌矿、自然银；脉石矿物以石英为主，绢云母、白云石次之，方解石、绿帘石微量	
矿石结构	以他形晶粒状结构、交代假象结构为主，次为交代残留结构、包含结构、聚粒状结构、碎裂结构；以稀疏浸染状构造、稠密浸染状构造为主，次为块状构造、细脉浸染状构造	
矿体结构	矿脉平面上形成长条形，各脉长短不一，倾角较陡，厚度、品位变化大，矿化不均匀。工业矿体不连续。部分较大矿脉有膨大收缩、尖灭再现、分支复合等现象，剖面上呈脉状	
围岩	围岩为侏罗系陡山组石英砂岩	
围岩蚀变	主要有褐铁矿化、赤铁矿化、黄铁矿化、硅化、次生石英岩化、绿帘石化、石榴石化、碳酸盐化、绢云母化、泥化、高岭土化	
风化	地表为褐铁矿铁帽	
地球物理标志	重力异常的梯级带上，等值线近东西向或北西西向扭曲。区内航磁异常由西北向东南，场值逐渐升高，由-50nT 变化到 520nT，无局部圈闭异常，等值线稀疏，北东向展布	
地球化学标志	1∶1 万地球化学土壤金属量测量，Au 元素取值 5×10^{-9} 作为圈定异常时的异常下限值，圈定 14 个异常，金矿体与金异常高峰值扣合较好	

表 4-67 燕子口金矿床成因模式

名称	燕子口破碎蚀变岩型金矿床	
矿石成因类型	热液充填交代	
成矿期次	热液期—表生期	
成矿环境	区域成矿构造背景	溧水火山岩盆地西部基底隆起区，大魏庄火山活动中心的西南侧，横溪-大魏庄近东西向断裂喷发带的南侧，博望-桑园蒲倾伏背斜的北西翼。近东西向、北西向和北东向断裂发育
	具体成矿环境	侵入岩体旁侧的张扭性断裂是主要控矿构造，矿体均产于断裂构造破碎带中。围岩为侏罗系陡山组石英砂岩，侵入岩(次火山岩)为石英闪长玢岩、闪长玢岩，与成矿关系密切
成矿物质来源	金属	岩浆源
成矿流体	以岩浆水为主的岩浆水和大气降水的混合水	
成矿物理化学条件	成矿温度 150～250℃，弱氧化—弱还原环境	

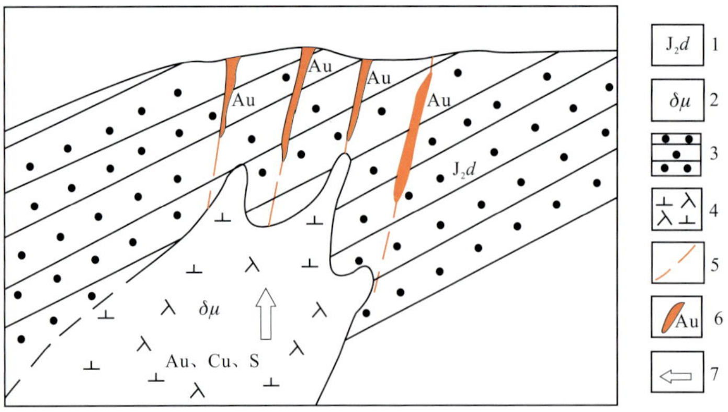

图 4－42　燕子口金矿成矿模式图

1. 中侏罗统陡山组；2. 燕山中晚期闪长玢岩；3. 石英砂岩；4. 闪长玢岩；
5. 断裂破碎带；6. 金矿（化）脉；7. 含矿热液运移方向

三、江苏省南京市汤山金矿床

1. 矿床特征

该矿区位于宁镇断隆东南缘汤仑复背斜西部。矿体受近东西向汤短轴背斜翼部的环状断裂破碎带控制，该环状断裂发育于奥陶系红花园组与汤头组之间（图 4－43）。已知矿体呈透镜状、条带状，一般

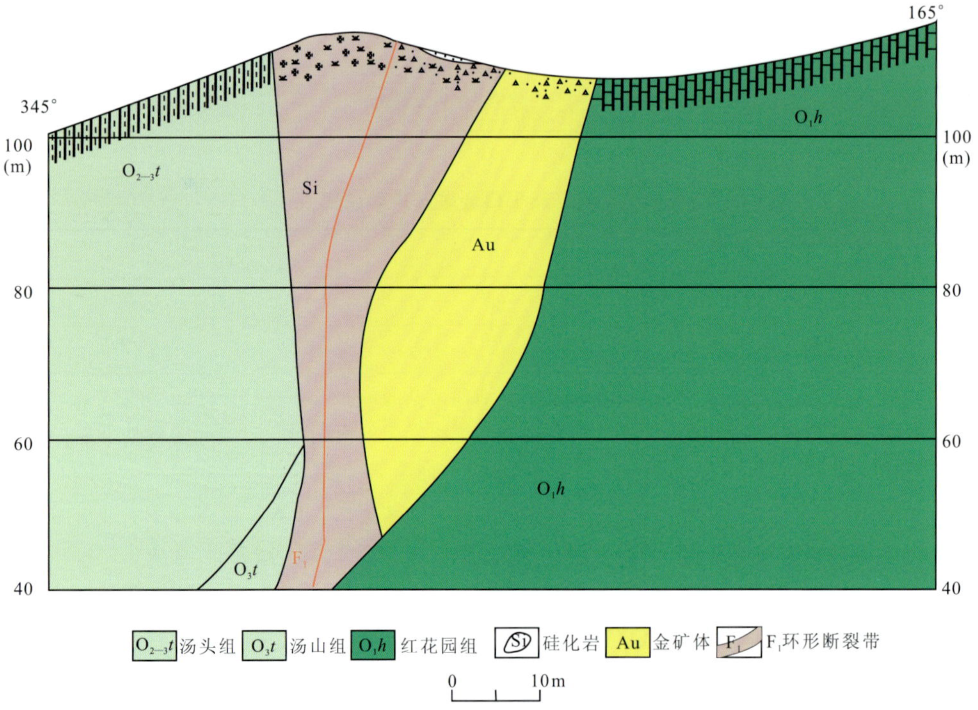

图 4－43　汤山金矿床地质剖面图

长49～144m，最长的矿体达584m，延伸30～103m，厚0.83～24.58m，矿化带呈近东西向展布。矿石类型以泥状角砾岩型为主，硅化岩型次之，矿石结构以微细粒结构，显微压碎结构及胶状结构为主；矿石构造有浸染状、角砾状、网脉状、蜂窝状等。矿石除含少量自然金粒外，金大部分呈显微胶粒分散状赋存于水云母黏土矿物及褐铁矿中。金矿品位一般(1.04～2.77)$\times 10^{-6}$，自然金中含Au 89.64%、Ag 6.43%。

近矿围岩蚀变常有硅化、次生石英岩化、大理岩化、褐铁矿化、黄铁矿化、萤石化、重晶石化、泥化等一套中低温热液蚀变组合。矿床达小型矿床规模。矿床类型属中低温热液-岩溶淋积微细浸染型(卡林型)金矿床。

2. 成矿要素

江苏省南京市汤山金矿床成矿要素总结见表4-68。

表4-68 江苏省汤山微细浸染型(卡林型)金矿床成矿要素一览表

成矿要素		描述内容			成矿要素分类
资源储量		金金属量：1464.23kg	平均品位	Au：2.18×10^{-6}	
特征描述		矿体主要赋存红花园组至汤头组间的环形断裂(F_1)破碎带中，并严格受断裂控制，矿床成因类型属中低温热液-岩溶淋积微细浸染型矿床，即卡林型金矿			
地质环境	地层	下奥陶统红花园组碳酸盐岩为主要赋矿围岩			必要
	岩浆岩	矿区深部及外围有闪长玢岩体分布，为成矿提供了热源及主要含矿流体			重要
	成矿时代	燕山晚期			重要
	成矿环境	受闪长玢岩的侵入影响，含矿热液沿断裂带上升，产生金矿化和硅化蚀变，以后长期受岩溶和风化淋滤作用，使地表断裂的宽度明显增大，形成断层角砾岩和岩溶产物混合而成的泥状角砾岩，同时浅部早先形成的金矿(化)体进一步富集，形成工业矿体			必要
	构造背景	位于宁镇断隆之汤仑复背斜弧形弯曲转折处的汤山短轴背斜。断裂构造发育，有环形断裂带、近南北向张性断裂、北西向和北东向扭性断裂、放射状断裂和隐伏断裂。其中环形断裂带为矿区主要控矿容矿构造			重要
矿床特征	矿物组合	矿石矿物主要为自然金，次为黄铁矿、辰砂、褐铁矿、方铅矿、闪锌矿、黄铜矿、黝铜矿、赤铁矿等；脉石矿物主要为水云母、蒙脱石、石英，次为高岭石、方解石、辰砂、重晶石、方解石			重要
	结构	微细粒、自形晶、半自形晶、压碎及胶状结构			次要
	构造	浸染状、角砾状、网脉状及蜂窝状构造			次要
	蚀变	主要有硅化、次生石英岩化、褐铁矿化、黄铁矿化、赤铁矿化、重晶石化、萤石化、泥化、大理岩化			重要
	控矿条件	红花园组灰岩与汤头组泥灰岩中金背景值较高，比宁镇地区灰岩的背景含量高6倍多，为后期金的富集提供部分来源；环形断裂带为深部含金热液上升提供了通道和容矿的空间，岩溶作用及地下热水的循流促进了金的进一步富集成矿			必要

3. 成矿模式

描述性模式见表4-69，成因模式见表4-70及图4-44。

表 4-69　汤山金矿床描述性模式

名称	江苏省汤山微细浸染型(卡林型)金矿床	
基本特征	矿体主要赋存红花园组—汤头组间的环形断裂(F_1)破碎带中,并严格受断裂控制,矿床成因类型属中低温热液-岩溶淋积微细浸染型矿床,即卡林型金矿	
成矿时代	燕山晚期	
资料来源	《江苏省江宁县汤山矿区金矿普查评价报告》(江苏省地质矿产局第一地质大队,1988.10); 《江苏省江宁县汤山金矿区黄栗墅矿段生产性地质勘探报告》(江苏省地质矿产局第一地质大队,1998)	
地质背景	赋矿构造单元	下扬子陆块宁镇断隆
	含矿地层	下奥陶统红花园组(灰岩)—中上奥陶统汤头组(泥灰岩)之间的环状断裂破碎带
	岩矿结构(矿化部位)	矿体产于环形断裂 F_1 破碎带中,由 17 个金矿体组成。除 3 号矿体产于 F_1 下盘以外,其余矿体均赋存于断裂带的泥状角砾岩及硅化岩中
矿床工业类型	金矿床	
矿体形态	透镜状、条带状	
矿物组合	矿石矿物主要为自然金,次为黄铁矿、辰砂、褐铁矿、方铅矿、闪锌矿、黄铜矿、赤铁矿等;脉石矿物主要为水云母、蒙脱石、石英,次为高岭石、方解石、辰砂、重晶石、方解石	
矿石结构	自形晶结构、半自形晶结构、微细粒结构、压碎结构及胶状结构;浸染状构造、角砾状构造、网脉状构造及蜂窝状构造	
矿体结构	矿体走向上呈透镜体或条带状,倾向上呈上大下小的楔形或透镜体,矿体长短不一,产状与环形断裂(F_1)破碎带一致,倾向外侧,倾角较陡,矿体厚度变化大,品位较均匀	
容矿围岩	下奥陶统红花园组碳酸盐岩为主要赋矿地层,岩性为白云质灰岩、泥灰岩、硅化岩、泥状角砾岩等	
围岩蚀变	主要有硅化、次生石英岩化、褐铁矿化、黄铁矿化、赤铁矿化、重晶石化、萤石化、泥化	
矿化分带	单一金矿(化)体,无分带性	
蚀变分带	不明显	
风化	矿体在地表为硅化岩金矿石或泥状角砾岩金矿石,因风化淋积,沿构造破碎带内矿石呈土状	
地球物理标志	磁法:在新建村西南有一低缓航磁异常,呈椭圆形,长轴北东向,认为是中酸性侵入体所致;汤山南、北均有 10 余个小磁异常,零散分布于闪长玢岩接触带和硅化带上。 激电:对钻孔视电阻率测定,可知断裂破碎带视电阻率比围岩高	
地球化学标志	1∶5 万土壤地球化学测量 Au、Sb、As、Pb、Ag 异常,呈北东东向长条状展布;1∶1 万原生晕 Au、Sb、As、Pb、Ag 异常;次生晕 Au、Sb、As、Pb、Ag、Zn、Cu 元素组合异常,Au、Sb、As 浓度高	

表 4-70　汤山金矿床成因模式

名称	江苏省汤山微细浸染型(卡林型)金矿床	
矿石成因类型	热液交代充填、岩溶淋积	
成矿期次	热液期—表生期	
同位素特征	氧同位素	$\delta^{18}O$:16.74‰～18.52‰
成矿环境	区域成矿构造背景	位于下扬子陆块宁镇断隆,汤仑复背斜弧形弯曲转折处的汤山短轴背斜。断裂构造发育,有环形断裂带、近南北向张性断裂、北西向和北东向扭性断裂、放射状断裂和隐伏断裂
	具体成矿环境	矿体产于下奥陶统红花园组(灰岩)—中上奥陶统汤头组(泥灰岩)之间的环状断裂破碎带内,矿体主要为含金泥状角砾岩和硅化岩,围岩为奥陶系红花园组白云质灰岩、泥灰岩等

续表 4－70

成矿物质来源	金属	主要来自岩浆，部分来自下奥陶统红花园组碳酸盐岩
	络合物等	热水溶液中不断加入天水，通过红花园组灰岩时，与之进行组分交换，金以$[AuS]^-$、$Au(S_2O_3)_2^{3-}$等络阴离子的形式被溶解活化
成矿流体	岩浆水和地层水、大气降水的混合体	
成矿物理化学条件	岩浆侵入，提供热源，热水溶液加天水，产生金络阴离子，形成上升的含矿热液，由于热量的散失及溶液中pH值和氧化还原电位的变化，金络合物被破坏，沿断裂带金自溶液中沉淀下来成矿；由于岩溶和风化淋滤作用，形成含金胶粒溶液迁移，当氧化带介质条件改变，金胶粒发生凝聚作用而沉淀，被黏土矿物或胶状褐铁矿等吸附，形成浅部金的二次富集成矿；对方解石的均一法包体测温为110～258℃	

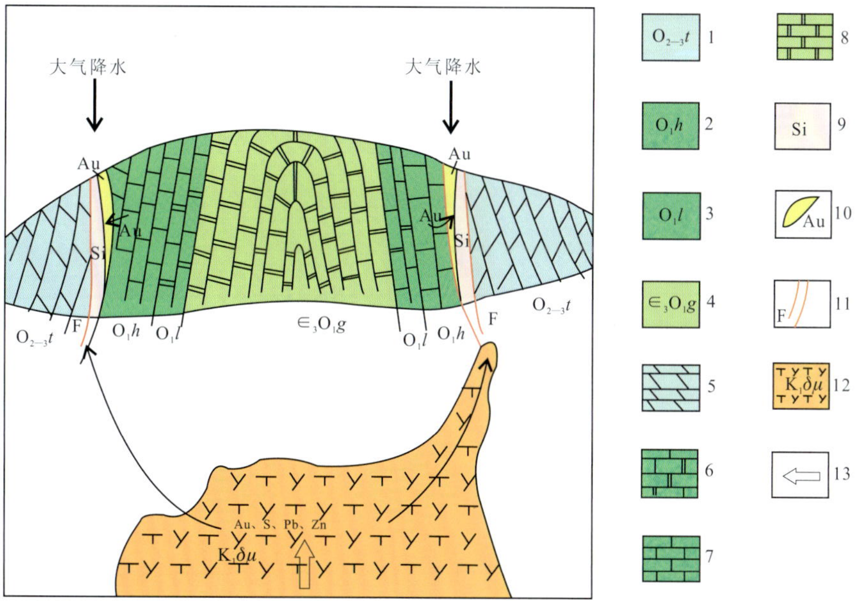

图 4－44　汤山金矿床成矿模式图

1. 中上奥陶统汤头组；2. 下奥陶统红花园组；3. 下奥陶统仑山组；4. 上寒武统下奥陶统观音台组；5. 泥灰岩；6. 白云质灰岩；7. 灰岩；8. 白云岩；9. 硅化岩；10. 金矿体；11. 断裂带；12. 闪长玢岩（燕山晚期）；13. 含矿热液运移方向

四、江苏省南京市平山头金矿床

1. 矿床特征

该矿床位于宁镇断隆西端，栖霞山复式倒转背斜的南翼。矿区所见地层分上、下 2 个构造层。下构造层为志留纪—三叠纪的海相、海陆交互相和陆相的碳酸盐岩和碎屑沉积岩；上构造层为侏罗纪陆相碎屑沉积岩和陆相火山碎屑岩。二者呈高角度不整合接触。石炭系高骊山组粉砂岩，黄龙组含白云质灰岩、粗晶灰岩为主要赋矿地层，其次是二叠系栖霞组灰岩、侏罗系象山群砂岩。区内构造主要是栖霞山复式倒转背斜和北东东向纵向断裂、北西向横断裂，以及上、下构造层间的断碎不整合面。矿区内未见岩浆岩。围岩蚀变主要有硅化、碳酸盐化、锰矿化和褐铁矿化。

金银矿体主要分布在复式倒转背斜南翼，受构造、层位、岩性、岩相控制。五通组、高骊山组砂岩与黄龙组灰岩之间的北东东向纵向断裂是主要控矿构造，具多期活动性和先压后张特征，其次为上、下构造层间的断碎不整合面，以及横向断裂构造、石炭系高骊山组与黄龙组层间破碎裂隙。矿体顶板为石炭系高骊山组砂岩，底部为黄龙组及二叠系栖霞组灰岩。在剖面上呈似层状，平面上呈串珠状、大透镜状。矿体走向长 700 余米，倾向延伸 30～312.5m，矿体厚 1～52.5m，平均厚 7.34m。矿石品位：Ag 为 $(51.5\sim1167)\times10^{-6}$，平均品位 236.51×10^{-6}；Au 为 $(1.17\sim34.40)\times10^{-6}$，平均品位 2.36×10^{-6}。

金属氧化物以褐铁矿为主，其次为软锰矿、白铅矿等；金属硫化物以黄铁矿为主，其次为方铅矿、闪锌矿、黄铜矿等；银金矿物有自然银、辉银矿、自然金等。脉石矿物主要为石英、重晶石、黏土，其次为明矾石、方解石、高岭石、水云母等。矿石结构有交代残余结构、粒状结构、固溶体分离结构；矿石构造以角砾状构造、土状构造、蜂窝状构造为主，其次为块状构造、浸染状构造、脉状构造。矿床成因类型属氧化次生富集作用形成的铁锰帽型（风化淋滤）银金矿床。

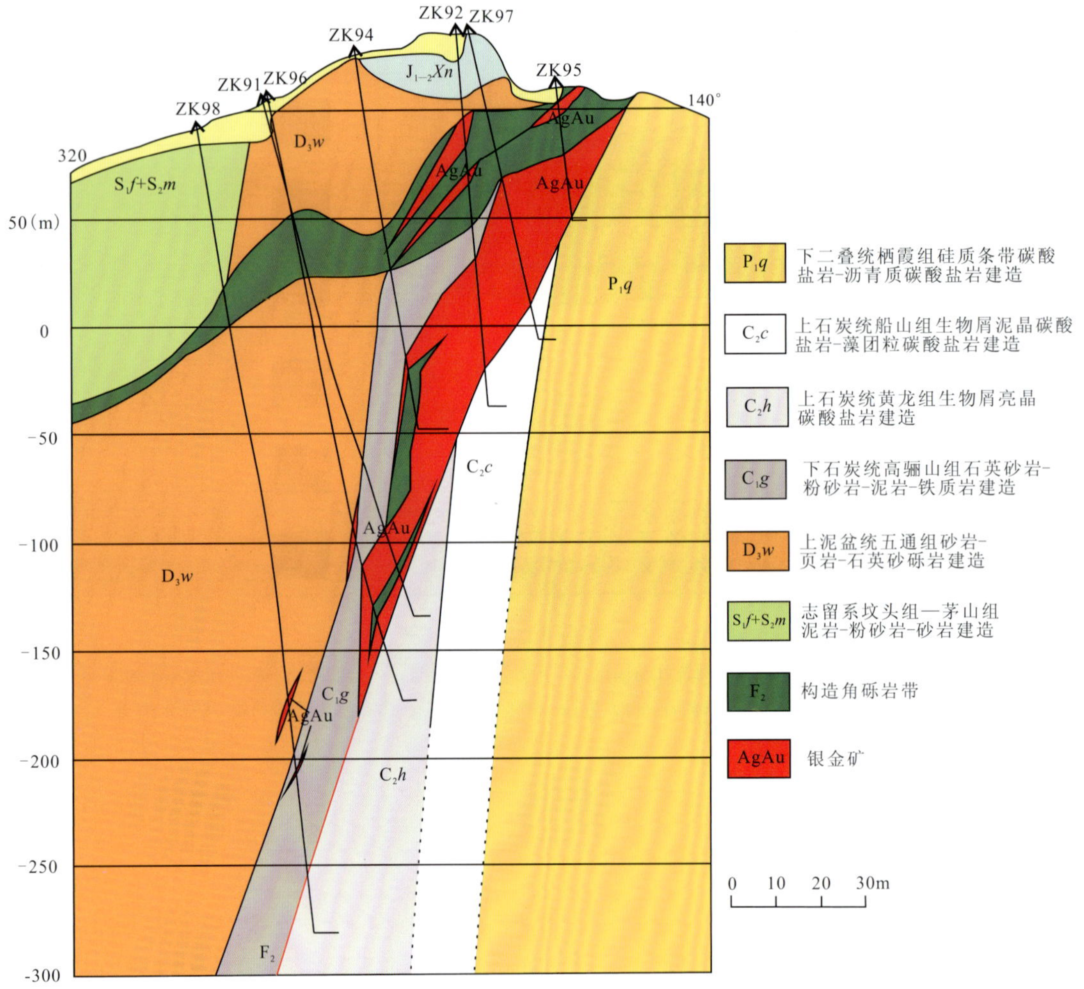

图 4－45　江苏省南京平山头银金矿床地质剖面图

2. 成矿要素

江苏省南京市平山头金矿床成矿要素总结见表 4－71。

表 4-71 江苏省平山头新桥式铁矿帽型银金矿床成矿要素一览表

<table>
<tr><td colspan="2">成矿要素</td><td colspan="3">描述内容</td><td rowspan="3">成矿要素分类</td></tr>
<tr><td colspan="2">资源储量</td><td>Ag:428 348.2kg,Au:4873.3kg</td><td>平均品位</td><td>Ag:235.63×10^{-6},Au:2.5×10^{-6}</td></tr>
<tr><td colspan="2">特征描述</td><td colspan="3">在富银、金铅锌矿的基础上,经表生氧化作用和次生富集而成的铁锰帽型银金矿。深部多赋存有铅锌银硫化物矿体。矿体主要赋存在北东东纵向断裂中,其次为上、下构造层间的断碎不整合面、横向断裂带,以及石炭系高骊山组、黄龙组层间破碎带中</td></tr>
<tr><td rowspan="5">地质环境</td><td>地层</td><td colspan="3">分上、下 2 个构造层,下构造层为志留纪—二叠纪的海相、海陆交互相和陆相的碳酸盐岩和碎屑沉积岩;上构造层为侏罗纪陆相碎屑沉积岩和陆相火山碎屑岩。上石炭统高骊山组砂岩、中石炭统黄龙组灰岩是主要成矿围岩</td><td>必要</td></tr>
<tr><td>岩浆岩</td><td colspan="3">矿区内未见岩浆岩</td><td>重要</td></tr>
<tr><td>成矿时代</td><td colspan="3">喜马拉雅期</td><td>重要</td></tr>
<tr><td>成矿环境</td><td colspan="3">赋存于北东东向纵向断裂(发生在五通组、高骊山组砂岩与黄龙组灰岩之间)、北西向横断裂,以及上、下构造层间的断碎不整合面中的富银、金铅锌硫化物,经表生氧化作用和次生富集成矿</td><td>必要</td></tr>
<tr><td>构造背景</td><td colspan="3">位于下扬子陆块北东部,宁镇断隆西端,栖霞山复式倒转背斜的南翼。发育有北东东向纵向断裂(发生在五通组、高骊山组砂岩与黄龙组灰岩之间)、北西向横断裂,以及上、下构造层间的断碎不整合面</td><td>重要</td></tr>
<tr><td rowspan="5">矿床特征</td><td>矿物组合</td><td colspan="3">金属氧化物以褐铁矿为主,其次为软锰矿、白铅矿等;金属硫化物以黄铁矿为主,其次为方铅矿、闪锌矿、黄铜矿等;银金矿物有自然银、辉银矿、自然金等。脉石矿物主要为石英、重晶石、黏土,其次为明矾石、方解石、高岭石、水云母等</td><td>重要</td></tr>
<tr><td>结构</td><td colspan="3">交代残余结构、粒状结构、脉状结构、固溶体分离结构</td><td>次要</td></tr>
<tr><td>构造</td><td colspan="3">以角砾状构造、土状构造、蜂窝状构造为主,其次为块状构造、浸染状构造、脉状构造</td><td>次要</td></tr>
<tr><td>蚀变</td><td colspan="3">主要有硅化、褐铁矿化</td><td>重要</td></tr>
<tr><td>控矿条件</td><td colspan="3">五通组、高骊山组砂岩与黄龙组灰岩之间的北东东向纵向断裂是主要控矿构造,具多期活动性和先压后张特征,其次为上、下构造层间的断碎不整合面,以及横向断裂构造。石炭系高骊山组、黄龙组以及侏罗系象山群为主要赋矿地层</td><td>必要</td></tr>
</table>

3. 成矿模式

描述性模式见表 4-72,成因模式见表 4-73 及图 4-46。

表 4-72 平山头银金矿床描述性模式

名称	江苏省平山头铁帽型银金矿床
基本特征	在富银、金铅锌硫化物的基础上,经表生氧化作用和次生富集而成。深部赋存有铅锌银硫化物矿体。矿体主要呈似层状赋存在纵向断裂中,其次呈透镜状赋存在上、下构造层间的断碎不整合面上,以及横向断裂和高骊山组、黄龙组层间破碎带中
成矿时代	喜马拉雅期
资料来源	《江苏省南京市栖霞山矿区平山头银金矿段详查地质报告书》(中国有色总公司华东地质勘探公司810 队,1991.12)

续表 4－72

地质背景	赋矿构造单元	下扬子陆块，宁镇断隆西端
	含矿地层	石炭系高骊山组含碳质粉砂岩，黄龙组含白云质灰岩、粗晶灰岩；侏罗系象山群砂岩
	岩矿结构（矿化部位）	矿体赋存在纵向构造带、断碎不整合面及高骊山组、黄龙组、象山群中的层间破碎带
伴生矿床	铅、锌	
矿床工业类型	铁锰帽型银金矿床	
矿体形态	剖面上呈似层状，平面上呈串珠状、大透镜状	
矿物组合	金属氧化物以褐铁矿为主，其次为软锰矿、白铅矿等；金属硫化物以黄铁矿为主，其次为方铅矿、闪锌矿、黄铜矿等；银金矿物有自然银、辉银矿、自然金等。脉石矿物主要为石英、重晶石、黏土，其次为明矾石、方解石、高岭石、水云母等	
矿石结构	交代残余结构、粒状结构、脉状结构、固溶体分离结构，以角砾状构造、土状构造、蜂窝状构造为主，其次为块状构造、浸染状构造、脉状构造	
矿体结构	呈似层状、透镜状	
容矿围岩	石炭系高骊山组含碳质粉砂岩，黄龙组含白云质灰岩、粗晶灰岩；侏罗系象山群砂岩	
围岩蚀变	硅化、硫酸盐化、锰矿化和褐铁矿化	
矿化分带	不明显	
蚀变分带	不明显	
风化	风化强烈形成块状、蜂窝状铁帽，金在铁帽中富集	
地球物理标志	呈北东向展布的低缓重力止异常，经地形改止后，最大值 16mgal。 呈北北东向展布的航磁、地磁异常。航磁异常为负背景值区内的低缓隆起；地磁异常规模较大，极大值 200nT，100nT 等值线范围与 14mgal 等值线圈定的重力正异常基本重合	
地球化学标志	地表 Ag、Au、Pb、Zn、Cu 异常呈带状分布，与构造线方向一致	

表 4－73　平山头银金矿床成因模式

名称	江苏省平山头风化淋滤-次生富集型银金矿床	
矿石成因类型	热液充填、风化淋滤-次生富集	
成矿期次	热液期—表生期	
同位素特征	硫同位素	矿石总硫 $\delta^{34}S\Sigma S\approx 10‰$
	氢氧同位素	H_2O $\delta^{18}O$：$-12.90‰\sim 5.84‰$
	其他同位素	$\delta^{13}C$：$-9.07‰\sim 0.21‰$
成矿环境	区域成矿构造背景	位于下扬子陆块北东部，宁镇断隆西端，栖霞山复式倒转背斜的南翼。发生在五通组、高骊山组砂岩与黄龙组灰岩之间的纵向断裂，以及上、下构造层间的不整合面是主要控矿构造
	具体成矿环境	矿体主要赋存于纵向断裂中，其次为上、下构造层间的断碎不整合面，横向构造和高骊山组、黄龙组的层间破碎带也是控矿构造之一。高骊山组、黄龙组为主要赋矿地层
成矿物质来源	金属	主要来自深部岩浆，部分来自地层
	络合物等	氧化条件下，金以[$Au(S_2O_3)_2^{3-}$]的形式迁移，在还原条件下，金发生沉淀
成矿流体	岩浆水、大气降水和地层水的混合水	
成矿物理化学条件	中低温阶段，弱酸—弱碱性、弱氧化环境形成富银、金铅锌硫化物，经表生氧化作用风化淋滤和次生富集而成	

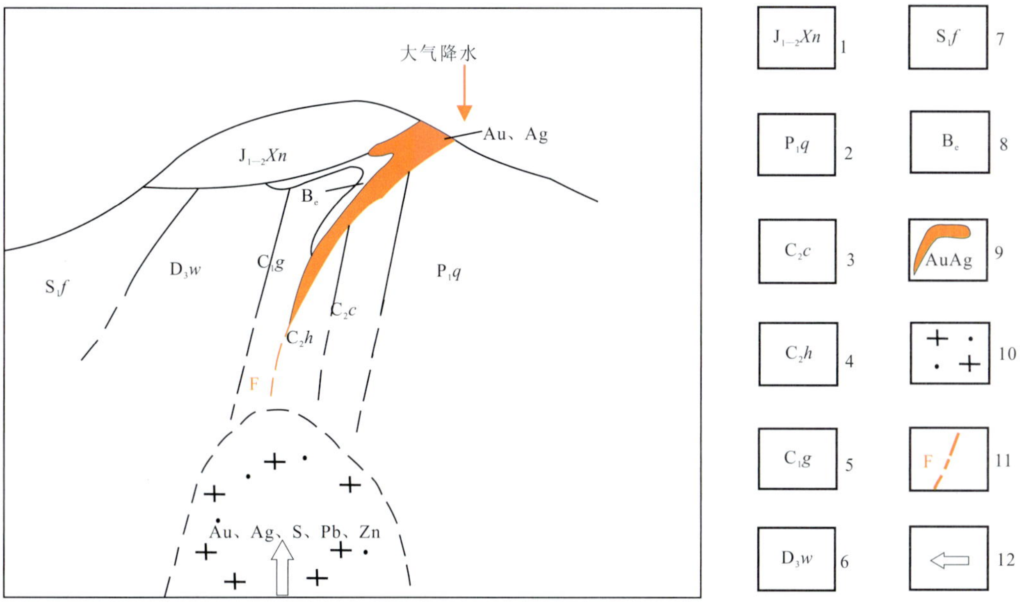

图 4－46　平山头银金矿床成矿模式图

1. 中下侏罗统象山群；2. 下二叠统栖霞组；3. 上石炭统船山组；4. 上石炭统黄龙组；5. 下石炭统高骊山组；6. 上泥盆统五通组；7. 下志留统坟头组；8. 构造角砾岩；9. 金银矿体；10. 推测燕山期中酸性岩体；11. 断层；12. 含矿热液运移方向

五、江苏省溧阳土包山铁金矿床

1. 矿床特征

该矿床位于溧阳火山岩盆地北东缘。地层从老至新为上泥盆统五通组中厚层状细粒石英砂岩、粉-细砂岩；上石炭统高骊山组中厚层中粒石英砂岩、砂质泥岩；上石炭统黄龙组、船山组细晶白云质大理岩、大理岩等；二叠系栖霞组厚层细晶大理岩及大理岩化灰岩；二叠系龙潭组薄层黏土岩及碳质页岩等。溧阳-南渡东西向断裂与溧阳-庙西北北东向断裂交会处的次一级断裂为主要控矿构造。侵入岩主要有燕山晚期石英闪长玢岩、花岗闪长岩两种，呈岩株状产出。铁金矿主要产于石英闪长玢岩与中、上石炭统黄龙组、船山组碳酸盐岩接触带矽卡岩中，少量产于岩体裂隙中。铁、金矿体共生，界线不清楚，分布标高在－190～－159m 间，矿体呈透镜状，近南北走向，长约 106m，宽 80m，厚度在 4.83～15.50m 之间，平均品位 Au 5.76×10^{-6}、Fe 31%，矿石类型以磁铁矿型金矿石和磁铁矿黄铁矿型金矿石为主。

矿石矿物以自然金、磁铁矿为主，次为黄铁矿，少量的黄铜矿、磁黄铁矿、毒砂、褐铁矿化、赤铁矿等。脉石矿物主要为方解石、石榴石、绿泥石、绿帘石、透辉石等。矿石结构构造：以粒状变晶结构—自形变晶结构为主，镜下见填隙结构、嵌晶结构、粒状结构。金矿物多为填隙结构，充填在矿石裂隙中。以块状构造为主，次为浸染状构造，部分为角砾状构造。围岩蚀变有矽卡岩化、黄铁矿化、碳酸盐化、钠长石化、硅化、高岭土化、褐铁矿化等。矿化蚀变略具分带，矿体内部金矿化、磁铁矿化、黄铁矿化、碳酸盐化；矿体两侧矽卡岩化；岩体钠长石化、高岭石化。

成矿温度 200～350℃，弱氧化环境。据同位素分析，硫同位素(‰)$\delta^{34}S$ 0.87～4.5，氧同位素(‰)石英 $\delta^{18}O$ 10.11。硫主要来自上地幔，成矿热液为岩浆水和大气降水的混合水，以岩浆水为主。矿床成因为接触交代矽卡岩型铁金矿。

2. 成矿要素

江苏省溧阳土包山铁金矿床成矿要素总结见表 4－74。

表 4－74　江苏省土包山侵入岩体内及接触带型金矿床成矿要素一览表

<table>
<tr><td colspan="2">成矿要素</td><td colspan="3">描述内容</td><td rowspan="3">成矿要素分类</td></tr>
<tr><td colspan="2">储量</td><td>金金属量：0.9t，铁矿石：91.8×10^4t，硫铁矿石：20.86×10^4t</td><td>平均品位</td><td>Au：5.76×10^{-6}，Fe：31%</td></tr>
<tr><td colspan="2">特征描述</td><td colspan="3">铁金矿主要产于石英闪长玢岩与上石炭统黄龙组、船山组碳酸盐岩地层接触带，少量产于岩体裂隙中</td></tr>
<tr><td rowspan="6">地质环境</td><td>地层</td><td colspan="3">石炭系黄龙组、船山组</td><td>必要</td></tr>
<tr><td>岩浆岩</td><td colspan="3">燕山晚期侵入石英闪长玢岩、花岗闪长岩</td><td>必要</td></tr>
<tr><td>岩石结构</td><td colspan="3">斑状结构、中粗粒似斑状结构</td><td>次要</td></tr>
<tr><td>成矿时代</td><td colspan="3">燕山晚期</td><td>重要</td></tr>
<tr><td>成矿环境</td><td colspan="3">溧阳火山岩盆地北东部边缘，中酸性岩体(石英闪长玢岩、花岗闪长岩)与石炭系黄龙组、船山组碳酸盐岩接触部位</td><td>必要</td></tr>
<tr><td>构造背景</td><td colspan="3">位于下扬子陆块溧阳中生代火山岩盆地的北东缘；溧阳-南渡东西向断裂与溧阳-庙西北北东向断裂交会处的次一级断裂为主要控矿构造</td><td>重要</td></tr>
<tr><td rowspan="5">矿床特征</td><td>矿物组合</td><td colspan="3">矿石矿物以自然金、磁铁矿为主，次为黄铁矿，少量的黄铜矿、磁黄铁矿、毒砂、褐铁矿化、赤铁矿等。脉石矿物主要为方解石、石榴石、绿泥石、绿帘石、透辉石等</td><td>重要</td></tr>
<tr><td>结构</td><td colspan="3">以粒状变晶结构—自形变晶结构为主，镜下见填隙结构、嵌晶结构、粒状结构。金矿物多为填隙结构，充填在矿石裂隙中</td><td>次要</td></tr>
<tr><td>构造</td><td colspan="3">主要为块状构造，次为浸染状构造，部分为角砾状构造</td><td>次要</td></tr>
<tr><td>蚀变</td><td colspan="3">矽卡岩化、黄铁矿化、碳酸盐化、钠长石化、硅化、高岭土化、褐铁矿化等</td><td>重要</td></tr>
<tr><td>控矿条件</td><td colspan="3">控矿构造：溧阳-南渡东西向断裂与溧阳-庙西北北东向断裂交会处的次一级断裂。矿体受石英闪长玢岩与石炭纪碳酸盐岩接触带的控制；控矿地层：矿体主要围岩为上石炭统黄龙组、船山组灰岩及矽卡岩，矿体主要产于矽卡岩中，少量产于岩体裂隙中；岩浆岩条件：石英闪长玢岩、花岗闪长岩岩体提供了较为丰富的矿质来源和热动力条件</td><td>必要</td></tr>
</table>

3. 成矿模式

描述性模式见表 4－75，成因模式见表 4－76 及图 4－47。

表 4-75　土包山铁金矿床描述性模式

名称	江苏省土包山侵入岩体内及接触带型铁金矿床	
基本特征	铁金矿主要产于石英闪长玢岩与石炭系黄龙组、船山组碳酸盐岩接触带，少量产于岩体裂隙中	
成矿时代	燕山晚期	
资料来源	《江苏省溧阳市野猫山-土包山金矿普查地质报告》(江苏省地质矿产局第二地质大队，1988)	
地质背景	赋矿构造单元	下扬子陆块，下扬子被动陆缘滆湖断块，溧阳火山断陷盆地的北东缘
	含矿地层	石炭系黄龙组、船山组
	岩矿结构(矿化部位)	中酸性岩体(石英闪长玢岩、花岗闪长岩)与石炭系黄龙组、船山组碳酸盐岩接触部位
伴生矿床	磁铁矿、硫铁矿	
矿床工业类型	铁金矿	
矿体形态	瘤状、透镜状、不规则脉状	
矿物组合	矿石矿物以自然金、磁铁矿为主，次为黄铁矿，少量的黄铜矿、磁黄铁矿、毒砂、褐铁矿化、赤铁矿等 脉石矿物主要为方解石、石榴石、绿泥石、绿帘石、透辉石等	
矿石结构	以粒状变晶结构—自形变晶结构为主，镜下见填隙结构、嵌晶结构、粒状结构。金矿物多为填隙结构，充填在矿石裂隙中	
矿体结构	瘤状、透镜状、不规则形状	
围岩	石炭系黄龙组、船山组碳酸盐岩、石英闪长岩、花岗闪长岩	
围岩蚀变	矽卡岩化、钠长石化、高岭石化、碳酸盐化等	
矿化分带	不明显	
蚀变分带	矿体内部金矿化、磁铁矿化、黄铁矿化、碳酸盐化；矿体两侧矽卡岩化；岩体钠长石化、高岭石化	
风化	蜂窝状铁帽	
地球物理标志	重磁同高，磁异常强度大，形态较规则，正负场伴生，是土包山铁金矿重要的找矿标志	
地球化学标志	Cu、Ag、Au、As、Zn 地球化学异常	

表 4-76　土包山铁金矿床成因模式

名称	江苏省土包山式矽卡岩型铁金矿	
矿石成因类型	铁矿石接触交代、金为热液交代充填	
成矿期次	矽卡岩期—热液期	
同位素特征	硫同位素(‰)	$\delta^{34}S$：0.87～4.50
	氧同位素(‰)	石英 $\delta^{18}O$：10.11
成矿环境	区域成矿构造背景	溧阳火山岩盆地边缘庙西-长荡湖构造岩浆带局部隆起地段
	具体成矿环境	中酸性岩体(石英闪长玢岩、花岗闪长岩)与上石炭统黄龙组、船山组碳酸盐岩接触部位
成矿物质来源	金属	岩浆源
成矿流体	岩浆水和大气降水的混合水，以岩浆水为主	
成矿物理化学条件	成矿温度 200～350℃，弱氧化环境	

马青组砂页岩及岩体裂隙中。矿体呈透镜状、似层状，部分有分叉复合现象(图 4-60)。走向近东西，倾向南，倾角 30°～70°，上陡下缓。已控制矿化带长 1000 余米，宽约 800m，延伸 600 余米。在灰岩、角砾状灰岩与接触带中矿体规模较大，厚 0.43～18m，最厚约 30m，控制长 250m 左右，延伸 200 余米。闪长岩中矿体呈脉状，规模小，长数米至数十米。

矿石矿物成分以黄铁矿为主，氧化后成褐铁矿。伴生有少量磁黄铁矿、磁铁矿、黄铜矿、斑铜矿、方铅矿、闪锌矿等；脉石矿物有石英、方解石、绿泥石及硅酸盐矿物。矿物组合为黄铁矿-石英、黄铁矿-方解石。矿石结构有自形粒状结构、半自形粒状结构、他形粒状结构及压碎结构。矿石构造主要为块状构造、浸染状构造、细脉浸染构造、角砾状构造等。

矿石含 S 14.39%～50.52%，多数在 20%以上，块状、粉状矿石含 S 高；含 Pb+Zn 微量，局部高者达 1%左右；As≤0.039%；F 一般小于 0.05%，仅少数达 0.6%。岩体接触带和角砾状灰岩中的矿体多为块状富矿，断层中和岩体构造裂隙内部为浸染状、细脉浸染状贫矿。浅部矿体均已氧化成褐铁矿，氧化深度一般 30m，最深达 100m。

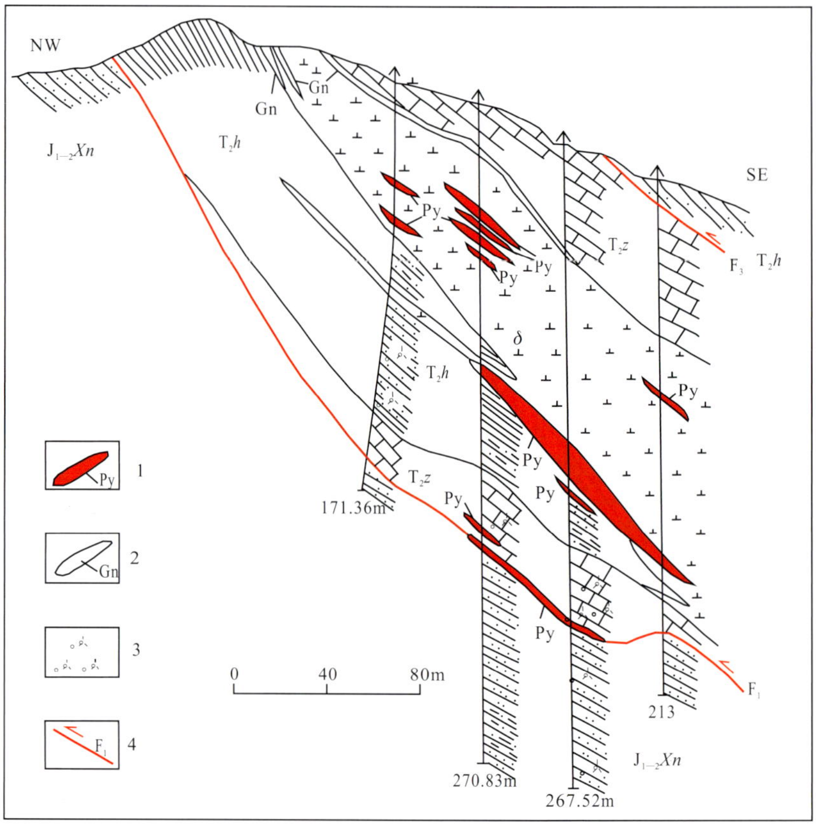

图 4-60　南京岔路口硫铁矿床地质剖面图

1. 黄铁矿矿体；2. 铁帽；3. 硅化、绢云母化、黄铁矿化；4. 逆断层及编号。$J_{1-2}Xn$. 象山群；T_2h. 黄马青组；T_2z. 周冲村组

围岩蚀变主要为硅化、绿泥石化、高岭土化、角岩化、绿帘石化、阳起石化、透闪石、大理岩化等。矿床规模达中型。矿床成因类型属矽卡岩-高中温热液型。

2. 成矿要素

江苏省南京市岔路口硫铁矿矿床成矿要素总结见表 4-92。

表 4-92　江苏省岔路口矽卡岩型(岩浆热液型)硫铁矿矿床成矿要素一览表

<table>
<tr><td colspan="2">成矿要素</td><td colspan="4">描述内容</td><td rowspan="3">成矿要素分类</td></tr>
<tr><td colspan="2">资源储量</td><td>硫铁矿矿石量：348.9×10^4 t</td><td>平均品位</td><td colspan="2">S：34.13%</td></tr>
<tr><td colspan="2">特征描述</td><td colspan="4">矿床位于宁镇西段近东西向走向断裂带上，出露地层为周冲村组灰岩、角砾状灰岩，黄马青组砂页岩等。矿区断裂发育，东西向压扭性断裂带控制了闪长岩的侵入和矿体的分布。矿体主要赋存在岩体接触带和断裂内、接触带上部周冲村组角砾状灰岩中，少数矿体赋存于黄马青组砂页岩及岩体裂隙中</td></tr>
<tr><td rowspan="5">地质环境</td><td>地层</td><td colspan="4">三叠系周冲村组碳酸盐岩为有利成矿层位</td><td>必要</td></tr>
<tr><td>岩浆岩</td><td colspan="4">燕山晚期闪长岩等中酸性岩体与成矿关系密切</td><td>必要</td></tr>
<tr><td>断裂构造</td><td colspan="4">东西向压扭性断裂带是本矿区岩体侵入的主要通道，也是黄铁矿体赋存的主要空间</td><td>必要</td></tr>
<tr><td>构造背景</td><td colspan="4">下扬子陆块宁镇断隆西部，岔路口倒转背斜南翼</td><td>重要</td></tr>
<tr><td>成矿时代</td><td colspan="4">燕山晚期</td><td>重要</td></tr>
<tr><td rowspan="4">矿床特征</td><td>矿物组合</td><td colspan="4">矿石矿物成分以黄铁矿为主，氧化后成褐铁矿。伴生有少量磁黄铁矿、磁铁矿、黄铜矿、斑铜矿、方铅矿、闪锌矿等；脉石矿物有石英、方解石、绿泥石及硅酸盐矿物。矿物组合为黄铁矿-石英、黄铁矿-方解石</td><td>重要</td></tr>
<tr><td>结构构造</td><td colspan="4">矿石结构有自形粒状结构、半自形粒状结构、他形粒状结构及压碎结构。矿石构造主要为块状构造、浸染状构造、细脉浸染构造、角砾状构造等</td><td>次要</td></tr>
<tr><td>围岩蚀变</td><td colspan="4">围岩蚀变主要为硅化、绿泥石化、高岭土化、角岩化、绿帘石化、阳起石化、透闪石、大理岩化等</td><td>次要</td></tr>
<tr><td>控矿条件</td><td colspan="4">三叠系周冲村组碳酸盐岩为成矿有利层位和主要赋矿围岩，少数矿体赋存于黄马青组砂页岩及岩体裂隙中；燕山晚期侵入闪长岩等中酸性岩体为主要成矿母岩；近东西向的压扭性断裂带、地层与岩体的接触带是主要控矿构造</td><td>必要</td></tr>
</table>

3. 成矿模式

描述性模式见表 4-93，成因模式见表 4-94 及图 4-61。

表 4-93　岔路口硫铁矿床描述性模式

<table>
<tr><td>名称</td><td colspan="2">岔路口铜陵式矽卡岩型硫铁矿床</td></tr>
<tr><td>基本特征</td><td colspan="2">矿床位于宁镇西段近东西向走向断裂带上，出露地层为周冲村组灰岩、角砾状灰岩，黄马青组砂页岩等。矿区断裂发育，东西向压扭性断裂带控制了闪长岩的侵入和矿体的分布。矿体主要赋存在岩体接触带和断裂内，以及接触带上部周冲村组角砾状灰岩中，少数矿体赋存于黄马青组砂页岩及岩体裂隙中</td></tr>
<tr><td>成矿时代</td><td colspan="2">燕山晚期</td></tr>
<tr><td>资料来源</td><td colspan="2">《江苏省南京市岔路口硫铁矿区朝阳山矿段初步勘探地质报告(0～13 线)》(化工部勘探公司江苏地质勘探大队，1985)；
《江苏省南京市岔路口硫铁矿矿区资源储量核查报告》(江苏省地质矿产勘查局第一地质大队，2010)</td></tr>
<tr><td rowspan="3">地质背景</td><td>赋矿构造单元</td><td>下扬子陆块宁镇断隆</td></tr>
<tr><td>含矿地层</td><td>三叠系周冲村组碳酸盐岩为有利成矿层位，少数矿体赋存于黄马青组砂页岩及岩体裂隙中</td></tr>
<tr><td>岩矿结构(矿化部位)</td><td>矿体主要赋存在岩体接触带和断裂内、接触带上部周冲村组角砾状灰岩中，少数矿体赋存于黄马青组砂页岩及岩体裂隙中。岩体接触带及角砾状中矿体多为块状富矿，断裂及岩体构造裂隙内部为浸染状和细脉浸染状贫矿</td></tr>
</table>

续表 4-93

伴生矿床	无
矿床工业类型	矽卡岩型
矿体形态	透镜状、似层状、囊状
矿物组合	矿石矿物成分以黄铁矿为主，氧化后成褐铁矿。伴生有少量磁黄铁矿、磁铁矿、黄铜矿、斑铜矿、方铅矿、闪锌矿等；脉石矿物有石英、方解石、绿泥石及硅酸盐矿物；矿物组合为黄铁矿-石英、黄铁矿-方解石
矿石结构构造	矿石结构有自形粒状结构、半自形粒状结构、他形粒状结构及压碎结构；矿石构造主要为块状构造、浸染状构造、细脉浸染构造、角砾状构造等
围岩	围岩为灰岩、泥质粉砂岩、闪长岩、闪长玢岩等
围岩蚀变	围岩蚀变主要为硅化、绿泥石化、高岭土化、角岩化、绿帘石化、阳起石化、透闪石化、大理岩化等。前 2 种蚀变与矿化关系较密切
矿化分带	无明显分带性
蚀变分带	无明显分带性
风化	浅部矿体均已氧化成褐铁矿，氧化深度一般为 30m
地球物理标志	重力：在编图范围的中西部重力异常较低，东南部异常相对升高，矿床处在低值区内，所在位置无明显异常。 磁法：航磁异常图上背景为大面积负异常，尽在北面出现小面积的正异常，整体异常平稳，呈现由北往南逐渐减小的异常趋势。矿床所在位置在该梯度变化带上，处于在异常值为－160～－150nT等值线上
地球化学标志	主要分布 As、Sb、Pb、Zn 异常，异常较弱，分带不明显

表 4-94　岔路口硫铁矿床成因模式

名称	岔路口铜陵式矽卡岩型硫铁矿床	
矿床成因类型	矽卡岩型硫铁矿	
成矿期次	矽卡岩期—热液期	
同位素特征	同位素	无同位素测定资料
成矿环境	区域成矿构造背景	下扬子陆块宁镇断隆西部，岔路口倒转背斜南翼。东西向压扭性断裂带是本区主要控矿构造
	具体成矿环境	三叠系周冲村组碳酸盐为成矿有利层位和主要赋矿地层，少数矿体赋存于黄马青组砂页岩及岩体裂隙中；闪长岩等中酸性岩体为主要成矿母岩；近东西向的压扭性断裂带为主要控矿构造，地层与岩体的接触带、断裂及岩体构造裂隙为主要赋矿空间
成矿物质来源	主要来自深部岩浆，部分来自地层	
成矿流体	以岩浆水为主	
成矿物理化学条件	高中温阶段，弱酸—弱碱性、弱氧化环境	

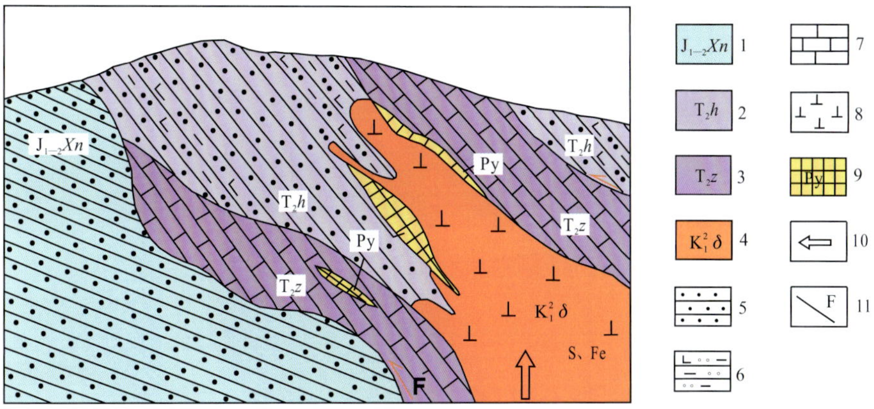

图 4-61 岔路口硫铁矿床成矿模式图

1. 中下侏罗统象山群；2. 中三叠统黄马青组；3. 中三叠统周冲村组；4. 燕山晚期闪长岩；5. 砂岩；6. 钙质粉砂质泥岩；7. 灰岩；8. 闪长岩；9. 黄铁矿体；10. 含矿液运移方向；11. 断层

三、江苏省苏州市潭山铅锌黄铁矿矿床

1. 矿床特征

该矿床位于下扬子陆块，下扬子被动陆缘，太湖断块东部，木渎-洞庭向斜的西翼，潭东-光福-通安桥断裂西南端。矿体主要产于该断裂与铜井山南近东西向断裂的交会复合部位。矿区出露地层为下志留统茅山组、上泥盆统五通组砂岩，上石炭统黄龙组灰岩、白云质灰岩。闪长玢岩与石英斑岩（花岗斑岩）呈复杂的岩株状穿插于围岩中，形成许多围岩捕虏体。斑岩蚀变较强，有石英绢云母化、高岭土化和钾长石化，闪长玢岩还有绿泥石化、绿帘石化。

整个矿床共分 3 个矿段，即东矿段、西矿段和铜井山矿段。东矿段包括 5 个矿体，西矿段包括 7 个矿体。其中以西矿段的Ⅷ号矿体规模最大，长 320m，延伸 150m，厚 50～60m，为近水平之透镜体。其余各矿体长 100m 左右，厚 10～40m 不等，延伸一般 50～60m，最大延伸 140m 以上，为大小不一的透镜体。矿体走向北东东，西矿段矿体呈水平产出，东矿段的矿体倾向北北西，倾角 50°左右。多数矿体产于锰钙铁辉石矽卡岩中，部分矿体位于绿帘石化、绿泥石化的闪长玢岩中，少量产于捕虏体中（图 4-62）。近矿围岩的蚀变主要为矽卡岩化、绿帘石化、绿泥石、黄铁矿化，其次为硅化、碳酸盐化。矽卡岩主要发育于矿体的上部，最厚者达 60m 左右。主要由锰钙铁辉石、石榴石、阳起石等组成。

矿石矿物以黄铁矿、闪锌矿、方铅矿为主，其次为磁铁矿、黄铜矿。此外还有磁黄铁矿、毒砂、白铁矿、赤铁矿等。脉石矿物主要为石英、菱铁矿、锰钙铁辉石、石榴石、方解石等。

矿石具他形粒状结构、乳滴状结构、碎裂结构，块状构造、角砾状构造及浸染状构造。主要矿物组合：石英-黄铁矿；方铅矿-闪锌矿-黄铁矿；方铅矿-闪锌矿；磁铁矿-方铅矿-闪锌矿-黄铁矿。矿石自然类型可分致密块状、碎裂状、浸染状 3 种。工业类型可分：黄铁矿矿石、铅锌黄铁矿矿石、铁铅锌黄铁矿矿石、铅锌矿矿石 4 类。其中铅锌矿石与铅锌黄铁矿矿石为主要矿石类型。

有用组分以 S、Pb、Zn 为主，伴生有益组分有 Ag、Cd，有害组分为 As、F。矿床平均品位：S 35.6%，Pb 1.94%，Zn 3.72%，As 0.5%，F 0.05%。银和镉主要富集于铅锌矿石和铅锌黄铁矿矿石中，平均含银 90.45×10^{-6}，最高达 300×10^{-6}。

近矿围岩蚀变主要为矽卡岩化、绿帘石化、绿泥石、黄铁矿化，其次为硅化、碳酸盐化。

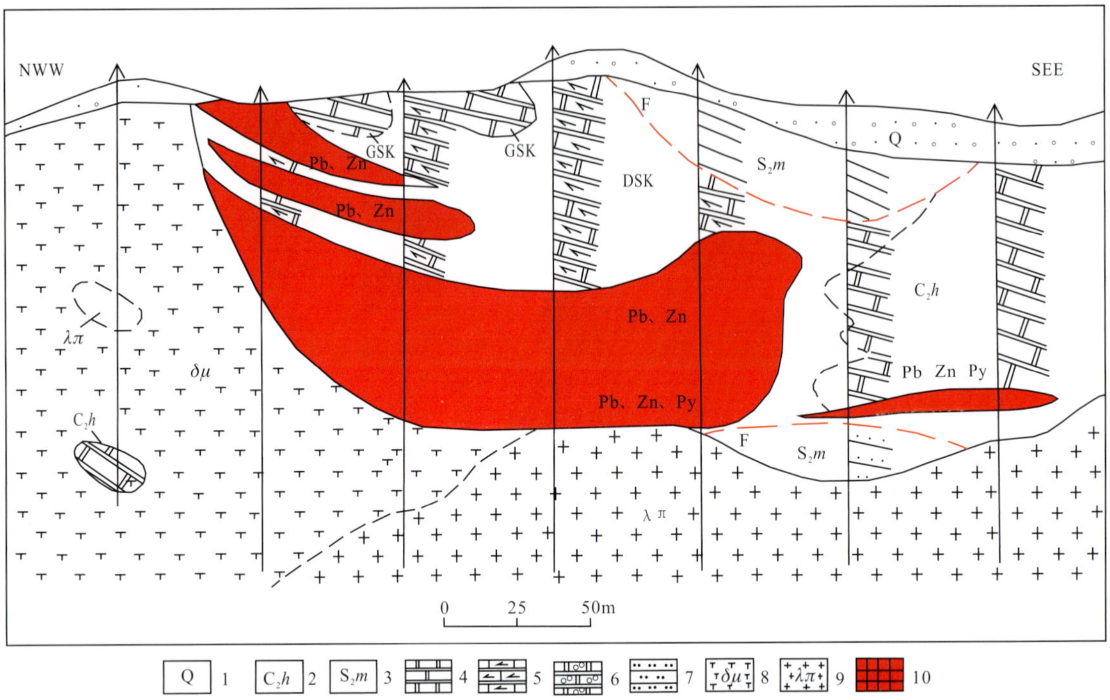

图 4-62　苏州潭山铅锌黄铁矿矿床纵剖面图

1. 第四系；2. 上石炭统黄龙组；3. 中志留统茅山组；4. 大理岩；5. 钙铁辉石矽卡岩；
6. 石榴石矽卡岩型；7. 砂岩；8. 闪长玢岩；9. 石英斑岩；10. 铅锌黄铁矿体

矿床规模铅锌达中型，硫铁矿小型。矿床成因类型属接触交代矽卡岩型。

2. 成矿要素

江苏省苏州市潭山铅锌黄铁矿矿床成矿要素总结见表 4-95。

表 4-95　江苏省潭山矽卡岩型硫铁矿矿床成矿要素一览表

<table>
<tr><td colspan="2">成矿要素</td><td colspan="3">描述内容</td><td rowspan="3">成矿要素分类</td></tr>
<tr><td colspan="2">资源储量</td><td>硫铁矿矿石量：143.7×10⁴t</td><td>平均品位</td><td>S：35.6%</td></tr>
<tr><td colspan="2">特征描述</td><td colspan="3">矿体基本产于矽卡岩中。矿床成因类型属矽卡岩型硫铁矿和中低温热液充填交代型硫铁矿床，矿石工业类型以铅锌黄铁矿矿石为主，次为铅锌矿石</td></tr>
<tr><td rowspan="5">地质环境</td><td>地层</td><td colspan="3">矿区内地层受逆掩断层（推覆构造）影响，北西西向、北北东向断裂破坏，地层重复、变薄，地表出露的主要为茅山组及五通组砂岩，但主要赋矿地层为石炭系黄龙组、船山组，二叠系龙潭组、长兴组等碳酸盐岩地层</td><td>必要</td></tr>
<tr><td>岩浆岩</td><td colspan="3">燕山早期石英斑岩（花岗斑岩）、闪长玢岩与成矿关系密切</td><td>必要</td></tr>
<tr><td>成矿时代</td><td colspan="3">燕山早期</td><td>重要</td></tr>
<tr><td>成矿环境</td><td colspan="3">矿区经印支期—燕山期的构造变动和石英斑岩（花岗斑岩）等中酸性岩体的侵入活动，导致碳酸盐岩层遭受不同程度的变质作用而成矿。逆掩断层及光福-潭东断裂带是矿区控岩控矿及储矿构造，矿体主要赋存石英斑岩（花岗斑岩）与石炭纪—二叠纪碳酸盐岩接触形成的矽卡岩中</td><td>必要</td></tr>
<tr><td>构造背景</td><td colspan="3">位于下扬子陆块，下扬子被动陆缘太湖断块东部，木渎-洞庭向斜的西翼，以单斜产出。断裂构造发育，有北东向逆掩断层、北东向光福-潭东断裂带、北东向的庵前正断层、北西向玄墓山逆掩断层等</td><td>重要</td></tr>
</table>

续表 4-95

成矿要素		描述内容	成矿要素分类
矿床特征	矿物组合	矿石矿物主要为黄铁矿、闪锌矿，其次为方铅矿、黄铜矿、磁铁矿、白铁矿等；脉石矿物主要为石英、方解石、菱铁矿、辉石、石榴石等	重要
	结构	粒状结构、乳滴状结构及压碎结构	次要
	构造	块状、浸染状等构造	次要
	蚀变	围岩蚀变主要有矽卡岩化、碳酸盐化、菱铁矿化、绿泥石化、绿帘石化、高岭土化、绢云母化	重要
	控矿条件	矿体主要赋存在燕山早期石英斑岩等中酸性岩体与石炭纪—二叠纪碳酸盐岩接触交代形成的矽卡岩中；逆掩断层(推覆构造)、光福-潭东断裂带为主要控矿、容矿构造；燕山早期中酸性岩体为成矿提供了矿质和流体	必要

3. 成矿模式

描述性模式见表 4-96，成因模式见表 4-97 及图 4-63。

表 4-96　潭山铅锌硫铁矿矿床描述性模式

名称	潭山铜陵式矽卡岩型硫铁矿矿床	
基本特征	矿体基本产于矽卡岩中。矿床成因类型属矽卡岩型硫铁矿和中低温热液充填交代型硫铁矿床，矿石工业类型以铅锌黄铁矿矿石为主，次为铅锌矿石	
成矿时代	燕山早期	
资料来源	《江苏省吴县潭山黄铁矿、铅锌矿矿区地质勘探最终报告》(江苏省地质局第四地质大队，1967)；《江苏省苏州吴中区潭山黄铁矿铅锌矿区资源储量核查报告》(江苏省地质矿产勘查局第四地质大队，2010)	
地质背景	赋矿构造单元	下扬子陆块，下扬子被动陆缘太湖断块东部
	含矿地层	矿区内地层受逆掩断层(推覆构造)影响，北西西向、北北东向断裂破坏，地层重复、变薄，主要赋矿地层为石炭系黄龙组、船山组以及二叠系长兴组等碳酸盐岩
	岩矿结构(矿化部位)	矿体主要赋存在燕山早期石英斑岩、闪长玢岩等中酸性岩体与石炭纪—二叠纪碳酸盐岩接触交代形成的矽卡岩中
共生矿床	铅锌矿	
矿床工业类型	矽卡岩型铅锌硫矿床	
矿体形态	扁豆状，透镜状及脉状等	
矿物组合	矿石矿物主要为黄铁矿、闪锌矿、方铅矿，其次为磁铁矿、黄铜矿等；脉石矿物主要为石英、方解石、辉石、石榴石等	
矿石结构、构造	主要有他形晶粒状结构、交代结构、乳滴状结构及碎裂结构等；块状构造、角砾状构造及浸染状构造	
围岩	矿体的围岩及夹石绝大部分为矽卡岩，局部为大理岩、闪长岩、石英砂岩等	
围岩蚀变	围岩蚀变主要有矽卡岩化、碳酸盐化、菱铁矿化、绿泥石化、绿帘石化、高岭土化、绢云母化	
蚀变分带	无明显的分带性	
地球物理标志	重力：布格重力异常背景较高，场值在$(10\sim13.5)\times10^{-5}\,m/s^2$ 间变化，由东向西，异常值逐渐升高，整体呈东西向线状异常特征；矿床处在线状异常带中，无局部异常。 磁法：地磁等值线图上背景为大片正异常，矿床所在位置处于一处圆形异常边缘梯度带上，该圆形异常最大值为 480nT	
地球化学标志	Cu、Pb、Zn 异常分带清晰，浓集中心明显，与石英斑岩、矽卡岩套合性较好；Hg 异常仅见外、中带，内带少见	

2. 成矿要素

江苏省苏州市俞石泉萤石矿矿床成矿要素总结见表4－98。

表4－98 江苏省俞石泉热液充填型萤石矿矿床成矿要素览一览表

<table>
<tr><td colspan="2">成矿要素</td><td colspan="3">描述内容</td><td rowspan="3">成矿要素分类</td></tr>
<tr><td colspan="2">资源储量</td><td>萤石矿：34.5×10^4t</td><td>平均品位</td><td>CaF_2：70.24%</td></tr>
<tr><td colspan="2">特征描述</td><td colspan="3">中低温热液充填型萤石矿床</td></tr>
<tr><td rowspan="6">地质环境</td><td>地层</td><td colspan="3">二叠系长兴组大理岩、堰桥组—龙潭组砂页岩</td><td>重要</td></tr>
<tr><td>侵入岩</td><td colspan="3">燕山期花岗岩</td><td>必要</td></tr>
<tr><td>成矿时代</td><td colspan="3">燕山期</td><td>重要</td></tr>
<tr><td>成矿作用</td><td colspan="3">燕山期构造岩浆活动强烈，促使基地断裂继续活动，并伴有大规模的火山喷发和中酸性岩浆侵入，岩浆期后成矿热液充填岩体接触带附近碳酸盐岩（大理岩）中构造裂隙形成萤石矿，压扭性及张性断裂对成矿起着重要作用</td><td>重要</td></tr>
<tr><td>成矿环境</td><td colspan="3">逆掩断裂为主要控矿构造，花岗岩与长兴组大理岩接触带、围岩中构造裂隙直接控制萤石矿体的分布</td><td>必要</td></tr>
<tr><td>构造背景</td><td colspan="3">下扬子被动陆缘，太湖断块的东部，木渎向斜北西翼</td><td>重要</td></tr>
<tr><td rowspan="4">矿床特征</td><td>矿物组合</td><td colspan="3">矿石矿物主要有萤石；脉石矿物主要有石英、方解石，少量高岭土、绢云母、硅灰石、钠长石、绿帘石</td><td>次要</td></tr>
<tr><td>矿石结构构造</td><td colspan="3">矿石结构主要为他形粒状结构和交代结构；矿石构造主要有块状构造、角砾状构造、条带状构造</td><td>次要</td></tr>
<tr><td>围岩蚀变</td><td colspan="3">主要有大理岩化、角岩化，大理岩中断续出现矽卡岩化</td><td>重要</td></tr>
<tr><td>控矿条件</td><td colspan="3">矿体赋存在二叠纪碳酸盐岩、碎屑岩与花岗岩、花岗斑岩等中酸性岩体接触带附近或层间构造裂隙中，逆掩断裂为主要控矿构造</td><td>必要</td></tr>
</table>

3. 成矿模式

描述性模式见表4－99，成因模式见表4－100及图4－65。

表4－99 俞石泉萤石矿矿床描述性模式

<table>
<tr><td>名称</td><td colspan="2">江苏省俞石泉式热液充填型萤石矿矿床</td></tr>
<tr><td>基本特征</td><td colspan="2">矿体赋存在二叠纪的碳酸盐岩、碎屑岩地层与燕山期花岗岩体接触带或围岩层间裂隙中，逆掩断裂为主要控矿构造</td></tr>
<tr><td>成矿时代</td><td colspan="2">燕山期</td></tr>
<tr><td>资料来源</td><td colspan="2">《江苏省吴县俞石泉矿区萤石矿地质普查评价报告》（江苏省地质局第四地质大队，1978）</td></tr>
<tr><td rowspan="3">地质背景</td><td>赋矿构造单元</td><td>下扬子被动陆缘，太湖断块东部</td></tr>
<tr><td>含矿地层</td><td>二叠系长兴组大理岩、堰桥组—龙潭组砂页岩</td></tr>
<tr><td>岩矿结构（矿化部位）</td><td>矿体赋存在二叠纪碳酸盐岩、碎屑岩与花岗岩体接触带或层间构造裂隙中</td></tr>
<tr><td>伴生矿床</td><td colspan="2">无</td></tr>
<tr><td>矿床工业类型</td><td colspan="2">热液充填型萤石矿床</td></tr>
<tr><td>矿体形态</td><td colspan="2">以脉状为主，少数矿体呈透镜状</td></tr>
<tr><td>矿物组合</td><td colspan="2">矿石矿物主要为萤石；脉石矿物为石英、方解石，少量磁铁矿、黄铁矿、高岭土、绢云母、硅灰石、钠长石、绿帘石</td></tr>
</table>

续表 4－99

矿石结构	矿石结构主要为他形粒状结构和交代结构
矿体结构	以脉状结构为主
围岩	二叠系长兴组大理岩、堰桥组和龙潭组砂页岩以及钾长花岗岩
围岩蚀变	大理岩化、角岩化、萤石化、矽卡岩化、钠长石化
矿化分带	无
蚀变分带	分带现象不明显
风化	无风化
地球物理标志	重力：在正背景上微小波动，场值在（2.2～3.4）$\times 10^{-5}$ m/s^2 间变化，由南向北，异常值逐渐升高，矿床所在位置无明显异常。磁法：航磁等值线图上，由北向南场值由负变化到正，呈梯度带分布，场值范围－55～150nT，无局部异常，矿床分布在－15nT 等值线附近
地球化学标志	1∶20 万地球化学测量：F 异常呈北西向舌状展布，内中外带分带清晰，异常极值点含量 4750×10^{-6}；CaO 异常北东向近椭圆状展布，仅见外中带

表 4－100　俞石泉萤石矿床成因模式

名称	俞石泉式中低温热液型萤石矿矿床	
矿石成因类型	热液交代充填	
成矿期次	热液期	
同位素特征	氢氧同位素	
成矿环境	区域成矿构造背景	下扬子被动陆缘，太湖断块东部，木渎向斜北西翼
	具体成矿环境	矿体赋存在二叠纪碳酸盐岩、碎屑岩与花岗岩体接触带或层间裂隙中，逆掩断裂为主要的控矿构造
成矿物质来源	来源于深部岩浆	
成矿流体	主要来自深部岩浆	
成矿物理化学条件	成矿温度 292～307℃，均一压力 350×10^5 Pa	

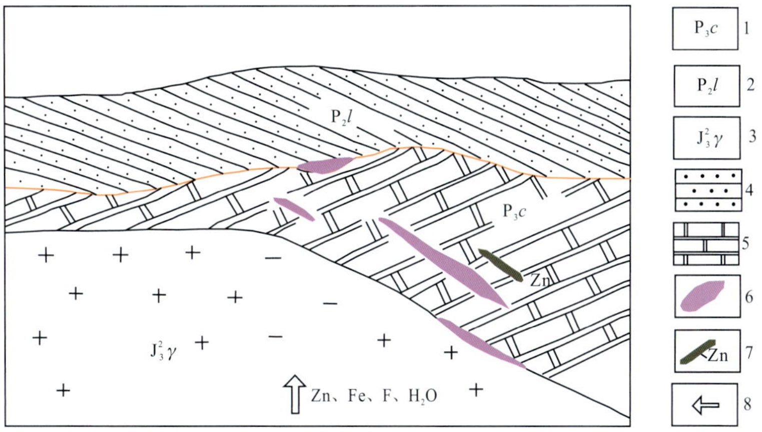

图 4－65　俞石泉萤石矿床成矿模式图

1. 二叠系长兴组；2. 二叠系龙潭组；3. 燕山早期花岗岩体；4. 砂岩；5. 碳酸盐岩；6. 萤石矿体；7. 锌矿体；8. 含矿热液运移方向

第五章 成矿(区)带划分

一、划分原则及方法

本次成矿(区)带划分依据的基本资料:《中国成矿(区)带划分方案》(徐志刚等,2008);《中国成矿体系与区域成矿评价成果报告》(中国地质科学院矿产资源研究所,2004);江苏省二轮区划成果;江苏省及上海市资源潜力评价项目之成矿背景课题研究成果(建造构造、大地构造分区等)。

本次成矿(区)带划分方法如下。①以2008年出版的《中国成矿(区)带划分方案》为基础,在全国成矿(区)带(Ⅲ级)划分方案的基础上,划分成矿亚带(Ⅳ级),在成矿亚带内划分成矿远景区(Ⅴ级)。采用综合划分方法。②单元界线不相跨越,Ⅳ级不跨越Ⅲ级,Ⅴ级不跨越Ⅳ级。③Ⅳ级单元的面积总和,应等于研究区总面积;Ⅴ级单元相当于矿集区(或矿田),单元之间可留空白区域。

二、划分结果

根据项目办统一要求,本次省级成矿(区)带研究的重点是Ⅳ级、Ⅴ级成矿单元划分。依照上述划分原则和方法,江苏省及上海市共划分Ⅲ级成矿(区)带5个(划分与全国统一),Ⅳ级成矿亚带7个(划分与华东大区一致)。在Ⅳ级基础上,根据矿种(矿组)的矿田或矿集区所处构造环境及矿产地质特征,进一步划出与本次潜力评价矿种相关的成矿远景区(Ⅴ级)14个。Ⅲ级、Ⅳ级采用全国统一的编号规则,Ⅴ级为省内连续编号V_1~V_{14}(表5-1、表5-2,图5-1)。

表5-1 江苏省及上海市成矿(区)带划分一览表

Ⅱ级	Ⅲ级	Ⅳ级	Ⅴ级
Ⅱ-14 华北(陆块)成矿省	Ⅲ-64 鲁西(断隆、含淮北)金、铁、铝土矿、煤、金刚石成矿区(Ar_4、Pz_1、Pz_2、*Ye*)	Ⅲ-64-① 鲁西金、铁、铝土矿、煤、金刚石成矿亚区	V_1 丰沛-四户隆坳铁、煤成矿远景区
			V_2 利国-班井铁、金、煤成矿远景区
			V_3 铜山张集-种羊场铁成矿远景区
Ⅱ-7 秦岭-大别成矿省(东段)	Ⅲ-67 桐柏-大别-苏鲁(造山带)金、银、铁、铜、锌、钼、金红石、萤石、珍珠岩成矿带	Ⅲ-67-③ 苏鲁金、铁成矿亚带(Pt_1、Pt_2、Y)	V_4 东海-新沂金、铁(铅、锌、铜)成矿远景区
			V_5 连云港-泗洪磷成矿远景区
Ⅱ-15A 下扬子成矿省	Ⅲ-68 苏北(断陷)油气、盐类成矿区(Kz)	Ⅲ-68-① 苏北(断陷)油气、盐类成矿(亚)区	
	Ⅲ-69 长江中下游铜、金、铁、铅、锌(锶、钨、钼、锑)、硫、石膏成矿带	Ⅲ-69-① 庐江-滁州铜、金、铁、钼、铅、锌、银、硫成矿亚带(Y)	V_6 盱眙铜、钼、铁成矿远景区

续表 5－1

Ⅱ级	Ⅲ级	Ⅳ级	Ⅴ级
Ⅱ－15A 下扬子成矿省	Ⅲ－69 长江中下游铜、金、铁、铅、锌（锶、钨、钼、锑）、硫、石膏成矿带	Ⅲ－69－② 沿江铜铁金多金属、硫成矿亚带(Y)	Ⅴ₇ 六合铁、铜成矿远景区
			Ⅴ₈ 宁镇铁、铜、铅、锌、银、金、钼、硫成矿远景区
			Ⅴ₉ 宁芜铁、铜、铅、锌、金、硫、磷成矿远景区
			Ⅴ₁₀ 溧水铁、铜、金、铅、锌、硫成矿远景区
		Ⅲ－69－③ 宣城－苏州铜、钼、金、银、铅、锌成矿亚带(Y)	Ⅴ₁₁ 南通－启东铁成矿远景区
			Ⅴ₁₂ 宜兴－溧阳铁、铜、铅、锌、金成矿远景区
			Ⅴ₁₃ 苏锡铅、锌、银、铁、硫、萤石成矿远景区
	Ⅲ－71 武功山－杭州湾铜、铅、锌、银、金、钨、锡、铌、钽、锰、海泡石、萤石、硅灰石成矿带	Ⅲ－71－⑤天目山－金山铜、铅、锌、银、金、钨、锡、铌、钽、铁、萤石成矿亚带(Pt_{2-3}、Z、∈、*Ye*、*Yl*)	Ⅴ₁₄ 金山铜多金属成矿远景区

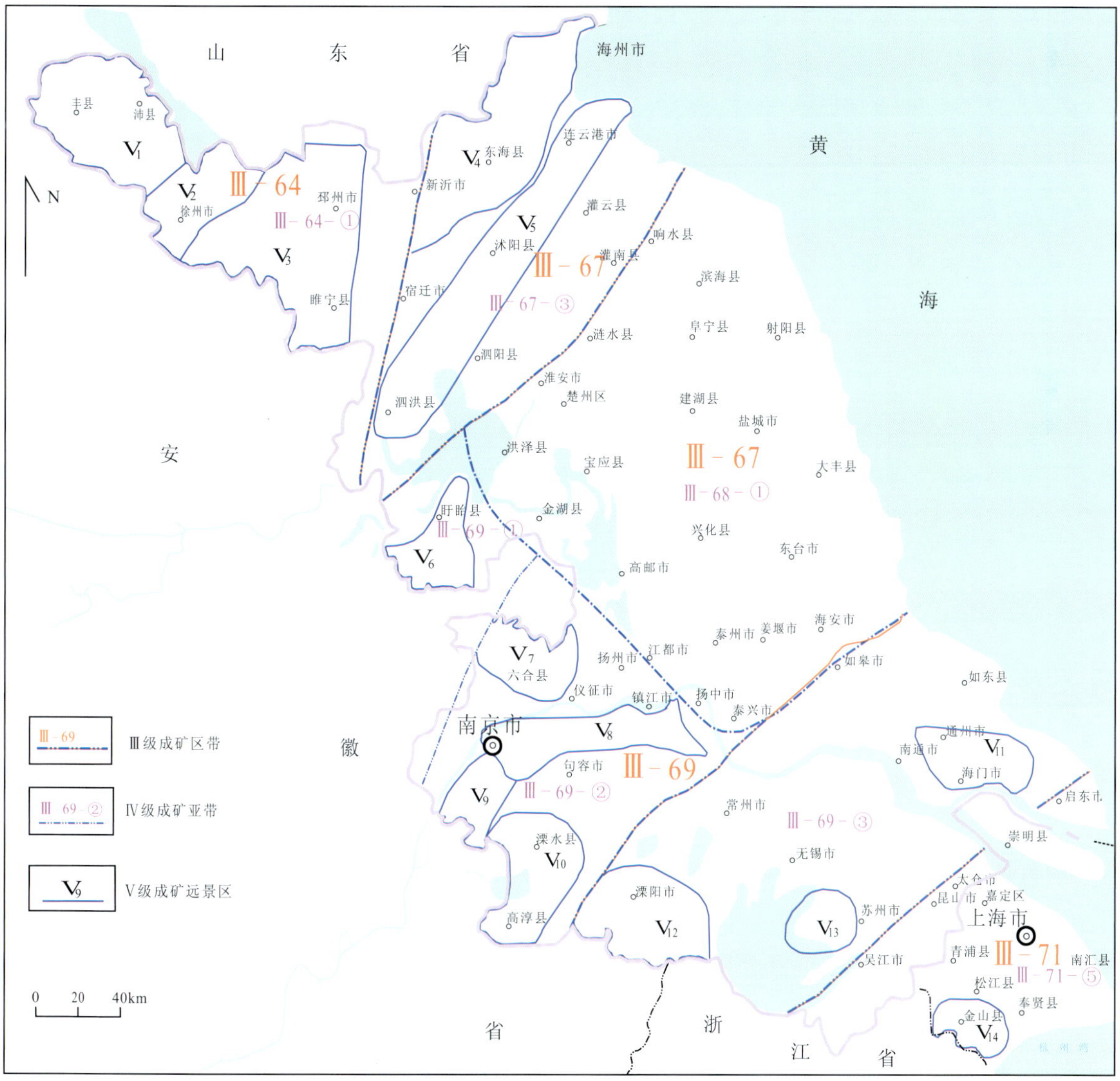

图 5－1　江苏省及上海市成矿(区)带划分示意图

表 5-2 江苏省及上海市Ⅴ级成矿单元矿产地质特征表

Ⅴ级成矿单元	成矿时代	Ⅳ级大地构造单元	成矿期构造环境	主要含矿建造	主要控矿因素	物化遥异常特征	主要矿床及成因类型
V_1 丰沛-四户隆坳铁、煤成矿远景区	Ar_4、Pz_2、Ye	徐淮陆内盆地	鲁西-淮北(拉张区)构造-岩浆带	太古宙含铁矿石英岩建造;古生代碳酸盐岩-陆缘碎屑岩建造,燕山早期闪长玢岩、石英闪长斑岩、角闪闪长玢岩等中酸性岩浆岩建造	接触交代型铁矿床与燕山早期闪长玢岩、石英闪长斑岩关系密切。东西向构造为主要导岩、储岩和容矿构造。矿床一般受区域褶皱中次级褶皱控制,矿体主要赋存在岩体接触带或围岩捕虏体的接触带内。赋矿地层主要为早中奥陶世碳酸盐岩。沉积变质型铁矿赋存于新太古界泰山岩群含铁矿石英岩建造	区内共发现航磁异常 14 个	姜梨园铁矿床(接触交代型)
V_2 利国-班井铁、金、煤成矿远景区	Pz_2、Ye	徐州-宿县断块		古生代碳酸盐岩-陆缘碎屑岩建造,燕山早期闪长玢岩、石英闪长斑岩、角闪闪长玢岩等中酸性岩浆岩建造	燕山早期的中酸性侵入岩体是区内铁、铜(金)矿成矿最有利的母岩,赋矿地层主要为早中奥陶世碳酸盐岩。矿体常产于侵入岩与围岩接触带中,或产于围岩捕虏体的接触带内,部分产于围岩裂隙及内接触带的侵入岩体中	区内共发现航磁异常 19 个,1∶20 万水系沉积物测量结果表明,预测区内圈出 3 类组合异常,异常走向大致成北东向,与地层走向基本一致,一类是金银矿床指示元素;一类是硫化物矿床指示元素;另一类是气液高温指示元素。1∶5 万土壤测量结果表明,在利国矿区出现了 Cu、Pb、Zn、Cr、Sn、Mo 等多个元素异常,异常具有较好的分带性(内、中和外带)。1∶20 万自然重砂测量结果表明,在地层接触面和断裂附近出现了辰砂、自然金、黄铁矿、砷族等矿物异常。在利国矿区花岗闪长斑岩附近出现了磁铁矿异常	吴庄铁矿床、利国铁矿床、墓山铁矿床(接触交代型)

续表 5-2

Ⅴ级成矿单元	成矿时代	Ⅳ级大地构造单元	成矿期构造环境	主要含矿建造	主要控矿因素	物化遥异常特征	主要矿床及成因类型
V_3 铜山张集-种羊场铁成矿远景区	Z	徐州-宿县断块	鲁西-淮北(拉张区)构造-岩浆带	新元古代陆缘碎屑岩-碳酸盐岩建造;前寒武纪(徐淮期)辉绿玢岩	铁矿体与前寒武纪(徐淮期)的辉绿玢岩有关,含矿围岩为淮河群碳酸盐岩建造,控矿构造为北东向断裂	航磁异常 12 个,水系沉积物测量结果表明,在辉绿岩与变质岩接触带附近出现了反映铁组元素(Fe-Ti-Mn-Ti 组合)组合异常;在辉绿岩附近出现了磁铁矿为典型特征的重砂矿物高含量点	
V_4 东海-新沂金、铁(铅、锌、铜)成矿远景区	Pt_{1-2}、Y	苏北胶南断块	鲁东(中强挤压区)构造-岩浆带	云母片岩-石英岩-花岗质片麻岩-榴辉岩变质建造;燕山期花岗岩和闪长岩类建造	地层主要为东海岩群变质表壳岩,呈岩片状、透镜状产于花岗质片麻岩中,其中武强山岩组为一套含磁铁石英岩的变质表壳岩。燕山期桃林花岗岩体呈北东向沿郯庐断裂东侧分布,岩体分 4 次侵入,另外分布有各种类型的脉岩。区内断裂构造和韧性剪切带发育,断裂方向有北东、北北东、北西、近南北、近东西 5 组	区内共发现航磁异常 144 个,1:20 万水系沉积物测量表明,在塔埠—阿湖一带发育大面积的 Cu-Mo-Pb 组合异常,局部发育有 W、Sn 等组合异常。区内重砂组合异常多处,主要有蒋庄钛铁矿、金红石Ⅱ级组合异常、任朱沟钛铁矿、金红石、锆石Ⅱ级组合异常、城头金红石、锆石Ⅰ级组合异常	武强山铁矿(沉积变质型)、徐西多金属矿点(热液型)、竹墩金矿点(破碎蚀变岩型)
V_5 连云港-泗洪磷成矿远景区	Pt_{1-2}	连云港-泗洪断块	(同上)	绿色云母片岩-含磷大理岩建造	磷矿赋矿地层为中元古界锦屏岩群绿色云母片岩-含磷大理岩建造	区域磁场较平缓而单调,正磁场多为东海岩群分布区,负磁场多为海州群分布范围,锦屏组大致沿重力高值带及磁场零等值线展布。与锦屏倒转背斜相对应的北北东向宽缓重力高值异常带,布伽重力值一般正 6~14mgal。磷矿体位于重力高值带旁侧或中心	锦屏磷矿、新浦磷矿(沉积变质型)
V_6 盱眙铜、钼、铁成矿远景区	Yl	滁巢断块	下扬子坳陷(拉张区)构造-岩浆带	震旦纪碳酸盐岩建造;燕山晚期二长花岗(斑)岩	金属矿与燕山期中酸性岩浆岩有关,成矿有利围岩震旦纪—寒武纪碳酸盐岩	区内共发现航磁异常 31 个,南北向的老子山-桂五断裂附近分布着串珠状 Au-As-Hg-Sb 等的组合异常,在断裂附近发育有辰砂、重晶石、黄铁矿、自然金等重砂矿物异常	李家岗钼矿点(斑岩型)、石牛山铜矿点(矽卡岩型)

续表 5-2

Ⅴ级成矿单元	成矿时代	Ⅳ级大地构造单元	成矿期构造环境	主要含矿建造	主要控矿因素	物化遥异常特征	主要矿床及成因类型
$Ⅴ_7$ 六合铁、铜成矿远景区	*Yl*	滁巢断块	下扬子坳陷（拉张区）构造-岩浆带	震旦纪—寒武纪碳酸盐岩建造；燕山晚期花岗闪长岩类	铁矿主要产在燕山期中酸性侵入岩与碳酸盐岩接触带部位，受断裂、接触带构造控制	区内共发现航磁异常 34 个，水系沉积物测量结果表明，区内分布 3 个大面积的 Fe-Ti-Mn-V 组合异常。在玄武岩与地层接触带附近，发育有钛铁矿等重砂矿物异常	冶山铁矿床（矽卡岩型）
$Ⅴ_8$ 宁镇铁、铜、铅、锌、银、金、钼、硫成矿远景区	*Yl*	镇江-溧水断块	下扬子坳陷（拉张区）构造-岩浆带	古生代—中生代碳酸盐岩-碎屑岩建造；燕山期花岗闪长（斑）岩、石英二长岩	内生金属矿成因类型以矽卡岩型为主，其次是热液型、斑岩型及风化淋滤型等，成矿与燕山期中酸性侵入岩有关，控矿构造主要为近东西向纵向断裂，岩体与碳酸盐岩接触带等	区内共发现航磁异常 112 个，化探异常主要受岩体接触带及其褶皱背斜翼部的纵向断裂与北北西向断裂控制，隐伏成矿岩体异常以 Au-Pb-Zn-Sb-As-Ag-Hg 组合为特征，剥蚀的成矿岩体以 Cu-Au-Mo-Pb-Zn-Bi-As-Sb 元素组合为特征，围绕岩体异常呈似圆环状，有元素组合分带	韦岗铁矿（矽卡岩型），安基山、伏牛山铜矿（矽卡岩型），栖霞山铅锌银矿（层控热液型），南京汤山金矿（卡林型），平山头银金矿（铁帽型）、铜山钼铜矿（矽卡岩型）、谏壁钼（钨）矿（斑岩型）、岔路口硫铁矿（矽卡岩型）
$Ⅴ_9$ 宁芜铁、铜、铅、锌、金、硫、磷成矿远景区	*Y*	镇江-溧水断块	下扬子坳陷（拉张区）构造-岩浆带	中生代钙碱性火山岩、碳酸岩-碎屑岩建造；大王山旋回的辉长（辉石）闪长玢岩、闪长玢岩、辉长闪长岩及辉长安山玢岩、粗安玢岩等	中生代火山岩盆地，北北东向及北西向构造岩浆带控制区内主要的铁铜硫金矿床。大王山旋回的辉长（辉石）闪长玢岩与玢岩式铁矿成矿的关系最为密切；龙王山旋回闪长玢岩类与硫铁矿成矿关系密切；娘娘山旋回火山岩及次火山岩与铜井式金铜矿成矿有关	区内共发现航磁异常 100 个，1∶20 万、1∶5 万化探 Fe_2O_3-Cu-Pb-Mn-As-P-Au 组合异常多处	梅山铁矿、吉山铁矿、凤凰山铁矿、铜井铜金矿、云台山硫铁矿（陆相火山岩型）

续表 5-2

Ⅴ级成矿单元	成矿时代	Ⅳ级大地构造单元	成矿期构造环境	主要含矿建造	主要控矿因素	物化遥异常特征	主要矿床及成因类型
$Ⅴ_{10}$溧水铁、铜、金、锶、铅、锌、硫成矿远景区	Y	镇江-溧水断块	下扬子坳陷(拉张区)构造-岩浆带	中生代钙碱性火山岩、碳酸盐岩-碎屑岩建造;大王山旋回的辉长(辉石)闪长玢岩、闪长玢岩、辉长闪长岩及辉长安山玢岩、粗安玢岩等	铁矿与龙王山旋回早期的破火山口根部相的角闪闪长玢岩有关,在火山口附近常形成次火山热液型铜、金、铅、锌矿床、矿点。北西向、北北东向断裂控制了火山-次火山活动,北东东、北西和近南北向的次级断裂成环状、放射状裂隙,为容矿构造,多金属矿体呈大脉状产于火山-次火山岩构造破碎带中	区内共发现航磁异常 160 个,局部磁异常与化探(北西)异常带吻合(Sr-Cu-Mo-Zn-W-Au 组合),金属成矿区有 Cu、Pb、Zn、Ag 化探异常分布	石坝、东岗铁矿,观山铜铅矿、金驹山金碲矿、爱景山锶矿、卧龙山黄铁矿(陆相火山岩型)
$Ⅴ_{11}$南通-启东铁成矿远景区	Yl	南通断块	下扬子坳陷(拉张区)构造-岩浆带	古生代—中生代碳酸盐岩-碎屑岩建造;燕山期花岗岩类	铁矿体受燕山期侵入花岗岩体与早中寒武世碳酸盐岩的接触带控制	区内共发现航磁异常 12 个	王浩式铁矿床(矽卡岩型)
$Ⅴ_{12}$宜兴-溧阳铁、铜、铅、锌、金成矿远景区	Y	太湖断块、滆湖断块	下扬子坳陷(拉张区)构造-岩浆带	中生代钙碱性火山岩;古生代—中生代碳酸盐岩-碎屑岩建造;燕山期辉长闪长岩、辉长闪长玢岩、流纹斑岩	东部燕山期岩浆侵入-喷发活动强烈,对铁、铜等矿产均有重要控制作用,岩体与围岩接触带控制内生金属矿产的分布。西部金属矿床类型属火山喷溢型、火山热液型及次火山热液型。铁、铜矿体主要赋存于侵入岩体顶部及附近火山岩裂隙中	区内共发现航磁异常 100 个。1∶5 万土壤测量表明,区内有 Cu、Pb、Zn、Mo 异常,异常与铅、锌矿化有关。1∶20 万自然重砂测量结果表明,有 2 个锡异常带;1 个铜异常带;1 个铅异常区;8 个黄铁矿异常区。它们与岩体或矿化关系比较密切	中巷铁铜矿(陆相火山岩型)、土包山铁金矿(矽卡岩型)、松岭铁矿(矽卡型)

续表 5-2

Ⅴ级成矿单元	成矿时代	Ⅳ级大地构造单元	成矿期构造环境	主要含矿建造	主要控矿因素	物化遥异常特征	主要矿床及成因类型
V_{13}苏锡铅、锌、银、铁、硫、萤石成矿远景区	Y	太湖断块	下扬子坳陷(拉张区)构造-岩浆带	古生代—中生代碳酸盐岩-碎屑岩建造;燕山期花岗岩、石英(花岗)斑岩和闪长玢岩	区域构造以北东向复式褶皱、推覆构造为特色,形成于印支期至燕山期中酸性侵入岩与成矿关系密切。矿体往往赋存于岩体与碳酸盐岩接触带或北东向、北西向或东西向断裂构造裂隙、碎屑岩和碳酸盐岩层间破碎构造	区内共发现航磁异常25个。花岗岩分布地区含Pb、Mo较高,Cu、Zn较低。花岗岩体外围地区出现以Pb、Zn为主,Mo、Cu为次的局部高值区,主要受北东向断裂控制,与热液活动有关。1∶20万自然重砂测量表明,在岩体与地层接触边界,发育有大面积的黄铁矿、辰砂等重砂异常	谈家桥铁矿(矽卡岩型),吴宅、迂里铅锌银矿(热液型、矽卡岩型),潭山铅锌黄铁矿床(矽卡岩型),俞石泉萤石矿(热液充填型)
V_{14}金山铜多金属成矿远景区	Y	吴江断块	苏(南)沪皖(南)浙(西)(弱挤压区)构造-岩浆带	中元古界金山岩群碳酸盐岩(矽卡岩)-碎屑岩(角岩)建造;燕山晚期花岗闪长岩	矿体主要赋存于岩体接触带矽卡岩中,少量赋于内接触带岩体裂隙中	重力表现为北西向重力梯级带,磁异常表现为北陡南缓近等轴状异常,含矿矽卡岩表现为低阻高极化电性特征	上海金山张堰铜矿床(矽卡岩型)

第六章　各(区)带成矿特征及成矿规律

第一节　各(区)带成矿特征

本次工作,江苏省及上海市共划分Ⅲ级成矿(区)带5个(划分与全国统一),Ⅳ级成矿亚带7个(划分与华东大区一致),在Ⅳ级基础上,进一步划出与本次潜力评价矿种相关的成矿远景区(Ⅴ级)14个。5个Ⅲ级(区)带中Ⅲ-68苏北(断陷)油气、盐类成矿区本次未进行评价工作。

一、Ⅲ-64鲁西(断隆、含淮北)金、铁、铝土矿、煤、金刚石成矿区

该成矿区在江苏省部分是以郯庐断裂为界,其西华北陆块南缘部分,本省划为一个Ⅳ级成矿亚(区)带:Ⅲ-64-① 鲁西金、铁、铝土矿、煤、金刚石成矿亚区。

大地构造单元属华北陆块区鲁西陆块鲁西碳酸盐台地。以中—新太古界泰山岩群作为基底为特征,构造、岩浆岩和矿产属华北型。中—新太古界泰山岩群组成结晶基底,缺失古—中元古代沉积地层,新元古界—古生界(上奥陶统—下石炭统)组成盖层沉积,与基底不整合接触,中生界与古近系主要为陆相断陷盆地沉积,各时代地层间呈整合或假整合关系;区内脆性断裂发育,以近东西向、北东向、北西向隐伏断裂为主,彼此构成断块构造;中生代岩浆侵入作用强烈,多期断裂构造活动复杂。区内金属矿产主要成矿期有两个:新太古代,矿床类型为与太古宙硅铁建造有关的沉积变质型铁矿;中生代,矿床类型为与燕山期中酸性岩浆侵入活动关系密切的矽卡岩型铁多金属矿。本区为江苏省煤炭工业基地,包括徐州煤田和丰沛煤田,含煤地层主要为上石炭统太原组和下二叠统山西组、中二叠统石盒子组。

该成矿带划分了3个与本次预测矿种相关的Ⅴ级成矿远景区:$Ⅴ_1$丰沛-四户隆坳铁、煤成矿远景区,$Ⅴ_2$利国-班井铁、金、煤成矿远景区,$Ⅴ_3$铜山张集-种羊场铁成矿远景区。

1. $Ⅴ_1$丰沛-四户隆坳铁、煤成矿远景区

该成矿远景区位于华北陆块区南缘丰沛近东西向隆起构造带,大地构造位置属华北陆块区鲁西陆块鲁西碳酸盐台地徐淮陆内盆地。除华山、栖山地区见零星基岩露头外,均隐伏于第四系之下,呈近东西向展布。

(1)地层。丰沛隆起带由东西向展布的基底岩石——中—新太古界泰山岩群古老变质岩组成结晶基底,岩性主要为花岗质片麻岩地、斜长片麻岩、斜长角闪岩、黑云变粒岩夹角闪变粒岩、阳起片岩、石榴石石英岩组合;其上为古生代稳定盖层沉积,岩性主要为寒武纪—奥陶纪、石炭纪—二叠纪沉积地层,下古生界缺失上奥陶统—志留系,寒武系—中奥陶系以碳酸盐岩为主夹砂泥质碎屑沉积,一般分布于丰沛隆起的南侧。晚古生代缺失泥盆系—下石炭统,中石炭统—二叠系为区内含煤岩系,尤以下二叠统山西

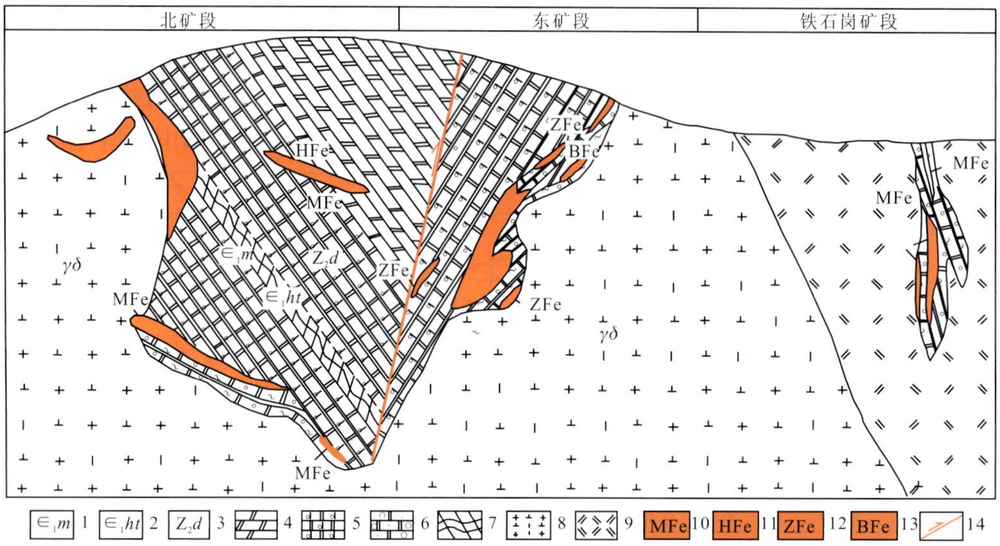

图 6-6　六合地区矽卡岩型铁矿矿床成矿模式图

1. 寒武系幕府山组；2. 寒武系荷塘组；3. 震旦系灯影组；4. 白云岩；5. 白云质灰岩；6. 矽卡岩；7. 角岩；8. 花岗闪长岩；9. 二长岩 10. 磁铁矿体；11. 赤铁矿体；12. 自熔性磁铁矿；13. 硼镁铁矿；14. 逆断层

2. Ⅴ$_8$ 宁镇铁、铜、铅、锌、银、金、钼、硫成矿远景区

该成矿远景区位于下扬子陆块苏皖前陆盆地镇江-溧水断块宁镇条块状断隆。区内基底为中元古界埤城岩群变质岩，震旦系—中新生界出露齐全，与成矿关系密切且对成矿有利的地层及岩性主要是石炭系黄龙组、二叠系栖霞组、三叠系青龙组及周冲村组的碳酸盐岩。燕山中晚期侵入形成的岩浆岩以闪长岩、二长岩等中酸性岩类为主，岩性主要为石英闪长岩、石英闪长玢岩、花岗闪长斑岩、石英二长斑岩及二长花岗岩等，分布面积大，剥蚀程度高，岩体在深部连成一片。弧形构造与近东西向长江深断裂带网格状控制宁镇地区构造线方向、地层展布及矿床的分布。3 个近东西向的复式背斜、两个复式向斜、纵向断裂及侵入接触带是主要的控矿构造。

区内物探异常特征为重磁同高，化探异常主要受岩体接触带及其褶皱背斜翼部的纵向断裂与北北西向断裂控制，隐伏成矿岩体异常以 Au-Pb-Zn-Sb-As-Ag-Hg 组合为特征，剥蚀的成矿岩体以 Cu-Au-Mo-Pb-Zn-Bi-As-Sb 元素组合为特征，围绕岩体异常呈似圆环状，有元素组合分带。

矿产种类以内生金属矿为主，主要有铅、锌、银、铁、铜、金、钼等，成因类型以矽卡岩型为主，其次是热液型、斑岩型及风化淋滤型等（图 6-7）。非金属矿产有石膏、硫铁矿、沸石等。金属矿产成矿时代为燕山中晚期。

3. Ⅴ$_9$ 宁芜铁、铜、铅、锌、金、硫、磷成矿远景区

该成矿远景区位于宁芜火山岩盆地的北段省内部分，大地构造位置位于下扬子陆块的东南部苏皖前陆盆地，属沿江构造岩浆活动带的一系列火山岩盆地之一，东以方山-小丹阳断裂为界，与溧水、句容盆地毗邻。总体上为一北北东向复式向斜构造，仅盆地边部次级背斜中分布有中生界三叠系青龙组—侏罗系象山群等火山岩盆地基底地层，盆地中大部分地区被上侏罗统龙王山组、大王山组覆盖，盆地西部有下白垩统姑山组、白头山组、娘娘山组等地层分布，其他中新生代地层仅分布于后期局部坳陷之中，其中火山岩地层占出露面积的 80%，岩性为一套由粗安质-安山质-石英安山质-英安质-石英粗面质的中基性—中酸性—碱性火山岩系，成层性良好，产状多较为平缓。区内与区域成矿关系密切的地层及岩性主要为周冲村组、黄马青组碳酸盐类建造、含钙质砂泥岩沉积建造、侏罗纪—白垩纪火山岩建造等，尤以大王山组与铁矿、姑山组和娘娘山组与铜金矿具有明显的成因联系。

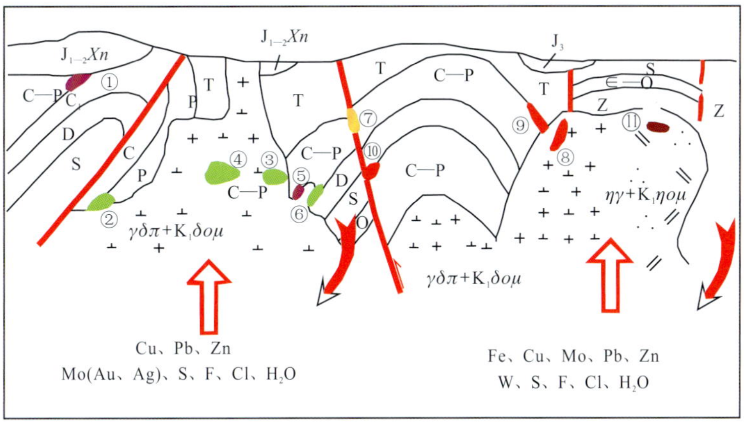

图 6-7　宁镇地区金属矿床区域综合成矿模式图

①栖霞山铅锌银矿；②伏牛山铜矿；③安基山铜矿(东)；④安基山铜矿(西)；⑤老人峰多金属矿；⑥铜山铜钼矿；⑦丁钯岗金矿；⑧韦岗铁矿；⑨巢凤山铁矿；⑩磁山头-五洲山铁矿；⑪谏壁钼(钨)矿

岩浆活动主要集中于中生代燕山期，表现为大规模、多期次的岩浆侵入和火山喷发活动，以多旋回的强烈火山作用为主要特色，形成的岩浆岩主要也以火山岩为主，为龙王山、大王山、姑山、娘娘山等火山喷发旋回的产物，区内广泛分布，岩性主要为一套粗安质-安山质-石英安山质-英安质-石英粗面质火山岩及相应的火山碎屑沉积岩等，火山岩成分由从早到晚由中基性向酸性、由钙碱性向碱性过渡演化，各旋回火山活动大致均以强烈爆发开始，喷溢沉积结束，晚期均有相应成分的次火山岩、浅成侵入岩的产出。区内次火山岩十分发育，多产出于火山机构中心或环状断裂带中，与火山岩围岩呈岩相过渡渐变关系，一般面积不大，规模较小，但与铁铜多金属成矿关系紧密。区内次火山岩岩石类型主要有角闪闪长(安山)玢岩、辉石闪长(安山)玢岩、安山玢岩、闪长玢岩、英安斑岩、粗安斑岩、粗面斑岩，与火山岩相似从早到晚由中基性向酸性、由钙碱性向碱性过渡演化，多呈小岩株、岩枝、岩脉、岩墙产出。其中辉石闪长玢岩岩体规模相对较大，以吉山、蒋门山、皇姑山、麒麟山、凤凰山岩体为代表，一般岩石富钠质，受北北东向与北西向断裂喷发带的控制，为区内铁矿成矿母岩。

区内褶皱构造简单，主要发育于火山岩系之下的基底地层中，所形成较大的区域性褶皱构造有宁芜向斜与凤凰山-乔木山倒转背斜，轴向北东东。断裂构造十分发育，主要是燕山运动以来，伴随强烈的火山-岩浆活动，形成了不同方向、不同性质的断裂系统。以北东向、北西向两组规模巨大，多贯穿全区，构成区内主要构造格架，大部分形成于燕山运动早期，同时伴有相当数量的北北东向、北东东向、北北西向、近东西向断裂，与区域主干断裂纵横交叉共同组成了区内断裂构造网络。以上构造多具多期活动的特征，一般北东—北北东向以压性或压扭性为主，北西向—北北西向断裂则以张性至张扭性为主，北北西向与北东东向断裂为共轭的扭性断裂，均反映了区域长期受北西-南东向的压应力作用。与区域性主干断裂伴生的次级断裂则是区内铁、铜、金矿床(脉)的主要控矿构造，具体控制了区内火山机构、后期侵入岩体(脉)、多金属矿化体的空间分布。伴随区内强烈的岩浆侵入与喷发活动，火山构造的发育是区内构造的重要形式，也是区内多金属矿产的重要控矿构造。宁芜火山岩盆地本身就是一北东向的火山构造洼地，区内主干断裂控制了断裂岩浆侵入喷发带的空间分布，形成了相应的构造喷发带，并具体控制了三级火山岩区的分布，与受断裂交叉网络控制的火山口、火山岩穹隆及配套形成的环状、放射状断裂一起组成了区内不同级别的火山机构。

主要的铁铜硫金矿床及星罗棋布的矿点大部分皆位于构造岩浆成矿亚带中，受区内北东向、北北东向、北西向及其他断裂纵横交叉形成的断裂网格及火山机构控制。不同矿种、不同类型的矿床往往与一定旋回的火山-侵入活动有关，区内火山岩、次火山岩与围岩接触部位热液蚀变和热变质现象普遍而发育，与铁、铜、硫矿化关系密切。如玢岩型铁矿与燕山期侵位的次火山岩-辉石闪长玢岩具有强烈的成因联系，它们的分布受喷发-侵入活动（喷发中心或北北东和北西向两组基底断裂（构造岩浆喷发带））控制，围绕次火山岩侵入体可依次出现一组不同矿物组合铁矿床（玢岩铁矿系列）（图 6－8），在玢岩式磁铁矿矿床中都不同程度地含磷灰石，尤其是铁矿体边缘和下部浸染状矿石中含磷灰石较富，可综合利用；铜、金矿的产出多与燕山中晚期的碱性与弱碱性火山岩关系密切，与娘娘山旋回碱性的富钾火山岩具明显的成因联系，矿化体受次级断裂与火山机构的共同控制（图 6－9）。

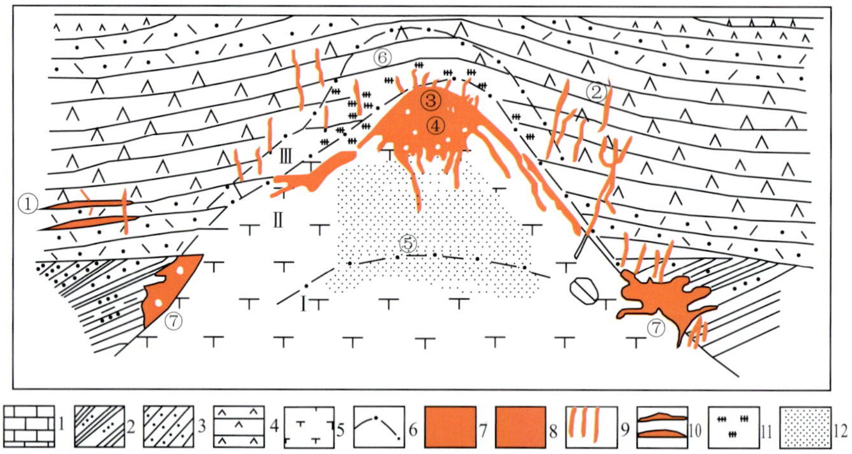

图 6－8　宁芜玢岩铁矿区域成矿模式图（引自《宁芜玢岩铁矿》，1978）

1. 下三叠统青龙组灰岩；2. 中三叠统黄马青组砂页岩；3. 中下侏罗统象山群砂岩；4. 晚侏罗世—早白垩世火山岩；5. 辉长闪长岩-辉长闪长玢岩；6. 蚀变分带界线；7. 角砾岩化及角砾状矿石；8. 块状矿石；9. 镜铁矿或磁铁矿；10. 层状铁矿；11. 黄铁矿；12. 浸染状磁铁矿。①龙旗山式；②龙虎山式；③梅山式；④凹山式；⑤陶村式；⑥向山式；⑦凤凰山式。Ⅰ. 下部浅色蚀变带；Ⅱ. 中部深色蚀变带；Ⅲ. 上部浅色蚀变带

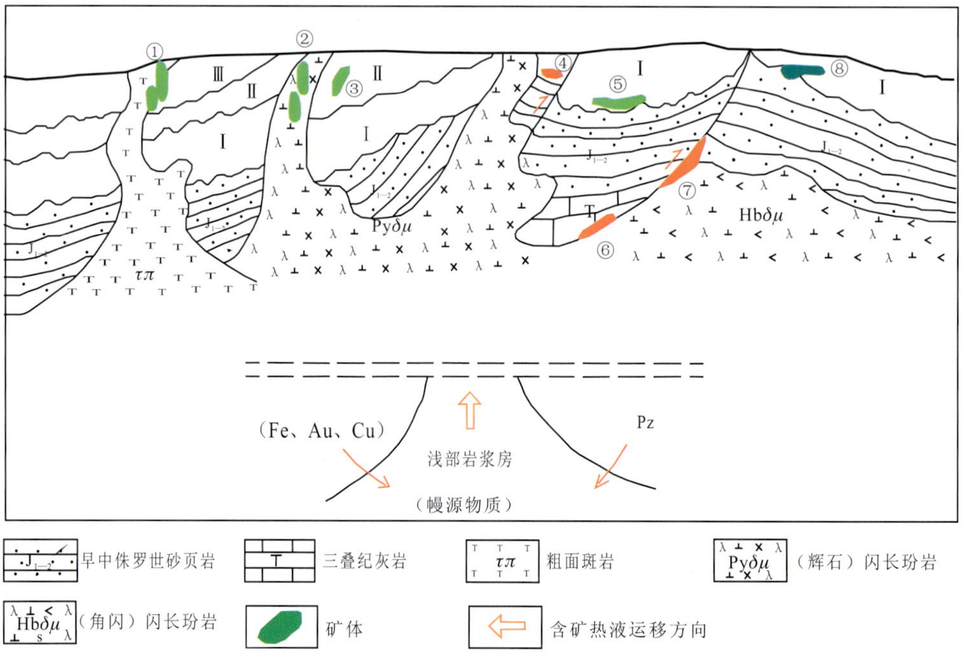

图 6－9　宁芜地区陆相火山岩型铜金多金属矿区域综合成矿模式图

①铜井铜金矿；②谷里铜矿；③大岭岗铜矿；④天台山硫铁矿；⑤大平山铜矿；⑥凤凰山铁矿；⑦云台山硫铁矿；⑧陶吴铅锌矿。Ⅰ. 安山岩旋回；Ⅱ. 粗安岩旋回；Ⅲ. 碱性岩旋回

4. V_{10}溧水铁、铜、金、铅、锌、硫成矿远景区

溧水火山岩盆地及周边次级隆起带,西以方山-小丹阳断裂为界与宁芜火山盆地相邻,大地构造位置属下扬子陆块的苏皖前陆盆地,属沿江构造岩浆活动带的一系列火山岩盆地之一。

区内仅盆地边部次级背斜及局部隆起中分布有古生界上奥陶统—下志留统高家边组至侏罗系象山群等火山岩盆地基底地层,其中古生界志留系、泥盆系、石炭系、二叠系和中生界下三叠统分布于远景区东部茅山推覆体内;中生界中、上三叠统和中、下侏罗统分布于宁芜盆地东缘脊状隆起带中,另有一部分中、下侏罗统分布于溧水西部断块中,盆地中心大部分地区为上侏罗统龙王山组、大王山组和下白垩统姚家边组覆盖,区内与区域成矿关系密切的地层及建造主要为周冲村组与黄马青组碳酸盐类建造、含钙质砂泥岩沉积建造,早侏罗世含钙质碎屑沉积建造,侏罗纪—白垩纪火山岩建造等。

燕山期岩浆活动以多旋回的强烈火山喷发作用为主要特色,形成的岩浆岩也主要以火山岩为主,为龙王山、大王山、姚家边、甲山等火山喷发旋回的产物,区内广泛分布,岩性主要为一套由粗安质-粗面质-玄武质-流纹质火山岩及相应的火山碎屑沉积岩等,火山岩成分由从早到晚由中基性向酸性、由钙碱性向碱性过渡演化,各旋回火山活动大致均以强烈爆发开始,喷溢沉积结束,晚期均有相应成分的次火山岩、浅成侵入岩的产出。次火山岩多产出于火山机构中心或环状断裂带中,与火山岩围岩呈岩相过渡渐变关系,规模大小不等,一般出露面积均较小,但与区内铁铜多金属成矿作用关系紧密。区内次火山岩岩石类型主要有角闪闪长(安山)玢岩、辉石闪长(安山)玢岩、安山玢岩、闪长玢岩、英安斑岩、粗安斑岩、玄武玢岩等,与火山岩相似从早到晚由中基性向酸性、由钙碱性向碱性过渡演化,多呈小岩株、岩枝、岩脉、岩墙产出。其中,角闪闪长玢岩、辉石闪长玢岩为区内铁矿主要成矿母岩。粗安斑岩是区内发育程度仅次于角闪闪长玢岩的又一类次火山岩,主要分布于火山岩盆地外缘周边地区,大部分为姚家边旋回的产物,主要受火山活动中心控制,岩石次生蚀变作用强烈,围岩接触带多有矽卡岩化、绿帘石化等深色蚀变和硅化、绢云母化、高岭土化等浅色蚀变,与铜金及多金属矿成矿作用关系密切。

溧水远景区所在的大地构造单元为下扬子古陆块苏皖前陆盆地,三叠纪前为一长期坳陷区,发育一套地台型稳定沉积,构造运动较弱;三叠纪以来,受太平洋板块俯冲挤压影响,区域构造演化进入大陆边缘活动带阶段,火山作用频繁,构造运动强烈,以断裂活动或断块作用为主,形成区域以断裂构造和火山构造为主的构造格架。断裂构造十分发育,构造形迹主要有北北东向、北东向、北东东向、东西向、北西西向、北西向、北北西向、南北向8组,组成区内网络状构造格局,将溧水火山岩盆地切割成多个"菱形断块"。其中北北东向断裂对区域沉积建造、火山喷发与岩浆侵入岩带的空间展布、后期断隆分布均有明显的控制作用;北西向断裂是区内最为发育的一组断裂构造,以张扭性、扭张性平移正断层为主,部分扭性平移断层,构造形迹数量多,且部分也为规模较大的区域性断裂,活动时间长,控岩控矿作用明显;其他方向的断裂构造多是在特定的构造活动期和特定地质条件下的产物,一般规模均较小,多为局部构造,发育数量不一,断裂性质复杂,对部分火山岩、后期侵入岩脉和部分铜多金属矿化、天青石、重晶石等热液充填脉有较明显的控制作用。伴随区内强烈的岩浆侵入与喷发活动,火山构造的发育也是区内构造的重要形式,溧水火山岩盆地本身就是一个于燕山运动早期形成的中侏罗世断陷基础上逐步形成的北北东向继承式火山构造洼地,区内北向与北西向主干断裂控制了岩浆侵入与喷发构造带的空间分布,形成了相应的断裂喷发带,并具体控制了三级火山岩区的分布,与受断裂交叉网络控制的火山口、火山岩穹隆及配套形成的环状、放射状断裂一起组成了区内不同级别的火山机构。区内大部分矿床或矿点都与火山机构有密切的关系,部分火山构造直接控制了矿化体的空间赋存位置与矿体形态。

从内生矿产分布规律来看,燕山期的火山岩-次火山岩活动期是溧水地区主要内生矿床的成矿阶段。燕山晚期早阶段龙王山旋回火山岩(角闪安山岩)-次火山岩(角闪闪长玢岩)活动的热液期形成区内铁、铜、铅、锌多金属等系列矿床,玄武岩、辉石安山岩-玄武玢岩、辉石闪长玢岩活动的热液期形成该区铁、铜、黄铁矿系列矿床,燕山晚期的姚家边旋回火山岩(粗安岩)-次火山岩(粗安斑岩)活动的热液期形成铜多金属、金、锶、锗、铀系列矿床;空间上,矿床主要围绕着火山岩-次火山岩的活动中心产出(图6-10)。区域性

的纵向断裂与横向断裂的交叉部位是控制火山岩的活动部位，也是控制成矿的主要部位。

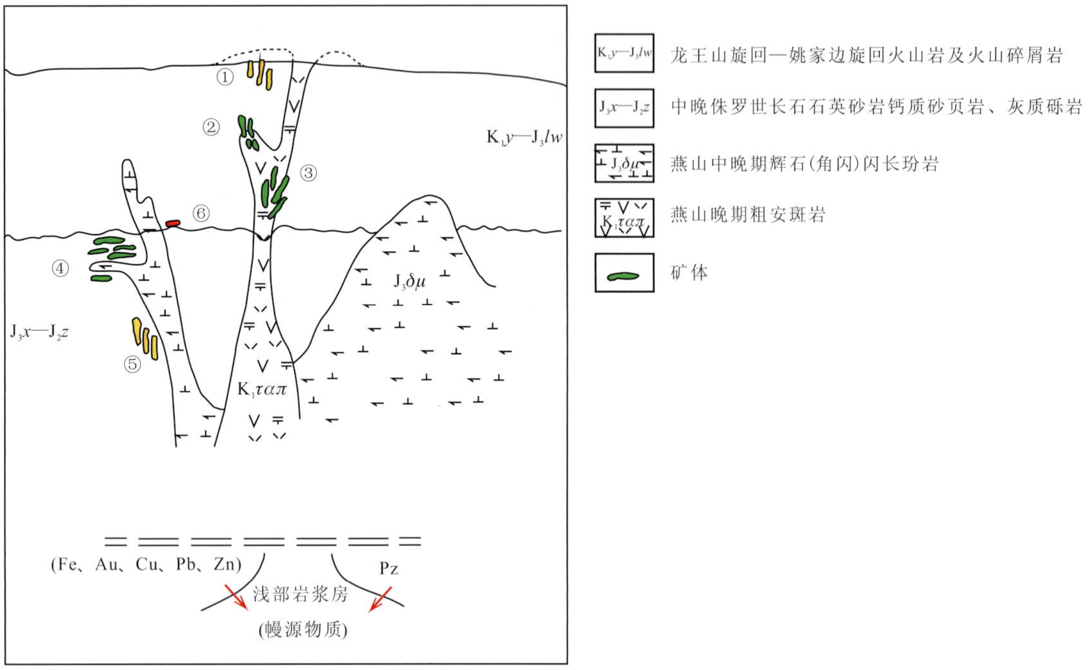

图 6-10　溧水地区铜金多金属矿区域综合成矿模式图

①金驹山金矿；②金牛山铀铜矿；③观山铜铅矿；④獾子洞铜金矿；⑤西横山(燕子口)金矿；⑥卧龙山黄铁矿

(三)Ⅲ-69-③ 宣城-苏州铜、钼、金、银、铅、锌成矿亚带

该成矿亚带位于下扬子陆块，紧贴江南台隆，省内部分为江南断裂(如皋-金坛断裂)与湖苏断裂(启东-昆山断裂)之间区域，大地构造单元属下扬子被动陆缘。结晶基底主要由中元古界上溪岩群组成，晋宁运动将其与苏皖前陆盆地组成拼合成一个统一的整体，其后的沉积作用、岩浆作用与构造活动与苏皖前陆盆地基本一致。

该成矿亚带内构造以北东向构造为主，并有东西向与北北东向构造的叠加复合，较大的侵入岩体有庙西花岗岩体、苏州花岗岩体、城隍山石英斑岩(花岗斑岩)体等。省内范围与成矿有关的侵入岩体为燕山期侵入中酸性—酸性岩类，岩性主要有花岗闪长岩、石英斑岩、花岗斑岩、花岗岩等。赋矿地层主要有石炭系—二叠系及下三叠统，部分地层中金属元素丰度较高，为成矿提供了部分物质来源。

控岩控矿构造为北东向、北北东向、东西向以及推覆构造，在构造的复合部位是成矿的有利部分。岩体的侵入接触带、层间构造及逆掩(推覆)构造均属有利成矿构造。

成矿元素主要有 Fe、Nb(Ta)、Cu、Pb、Zn、Au、Ag、Mo、Sn、S 等，矿床类型主要有矽卡岩型、中—低温热液型矿床。成矿时代：苏州西部地区以燕山早期为主，而宜溧地区和南通地区则以燕山中晚期为主。

该亚带省内部分划有 3 个Ⅴ级成矿远景区：$Ⅴ_{11}$南通-启东铁成矿远景区，$Ⅴ_{12}$宜兴-溧阳铁、铜、铅、锌、金成矿远景区，$Ⅴ_{13}$苏锡铅、锌、银、铁、锡、萤石成矿远景区。

1. $Ⅴ_{11}$南通-启东铁成矿远景区

该成矿远景区为一隐伏隆起，处于下扬子被动陆缘南通断块，中新生代地层之下分布的主要为古生界寒武系、奥陶系、志留系、泥盆系、石炭系、二叠系及中生界三叠系，其中，寒武系—奥陶系主要为灰岩、白云质灰岩和白云岩等碳酸盐岩建造，志留系—泥盆系主要为砂岩-粉砂岩-泥岩碎屑沉积建造，石炭系—三叠系主要为碳酸盐岩建造，其次为砂岩-粉砂岩等碎屑岩建造。

区域岩浆活动主要为燕山中晚期的中酸性岩浆的侵入。岩浆活动与东西向及北东向断裂构造活动有关，总体受断裂构造带的控制，岩体多分布于两组断裂构造交切部位。主要有闪长岩类与花岗岩类。

基岩中主要褶皱构造为南通-三余断裂隆起带，为南通-启东隐伏隆起的组成部分，主要由 3 个背斜与 2 个向斜构造构成，褶皱由古生代及早中生代地层组成，背斜核部揭示最老地层为寒武系，向斜核部揭露最新地层为三叠系青龙组。断裂隆起带南侧覆盖侏罗纪火山岩地层，北侧则沉积有白垩纪陆相碎屑沉积地层，隆起构造带总体走向北东东，向北东翘起。区内断裂构造发育，主要有东西向、北东向、北西向 3 组，东西向断裂构造形成最早，北东向构造发育最为强烈，构造了区域构造基本形态，而北西向断裂构造则形成较晚，切割错断了前 2 组方向的断裂构造。

区内有较多航磁异常分布，在王浩式花岗岩体和早中寒武世碳酸盐岩的接触带上，已发现矽卡岩型铁矿床，矿石以磁铁矿为主，另有少量辉钼矿、辉铋矿、硼镁铁矿等。

2. V_{12}宜兴-溧阳铁、铜、铅、锌、金成矿远景区

该成矿远景区西为戴埠-社渚火山断陷盆地，东为中生代隆起区。东部隆起区广泛分布石炭纪、二叠纪、三叠纪碳酸盐岩。地层总体呈北东—北东东走向。北北东向与北西向、东西向断裂在区内交叉，燕山期岩浆侵入-喷发活动强烈。燕山期岩浆侵入-喷发活动对铁、铜等矿产均有重要控制作用，岩体与围岩接触带控制内生金属矿产的分布，成因类型多属矽卡岩型及热液交代充填型。西部矿床类型属火山喷溢型、火山热液型及次火山热液型。铁、铜矿体主要赋存于侵入岩体顶部及附近火山岩裂隙中，多呈透镜状及脉状。已发现的铁矿以矿点居多。

金属矿产以铁、铜、金为主，成矿期为燕山中晚期。区内内生矿产在时间上的演化与构造、岩浆及热液活动等多种因素有关，构造、岩浆及热液活动总的特点是“多期、多次”，因此表现在成矿作用上也具有“多期、多次”的特点。晚侏罗世—白垩纪是本区构造、岩浆活动最强烈的时期，岩浆多次喷发和侵入，为内生矿产的形成提供了有利条件。首先是较中性的闪长岩类侵入，形成了铁、铜、金等多金属矿床；其次是较酸性的花岗闪长岩的侵入，形成重晶石、金多金属等矿床(图 6－11)。

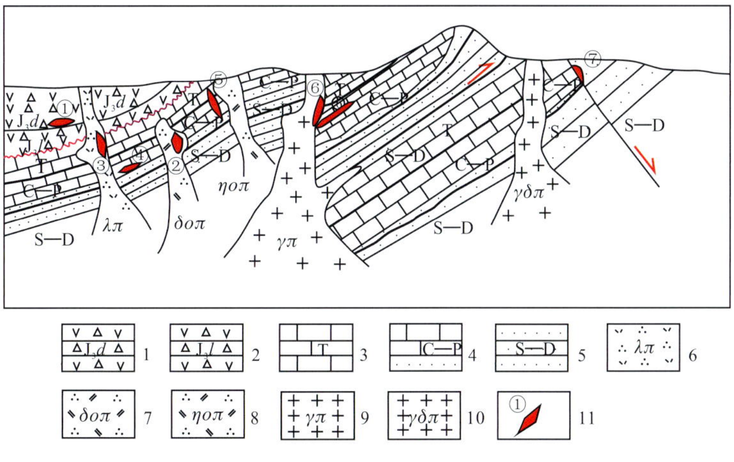

图 6－11　宜溧地区铜金多金属矿区域综合成矿模式图

1. 大王山组粗安质火山岩及火山碎屑岩建造；2. 龙王山组粗安质火山岩及火山碎屑岩建造；3. 青龙组碳酸盐建造；4. 石炭纪—二叠纪碎屑岩及碳酸盐建造；5. 志留纪—泥盆纪碎屑岩建造；6. 流纹斑岩；7. 石英闪长斑岩；8. 石英二长斑岩；9. 花岗斑岩；10. 花岗闪长斑岩；11. 矿体：①中巷铁铜矿，②土包山金铁矿，③松岭铁矿，④兔子山铁矿，⑤大贤岭金矿，⑥杨家村多金属矿，⑦吉多介金矿

区内各类型矿床(点)，在空间分布上都具有方向性。含矿带主要有北北东(烟山-大贤岭-凤凰山金铁多金属成矿带)、近东西(中巷-土包山铁铜金成矿带)、北东 3 个展布方向。

同一含矿带内往往有多矿种共、伴生。它们在成因、形成时间及空间分布上都有密切的联系，是一个成矿系列中不同时期、不同阶段的产物。

3. V_{13}苏锡铅、锌、银、铁、硫、萤石成矿远景区

该成矿远景区位于扬子陆块区下扬子被动陆缘，太湖断块，南东毗邻吴江断块。区内元古宇、下古生界未见出露，上古生界—三叠系分布广泛，沉积一套三角洲-陆相碎屑岩建造、海陆交互相含煤碎屑建造、浅海碳酸盐岩建造，缺失中三叠统—中侏罗统。晚侏罗世沉积一套以角砾熔岩和英安岩为主的火山岩类建造，缺失下白垩统，晚白垩世沉积一套内陆湖泊相红色碎屑岩建造，新生代主要为近代河流、湖泊相碎屑沉积。

岩浆活动极为频繁，岩浆岩种类较多，侵入岩和火山岩均有出露，主要形成于印支末期至燕山期。形成的岩浆岩主要以中酸性岩类建造为主，花岗岩建造是区内最主要的侵入岩建造类型，大多为隐伏岩体，主要受隐伏基底断裂或北东—北北东向区域性断裂构造控制。区内主要岩体大多为燕山早期岩浆侵入作用的产物，以花岗岩类建造为主，多为 I 型或 A 型，花岗岩体多呈岩基状、岩枝状产出，形成侵入岩穹隆，岩体规模一般较大，与区域成矿作用关系密切。

构造受区域性北东向湖(州)苏(州)深断裂和北西向苏锡基底断裂共同制约，构造格架在原地体中以印支期短轴向斜为基础，外来地体则以推覆构造为特色，并叠加伴随中生代构造岩体所表现的环状构造格局。苏州西部印支褶皱以木渎短轴向斜为主要代表，轴向北西，四周圈闭成盆地，核部出露五通组，北东侧出露青龙组，并经后期构造叠加和岩浆活动，四周金墅二长花岗岩体侵入，核部为苏州花岗岩侵入。预测区内主要构造形式有东西向构造、北东向构造、北西向构造、北北东向构造、弧形断裂构造(火山机构)及推覆构造等。

矿产种类以铅、锌、银、铜、钼、铌、硫(锡)和高岭土为特色，矿床成因类型主要有矽卡岩型、矽卡岩伴生热液型、斑岩型、火山热液型、钠长石花岗岩型和石英脉型等，与燕山期侵入岩浆活动关系密切，成矿作用多围绕侵入岩体呈环带状分布，与成矿关系密切的构造则以弧形断裂构造(火山机构)、北东向构造及推覆构造为主(图 6-12)。

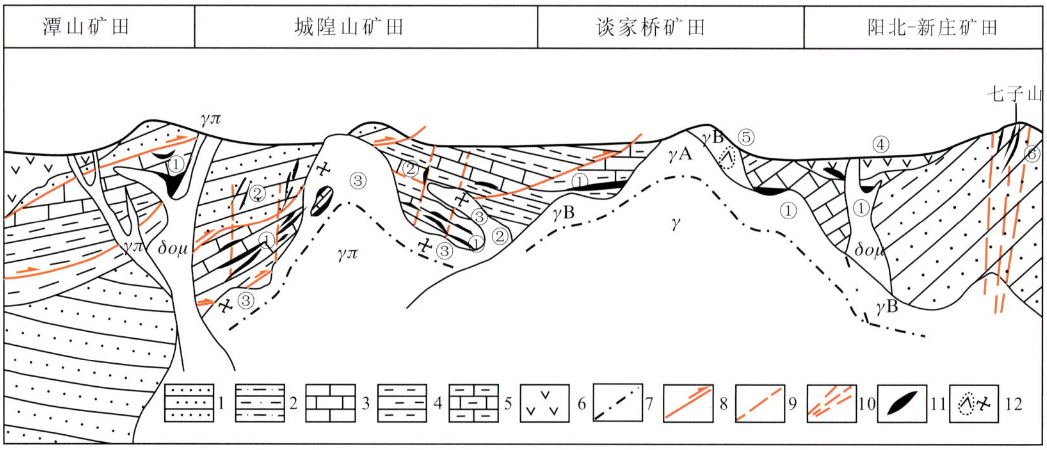

图 6-12 苏州西部地区多金属矿成矿模式图

1. 泥盆纪(D)石英砂岩；2. 高骊山组(C_1g)泥质粉砂岩、石英砂岩；3. 黄龙组—栖霞组碳酸盐岩；4. 堰桥组—龙潭组粉砂岩夹泥岩；5. 长兴组—青龙组碳酸盐岩；6. 侏罗纪火山岩；7. 岩体蚀变成分相界线；8. 逆推断裂；9. 控矿断裂；10. 构造裂隙；11、12. 矿体及矿床类型：①矽卡岩型，②热液型，③斑岩型，④火山热液型，⑤蚀变花岗岩型，⑥石英脉型。$\gamma\pi$. 花岗斑岩(石英斑岩)；$\delta o\mu$. 石英闪长玢岩；γ. 花岗岩；γA. 富钠长石花岗岩；γB. 富黑云母花岗岩

区内各类矿床在空间分布上常具环状分布特点。苏州西部地区旋扭构造控制各类矿产多围绕多期次环状侵入岩体呈双环重叠分布，外环有组成城隍山矿田，阳北-新庄矿田的各矿床(点)，主要成矿元素为 Pb、Zn、Ag、Cu、Bi、S 等；内环为组成谈家桥矿田的各矿床(点)，主要成矿元素为 Zn、Fe、Sn、Nb、Ta 等。

此外，斑岩型、矽卡岩型、热液充填型 3 类矿体常可在同一矿区围绕岩体接触带的不同部位相继出现，形成成矿元素组合基本相同的“多型一体”矿床组合，如吴宅矿床、迂里矿床均属以层控矽卡岩型为主的多型一体矿床组合。

四、Ⅲ-71 武功山-杭州湾铜、铅、锌、银、金、钨、锡、铌、钽、锰、海泡石、萤石、硅灰石成矿带

该成矿带位于江山-绍兴断裂以北，属扬子与华南两个成矿省的过渡部位，是钦州湾-杭州湾结合带的主要地段，属中—新生代时期的苏(南)皖(南)浙(西)弱挤压区。南华纪—早古生代属下扬子陆块东南被动陆缘，复理石建造；晚古生代为华南陆表海；中生代为华南挤压区北侧弱挤压区，沿基底断裂形成众多的北东向断陷盆地。侵入活动主要是早燕山期(T_3—J_2)。与火山岩同源侵入于断陷区的中酸性、酸性岩，与 Cu、Pb、Zn、Mo(Au、Ag)矿化相关；侵位于下古生代断隆区的花岗岩类，与 W、Be、Mo、Sn(Nb、Ta)矿化相关。火山热液型高岭土、膨润土矿床，以及火山期后拉张环境中的热水型萤石矿床，是本区的重要非金属矿产。

该成矿带共划分为 5 个成矿亚带，江苏省苏昆断裂以东以及上海市处于Ⅲ-71-⑤天目山-金山铜、铅、锌、银、金、钨、锡、铌、钽、铁、萤石成矿亚带。带内以金山铜多金属矿为中心划了一个Ⅴ级成矿远景区：$Ⅴ_{14}$金山铜多金属成矿远景区。

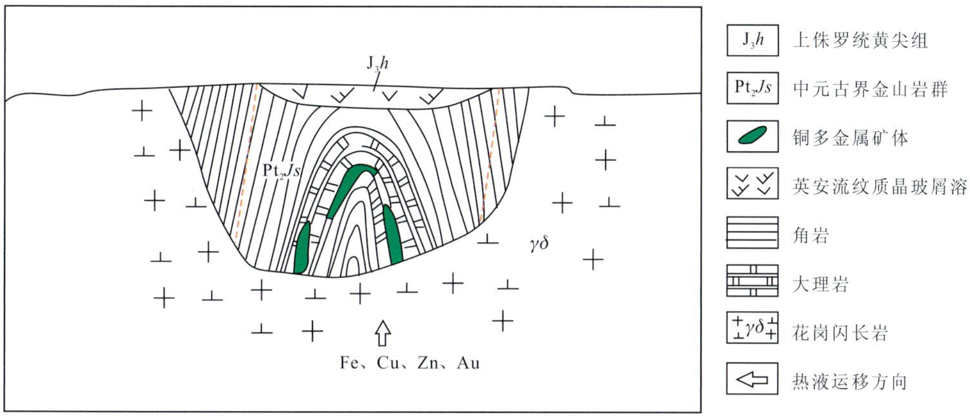

图 6-13　上海市金山地区铜多金属矿成矿模式图

$Ⅴ_{14}$金山铜多金属成矿远景区的大地构造位置处于下扬子被动陆缘吴江断块，金属矿产以铜、铅锌、铁、金为主，成矿期为燕山晚期。成矿作用与燕山晚期(119Ma)中酸性岩浆侵入活动有关，岩性主要为花岗闪长岩，另有石英闪长玢岩、煌斑岩、二长花岗岩、花岗斑岩等，多呈小岩株、岩脉沿断裂构造带产出，其中花岗闪长岩与金属矿产成矿关系密切。基底构造以近东西向为主，盖层中断裂则以北东向、北西向断裂为主。金山-南汇断隆内的张堰-南汇断裂带为区内主要控岩控矿断裂构造。中元古界金山岩群角岩、白云质大理岩及矽卡岩为本区主要成矿围岩。矿床成因类型以矽卡岩型为主，矿体赋存于花岗闪长岩体与金山岩群接触带矽卡岩中及接触带附近岩体中。代表矿床为上海市金山张堰铜矿床。

第二节 矿床成矿系列及成矿谱系

一、矿床成矿系列划分

成矿系列是矿床地质学科中研究区域成矿规律的一种学术思想，也是一种矿床的自然分类。成矿系列概念的核心观点是：认为矿床不是单独出现，而是成群、成不同类型组出现，也就是以不同成因、不同矿种，甚至属于不同地质建造的矿床组成的相互有成因联系的矿床组合的自然体出现。因此，成矿系列所研究的对象是时空域中矿床的自然体及其时空结构、形成地质构造环境、形成过程、演化规律以及矿床自然体之间存在的各种关系。通过对这些关系的研究、探索和掌握，应用于指导区域找矿，提高找矿效率，并在过程中进一步提高对成矿规律的认识。

经典型矿床和区域成矿作用及矿床时空分布规律研究[各成矿(区)带成矿特征已在前节详述，本节不再赘叙]，省内主要成矿系列(亚系列)划分情况如下(表6-1)。

1. 华北陆块南缘成矿系列厘定

江苏省徐州地区处于华北陆块南缘，属Ⅲ-64鲁西金、铁、铝土矿、煤、金刚石成矿区。区内分布有与中—新太古代泰山岩群山草峪组含铁石英岩建造，目前尚未发现矿床。已知金属矿床主要为矽卡岩型及热液型铁、金等金属矿床(点)，矿床形成和空间分布与燕山早期中性—中酸性岩浆活动有关。煤矿主要为赋存于上石炭统太原组和下二叠统山西组、中二叠统石盒子组过渡相-滨海平原相沉积地层。区内划出3个成矿系列：Ar_{3-4}-1华北陆块南缘与中—新太古代沉积变质作用有关的铁矿床成矿系列(该系列目前已知矿床主要分布于邻省山东)；Mz-1华北陆块南缘与燕山期构造-岩浆活动有关的铁、金、铜矿床成矿系列；Pz_2-1华北陆块南缘与石炭纪—二叠纪沉积作用有关的煤矿成矿系列。

2. 苏鲁造山变质带成矿系列厘定

省内部分属Ⅲ-67桐柏-大别-苏鲁(造山带)金、银、铁、铜、锌、钼、金红石、萤石、珍珠岩成矿带，区内厘定出2个成矿系列：Pt_{1-2}-1苏鲁造山带与古—中元古代沉积变质作用有关的铁、磷、蓝晶石矿床成矿系列；Mz-2苏鲁造山带与燕山期构造-岩浆活动有关的金、铜、铅、锌矿床成矿系列。

3. 长江中下游成矿带(江苏段)成矿系列厘定

长江中下游地区(江苏段)铁、铜、金、铅锌多金属及硫等均属内生矿产，矿产的形成和空间分布与燕山期岩浆活动密切相关，常围绕岩浆火山-侵入活动中心展布，岩浆活动中心也是成矿活动中心。成矿系列划分：Mz-3长江中下游与燕山期中—酸性岩浆侵入-喷发作用有关的铁、铜、金、钼、铅、锌、银、多金属、硫铁矿、膨润土、高岭土、硅灰石矿床成矿系列，包括6个主要成矿亚系列。6个主要成矿亚系列分别为：

(1)与燕山期壳幔同熔型中基性—中酸性—碱性火山-次火山岩有关的铁、铜、金、锶、硫铁矿、膨润土矿床成矿亚系列(宁芜“玢岩型”亚系列)。

(2)与燕山中期壳幔同熔型中酸性侵入岩有关的铜、钼、铅、锌、银、金、铁、硫铁矿矿床成矿亚系列(宁镇“斑岩型”亚系列)。

(3)与碳酸盐岩等沉积岩容矿有关的铅、锌、银、金、铜、铋、硫铁矿矿床成矿亚系列。

(4)铁帽型金矿床成矿亚系列。

(5)与燕山期壳幔同熔型中酸性-酸性火山-侵入岩有关的铅、锌、银、铁、铜、金、高岭土矿床成矿亚系列。

表 6-1 江苏省成矿系列(亚系列)划分表

矿床成矿系列		矿床成矿亚系列	矿床式及成矿类型	典型矿床
华北陆块南缘(江苏省内)	与中—新太古代沉积变质作用有关的铁矿床成矿系列(Ar_{3-4}-1)		鞍山式沉积变质型铁矿	区内无典型矿床,仅有少量矿(化)点
	与燕山期构造-岩浆活动有关的铁、金、铜矿床成矿系列(Mz-1)		利国式矽卡岩型铁矿	利国铁矿床、墓山铁矿床
	与石炭纪—二叠纪沉积作用有关的煤矿成矿系列(Pz_2-1)			丰沛煤田和徐州煤田(含煤地层为上石炭统太原组、下二叠统山西组和中二叠统石盒子组过渡相-滨海平原相沉积地层)
苏鲁造山带(江苏省内)	与古—中元古代沉积变质作用有关的铁、磷、蓝晶体矿床成矿系列(Pt_{1-2}-1)		海州式沉积变质型磷矿、鞍山式沉积变质型铁矿	锦屏磷矿床
	与燕山期构造-岩浆活动有关的金、铜、铅、锌矿床成矿系列(Mz-2)		焦家式破碎蚀变岩型金矿	区内无典型矿床,矿点、矿化点较多

续表 6-1

矿床成矿系列		矿床成矿亚系列	矿床式及成矿类型	典型矿床
长江中下游成矿带	与燕山期中—酸性岩浆侵入-喷发作用有关的铁、铜、金、钼、铅、锌、银多金属、硫铁矿、膨润土、高岭土、硅灰石矿床成矿系列（Mz-3）	与燕山期壳幔同熔型中基性-中酸性-碱性火山-次火山岩有关的铁、铜、银、锶、硫铁矿、膨润土矿床成矿亚系列（宁芜"玢岩型"亚系列）	①宁芜式陆相火山岩型铁矿床	梅山铁矿床、吉山铁矿床、麒麟山铁矿床、凤凰山铁矿床
			②"玢岩式"岩浆期后型磷矿床	泰山铁磷矿床
			③云台山式陆相火山岩型硫铁矿床	云台山硫铁矿床
			④铜井式陆相火山岩型铜金矿床	铜井铜金矿床、金驹山金矿床、观山铜铅矿
			⑤爱景山陆相火山岩型锶矿床	爱景山锶矿床
			⑥甲山陆相火山岩型膨润土矿床	甲山膨润土矿床
		与燕山中晚期壳幔同熔型中酸性侵入岩有关的铜、钼、铅、锌、银、金、铁矿床成矿亚系列（宁镇"斑岩型"亚系列）	①安基山式铜矿床	安基山铜（钼、铅、锌）矿床、盘龙岗铜钼矿床
			②铜山式矽卡岩型钼矿床	铜山钼铜矿床
			③谏壁式斑岩型钼矿	谏壁钼（钨）矿床
			④大冶式（韦岗式、冶山式）铁矿床	韦岗铁矿床、冶山铁矿床
			⑤铜陵式矽卡岩型（岩浆热液型）硫铁矿床	岔路口硫铁矿床
		与碳酸盐岩等沉积岩容矿有关的铅、锌、银、金、铜、铋、硫铁矿矿床成矿亚系列	①栖霞山式碳酸盐岩（层控热液）型铅锌银多金属矿床	栖霞山铅锌银矿床、甘家巷铅锌银矿床
			②汤山式卡林型金矿	汤山金矿床
		铁帽型金矿床成矿亚系列	新桥式（平山头式）铁帽型金矿	平山头银金矿床
		与燕山期壳幔同熔型中酸性—酸性火山-侵入岩有关的铅、锌、银、铁、铜、金、高岭土矿床成矿亚系列	①吴宅式铅锌银矿床	吴宅铅锌银矿床、迁里铅锌银矿床、潭山铅锌硫矿床、小茅山铅锌铜多金属矿床
			②王浩式矽卡岩型铁矿床	王浩铁矿床
			③土包山式矽卡岩型金铁矿床	土包山金铁矿床
			④苏州高岭土矿床	观山、阳东、阳西、白龙寺、戈家坞等高岭土矿床
		与燕山期 A 型花岗岩有关的铁、锌、锡、铌、钽矿床成矿亚系列	①善安浜式花岗岩型铌钽矿床	善安浜钽（铌）矿
			②谈家桥式矽卡岩型铁矿床	谈家桥锌铁矿床
			③俞石泉式热液充填型萤石矿床	俞石泉萤石矿床
	与二叠纪沉积作用有关的煤矿成矿系列（Pz_2-2）			苏南成煤区（含煤地层主要为中二叠统龙潭组，含煤建造为砂岩-粉砂岩-泥岩等沉积建造）
天目山-金山成矿亚带（上海市）：与燕山期壳幔同熔型中酸性—酸性火山-侵入岩有关的铜、铅、锌、铁多金属矿床成矿系列（Mz-4）			金山式矽卡岩型铜矿床	张堰铜矿床

(6)与燕山期A型花岗岩有关的铁、锌、锡、镍、钼矿床成矿亚系列。

本区含煤地层主要为中二叠统龙潭组,主要分布于苏南地区,含煤建造为砂岩-粉砂岩-泥岩等沉积建造,划为 Pz_2-2 长江中下游与二叠纪沉积作用有关的煤矿成矿系列。

4. 天目山-金山成矿亚带(上海金山)

上海金山地区处于Ⅲ-71-⑤天目山-金山成矿亚带东端,大地构造位置属下扬子被动陆缘,金属矿产以铜、铅锌、铁、金为主,成矿期为燕山晚期。成矿作用与燕山晚期(119Ma)中酸性岩浆侵入活动有关,矿床成因类型以矽卡岩型为主,矿体赋存于花岗闪长岩体与金山岩群碳酸盐岩接触带矽卡岩中及接触带附近岩体中。区内可划出一个重要矿产成矿系列:

Mz-4 天目山-金山与燕山期壳幔同熔型中酸性—酸性火山-侵入岩有关的铜、铅、锌、铁、多金属矿床成矿系列。

成矿系列编号说明:本专著对江苏省内成矿系列划分采用统一编号方式,即以地质时代的代号为基础,在横线之后加阿拉伯数字,在数字右边以上标数字表示亚系列。如 $Mz-3^1$ 表示中生代第三个系列中的第一亚系列。有的矿床成矿系列形成于某个主要时代,但其中个别亚系列的时间延续范围可能略有不同或当成矿时代有争议时,在亚系列中加以区别。多期次和多成因的矿床,取其主要的成矿时代和主要成矿作用。矿床成矿系列名称中金属矿种以元素符号命名,非金属矿产以中文名命名,重要者在前(图6-14~图6-16)。

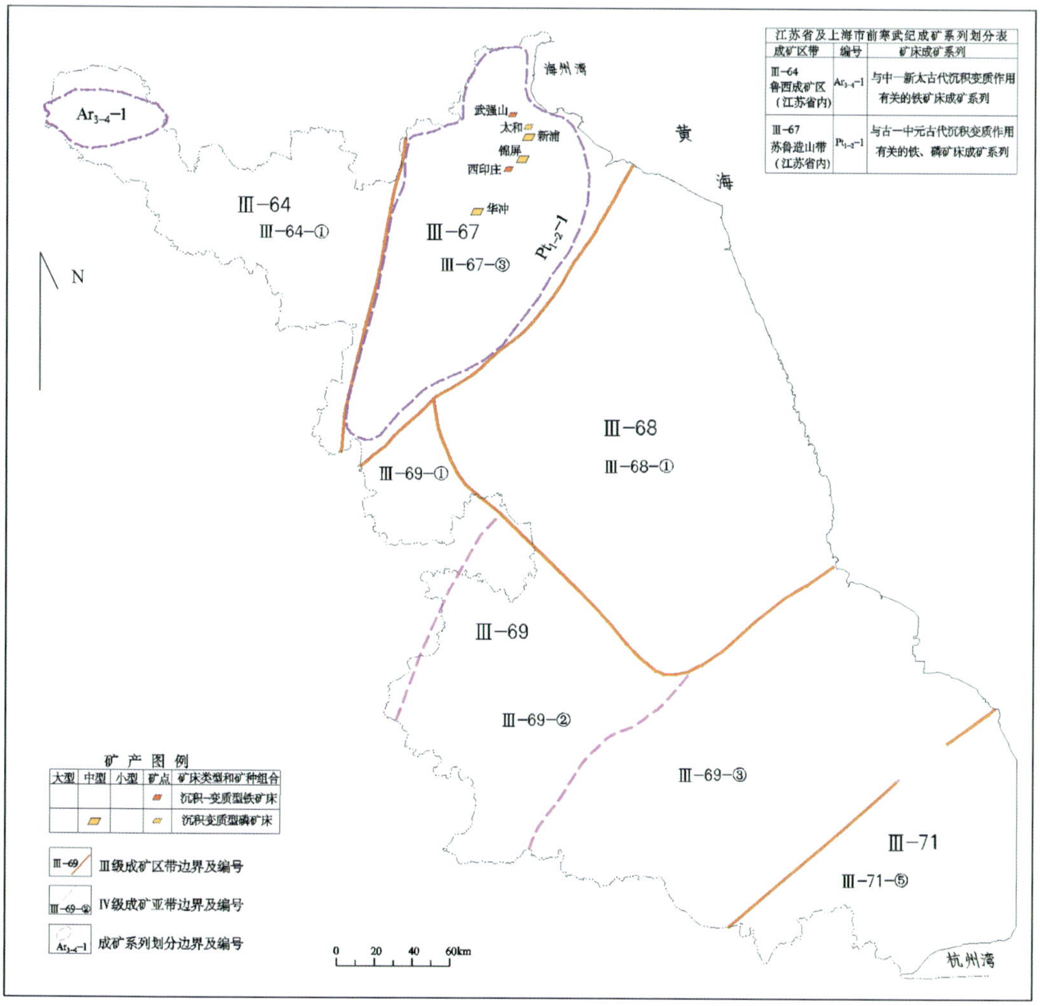

图6-14 江苏省及上海市前寒武纪成矿系列分布简图

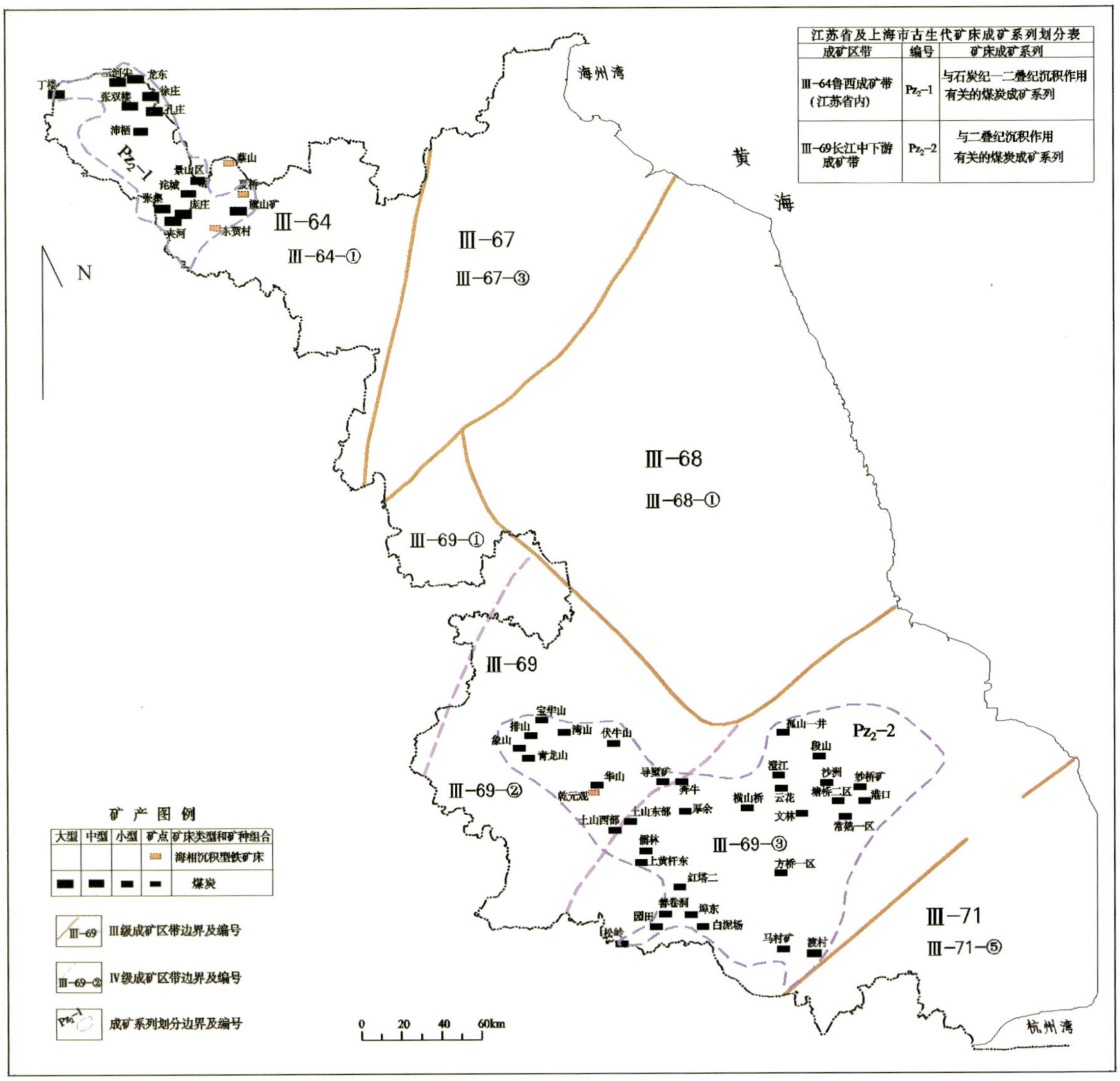

图 6-15　江苏省及上海市古生代成矿系列分布简图

二、矿床成矿谱系

江苏省内主要矿产形成时间主要是新太古代、古—中元古代和中生代燕山期构造旋回 3 个阶段，主要成矿构造环境如下：

（1）华北陆块南缘新太古代—中元古代台缘坳陷区属活动大陆边缘裂陷拉张地质构造环境，赋存铁矿等受变质矿床。

（2）元古宙，扬子地块北缘处于大陆边缘的拉张裂陷环境，形成与俯冲碰撞相应的大量中酸性岩浆侵入及火山喷发，与已知的沉积变质型磷矿、铁矿等矿床有成因联系。

（3）长江中下游构造-岩浆带范围内的宁芜中生代盆地属火山喷发上叠盆地构造成矿环境，铁、铜、金、硫等矿床形成与壳幔混源的中基性—中酸性喷出岩和次火山岩有关。

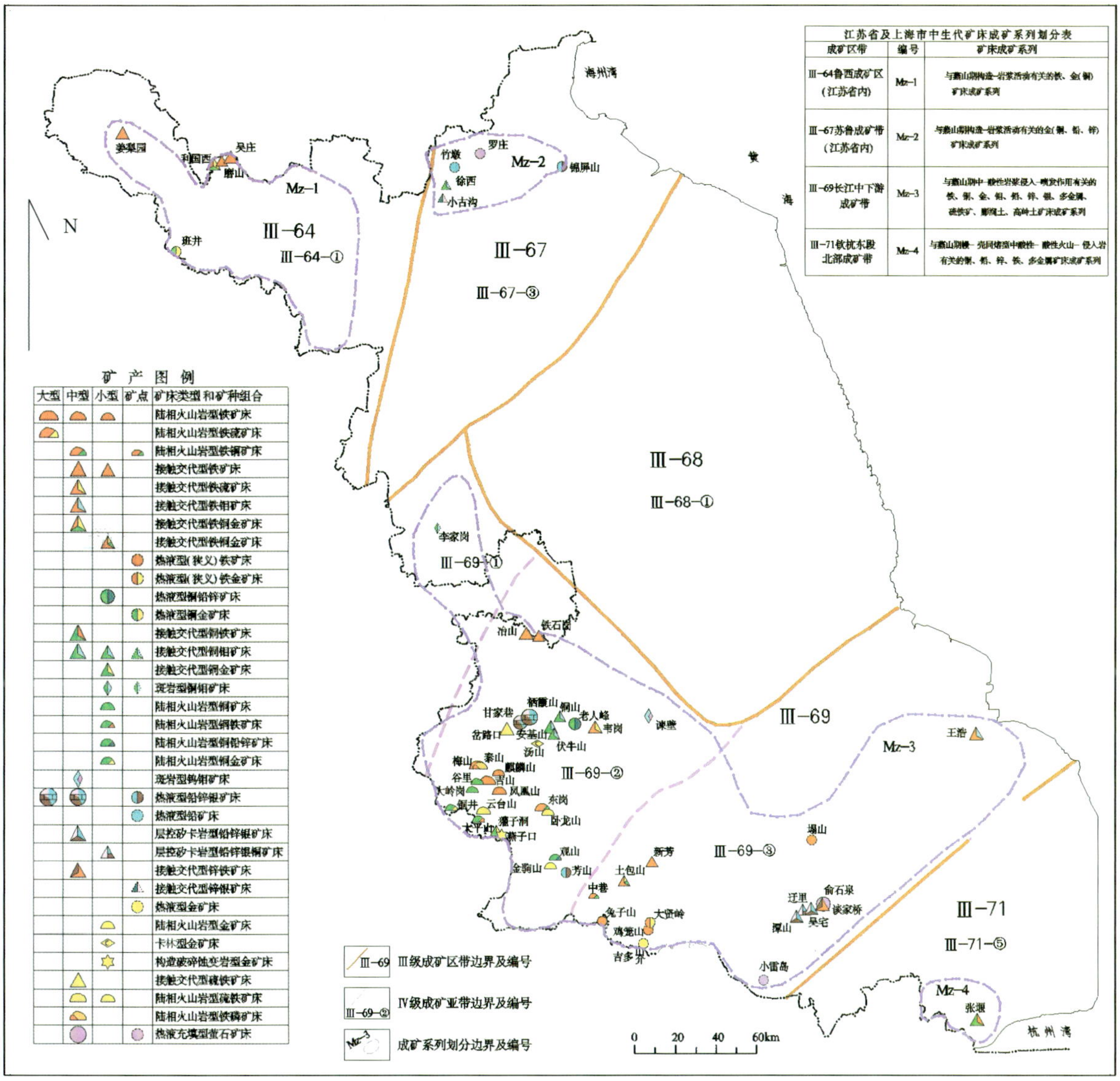

图 6-16 江苏省及上海市中生代成矿系列分布简图

(4)宁镇隆起属陆内隆起区的构造-岩浆带构造成矿环境，区内燕山期中酸性岩浆的侵位较低，主要内生金属矿床如铁、铜等都赋存在石炭纪、二叠纪和三叠纪碳酸盐岩与中酸性岩浆岩类接触带或地层层间界面上。

(5)陆内隆、坳过渡带：宁芜中生代火山上叠盆地和宁镇陆内断隆区交接处的断隆一侧的碳酸盐岩为容矿的低温热液(超低温热液)型矿床，主要有栖霞山铅锌银矿床、汤山金矿床等，属于与碳酸盐岩有关的矿床成矿亚系列。

(6)造山-推覆构造：苏州西部、宁镇山脉推覆构造、茅西断裂等推覆构造和逆冲断裂直接控制矿床的形成，成矿与燕山期构造旋回岩浆活动有关。

江苏省重要矿产区域成矿谱系见图 6-17。

与石炭纪—二叠纪灰岩之间，栖霞组与弧峰组之间等均存在有利成矿的层间构造。

(2)褶皱构造控矿。短轴背斜常为重要的控矿构造，如汤山金矿即产于短轴背斜环状断裂中。褶皱轴向偏转部位(如铜山铜钼矿)，背斜翼部纵向逆断层(如伏牛山铜矿)，复向斜中次级背斜(如安基山铜矿)等部位均是热液的良好通道及沉淀场所。

(3)断裂构造控矿。不同层次、不同方向的断裂，特别是几组断裂交会处是岩浆侵入及矿化活动的有利部位。

(4)岩体侵入接触带为矽卡岩型矿床的主要控矿构造。

(5)推覆构造控矿。断层面呈舒缓波状，是容矿的良好构造空间，如苏州双重推覆构造形成的"马石"或派生层间构造，以及上盘碎屑岩外来体构成屏蔽层，控制了重要矿床(体)的形成。

(6)不整合和假整合面也是控矿构造，如栖霞山铅锌银矿有部分矿体赋存于侏罗系象山群与上古生界不整合面及其与纵向断裂复合部位。

(7)岩体内部裂隙构造及破碎带是储矿的重要部位，如安基山矿区的斑岩型铜矿、谏壁斑岩型钼(钨)矿。

(8)火山构造控矿。生于火山机构内火山-次火山热液型矿床(如铜井铜金矿、观山铜铅矿)，受火山构造所形成的环状、辐射状断裂控制。

(9)韧性剪切构造控矿，东海—赣榆地区变质岩中发育的韧性剪切构造与金矿的生成有密切的成因联系。

(二)地层与成矿

1. 地层的含矿性

晋冀鲁豫地层区太古宇泰山岩群山草峪组和新太古界—古元古界东海岩群武强山岩组变质岩内赋存沉积变质型铁矿，古生界奥陶系马家沟组白云质灰岩是邯邢式(利国式)矽卡岩型铁矿有利成矿围岩。

扬子和江南地层区铁矿成矿有利地层：震旦系黄墟组、灯影组，寒武系幕府山组，下石炭统高骊山组，上石炭统黄龙组、船山组，下二叠统栖霞组，上二叠统长兴组，三叠系青龙组、周冲村组、黄马青组。

江苏省沉积型铜矿在苏南黄马青组和苏北王氏群中有所发现，但因品位低、规模小均无工业意义。而铜金元素富集层位虽然较多，证实为后期成矿提供物质来源的却较少，大多为一种可能性的分析，如徐州班井地区铜矿化普遍可能与该地中下寒武统中灰岩、白云岩中铜较为富集有关；苏南地区铜矿可能与高骊山组铜比较富集有关。

铅锌银矿集中分布于宁镇和苏州地区，宁镇地区成矿元素 Cu、Pb、Zn、Ag、Mo 富集程度较高的地层有 K_2p、K_1g、$J_{1-2}Xn$、T_3f、T_1q、P_3d、P_2l、P_1g、$C_{1-2}l$、C_1g、D_3w、O_3w、O_2、O_1、$\in_1m$ 等。苏州地区为 K、T_{1-2}、P_3c、P_2l、P_1q、C_2c、C_2h、C_1g、D_3w、S_2m 等。苏州地区平均含量普遍高于宁镇同时代地层(组)的含量，尤其是重要控矿层位：黄龙组、船山组和栖霞组碳酸盐岩较明显。同一层位在不同地段存在明显差异。

2. 矿床富集的围岩条件

(1)矿床富集的选择交代作用：有利选择交代作用成矿的围岩主要为碳酸盐岩，碳酸盐岩的化学成分不同，所形成的接触交代矿物不同，造成矽卡岩分带现象，对矿石矿物组分及性质起决定性影响。一般说来 MgO 含量高的岩石可以形成蛇纹石、透辉石、金云母等含镁矿物，铁铜钴矿化常与镁质矽卡岩有关；铁矿化常与钙质矽卡岩有关。

铅锌银矿床赋矿围岩多为晚古生代碳酸盐岩，其化学性质较活泼，易溶、性脆，在构造变动中易产生层间裂隙及破碎带等构造，增强了岩石的渗透性，利于含矿热液的流动及交代富集成矿，对矽卡岩型矿床尤为重要。

(2)岩石组合控矿：容矿层位常与岩石组合关系密切。如苏南五通组—黄龙组—栖霞组为砂页岩-

白云岩-灰岩组合(海侵旋回),与铜、硫、金、铁矿产有关;孤峰组—龙潭组为页岩-硅质岩-碳质岩组合(海退旋回),与铜、钼、硫、金有关;青龙组—周冲村组是白云岩-膏溶角砾岩-砂页岩组合,与铁矿有关。这些岩石组合有以下特点:①都有化学性质活泼的碳酸盐岩;②其顶、底部有透水性差的屏蔽层;③有明显的岩性差异界面或假整合面;④部分组合中膏岩层;⑤局部有成矿物质的初步富集。这些特点都有利后期成矿作用进行。所以有利的岩石组合加封闭条件是决定容矿层位及矿床定位的重要因素,是地层控矿的重要方面。

(三)岩浆岩与成矿

江苏省岩浆活动强烈,内生金属矿产均与岩浆岩有密切的成因联系,矿床的生成大多与岩浆活动有关,常常沿侵入接触带分布,成矿物质来源主要来自岩浆岩,因此,有利的岩浆岩条件是主要的控矿因素之一。

1. 侵入岩时空分布与成矿关系

(1)华北岩区:加里东期基性岩,分布于邳县—睢宁地区,侵入于淮河群地层中。矿化微弱,仅见热液型铁矿点及矿化,尚未发现工业矿体。

燕山早期中偏酸性侵入岩分布在徐州及丰沛地区,同位素年龄(1.60～1.40)亿年,岩体侵入于古生界中,是邯邢式铁矿及其伴生铜金矿的成矿母岩。

燕山晚期酸性侵入岩,同位素年龄(1.22～1.02)亿年,主要分布在苏皖交界的郝寨、丁里一带,见少数铜铅锌矿化点。

(2)苏鲁造山带:燕山期中酸性侵入岩分布在赣榆—东海一带,见铜金多金属矿点,变质岩中发育的金矿化的富集与该期侵入岩有关。

(3)扬子岩区:燕山期中性—中酸性岩浆岩,主要分布在宁镇、宁芜及苏州地区,金属矿产成矿主要与燕山中—晚期浅成—超浅成侵入岩体有关。成岩成矿时间十分接近,表现了成岩成矿总体时间上的一致性。在空间关系上,岩体及与之有关的矿床一般常受同一断裂控制,都具带状分布,分段集结的特点,岩浆活动中心一般就是矿化中心。矿床分布一般不超出岩浆岩热力影响范围,并受围岩热变质晕等温线梯度变化控制,在不同的部位生成不同类型的矿床。

印支末期—燕山早期岩浆岩仅见于苏州西部,分布有城隍山花岗斑岩体和苏州花岗岩体,前者是层控矽卡岩型铅锌银矿成矿母岩,后者是矽卡岩型锌铁矿的成矿母岩。燕山中晚期中偏基性岩体主要分布于苏南西部宁芜、溧水,与“玢岩式”铁矿关系密切;燕山中—晚期中酸性岩体主要分布于宁镇地区,与碳酸盐岩(层控热液)型铅锌银、接触交代矽卡岩型及斑岩型铁、铜、钼等矿产关系密切。

2. 岩浆岩成矿专属性

1)岩石化学成分、微量元素含量与成矿关系

(1)与成矿有关的岩体一般均含碱高,如利国、宁镇等地花岗闪长岩含 K_2O+Na_2O 大多在6.5～7.8之间,均高于我国同类岩石的平均值。

(2)苏南隆起区与成矿有关的花岗闪长岩 SiO_2 含量59%～69%,S值72%～80%,$Na_2O/K_2O<1.5$,钙碱指数56～59,属钙碱性岩类,并在高碱背景上富钾,此类岩体与铜矿关系密切,是铜矿的成矿母岩。而宁芜岩体是高碱背景上富钠,辉长闪长玢岩钠钾比更高,是玢岩铁矿的成矿母岩。铅锌多金属矿产主要与中酸性和酸性岩关系密切,岩石类型主要有石英闪长斑岩,花岗闪长斑岩、花岗斑岩及花岗岩等。前二者属钙碱岩系,以富碱贫铁为特征,岩石中Cu、Pb、Zn、Ag、Mo等成矿元素含量普遍偏高,其中石英闪长玢岩以铅锌银丰度高为特征,而花岗闪长斑岩则以Cu、Mo为主,Pb、Zn次之。花岗斑岩为准铝质钙碱性至弱碱性过渡类型,花岗岩为准铝质弱碱性岩石,岩石中Pb、Zn、Ag、Cu等元素丰度亦偏高。上述岩石成矿元素含量均高于同类岩石克拉克值数倍至数十倍,反映岩浆原始成分富含Pb、Zn、

Ag 等成矿组分，这些岩体均属既有多期次特征，又有相变特征的中浅成杂岩体，对成矿特别有利，是江苏铅锌(银)多金属矿的重要成矿母岩。

(3)含铜岩体的一般铜原生晕大约 40×10^{-6}。如安基山矿区与铜有关的花岗闪长斑岩含 Cu 206.3×10^{-6}，Mo 8.8×10^{-6}，Pb 43.7×10^{-6}，Zn 78×10^{-6}；而与铅锌矿有关的石英闪长玢岩含 Cu 63.1×10^{-6}，Mo 8.8×10^{-6}，Pb 64.5×10^{-6}，Zn 111.73×10^{-6}，两类岩体成矿元素含量差异十分明显。

(4)苏州地区重熔型花岗岩，原岩主要为壳源物质，与铁、锌、锡、钨、铋、钼、铌、钽等矿产有关。

2)岩浆演化与成矿关系

苏南西部岩浆向富钠方向演化，与铁矿有关；向富钾方向演化，出现正长岩，与铜金矿化有关。

3)岩体规模、形态与成矿关系

江苏省侵入体形态多是岩基、岩株、岩枝、岩脉状产出，一般岩体上隆凸起，因成岩后剥蚀程度不一，出露大小有别，对矿体保存区别很大；岩体向上隆起的舌状前锋是气液和成矿物质相对集中的部位，也是岩体对围岩顶压及提供热源最强的地段，该部位岩体本身急剧冷却收缩，在接触带形成裂隙，有利该矿液接触交代并使有用组分富集成矽卡岩矿床。此外，岩体与围岩接触的凸凹面，围岩呈半岛状捕虏体，均可增加岩体与围岩的接触面积，增加含矿流体的渗透扩散效应。

(四)围岩蚀变与成矿关系

1. 岩体蚀变

近矿岩体的碱质交代作用强烈，铁矿主要为钠质交代，钠长石化主要出现在岩体浅部边缘，自岩体向含矿接触带逐渐增强，以面型分布为主，局部亦有线型者，主要发生于闪长岩类岩石中，形成了钠长石化闪长岩类。矽卡岩型铜铅锌银矿床成矿母岩多具钾化、石英绢云母化、泥化、青磐岩化等蚀变。

2. 围岩蚀变

接触交代型型矿床中普遍发育矽卡岩化，钙质、镁质、钙铁、钙铝质矽卡岩均可见，主要受围岩性质所制约，常呈似层状、透镜状，产于岩体与围岩接触带或其附近，厚度不大，与矿紧密伴生。

矽卡岩矿物组分不同，则矿化组合亦不一样，苏州地区钙铁辉石、钙铁榴石矽卡岩与铅锌银矿床关系密切，透辉石、钙铁榴石矽卡岩与锌铁矿床有关。宁镇地区透辉石石榴石矽卡岩和以钙铝榴石为主、钙铁榴石为辅的矽卡岩与铁铜为主的多金属矿床有关。矽卡岩期后的热液蚀变是矿化富集的重要标志，如叠加于矽卡岩之上的硅化、绢云母化、绿泥石化、黄铁矿化等是铅锌多金属矿的成矿标志。层控热液型矿床主要为中—低温的硅化、碳酸盐化、重晶石化、高岭土化、绢云母化等蚀变，多分布于矿体及其附近围岩中。

远矿围岩蚀变有大理岩化、角岩化、次生石英岩化等。

二、重要矿产成矿时空演化规律

(一)铁矿

1. 时间演化规律

江苏省内铁矿成矿期主要有中—新太古代、古—中元古代和中生代。

中—新太古代，华北陆块已具雏形，华北陆块南缘处于台缘坳陷区活动大陆边缘，铁矿形成与沉积变质作用有关，赋矿层位主要有中—新太古界泰山岩群山草峪组变质岩系。

古—中元古代，苏鲁造山带（江苏省内）处于大陆边缘的拉张裂陷，沉积变质作用形成的铁矿赋存于新太古界—古元古界东海岩群武强山岩组变质岩系。

中生代燕山旋回，江苏省处于滨太平洋大陆边缘构造-岩浆活动带，岩浆活动强烈。特别是晚侏罗世—早白垩世，多种成因的中性—中酸性侵入岩类和不同火山岩相的喷发岩类极为发育，与铁、铜、硫、金等矿床有直接的成因联系。该成矿期为江苏省最为重要的铁矿成矿期，涵盖了目前已发现的全部小型规模以上铁矿床，如"玢岩铁矿"系列、利国式（邯邢式）铁矿、韦岗式（大冶式）铁矿等。

2. 空间分布规律

华北陆块区（江苏省内）铁矿形成主要与中—新太古代沉积变质作用、中生代构造-岩浆活动有关，其中沉积变质型铁矿主要分布于丰沛中—新太古界泰山岩群变质岩系分布区，铁矿体呈条带状赋存于石英片岩等变质岩中。矽卡岩型及热液交代充填型铁矿主要分布于徐州利国—班井地区和丰沛地区华（山）-栖（山）隆起带，铁矿体主要赋存于燕山期早期侵入的闪长玢岩等中性—中酸性岩体与古生代中下奥陶统马家沟组碳酸盐岩接触带或附近矽卡岩中，部分赋存于接触带附近围岩裂隙中。其代表性矿床有利国铁矿、吴庄铁矿床、墓山铁矿床、姜梨园铁矿床。

东海—新沂地区属高压—超高压（造山）变质带，铁矿床形成与新太古代—中元古代沉积变质作用有关，含矿建造为古元古界东海岩群武强山岩组石英片岩、云母石英片岩等变质岩。已发现的沉积变质型铁矿点有武强山、西印庄等处。

长江中下游成矿带江苏段铁矿床形成与燕山期构造岩浆活动有关，区内铁铜金多金属常围绕岩浆侵入活动中心展布，岩浆活动中心即是成矿活动中心。

宁芜-溧水火山岩盆地，为宁芜式陆相火山岩型铁矿分布区。铁矿形成与燕山期中基性—中酸性—碱性火山-次火山岩密切相关，矿床分布受火山岩盆地北北东和北西向两组基底断裂（构造岩浆喷发带）的控制，主要矿床在空间分布上呈成带出现、分段聚集的分布格局。自梅山—东岗北西向延伸的以铁（铜）为主的成矿带，汇集了数个大中型铁矿床，并在梅山—卧儿岗、吉山—凤凰山、东岗形成3个矿床富集段。与成矿关系最为密切的是晚侏罗世—早白垩世超浅成相富钠辉长（石）闪长玢岩、辉长闪长岩等次火山岩体，铁矿体多赋存于岩体内或岩体顶部与喷发岩（围岩）的"接触带"中，局部产于岩体附件围岩裂隙中。矿床类型以火山矿浆充填-高温气液交代型、次火山热液型最为重要，此外尚有火山沉积型及火山热液改造型等。代表性矿床有梅山、吉山、麒麟山、凤凰山、龙旗山等铁矿床。

宁镇（含六合、盱眙）为省内矽卡岩型铁矿重要成矿区，成矿与燕山中晚期中酸性岩浆侵入活动关系密切，铁矿床往往围绕岩浆活动中心展布，分布于花岗闪长（斑）岩、石英闪长（斑）岩等中酸性岩体与碳酸盐岩的接触带，代表性矿床有韦岗铁矿床（碳酸盐岩地层为下三叠统青龙组）、冶山铁矿床（碳酸盐岩地层为上震旦统灯影组、下寒武统幕府山组）。

苏锡（含南通）与燕山期中酸性—酸性火山-侵入岩有关的成岩成矿分区，矿床均围绕燕山期中酸性、酸性岩体与碳酸盐岩地层接触带分布。苏州地区矽卡岩型铁矿床围岩地层以二叠系长兴组为主），代表性矿床有谈家桥锌铁矿床、旺米山锌铁矿床、唐家墩铁矿床，南通地区矽卡岩型铁矿床以王浩铁矿床为代表，碳酸盐岩地层为下寒武统幕府山组。

（二）铜金矿

1. 时间演化规律

根据江苏省已知矿床成因分类研究，铜金矿主要是与岩浆作用有关的矿床，成矿时代略晚于有关岩体的成岩时代，往往是该期次岩浆活动之末。中生代燕山旋回是江苏省铜金矿的主要成矿期。

(1)徐州地区铁矿中的伴生铜金矿及班井地区的铜金矿化,与燕山早期侵入的(石英)闪长玢岩有关,燕山晚期构造-岩浆活动使金铜矿化进一步叠加富集。

(2)东海-赣榆变质岩区金矿化,元古宙变质热液成矿作用形成了金的初步富集,主要成矿期为中生代,随燕山期中酸性岩的侵入,来自深部岩浆的成矿热液使金矿化第二次富集成矿。

(3)苏南西部地区宁芜、溧水地区铜金矿与燕山中晚期中酸性—碱性火山-次火山岩密切相关,主要成矿期为燕山晚期。宁镇地区铜金矿与燕山中晚期中酸性岩浆侵入活动关系密切,主要成矿期为燕山晚期,形成以铜为主的铜金铁硫多金属矿床。

苏南东部地区、上海金山地区铜多金属成矿与燕山晚期中酸性侵入岩密切相关。

(3)进入新生代以后,燕山期形成的铜金硫化物在风化条件下,经表生氧化作用和次生富集形成铁帽型矿床,如平山头银金矿床。

2. 空间分布规律

江苏省内生铜矿床大多有金共伴生,成因类型主要有接触交代型、火山-次火山热液型,金矿类型尚有构造破碎蚀变岩型、微细浸染型等,成矿与构造-岩浆活动有密切联系,矿床的分布受各类岩浆岩空间分布的制约。

陆相火山岩型铜金矿主要分布于宁芜、溧水等中生代火山岩盆地,矿床分布受火山活动中心的控制。其中,火山-次火山热液型矿床,矿体大多呈脉状分布于火山机构及旁侧断裂构造中,如铜井铜金矿、观山铜矿、金驹山金矿床,也有部分矿床分布于次火山岩体与火山岩接触带火山岩一侧,矿体受火山岩中微细构造裂隙控制,呈现"斑岩型"矿床特征,如大平山铜矿;次火山热液-层控矽卡岩型铜金矿主要分布于中酸性次火岩体与上侏罗统西横山组钙质砂砾岩接触带,矿体呈似层状分布,受地层层间构造控制,如獾子洞铜金矿床。

矽卡岩型(接触交代)铜金矿床,主要分布于宁镇、苏南及东部地区,受燕山期中酸性岩浆活动控制,分布于岩体与碳酸盐岩接触带及其附近,岩浆活动的多中心导致成矿活动的多中心。各成矿中心均有各自矿化类型的分布规律,但总体上从岩体中心向外有依次出现高温热液 Fe、Cu、Mo 矿化→中温热液 Cu、Pb、Zn、S 矿化→低温热液 Pb、Zn、Ag、Au(As、Sb、Hg)矿化的规律。其中安基山杂岩体周围发育的有序矿化保存较完全,岩体中发育细脉浸染状(斑岩型)矿化,岩体顶部有隐爆角砾岩型、脉状、网脉状矿化,在岩体与捕虏体或碳酸盐地层正接触带发育有矽卡岩型块状及细脉状矿化,在硅铝质围岩断裂中发育有大脉状矿化。当然由于岩浆的多次侵入,实际情况远比上述规律复杂,并常有互相重叠交替现象。

微细浸染型(卡林型)金矿主要分布于宁镇地区,受短轴背斜及构造破碎带控制,如汤山、仓山两处金矿床,矿体以似层状为主,部分脉状。常沿早—中奥陶世泥质灰岩、泥质岩及其旁侧的层滑断面或不整合面分布,近地表因分化淋积可形成红土型和铁帽型金矿。

(中低温热液)破碎蚀变岩型金矿产于燕山期中酸性侵入体与沉积岩、变质岩接触带外带附近围岩中的硅化破碎带或构造裂隙中,矿床规模一般较小。

(三)铅锌银矿

1. 时间演化规律

江苏省铅锌银多金属矿床的形成是各种地质因素长期作用的结果。印支-燕山运动以前的沉积成矿作用,为主要成矿期准备了部分矿质原料和赋存空间,燕山期大规模岩浆侵入-喷发活动是形成工业矿床(体)的基本条件和前提。宁镇地区铅锌多金属矿与燕山中—晚期中酸性岩成矿时期关系密切,苏州西部印支末期—燕山早期中酸性岩成矿期与铅锌银矿关系密切。苏南西部火山-次火山热液充填型矿床(点)成矿期为燕山期。

由于构造-岩浆活动具多旋回发展演化特征，与成矿多期次、多阶段性构成有机联系，是江苏省矿床时间演化规律的总体特征。晚期成岩成矿时期的成矿活动常叠加在早期成岩成矿作用形成的矿床(体)上，致使矿化复杂化，矿石组分复杂，品位变富。

江苏省矿床主要经历沉积成矿作用和岩浆热液成矿作用两大时期。岩浆热液成矿作用基本上经历了硅酸盐阶段、氧化物阶段、石英硫化物阶段(或硫化物阶段)以及碳酸盐阶段4个成矿阶段。硅酸盐阶段通常形成矽卡岩，伴有黄铁矿化；氧化物阶段和硫化物阶段是铁、铜、铅、锌矿化的2个主要成矿阶段，碳酸盐阶段有铅、锌(银)矿化。

2. 空间分布规律

江苏铅锌银多金属矿产具成群、成带分布，分段集中的多中心分布特点，这是由于受岩浆活动中心控制所致。宁镇地区有4个成岩成矿中心，自西往东分别为：①受板仓杂岩体控制的以铅、锌、银为主的成岩成矿中心，是江苏省最重要的铅锌银成矿中心；②受安基山中酸性杂岩体控制的以铜为主，伴生钼铅锌多金属成岩成矿中心；③受石马中酸性杂岩体控制的以铁为主，伴生铅锌铜的成岩成矿中心；④受谏壁中酸性、酸性杂岩体控制的以钼钨为主，伴生铜、铋矿化的成岩成矿中心。宁镇地区自西向东铅锌银矿化具渐趋减弱的趋势。苏州地区受环形构造的控制，矿床在空间上呈"一圈""一带"相对集中分布的规律。受内环构造控制的苏州花岗杂岩体及其周边分布锌铁矿床(点)，构成"一圈"，属燕山早期成岩成矿中心。受外环构造带控制的花岗斑岩和中酸性次火山-侵入杂岩体，组成通安桥-潭山北东向构造岩浆岩带，控制了一系列铅锌银矿呈北东向带状分布，为印支期叠加燕山早期成岩成矿活动中心，是江苏另一重要铅锌银矿成矿带。

每一成岩成矿活动中心，自岩体内部→接触带→围岩，往往依次分布有不同的矿化类型。岩体内(顶)部出现细脉浸染型矿化，如吴宅矿床深部花岗斑岩中的斑岩型铅锌矿化；岩体与碳酸盐岩地层接触带则形成矽卡岩型铅锌多金属矿体，如城隍山岩体周围成群出现的矽卡岩型铅锌银矿床(点)，苏州岩体"一圈"集中分布有锌铁矿床(点)；远离岩体的围岩中则分布有碳酸盐岩(层控热液)型或中—低温裂隙充填型矿(化)体，如栖霞山铅锌银矿床(栖霞山矿区虽未发现侵入岩体，但据物探资料推测，2000m以下深部有较大规模的隐伏岩体，矿床的形成仍受深部岩体的控制)。这种不同型式的矿化，在空间上往往配套出现，构成不同成因类型矿床(体)共生规律。就某一活动中心来说，上述各类矿化并非完全具备，矿化强度亦不相同，具工业意义的矿化常为其中的一两种，其中以碳酸盐岩(层控热液)型和矽卡岩型最为重要。

碳酸盐岩(层控热液)型铅锌银矿(栖霞山式)，主要分布于宁镇地区。矿体呈似层状、扁豆状、透镜状、不规则团块状赋存于不整合面、纵向压性断裂(一般为早期压性，晚期张性)构造、石炭纪—二叠纪碳酸盐岩层间破碎裂隙以及古岩溶构造。成矿元素复杂，矿石品位较富，储量规模大。

层控矽卡岩型铅锌银矿床(吴宅式)，主要分布于苏州西部，矿体受印支期—燕山期中酸性岩体(花岗斑岩、闪长玢岩)与石炭纪、二叠纪及三叠纪碳酸盐岩地层接触带控制，产于正接触带及近接触带围岩层间破碎构造中，多呈似层状、层状产出，与矽卡岩关系密切。矿石品位较富，矿床规模以中型为主。代表矿床有苏州吴宅铅锌银矿床、迂里铅锌银矿床。

(四)钼矿

1. 时间演化规律

产于上古生界二叠系大隆组上部黑色钙质碳质泥岩中的海相沉积型钼矿化，为江苏省内目前发现的最早形成的钼矿化。

中生代形成的矽卡岩型和斑岩型钼矿为江苏省内主要钼矿类型，成矿主要与燕山晚期岩浆侵入活动有关，成矿时代略晚于有关岩体的成岩时代，往往是该期次岩浆活动之末。

2. 空间分布规律

宁镇地区矽卡岩型钼矿主要与燕山晚期花岗闪长（斑）岩或石英闪长（斑）岩（K－Ar法，92～123Ma）有关，常与铜多金属共伴生，其分布受区域性构造及接触带构造控制，成矿有利地层及围岩为石炭系黄龙组和船山组、二叠系栖霞组碳酸盐岩，矿体呈透镜状和似层状分布于岩体与碳酸盐岩接触带矽卡岩中；而斑岩型钼矿主要赋存于燕山晚期二长花岗岩体中，区域性断裂控制了岩体的分布，矿体主要受接触带附近岩体内裂隙构造控制，多呈侧列式的群脉，不连续分布。成矿有利地层及围岩为震旦系灯影组白云质灰岩。

盱眙地区钼矿化以斑岩型为主，成矿与燕山晚期二长花岗（斑）岩有关，北东向断裂构造控制了岩体的分布。钼矿主要赋存于二长花岗（斑）岩中，部分产于接触带中，少量见于外接触带的震旦系黄墟组和灯影组白云质灰岩中。

东海—新沂地区郯庐断裂带东侧的桃林岩体，为燕山晚期侵入的中酸性岩体（K－Ar法，111Ma、118Ma、124Ma），岩性主要为二长花岗岩、花岗闪长斑岩、花岗斑岩。北北东向断裂构造控制了桃林岩体的侵入，岩体东侧与变质岩呈侵入接触，在接触带附近断裂构造中，见有钼矿化零星分布。

第二节　重要非金属矿产区域成矿规律总结

一、磷矿成矿规律总结

1. 磷矿形成时代

江苏省磷矿最早形成于中元古代早期，这也是磷矿主要的成矿时期；晚震旦世、早寒武世、中志留世晚期、早石炭世和州期、早二叠世茅口早期都有磷矿沉积；燕山期岩浆期后的气液活动形成了内生磷矿和热液变质磷矿；新近纪—上更新世形成了洞穴堆积磷矿，是形成磷矿最晚的时代。

2. 磷矿的分布规律

中元古代早期江苏省扬子海域在弱还原弱氧化的咸化过渡浅海带沉积了两个胶磷矿（磷锰矿）层，后经区域变质胶磷矿重结晶变为磷灰石，形成锦屏岩群的沉积变质型磷矿。

晚震旦世早期扬子海域北部，近胶苏古陆滨海-浅海带沉积了含磷灰石的砂岩，海域中部浅海带沉积了磷锰矿层或含磷锰泥质白云岩，形成了黄墟组下部低品位磷矿。晚震旦世晚期扬子海域处于弱还原弱氧化的咸化过渡海环境，在浅海-滨海带沉积了磷块岩，形成了幕府山组磷矿化。

中志留世晚期、早石炭世和州期扬子海域滨海-浅海带沉积了含豆状胶磷矿的砂砾质粉砂岩和钙质砂砾岩，分别形成了中志留统坟头组上部及和州组底部的薄层磷矿。早二叠世茅口早期扬子海域浅海带沉积了含磷结核的页岩和硅质页岩，形成了下二叠统孤峰组结核状磷矿。

北区早寒武世沧浪铺期在近鲁西古陆的滨海带，古—中元古代剥蚀面上沉积了砂砾状、砂状及钙质砂状磷块岩，形成了下寒武统猴家山组底部磷矿。新近纪—上更新世古黄河沿岸，灰岩的古卡斯特溶洞发育，形成了洞穴堆积磷矿。

燕山期中基性次火山岩浆期后的气液作用，在辉长闪长玢岩与火山岩接触带内侧，岩体顶部富集了磷灰石和磁铁矿，形成了次火山热液铁磷矿床。太古宇—古元古界涞边组上段片麻岩及榴辉岩中的磷灰石，经伟晶岩以后的热液作用再富集，形成热液变质磷矿。

沉积变质型磷矿含矿地层（锦屏组）分布于连云港市浦南—宿迁—泗洪一线东南，响水县—淮阴市女山湖一线西北地区，连云港市西部—沭阳县湖东—泗洪县洋河镇一带，磷矿体仅见于该带北段，连云港市大浦—锦屏、杨风庄—刘顶、小李庄—买屯、顾庄、沭阳华冲等地，受北北东和北东向倒转褶皱构造控制。

热液变质磷矿分布于新沂县和东海县境内牛山-阿湖倒转背斜部位，涞边组上段片麻岩分布区，榴辉岩、闪长岩、花岗闪长岩、伟晶岩发育，绿泥石化、绿帘石化、蛭石化强烈的地带。

内生磷矿分布于宁芜北段中生代火山岩盆地火山岩分布区，辉长闪长玢岩发育地带。

沉积磷矿含矿地层分布较广，黄墟组、灯影组和幕府山组等含磷地层分布于响水县—淮阴市—泗洪县双沟镇一线以南地区，出露于盱眙县青峰山、六合县冶山、江浦县大顶山、南京市幕府山，句容县仑山及丹徒县大港—武进县孟河等地，多处于复式背斜的轴部。

黄墟组下部低品位磷矿见于盱眙县青峰山和丹阳县嘉山；灯影组磷矿化见于江浦县大顶山和丹徒县石榴山；幕府山组磷矿化见于南京市幕府山和句容县仑山；孤峰组磷矿化主要分布于宁镇地区和茅山地区；猴家山组磷矿化仅见于铜山县磨石塘—小兔山一带。

洞穴堆积磷矿分布于铜山县、邳县西部及睢宁县西北部，新元古代和古元古代灰岩分布的地区，古岩溶溶洞发育的地段。

内生磷矿和变质磷矿的矿石矿物以磷灰石为主；沉积磷矿和洞穴堆积磷矿，除黄墟组磷矿的矿石矿物以磷灰石为主外，其余磷矿的矿石矿物都以胶磷矿为主。

二、硫铁矿成矿规律总结

1. 时间演化规律

江苏省黄铁矿以内生矿床最为重要，常与铁铜多金属等金属矿床关系密切，为燕山期岩浆-成矿作用不同阶段的产物。成矿时代：自燕山早期至晚期均有成矿，以燕山中晚期最为重要。

2. 空间分布规律

江苏省黄铁矿资源主要分布于苏南的宁芜、宁镇及苏州西部地区，溧水地区也有少量分布。独立矿床以中型规模居多，成因有次火山热液型、接触交代矽卡岩型以及热液交代充填型，以次火山热液型最为重要。除独立形成矿床外，黄铁矿与内生铁铜多金属矿关系密切，常以共伴生形式出现，其规模以小型为主，如苏州西部多金属矿床中共伴生的硫铁矿，偶为中型，如栖霞山铅锌银矿、安基山铜矿共伴生硫铁矿。共伴生硫铁矿成因主要为接触交代矽卡岩型和中低温热液型。

宁芜成矿远景区硫铁矿主要受云台山-乔木山北东向压性断裂带及其次级断裂、岩层层间破碎带的控制，特别是压性断裂带中次级"S"形构造、帚状裂隙是矿体发育的地段。龙王山组富钠辉石安山岩，三叠系黄马青组和周冲村组泥灰岩、钙质粉砂岩、钙质白云岩及角砾状灰岩是区内黄铁矿的主要成矿围岩。与成矿有关的岩体为燕山期闪长玢岩类次火山岩体，沿断裂破碎带侵入。硫铁矿床类型为次火山热液型，规模以中、小型为主，成矿时代为燕山中晚期，代表性矿床为云台山硫铁矿床。云台山硫铁矿床产于北东向走向逆断层及北北东向正断层交会处附近，受构造及层位控制较为明显。矿体主要产于黄马青组碳酸盐段层间破碎带中，矿体产状与地层产状基本一致。呈不规则似层状、透镜状，少数脉状。

宁芜火山岩黄铁矿化普遍，在火山活动中心及玢岩铁矿外围常常强烈黄铁矿化形成黄铁矿贫矿体，局部可达富矿，亦可单独形成矿床。

溧水火山岩盆地位于宁芜火山岩盆地东侧，其成矿地质背景与矿化地质特征与宁芜地区有一定的相似性。区内黄铁矿一般呈浸染状、细脉状分布在火山岩-次火山岩分布区，硫铁矿体主要赋存于晚侏罗世火山岩系与基底地层之间喷发不整合面之上，其次为北西向断裂构造带中。上侏罗统龙王山组下段火山岩及火山碎屑岩为主要赋矿围岩，其次为中侏罗统陡山组长石石英砂岩和粉砂岩、上侏罗统西横山组砂砾岩等。燕山中晚期辉石闪长玢岩、角闪闪长玢岩等次火山岩体与成矿有关。区域成矿类型以次火山热液交代充填型为主。

宁镇成矿远景区硫铁矿成矿与燕山晚期花岗闪长斑岩、石英二长斑岩、闪长玢岩关系密切；近东西向逆断层控制了岩浆活动，北东东向和北北西向次级断裂及接触带构造控制了矿体的展布；控矿层位主要为三叠系周冲村组、青龙组，石炭系—二叠系黄龙组、栖霞组等碳酸盐岩。矿体呈不规则似层状、透镜状、脉状等，矿石构造主要为块状、浸染状、细脉浸染状、条带状等，主要矿物为黄铁矿、磁铁矿、褐铁矿，少量磁黄铁矿、黄铜矿、多金属矿，矿体一般小而富，如岔路口硫铁矿床、盘龙岗硫铁矿床等，均为中、小型矿床。围岩蚀变有矽卡岩化、阳起石化、透闪石化、绿帘石化、绿泥石化、碳酸盐化、硅化等。硫铁矿床成因类型大多为矽卡岩型，少量为热液交代充填型。成矿时代为燕山晚期。

苏州地区黄铁矿床成因类型以矽卡岩型为主，少量为中低温热液充填交代成因。控岩构造为北东向通安桥-潭山断裂，逆掩断层（推覆构造），次级东西向、北西向、北东向的断裂构造带为主要控矿构造，岩体与碳酸盐岩接触带、碳酸盐岩层间破碎构造为主要容矿构造，成矿母岩以燕山早期花岗斑岩（石英斑岩）、闪长玢岩等中酸性岩体为主。主要控矿围岩地层为石炭系黄龙组和船山组，二叠系栖霞组、长兴组等碳酸盐岩地层，其次为志留系茅山组砂岩。成矿时代为燕山早期。主要代表矿床有潭山铅锌黄铁矿床、西迹山黄铁矿床。

三、萤石矿成矿规律总结

1. 时间分布规律

根据江苏省内已知萤石矿床（点）成矿特征分析，矿床主要受构造破碎带控制，成矿与燕山期中酸性—酸性岩浆岩侵入活动关系密切，成矿物质及热流体主要来源于深部岩浆。成矿类型属岩浆期后中低温热液充填型，成矿时代为燕山期，成矿期略晚于成岩期。

苏州西部地区萤石矿主要与燕山早期侵入的花岗岩（155～145Ma，K－Ar法）、花岗（石英）斑岩等有关，而江苏省内其他地方萤石矿化主要与燕山晚期酸性岩浆侵入活动有关，如溧阳庙西花岗岩体（109.4Ma，K－Ar法）北侧小梅岭一带、江浦光山以及东海县桃林二长花岗岩体（118Ma，K－Ar法）附近罗庄等地萤石矿（化）点。

2. 空间分布规律

江苏省内萤石矿主要分布于苏州西部地区，其他地区也有零星分布。除苏州吴县俞石泉为一中型矿床外，其余皆为矿（化）点。

矿（化）体主要产于花岗岩类酸性岩体附近的破碎带中，大多呈脉状，少量为透镜状。也有产于中酸性—酸性岩体与碳酸盐岩接触带中，与接触交代矽卡岩型铁、铅锌多金属矿伴生的萤石矿化，如苏州谈家桥铁矿、小茅山多金属矿床等伴有萤石矿体，可综合利用。矿石矿物为萤石，脉石矿物为石英、方解石。矿石结构主要为他形粒状结构和交代结构。矿石构造主要有块状、角砾状、条带状构造。矿石自然类型主要为角砾状、条带状和致密块状。工业类型主要为含石英萤石矿、含方解石石英萤石矿。矿体一般含 CaF_2 50%左右，少量达70%以上。成因类型属中低温热液充填型。

江苏省内萤石矿产资源远景有限，以苏州花岗岩体以及城隍山石英斑岩（花岗斑岩）体周边地区为主，萤石品位较富，而省内其他地方的萤石矿化较弱，脉体规模小，萤石含量低（CaF_2 30%左右），无工业意义。

四、煤矿成矿规律总结

（一）含煤地层

江苏省及上海地区的含煤地层主要为石炭系、二叠系。分布于徐州附近的徐沛煤田区含煤地层属晋冀鲁豫地层区（简称“北区”），主要含煤地层为太原组，山西组和石盒子组，3组总厚约370m，含煤24层左右，煤层总厚11.13～14.44m，一般10m左右，其中可采煤层4～10层，可采厚度5～10m，一般常见为7～8m，含煤系数为3.6%左右。

分布于苏南及沿江一带的苏南煤产地属下扬子地层区（简称“南区”），含煤地层虽然较多，但具有工业意义的仅有二叠系，其他各时期的煤层薄，稳定性差，分布零星，均不具备开发利用价值。二叠纪含煤地层为堰桥组和龙潭组，煤系总厚10～580m，一般大于300m。含煤一两层至10余层不等，煤层总厚由2～5m至10余米，多为不稳定至极不稳定的透镜状、藕节状、鸡窝状等形态，局部相对较为稳定，出现层状至似层状。大多数为不可采煤层，常见可采或局部可采煤层1～3层，个别地段可达5层，其中有一层较普遍发育。可采厚度14m，常见为1～2m。

（二）聚煤规律及其控制因素

1. 北区

1）聚煤盆地基底构造

徐沛煤田位于华北晚古生代含煤盆地的东南缘。含煤岩系沉积前，由于受加里东构造运动的影响，自中奥陶世晚期—早石炭世，整个华北地区地壳普遍上升，成为陆地，遭受长期风化剥蚀，形成准平原，直至晚石炭世起，华北地区地壳才普遍下降，海水从东、西两个方向入侵区内，形成广阔的华北海（陆表海），从此开始了华北晚古生代含煤岩系的沉积过程。因此徐州地区聚煤盆地的基底构造并不复杂，盆地基底为一广阔而平坦的奥陶纪风化面，断裂构造和褶皱构造均不发育。

2）聚煤盆地同沉积构造

自晚石炭世开始，包括本区在内的整个华北准平原缓慢下沉，海水广泛侵入，形成一稳定的陆表海环境，开始接受地层沉积。区内这一环境特征一直持续到晚石炭世末。在此过程中，地壳相对稳定，构造运动仅表现为小幅度的升降活动，海水时进时退，沉积了全区稳定分布的含煤岩系，自二叠纪始，华北盆地开始了总体的缓慢抬升过程，海水才逐渐退出，沉积环境也由海相经过渡相向陆相演变。在此过程中，地壳同样仅表现为小幅度的升降活动，水平运动极其微弱。因此，徐州地区晚古生代聚煤盆地的同沉积构造亦十分简单，无褶皱和断裂现象发生。

正是由于聚煤盆地基底为一广阔的风化平原，当晚石炭世地壳开始下降，海水广泛侵入，迅速遍布整个华北地区，形成广阔的陆表海，为含煤岩系的大面积沉积奠定了基础。同时，煤系沉积过程中，地壳的缓慢升降运动，又为煤系地层特别是煤层的沉积和保存创造了有利的条件，它控制着岩相古地理的变迁和沉积环境的演化。石炭纪—二叠纪末，区内地壳的不断抬升，使得沉积环境由陆表海障壁海岸向三角洲演化，直至最后完全陆相化。

3)成煤环境

徐沛煤田位于华北晚古生代沉积盆地的东南边缘部位，区内含煤地层有上石炭统本溪组、太原组，下二叠统山西组和中二叠统石盒子组。由于环境的不同，这些含煤地层的特征亦不同，它们是在从晚石炭世的总体海进和从早二叠世—晚二叠世末的总体海退的过程中沉积的一套碎屑含煤地层。

自晚石炭世早期—晚石炭世末，徐州地区发生广泛的海侵作用，地壳下沉，接受了一套台地-堡岛体系的含煤碎屑岩沉积，总体为陆表海障壁海岸环境，自早二叠世开始，直至晚二叠世末，本区处于一个总体海退过程中，海水不断退出，沉积了一套过渡环境下的三角洲体系的含煤碎屑岩及陆相碎屑岩。

4)聚煤规律及控制因素

聚煤规律受古构造、古气候、古环境等因素的控制。平缓而略有起伏的沉积基底、间歇性缓慢升降的地壳运动、广阔分布的陆表海及海岸平原环境、热带-亚热带多雨湿润的古气候条件，是华北地区晚古生代聚煤作用发育、形成煤层广布、煤质优良、储量丰富等聚煤特点的宏观控制因素。在这些控制因素的作用下，本区石炭系—二叠系煤层在沉积和赋存等方面形成了较明显的规律性。

(1)本区石炭纪—二叠纪聚煤作用主要发生在海岸带的堡岛体系和过渡相中，由海岸带向两侧，由于煤层的“生、聚、盖”条件不足，聚煤条件逐渐变差，煤层逐渐分叉、尖灭或沉缺，因此常形成条带状富煤带，平行海岸线分布。

(2)聚煤作用通常发生在地壳上升运动之末、海平面最低之际，煤层主要发育在海岸平原的潟湖潮坪、三角洲分流间湾及泛滥平原上的泥炭坪和泥炭沼泽中。成煤植物死亡堆积后，常发生快速海进，海水大面积覆盖，使得煤层得以埋藏和保存下来，因此，煤层通常出现在每个沉积旋回的顶部。

(3)聚煤期的环境控制着煤层的沉积过程，而聚煤期后的环境则控制着煤层的埋藏等条件，它可以使煤层得以保存，由于三角洲分流河道和潮汐水流的作用，煤层常遭到冲刷剥蚀，厚度变薄甚至缺失。

(4)聚煤环境的变化控制着煤层的沉积厚度和分布特征，沉积体系的不同，形成的煤层其结构特征和分布情况也不同。

堡岛体系泥炭坪煤层似层状、席状分布，厚度小，结构单一，层位稳定增长，全区发育，富煤带平行海岸线呈北东东向延伸；三角洲体系分流间湾泥炭坪煤层和泛滥平原泥炭沼泽煤层，厚度大，变化复杂，常形成结构较单一富煤带。在其两侧，由于受分流河道和潮汐水流的作用，煤层结构复杂，夹矸增多，常分叉尖灭、变薄甚至缺失(沉缺)。因此，自本溪组至石盒子组，区内煤层常表现为厚度由小到大、结构由简单至复杂的变化趋势。

(5)海岸线的变迁，控制着富煤带的分布。本区自晚石炭世—晚二叠世，为一个总的海退过程，海水由北北西向南南东逐渐退出，因此富煤带也由北向南逐渐迁移。

2. 南区

1)早二叠世晚期—中二叠世早期聚煤盆地基底构造和同沉积构造

(1)聚煤盆地基底构造。南区二叠纪聚煤盆地位居扬子古陆块内，煤系沉积之前，受雪峰期—加里东期构造运动的影响，地壳运动以升降活动为主，水平运动非常微弱。因此，区内基底构造主要表现为断裂活动，无褶皱构造形成。主要基底断裂有吴苏断裂和响水断裂，受这两条断裂活动的控制和地壳升降运动的影响，区内南部和北部地壳分别上升，出露水面，形成上海隆起和灌云隆起，而中部区仍为海水所覆盖，为广阔的陆棚浅海环境(陆表海)，且基底构造，为茅口期及龙潭期(冷坞期—吴家坪期)含煤岩系的沉积创造了良好的环境基础和物质基础。

因此，早二叠世晚期—中二叠世早期，区内扬子盆地的基底构造主要表现为：南部为上海隆起，北部为灌云隆起，它们分别从南南东和北北西两个方向供应中间沉积区煤系沉积的物源。在两个隆起的边缘即海岸线位置分别发育吴苏断裂和响水断裂，由这两条基底断裂所夹持的中间地段为一广阔的陆棚浅海，它正是茅口期乃至整个二叠纪的沉积区所在。

(2)聚煤盆地同沉积构造。早二叠世晚期—中二叠世早期聚煤盆地煤系沉积过程中,区内构造运动相对较弱,主要表现为升降运动:吴苏断裂和响水断裂发生同沉积活动,从而引起中间沉积区地壳的升降运动,海水从北东和南西两个方向时进时退,形成一系列由陆棚浅海-滨岸-滨海沼泽相的沉积旋回结构,煤层往往位于最大海退面上。而上海隆起和灌云隆起相对较稳定,一直出露水面,遭受风化剥蚀,不断供应中间区的沉积物源。在中二叠世末,受地壳升降运动的影响,中间沉积区内再次形成两条北东—北东东向的同沉积断裂,即岔河-上岗断裂和南渡-江防断裂,同时地壳大规模下降,海水广泛侵入,形成一较稳定分布的浅海台地环境,它们共同构成中二叠世聚煤盆地的沉积基底。

2)中二叠世晚期—晚二叠世晚期聚煤盆地的基底构造和同沉积构造

(1)聚煤盆地基底构造。中二叠世晚期—晚二叠世早期,区内扬子盆地继承了二叠世中期的古地理景观,南部为上海隆起,北部为灌云隆起,中部仍为一陆棚浅海,断裂构造除吴苏断裂和响水断裂 2 条基底断裂外,还有中部沉积区内中二叠世末形成的 2 条同沉积断裂,即岔河-上岗断裂和南渡-江防断裂。龙潭期(冷坞期—吴家坪期)含煤岩系沉积过程中,这 4 条断裂的同沉积活动,控制了煤系的分布及沉积特征。

(2)聚煤盆地同沉积构造。中二叠世晚期—晚二叠世早期聚煤盆地煤系沉积时,区内构造运动仍以升降运动为主:2 条基底断裂和 2 条同沉积断裂不断活动,引起中间沉积区地壳的间歇性差异升降运动,形成一套由陆棚浅海-滨岸-滨海沼泽相的煤系沉积。上海隆起和灌云隆起仍然出露水面,遭受风化剥蚀,成为中间沉积区的物源区。

晚二叠世龙潭期末—长兴期初,受构造运动的影响,在岔河-上岗断裂和南渡-江防断裂附近形成两条北东—北东东向延伸的水下隆起条带,同时,中间沉积区地壳整体下降,海水大规模侵入,覆盖全区,形成一广阔分布的陆棚浅海环境,构成长兴期的沉积基底。长兴期时,受这两条水下隆起带的控制,将中间沉积区分割成 3 个环境分区,即中带的局限海-开阔海亚相区,南带和北带的台地亚相区,分别沉积了大隆组硅质泥岩和长兴组的碳酸盐岩。

3)成煤环境

与北区相比,南区二叠纪的成煤环境比较单一,区内所有煤层均是在滨海平原泥炭沼泽环境中形成的,这一环境往往是在滨岸-浅海陆棚环境的基础上,由于基底断裂活动导致地壳上升,海水突发退出而逐步发育起来的。

南区下扬子盆地二叠纪堰桥组—龙潭组是在总体海退的过程中形成的一套碎屑含煤岩系。在此海退过程中,含煤岩系沉积环境不断变化,分别经历了浅海陆棚环境、滨岸环境和滨海平原环境,形成了相应的浅海陆棚沉积体系、无障壁海岸沉积体系及滨海平原泥炭沼泽沉积体系,它们在剖面上做有规律的交替组合,构成一系列沉积旋回结构。

4)聚煤规律及其控制因素

通过以上对南区下扬子盆地二叠纪含煤岩系特征的种种分析,可以总结出以下几条聚煤规律:

(1)本区二叠纪聚煤作用全部发生在滨海平原泥炭沼泽这一过渡环境之中。当地壳上升到最高点时,海水全部退出,形成广阔的滨海平原环境,发育泥炭沼泽,沉积煤层。

(2)基底断裂和同沉积活动控制着地壳的升降运动,对成煤环境的形成和煤层的发育起着主导作用。受基底断裂活动的影响,区内地壳升降运动频繁,海水快速进退。因此,泥炭沼泽发育层位多、延续时间短,形成的煤层层数多、厚度薄、结构不稳定。

(3)聚煤作用均发生在地壳上升运动之末,海平面最低之际。同时,煤层沉积后常发生快速海进作用,海水广泛侵入,覆盖全区,从而使煤层得以保存下来。因此,煤层通常出现在每个沉积旋回的顶部。

(4)由于煤层沉积基底多凹凸不平,加上广泛侵入,覆盖全区,从而使煤层得以保存下来。鸡窝状、藕节状等形态分布,平面对比性差。

(5)受同沉积断裂活动的控制,区内沉积环境分异现象明显,煤层分布范围变化突出。茅口期—

吴家坪期,煤层分布范围逐渐缩小,稳定性变差。茅口期,煤层全区发育,含较稳定可采煤层;冷坞期,煤层分布范围有所缩小,仅发育于南北两带;至吴家坪期,煤层只发育于南带南部靠古隆起的边缘部位。

第三节 成矿关键性地质问题讨论

1. 宁芜-溧水火山岩盆地基底形成时代、地球化学成份和构造岩浆演化对成矿的制约研究

江苏宁芜—溧水地区位于长江中下游铁铜多金属成矿带的东部,也是长江中下游地区多金属矿产分布相对密集的地区,区内已发现铁铜多金属矿床、矿(化)点154处,其中大中型矿床9处。宁芜地区成矿作用主要发生在燕山期,与火山活动有关,多属岩浆-岩浆期后热液矿产。区域矿产分布具明显的分区分带现象,大的矿带(矿田)的展布与大的断裂构造带或火山喷发带的展布相一致,矿床(体)则受派生的次级断裂构造和次级的火山构造控制。溧水火山岩盆地与宁芜盆地对比,区域地质背景与成矿地质条件相似,区内各种内生矿床(点)的分布与不同期的火山-侵入活动在时空上基本是一致的。与火山岩浆活动有关的矿产种类繁多,其中金属矿产主要有铁、铜、金、铅锌。区内各种内生矿床的形成与地层、控矿构造、火山活动密切相关。然而对比两盆地的成矿规模却大相径庭。

近年来,在宁芜火山岩盆地地质勘查工作中有几个重要的进展,如:盆地东缘含膏盐的周冲村组地层中发现和勘查了杨庄式、太平山式大中型磁铁矿矿床;在梅山铁矿床发现了与铁矿体共伴生的金、铜、钼矿体。这些发现对区域找矿勘查研究具有指导意义。但以往工作多局限于地表或浅部,对深部(500m以下)勘查研究不够深入,矿床综合研究滞后于找矿进展,应进一步加强成矿规律和矿床成因研究,尤其是盆地基底和构造岩浆演化与成矿关系研究。

前人在研究火山岩的源区方面,主要应用岩石地球化学数据以及传统的Rb-Sr同位素分析,然而最新的锆石Lu-Hf同位素分析可以快速且系统地反映岩浆源区的成分变化。对于少量火山岩的锆石Lu-Hf同位素分析显示宁芜盆地不同地区火山岩的源区成分存在差异,这一特征有可能是影响铁等元素能否富集成矿的因素之一。因此,随着科技测试手段的不断更新,宁芜溧水地区火山岩盆地的岩浆岩时代及源区分析有待进一步重新厘定,这将为研究岩浆作用对成矿作用的制约提供更新更可靠的依据。宁芜溧水地区火山岩盆地基底的异同性缺乏研究,其深部是否如同浅部一样被方山-小丹阳断裂所隔开,还是另有联系,以及两个盆地火山岩基底的深部构造特征及演化对于区域成矿作用制约的异同性缺少深入研究。两个火山岩盆地的根在何处,其盆地的基底形成时代与演化历史是否相同有待进一步研究探明。岩浆岩及其基底的地球化学成分和源区性质,成岩过程中的壳幔作用等特征对区域矿床(种)的制约等诸多问题尚待阐明。

2. 苏北新沂-泗洪郯庐断裂带及其两侧原生金刚石找矿预测研究

苏北新沂-泗洪郯庐断裂带及其两侧为我国三大金刚石找矿重点片区之一,郯庐断裂带控制了含矿金伯利岩的成带分布,形成了辽东-鲁南、苏北-皖北的原生金刚石成矿带,是我国金刚石原生矿找矿5个A类远景区之一。经多年普查,新沂—泗洪地区已发现小型金刚石砂矿床1处,矿点3处,砂矿伴有镁铝榴石、铬尖晶石、铬透辉石等原生金刚石指示矿物,尚未发现原生金刚石矿床(点)。该区是否存在含金刚石母岩,直接影响到区内金刚石矿找矿方向。

本区金刚石的供源方向,历来有两种看法:一种观点认为有近源供给,也就是在新沂至宿迁一带存在着含金刚石的母岩;另一观点认为古沂河上游山东供源,即来自山东的金刚石原生矿或古砂矿。经与山东对比,可发现本区砂矿中金刚石在粒级组合、平均质量等方面有所不同,山东的以1+0.5级为主,

占 75.2%，其次为 2+1 级，占 22.49%，平均质量 2.73mg，而本区金刚石粒级主要为 2+1 和 4+2 两级，级别较山东为大，部分晶面光滑，无裂纹，无次生破碎，搬运距离不远，表现为金伯利岩根部相的特征，表明附近可能有供源。新沂城岗、泗洪重岗山等地已出土的镁铝榴石、铬尖晶石等指示矿物均具有近源特征，说明区内存在金刚石含矿岩体的可能性极大。此区域覆盖严重，给本区的金刚石原生矿找寻带来了困难。

针对含金刚石基性—超基性岩体的勘查研究，重点研究找矿方法、含矿岩体的成岩成矿特征、岩体中原生金刚石含矿性及空间分布特征等，为找矿预测及勘查选区提供依据。

主要参考文献

《中国矿床发现史·江苏卷》编委会. 中国矿床发现史:江苏卷[M]. 北京:地质出版社,1996.

常印佛,刘湘培,吴言昌,等. 长江中下游铜铁成矿带[M]. 北京:地质出版社,1991.

陈先兵,张登明. 江苏安基山铜矿的燕山期应力场及构造演化[J]. 矿产与地质,1994,8(6):440-444.

陈毓川,陶维屏. 我国金属、非金属矿产资源及成矿规律[J]. 中国地质,1996,8(9):10-13.

陈毓川,王登红,陈郑辉,等. 重要矿产和区域成矿规律研究技术要求[M]. 北京:地质出版社,2010.

陈毓川,王登红,李厚民,等. 重要矿产预测类型划分方案[M]. 北京:地质出版社,2010.

陈毓川,王登红,朱裕生,等. 中国成矿体系与区域成矿评价[M]. 北京:地质出版社,2007.

陈毓川,中国地质科学院. 中国矿床成矿系列图[M]. 北京:地质出版社,1999.

陈毓川,朱裕生. 中国矿床成矿模式[M]. 北京:地质出版社,1993.

陈毓川. 当代矿产资源勘查评价的理论与方法[M]. 北京:地震出版社,1999.

陈毓川. 中国主要成矿(区)带矿产资源远景评价[M]. 北京:地质出版社,1999.

陈郑辉,陈毓川,王登红,等. 矿产资源潜力评价示范研究[M]. 北京:地质出版社,2009.

范正国,黄旭钊,熊盛青,等. 磁测资料应用技术要求[M]. 北京:地质出版社,2010.

冯学知,袁有田. 姜犁园铁矿成矿地质特征及成矿过程分析[J]. 地质学刊,2010,34(3):255-259.

高道明,赵云佳. 玢岩铁矿再认识[J]. 安徽地质,2008,18(3):164-168.

何裕盛. 苏州西迹山地区隐伏硫铁矿藏综合预测[J]. 桂林冶金地质学院学报,1992,12(4):414-421.

胡文瑄,徐克勤,胡受奚,等. 宁芜和庐枞地区陆相火山喷气沉积-热液叠加改造型铁、硫矿床[M]. 北京:地质出版社,1991.

黄震,黄建平. 江苏镇江韦岗铁矿区深部找矿前景分析[J]. 地质学刊,2008,32(3):184-188.

江苏省地质局. 江苏省及上海市区域地质志[M]. 北京:地质出版社,1982.

江苏省地质矿产局. 江苏省岩石地层[M]. 武汉:中国地质大学出版社,1997.

江苏省地质矿产局. 宁镇山脉地质志[M]. 南京:江苏科学技术出版社,1989.

蒋慎君,刘沈衡. 栖霞山铅锌银矿床深部地质构造特征及成因过程模型初探[J]. 江苏地质,1990,14(3):9-14.

李锦伟,陈津华,曾键年,等. 宁芜盆地吉山铁矿床辉长闪长玢岩 SHRIMP 锆石 U-Pb 定年及其地质意义[J]. 矿床地质,2012,31(6):1227-1236.

李相民,孙国曦,仇慎平. 安基山铜矿床地质-地球物理模型及其找矿意义[J]. 地质学刊,2009,33(1):28-34.

李瑛,贺菊瑞,孙南圭,等. 长江中下游地区铁帽型金矿床[M]. 北京:地质出版社,1992.

梁业恒,孙晓明,翟伟,等. 江苏观山铜铅金矿床成矿流体地球化学和成因[J]. 矿床地质,2008,27(5):605-612.

梁业恒,孙晓明,翟伟,等. 江苏溧水观山高硫型铜铅金矿床 $^{40}Ar/^{39}Ar$ 定年及其地质意义[J]. 高校地质学报,2010,16(2):143-148.

刘湘培,常印佛,吴言昌. 论长江中下游地区成矿条件和成矿规律[J]. 地质学报,1988(2):74-84.

马芳，蒋少涌，姜耀辉，等. 宁芜地区玢岩铁矿 Pb 同位素研究[J]. 地质学报，2006，80(2)：279－286.

马芳，蒋少涌. 与陆相火山岩有关的铁、铜、金矿床成矿地质特征及矿床成因[J]. 地质找矿论丛，2005，20(4)：233－241.

宁芜研究项目编写小组. 宁芜玢岩铁矿[M]. 北京：地质出版社，1978.

王道华，傅德鑫，吴履秀. 长江中下游区域铜、金、铁、硫矿床的基本特征及成矿规律[M]. 北京：地质出版社，1987.

王华田，戴爱华. 江苏土包山金铁矿床及其成矿机制[J]. 火山地质与矿产，1993，14(2)：22－36.

向云川，任天祥，牟绪赞，等. 化探资料应用技术要求[M]. 北京：地质出版社，2010.

熊先孝，薛天星，商朋强，等. 重要化工矿产资源潜力评价技术要求[M]. 北京：地质出版社，2010.

熊先孝，姚超美，杨更生，等. 宁芜向山—皇姑山地区构造及黄铁矿找矿研究[J]. 化工矿产地质，1999，21(1)：15－23.

熊先孝，姚超美. 宁芜向山式硫铁矿地质及矿床成因新探[J]. 化工矿产地质，2001，23(2)：93－100.

徐志刚，陈毓川，王登红，等. 中国成矿(区)带划分方案[M]. 北京：地质出版社，2008.

徐忠发，曾正海. 南京栖霞山铅锌银矿床成矿作用与岩浆活动关系探讨[J]. 江苏地质，2006，30(3)：177－182.

叶天竺. 固体矿产预测评价方法技术[M]. 北京：中国大地出版社，2004.

殷友东，刘振红，盛如崇. 宁芜云台山硫铁矿矿床地质特征及成因类[J]. 化工矿产地质，1996，18(4)：284－288.

于学政，曾朝铭，燕云鹏，等. 遥感资料应用技术要求[M]. 北京：地质出版社，2010.

翟裕生，池三川，姚书振. 长江中下游铁矿床的构造控制及成矿模式[M]. 北京：地质出版社，1981.

翟裕生，姚书振，林新多，等. 长江中下游地区铁铜(金)成矿规律[M]. 北京：地质出版社，1992.

翟裕生，姚书振，林新多. 长江中下游地区铁铜矿床的类型、形成条件和成矿演化[J]. 地球科学，1983(4)：101－112.

翟裕生，姚书振，周宗桂，等. 长江中下游铜金矿床矿田构造[M]. 北京：地质出版社，1999.

赵玉琛. 宁芜地区中生代火山岩地层划分及其特征[J]. 地质科学，1990(3)：243－258.

主要内部资料

安徽省地质局区域地质调查队. 南京市幅 1∶20 万区域地质调查报告[R]. 南京：江苏省地质资料馆，1977.

安徽省地质矿产局，湖北省地矿局，江西地质矿产局，等. 长江中下游铜铁硫金(多金属)成矿带成矿远景区划成果评议书[R]. 合肥：安徽省地质资料馆，1985.

安徽省地质矿产局 322 地质队. 小丹阳幅、慈湖镇幅 1∶5 万区域地质调查报告[R]. 南京：江苏省地质资料馆，1985.

北京金有地质勘查有限公司. 江苏省南京市江宁区獾子洞铜金矿床详查地质报告[R]. 南京：江苏省地质资料馆，2004.

地质部第五物探大队. 太湖地区找煤物探成果报告(1∶20 万)[R]. 南京：江苏省地质资料馆，1969.

地质部第一综合物探大队. 江苏省六合县—安徽省天长县重力普查工作成果报告(1∶5 万)[R]. 南京：江苏省地质资料馆，1980.

地质部华东石油物探大队. 苏北南部地区 60 年扭秤测量成果报告(1∶10 万)[R]. 南京：地质部华东石油物探大队，1961.

地质部华东石油物探大队. 苏北中新台坳北部地区 1961 年扭秤测图成果报告(1∶10 万—1∶5 万)[R]. 南京：地质部华东石油物探大队，1961.

地质部华东石油物探大队重力分队.江苏省苏南、浙北、浙江省肖、绍、宁、金、衢地区1∶20万工作结果报告[R].南京:地质部华东石油物探大队重力分队,1959.

地质科学研究院地矿所四室方法组.长江中下游地区找矿方法及矿产预测的研究[R].南京:江苏省地质资料馆,1976.

地质矿产部地质遥感中心.连云港遥感综合调查成果报告[R].南京:江苏省地质资料馆,1988.

地质矿产部航空物探遥感中心.长江中下游地区矿田及矿区地质构造遥感专题研究报告[R].南京:江苏省地质资料馆,1990.

地质矿产部航空物探遥感中心.长江中下游地区区域地质矿产遥感——岩浆热动力构造理论找矿专题研究报告[R].南京:江苏省地质资料馆,1990.

地质矿产部航空物探遥感中心.长江中下游地区遥感地质编图及区域矿产研究报告[R].南京:江苏省地质资料馆,1990.

地质矿产部航空物探遥感中心.江苏省苏州地区航空磁力测量成果报告(1∶5)[R].北京:地质矿产部航空物探遥感中心,1988.

地质矿产部航空物探遥感中心.江苏苏南部地区航空物探(磁)勘查成果报告(1∶5万)[R].北京:地质矿产部航空物探遥感中心,1994.

地质矿产部航空物探遥感中心.江苏中部地区高精度航空磁测成果报告(1∶20万)[R].北京:地质矿产部航空物探遥感中心,1987.

地质矿产部航空物探遥感中心.上海地区航空物探(磁)勘查成果报告(1∶10万)[R].北京:地质矿产部航空物探遥感中心,1992.

地质矿产部航空物探总队.江苏省六合—盱眙地区航磁普查报告(1∶5万)[R].北京:地质矿产部航空物探遥感中心,1981.

地质矿产部航空物探总队.下扬子地区构造航磁结果报告(1∶100万)[R].北京:地质矿产部航空物探遥感中心,1986.

地质矿产部南京地质矿产研究所.长江中下游区域铜、金、铁、硫矿床基本特征及成矿规律[R].南京:江苏省地质资料馆,1987.

地质矿产部南京地质矿产研究所.长江中下游中酸性侵入岩与成矿[R].南京:地质矿产部南京地质矿产研究所,1990.

地质矿产部南京地质矿产研究所.江苏省宜兴-溧阳火山岩区成矿地质条件研究和靶区预测研究报告[R].南京:地质矿产部南京地矿研究所,1992.

地质矿产部南京地质矿产研究所.江苏省重要成矿区成矿预测和靶区优选[R].南京:南京地质矿产研究所,1995.

地质矿产部南京地质矿产研究所.下扬子地区区域构造特征及其与铁、铜、硫矿产分布关系[R].南京:江苏省地质资料馆,1988.

国家地质总局航空物探大队904队.微山湖地区航空磁力测量成果报告(1∶5万)[R].南京:江苏省地质资料馆,1974.

华东地质研究所,江苏省地质局第四地质队.苏州西部地区矽卡岩型铁、铜多金属矿成矿地质条件和找矿方向的研究[R].南京:江苏省地质资料馆,1975.

华东冶金地质勘查局813队.江苏省溧水县观山铜铅矿地质勘探总结报告(1、2号脉)[R].南京:江苏省地质资料馆,1966.

华东有色地质矿产勘查开发院.江苏省南京市栖霞山铅锌矿区甘家巷—大凹山矿段核查区资源储量核查报告[R].南京:江苏省地质资料馆,2010.

江苏省地调院矿产所.江苏省南京市江宁区燕子口金矿区普查地质报告[R].南京:江苏省地质资料馆,2010.

江苏省地质调查研究院. 1∶25 万常州幅区域地质调查报告[R].南京:江苏省地质资料馆,2003.

江苏省地质调查研究院. 江苏省南京市冶山铁矿区资源储量复核地质报告[R]. 南京: 江苏省地质调查研究院, 2004.

江苏省地质调查研究院.长三角地区 1∶25 万基础地质遥感解译报告[R].南京:江苏省地质调查研究院,2006.

江苏省地质调查研究院.江苏 1∶20 万自然重砂数据库报告[R].南京:江苏省地质调查研究院,2003.

江苏省地质调查研究院.江苏 1∶25 万淮安市、盐城市幅区域地质与环境调查[R].南京:江苏省地质资料馆,2009.

江苏省地质调查研究院.江苏省 1∶25 万淮安市幅、盐城市幅、滨淮农场幅区域地质调查报告[R].南京:江苏省地质资料馆,2008.

江苏省地质调查研究院.江苏省 1∶25 万南京市幅区域地质调查报告[R].南京:江苏省地质资料馆,2003.

江苏省地质调查研究院.江苏省 1∶25 万南通市幅区域地质调查报告[R].南京:江苏省地质资料馆,2003.

江苏省地质调查研究院.江苏省 1∶5 万白塔埠幅、沙河镇幅、房山镇幅区域地质调查报告[R].南京:江苏省地质资料馆,2000.

江苏省地质调查研究院.江苏省 1∶5 万常州市幅、漕桥镇幅区域地质调查报告[R]. 南京:江苏省地质资料馆,1998.

江苏省地质调查研究院.江苏省 1∶5 万城头幅、赣榆县幅区域地质调查报告[R].南京:江苏省地质资料馆,1999.

江苏省地质调查研究院.江苏省 1∶5 万湟里镇幅、金坛县幅区域地质调查报告[R].南京:江苏省地质资料馆,2002.

江苏省地质调查研究院.江苏省 1∶5 万昆山市、太仓市、安亭镇、吴江市、芦墟镇幅区域地质与环境地质调查报告[R].南京:江苏省地质资料馆,2010.

江苏省地质调查研究院.江苏省 1∶5 万南通市、南通县、小海镇、海门市幅区域地质与环境地质调查报告[R].南京:江苏省地质资料馆,2009.

江苏省地质调查研究院.江苏省 1∶5 万双店幅、阿湖镇幅、阴平幅、华冲幅区域地质调查报告[R].南京:江苏省地质资料馆,2002.

江苏省地质调查研究院.江苏省东北部地区 1∶5 万区调片区总结报告[R].南京:江苏省地质资料馆,2003.

江苏省地质调查研究院.江苏省国土区域生态地球化学调查报告(1∶25 万)[R].南京:江苏省地质调查研究院,2005.

江苏省地质调查研究院.江苏省海岸带地质生态环境遥感调查报告[R].南京:江苏省地质调查研究院,2005.

江苏省地质调查研究院.江苏省南京市栖霞山铅锌矿区虎爪山矿段资源储量核查报告[R].南京:江苏省地质资料馆,2008.

江苏省地质调查研究院.江苏省宁芜地区铅、锌、锡、金矿评价报告(1∶1 万)[R].南京:江苏省地质调查研究院,2001.

江苏省地质调查研究院.江苏省镇江市谏壁钨钼矿区资源储量核查报告[R].南京:江苏省地质资料馆,2010.

江苏省地质调查研究院.苏南及沿江地区 1∶5 万区调片区总结[R].南京:江苏省地质资料馆,1998.

江苏省地质局.1∶5万望亭幅、陆墓幅、光福幅、苏州幅区域地质调查矿产调查报告[R].南京:江苏省地质资料馆,1982.

江苏省地质局成矿区划组.江苏省金属、非金属矿产成矿规律及预测研究报告[R].南京:江苏省地质资料馆,1980.

江苏省地质局地质综合研究大队.江苏省金矿化类型及区域找矿方向专题研究报告[R].南京:江苏省地质资料馆,1983.

江苏省地质局地质综合研究大队.江苏省利国地区铁矿成矿地质条件和找矿方向专题研究报告[R].南京:江苏省地质资料馆,1980.

江苏省地质局地质综合研究大队.江苏省宁镇中段石马地区铁矿成矿条件及找矿方向初步研究报告[R].南京:江苏省地质资料馆,1981.

江苏省地质局地质综合研究大队.江苏中生代火山岩地质及其成矿条件研究报告[R].南京:江苏省地质资料馆,1983.

江苏省地质局地质综合研究大队.苏南地区卫星相片地质构造解译报告[R].南京:江苏省地质资料馆,1981.

江苏省地质局第二地质大队.江苏省江宁县云台山黄铁矿区详细普查评价报告[R].常州:江苏省地质局第二地质大队,1964.

江苏省地质局第六地质大队.江苏省北部海州式磷矿成矿条件、分布规律、找矿方向专题研究报告[R].连云港:江苏省地质局第六地质大队,1981.

江苏省地质局第六地质大队.江苏省赣榆县武强山测区磁法工作小结(1∶2.5万)[R].连云港:江苏省地质局第六地质大队,1979.

江苏省地质局第三地质大队.江苏省丹徒县韦岗铁矿 6′—11 线浅部矿体储量增算和深部详查评价报告[R].镇江:江苏省地质局第三地质大队,1980.

江苏省地质局第三地质大队.江苏省丹徒县韦岗铁矿地质勘探报告[R].镇江:江苏省地质局第三地质大队,1974.

江苏省地质局第三地质大队.江苏省江宁县安基山铜矿地质成矿机理和模式[R].镇江:江苏省地质局第三地质大队,1983.

江苏省地质局第三地质大队.江苏省句容县石砀山、铜山铜钼矿区(东段)普查评价报告[R].镇江:江苏省地质局第三地质大队,1966.

江苏省地质局第三地质队.江苏省句容县铜山铜钼矿区(中段)地质勘探最终报告[R].镇江:江苏省地质局第三地质大队,1964.

江苏省地质局第四地质大队.江苏省吴县谈家桥铁矿总结勘探报告[R].苏州:江苏省地质局第四地质大队,1973.

江苏省地质局第四地质大队.江苏省吴县潭山黄铁矿、铅锌矿矿区地质勘探最终报告[R].苏州:江苏省地质局第四地质大队,1967.

江苏省地质局第四地质大队.江苏省吴县潭山黄铁矿、铅锌矿矿区西矿段补充勘探地质报告[R].苏州:江苏省地质局第四地质大队,1977.

江苏省地质局第四地质大队.江苏省吴县唐家墩铁矿地质勘探总结报告[R].苏州:江苏省地质局第四地质大队,1978.

江苏省地质局第四地质大队.江苏省吴县俞石泉矿区萤石矿地质普查评价报告[R].苏州:江苏省地质局第四地质大队,1978.

江苏省地质局第四地质大队.苏州西部地区1∶5万区域地质矿产调查报告[R].苏州:江苏省地质局第四地质大队,1981.

江苏省地质局第五地质大队.江苏省1∶5万前五段(1/2)幅、韩庄(1/2)幅、郑集幅(1/2)、贾旺幅、古邳镇幅区域地质调查报告[R].南京:江苏省地质资料馆,1978.

江苏省地质局第五地质大队.江苏省利国吴庄铁矿地质勘探报告[R].徐州:江苏省地质局第五地质大队,1975.

江苏省地质局第五地质大队.江苏省徐州市利国铁矿区利国镇西矿带详查地质报告[R].徐州:江苏省地质局第五地质大队,1975.

江苏省地质局第五地质队.江苏省沛县姜梨园-魏老家铁矿普查评价地质报告[R].徐州:江苏省地质局第五地质大队,1981.

江苏省地质局第一地质大队.江苏省江宁县云台山硫铁矿区云台山矿段(1—31线)详细补充地质报告[R].南京:江苏省地质局第一地质大队,1982.

江苏省地质局第一地质大队.江苏省南京市江宁县云台山硫铁矿区母鸡山矿段详细普查地质报告[R].南京:江苏省地质局第一地质大队,1982.

江苏省地质局丰沛铁矿专题研究组.江苏省丰沛地区铁矿成矿地质条件和找矿方向专题研究报告[R].南京:江苏省地质资料馆,1977.

江苏省地质局区调地质大队.江苏省江宁县皇姑山工区1∶1万物化探总结报告[R].南京:江苏省地质资料馆,1975.

江苏省地质局区调地质大队.盱眙幅1∶20万区域地质调查报告[R].南京:江苏省地质资料馆,1977.

江苏省地质局区域地质调查大队.江苏省1∶20万常州市幅区域地质调查报告[R].南京:江苏省地质资料馆,1964.

江苏省地质局区域地质调查大队.江苏省1∶20万连云港市幅区域地质调查报告[R].南京:江苏省地质资料馆,1965.

江苏省地质局区域地质调查大队.江苏省1∶20万马鞍山市幅区域地质调查报告[R].南京:江苏省地质资料馆,1974.

江苏省地质局区域地质调查大队.江苏省1∶20万苏州市、无锡市幅区域地质调查报告[R].南京:江苏省地质资料馆,1976.

江苏省地质局区域地质调查大队.江苏省1∶20万新沂市幅区域地质调查报告[R].南京:江苏省地质资料馆,1969.

江苏省地质局区域地质调查大队.江苏省1∶20万盱眙县幅区域地质调查报告[R].南京:江苏省地质资料馆,1977.

江苏省地质局区域地质调查大队.江苏省1∶20万徐州市幅区域地质调查报告[R].南京:江苏省地质资料馆,1977.

江苏省地质局区域地质调查大队.江苏省1∶20万扬州市幅区域地质调查报告[R].南京:江苏省地质资料馆,1970.

江苏省地质局区域地质调查队.宁镇地区内生矿产成矿规律及预测研究报告[R].南京:江苏省地质资料馆,1983.

江苏省地质局物探大队.江苏省丰沛地区物探工作成果报告(1∶1万)[R].南京:江苏省地质资料馆,1978.

江苏省地质局物探大队.江苏省海门县王浩测区物探工作报告(1∶1万)[R].南京:江苏省地质资料馆,1981.

江苏省地质局物探大队.江苏省溧水地区物化探总结报告(1∶1万)[R].南京:江苏省地质资料馆,1978.

江苏省地质局物探大队.江苏省宁镇地区磁测找铁综合研究报告(1∶1万)[R].南京:江苏省地质资料馆,1981.

江苏省地质局物探大队.江苏省铜山县利国地区铁矿普查一九七八年物探工作总结报告(1∶1万)

[R].南京:江苏省地质资料馆,1978.

江苏省地质局物探队区重分队.江苏省徐海地区 1∶20 万重力测量工作成果报告[R].南京:江苏省地质资料馆,1983.

江苏省地质矿产调查研究所.江苏省 1∶5 万连云港市幅、东辛农场幅、墩尚幅、连云港镇幅区域地质调查报告[R].南京:江苏省地质资料馆,1994.

江苏省地质矿产调查研究所.江苏省 1∶5 万戚墅堰幅、祝塘镇幅区域地质调查报告[R].南京:江苏省地质资料馆,1994.

江苏省地质矿产调查研究所.江苏省 1∶5 万苏州市幅、甪直镇幅、光福镇幅、陆墓镇幅、昆山县幅区域地质调查报告[R].南京:江苏省地质资料馆,1995.

江苏省地质矿产调查研究所.江苏省 1∶5 万堂里幅(1/3)、洞庭公社幅、吴江县幅区域地质调查报告[R].南京:江苏省地质资料馆,1994.

江苏省地质矿产调查研究所.江苏省 1∶5 万乌江幅、江宁镇幅、全椒县幅、江浦县幅、新集幅区域地质调查报告[R].南京:江苏省地质资料馆,1994.

江苏省地质矿产调查研究所.苏南地区志留纪—泥盆纪岩相古地理及沉积层控矿床研究[R].南京:江苏省地质资料馆,1993.

江苏省地质矿产调查研究所.新集镇幅、全椒县幅、江浦县幅、乌江镇幅、江宁镇幅 1∶5 万区域地质调查报告[R].南京:江苏省地质资料馆,1994.

江苏省地质矿产局. 江苏省铁矿一轮成矿远景区划报告[R].南京:江苏省地质矿产局,1985.

江苏省地质矿产局.江苏省 1∶5 万张家港市幅、顾山镇幅区域地质调查报告[R].南京:江苏省地质资料馆,1995.

江苏省地质矿产局.江苏省成矿远景区划及“九五”找矿地质工作布置建议[R].南京:江苏省地质矿产局,1995.

江苏省地质矿产局.宁镇山脉 1∶5 万区域地质调查报告[R].南京:江苏省地质资料馆,1984.

江苏省地质矿产局.苏南铜多金属矿勘查研究[R].南京:江苏省地质矿产局,1995.

江苏省地质矿产局.宜溧地区 1∶5 万区域地质调查报告[R].南京:江苏省地质资料馆,1988.

江苏省地质矿产局地质矿产研究所 .江苏省苏州西部地区矽卡岩型铁、铜、多金属矿产资源总量预测及方法研究[R].南京:江苏省地质资料馆,1987.

江苏省地质矿产局地质矿产研究所.长江下游(南京—长江口)河道演变遥感调查报告[R].南京:江苏省地质资料馆,1986.

江苏省地质矿产局地质矿产研究所.苏北原生金刚石成矿条件及找矿方向研究报告[R].南京:江苏省地质资料馆,1988.

江苏省地质矿产局地质研究所.江苏省铁、铜、多金属、金矿资源总量预测及方法研究[R].南京:江苏省地质资料馆,1989.

江苏省地质矿产局地质综合研究所.太湖流域围湖遥感调查报告(1∶20 万)[R].南京:江苏省地质资料馆,1986.

江苏省地质矿产局第二地质大队.江苏省溧水县、江宁县横山工区物化探工作小结(1∶1 万～1∶5 万)[R].常州:江苏省地质矿产局第二地质大队,1987.

江苏省地质矿产局第二地质大队.江苏省溧水县金驹山金矿区 101－2 号脉详细普查地质报告[R].常州:江苏省地质矿产局第二地质大队,1984.

江苏省地质矿产局第二地质大队.江苏省溧阳地区金矿(化)类型及找金方向研究报告[R].常州:江苏省地质矿产局第二地质大队,1988.

江苏省地质矿产局第二地质大队.江苏省溧阳市野猫山-土包山金矿普查地质报告[R].常州:江苏省地质矿产局第二地质大队,1988.

江苏省地质矿产局第六地质大队.江苏省东海县桃林岩体特征与成矿关系研究报告[R].南京:地质矿产部南京地质矿产研究所,1985.

江苏省地质矿产局第六地质大队.江苏省东海县禹山地区砂金普查报告(1∶1万)[R].连云港:江苏省地质矿产局第六地质大队,1987.

江苏省地质矿产局第六地质大队.江苏省东海县禹山地区岩金异常查证报告(1∶1万)[R].连云港:江苏省地质矿产局第六地质大队,1996.

江苏省地质矿产局第六地质大队.江苏省赣榆县吴家沟刚玉重砂异常检查小结(1∶1万)[R].连云港:江苏省地质矿产局第六地质大队,1995.

江苏省地质矿产局第六地质大队.江苏省赣榆县西北部1∶5万化探、重砂资料整理及异常查证报告[R].连云港:江苏省地质矿产局第六地质大队,1989.

江苏省地质矿产局第六地质大队.江苏省锦屏磷矿(海州式)矿床地质特征研究报告[R].连云港:江苏省地质矿产局第六地质大队,1987.

江苏省地质矿产局第六地质大队.江苏省连云港云台—锦屏地区地球化学测量报告(1∶5万)[R].连云港:江苏省地质矿产局第六地质大队,1992.

江苏省地质矿产局第六地质大队.连云港市南城工区地化测量小结(1∶1万)[R].连云港:江苏省地质矿产局第六地质大队,1990.

江苏省地质矿产局第三地质大队.江苏省江宁县安基山矿田大比例尺(1∶1万)成矿预测报告[R].镇江:江苏省地质矿产局第三地质大队,1991.

江苏省地质矿产局第三地质大队.江苏省江宁县安基山铜矿区深部及外围铜矿普查地质报告[R].镇江:江苏省地质矿产局第三地质大队,1993.

江苏省地质矿产局第三地质大队.江苏省句容县盘龙岗铜矿区普查地质报告[R].镇江:江苏省地质矿产局第三地质大队,1986.

江苏省地质矿产局第三地质大队.宁镇地区多金属矿的成矿条件及预测[R].镇江:江苏省地质矿产局第三地质大队,1990.

江苏省地质矿产局第三地质大队.宁镇山脉中段铁铜钼铅锌硫矿化系列资源总量预测及方法研究[R].镇江:江苏省地质矿产局第三地质大队,1987.

江苏省地质矿产局第四地质大队.江苏省吴县东渚乡小茅山多金属矿区吴宅矿段铅锌银矿勘探地质报告[R].苏州:江苏省地质矿产局第四地质大队,1989.

江苏省地质矿产局第四地质大队.江苏省吴县和合山工区土壤地球化学测量成果报告(1∶1万)[R].苏州:江苏省地质矿产局第四地质大队,1988.

江苏省地质矿产局第四地质大队.苏州西部地区多金属矿的成矿条件及预测[R].苏州:江苏省地质矿产局第四地质大队,1990.

江苏省地质矿产局第五地质大队,江苏省地质矿产局区域地质调查大队.江苏省1∶5万徐州市幅、大庙幅、桃山集幅区域地质调查报告[R].南京:江苏省地质资料馆,1984.

江苏省地质矿产局第五地质大队.江苏省1∶5万八义集幅、台儿庄(1/2)幅、岔河幅、汴塘集幅、邳城幅区域地质调查报告[R].南京:江苏省地质资料馆,1990.

江苏省地质矿产局第一地质大队,江苏省地质矿产局第二地质大队.江苏省1∶5万江宁县幅、慈湖幅、栖塘镇幅、天王寺幅、小丹阳幅、博望镇幅、溧水县幅区域地质调查报告[R].南京:江苏省地质资料馆,1986.

江苏省地质矿产局第一地质大队.1∶5万陈集(南)、仪征市幅(江北)区域地质调查报告[R].南京:江苏省地质资料馆,1994.

江苏省地质矿产局第一地质大队.江宁县铜井地区金矿普查地质报告[R].南京:江苏省地质矿产局第一地质大队,1988.

江苏省地质矿产局第一地质大队. 1∶5 万河桥、涧溪、穆店、旧铺、竹镇、马集、施官、六合、新集、仁和、瓜埠、陈集、仪征(北)幅区域地质调查报告[R]. 南京:江苏省地质资料馆,1986.

江苏省地质矿产局第一地质大队. 江宁镇幅、江宁县幅(西)、慈湖幅、柘塘幅(西)、小丹阳幅(北 1/3)1∶5 万区域地质调查报告[R]. 南京:江苏省地质资料馆,1986.

江苏省地质矿产局第一地质大队. 江苏省 1∶5 万涧溪幅、旧铺幅、竹镇幅、马集幅、仁和幅、六合县幅、陈集幅、瓜埠镇幅、仪征县幅区域地质调查报告[R]. 南京:江苏省地质资料馆,1986.

江苏省地质矿产局第一地质大队. 江苏省江宁县汤山矿区金矿普查评价报告[R]. 南京:江苏省地质矿产局第一地质大队,1988.

江苏省地质矿产局第一地质大队. 江苏省江宁县祖堂山地区地球化学土壤测量报告(1∶1 万)[R]. 南京:江苏省地质矿产局第一地质大队,1988.

江苏省地质矿产局第一地质大队. 宁芜北段、宁镇西段铁矿找矿方向研究[R]. 南京:江苏省地质矿产局第一地质大队,1987.

江苏省地质矿产局区调地质大队. 1∶20 万江苏省区域化探报告[R]. 南京:江苏省地质资料馆,1988.

江苏省地质矿产局区调地质大队. 江宁县、陆朗乡花塘化探异常验证小结(1∶1 万)[R]. 南京:江苏省地质资料馆,1988.

江苏省地质矿产局区调地质大队. 江宁县陆朗乡花塘化探异常验证小结[R]. 南京:江苏省地质资料馆,1988.

江苏省地质矿产局区调地质大队. 江苏省 1∶5 万社渚幅、张渚镇幅、鼎蜀镇幅、溧阳县幅、徐舍镇幅、宜兴县幅区域地质调查报告[R]. 南京:江苏省地质资料馆,1988.

江苏省地质矿产局区调地质大队. 江苏省 1∶5 万薛埠镇幅、竹篑桥幅区域地质调查报告[R]. 南京:江苏省地质资料馆,1991.

江苏省地质矿产局区调地质大队. 江苏省高淳县漕塘化探异常二级查证报告(1∶1 万)[R]. 南京:江苏省地质资料馆,1990.

江苏省地质矿产局区调地质大队. 江苏省江浦地区 1∶5 万地球化学测量报告[R]. 南京:江苏省地质资料馆,1993.

江苏省地质矿产局区调地质大队. 江苏省溧水县芝山化探异常二级查证报告(1∶1 万)[R]. 南京:江苏省地质资料馆,1990.

江苏省地质矿产局区域地质调查大队. 江苏省 1∶5 万南京市幅、汤山镇幅、上党镇幅、埤城镇幅、孟河镇幅、大港镇幅、扬中县幅区域地质调查报告[R]. 南京:江苏省地质资料馆,1984.

江苏省地质矿产局区域地质调查大队. 江苏省大地构造图及说明书[R]. 南京:江苏省地质资料馆,1989.

江苏省地质矿产局区域地质调查大队. 江苏省区域矿产总结[R]. 南京:江苏省地质资料馆,1986.

江苏省地质矿产局物化探大队. 江苏省溧水地区 1∶5 万金土壤地球化学测量成果报告[R]. 南京:江苏省地质资料馆,1984.

江苏省地质矿产局物化探大队. 江苏省溧水地区 1∶5 万重力测量工作报告[R]. 南京:江苏省地质资料馆,1991.

江苏省地质矿产局物化探大队. 江苏省连云港地区 1∶5 万重力测量工作成果报告[R]. 南京:江苏省地质资料馆,1986.

江苏省地质矿产局物化探大队. 江苏省南京南部地区物化探普查工作报告(1∶5 万)[R]. 南京:江苏省地质资料馆,1984.

江苏省地质矿产局物化探大队. 江苏省宁镇地区 1∶5 万重力测量工作成果报告[R]. 南京:江苏省地质资料馆,1985.

江苏省地质矿产局物化探大队. 江苏省苏州西部地区 1∶5 万重力测量工作报告[R]. 南京:江苏省地质资料馆,1988.

江苏省地质矿产局物探大队. 江苏省新沂-东海物化探普查工作总结报告(1∶2万)[R]. 南京:江苏省地质资料馆,1985.

江苏省地质矿产局研究所. 江苏省溧水横山地区西横山组沉积特征、含矿性及与成矿关系研究报告[R]. 南京:江苏省地质资料馆,1991.

江苏省地质矿产局遥感站. 宁镇地区遥感地质找矿研究[R]. 南京:江苏省地质资料馆,1990.

江苏省地质矿产勘查局第三地质大队. 江苏省铜山山铜钼矿资源储量核查报告[R]. 镇江:江苏省地质矿产勘查局第三地质大队,2010.

江苏省地质矿产勘查局第四地质大队. 江苏省苏州吴中区潭山黄铁矿铅锌矿区资源储量核查报告[R]. 苏州:江苏省地质矿产勘查局第四地质大队,2010.

江苏省地质矿产勘查局第一地质大队. 江苏省南京市岔路口硫铁矿矿区资源储量核查报告[R]. 南京:江苏省地质资料馆,2010.

江苏省地质矿产勘查局第一地质大队. 江苏省南京市江宁区云台山黄铁矿矿区资源储量核查报告[R]. 南京:江苏省地质资料馆,2010.

江苏省地质矿产勘查开发公司. 江苏省南京市江宁区汤山金矿区黄栗墅矿段闭坑(停采)地质报告[R]. 南京:江苏省地质资料馆,2006.

江苏省地质矿产矿局物化探大队. 江苏省江浦(县)地区1∶5万重力测量工作报告[R]. 南京:江苏省地质资料馆,1985.

江苏省地质矿产信息研究所. 江苏省遥感研究程度图[R]. 南京:江苏省地质矿产信息研究所,1998.

江苏省化工地质队. 岔路口硫铁矿区朝阳山矿段初步勘探地质报告(0—13线)[R]. 南京:江苏省地质资料馆,1985.

江苏省化工地质队. 岔路口硫铁矿区聚宝山矿段初步勘探地质报告[R]. 南京:江苏省地质资料馆,1988.

江苏省金源黄金有限责任公司. 江苏省南京市铜井金矿区矿山地质勘探报告[R]. 南京:江苏省地质资料馆,2002.

江苏省冶金地质局814队. 江苏省六合县冶山地区磁异常综合研究报告书(1∶1万)[R]. 南京:江苏省地质资料馆,1972.

江苏省冶金地质局814队. 江苏省南京南部地区物化探普查工作报告(1∶1万)[R]. 南京:江苏省地质资料馆,1984.

江苏省冶金地质局814队. 江苏省南京市栖霞山测区物化探普查工作报告(1∶1万～1∶2万)[R]. 南京:江苏省地质资料馆,1985.

江苏省冶金地质局814队. 江苏省苏州西部测区物化探工作报告(1∶1万)[R]. 南京:江苏省地质资料馆,1986.

江苏省冶金地质勘探公司805队. 江苏省海门县王浩铁矿区Ⅰ矿段勘探地质报告[R]. 南京:江苏省地质资料馆,1992.

江苏省冶金地质勘探公司806队. 江苏省徐州市利国铁矿区峒山铁(铜)矿床详细勘探地质报告[R]. 南京:江苏省地质资料馆,1985.

江苏省冶金地质勘探公司807队. 江苏省江宁县吉山铁矿床地质勘探总结报告书[R]. 南京:江苏省地质资料馆,1974.

江苏省冶金地质勘探公司807队. 江苏省江宁县麒麟山铁矿床东庄矿段地质勘探报告[R]. 南京:江苏省地质资料馆,1977.

江苏省冶金地质勘探公司807队. 江苏省江宁县卧儿岗铁矿床地质勘探总结报告[R]. 南京:江苏省地质资料馆,1974.

江苏省冶金地质勘探公司 813 队. 江苏省溧阳县周城中巷铁铜矿评价报告[R]. 南京:江苏省地质资料馆, 1977.

江苏省冶金地质勘探公司 807 队. 江苏省南京市泰山磷矿普查地质报告[R]. 南京:江苏省地质资料馆,1973.

江苏省冶金地质勘探公司 810 队. 江苏省南京市栖霞山铅锌矿区虎爪山矿段详细勘探地质报告[R]. 南京:江苏省地质资料馆,1980.

江苏省冶金局地质勘探总队二队. 江苏省溧水县观山铜铅矿地质勘探总结报告[R]. 南京:江苏省地质资料馆,1960.

江苏省冶金局第一地质大队. 江苏省南京市梅山铁矿床地质勘探报告[R]. 南京:江苏省地质资料馆,1964.

锦屏磷矿. 江苏省连云港市锦屏磷矿深部详细勘探地质报告[R]. 南京:江苏省地质资料馆,1984.

刘季辰,赵汝钧. 江苏地质志[R]. 南京:江苏省地质资料馆,1924.

南京大学地质系. 宁芜地区中生代火山岩特征及成矿作用探讨[R]. 南京:南京大学地质系,1975.

南京地质矿产研究所. 江苏盱眙县一带金矿成矿条件研究及找矿靶区优选[R]. 南京:南京地质矿产研究所,1999.

南京市地质队. 江宁凤凰山外围地质普查报告[R]. 南京:江苏省地质资料馆,1961.

南京市地质队第九分队. 江宁县吉山铁矿详查评价报告[R]. 南京:江苏省地质资料馆,1961.

上海市地质技术开发总公司. 上海市金山县张堰铜矿床(百家村矿段)地质详查报告[R]. 南京:江苏省地质资料馆,1996.

石油工业部华东石油勘探局 301、303 联队. 苏北平原重力磁力详查总结报告(1∶100 万)[R]. 扬州:石油工业部华东石油勘探局 301、303 联队,1958.

石油工业部华东石油勘探局 304 重磁分队. 华东石油勘探局 304 队重磁力总结报告(1∶20 万)[R]. 南京:江苏省地质资料馆,1960.

冶金部物探公司航测大队. 江苏省扬州—南通地区航空磁测成果报告(1∶5 万)[R]. 南京:江苏省地质资料馆,1978.

冶金部物探公司航测大队. 一九七九年江苏省连云港—泗洪地区航空磁测工作报告(1∶5 万)[R]. 南京:江苏省地质资料馆,1980.

冶金部物探公司航测二队. 江苏省南部地区航空磁测报告(1∶2.5 万)[R]. 南京:江苏省地质资料馆,1975.

冶金工业部江苏冶金地质勘探公司 807 队. 1982 江苏省溧水县观山铜铅矿床六号脉带地质勘探报告[R]. 南京:江苏省地质资料馆,1982.

有色华东地质勘探公司研究所. 栖霞山平山头金银矿床矿石物质组分和银金赋存状态查定[R]. 南京:江苏省地质资料馆,1988.

中国地质科学院矿产资源研究所. 中国成矿体系与区域成矿评价成果报告[R]. 北京:中国地质科学院矿产资源研究所,2004.

中国有色金属工业总公司华东地质勘探公司. 江苏省溧水县东岗铁矿普查评价地质报告[R]. 南京:江苏省地质资料馆,1985.

中国有色金属工业总公司华东地质勘探公司 813 队. 江苏省镇江市谏壁钼(钨)矿床普查评价地质报告[R]. 南京:江苏省地质资料馆,1985.

中国有色总公司华东地质勘探公司 810 队. 江苏省南京市栖霞山矿区平山头银金矿段详查地质报告书[R]. 南京:江苏省地质资料馆,1991.